Jetzt helfe ich mir selbst

Motor
buch
Verlag

Umschlagentwurf und Buchgestaltung: Anita Ament.
Umschlagfoto: Volkswagen.

Manuskriptbearbeitung: Redaktion »Jetzt helfe ich mir selbst«.
Fotos: Bosch 1, Haeberle 172, Lautenschlager 3, Nauck 58, Volkswagen 22.
Zeichnungen: Archiv Verfasser 1, autopress 1, Bosch 1, Brunner 3, Haeberle 6, Pirelli 1, Volkswagen 99.

ISBN 978-3-613-01092-5

8. Auflage 2012

Sie finden uns im Internet unter www.motorbuch.de

Druck: Druck- und Medienzentrum Gerlingen, D-70828 Gerlingen
Bindung: Buchbinderei Dieringer, D-70828 Gerlingen
Printed in Germany

Thomas Haeberle
Thomas Nauck

VW Polo

Benziner
Oktober '81 bis Oktober '94

VW Derby

ab Februar '82

Motorbuch Verlag
Stuttgart

Inhaltsverzeichnis

Seite

Sparhilfe

Wer anläßlich eines Werkstattbesuches eine umfangreiche, hohe Rechnung an der Kasse in die Hand gedrückt bekommt, erfährt wieder einmal schmerzlich am eigenen Geldbeutel, was Autofahren kostet. Waren wirklich alle aufgeführten Arbeiten notwendig? Hätte man nicht zumindest einen Teil der Wartungsarbeiten oder Reparaturen selbst erledigen können – und dabei Geld gespart? Mit diesem Buch wollen wir Ihnen bei solchen Fragen zur Seite stehen.
Aber da kommt gleich die nächste Frage – reichen die eigenen Fähigkeiten und Möglichkeiten aus? Auch hier ist es wie anderswo: Ob Frau oder Mann, jeder kann mehr, als er glaubt. Und auch am Auto gibt es einfache Handgriffe, nicht schwerer als im täglichen Leben. Wir nennen nur: Auswechseln von Glühbirnen, Kontrolle und Nachfüllen von Öl oder Wasser oder Reifendruck prüfen. Und man kann sich nach Belieben steigern.
Dieses Buch gibt Auskunft, z. B. mit dem farbigen Wartungsplan hinten auf der inneren Umschlagseite. Darin finden Sie genau aufgeführt, was Sie als verantwortungsbewußter Fahrer selbst erledigen können und welche Arbeiten Werkstatt bzw. Tankstelle rationeller erledigen. Die entsprechende Arbeitsbeschreibung finden Sie hier im Buch anhand der angegebenen Seitenzahl. Dort steht Punkt für Punkt, wie die Arbeit erledigt wird.
So können Sie einen kompletten Service in Eigenregie durchführen. Oder Sie erwerben sich das nötige Grundwissen, um bei der Auftragsvergabe in der Werkstatt sachkundig mitreden zu können. Wenn Ihnen das nicht genügt, können Sie auch an Reparaturen gehen – wir haben alle gängigen und für den Selbsthelfer sinnvollen Arbeiten beschrieben.

Damit Sie sich im Innern dieses Bandes leichter zurecht finden, ist bereits im Inhaltsverzeichnis auf den vorangegangenen Seiten eine Auswahl der Stichworte herausgegriffen, die in den einzelnen Kapiteln zur Sprache kommen. Eine weitere Orientierungshilfe bietet das Stichwortverzeichnis auf den Seiten 269/270.
Ebenfalls der besseren Orientierung dient die Buchgestaltung auf den einzelnen Seiten. So sind Passagen, die der Information dienen, stets einspaltig abgedruckt, während reine Arbeitsschritte generell zweispaltig erscheinen. Je nach Interessenlage können Sie sich also mehr dem einen oder dem anderen Wissensgebiet zuwenden.

Bei der Erstellung des Manuskriptes für dieses Buch haben uns viele freundliche, geduldige und hilfsbereite Menschen bei Volkswagen, in den Werkstätten sowie in anderen Firmen mit Rat und Tat unterstützt. Wir möchten uns an dieser Stelle ganz herzlich bei ihnen bedanken.

Die Verfasser

Weiterbildung

Im Rahmen der Modellpflege werden an den Fahrzeugen immer wieder Verbesserungen vorgenommen. Darüber informiert Sie das folgende Kapitel.

1981

Oktober: Vorstellung der neuen Polo-Generation als zweitürige Steilheck-Limousine mit Heckklappe in C-, CL- und GL-Ausstattung. Die Motorversionen in der Bundesrepublik: 1,05 l/29 kW, 1,1 l/37 kW, 1,1 l/44 kW. Polo Formel E mit hochverdichtetem 1,1-l/37-kW-Motor, Spoiler am Heckfenster, Schalt- und Verbrauchsanzeige.

Links: Polo GL Steilheck Modelljahr 1982. Rechts: Derby GL Modelljahr 1982.

1982

Februar: Die Stufenheckvariante wird wieder unter der Modellbezeichnung »Derby« (in der Schweiz »Polo Classic«) auf den Markt gebracht. Sein Erkennungsmerkmal von vorn sind Rechteckscheinwerfer. Die Motor- und Modellausstattungen entsprechen dem Polo.
Mai: 29-kW-Motor mit Drehzahlbegrenzer im Zündverteilerfinger.
August: Als dritte Karosserievariante erscheint das Polo Coupé. Es ist mit dem 37- und 44-kW-Motor sowie einem neu entwickelten 55-kW-Triebwerk als Polo GT Coupé lieferbar. Zündanlage mit elektronischer Zündzeitpunktverstellung »Dignition«.

Polo GT Coupé Modelljahr 1983 mit dem 1,3-Liter/55-kW-Motor.

Das Fahrwerk des 55-kW-Modells wurde den höheren Fahrleistungen angepaßt durch verstärkte Stoßdämpfer und kürzere Schraubenfedern vorn, Lenkungsdämpfer, Hinterachsträger mit zusätzlichem Stabilisator. Alle Modelle erhalten eine dynamische Öldruckkontrolle mit Warnsummer.

1983

Februar: Geänderte Fensterheber.
März: Längerer, nach vorn zeigender Ölpeilstab für erleichterte Ölstandskontrolle.
August: Kühlsystem mit Ausgleichbehälter, dadurch vergrößerte Kühlmittelmenge. Kleinere Lichtmaschinen-

Keilriemenscheibe für erhöhte Ladeleistung des Generators. Neuer 1,3-Liter/40-kW-Motor ersetzt die bisherigen Triebwerke 1,1 l/37 kW und 1,3 l/44 kW.

1984

August: Polo »Fox« Steilheck als besonders preisgünstiges Einsteigermodell in speziellen Farben. Einfachere, aber ansprechende Innenausstattung.
Entfall der GL-Versionen. Dafür CL-Ausstattung aufgewertet mit teilbarer Rücksitzbank, Halogenscheinwerfern auch für 29-kW-Modell, neue Radvollblenden, seitliche Stoßleisten, umschäumtes Lenkrad, Mittelkonsole und Anzünder.
Der Derby erhält die Rundscheinwerfer vom Polo, schwarze Kotflügel- und Schwellerverbreiterungen und Breitreifen 165/65 R 13 auf 5½"-Felgen.

Links: Polo Fox Steilheck Modelljahr 1985.
Rechts: Derby CL Modelljahr 1985.

Polo Coupé auch mit 29-kW-Motor, GT-Ausstattung auch in Verbindung mit 40-kW-Motor lieferbar. GT Coupé mit neuen Schwellerverbreiterungen, Verkleidungen und geändertem Sportlenkrad.
Neuer Automatikgurt-Umlenkbeschlag, verbesserte Auspuffanlage. Vergrößerter Kraftstofftank mit 42 statt 36 Liter Inhalt. Geänderte Handbremsbetätigung. Vorderachse 10 mm tiefer gelegt.
Zündkabel mit verbesserten Steckanschlüssen. Neue Radio-Generation »alpha«, »beta« und »gamma«, die beiden letztgenannten mit Cassettenteil.

1985

Januar: Der Name »Derby« für das Stufenheck-Modell entfällt, er heißt jetzt ebenfalls »Polo«. Beim Steilheck und Coupé Heckscheibenwischer mit zusätzlicher Intervallschaltung.
Februar: Faustsattelbremsen ersetzen die bisherigen Schwimmsattelbremsen. Mechanischer Bremslichtschalter am Pedalbock anstelle des hydraulischen Schalters am Hauptbremszylinder.
August: Polo Coupé auch in C-Ausstattung lieferbar. Neues Modell »Stadtlieferwagen« ohne Rücksitzbank mit hinteren Blechseitenwänden oder normalen Seitenscheiben.
Als Mehrausstattung ist ein stufenlos verstellbares Glasdach lieferbar und für den Steilheck eine Dachreling.
Für Fahrzeuge mit 40 und 55 kW gibt es ein Fünfganggetriebe.
Einführung verlängerter Wartungsintervalle. 1,05- und 1,3-Liter-Motor (neue Baumusterbezeichnung EA 111) völlig überarbeitet mit Hydrostößeln, kettengetriebener Zahnrad-Ölpumpe, Transistor-Zündanlage. Longlife-Zündkerzen mit 30000 km Lebensdauer. Der 29-kW-Motor wird durch ein 33-kW-Triebwerk ersetzt.
Als leistungsstärkste Polo-Version wird das Coupé als GT G40 mit »G-Lader« und 85 kW vorgestellt.

Links: Hydrostößelmotor mit der Baumusterbezeichnung EA 111.
Rechts: Polo Fox Coupé 33 kW Modelljahr 1986.

1986

Mai: Neues Modell Polo Fox Coupé mit 33-kW-Motor.
August: Modellbezeichnung »C« entfällt. Kleineres Lenkrad mit dickerem Kranz. 40-kW-Coupé GT serienmäßig mit 4+E-Getriebe, Fünfganggetriebe in Verbindung mit 55-kW-Motor. Vergrößerter Scheibenwaschwasserbehälter. Der Heckwischer erhält seine Wasserversorgung aus dem vorderen Behälter. Die Wascherpumpe kann durch Ändern der Drehrichtung das Wasser nach vorn oder nach hinten pumpen.
Oktober: Lenksäule einteilig.

1987

Februar: Starterklappen-Pulldown beim 40-kW-Vergasermotor jetzt zweistufig. In Verbindung mit Digijet-Benzineinspritzung wird das 40-kW-Triebwerk mit geregeltem Katalysator angeboten.
Mai: In einer Sonderserie von 500 Exemplaren kommt der Polo GT G40 auf den Markt. Das Triebwerk mit mechanisch aufgeladenem G40-Motor holt aus 1300 cm^3 Hubraum 85 kW (ohne Katalysator). Die Zünd/Einspritzsteuerung erfolgt durch das Digifant-System.
Beim Polo GT G40 ist die Karosserie gegenüber dem Polo GT um 10 mm tiefergelegt, hinzu kommen vorne und hinten kürzere und damit härtere Federn. Anstelle von Gummilagern an Spurstange und Querlenker werden Kugelgelenke eingebaut. Die Lager im vorderen Querlenker-Stabilisator sind härter. Die Bremsanlage ist durch größere Bremssättel und innenbelüftete Bremsscheiben der höheren Leistung angepaßt. Die Reifengröße lautet 175/60 R 13.

Polo GT G40 Coupé Modelljahr 1987.

August: Reduzierung auf drei Modellversionen: Fox, CL und GT. CL-Modelle verbilligt, aber jetzt ohne H4-Licht, Zeituhr, Tagekilometerzähler und geteilte Rücksitzbank. GT-Version serienmäßig mit Leichtmetallrädern, Zusatz-Fernscheinwerfern und breiten Seitenleisten. 55-kW-Motor auch für Steilheck-Polo erhältlich. Alle Modelle mit zwei doppelstrahligen Scheibenwaschwasserdüsen vorn. In Verbindung mit einer geänderten Zündspule können trotz 30000-Wechselintervall wieder herkömmliche Zündkerzen verwendet werden.

Links: Polo CL Steilheck Modelljahr 1988.
Rechts: Polo GT Steilheck Modelljahr 1988.

1988

August: Polo Stufenheck und Stadtlieferwagen sind für den deutschen Markt nicht mehr lieferbar.
Alle Benzinmotoren sind mit Katalysator ausgerüstet, beim 33-kW-Triebwerk ein ungeregelter Kat, beim 40-kW-Motor ungeregelt oder gegen Mehrpreis in Verbindung mit Benzineinspritzung geregelt mit Lambda-Sonde.
Lenkrad mit feinerer Innenverzahnung für bessere Einstellmöglichkeiten des Lenkrades.
November: Geänderter Lichtschalter mit neuer Verschaltung.

1989

April: Das Viergang-Schaltgetriebe erhält die gleiche Schaltbetätigung wie die Fünfgang-Version.
August: Alle Modelle erhalten eine aufgewertete Ausstattung: Im Polo Fox gibt es den rechten Außenspiegel, die Wischer-Intervallschaltung und Ablagekästen an den Türen künftig ohne Aufpreis, in Verbindung mit dem 33-kW-Motor ist jetzt der Bremskraftverstärker serienmäßig. Die CL-Ausstattung kommt mit Beifahreraußenspiegel, Zeituhr und Tageskilometerzähler, der GT hat einen innenverstellbaren rechten Spiegel.
Der letzte katalysatorlose 55-kW-Motor wird aus dem Modellangebot gestrichen.
Oktober: Das 1,3-l-Triebwerk mit 55 kW wird überarbeitet auf Ventilbetätigung mit Hydrostößeln und erhält einen geregelten Kat durch den Einsatz der Digifant-Zünd/Einspritzsteuerung.

1990

Juli: Als Mehrausstattung ist für den Steilheck-Polo ein elektrisches Faltschiebedach lieferbar.
Oktober: Der Polo erfährt in Form und Technik eine wesentliche Überarbeitung. Die Karosserie hat einen um fast 10% verbesserten c_W-Wert. Rechteckscheinwerfer sorgen für mehr Licht; das Abblendlicht leuchtet die

Links: Polo CL Steilheck Modelljahr 1991.
Rechts: Polo GT Coupé Modelljahr 1991.

Fahrbahn jetzt um fast 50% heller aus, die Reichweite ist um knapp 20% verbessert. Der passiven Sicherheit dienen die Kunststoff-Stoßfänger. Das früher notwendige vordere Querblech unterhalb dem Stoßfänger entfällt – ein Vorteil auch bei Reparaturen. Wo früher Schweißarbeiten notwendig waren, können jetzt Ersatzteile einfach angeschraubt werden. Die Heckansicht des Polo zeigt neue Leuchten, eine gerundete Heckklappe mit bündig eingeklebter Scheibe – beim Coupé über den Rahmen gezogen – und neue Stoßfänger.

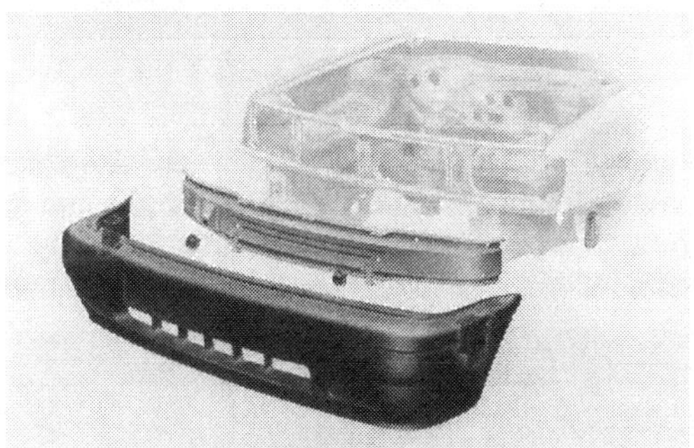

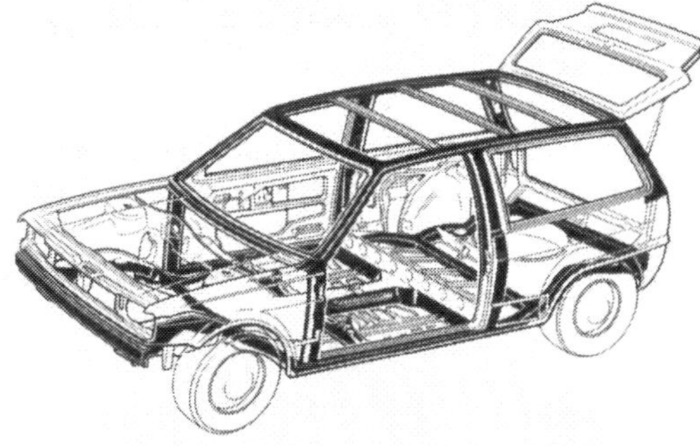

Links: Der vordere Stoßfänger besteht seit Modelljahr 1991 aus einem Kunststoffschild und einem stabilen Querträger.
Rechts: Die Zeichnung verdeutlicht die Verstärkungen in der Karosseriestruktur beim Polo Steilheck.

Der Innenraum empfängt seine Insassen mit einer neu gestalteten Armaturentafel, neuem Lenkrad, großen Rundinstrumenten und Drehreglern zur Bedienung von Heizung und Lüftung. Hinter dem Lenkrad finden sich neue Bedienhebel für Blinker und Scheibenwischer. Ablagemöglichkeiten gibt es in der Armaturentafel wie auch an den Türen. Ab CL-Ausstattung bietet eine Mittelkonsole als Verbindung von Armaturen und Boden-

Links: Neues Armaturenbrett mit Drehreglern für die Heizungs/Lüftungs-Bedienung.
Rechts: Neu gestaltete Türverkleidungen und freundlichere Sitzbezüge im Innenraum des Polo.

gruppe weiteren Stauraum. Außerdem wurde hier eine Warm-/Kaltluftführung für die Fond-Passagiere integriert. Ein großzügigeres Raumgefühl vermitteln die stark ausgeformten Tür- und Seitenverkleidungen; sie sind außerdem bis an die Fensterlinie hochgezogen.

Im kleinsten Motor ersetzt die Monomotronic-Zentraleinspritzung mit Kennfeldsteuerung für Zündung und Einspritzung die bisherige Monojetronic. Eine Brennraum- und Kanaländerung im Ansaug- und Abgastrakt sowie geänderte Steuerzeiten brachten ein Drehmomentplus im unteren Drehzahlbereich: 76 Nm bei 2800/min sind das Ergebnis. Die Nenndrehzahl konnte von 5600 auf 5200/min gesenkt werden; die Nennleistung blieb mit 33 kW unverändert.

Am Fahrwerk setzen 40% härtere Federn vorn, 20% weichere Federn hinten ein. Dazu wurde das Hinterachsprofil um 1,5 Millimeter auf jetzt 6 Millimeter verstärkt. Dazu kommen Räder in neuem Design.

1991

Januar: Im 40-kW-Triebwerk ersetzt die Monomotronic-Zünd-/Einspritzsteuerung die Digijet-Einspritzung.

Als Spitzenmodell kommt der Polo GT G40 zur Auslieferung. Seine Serien-Ausstattung umfaßt Kotflügelverbreiterungen über den 5½ x 13 Zoll-Leichtmetallrädern von BBS mit Reifen 175/60 R 13 H ebenso wie Sportlenkrad und eine Instrumentierung mit Drehzahlmesser und Digitaluhr. Die Sportsitze vorn sind in der Höhe einstellbar. Von außen ist der Polo GT G40 auch an der Dachantenne sowie an den G40-Emblemen zu erkennen.

Der Motor besitzt jetzt ebenfalls einen geregelten Katalysator, dazu erhielt er gegenüber der ersten Version ein modifiziertes Digifant-System.

Polo GT G40 Coupé Modelljahr 1991.

August: Alle Polo erhalten in den Türen Versteifungen für mehr Stabilität bei einem Seitenaufprall und außerdem automatische Dreipunktgurte auf den äußeren Rücksitzuplätzen sowie seitliche Blinkleuchten.

Weitere Ausstattungsverbesserungen sind: Feste Gepäckraumabdeckung und Beifahrersonnenblende mit Make-up-Spiegel für den Polo Fox, innenverstellbare Außenspiegel für Fox und CL, seitliche Gepäckraumver-

Der neue Polo

Links: Das G40-Triebwerk im Schnitt mit G-Lader und Ladeluftkühlung.
Rechts: Die Teile des G-Laders mit Ladergehäuse, Verdränger und Verdrängerwelle.

kleidung und Dreispeichenlenkrad für CL. Ab CL-Ausstattung gibt es eine Halterung für Verbandskasten und Warndreieck, im GT ist der Fahrersitz höhenverstellbar. Im Polo GT G40 sind Nebelscheinwerfer, weiße Blinkleuchten vorn und teilweise abgedunkelte Heckleuchten serienmäßig eingebaut, außerdem erhält er einen Lederbezug auf Lenkrad und am Schalthebel.

Das elektrische Faltschiebedach wird nicht mehr angeboten.

Vor Ort

Nicht jeder beliebige Platz eignet sich für den Autoschrauber. Auf einer Wiese oder auf Rasen bleiben Spuren zurück, und versehentlich heruntergefallene Teile sind unauffindbar. Ohnehin ist weicher Untergrund untauglich, wenn man sein Fahrzeug aufbocken will.

Der Pflegeplatz

Am günstigsten ist natürlich eine Garage, die ausreichend breit und gut beleuchtet ist. Bei warmem, trockenem Wetter eignet sich genauso eine ebene Fläche mit festem Boden im Freien. Vor der Arbeit sollten Sie den Arbeitsplatz sauberkehren, damit Sie sich weder im Schmutz herumwälzen noch Schrauben unter Blättern suchen müssen.

Vorsicht mit Benzin und Öl auf Asphalt. Diese Flüssigkeiten greifen dessen Oberfläche an. Außerdem wird Asphalt bei sommerlichem Temperaturen weich, was unschöne Löcher von Hebe- und Abstützwerkzeugen hinterläßt.

Falls sich ein Wasserablauf in der Nähe befindet, sollten Sie ihn während der Arbeit abdecken, sonst verschwinden garantiert Kleinteile darin.

Falls Ihnen eine Montagegrube zur Verfügung steht, gilt es folgendes zu beachten: Benzin- und andere Dämpfe können sich in einer schlecht belüfteten Grube sammeln. Vorsicht mit offenem Feuer und beim Rauchen! Ebenso sammeln sich die Auspuffgase in der Grube – bei laufendem Motor herrscht also Vergiftungsgefahr.

Fingerzeig: Gegen Ölspuren auf dem Boden hilft fürs erste ein scharfer Haushaltsreiniger oder Geschirrspülmittel. Auch saugende Materialien, wie beispielsweiseSägemehl oder Katzenstreu, schaffen eine gewisse Besserung. Im Zubehörhandel und in Baumärkten werden auch spezielle Ölfleck-Entferner angeboten.

Wagen immer abstützen!

Wagenheber sind – wie ihr Name schon sagt – nur dazu da, das Fahrzeug anzuheben. Das gilt für den Bordwagenheber, Scherenwagenheber, hydraulischen Stempelwagenheber und Rangierwagenheber. Sie sind keine ausreichende Abstützung für Arbeiten an der Wagenunterseite. **Lassen Sie es auch in der größten Eile nie an der fachgerechten Abstützung des aufgebockten Fahrzeugs fehlen!** Sonst kann die eigenhändige Reparatur das Leben kosten.

Zum richtigen Abstützen gehört natürlich auch das Unterlegen der Räder mit Steinen oder Holzkeilen, damit der Wagen beim Anheben nicht wegrollen kann.

Womit abstützen?

Hohlblocksteine haben sich als preisgünstige Abstützmöglichkeit erwiesen. Sie dürfen allerdings nicht feucht oder rissig sein, sonst könnten sie unter Belastung in sich zusammenbrechen. Zwischen Stein und Karosserie«

Links: Der Unterstellbock wurde hier mit einem lastverteilenden Kantholz angesetzt, damit keine Dellen ins Blech gedrückt werden. Rechts: Auch beim Rangierheber sollte ein Holzstück (Pfeil) in den Aufnahmeteller gelegt werden.

muß ein Brett gelegt werden, damit sich die Last gleichmäßig über den ganzen Stein verteilen kann. Der Hohlblockstein selbst muß mit den Öffnungen senkrecht auf ebenem und tragfähigem Grund (Beton oder Asphalt) stehen. Ungeeignet ist weicher Boden oder Rasen. Zwei Hohlblocksteine übereinander sind nicht ratsam. Wenn mehr Höhe gebraucht wird, kann allenfalls eine Lage Back- bzw. Ziegelsteine aufgelegt werden; natürlich wieder mit lastverteilendem Zwischenbrett.
Unterstellböcke stellen eine ideale Ergänzung zum Rangierwagenheber dar. Bei allen anderen Hebern – aber auch bei seitlich angesetztem Rangierheber – besteht allerdings die Gefahr, daß der auf der gegenüberliegenden Seite angesetzte Dreibeinbock einfach zur Seite weggedrückt wird. Am günstigsten steht der Bock, wenn eines seiner Beine nach außen und zwei zur Wagenmitte hin zeigen. Beachten Sie beim Kauf, daß die Böcke keine zu kleine Standfläche haben sollten.
Kontrollieren Sie beim Ansetzen eines Unterstellbocks, ob das Blech nirgendwo eingedrückt werden kann. Günstig ist ein zusätzlich eingelegtes Kantholz, siehe Bild auf der vorangegangenen Seite.
Auffahrrampen sind die schnellste Aufbockmöglichkeit, da kein Wagenheber gebraucht wird. Auch steht der Wagen dann absolut sicher. Wichtig ist, daß die Rampen einerseits eine genügend hohe seitliche Absicherung und nach vorn einen Überfahrschutz haben, andererseits aber auch von einem Fahrzeug mit Frontspoiler befahren werden können. Als zusätzliche Sicherung des Wagens sollte in der Standfläche eine Mulde für die Räder vorhanden sein. Die billigen Ausführungen genügen diesen Anforderungen oft nicht.

Wagenheber

Wagenheber gibt es für jeden Geldbeutel und Einsatzzweck. Hier die verschiedenen Typen:
Bordwagenheber: Er nützt bei einem alten Fahrzeug, dessen Türschweller bereits vom Rost geschwächt sind, nichts mehr. Im übrigen sollten Sie immer ein kleines Brett unterlegen, damit sich der Wagenheberfuß nicht in den Untergrund drücken kann.
Scherenwagenheber: Hiervon ist nur eine stabile Ausführung ratsam. Solch ein Wagenheber bewährt sich bei einem Fahrzeug, dessen Karosserie an den Anhebepunkten schon etwas morsch ist. Man kann den Scherenwagenheber dann etwas weiter zur Karosseriemitte hin ansetzen. Allerdings sollte dann die Kurbel lang genug und leicht einzuhängen sein.
Hydraulischer Stempelwagenheber: Er ist schon preiswert zu haben. Der entscheidende Vorteil ist, daß der Wagen sehr schnell angehoben wird. Vor dem Kauf sollten Sie allerdings die Hubhöhe kontrollieren. Bei einer zu kurzen Ausführung werden die Räder nicht weit genug vom Boden abgehoben. Ein zu hoher Heber läßt sich erst gar nicht am Wagenboden ansetzen.
Rangierwagenheber: Günstig ist ein Heber mit zusätzlichem Fußpedal zum Hochpumpen. Für den Heimwerker gut geeignet ist ein kurzer, kleiner Rangierheber, der sich leicht verstauen läßt. Beachten Sie aber, daß sich ein Heber mit zu kleinen Rädern unter Last nicht mehr bewegen läßt. Auch sollte die Deichsel so befestigt sein, daß sich der angehobene VW wirklich rangieren läßt.

Die Mietwerkstatt

Steht Ihnen zu Hause oder im Bekanntenkreis kein geeigneter Platz zum Autobasteln zur Verfügung oder muß im Winter bei Eiseskälte im Freien geschraubt werden? Dann sollten Sie sich in einer Mietwerkstatt einquartieren. Dort gibt es Hebebühnen, Gruben sowie teilweise auch Spezialwerkzeug, und die Arbeitsräume sind winters beheizt. Mit freien Plätzen in der Mietwerkstatt ist unter der Woche eher zu rechnen als am Wochenende, wenn alle Autobastler zum Werkzeug greifen.
Die Rechnung muß aber auch in der Mietwerkstatt stimmen; Sie müssen Ihre Zeit scharf kalkulieren. Nur wenn die Arbeit flott von der Hand geht und evtl. ein Helfer mitarbeitet, lohnt sich die Eigenarbeit. Wenn Sie eine umfangreiche Reparatur erstmals selbst ausführen, kann das Experiment durch die Summe der angesammelten Stunden teurer werden als der Arbeitspreis in der Fachwerkstatt.
Mietwerkstätten existieren oft ziemlich im Verborgenen, vor allem in kleineren Städten. Bisweilen haben solche Hobby-Werkstätten auch nur ein kurzes Leben. Achten Sie bei der Suche auf entsprechende Anzeigen im Autoteil der Tageszeitung bzw. in Anzeigenblättern oder fragen Sie andere Autobastler bzw. bei Ihrer Stamm-Tankstelle.

Plansoll

Zuverlässigkeit und Fahrsicherheit erfordern Pflege und Wartung. Andernfalls darf man sich über Ausfälle nicht wundern. Wo und wann nach dem Rechten gesehen werden soll, hat der Volkswagen-Kundendienst in ausführlichen Wartungsanweisungen festgelegt.

Zwei Wartungssysteme

Für unsere VW-Modelle gelten je nach Baujahr unterschiedliche Wartungsanweisungen. Für die **bis Juli 1985** gebauten Fahrzeuge gilt:

○ **Zwischen-Service** mit Ölwechsel 7500 km nach einem Regel-Service (entfällt ab Baudatum 8/82).
○ **Regel-Service mit Abgas-Sonder-Untersuchung** alle 15000 km oder spätestens nach einem Jahr.
○ **Regel-Service mit Zusatzarbeiten** alle 30000 km.

Im August 1985 wurde der Wartungsplan überarbeitet, und die Wartungsarbeiten erhielten neue Bezeichnungen. Bei den ab diesem Zeitpunkt gebauten Fahrzeugen werden Verschleißteile nur noch alle 30000 km ersetzt. **Seit August 1985** gilt:

○ **Inspektions-Service mit Abgas-Sonder-Untersuchung** einmal im Jahr;
○ **Inspektions-Service mit Zusatzarbeiten** alle 30000 km;
○ **Ölwechsel-Service**, wenn im Jahr mehr als 15000 km zurückgelegt werden.

Für Vielfahrer (über 15000 km im Jahr), welche die Wartung in der Werkstatt durchführen lassen, ergeben sich möglicherweise ungünstige Überschneidungen. Bei 20000 Jahreskilometern muß zwischendurch der Ölwechsel durchgeführt werden, was Sie aber meist kurzfristig mit der Tankstelle oder Werkstatt vereinbaren können. Länger als 15000 km sollte das Öl nicht im Motor verbleiben. Wer 25000 km fährt, sollte nach Jahresfrist dagegen die 30000er-Inspektion vorziehen. Anderes gilt für den Selbsthelfer, der flexibel entscheiden kann, was er wann ausführen will.

Wartungsplan für den Selbsthelfer

Auf den Empfehlungen von VW basiert auch der Wartungsplan dieses Buches, wobei wir die Reihenfolge speziell für den Heimwerker zusammengestellt haben.

Damit Sie zu unserem **Wartungsplan** während der Arbeit nicht ständig blättern müssen, haben wir ihn **hinten auf der inneren Umschlagseite** abgedruckt. So haben Sie ihn ständig vor Augen und können die Arbeiten Punkt für Punkt erledigen.

Ganz zu Anfang finden Sie eine Anzahl von Arbeiten unter der Überschrift »Ständige Kontrollen«. Diese Wartungspunkte lassen sich in kein Kilometerintervall pressen.

Wer soll was machen?

Fast alle Wartungsarbeiten am VW können Sie selbst ausführen. Das entsprechende Wissen hierzu liefert unser Handbuch. Wenn dennoch Werkstatt oder Tankstelle den einen oder anderen Wartungspunkt rationeller erledigen können, so haben wir das im Wartungsplan vermerkt. Die »Selbsthelfer-Ampel« weist Ihnen dabei den richtigen Weg:

Grün: Freie Fahrt für den Selbsthelfer. Diese Arbeit können Sie mit den Kenntnissen aus diesem Buch fachgerecht durchführen und Geld sparen.

Gelb: Die Arbeit ist zwar nicht schwierig, doch es fehlen meist die nötigen Einrichtungen. In diesem Fall sind Sie an der Tankstelle am besten aufgehoben.

Rot: Halt, hier lassen Sie am besten die Werkstatt ran. Spezielle Werkzeuge oder Meßgeräte sind erforderlich. Der Aufwand an Eigenarbeit lohnt sich nicht, weil die Werkstatt wesentlich schneller arbeitet oder weitergehende Kenntnisse erforderlich sind.

Einschränkungen innerhalb der Garantiezeit

Solange Ihr Wagen jünger als ein Jahr ist oder wenn ein Austauschmotor eingebaut wurde, verlangt das Werk, daß die Wartungsarbeiten termingerecht in einer VW-Werkstatt erledigt werden. Andernfalls können auch berechtigte Garantieansprüche abgelehnt werden.

Und wer die »Mobilitätsgarantie« für einen seit 8/85 gebauten VW beanspruchen will, muß mindestens einmal im Jahr zum Service in die Werkstatt.

1,3-Liter-Vergasermotor

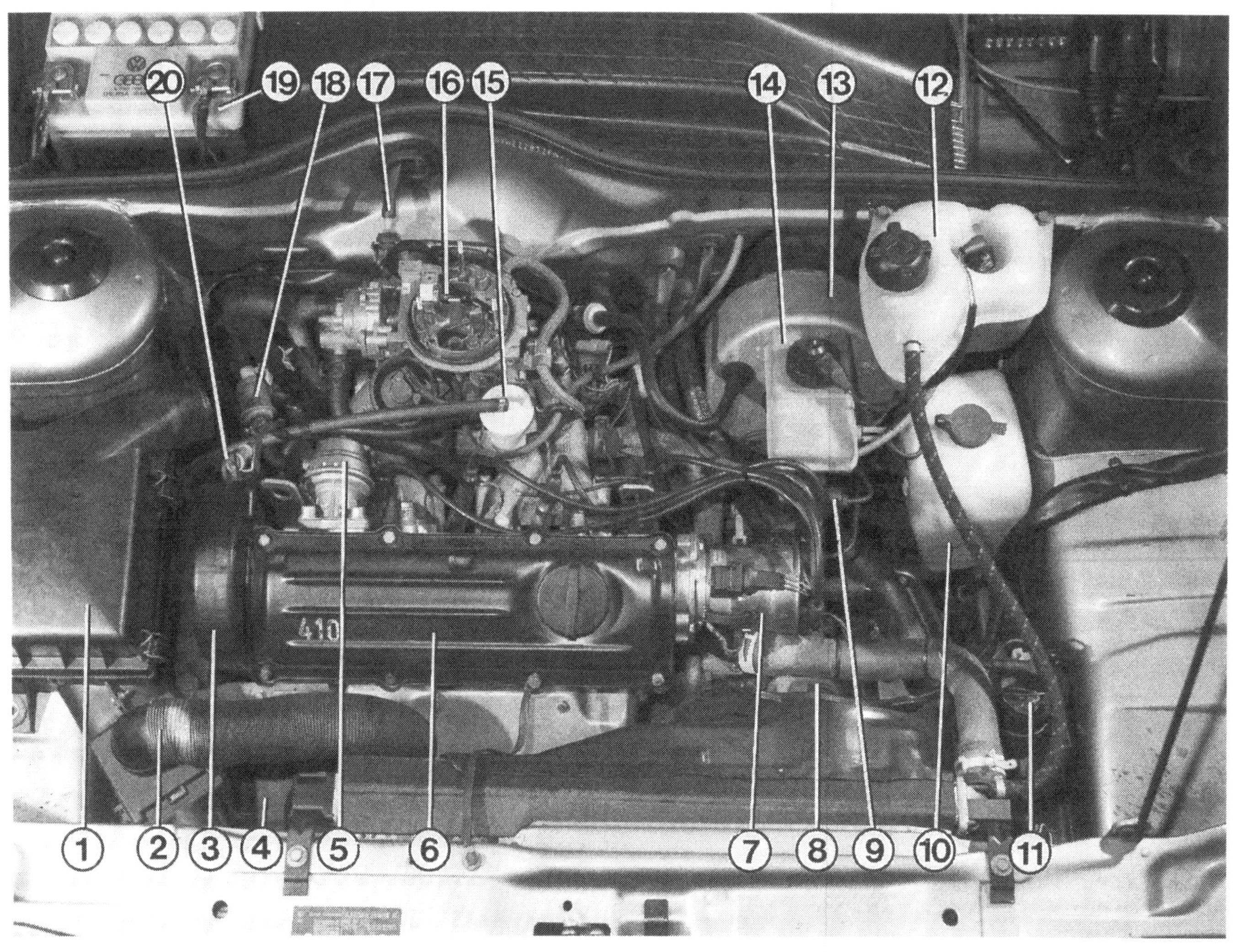

Hier werfen wir einen Blick in den Motorraum eines Polo mit Schlepphebelmotor: 1 – Luftfiltergehäuse; 2 – Warmluftschlauch der Ansaugluft-Vorwärmung; 3 – Zahnriemenschutz; 4 – Lichtmaschine; 5 – Benzinpumpe; 6 – Zylinderkopfdeckel; 7 – Zündverteiler; 8 – Kühlerventilator; 9 – Hauptbremszylinder; 10 – Scheibenwaschwasserbehälter; 11 – Zündspule; 12 – Ausgleichbehälter der Kühlflüssigkeit; 13 – Bremskraftverstärker; 14 – Vorratsbehälter für Bremsflüssigkeit; 15 – Kraftstoff-Vorratsbehälter; 16 – Vergaser; 17 – Gaszug; 18 – Kraftstoffilter; 19 – Batterie; 20 – Ölpeilstab.

1,05-Liter-Einspritzmotor

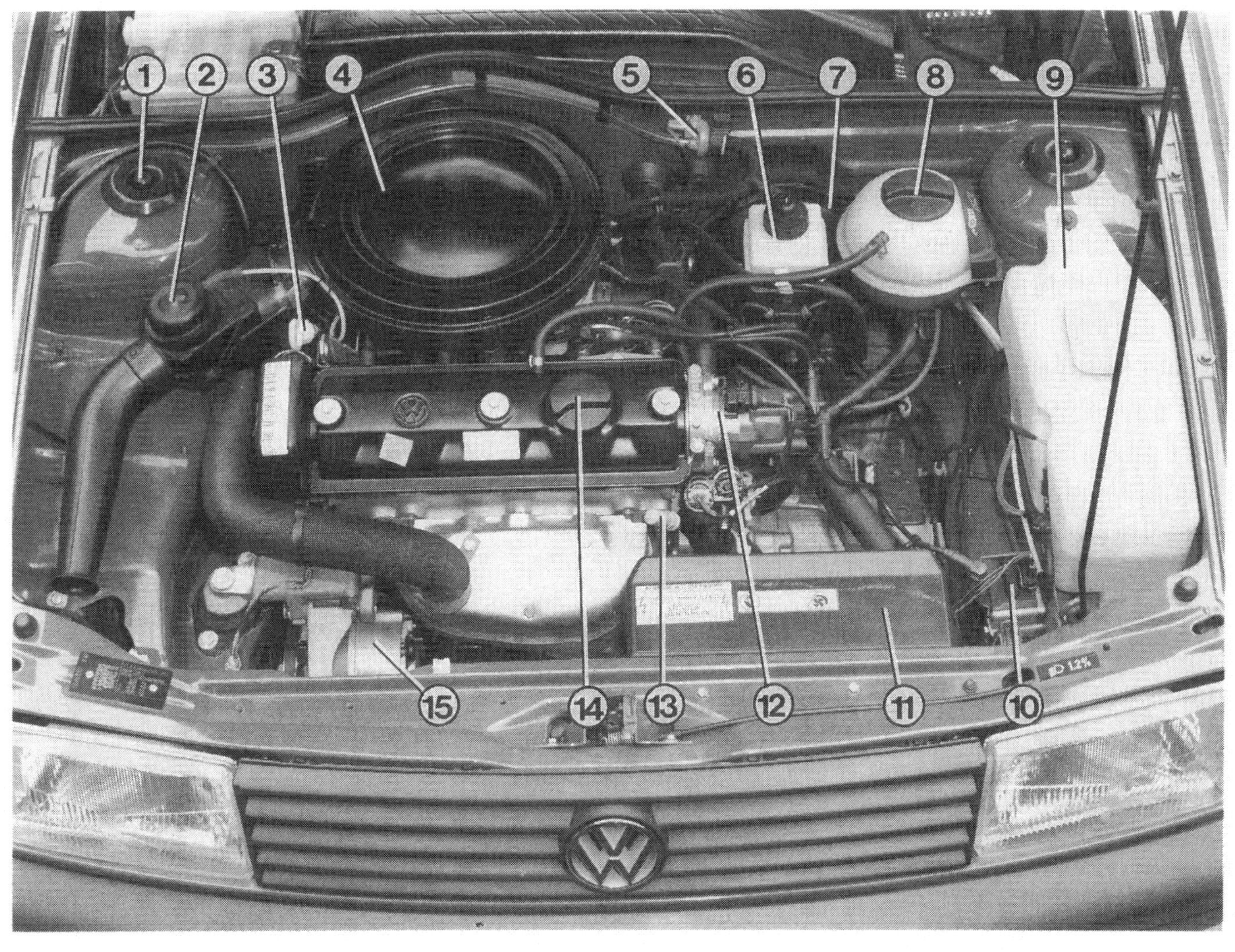

Im Motorraum des Polo mit 33-kW-Motor mit Monomotronic sehen Sie: 1 – Federbein rechts; 2 – Luftansaugstutzen mit Regelklappe für die Ansaugluft-Vorwärmung; 3 – Ölmeßstab; 4 – Luftfilter; 5 – Abschaltventil der Kraftstoff-Verdunstungsanlage; 6 – Bremsflüssigkeitsbehälter; 7 – Bremskraftverstärker; 8 – Ausgleichbehälter für Kühlflüssigkeit; 9 – Scheibenwaschwasserbehälter; 10 – Zündtrafo; 11 – Kühlerabdeckung; 12 – Zündverteiler; 13 – CO-Meßrohr; 14 – Öleinfüllstutzen; 15 – Lichtmaschine.

1,3-Liter-Einspritzmotor

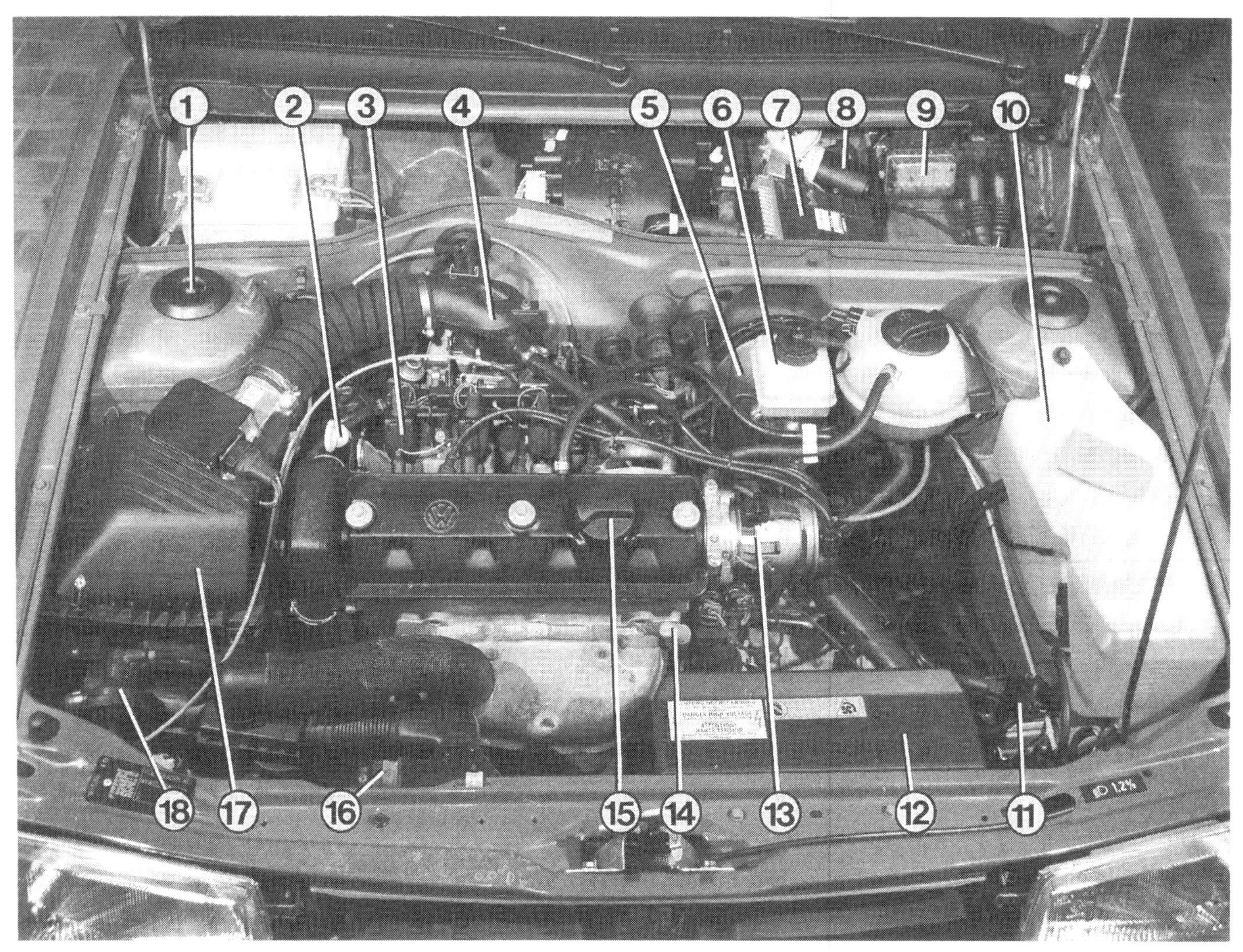

Hier sehen Sie den 55-kW-Digifant-Motor: 1 – Federbein rechts; 2 – Ölmeßstab; 3 – Einspritzventil des 1. Zylinders mit Geräuschdämmung; 4 – Ansaugluftthutze des Drosselklappenstutzens; 5 – Bremskraftverstärker; 6 – Bremsflüssigkeitsbehälter; 7 – Steuergerät der Digifant-Einspritzung; 8 – Scheibenwischermotor; 9 – Sicherungskasten; 10 – Scheibenwaschwasserbehälter; 11 – Zündtrafo; 12 – Kühlerabdeckung; 13 – Zündverteiler; 14 – CO-Meßrohr; 15 – Öleinfüllstutzen; 16 – Lichtmaschine; 17 – Luftfilter; 18 – Abschaltventil der Kraftstoff-Verdunstungsanlage.

Motor mit G-Lader

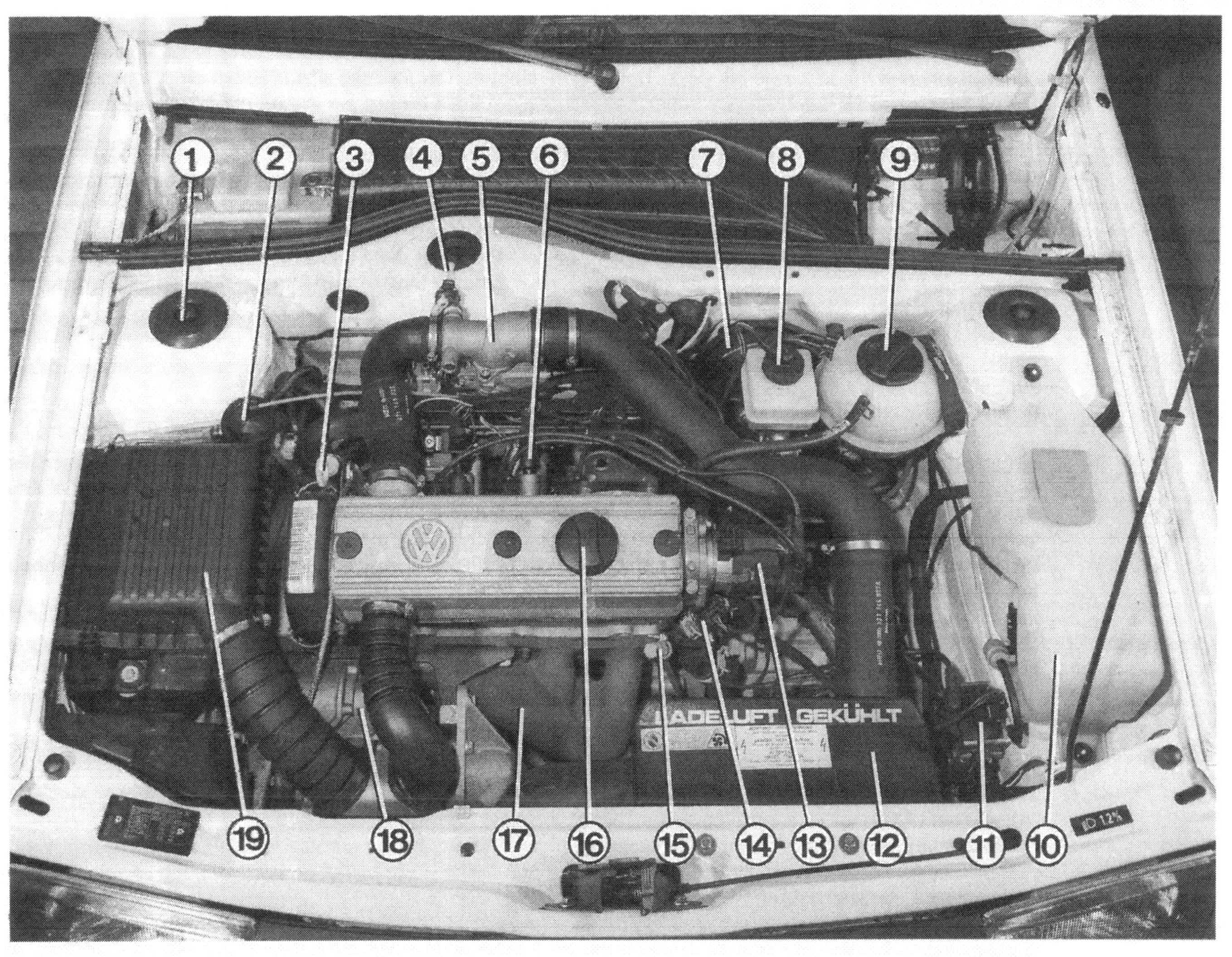

Beim Blick in den Motorraum des Polo GT G40 sehen Sie: 1 – Federbein rechts; 2 – Abschaltventil der Kraftstoff-Verdunstungsanlage; 3 – Ölmeßstab; 4 – Gaszug; 5 – Drosselklappenstutzen; 6 – Einspritzventil; 7 – Bremskraftverstärker; 8 – Bremsflüssigkeitsbehälter; 9 – Ausgleichbehälter der Kühlflüssigkeit; 10 – Scheibenwaschwasserbehälter; 11 – Zündtrafo; 12 – Kühlerabdeckung; 13 – Zündverteiler; 14 – Temperaturgeber; 15 – CO-Meßrohr; 16 – Öleinfüllstutzen; 17 – Auspuffkrümmer; 18 – G-Lader; 19 – Luftfilter.

Lagerstätten

Die wichtigste Aufgabe des Öls ist natürlich die Schmierung von Gleitflächen und Lagern, aber das Schmiermittel dient auch zur Feinabdichtung der Kolbenringe. Weiterhin muß es die beim Motorlauf entstehende Reibungs- und Verbrennungswärme abführen. Nicht zu vergessen Abrieb und Schmutz, die vom Öl gebunden werden, damit sie sich nicht im Motorinnern ablagern.

Motorölstand prüfen

Ständige Kontrolle

Wenn Sie Ihren VW erst übernommen haben (neu oder gebraucht), sollten Sie sicherheitshalber bei jedem Tanken zum Ölpeilstab greifen. Wenn Sie erkennen, daß der Motor nur sehr wenig Öl verbraucht, können Sie das Kontrollintervall auf jede zweite bis vierte Tankung verlängern. Der Peilstab sitzt in Fahrtrichtung gesehen

○ **seit 3/83** (beim 55-kW-Triebwerk schon seit Baubeginn) **vorn rechts** zwischen Luftfilter-Ansaugschnorchel und Zahnriemenschutz;

○ bei den Motoren mit 29 – 44 kW **bis 3/83 hinten rechts** neben dem Luftfilter.

● Wagen auf waagrechtem Untergrund abstellen.

● Nach dem Abstellen des vorher warmgefahrenen Motors mindestens fünf Minuten warten, damit alles Öl in die Ölwanne abtropfen kann. Besser ist die Kontrolle vor dem ersten Start bei noch kaltem Motor.

● Peilstab ziehen, mit sauberem, fusselfreiem Lappen oder Papiertuch abwischen, bis zum Anschlag wieder hineinschieben, kurz warten und erneut herausziehen.

● An der Peilstabspitze können Sie nun den Ölstand ablesen. Der Bereich zwischen Minimum und Maximum ist geriffelt oder durch zwei punktförmige Markierungen gekennzeichnet.

● Reicht die Schmiermittelmenge nur noch bis zur unteren Marke, muß Motoröl nachgefüllt werden.

Fingerzeige: Wenn Sie über den Ölverbrauch Ihres VW ganz genau Buch führen wollen, sollten Sie immer an derselben Stelle messen; am besten vor dem ersten Start. Sie brauchen dann nicht einmal den Peilstab abzuwischen, da über Nacht aller Schmiersaft in die Ölwanne zurückgetropft ist.
Lassen Sie sich nicht vom verkaufstüchtigen Tankwart verunsichern: Hochwertiges Motoröl wird schon nach kurzer Laufzeit dunkel. Es hält anfallenden Schmutz und Abrieb in der Schwebe. Das ist jedoch kein Zeichen, daß das Öl gewechselt werden müßte.

Öl nachfüllen

Die Ölmenge zwischen oberer und unterer Peilstabmarke beträgt bei allen Motoren 1 Liter. Unter die untere Marke sollte der Ölstand nicht fallen. Ein Viertelliter zu wenig ist für den Motor noch nicht gefährlich. Fehlt mehr Öl und wird der VW scharf gefahren, kann der Öldruck gefährlich abfallen, was die dynamische Öldruckkontrolle durch den Warnsummer auch sofort anzeigt.
Unsinnig ist aber auch zu viel Schmiermittel im Motor. Es kann bei hohen Drehzahlen über die Kurbelgehäuse-Entlüftung in die Brennräume gelangen. Bei einem Katalysator-Fahrzeug ist das gefährlich, denn das Öl kann im Kat verbrennen und diesen schädigen.
Bei welchem Ölstand Sie nachfüllen sollten, hängt von Ihrer Fahrweise ab:

○ Bei gemäßigtem Fahrstil genügt Nachfüllen, wenn das Niveau an der unteren Peilstabmarke angelangt ist.

○ Für scharfe Fahrweise empfiehlt sich Auffüllen schon früher – die etwas größere Ölmenge kann die Kühlungsaufgaben besser erfüllen.

Fingerzeig: Öl in kleinen Mengen ist teurer als im 3- oder 5-Liter-Kanister. Zum Nachfüllen unterwegs ist ein solches Gebinde aber meist zu unhandlich. Außerdem nimmt es im Kofferraum Platz weg. Günstig ist eine mineralölbeständige 1-Liter-Dose mit Drehverschluß, aus der Sie bei Bedarf fein dosiert nachfüllen können.

Darf man Öle mischen?

Die Ölsorten aller Hersteller lassen sich ohne Gefahr untereinander mischen, auch Einbereichs- mit Mehrbereichsölen. Diese Mischbarkeit ohne schädliche Folgen ist eine Grundforderung der internationalen Öl-Normen. Zwar werden spezifische Eigenschaften eines bestimmten Öls durch die Vermischung mit anderem Motoröl möglicherweise leicht beeinträchtigt, da jede Ölmarke ihre eigene Additivkombination besitzt. Die Schmierwirkung ist jedoch nie gefährdet. Wer sich an die von VW freigegebenen Ölnormen hält, läuft keine Gefahr, daß eine untaugliche Mischung einen Motorschaden verursacht.

Die Pfeile zeigen auf die obere und untere Markierung des Ölpeilstabs: Bei der älteren Ausführung (links) ist die Toleranzmenge durch eine Riffelung markiert. Die neuere Version des Peilstabs besitzt kegelförmige Vertiefungen (rechts). Innerhalb dieses Bereiches muß sich der Ölstand abzeichnen. Ist das Niveau an der unteren Markierung angelangt, läßt sich 1 Liter Öl nachfüllen.

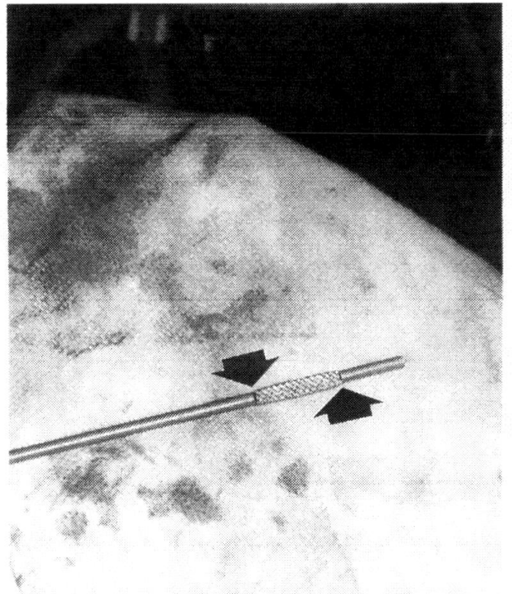

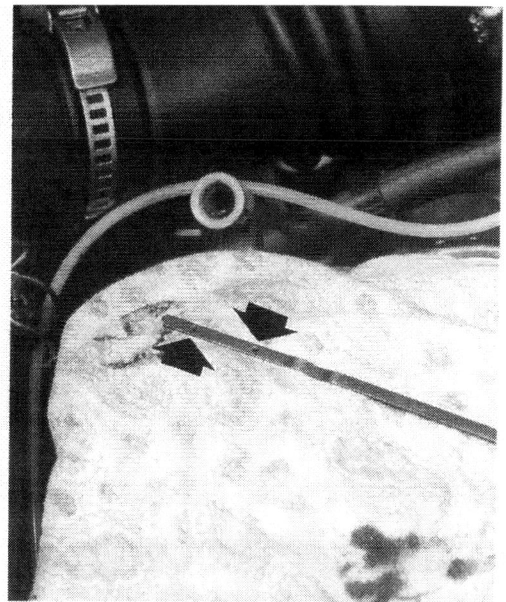

Ölverbrauch

Ein Teil des Motoröls verbrennt bei seiner Schmiertätigkeit. Ölverbrauch ist also völlig natürlich. Gut eingefahrene Motoren kommen mit **0,2 Liter Öl auf 1000 km** aus, Volkswagen nennt als **höchstzulässigen Wert** einen Verbrauch von **1,0 Liter je 1000 km** (in früheren Jahren wurden 1,5 Liter Ölverbrauch toleriert). Wieviel Öl Ihr VW braucht, hängt von folgenden Umständen ab:

○ In der Einlaufzeit braucht der Motor etwas mehr Schmiermittel.
○ Der Ölverbrauch ist (wie auch der Kraftstoffkonsum) von der Fahrweise abhängig: Hohe Drehzahlen kosten Öl und Sprit.
○ Zu hohe Drehzahlen in der Einfahrzeit können dauerhaften Öldurst verursachen.
○ Ölüberfüllung bewirkt höheren Verbrauch, das »Zuviel« gelangt über die Kurbelgehäuse-Entlüftung in die Brennräume und wird dort verbrannt.
○ Motorundichtigkeiten. Kontrollieren Sie, wie im Motor-Kapitel beschrieben.
○ Dünnflüssiges Öl verbrennt schneller als dickflüssiges. Einbereichsöl wird in heißem Zustand dünn wie Wasser, und entsprechend höher ist der Verbrauch. Mehrbereichsöl bleibt dickflüssiger.
○ Mehrbereichsöl, das zu lange im Motor bleibt, wird etwas dünnflüssiger, die oberste Zähflüssigkeitsklasse »geht verloren«, entsprechend steigt der Nachfüllbedarf.
○ Defekt im Motor; z. B. Ventilschaftabdichtungen defekt, Spiel zwischen Ventilführung und Ventilschaft zu groß, Kolbenringe schadhaft oder bei einer Reparatur falsch eingebaut, beschädigte Zylinderwand durch Kolbenfresser.

Ihr Motor verbraucht kein Öl?

Im winterlichen Kurzstreckenbetrieb kann es vorkommen, daß der Ölstand zwischen den Messungen überhaupt nicht abnimmt oder gar ansteigt. Das ist kein Grund zur Freude, denn dann ist das Motoröl durch Kraftstoff und Kondenswasser verdünnt. Diese in ihrer Schmiereigenschaft wesentlich beeinträchtigte Ölfüllung sollte durch eine regelmäßige, längere Fahrt »aufgekocht« werden, damit die Kondensate verdunsten. Sofort anschließend den Ölstand kontrollieren, da der Pegel durch die verdunsteten Benzin/Wasser-Anteile erheblich absinkt! Bei extremem Stadtbetrieb ohne zwischenzeitliche Langstreckenfahrt sollten Sie das Öl vor den üblichen Intervallen wechseln; evtl. schon nach 3000 km oder vier Monaten.
Im Winter rechnet man mit einem Kraftstoffanteil im Öl von 2–5%, wobei ein Einspritzmotor durch die besser dosierte Kaltstartanreicherung weniger Benzin im Motoröl hat als ein Vergasermotor.

Die richtige Ölspezifikation

Da bei den relativ langen 15000-km-Ölwechselintervallen die Gefahr von Ölschlammbildung besteht, gibt es von Volkswagen seit 1987 strenge Ölvorschriften, die auch rückwirkend für die älteren Modelle gelten.
○ Herkömmliches Motoröl auf Mineralölbasis muß der **VW-Norm 50101** entsprechen. Dann besitzt es die notwendigen Reinigungseigenschaften zur Verhinderung von Ölschlamm.
○ Leichtlauföle verringern die innere Reibung im Motor. Sie müssen der VW-eigenen Norm **VW 50000** entsprechen.
○ Nur wenn kein Öl der genannten Spezifikationen verfügbar ist, darf Mehrbereichs- oder Einbereichsöl der Kategorie API SF oder API SG zum Nachfüllen verwendet werden.

Fingerzeig: Faktoren wie Ölpreis oder Herkunft sagen nichts über die Ölqualität aus!

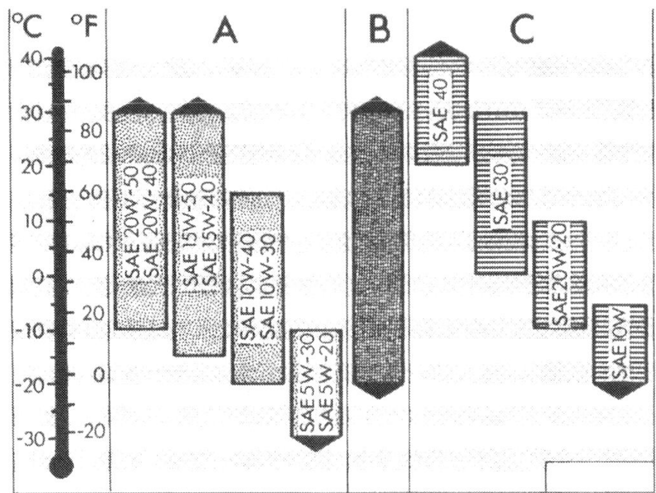

Die Grafik zeigt die Ölviskositäts-Empfehlungen von Volkswagen:
A – Mehrbereichsöle nach VW-Norm 501 01;
B – Leichtlauföle nach VW-Norm 500 00;
C – Einbereichsöle nach API-Norm SF oder SG.
Die genannten Werte verstehen sich als Dauertemperaturen. Kurzzeitige Schwankungen spielen keine Rolle.

Zähflüssigkeit des Öls

Das Fließverhalten des Öls – also die Dick- bzw. Dünnflüssigkeit – muß für die Verwendung im Fahrzeugmotor abgestimmt sein. Zwei Kriterien gilt es zu erfüllen:

○ Es darf nicht zu dickflüssig sein, denn der Anlasser muß den kalten Motor durchdrehen können, und die Schmierstellen des Motors müssen nach dem Kaltstart sofort versorgt werden.

○ Es darf nicht zu dünnflüssig sein, denn kann sonst der Schmierfilm bei hohen Temperaturen und Drehzahlen »abreißen«.

SAE-Klassen

Die amerikanische **S**ociety of **A**utomotive **E**ngineers hat die Öle entsprechend ihrer Zähflüssigkeit in Klassen eingeteilt. Die reichen bei Motorölen vom dünnflüssigen **W**interöl SAE 5 W, 10 W, 15 W über die Zwischenstufe SAE 20 W/20 zu den dickflüssigen Sommerölen SAE 30, 40 und 50.

Einbereichsöl

Das billigste Motoröl war früher Einbereichsöl. Für einwandfreie Motorschmierung mußte entsprechend der Jahreszeit dick- oder dünnflüssiges Einbereichsöl im Motor sein. Einbereichsöl ist heute kaum noch an der Tankstelle oder im Supermarkt erhältlich, findet aber in Fuhrparks noch häufig Verwendung. Für die Verwendung im Polo/Derby wird es von VW bestenfalls als Notlösung geduldet.

Mehrbereichsöl

Aufwendiger in der Herstellung und deshalb auch teurer als Einbereichsöl ist das heute gebräuchliche Mehrbereichsöl. Es besitzt als Viskositätsindex-(VI-)Verbesserer lange Molekülketten, die beim Erhitzen quellen und beim Abkühlen wieder schrumpfen. Das Öl kann sich damit den Temperaturen elastisch anpassen und mehrere Viskositätsklassen überspannen. Ein Öl SAE 15 W-50 entspricht bei einer Temperatur von – 15° C der Zähflüssigkeitsklasse 15 W und bei 100° C der Klasse 50.

Problematisch ist bei Mehrbereichsölen auf Mineralölbasis, daß die Molekülketten ihrer Viskositäts-Verbesserer mit der Zeit abgeschert werden können. Dann ist die obere Zähflüssigkeitsklasse nicht mehr voll erhalten, das Öl also nicht mehr so temperaturbeständig. Aus diesem Grund sind Mehrbereichsöle der Klassen SAE 10 W-30 und 10 W-40 in der warmen Jahreszeit für die VW-Motoren nicht freigegeben.

Das richtige Motoröl für den VW

Zwei Kriterien entscheiden beim Kauf des richtigen Motoröls. Das Öl muß haben:

○ Die richtige **Ölspezifikation.** Etikettenschwindel auf der Packung ist da äußerst selten, denn die Ölfirmen überwachen sich gegenseitig.

○ Die richtige **Ölviskosität** (Zähflüssigkeit). Sie hängt von der überwiegenden Außentemperatur ab und kann der Grafik oben entnommen werden.

Zusätze zum Motoröl

«Das Verwenden von Zusatzmitteln – gleich welcher Art – in Schmierölen verstößt gegen unsere Betriebsanleitung. Schäden, die durch solche Mittel entstehen, sind von der Gewährleistung ausgeschlossen.« Das ist die Meinung von Volkswagen zu Ölzusatzmitteln. Ob die Mehrkosten für Ölzusätze eine entsprechende Lebensverlängerung des Motors bewirken, bleibt – vor allem bei Verwendung von Hochleistungsölen – fraglich.

Alles über den Ölwechsel

Wo Öl wechseln?

○ In den Werkstätten kostet der Ölwechsel nach unseren Erfahrungen das meiste Geld, weil nur sehr teure Ölsorten vorrätig sind. Außerdem ist der Motor oft schon wieder kalt, bis das alte Öl abgelassen wird, so daß nicht aller Schmutz herausgeschwemmt wird. Manche Werkstätten berechnen die Arbeit für den Ölfilterwechsel zusätzlich zum Ölpreis.

○ An Tankstellen kommt der Wagen meist sofort dran. Sie können auch ein billigeres Öl aus dem Tankstellenverkaufsprogramm auswählen, und im Ölpreis ist die Arbeit des Tankwarts inbegriffen.
○ Gegen den SB-Ölwechsel mit Absauggerät an der Tankstelle bestehen keine Bedenken, vorausgesetzt der Ölfilter wird ebenfalls ausgetauscht.
○ Ölwechsel zu Hause lohnt sich, wenn Sie das Öl preisgünstig einkaufen (Zubehörhandel, Großmarkt, Warenhaus oder Mitnahme-Öl an der Tankstelle).

Wie oft Öl wechseln?

○ Die Werksvorschrift fordert **einmal jährlich** einen Ölwechsel, sofern die Jahres-Fahrleistung bei Fahrzeugen ab 8/82 **unter 15000** bzw. bei Fahrzeugen bis 7/82 unter **7500 km** liegt.
○ Bei **höherer Fahrleistung** sind die Kilometer-Intervalle bindend. Dann gilt:
○ **Ab 8/82:** Ölwechsel **alle 15000 km**,
○ **bis 7/82:** Ölwechsel **alle 7500 km**.

Fingerzeig: Läuft der VW ausschließlich im Kurzstreckenbetrieb, empfiehlt sich ein halbjährliches Ölwechsel-Intervall. Termin ist dann Frühjahr und Herbst, denn das winters verstärkt auftretende Kraftstoffkondensat sollte vor der warmen Jahreszeit mit dem Öl abgelassen werden. Ungeachtet dessen sind noch kürzere Intervalle empfehlenswert, wenn der Ölstand winters durch Kraftstoffkondensat steigt.

Was wird gebraucht?

Folgende »Zutaten« benötigen Sie zum Ölwechsel:
○ Motoröl nach den entsprechenden Spezifikationen (preisgünstig im 5-Liter-Kanister).
○ Ein Ölfilter, z.B. Teile-Nr. 056 115 561 G oder unter verschiedenen Herstellerbezeichnungen im Zubehörhandel.
○ Einen neuen Dichtring für die Ölablaßschraube.
○ Auffangefäß für das Altöl. Ein alter Ölkanister mit herausgeschnittener Seitenwand oder eine ausgediente Spülschüssel leisten hier gute Dienste.
○ Ein Altölkanister dient zum Wegschaffen des Altöls.
○ Mit einer Ölkanne erleichtert man sich das Einfüllen des frischen Motoröls.
○ Ein Spannbandschlüssel ermöglicht das Lösen des Filters.

Wohin mit dem Altöl?

Das beim Ölwechsel abgelassene Öl muß ordnungsgemäß beseitigt werden. Wer es einfach im Erdreich versickern läßt, vergräbt oder in die Kanalisation schüttet, verunreinigt das Grundwasser, gefährdet die Trinkwasserversorgung und muß mit hohen Geldstrafen rechnen. Altöl kann man kostenlos dort abgeben, wo man Motoröl kauft (Kaufquittung aufbewahren) oder bei einer nahegelegenen Altölsammelstelle. Deren Adresse erfahren Sie von der Gemeindeverwaltung, der örtlichen Polizei oder einer Autoclub-Geschäftsstelle.

Fingerzeig: Das verbrauchte Altöl wird von spezialisierten Firmen bei Tankstellen, Werkstätten usw. eingesammelt und der Wiederverarbeitung zugeführt. Voraussetzung für die Verarbeitung des Altöls ist, daß keine Fremdstoffe beigemischt sind, andernfalls ist das Altöl lediglich noch Abfall, dessen Beseitigung Geld kostet.

Die Ölablaßschraube sitzt in Fahrtrichtung vorn an der Ölwanne. Zum Lösen ist ein Ringschlüssel das am besten geeignete Werkzeug.

So wird der Spannbandschlüssel (1) zum Losdrehen des Ölfilters (2) angesetzt.

Motoröl und Ölfilter wechseln

Wartung Nr. 1 und 22

- Öl nur bei betriebswarmem Motor wechseln! Deshalb den Wagen evtl. warmfahren.
- Den Polo/Derby möglichst waagrecht aufbocken (abstützen!) oder über eine Rampe fahren.
- Geeignetes Gefäß unter die Ölwanne stellen.
- Ablaßschraube mit Ringschlüssel öffnen; sie sitzt in Fahrtrichtung vorn. Öl auslaufen lassen – Vorsicht, es ist heiß und kommt im Bogen herausgeflossen!
- Haben Sie den VW nur vorn aufgebockt, sollten Sie ihn zum völligen Auslaufenlassen des Altöls nochmals ablassen. Aufpassen, daß dabei das Auffanggefäß nicht beschädigt oder umgekippt wird.
- Auffanggefäß unter den Ölfilter stellen.
- Ölfilter mit dem Bandschlüssel lösen. Bei sehr festsitzendem Filter einen scharfen Schraubendreher durch das Blechgehäuse des Filters treiben (Vorsicht, heißes Öl läuft aus) und Filter mit dem Schraubendreher losdrehen.
- Dichtring am neuen Ölfilter mit etwas Fett einreiben. Kein Öl nehmen, das bei der Sichtkontrolle zum Schluß oft fälschlicherweise für austretendes Öl gehalten wird.
- Filter ohne irgendwelches Werkzeug von Hand festdrehen.
- Ölablaßschraube sauberreiben und mit neuem Dichtring eindrehen; nicht anknallen, sonst wird das Führungsgewinde in der Ölwanne beschädigt.
- Öl einfüllen.
- Motor kurz laufen lassen. Bis die Ölpumpe den Filter gefüllt hat, blinkt bzw. leuchtet die Öldruckkontrolle, und bei einem älteren Motor kann kurzes Lagerklappern hörbar werden.
- Motor abstellen, Öldichtheit kontrollieren.

Fingerzeig: Einen gebrauchten Ölfilter nicht in die Hausmülltonne werfen, sondern – wie auch ölgetränkte Lappen – zum Sondermüll geben (Adresse von der Gemeindeverwaltung erfragen).

Die Ölfüllmenge

Motor	Schlepphebelmotor 29–44 kW bis 7/85, 55 kW bis 7/89	Hydrostößelmotor 33/40 kW ab 8/85, 55 kW ab 10/89, 85 kW bis 7/90	Hydrostößelmotor 83 kW ab 1/91
mit Filterwechsel	ca. 3,0 l	ca. 3,5 l	ca. 3.25 l
ohne Filterwechsel	ca. 2,5 l	ca. 3,0 l	ca. 2,75 l

Getriebe auf Dichtheit prüfen

Wartung Nr. 30

Im Getriebe wird das Schmiermittel nicht wie im Motor verbraucht, sondern kann allenfalls durch undichte Stellen ins Freie gelangen. Zeigt das Getriebegehäuse von außen keine öldurchtränkte Schmutzkruste, ist dieser Wartungspunkt schon erledigt. Andernfalls muß der Ölstand geprüft werden. Die Kontroll- und Einfüllschraube sitzt in Fahrtrichtung links neben der Getriebeaufhängung.

- Fahrzeug waagrecht aufbocken.
- Innensechskantschraube 17 mm herausdrehen.
- Läuft nun bereits etwas Getriebeöl heraus, stimmt der Ölstand.
- Andernfalls Finger in das Schraubengewinde stecken und fühlen, ob die Schmierflüssigkeit bis an die Öffnung heranreicht: Ausreichender Ölstand.
- Bei größerem Ölmangel an der Tankstelle oder in der Werkstatt die vorgeschriebene Getriebeölsorte einfüllen lassen.

Die Kontrollschraube (Pfeil) für den Getriebeölstand sehen Sie bei geöffneter Motorhaube (links) in Fahrtrichtung links neben der Getriebeaufhängung. Im rechten Bild der Blick bei abgenommenem Vorderrad. Als Werkzeug brauchen Sie einen kurzen Steckschlüssel für Innensechskant 17 mm.

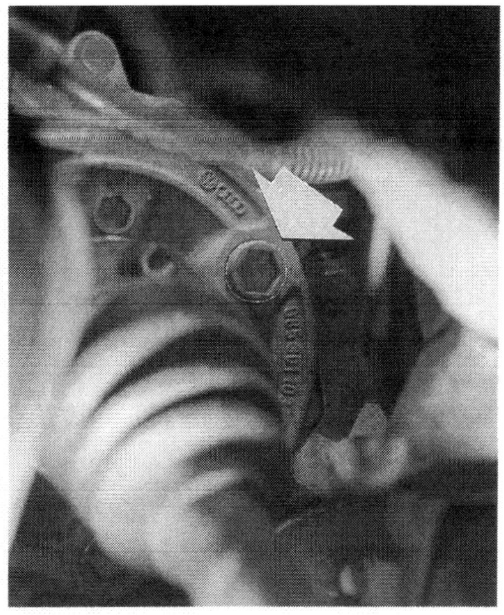

Fingerzeig: Das eigenhändige Einfüllen des sehr zähflüssigen Getriebeöls mittels Trichter und langem Schlauch ist selbst bei angewärmtem Öl eine gehörige Geduldsprobe. Nicht empfehlenswert. Besser geht es mit speziellen Nachfülldosen und angeschlossenem Schlauch.

Die richtige Getriebeölsorte

An einen Getriebeölwechsel brauchen Sie nicht mehr zu denken. Das Getriebe ist mit einer Dauerfüllung versehen, aus der eventueller Abrieb durch Magnete herausgefischt wird.
VW gibt nur noch die folgende Ölviskosität und -spezifikation für den Polo/Derby frei:
○ Synthetiköl SAE 75 W-90 mit der VW-Spezifikation G 50 (Teile-Nr. G 005 000).

Schmierstellen versorgen

Wartung Nr. 3 und 19

Der Serviceplan von Volkswagen sieht nur wenige Schmierstellen an unserem VW vor. Aus unserer langjährigen Praxis wissen wir aber, daß eine zusätzliche Schmierration manches auf Dauer leichtgängig hält, was sonst quietscht, klemmt, reißt oder rostet.

Zündverteiler

Bei herkömmlicher Zündanlage soll beim Austausch der Unterbrecherkontakte das Gleitstück des Unterbrecherhammers geschmiert werden. Aber Vorsicht – wer im Verteiler zu ausgiebig mit Fett hantiert, kann Zündprobleme verursachen, wenn das Schmiermittel zwischen die Unterbrecherkontakte gelangt.

- Verteilerdeckel, -finger und Staubschutzdeckel abnehmen.
- Damit das Gleitstück des Unterbrecherhammers nicht vorzeitig auf der Zündverteilerwelle abgeschliffen wird, erhält die vierkantige Nockenbahn der Welle eine dünne Schicht des Bosch-Fettes Ft 1 v 4.
- Am Gleitstück wird eine stecknadelkopfgroße Menge desselben Fettes an jener Seite aufgetragen, die zur Lagerwelle des Unterbrecherhammers hin zeigt.

Links: Zum Schmieren der beweglichen Teile des Türschlosses eignet sich am besten ein Silikon-Schmierspray oder Silikonpaste. Diese Schmiermittel hinterlassen keine Fettflecken, wenn man versehentlich mit einem Kleidungsstück ans Türschloß gerät.
Rechts: Die Stelle, wo der Kupplungszug in seine Seilhülle eintritt, ist durch eine Gummimanschette geschützt. Es kann aber nicht schaden, wenn Sie die Manschette gelegentlich abziehen und an dieser Stelle etwas wasserbeständiges Mehrzweckfett anstreichen.

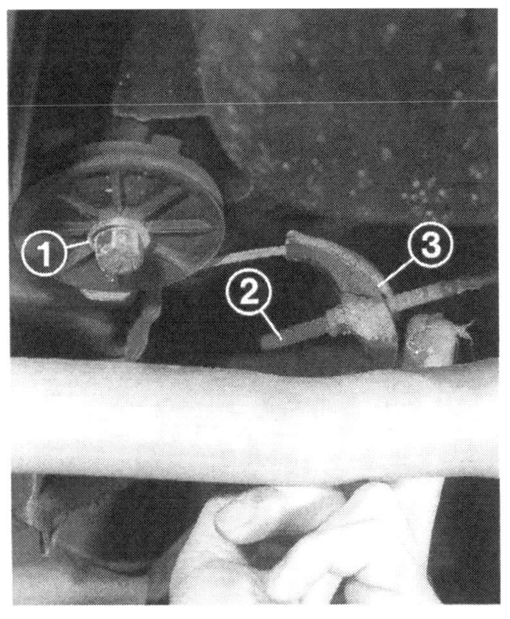

Links: der Handbremszug bis 7/84. Geschmiert werden müssen die Aufhängung (1) der Umlenkrolle, das Gewindestück (2) für die Seilzugeinstellung und das bogenförmige Ausgleichstück (3).
Rechts: Zusätzlich sollten noch sämtliche Stellen mit wasserbeständigem Fett behandelt werden, wo der Handbremszug in seine Seilzughülle (4) eintritt.

Türen und Klappe hinten

- Die Türscharniere sind eigentlich wartungsfrei. Dennoch hin und wieder etwas Öl anzusprühen; abtropfendes Schmiermittel abwischen.
- Für die Schloßfalle (Bild auf der vorangegangenen Seite unten links) der Türen und der hinteren Klappe verwenden Sie am besten Silikonpaste oder ein Schmierspray.
- Die Türfeststeller oder Türhaltebänder werden mit etwas Mehrzweckfett oder ebenfalls mit Silikonpaste bestrichen.
- Die Heckklappenscharniere können Sie mit etwas Öl besprühen. Vorsicht am Dachhimmel an der Dachhinterkante.

Schließzylinder

Besonders gefährdet in der Winterzeit ist der Schließzylinder der Heckklappe. Er kann durch Schmutz und Salzkristalle blockiert werden. Dann muß meist ein neuer Schließzylinder her. Besser ist vorbeugende Pflege.

- Sprühen Sie spätestens zu Beginn der kalten Jahreszeit etwas Rostlöser-Isolierspray oder Waffenöl in den Schlüsselschlitz.
- Am Heckklappen-Schließzylinder winters gelegentlich nachsprühen.

Motorhaube

- Entriegelungszug der Motorhaube von einem Helfer im Wageninnern ziehen lassen.
- An der Stelle, wo der Seilzug aus der Umhüllung kommt, etwas Fett anstreichen und durch mehrmalige Hebelbewegung in die Zugumhüllung ziehen.
- Der Schließzapfen der Motorhaube und das eigentliche Motorhaubenschloß mit etwas Fett bestreichen oder Schmierspray auftragen.
- Die Achsen der Motorhaubenscharniere erhalten etwas Öl oder Schmierspray.

Kupplungszug

- Im Motorraum am Getriebe den Kupplungshebel etwas hochziehen, so daß das Endstück locker an der Hebelnase hängt.
- In den Zwischenraum etwas Fett oder Schmierpaste streichen.
- Am Ende der Seilzugumhüllung etwas Fett um den Seilzug auftragen und durch mehrmaliges Kupplungspedaltreten in die Zughülle ziehen.

Gasbetätigung

- Von einem Helfer bei ausgeschaltetem Motor das Gaspedal durchtreten lassen.
- An allen sich hierbei bewegenden Stellen die Schmutzkruste abreiben und anschließend etwas Öl ansprühen, während ein Helfer ein paar Mal das Gaspedal bewegt.

Handbremszüge

Die Betätigung der Handbremse erfolgt je nach Baujahr auf unterschiedliche Weise, siehe Kapitel »Bremsen«. Geschmiert werden müssen beide Ausführungen. Dazu verwendet man am besten ein wasserbeständiges Mehrzweckfett, z. B. »Molykote BR 2 Plus«, das auch für die Schmierung der hinteren Radlager geeignet ist.

- Bis 7/84 müssen die Umlenkrolle links am Wagenboden und das bogenförmige Ausgleichstück geschmiert werden (Bild oben links).
- An allen Modellen die Züge an der Stelle, wo die Züge in ihre Umhüllung eintreten, einen korrosionshemmenden »Fettkragen« aufstreichen.

Schiebedach

- Gleitschienen sauberreiben.
- Schienen mit Silikonpaste oder -spray fetten.
- Mit gewöhnlichem Fett besteht die Gefahr, daß der Dachhimmel verschmutzt wird.

Querlage

Charakteristisches Merkmal fast aller heutiger Klein- und vieler Mittelklassewagen ist der quer eingebaute Frontmotor. Diese Art des Einbaus erfordert weniger Platz im Motorraum, so daß mehr Raum für die Insassen zur Verfügung steht.

Blick unter die Motorhaube

Die Triebwerke in der Modellreihe Polo/Derby unterscheiden sich nicht nur in Hubraum und Leistung, sondern auch in der Art der Ventilbetätigung. Die grundlegende Änderung setzte im August 1985 ein: Während bei den bis zu diesem Zeitpunkt gebauten Triebwerken das Ventilspiel regelmäßig nachgestellt werden mußte, kommen die neueren Maschinen ohne Ventilnachstellung aus. Wir nennen im folgenden die ältere Motorenbaureihe (Baumusterbezeichnung EA 801) »Schlepphebelmotor«. Dazu zählen alle bis 7/85 gebauten Triebwerke sowie die bis 7/89 weitergebaute 1,3-Liter-Version mit 55 kW. Die wesentlich überarbeiteten Motorvarianten seit 8/85 (Baumuster EA 111) heißen dagegen »Hydrostößelmotor«. Wenn Sie einen Blick auf die Motorraumbilder ab Seite 16 werfen, erkennen Sie, daß sich die beiden Motorgenerationen bereits durch den Zylinderkopfdeckel äußerlich deutlich unterscheiden.
Zur genauen Identifizierung tragen die Motoren in Fahrtrichtung vorn rechts zwischen Zahnriemenabdeckung und Auspuffkrümmer vor ihrer Seriennummer Kennbuchstaben. Die folgenden Motoren sind in diesem Band beschrieben:

Kurzbezeichnung	1,05	1,05	1,05 US-Kat	1,05 US-Kat	1,1	1,1 Formel E	1,3	1,3
Hubraum cm³	1043	1043	1043	1043	1093	1093	1272	1272
Leistung kW	29	33	33	33	37	37	40	40
Kennbuchstaben	GL	HZ	AAK	AAU	HB bis 799999	HB ab 800000	HK	MH
Bauzeit	11/81–7/85	8/85–10/89	11/89–7/90	ab 10/90	10/81–7/83	10/81–7/83	8/83–7/85	8/85–12/88
Kurzbezeichnung	1,3 US-Kat	1,3 US-Kat	1,3	1,3	1,3 US-Kat	1,3 G40	1,3 G40 US-Kat	
Hubraum cm³	1272	1272	1272	1272	1272	1272	1272	
Leistung kW	40	40	44	55	55	85	83	
Kennbuchstaben	NZ	AAV	HH	GK	3F	PY	PY	
Bauzeit	2/87–12/90	ab 1/91	10/81–7/83	11/82–7/89	ab 10/89	5/87–7/90	ab 1/91	

Die Einzelteile des Motors

Wer sich für die Funktion des Motors interessiert, findet nachstehend die wichtigsten Teile herausgegriffen und beschrieben. Nach diesen einführenden »Vorbemerkungen« kommen wir zu den Wartungs- und Reparaturarbeiten.

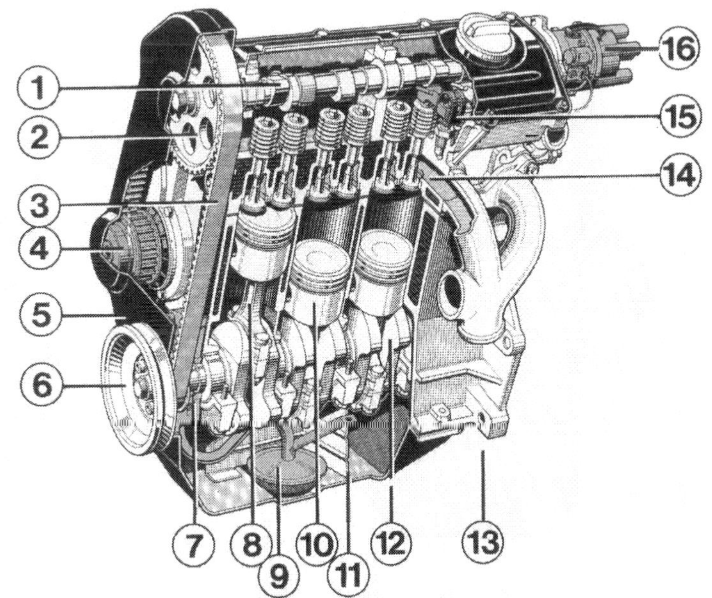

Der aufgeschnittene Schlepphebelmotor zeigt:
1 – Nockenwelle;
2 – Nockenwellenrad;
3 – Zahnriemen;
4 – Wasserpumpe;
5 – Zahnriemen-Schutzhaube;
6 – Kurbelwellen-Keilriemenscheibe;
7 – Ölpumpe;
8 – Pleuel;
9 – Ölansaugrohr;
10 – Kolben;
11 – Ölwanne mit Schlingerblech;
12 – Kurbelwelle mit Gegengewichten;
10 – Auspuffkrümmer;
14 – Auslaßventil des 3. Zylinders;
15 – Schlepphebel mit Haltefeder;
16 – Zündverteiler.

Kolben und Zylinder

Die aus Leichtmetall gegossenen Kolben besitzen eine Stahleinlage, welche die Wärmedehnung verringert. Im oberen Drittel jedes Kolbens sind drei Kolbenringe elastisch in entsprechende Nuten im Kolben eingebettet. Sie drücken federnd gegen die Zylinderwand. Die beiden oberen Kolbenringe verwehren dem Gasgemisch den Weg aus dem Verbrennungsraum nach unten ins Kurbelgehäuse, während der untere Ölabstreifring verhindert, daß allzuviel Schmiersaft vom Kurbelgehäuse in den Brennraum gelangt.
Der Kolbenboden ist bei den meisten Motorversionen mit einer tiefen Mulde ausgeformt; Näheres dazu finden Sie unter »Die Brennraumform«.
Die Zylinder, in denen die Kolben auf und ab laufen, sind in das Graugußmaterial des Motorblocks eingearbeitet. Die Zylinderbohrungen sind im sogenannten Kreuzschliff gehont (geschliffen). Die Wandungen dürfen nicht völlig glatt sein, weil sonst das zur Schmierung notwendige Öl nicht daran haften kann. Die Bohrungen der Zylinder sind um 0,03 mm weiter als die zugehörigen Kolben. Bis zu drei Mal können die Zylinderlaufbahnen bei Motorüberholungen ausgeschliffen werden.

Kurbelwelle und Pleuel

Aufgabe der Kurbelwelle ist es, die geradlinige Bewegung der in den Zylindern auf und ab laufenden Kolben in eine Drehbewegung umzusetzen. Die zu den Kolben führenden Verbindungsstangen – die Pleuel – wirken deshalb, wie bei einer Andrehkurbel, versetzt zur Mittelachse der Kurbelwelle. Die einzelnen Kurbeln sind um 180° zueinander versetzt, stehen sich also entgegengesetzt gegenüber. Für vibrationsarmen Lauf sitzen an der gegenüberliegenden Seite der Kurbelzapfen acht Gegengewichte.
Um ein Durchbiegen der Kurbelwelle im Betrieb zu vermeiden, ist sie an fünf Stellen im Motorblock gelagert. Jede »Kurbel«, auf der eine Pleuelstange sitzt, ist also rechts und links durch ein Motorlager gestützt.
In Fahrtrichtung links sitzt auf der Kurbelwelle eine Scheibe mit dem Zahnkranz für das Ritzel des Anlassers. Das ist die Schwungscheibe, auf welche die Kupplung und damit die Verbindung zum Getriebe montiert wird. Am anderen Ende der Kurbelwelle ist das Antriebsrad für den Zahnriemen sowie die Keilriemenscheibe angeschraubt.
Die vier Pleuel sind mit auswechselbaren Lagerschalen auf den Kurbelwellenzapfen montiert. In ihrem anderen Ende tragen sie Bronzebuchsen für die Kolbenbolzen, die »schwimmend« gelagert sind. Darunter ist zu verstehen, daß sich Kolben und Kolbenbolzen auf dem Pleuel etwas zur Seite bewegen können.

Zylinderkopf und Nockenwelle

Aus Gewichtsgründen und wegen der besseren Wärmeleitfähigkeit ist der Zylinderkopf aus Leichtmetall gegossen. Die Ventilsitze werden bei erhitztem Zylinderkopf eingesetzt, dadurch sind sie nach dem Abkühlen fest »eingeschrumpft«. Die Zündkerzen sind jeweils direkt in eingeschnittene Gewinde im Zylinderkopf eingeschraubt. Dadurch kann man das Gewinde beschädigen, wenn eine Zündkerze schräg angesetzt und mit Gewalt eingedreht wird.
Ganz oben im Zylinderkopf sitzt die Nockenwelle. Mit ihren eiförmigen Nocken veranlaßt sie die Ventile zum Öffnen und Schließen bei bestimmten Kolbenstellungen. Sie bestimmt damit die sogenannten Ventilsteuerzeiten. Bei den Motoren mit Schlepphebeln ist die Nockenwelle dreifach gelagert, bei den Motoren mit hydraulischen Tassenstößeln läuft sie in fünf Lagern. Den Nockenwellenantrieb besorgt die Kurbelwelle über einen Zahnriemen.
Von rechts nach links gesehen hängen die Ein- und Auslaßventile abwechselnd nacheinander im Zylinderkopf. Das Benzin/Luft-Gemisch gelangt von der hinteren Motorseite in die Verbrennungsräume und verläßt sie nach der Zündung über den Auspuffkrümmer vorn. Einlaß- und Auslaßseite liegen sich also gegenüber, was man in der Fachsprache mit »Querstromkopf« bezeichnet.

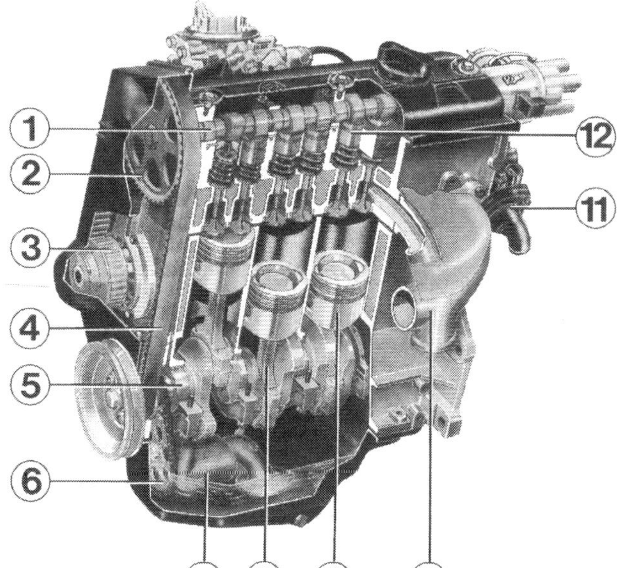

Der Hydrostößelmotor läßt einen Blick in sein Inneres werfen:
1 – Nockenwelle;
2 – Nockenwellen-Riemenrad;
3 – Wasserpumpe;
4 – Zahnriemen;
5 – Kurbelwelle;
6 – Zahnrad der Ölpumpe (7);
8 – Pleuel;
9 – Kolben;
10 – Auspuffkrümmer;
11 – Thermostatgehäuse;
12 – Hydrostößel.

Die beiden Zeichnungen zeigen das HCS-Prinzip. Das einströmende Gemisch ist rot dargestellt und gelangt am geöffneten Ventil (1) vorbei in den Brennraum (5), der sich im Kolbenboden befindet. Die Quetschkante (2) des Kolbens (3) sorgt für gute Gemischverwirbelung. Bei höchster Kolbenstellung verbleibt ein Quetschspalt (4) von 0,6 mm Höhe.

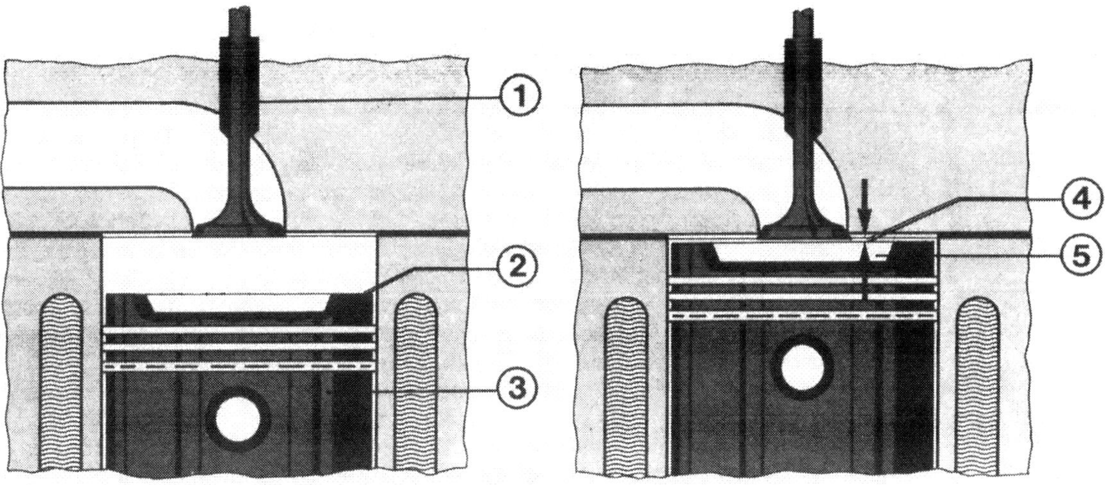

Erwähnenswert ist noch, daß die Nockenwelle über einen Mitnehmer direkt den Zündverteiler und bei Vergasermotoren über einen Exzenter die Benzinpumpe antreibt.

Die Brennraumform

Mit der Einführung der Polo/Derby-Baureihe der zweiten Generation wurde ein auf 9,3:1 hochverdichtetes 29-kW-Normalbenzin-Triebwerk vorgestellt. Beabsichtigt war eine Senkung des Kraftstoffverbrauches. Im Zuge einer geringfügigen Hubraumerhöhung von 0,9 auf 1,05 Liter konnte auch die Motordrehzahl abgesenkt werden, was gleichzeitig die Geräuschentwicklung verringert.
Kennzeichen dieses Motors ist das »HCS«-Verbrennungsverfahren. Die Abkürzung steht für »High Compression and Squish«, zu deutsch »Hohe Verdichtung und Quetschspalt«. Dazu wird der Brennraum in den Kolben gelegt, der Zylinderkopf ist dagegen über dem Kolben völlig plan. Der Fachmann spricht hier von einem Heron-Brennraum. Zwischen dem in seiner höchsten Stellung stehenden Kolben und dem Zylinderkopf verbleibt ein ganz kleiner Quetschspalt, der für eine besonders gleichmäßige Gemischverwirbelung und dadurch klopffreie Verbrennung sorgt.
Da das HCS-Verbrennungsverfahren besonders exakt gefertigte Zylinderköpfe verlangt, wurden die 37- und 44-kW-Motoren noch mit herkömmlichen Brennräumen geliefert. Als extrem hoch verdichtete (11:1) HCS-Version erschien 1982 der 55-kW-Motor im Polo Coupé, der Superbenzin erfordert. Mit Einsatz des 40-kW-Motors im August 1983 war die HCS-Baureihe komplett. Alle späteren Motoren bis hinauf zum G40-Triebwerk arbeiten ebenfalls mit dieser Brennraumform.

Die Ventilbetätigung

Die Ventile werden von der Nockenwelle auf kürzestem Übertragungsweg gesteuert; bei unseren Motoren allerdings auf zweierlei Weise.

Schlepphebel

Bei den bis 7/85 gebauten Motoren und den 55-kW-Versionen bis 7/89 drücken die Nocken auf eine Art Zwischenlager – die Schlepphebel –, die dann die Ventile gegen die Kraft der Ventilfedern nach unten drücken. So wird ein Spalt zwischen Ventilteller und Ventilsitz frei, das Ventil öffnet. Beim Weiterlaufen des Nockens drücken die Ventilfedern das Ventil wieder zu. In Fahrtrichtung vorn sitzen die Schlepphebel auf Kugelschrauben im Zylinderkopf.

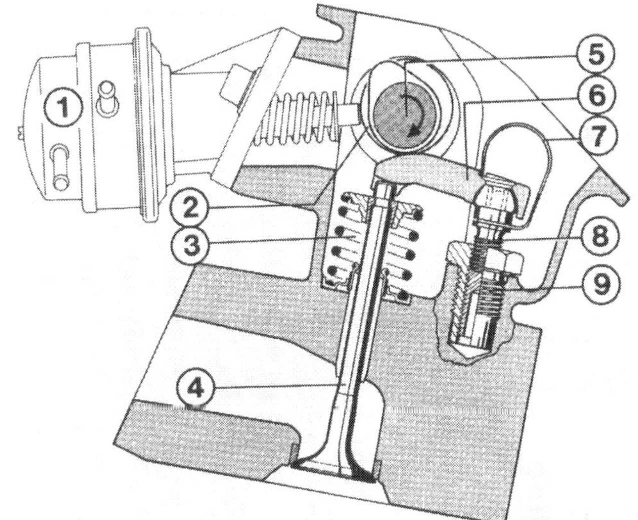

Die Ventilbetätigung des Schlepphebelmotors: Zum Öffnen eines Ventils (4) drückt der Nocken auf der Nockenwelle (5) auf den Schlepphebel (6). Weiter bedeuten:
1 – Benzinpumpe;
2 – Exzenter für den Benzinpumpenantrieb;
3 – Ventilfeder;
7 – Haltefeder;
8 – Kugelschraube;
9 – Hülsenschraube.

Hydrostößel

Die seit 8/85 gebauten 33- bzw. 40-kW-Triebwerke und der G40-Motor besitzen Tassenstößel mit hydraulischem Spielausgleich; die 55-kW-Version jedoch erst seit 10/89. Durch diesen Spielausgleich muß kein Ventilspiel mehr eingestellt werden. Hydraulisch bedeutet, daß die Tassenstößel mit unter Druck gesetztem Motoröl arbeiten. Dazu gehören in der Hauptsache zwei bewegliche Teile – der Kolben und der Zylinder. Eine Feder drückt beide Teile so weit auseinander, daß zwischen dem betreffenden Nocken der Nockenwelle und dem Ventilschaft unter dem Hydrostößel kein Spiel mehr herrscht. Bei geschlossenem Ventil fließt Öl aus dem Schmierkreislauf des Motors durch eine seitlich umlaufende Ölnut in den Ölvorratsraum des Hydrostößels. Vom Vorratsraum kann das Öl weiter durch ein offenes Rückschlagventil in den Hochdruckraum im Stößel gelangen. Wenn der Nocken der Nockenwelle auf den Tassenstößel zu drücken beginnt, schließt das Rückschlagventil. Aus dem Hochdruckraum kann kein Öl mehr entweichen, Druck baut sich auf. Das eingeschlossene Öl läßt sich nicht zusammenpressen, es stellt jetzt eine starre Verbindung zwischen Nocken und Ventilschaft her – das Ventil wird geöffnet.

Nachdem das Ventil wieder geschlossen hat, entsteht ein geringfügiges Ventilspiel, da der Druck im Hochdruckraum vollständig abgebaut ist. Durch das entlastete Rückschlagventil kann aus dem Vorratsraum wieder Öl in den Hochdruckraum einströmen, während die Feder zwischen Kolben und Zylinder das Spiel im System beseitigt, bevor die nächste Ventilbetätigung erfolgt.

Fingerzeig: Damit beim Anlassen des Motors sofort Öl an den Hydrostößeln zur Verfügung steht, befindet sich im Zylinderkopf eine Ölrücklaufsperre. Damit erreicht man, daß der Ölkanal zu den hydraulischen Stößeln und den Nockenwellenlagern gefüllt bleibt. Dennoch ist es normal, wenn der Ventiltrieb nach dem Anlassen Geräusche entwickelt. Ursache hierfür ist, daß bei stehendem Motor Öl aus dem Stößel herausgedrückt wird. Wenn der Motor läuft, wird der Hochdruckraum wieder mit Öl befüllt, und das Geräusch verschwindet. Nach langen Standzeiten kann es aber so lange dauern, bis der Motor warmgefahren ist.

Der Zahnriemen

Als geräuscharmes Antriebselement für die obenliegende Nockenwelle dient der von der Kurbelwelle in Bewegung gesetzte Zahnriemen. Der gezähnte Gummiriemen mit Stahldrahteinlage arbeitet verschleißfrei, zumal die Gummimischung des Zahnriemens überdies für eine »Trockenschmierung« der Riemenscheiben sorgt.

Außer der Nockenwelle treibt der Zahnriemen die Wasserpumpe an, die als Spannvorrichtung dient.

Die Zylinderkopfdichtung

Die Dichtung zwischen Motorblock und Zylinderkopf hat einen schweren Stand: Sie soll dafür sorgen, daß die Verbrennungsräume und die Kanäle für Kühlmittel und Öl voneinander getrennt bleiben. Dabei muß sie enormen Temperatur- und Druckschwankungen widerstehen.

Das Schmiersystem

Im Motor verlangen eine ganze Reihe von Lagerstellen und Reibpartnern nach Schmierung. Das Motoröl muß von der Ölpumpe unter Druck dorthin gepumpt werden. Sie saugt das Öl durch einen Schnorchel mit Sieb an und drückt es in den Hauptstromfilter. Vom Filter aus gelangt das Öl über Bohrungen im Zylinderblock zu den Schmierstellen der Kurbelwelle und des Zylinderkopfes mit der Nockenwelle. Zurück fließt das Motoröl durch Bohrungen und kann für einen erneuten Durchlauf von der Ölpumpe in der Ölwanne angesaugt werden.

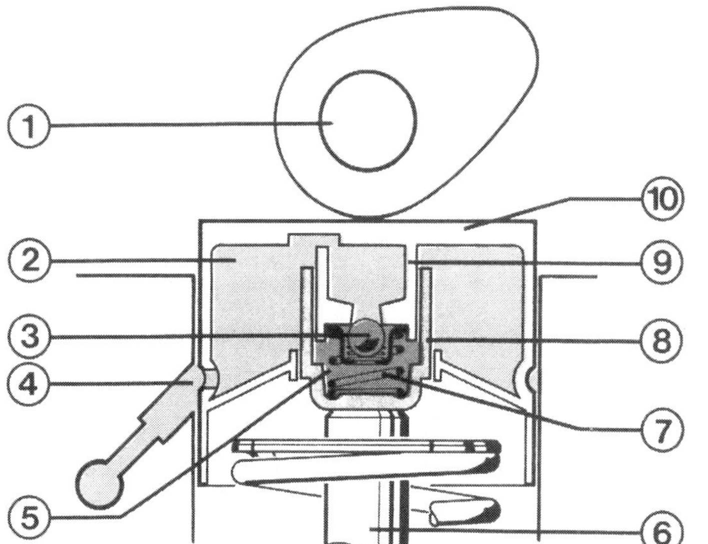

Die Ventilbetätigung mit Hydrostößel: Das unter Hochdruck gesetzte Öl ist rot dargestellt. Hellrot abgesetzt ist die zur Ventilbetätigung nicht benötigte Ölmenge.
Die Zahlen bezeichnen folgende Teile:
1 – Nocken der Nockenwelle;
2 – Ölvorratsraum;
3 – Rückschlagventil;
4 – Ölzulauf;
5 – Hochdruckraum;
6 – Ventilschaft;
7 – Druckfeder;
8 – Zylinder;
9 – Kolben;
10 – Hydrostößel.

Fingerzeig: Ist das Ölfilterpapier von Schmutz zugesetzt, weil der Filter nicht rechtzeitig gewechselt wurde, tritt ein Sicherheitsventil in Aktion. Es öffnet, der Filter wird umgangen. Damit ist die Ölversorgung zwar sichergestellt, aber ungefiltertes Motoröl bewirkt höheren Verschleiß an den Lagerstellen.

Die Ölpumpe

Rund 30 Liter Öl werden bei Vollgas in der Minute durch den Motor gepumpt. Der Antrieb der Ölpumpe erfolgt je nach Motor unterschiedlich:

○ Beim **Schlepphebelmotor** ist die Pumpe in Fahrtrichtung vorn direkt auf die Kurbelwelle gesetzt.

○ Am **Hydrostößelmotor ab 8/85** treibt eine Kette von der Kurbelwelle aus die darunterliegende Ölpumpe an.

Auch in der Arbeitsweise sind die bei unseren Motoren verwendeten Ölpumpen verschieden:

○ Der **Schlepphebelmotor** besitzt eine sogenannte Sichelpumpe. Ein kleineres Zahnrad sitzt auf der Kurbelwelle und wird von einem größeren innenverzahnten Rad umhüllt. Zwischen beiden befindet sich ein halbmondförmiges Trennstück – die Sichel –, das Kammern veränderlicher Größe entstehen läßt. Beim Umlauf der miteinander kämmenden Räder kann so das Öl angesaugt und weitergepumpt werden.

○ Der **Hydrostößelmotor** besitzt eine herkömmliche Zahnradpumpe. Zwei ineinandergreifende Zahnräder schaufeln das Öl einfach von der Saug- zur Druckseite.

Öltemperaturen

Für das Wohlbefinden des Motors ist die Öltemperatur ausschlaggebend. Allerdings besitzen unsere Modelle serienmäßig kein Ölthermometer, an dem Sie ablesen könnten, wie es um den Wärmehaushalt des Motors bestellt ist.

Falls Sie nachträglich ein Ölthermometer eingebaut haben: Volkswagen nennt 145°C in der Ölwanne als höchstzulässige Temperatur. Voraussetzung ist dabei allerdings ein wirklich hochwertiges Motoröl. Dagegen können an den Kolbenringen Temperaturen bis 300°C auftreten.

Gefährlicher als hohe Temperaturen sind zu niedrige Werte. Bei weniger als 60°C sind die Öl-Additive nicht voll wirkungsfähig, was erheblich höheren Verschleiß zur Folge hat. Deshalb sollten Sie nach Möglichkeit den Motor nach dem Kaltstart nicht über 3500/min drehen lassen, bis das Öl etwa 60°C erreicht hat. Mangels Ölthermometer gilt als Anhaltspunkt, daß das Motoröl im Winter und bei Kurzstreckenverkehr nach frühestens 10 Minuten 60°C erreicht hat; in der wärmeren Jahreszeit und bei zügiger Fahrt ist diese Temperatur dagegen schon nach etwa sechs Minuten erreicht.

Der Öldruck

Bei einer Öltemperatur von 80°C soll der Öldruck bei **2000/min** des Motors **mindestens 2 bar** erreichen. Das können Sie nur an einem nachträglich eingebauten Öldruckmesser ablesen. Als serienmäßige Kontrollmöglichkeit gibt es einen Öldruckschalter, der ab einem Druck von 0,15–0,45 bar die Warnleuchte im Kombi-Instrument verlöschen läßt. Seit 8/82 warnt ein zweiter Schalter vor zu niedrigem Druck bei höheren Motordrehzahlen. Sinkt der Öldruck bei mehr als 2150/min unter 1,8 bar bei den Schlepphebelmotoren bzw. 1,4 bar bei den Triebwerken mit Hydrostößeln, blinkt die Kontrolleuchte, und ein Warnsummer ertönt. Näheres zur Öldruckkontrolle finden Sie im Kapitel »Instrumente und Geräte«.

Wenn andererseits der Druck durch kaltes und sehr zähflüssiges Öl zu hoch ansteigt, öffnet ein Überdruckventil in der Ölpumpe den Weg zur Saugseite hin.

Wollen Sie den Öldruck Ihres Motors messen, muß der 0,3-bar-Öldruckschalter am Zylinderkopf (mit brauner Isolierung) herausgeschraubt und an seiner Stelle ein Manometer angeschlossen werden.

Bei diesem Motor mit Digifant-Einspritzung sitzt im Schlauch (2) der Kurbelgehäuse-Entlüftung ein Druckregelventil (1). Es verschließt die Entlüftung bei mehr als 0,7 bar Unterdruck, damit nicht zu viel Öl aus der Entlüftung in die Brennräume gelangen kann.

Die Kurbelgehäuse-Entlüftung

Auch ein gesunder Motor bläst in der Minute 50 bis 70 Liter Verbrennungsgase an den Kolbenringen vorbei ins Kurbelgehäuse. Dieser Druck muß aus dem Motor entweichen können, damit die Dichtungen nicht zu stark beansprucht werden. Das geschieht über die Kurbelgehäuse-Entlüftung. Die giftigen Gase aus dem Motorinnern werden in den Luftfilter bzw. Luftansaugstutzen zurückgeleitet und zur Verbrennung nochmals vom Motor angesaugt.

○ Bei unseren Motoren sitzt in Fahrtrichtung rechts hinten am Motorblock ein Entlüfteranschluß mit Schlauch und Ölabscheider.

○ Bei manchen Motoren sitzt in der Entlüftungsleitung noch ein Druckregelventil, das bei einem Unterdruck von mehr als 0,7 bar im Ansaugrohr die Kurbelgehäuse-Entlüftung schließt. So wird vermieden, daß zu viel Öl aus der Entlüftung in die Brennräume gesaugt werden kann.

Sichtprüfung des Motors

Wartung Nr. 11

● Betrachten Sie den Motor von oben und unten.

● Geringfügig ölfeuchte Stellen sind nicht bedenklich, alle Motoren »schwitzen« gelegentlich etwas Schmiermittel aus.

● Ölflecken unter dem geparkten Wagen und ölnassen Stellen am Motor sollten Sie aber auf den Grund gehen.

● Motor mit einem Dampfstrahlgerät oder Motorreiniger säubern.

● Nach einer Probefahrt von wenigen Kilometern wird kontrolliert.

Mögliche Leckstellen

Auf die nachstehend genannten Stellen am Motor sollten Sie Ihr Augenmerk richten:

○ Abdichtung von Kurbelwelle und Nockenwelle (vom Zahnriemenschutz verdeckt)
○ Dichtung für Benzinpumpenfuß
○ Dichtung für Zündverteilerfuß
○ Öldruckschalter
○ Ölfilterhalter und Filtergehäuse
○ Ölwanne
○ Zylinderkopfdeckeldichtung
○ Zylinderkopfdichtung

Fingerzeig: Manche Tankstellen und die sogenannten Waschparks haben Dampfstrahlgeräte mit Münzeinwurf zur Selbstbedienung. Wer den Motorreiniger selbst mitbringt, kommt so zu einer preiswerten Motorwäsche. Unbedingt Arbeitskleidung mitnehmen!

Einfahren des neuen Motors

Während der ersten **1000 km** sollen die gleitenden Teile des Motors (Kolben und Zylinder; Gleitlager und Wellen) Gelegenheit haben, sich an das jeweilige Gegenstück anzupassen. Das muß bei niedriger Belastung bzw. bei niedrigen Drehzahlen geschehen. Die spätere Motorleistung, der Ölverbrauch und die Lebensdauer hängen davon ab. Deshalb:

○ Während der ersten 1000 km Gaspedal höchstens zu drei Viertel durchtreten.

○ In der Laufzeit von **1000–1500 km** den Motor allmählich bis zur Höchstgeschwindigkeit bzw. zur höchstzulässigen Drehzahl steigern.

Auf Landstraßen fühlt sich der Motor während der Einfahrzeit am wohlsten. Da muß fleißig geschaltet werden, man fährt mit wechselnden Geschwindigkeiten und wird selbst bei strikter Beachtung der anfänglichen Höchstgeschwindigkeit nicht zum Verkehrshindernis. Im Lauf der folgenden 500 km können Sie die Drehzahlen langsam steigern. Ab 1500 km darf der Motor ruhig auch einmal hochgedreht werden. Routinierte Einfahrer benutzen dazu vor allem Autobahngefälle: Bergab mit relativ hohen Motordrehzahlen, ohne den Motor gleichzeitig stark zu belasten. Das Triebwerk muß dazu allerdings restlos durchgewärmt sein, also mindestens 25 km Fahrstrecke nach dem Kaltstart hinter sich haben.

Etwa 3000 km muß der Motor schon gelaufen sein, ehe er richtig eingefahren ist. Bei überwiegendem Stadtverkehr dauert es sogar noch viel länger.

Fingerzeig: Was hier für den neuen Motor gesagt wurde, gilt erst recht für ein überholtes Triebwerk, das erfahrungsgemäß empfindlicher auf falsche Einfahrweise reagiert.

Die Motor-Lebensdauer

Die nachstehend genannten Kilometerleistungen stellen nur Anhaltspunkte dar. Je nach Fahrweise und Pflege werden Sie den unteren oder den oberen Wert erreichen.

○ Schlepphebelmotor: 90000–120000 km
○ Hydrostößelmotor: 100000–130000 km

Der Fahrer entscheidet durch den Umgang mit der Maschine, ob der Exitus schon früh erfolgt oder ob 150000 km oder mehr auf den ersten Motor kommen. Von entscheidender Bedeutung ist hierbei die Motoröltemperatur. Während die Kühlmittel-Temperaturanzeige schon relativ früh Betriebstemperatur signalisiert, ist das Motoröl frühestens nach etwa 10 Minuten Fahrt völlig einwandfrei schmierfähig.
Bei wochenlangem Kurzstreckenverkehr bilden sich während der langen Leerlaufminuten in den Brennräumen und an den Ventilen Ablagerungen, die bei voller Betriebstemperatur und zügiger, aber nicht scharfer Fahrt langsam abgebrannt werden sollen. Für Fahrzeuge mit Drehzahlmesser: Das entspricht 3500–4500/min.

Fingerzeig: Bei den Schlepphebelmotoren können Defekte an der Ölpumpe für einen frühzeitigen Motortod verantwortlich sein, weil der Antrieb zwischen Kurbelwelle und Pumpe abschert. Bis der Fahrer das plötzliche Ausbleiben der Schmierung bemerkt, ist es meist schon zu spät. Einzige Vorbeugungsmaßnahme bei mehr als 100000 km Fahrleistung: Ölpumpe ersetzen.

Nenn- und Höchstdrehzahl

Ein Verbrennungsmotor gibt seine höchste Leistung bei einer bestimmten Drehzahl ab – der sogenannten Nenndrehzahl. Höher als diese hinauszudrehen bringt keine Mehrleistung. Hohes Ausdrehen kann lediglich zum besseren Anschließen in den nächsthöheren Gang von Vorteil sein.
Unsere Motoren sind durchaus drehzahlfest. Die Ventile werden über die Schlepphebel bzw. Hydrostößel direkt von der obenliegenden Nockenwelle betätigt. Dabei werden nur geringe Massen in Bewegung gesetzt, was hohe Drehzahlen ohne Gefahr für den Ventiltrieb gestattet. Kurzzeitig darf die Drehzahl je nach Motor auf 6500–6900/min ansteigen.
Damit Sie über die Motordrehzahlen informiert sind, besitzen verschiedene Modellversionen serienmäßig einen Drehzahlmesser. Ein solches Instrument hat allerdings eine gewisse Voreilung – im oberen Skalenbereich bis zu 5%. 5000/min auf dem Tourenzähler sind demzufolge oft lediglich echte 4750/min.

Drehzahl-Begrenzung

Bei zu hohen Drehzahlen geraten die Ventilfedern so stark ins Schwingen, daß ein einwandfreies Öffnen und Schließen der Ventile nicht mehr gewährleistet ist. Die Ventilfedern können brechen, was zur Folge hat, daß das betreffende Ventil auf dem Kolben aufschlägt und gewaltige Zerstörungen anrichtet. Damit es gar nicht so weit kommen kann, besitzen die meisten Motoren eine Drehzahlbegrenzung.
In den Triebwerken ohne Katalysator besitzt der Verteilerfinger eine Fliehkraft-Einrichtung, die bei zu hoher Drehzahl den Zündstrom unterbricht. Bei Fahrzeugen mit Benzineinspritzung und/oder elektronischer Zündverstellung erfolgt die Drehzahlbegrenzung durch das Steuergerät der Einspritzung bzw. der Zündverstellung.

Kompressionsdruck messen

Die Messung des Kompressionsdrucks in den Motorzylindern gibt Aufschluß darüber, ob Ventile und Kolbenringe noch gut abdichten. Leistung, Kaltstartverhalten sowie Öl- und Kraftstoffverbrauch unseres Motors hängen davon ab.

- Motor warmfahren. Die Kolbenringe dichten bei warmem Öl besser ab.
- Bei einem Einspritzmotor Sicherung für die elektrischen Benzinpumpen herausnehmen. Andernfalls wird der Motor bei der Druckprüfung mit Kraftstoff überflutet.

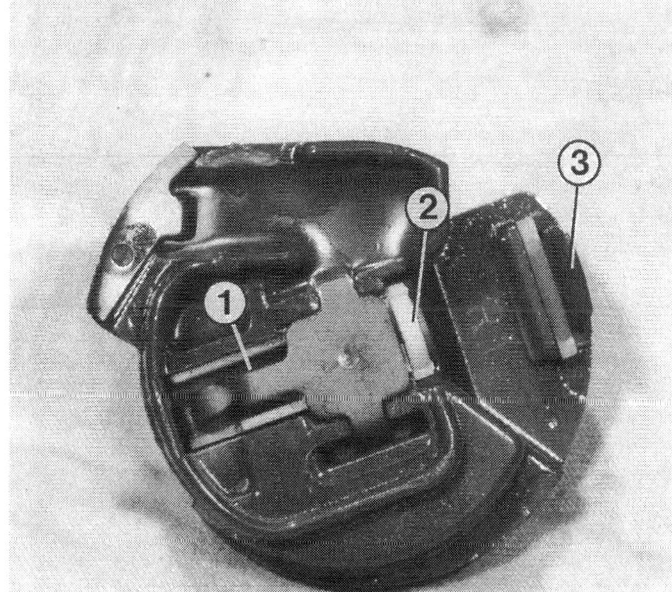

Der Drehzahlbegrenzer im Verteilerfinger besteht aus einem Fliehgewicht (2), das bei hohen Drehzahlen nach außen wandert. Bei der Abschaltdrehzahl kommt es mit der Blechzunge (3) in Kontakt – die Zündspannung wird jetzt direkt an Masse abgeleitet. Mit absinkenden Drehzahlen wird das Fliehgewicht von der Rückzugfeder (1) zurückgeholt.

Beim Messen des Kompressionsdrucks muß das Prüfgerät absolut dicht mit dem Zündkerzenloch abschließen.

● Zündanlage »lahmlegen«, siehe Kapitel »Zündanlage«.
● Alle Zündkerzen herausschrauben.
● Gummikonus des Druckprüfers auf das Kerzenloch des 1. Zylinders (in Fahrtrichtung der ganz rechte) pressen oder Anschlußleitung ins Zündkerzengewinde schrauben.
● Handbremse anziehen, Schalthebel in Leerlauf drücken.
● Von Helfer Gaspedal voll durchtreten lassen. So kann der Motor voll »einatmen«, die Zylinder erhalten ihre größte Füllung.
● Mit dem Anlasser den Motor so lange durchdrehen lassen, bis der Druckwert nicht mehr ansteigt (mindestens 5 Sekunden).
● Meßwert ablesen und notieren. Bei einem Druckschreiber mit Meßkärtchen weiterschalten für den nächsten Zylinder.

Druckwerte

Folgendes sagen die Kompressionsdruckwerte aus (in bar Überdruck):

Motor	Kennbuchbuchstaben	Guter Motorzustand	Motor überholungsbedürftig	Maximaler Druckunterschied zwischen den Zylindern
1,1 l 37 kW, 1,3 l 44 kW	HB bis 799999, HH	8–10	6	3
1,3 l 83/85 kW	PY	8–12	6	3
1,3 l 55 kW	GK	11–15	8	3
alle übrigen mit 29–55 kW	GL, HZ, AAK, AAU, HK, MH, HB ab 800000, NZ, AAV, 3F	10–15	7	3

Zu niedrige Druckwerte

Gleichmäßig niedriger Kompressionsdruck ist nicht unbedingt ein Alarmzeichen; Ursache können Meßtoleranzen zwischen verschiedenen Prüfgeräten sein.
Bedenklich ist es dagegen, wenn zwischen den vier Meßwerten für die Zylinder Unterschiede von mehr als 3 bar bestehen. Das kann bedeuten:
○ Kolben- und Kolbenringverschleiß
○ Festsitzende Kolbenringe durch Rückstandsbildung
○ Unrunde Zylinder als Folgeerscheinung von Kolbenklemmern
○ Ablagerungen an den Ventilschäften oder -sitzen durch Verbrennungs- bzw. Schmierölrückstände
○ Eingeschlagene Ventile
○ Verbrannte Ventile (bei den Schlepphebel-Triebwerken durch zu knappes Ventilspiel)

Fehlersuche

Zum Lokalisieren des Fehlers bei zu niedrigem Kompressionsdruck mit einer Spritzkanne etwas zähflüssiges Öl ins Zündkerzenloch träufeln und Kompressionsdruck nochmals messen.
○ Bleiben die Werte weiterhin schlecht, sind die Ventile schuld.
○ Erhalten Sie höhere Druckwerte, liegt es an den Kolbenringen und vielleicht auch an den Zylindern. Ein typisches Zeichen für diesen Fehler ist langsames Ansteigen des Druckwertes beim Durchdrehen des Motors. Das eingefüllte Öl hat kurzfristig zwischen Kolben und Zylinderwänden besser abgedichtet, so daß das komprimierte Gas kaum noch entweichen konnte.

Der Druckverlusttest

Genauere Erkenntnisse liefert der Druckverlusttest in der Werkstatt. Das Testgerät besteht aus zwei Kammern, wobei in einer ein gleichbleibender Druck herrscht. Die zweite Kammer ist über einen Schlauch zur Zündkerzenbohrung mit dem Verbrennungsraum, durch eine Düse mit der ersten Kammer und außerdem mit einer Anzeigeskala verbunden.
Verliert der geprüfte Brennraum Druck, wird dies auf der Skala angezeigt. Eine größere Leckstelle läßt sich durch Abhorchen erkennen.

○ Blasgeräusche am Auspuff lassen auf ein undichtes Auslaßventil schließen.
○ Strömt Druckluft aus Vergaser, Einspritzeinheit bzw. Drosselklappenteil, ist ein Einlaßventil defekt.
○ Bei einer defekten Zylinderkopfdichtung oder einem Riß im Zylinderkopf gelangt Druckluft durch das benachbarte Zündkerzenloch oder aus dem geöffneten Kühler bzw. Kühlmittel-Ausgleichbehälter ins Freie.
○ Verschlissene Zylinderwände, Kolbenlaufbahnen oder Kolbenringe lassen Druck ins Kurbelgehäuse strömen und am geöffneten Öleinfüllstutzen oder am Rohr für den Ölpeilstab austreten.

Motor durchdrehen

Zu manchen Arbeiten muß man den Motor entweder in eine bestimmte Stellung bringen oder durchdrehen. Hierzu gibt es drei Möglichkeiten:

- Den VW wie zu einem Radwechsel einseitig vorn aufbocken, höchsten Gang einlegen und das freihängende Vorderrad durchdrehen, wodurch der Motor bewegt wird.
- Oder, falls genügend ebene Fläche zur Verfügung steht, bei eingelegtem höchstem Gang den Wagen jeweils weiter vorschieben.
- Oder Zündkerzen herausschrauben und mit einem an der Kurbelwellen-Keilriemenscheibe angesetzten 19er-Ringschlüssel drehen.
- Keinesfalls darf an der Befestigungsschraube für das Nockenwellen-Zahnriemenrad gedreht werden, sonst könnte der Zahnriemen überspringen.

Zylinder 1 auf Zündzeitpunkt stellen

Beim Viertaktmotor kommt der Kolben während der vier Arbeitstakte zweimal in den Oberen Totpunkt (OT): Einmal beim Zünden des angesaugten Gemisches und zum zweiten Mal nach dem Ausstoßen der Altgase mit anschließend beginnendem Wiederansaugen von Kraftstoff/Luft-Gemisch. Üblicherweise wird bei verschiedenen Einstellarbeiten die OT-Stellung gebraucht, bei der normalerweise der Zündfunke überspringt.

- Verteilerdeckel abnehmen.
- Motor so weit drehen, bis der Verteilerfinger auf die Kerbe im Verteilergehäuserand zeigt (siehe Kapitel »Zündung«).
- Motor ggf. noch ein wenig drehen.
- Die Kerbe in der Keilriemenscheibe muß unter der OT-Bezugskante des Markierungsbleches stehen.

Das Ventilspiel

nur Schlepphebelmotoren

Dieses Thema interessiert nur bei den Schlepphebelmotoren (29–40 kW bis 7/85 und 55 kW bis 7/89). Die einzelnen Teile des Ventiltriebs, vor allem aber die Ventilschäfte, dehnen und längen sich bei Erwärmung des Motors. Deshalb muß etwas »Luft« oder »Spiel« zwischen Nockenwelle und Schlepphebel vorhanden sein. Nur so können die Ventile auch bei warmem Motor trotz ihrer länger gewordenen Schäfte richtig abdichten.
○ Bei **zu kleinem Ventilspiel** liegen die Ventilteller nicht satt auf ihren Sitzflächen auf. Die sehr heiß werdenden Auslaßventile können dadurch ihre Wärme nicht mehr an die Sitze abgeben. Die Ränder der

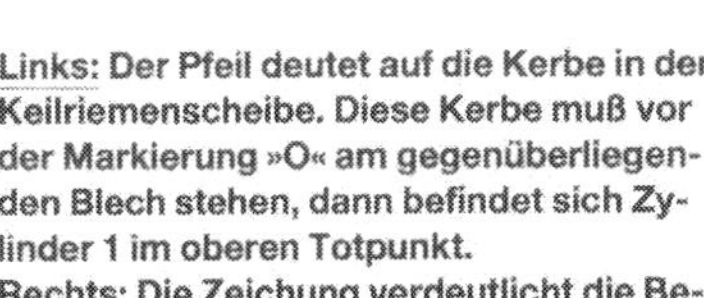

**Links: Der Pfeil deutet auf die Kerbe in der Keilriemenscheibe. Diese Kerbe muß vor der Markierung »O« am gegenüberliegenden Blech stehen, dann befindet sich Zylinder 1 im oberen Totpunkt.
Rechts: Die Zeichung verdeutlicht die Begriffe »Oberer« und »Unterer Totpunkt«. Der Raum dazwischen ist der »Hubraum«. Dagegen befindet sich der Verbrennungsraum zwischen höchster Kolbenstellung (2) und Zylinderkopfunterkante (1).**

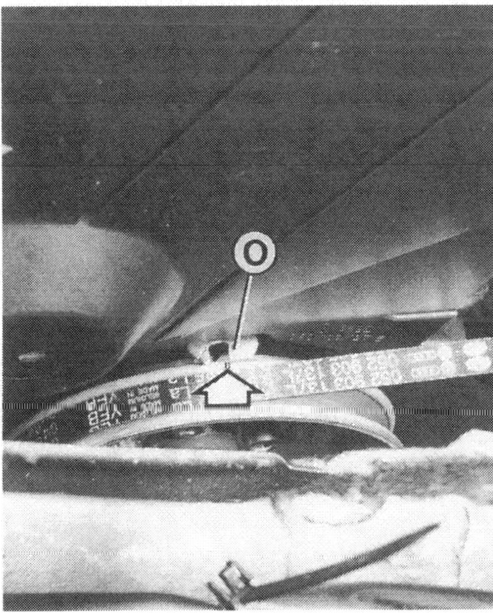

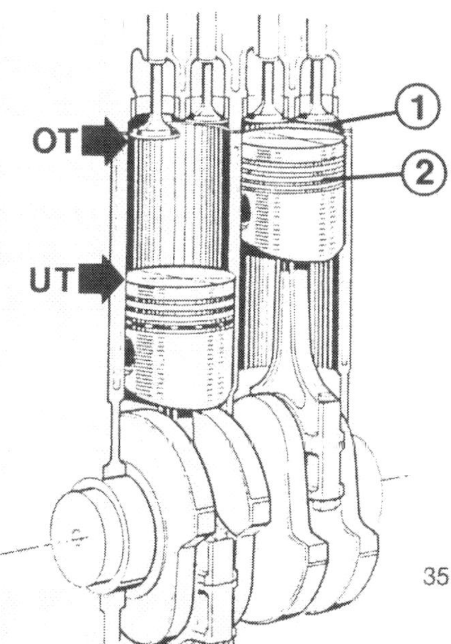

Bei beiden Motorversionen – hier am Schlepphebelmotor gezeigt – hängen die Ventile (A – Auslaß; E – Auslaß) nebeneinander senkrecht zu den Zylinderachsen.

Ventilteller verformen sich und reißen ein. Der Kompressionsdruck entweicht, der Motor verliert Leistung, springt schlechter an und verbraucht mehr Kraftstoff.

○ Ist das **Ventilspiel zu groß**, öffnen die Ventile später als normal, die Zylinder werden schlechter gefüllt, und der Motor kommt nicht auf volle Leistung. Der Verschleiß an der Nockenwelle und an den Schlepphebeln wird größer. Das wird auch durch ein lauteres Geräusch im Ventiltrieb hörbar.

Ventilspiel prüfen

Wartung Nr. 21

Die Ventilspielkontrolle ist bei den Schlepphebelmotoren alle 15000 km vorgeschrieben.
Bevor Sie mit der Arbeit beginnen, sollten Sie sicherheitshalber eine neue Dichtung für den Zylinderkopfdeckel aus dem VW-Teilelager besorgen.

Ventilspiel	bei handwarmem Zylinderkopf (mindestens 35° C)	bei Raumtemperatur
Einlaßventile Auslaßventile	0,15–0,20 mm 0,25–0,30 mm	0,10–0,15 mm 0,20–0,25 mm

Spiel messen

- Motor etwa fünf Minuten warmfahren.
- Zylinderkopfdeckel abnehmen.
- Zylinder 1 auf Zündzeitpunkt stellen. Damit sind beide Ventile geschlossen und ihr Spiel kann gemessen werden.
- Zuerst das Lehrenblatt mit dem höchsten Einstellwert zwischen Nockenwelle und Schlepphebel durchzuziehen versuchen.
- Dann das 0,05 mm dünnere Blatt nehmen.
- Zumindest das Lehrenblatt für den untersten Wert soll sich mit leichtem Widerstand durchziehen lassen.
- Ist das Ventilspiel zu klein, muß eingestellt werden.
- Meßwert notieren.
- Entsprechend der Zündfolge 1–3–4–2 wird als nächstes Zylinder 3 geprüft. Dazu den Motor ½ Um-

Die Kugelschraube des Schlepphebelmotors läßt sich zum Ventileinstellen am leichtesten mit einem Innensechskant-Steckschlüssel (2) verdrehen. Zum Drehen der Schraube sollte das Fühlerblatt (1) allerdings herausgezogen werden.

Das Ventilspiel kann im jeweiligen Zylinder erst dann geprüft werden, wenn beide Ventile geschlossen sind. Hier im Bild steht der 1. Zylinder auf Zündzeitpunkt. Sie erkennen das daran, daß die Nocken der Nockenwelle spiegelbildlich zueinander nach außen zeigen (Pfeile).

drehung weiterdrehen. Bei geöffnetem Zündverteiler bewegt sich der Verteilerfinger in diesem Fall um 90° (= rechter Winkel) weiter.

- Eindeutiges Erkennungsmerkmal: An der Nockenwelle müssen die beiden Nocken für den betreffenden Zylinder spiegelbildlich nach außen weisen.
- Restliche Zylinder prüfen. Dazu den Motor entsprechend weiterdrehen.

Spiel einstellen

- Zur Korrektur des Ventilspiels wird die im Bild auf der Vorseite unten gezeigte Kugelschraube verstellt.
- Statt eines normalen 7-mm-Innensechskantschlüssels eignet sich besser ein Steckeinsatz mit entsprechendem Betätigungswerkzeug.
- Durch Drehen im Uhrzeigersinn wird das Spiel größer, im Gegenuhrzeigersinn gedreht verringert sich das Ventilspiel.
- Fühlerblatt beim Nachstellen herausziehen, es wird beim häufigen Einspannen wellig und damit ungenau.
- Nach dem Einstellen muß das Spiel nochmals kontrolliert werden.

Arbeiten am Zahnriemen

Ein gerissener Zahnriemen bedeutet bei den Motoren mit Hydrostößeln (33/40 kW ab 8/85, 55 kW ab 10/89) das »Aus«. Zwischen dem in höchster Stellung stehenden Kolben und den geöffneten Ventilen bleibt kein Raum frei, der hochgehende Kolben schlägt die Ventile krumm und wird durch den Aufschlag selbst beschädigt. Solcher »Ventil/Kolben-Salat« bewirkt Totalschaden am Motor. Dieser Tatsache sollten Sie sich bei allen Arbeiten am Zahnriemen bewußt sein.

Ab 5/90 hat ein Zahnriemen mit neuem Zahnprofil und entsprechenden Zahnrädern eingesetzt. Erkennungsmerkmal: Bis 4/90 flache Zähne und großer Zahnabstand, ab 5/90 hohe Zähne und geringer Zahnabstand. Beim Ersatzteilkauf auf die richtige Ausführung achten!

Zahnriemenabdeckung abnehmen

- Keilriemen abnehmen (Kapitel »Lichtmaschine«).
- Am Schlepphebelmotor rechts hinten an der Zahnriemenabdeckung zwei Blechschrauben und an der Stirnseite die Sechskantschraube lösen.
- Die Innensechskantschraube wird beim Zusammenbau mit 10 Nm festgedreht.
- Beim Hydrostößelmotor vier Blechklammern abdrücken.
- Obere Riemenabdeckung abnehmen.
- Zum Ausbauen der unteren Abdeckung Keilriemenscheibe an der Kurbelwelle abschrauben.
- Drei Halteschrauben losdrehen.
- Beim Einbau Schrauben der Keilriemenscheibe mit 20 Nm und Schrauben der Abdeckung mit 10 Nm festziehen.

Zahnriemenzustand prüfen

- Zahnriemenabdeckung abnehmen.
- Der Riemen darf nicht verölt oder rissig sein.
- Die Flanken der Verzahnung müssen intakt sein und dürfen keine Abnutzungserscheinungen zeigen.
- Damit Sie den Riemen auf seiner gesamten Länge begutachten können, den Motor durchdrehen.
- Einen beschädigten Zahnriemen unbedingt ersetzen.

Zahnriemenspannung kontrollieren

- Zahnriemenabdeckung abnehmen.
- Die Spannung wird an der längsten freilaufenden Stelle des Riemens geprüft zwischen Nockenwellen- und Kurbelwellenrad.
- Der kalte Zahnriemen muß sich bei richtiger Spannung nur mit Daumen und Zeigefinger um 90° (= rechter Winkel) in sich verdrehen lassen.

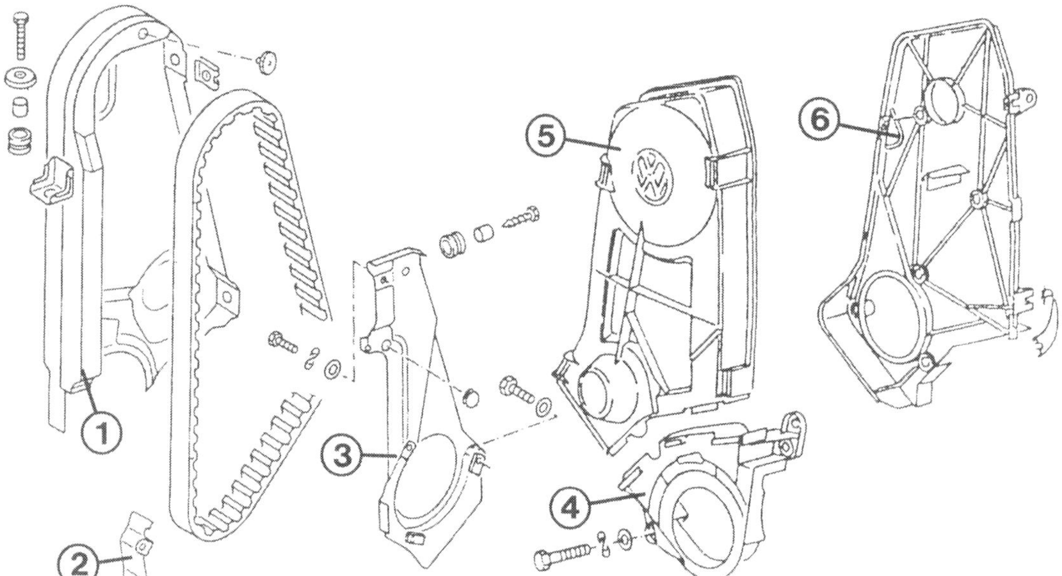

Der Zahnriemenschutz des Schlepphebelmotors besteht aus:
1 – vorderes Schutzblech;
2 – Führungsblech (am Ölpumpengehäuse);
3 – Abdeckung hinten.
Der Hydrostößelmotor besitzt eine Abdeckung aus Kunststoff:
4 – untere Abdeckung;
5 – Oberteil;
6 – Abdeckung hinten.

Zahnriemenspannung einstellen

- Drei Halteschrauben der Wasserpumpe lösen.
- Die Pumpe besitzt oben eine Aussparung zum Einstecken eines Schraubendrehers.
- Durch Drehen der Pumpe im Gegenuhrzeigersinn wird der Zahnriemen gespannt.
- Schrauben der Wasserpumpe mit 20 Nm festziehen.

Zahnriemen auswechseln

- Kolben im Zylinder 1 auf Zündzeitpunkt stellen.
- Zahnriemenabdeckung ausbauen.
- Riemen entspannen und abnehmen.
- Vorsicht beim Umgang mit dem neuen Zahnriemen. Er darf nicht geknickt werden, sonst kann er Schaden nehmen.
- Neuen Zahnriemen auflegen. Wurde die Stellung von Kurbelwellen- und Nockenwellenrad nicht verändert, stimmen die Ventilsteuerzeiten noch. Sicherheitshalber sollte man dies jedoch vor dem endgültigen Zusammenbau kontrollieren.
- War der Zylinderkopf abgenommen, müssen die Steuerzeiten in jedem Fall eingestellt werden.

Steuerzeiten einstellen

Kurbel- und Nockenwelle müssen so zueinander eingestellt sein, daß die nach oben gehenden Kolben nicht etwa gegen noch oder schon wieder geöffnete Ventile stoßen können. **Wichtig:** Wenn bei der Einstellung die Nockenwelle gedreht wird, darf kein Kolben im OT stehen, sonst können Ventile und Kolben zusammenstoßen und beschädigt werden.

- Zahnriemenrad der Nockenwelle so drehen, daß die Körnermarkierung an der Vorderseite des Rades über dem Markierungsblech bzw. Pfeil steht.
- Keilriemenscheibe der Kurbelwelle so weit drehen, daß deren Kerbe mit dem »O« im Markierungsblech fluchtet.
- Zahnriemen auflegen – dabei darf sich die Stellung der Zahnriemenräder nicht verändern.
- Zahnriemen spannen.

Links: Zur Kontrolle der Zahnriemenspannung den Riemen mit zwei Fingern fassen und versuchen, ihn um 90° zu verdrehen (¼-Umdrehung).
Rechts: Die drei Pfeile deuten auf die Halteschrauben der Wasserpumpe, die gleichzeitig als Spannvorrichtung für den Zahnriemen dient.

Die Steuerzeiten sind richtig eingestellt, wenn die Körnermarkierung (1) vorn am Nockenwellenrad in Höhe des Markierungsbleches (2) steht. Gleichzeitig muß die Kerbe (3) auf der Kurbelwellen-Keilriemenscheibe der in Fahrtrichtung vorderen Kante (4) am unteren Einstellblech mit dem eingestanzten »O« gegenüberstehen.

Motorschaden

Ein Schaden am Motor muß die Haushaltskasse nicht gleich ins Defizit stürzen. Unsere Liste soll Ihnen helfen, die wirtschaftlichste Methode herauszufinden, wie Sie Ihrem VW wieder auf die Sprünge helfen können.

○ Der Motor wird selbst repariert. Das lohnt sich etwa bei einem Schaden an der Zylinderkopfdichtung. Die Reparaturen, die Sie mit etwas Geschick und Geduld selbst ausführen können, sind hier im Buch beschrieben.

○ Der Motor wird selbst teilweise zerlegt und dann zu einem Motor-Reparateur gebracht, der den eigentlichen Schaden behebt. Beispiel: Man baut den Zylinderkopf vom demontierten Motor ab und gibt den Motorblock zur Neulagerung der Kurbelwelle in die Werkstatt. Vorher sollten Sie jedoch einen genauen Kostenvergleich vornehmen.

○ Komplett- oder Teilüberholung des Motors durch eine Motorinstandsetzungsfirma. Viele Werkstätten dieser Branche haben sich zu einer Gütegemeinschaft zusammengeschlossen: Verband der Motorinstandsetzungsbetriebe e. V., Kölner Straße 89, 50859 Köln.

○ Kauf eines »Teilmotors« im Tausch bei einer VW-Werkstatt oder Instandsetzungsfirma. Der Teilmotor besteht aus Motorblock mit Kurbeltrieb, Kolben und Ölwanne, jedoch ohne Zylinderkopf und ohne alle Nebenaggregate. Die letztgenannten Teile baut man selbst um. Der alte Motorblock geht zurück an die Werkstatt zur Wiederaufbereitung.

○ Erwerb eines »Teilkomplettmotors« im Tausch von VW oder einem Motorinstandsetzer. Das ist ein Teilmotor mit Zylinderkopf, aber ohne Nebenaggregate.

○ Kauf eines kompletten Austauschmotors bei der VW-Werkstatt. In diesem Fall wird der Motor mit allen Zusatzaggregaten ausgetauscht. Das lohnt sich bei einem älteren oder schlecht erhaltenen Fahrzeug nicht mehr.

○ Ein gebrauchter Motor von der Autoverwertung. Achten Sie in diesem Fall unbedingt auf die Motorkennbuchstaben, damit Sie kein falsches Triebwerk einbauen. Angegebene Kilometerlaufleistungen sind mit einer gewissen Skepsis zu betrachten. Günstig ist es, wenn Sie den Motor noch im eingebauten Zustand laufen hören können. Seriöse Firmen geben eine Garantie auf die Motoren oder legen ein (hoffentlich echtes) Kompressionsdiagramm vor.

Fingerzeig: Austauschmotoren gibt es immer nur in gleicher Ausführung wie das angelieferte alte Aggregat. Man kann also nicht einfach vom älteren Schlepphebelmotor mit Vergaser auf den neueren Hydrostößelmotor mit Benzineinspritzung »umsteigen«.

Störungsbeistand

Zylinderkopfdichtung

Ein Schaden an der Zylinderkopfdichtung tritt meist als Folge von Überhitzung auf.

Erkennungsmerkmal	Ursache / Besonderheiten
A Kühlflüssigkeitsstand nimmt laufend ab	Kühlmittel gelangt in sehr geringer Menge in die Brennräume. Diese Erscheinung kann sich ohne weitere Erkennungsmerkmale über längere Zeit hinziehen
B Beträchtlicher Kühlmittelverlust. Der Wagen zieht bei warmgefahrenem Motor einen weißen Abgasschleier hinter sich her	Kühlmittel dringt in erheblicher Menge in einen Verbrennungsraum, verdampft dort und entweicht als weiße Schwaden zum Auspuff hinaus

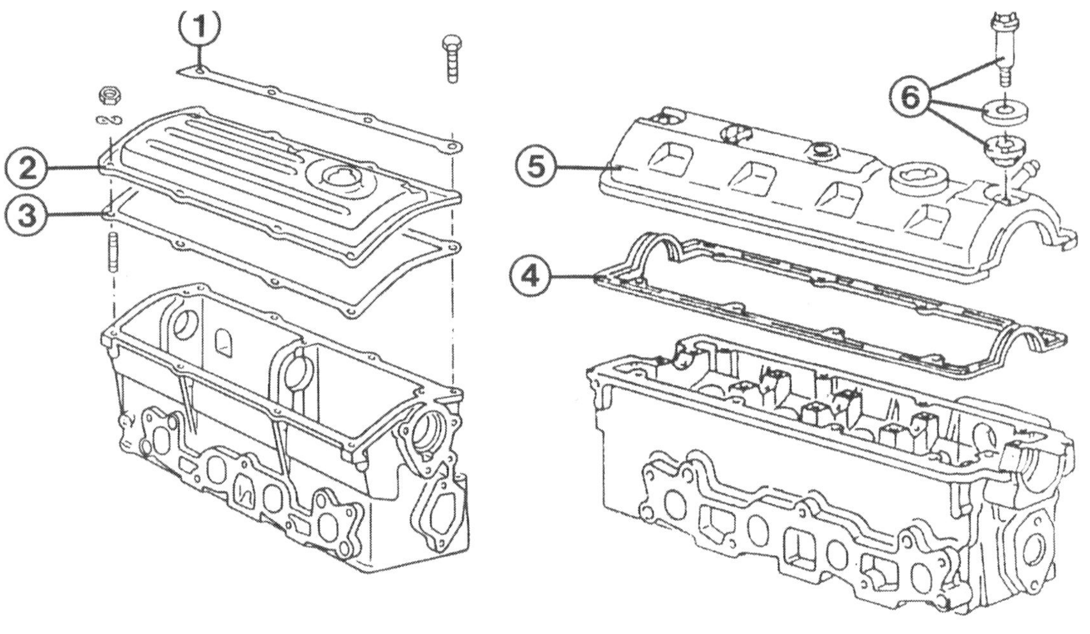

Für öldichten Sitz des Zylinderkopfdeckels sorgen Dichtungen.
Links: Der Schlepphebelmotor.
1 – Unterlegblech;
2 – Blechdeckel;
3 – Kork/Metall-Dichtung.
Rechts: Der Hydrostößelmotor.
4 – Gummidichtung;
5 – Leichtmetalldeckel;
6 – Halteschraube mit Scheibe und Gummidichtung.

Erkennungsmerkmal	Ursache/Besonderheiten
C Aus dem geöffneten Ausgleichbehälter bzw. Kühler steigen Luftblasen auf oder beim Öffnen des Verschlußdeckels sprudelt eine größere Menge Kühlmittel heraus	Verbrennungsgase werden ins Kühlsystem gedrückt. Aus der Einfüllöffnung riecht es nach Abgasen
D In Regenbogenfarben schillernde oder schwarze Verfärbung an der Oberfläche des Kühlmittels	Öl aus dem Schmierkreislauf gelangt ins Kühlsystem
E Grau oder braun aussehende Emulsion am herausgezogenen Ölpeilstab oder Öl von Wasserbläschen durchsetzt	Kühlflüssigkeit ist in den Schmierkreislauf geraten. Achtung: Wasser im Motoröl kann einen Lagerschaden verursachen. Zylinderkopfdichtung sofort wechseln (lassen). Motor nicht mehr starten! Wagen zur Reparatur abschleppen

Arbeiten am Zylinderkopf

Zu den nachfolgenden Montagearbeiten ist ein Drehmomentschlüssel unerläßlich. Für den Abbau des Zylinderkopfes benötigen Sie einen langen Innenvielzahnschlüssel T 55.

Zylinderkopfdeckel abnehmen

- **Schlepphebelmotor:** Halteschrauben bzw. Muttern losdrehen und mit Beilegscheiben und Unterlegblechen abnehmen.
- **Hydrostößelmotor:** Drei Schrauben des Zylinderkopfdeckels lösen, Deckel und Ölabweiser abnehmen.
- **Alle:** Teile so weit entfernt ablegen, daß nichts in den Zylinderkopf fallen kann.
- Zylinderkopfdeckel vorsichtig abheben, evtl. durch leichtes Klopfen mit einem Hammerstiel nachhelfen.
- Beim Einbau Zylinderkopfdeckeldichtung seitenrichtig auflegen, Ölabweiser bzw. Unterlegbleche einlegen.
- Deckelmuttern bzw. -schrauben mit 10 Nm anziehen.

Nockenwelle ausbauen

- Motor so drehen, daß kein Kolben im OT steht.
- **Schlepphebelmotor:** Zahnriemenabdeckung abnehmen.
- Zahnriemen entspannen und vom Nockenwellen-Riemenrad abstreifen.
- Zylinderkopfdeckel abnehmen.
- Nockenwellenrad, Benzinpumpe und Zündverteiler mit seinem Zwischenflansch abschrauben.
- Kugelschraube hineindrehen, bis sich die einzelnen Schlepphebel herausnehmen lassen.
- Schlepphebel in ihrer Reihenfolge ablegen.
- Nockenwelle zur Zündverteilerseite hin herausziehen.
- Beim Einbau das Nockenwellenrad mit 80 Nm festziehen.
- **Hydrostößelmotor:** Zahnriemenschutz-Oberteil abnehmen.
- Zahnriemen entspannen.
- Verteiler und ggf. Benzinpumpe ausbauen.
- Zum Austausch der Nockenwelle das Riemenrad abschrauben.
- Lagerdeckel in der Folge 5, 3, 1 losschrauben (Deckel 1 sitzt in Fahrtrichtung rechts).
- Dann über Kreuz Lagerdeckel 2 und 4 lösen.
- Beim Einbau muß der breite Anguß am Lagerdekkel nach vorn zeigen.

Ein Blick auf den Hydrostößelmotor bei abgenommenem Zylinderkopfdeckel (3). Rechts im Bild sehen Sie den sogenannten Ölabweiser (2). Diese Abdeckung soll verhindern, daß bei hohen Drehzahlen Öl zur Kurbelgehäuse-Entlüftung herausgeschleudert wird. Beim Aufsetzen des Zylinderkopfdeckels auf exakten Sitz der Gummidichtung (1) achten.

- Lagerdeckel 2 und 4 montieren und über Kreuz mit 6 Nm anziehen.
- Die restlichen Deckel 3, 1 und 5 einbauen und ebenfalls mit 6 Nm festziehen.
- Jetzt sämtliche Lagerdeckelmuttern ¼ Umdrehung (= 90°) weiterdrehen.
- Schrauben am Lagerdeckel 5 mit 10 Nm festdrehen.
- **Alle:** Steuerzeiten einstellen.

Fingerzeig: **Den Hydrostößelmotor innerhalb der nächsten 30 Minuten nicht starten. Die entlasteten Hydrostößel wurden von ihren Druckfedern in die größte Ausdehnungsstellung gedrückt. Die Ventile werden dadurch bei den ersten Nockenwellenumdrehungen so weit geöffnet, daß sie mit den Kolben zusammenstoßen. Erst nach einer halben Stunde Wartezeit ist der Druck in den Hydrostößeln abgebaut. Zur Sicherheit dann den Motor zweimal von Hand durchdrehen, um sicherzustellen, daß kein Kolben mit einem Ventil kollidieren kann.**

Hydrostößel prüfen

Bleibt der Ventiltrieb auch bei betriebswarmem Motor geräuschvoll, müssen die hydraulischen Stößel überprüft werden. Sie sind nicht einstellbar; defekte oder laute Stößel müssen ausgewechselt werden.

- Zur Prüfung muß der Motor warmgefahren sein. Lassen Sie ihn nun im Stand so lange drehen, bis der Kühlerventilator einmal angelaufen ist.
- Dann den Motor etwa zwei Minuten lang mit etwas erhöhter Drehzahl (2500/min) laufen lassen.
- Bleibt der Ventiltrieb immer noch laut:
- Motor abschalten.
- Zylinderkopfdeckel abnehmen.
- Motor drehen, bis am zu prüfenden Zylinder die Nocken der Nockenwelle nach oben zeigen.
- Stößel mit einem Holz- oder Kunststoffstück (kein Metallwerkzeug nehmen) nach unten drücken.
- Spüren Sie hierbei »Luft« bis zum Öffnungspunkt des Ventils, muß der Hydrostößel ersetzt werden.

Fingerzeig: **Klappergeräusche der Hydrostößel können auch an einer schadhaften Zylinderkopfdichtung liegen – dann gelangen Verbrennungsgase in den Ölkanal.**

Hydrostößel ausbauen

- Nockenwelle ausbauen.
- Stößel der Reihe nach numerieren, damit sie beim Wiedereinbau wieder an derselben Stelle montiert werden.
- Stößel herausziehen und mit der zur Nockenwelle hin zeigenden »Lauffläche« nach unten auf eine saubere Unterlage stellen.
- Beim Einbau die Laufflächen der Stößel und Nockenwelle leicht einölen.
- Beachten Sie nach dem Einbau der Nockenwelle unbedingt die Wartezeit vor dem ersten Motorstart, siehe Fingerzeig oben.

Zylinderkopf ausbauen

- Minuskabel der Batterie abnehmen.
- Luftfilter ausbauen.
- Öffnung des Vergasers mit fusselfreiem Lappen abdecken, damit nichts hineinfällt.
- Kühlflüssigkeit ablassen und auffangen.
- Kühlwasserschläuche am Zylinderkopf lösen.
- Hauptzündkabel am Verteiler abziehen.
- Gaszug am Vergaser, Einspritzeinheit bzw. Drosselklappenstutzen und am sogenannten Widerlager aushängen. Stecksicherung an der bisherigen Kerbe wieder aufstecken, dann ersparen Sie sich das Einstellen des Gaszugs.
- Sämtliche elektrische Leitungen an Zylinderkopf, Vergaser bzw. Einspritzeinheit und Ansaugrohr kennzeichnen und abziehen.
- Benzinleitungen vom Vergaser abklemmen bzw.

Zur Kontrolle der Hydrostößel drückt man mit einem Kunststoff- oder Holzkeil (1) auf den entlasteten Hydrostößel (2). Kein Metallwerkzeug nehmen, mit dem die Oberfläche des Hydrostößels zerkratzt werden könnte.

Kraftstoff-Zu- und Rücklaufleitung an der Einspritzeinheit lösen.

- Unterdruckschläuche an Vergaser, Einspritzeinheit bzw. am Drosselklappenstutzen kennzeichnen und abnehmen.
- Luftschlauch zwischen Drosselklappenstutzen und Luftmengenmesser abbauen.
- Drosselklappenstutzen demontieren.
- Einspritzventile bei Digijet/Digifant komplett mit Kraftstoffverteiler ausbauen, Benzinleitungen hierzu nicht abnehmen.
- Auspuffrohr vom Auspuffkrümmer trennen.
- Zahnriemenabdeckung abnehmen.
- Zahnriemen entspannen und vom Nockenwellenrad abstreifen.
- Zylinderkopfdeckel abnehmen.
- Zylinderkopfschrauben in umgekehrter Reihenfolge wie in der Zeichnung auf Seite 44 oben gezeigt lösen. Dazu muß der Motor abgekühlt sein, denn ein warmer Zylinderkopf kann sich nach dem Abbau verziehen.
- Zylinderkopf mit Ansaug- und Auspuffkrümmer sowie Verteiler abheben. Löst er sich nicht gleich, helfen leichte Schläge mit einem Kunststoffhammer.
- Alte Kopfdichtung abnehmen.

Zylinderkopf prüfen

- Die Dichtflächen am Motorblock und Zylinderkopf müssen absolut sauber und frei von Dichtungsresten sein.
- Nicht mit hartem Werkzeug auf der weichen Zylinderkopf-Dichtfläche kratzen. Riefen können den nächsten Kopfdichtungsschaden verursachen.
- Kontrollieren Sie, ob der Zylinderkopf Risse zwischen den Ventilsitzen bzw. zwischen einem Ventilsitzring und dem Zündkerzengewinde aufweist.
- Ohne Einfluß auf die Lebensdauer sind leichte, höchstens 0,5 mm breite Anrisse oder wenn lediglich die ersten Zündkerzengewindegänge gerissen sind.
- Zylinderkopf auf Verzug prüfen, besonders dann, wenn der Kopfdichtungsschaden durch Überhitzung entstanden ist.
- Langes Metall-Lineal oder garantiert geraden Metallwinkel längs über die gereinigte Dichtfläche des Zylinderkopfes legen.
- Mit einer Fühlerlehre prüfen, ob der Durchhang an irgendeiner Stelle größer als 0,1 mm ist. Dann muß der Zylinderkopf vor der Montage plangeschliffen werden.

Zylinderkopf montieren

- Die Gewinde an den Zylinderkopfschrauben und in den Schraubenlöchern des Motorblocks müssen sauber und ohne Beschädigung sein, sonst stimmt das Drehmoment beim Anziehen der Schrauben nicht.
- In den Schraubenlöchern im Motorblock darf kein Öl oder Wasser stehen, sonst kann das Gußmaterial im Bereich der Gewindelöcher reißen.
- Kurbelwelle so drehen, daß kein Kolben im OT steht, sonst könnte ein geöffnetes Ventil beim Aufsetzen des Zylinderkopfes mit einem Kolben zusammenstoßen.
- Zylinderkopfdichtung so auf den Motorblock auflegen, daß die Ersatzteil-Nummer zum Zylinderkopf hin zeigt.
- Zylinderkopf aufsetzen. Dazu verwendet die Werkstatt zwei Führungsbolzen, die in die Schraubenbohrungen Nr. 8 und 10 (Zeichnung Seite 44 oben) eingedreht werden.
- Behelfsmäßig geht es auch mit zwei Metallstäben in der Stärke der Zylinderkopfschrauben. Ohne Hilfsmittel verrutschen Dichtung und Kopf beim Aufsetzen ständig.
- Zylinderkopfschrauben eindrehen und in der gezeigten Reihenfolge festziehen:
- 1. Durchgang mit **40 Nm**.
- 2. Durchgang mit **60 Nm**.
- Jetzt die Schrauben mit einem starren Schlüssel in derselben Reihenfolge um eine **halbe Umdrehung** (= 180°) **weiterdrehen** ohne abzusetzen. Es dürfen auch zwei Vierteldrehungen sein.
- Damit sind die Schrauben endgültig festgezogen, sie sollen keinesfalls nochmals nachgezogen werden.

Der Ventiltrieb besteht aus folgenden Teilen:
1 – Haltefeder;
2 – Kugelschraube;
3 – Einlaßventil;
4 – Auslaßventil;
5 – unterer Ventilfederteller;
6 – Ventilschaftabdichtung;
7 – Ventilfeder;
8 – oberer Ventilfederteller;
9 – Ventilhaltekeile;
10 – Schlepphebel;
11 – Nockenwelle;
12 – Hydrostößel.
Beim Hydrostößelmotor entfallen die Bauteile 1, 2 und 10.

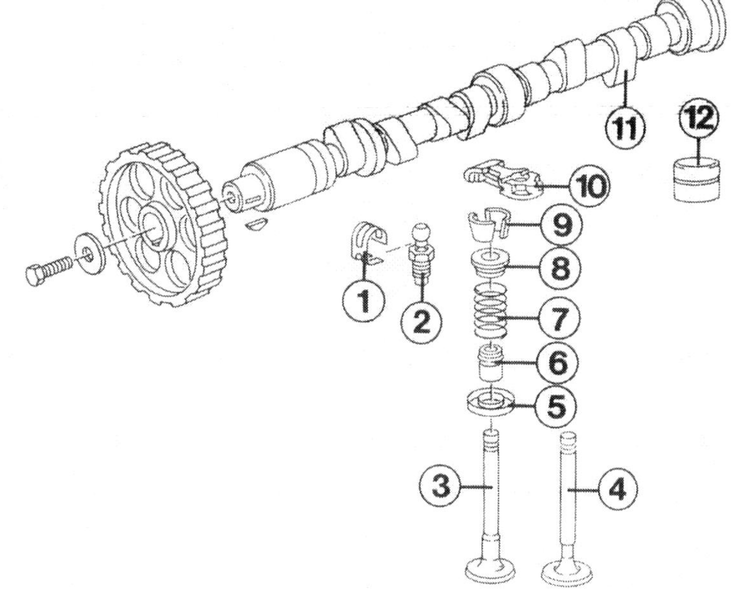

- Steuerzeiten einstellen.
- Beachten Sie beim Zusammenbau die Einbauhinweise für die Einspritzventile im Digijet/Digifant-Einspritzkapitel.
- Ventilspiel (nur Schlepphebelmotor) und Zündeinstellung kontrollieren.

Fingerzeige: Falls am Zylinderkopf ein Massekabel angeschraubt war, dieses nicht vergessen festzuschrauben.
Wurde der Zylinderkopf wegen eines Dichtungsschadens abgebaut, muß die Kühlflüssigkeit komplett erneuert werden. Gleiches gilt beim Einbau eines Austausch-Zylinderkopfes.

Lagerschaden

Klopfgeräusche aus dem Motorraum, die mit wärmer werdendem Öl lauter werden, sind Anzeichen für einen Lagerschaden.

Ursachen

○ Zu hohe Drehzahlen bei kaltem Motor und daher zähflüssigem Öl
○ Wasser im Motoröl als Folge einer defekten Zylinderkopfdichtung
○ Mangelnde Schmierung durch zu niedrigen Ölstand
○ Abgerissener Schmierfilm bei hohen Öltemperaturen, evtl. durch falsche Ölviskosität
○ Ausbleiben der Ölversorgung durch Abscheren des Ölpumpenantriebs (nur Schlepphebelmotor)

Maßnahmen bei einem Lagerschaden

Um es vorweg zu nehmen – fast immer sind die Gleitlager der Pleuel defekt. Ganz selten liegt der Schaden an den Hauptlagern der Kurbelwelle. Normalerweise bedeutet ein Lagerschaden eine umfangreiche Motorreparatur. Wenn Sie ein defektes Pleuellager aber bereits im Frühstadium erkennen, kann der Austausch der Lagerschalen genügen. Deshalb:
○ Bei Klopfgeräuschen aus dem Motorraum – evtl. verbunden mit Ansprechen der Öldruckkontrolle – Motor sofort abstellen.
○ Motor nicht mehr starten, Wagen jetzt abschleppen lassen.
○ Ist der Motor noch jünger als 100000 km, kann eine Teilreparatur genügen:
○ Ölwanne ausbauen und Lagerdeckel aller Pleuellager abschrauben lassen.
○ Sind nur einige Lagerschalen beschädigt, die Zapfen der Kurbelwelle aber noch glatt, reicht das Austauschen der Lagerschalen.
○ Eventuell muß anhaftendes Lagermaterial vom Kurbelwellenzapfen entfernt werden.
○ In jedem Fall die Pleuelbohrung am defekten Lager vermessen lassen. Meist muß die Pleuelbohrung nachgebohrt werden. Das ist ein Fall für den Motorinstandsetzer.

Motor aus- und einbauen

Der Motor wird mit dem Getriebe nach oben herausgehoben. Dazu brauchen Sie einen Flaschenzug, den Sie in ausreichender Höhe stabil aufhängen können. Günstig ist auch ein »vorbelasteter« Helfer. Schauen Sie sich vor der Arbeit die Motorraum-Schaubilder ab Seite 16 an, damit Sie wissen, wo die hier angesprochenen Teile im Motorraum sitzen.
Da im VW eine Vielzahl von elektrischen und Unterdruckleitungen eingebaut ist, sollten Sie als erstes alle diese

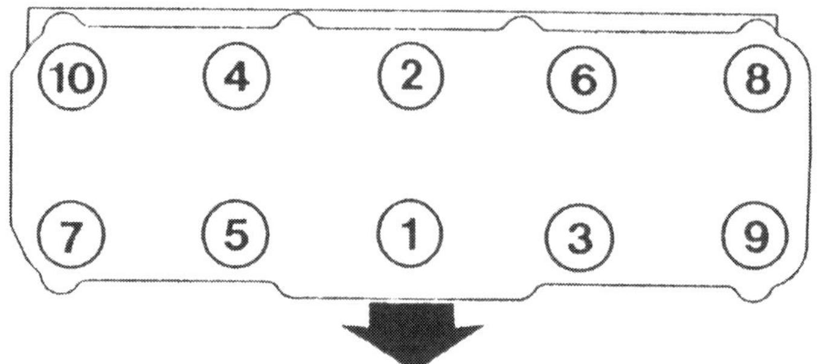

Die Zylinderkopfschrauben müssen in der Reihenfolge der Zahlen angezogen werden. Der Pfeil zeigt in Fahrtrichtung.

Kabel und Schläuche so kennzeichnen, daß sie anschließend wieder an der richtigen Stelle angeschlossen werden.

Ausbau

- Minuskabel der Batterie abklemmen.
- Wagen vorn aufbocken.
- Elektrische Anschlüsse am Anlasser abnehmen.
- Anlasser ausbauen.
- Tachowelle vom Getriebe abschrauben.
- Masseband vom Getriebe lösen.
- Stecker am Rückfahrlichtschalter abziehen.
- Rechts und links am Getriebe die Gelenkwellen abschrauben und mit Draht an der Karosserie aufhängen.
- Vorderes Auspuff- bzw. Hosenrohr von seinem Halter am Getriebe losschrauben.
- Bei einem Motor mit abgasbeheiztem Ansaugrohr Warmluftrohr vom Saugrohr abschrauben.
- Vorderes Auspuff- bzw. Hosenrohr vom Auspuffkrümmer abnehmen.
- Schaltfinger vom Getriebe-Innenschalthebel ausbauen (Kapitel »Getriebe und Achsantrieb«). Dessen selbstsichernde Halteschraube muß beim Zusammenbau durch eine neue ersetzt werden.
- Triebwerkstütze hinten von der Karosserie und vom Getriebegehäuse losdrehen, Stütze abnehmen.
- Wagen ablassen.
- Motorhaube abbauen.
- Beim Vergasermotor Luftfilter komplett ausbauen, Vergaseröffnung mit einem Lappen zustopfen, damit nichts hineinfallen kann.
- Elektrische Kabel abziehen bzw. Steckverbinder trennen bei: Lichtmaschine, Öldruckschalter, Temperaturfühler, Thermoschalter, Starterdeckelbeheizung, Saugrohrbeheizung, Zündverteiler Klemme 1 bzw. Mehrfachstecker für TSZ.
- Am Einspritzmotor außerdem bei folgenden Bauteilen die Steckverbindungen trennen: CO-Potentiometer, Drosselklappen-Potentiometer bzw. Drosselklappenschalter, Drosselklappensteller, Einspritzeinheit bzw. Einspritzventilen, Geber für Motortemperatur, Klopfsensor, Lambda-Sonde, Luftmengenmesser, Zusatzluftschieber. Dazu jeweils den Drahtsicherungsbügel herunterdrücken.
- Wo vorhanden, Masseband am Zylinderkopf abschrauben.
- Vergasermotor: Schlauch zur Kraftstoffpumpe (mit einer passenden Schraube verschließen, daß kein Benzin ausläuft) und Rücklaufleitung vom Vergaser bzw. vom Vorratsbehälter zum Tank abnehmen.
- Monojetronic-/motronic-Einspritzung: Kraftstoff-Zu- und Rücklaufleitung an der Einspritzeinheit lösen.
- Digijet-/Digifant-Einspritzung: Kraftstoff-Zu- und -Rücklaufschlauch vom Kraftstoff-Verteilerrohr bzw. vom Druckregler abziehen.
- Vorsicht: Wenn die Kraftstoffanlage noch unter Druck steht, kann Benzin kräftig herausspritzen. Lappen bereithalten.
- Stecker von den Einspritzventilen abziehen.
- Unterdruckschläuche an Vergaser, Einspritzeinheit bzw. Drosselklappenstutzen kennzeichnen und abnehmen.
- Öffnungen der Kraftstoff-Zu- und Rücklaufleitung schmutzsicher verschließen.
- Verbindungsschlauch zwischen Luftfilter und Drosselklappenstutzen abnehmen. Gewinkelte Ansaughutze mit einem sauberen Lappen zustopfen.

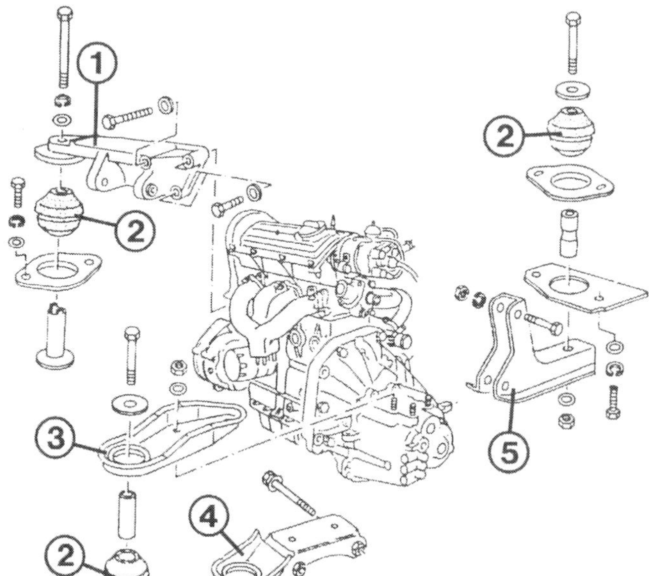

Die verschiedenen Teile der Aufhängung von Motor und Getriebe:
1 – Motorträger rechts;
2 – Gummi/Metall-Lager;
3 – Stütze links für Vierganggetriebe;
4 – Stütze links für Fünfganggetriebe;
5 – Triebwerkstütze hinten.

● Halteklammern des Luftfilteroberteils öffnen und Oberteil mit Luftmengenmesser abnehmen.
● Luftfilterunterteil abschrauben.
● Zündverteilerkappe, -läufer und Staubschutzdeckel abnehmen.
● Gaszug aushängen, Stecksicherung wieder in die Kerbe stecken (erspart das Einstellen des Gaszugs beim Zusammenbau).
● Bei einem Fahrzeug mit separatem Unterdruckbehälter die Unterdruckleitungen am Behälter abziehen.
● Starterzug am Vergaser abklemmen.
● Kupplungsseil am Ausrückhebel und am Widerlager aushängen.
● Kühlmittel ablassen und auffangen.
● Wasserschläuche vom Wasserrohr vorn am Motor und vom Thermostatgehäuse abnehmen, außerdem sämtliche Schläuche zwischen Kühler, Motor, Heizkörper und Ausgleichbehälter.
● Scheibenwaschwasserbehälter ausbauen.
● Unterdruckleitung zum Bremskraftverstärker am Ansaugrohr abnehmen.
● Steckverbindungen am Kühlerventilator und -Thermoschalter trennen.
● Halteschrauben des Kühlers herausdrehen.
● Kühler komplett mit Kühlerventilator, Tragring und Luftführungen ausbauen.
● Masseband am Motorträger rechts abschrauben.
● Zwei Ketten oder ausreichend starke Seile durch die Ösen rechts und links am Motor ziehen und in den Flaschenzug einhängen.
● Motor/Getriebe-Einheit etwas anheben, daß sie unter leichter Spannung steht.
● Mittlere Halteschraube am Motorträger rechts herausdrehen. Das Lager selbst verbleibt an der Karosserie.
● Getriebestütze links komplett ausbauen.
● Unter leichtem Drehen den Triebwerkblock vorsichtig herausheben.
● Beim Hochhieven den Motor von Hand sorgfältig führen, damit keine Teile am Motor (z.B. das Leerlauf-Abschaltventil) oder an der Karosserie beschädigt werden.
● Verschraubungen zwischen Motor und Getriebe lösen.
● Abdeckblech vom Getriebegehäuse abbauen.
● Motor vom Getriebe trennen, z.B. mit einem Montierhebel abdrücken.

Fingerzeig: Falls Sie beim Herausheben des Motors irgendwo einen Widerstand bemerken, kontrollieren Sie sofort, ob nicht versehentlich noch eine Unterdruckleitung oder ein elektrisches Kabel aufgesteckt ist.

Einbau

● Sinngemäß wird in umgekehrter Reihenfolge des Ausbaus vorgegangen.
● Sämtliche selbstsichernden Muttern ersetzen.
● Ausrücklager der Kupplung und Verzahnung der Antriebswelle mit MoS_2-Fett schmieren.
● Prüfen Sie vor dem Ansetzen des Getriebes, ob im Motorblock zwei Paßhülsen stecken zum Zentrieren von Motor/Getriebe. Ggf. einsetzen.
● Motor und Getriebe zusammenschrauben.
● Motor/Getriebe-Einheit ins Fahrzeug absenken.
● Beim Absenken wird die rechte Antriebswelle gleich ans Getriebe angesetzt.
● Zuerst die Schrauben an der Getriebestütze links am Getriebe anschrauben und dabei gleich auf Mittellage zum Gummi/Metall-Lager ausrichten.
● Motorträger rechts ebenfalls auf Mitte der Befestigungsschraube ausrichten.
● Triebwerkstütze hinten zunächst am Getriebe anschrauben und dann an der Karosserie schwach anziehen.
● Metallplatte (Flansch) unten am Gummi/Metall-Lager in Mittellage bringen und festziehen.
● Schrauben am Motorträger und der Getriebestütze endgültig anziehen.
● Wie bereits erwähnt, muß die Halteschraube des Schaltfingers der Schaltbetätigung ersetzt werden. Notfalls alte Schraube mit Sicherungsmittel einsetzen.
● Massekabel am Motorträger und Zylinderkopf nicht vergessen.
● Eingestellt werden müssen: Gaszug, ggf. Kupplungs-Pedalspiel, Leerlaufdrehzahl und CO-Gehalt, Starterzug (nur Motoren mit Handstarterzug) und Zündzeitpunkt.

Anzugs-drehmomente

Bauteil		Nm
Motor an Getriebe		55
Anlasser an Getriebe		25
Gelenkwelle an Getriebeflansch		45
Motorträger und Getriebestütze	M 10	45
	M 0	35
Auspuffrohr an -krümmer		25
Auspuffrohr an Ansaugrohr		25

Der G-Lader

Drucksache

Mehr Leistung kann man bekanntermaßen mit einem größeren Hubraum erzielen. Doch läßt sich ein vorhandener Motorblock nicht beliebig auf mehr Hubvolumen vergrößern. Die Abmessungen des Motorblocks setzen hier Grenzen. Also muß nach anderen Wegen gesucht werden, dem Motor zu mehr Leistung zu verhelfen. Das geschieht beim G40-Motor mit dem sogenannten G-Lader, der dem Motor mehr Verbrennungsluft zuführt. Das Methode der mechanischen Aufladung mittels G-Lader begann mit dem Polo Coupé G40: 1987 gab es eine erste Sonderserie dieses kleinen Kraftpakets, mit dem nicht zuletzt sehr erfolgreich am Motorsport teilgenommen wurde. Seit 1990 stellt das G40-Coupé das Top-Modell der Polo-Reihe dar.

So funktioniert der G-Lader

Aufladung

Es nützt bekanntlich nichts, dem Motor lediglich mehr Kraftstoff zuzuteilen. Er läuft dann fetter, weil sich der Mehr-Kraftstoff nicht mit genügend Verbrennungsluft vermischen kann. Also verfährt man umgekehrt und leitet dem Triebwerk vermehrt Luft zu, der dann auch weiterer Kraftstoff zugesetzt werden kann. Diese Art der Leistungssteigerung nennt man »Aufladung«.
Von den Dieselmotoren und Audi-Fünfzylindern bekannt ist die zwangsweise Luftzufuhr durch einen Turbolader, der vom Abgasstrom in schnelle Umdrehungen versetzt wird. Dessen Nachteil besteht darin, daß er in unteren Drehzahlen noch nicht genügend Luftüberschuß für eine nennenswerte Leistungssteigerung liefern kann. Volkswagen ging beim G40-Motor einen anderen Weg. Hier schafft ein mechanischer Verdichter (Kompressor) das Mehr an Luft herbei. Vorteil gegenüber dem Turbolader ist, daß schon bei niedrigen bis mittleren Drehzahlen mehr Drehmoment anliegt.

Entwicklung

Bereits im Jahr 1905 erhielt der Franzose L. Creux ein Patent auf das Prinzip dieses Luftverdichters. Doch trotz wesentlicher Vorteile (guter Wirkungsgrad, geringes Arbeitsgeräusch, wenig Verschleiß) war der G-Lader zu seiner Zeit fertigungstechnisch noch nicht baubar. Erst die heutige Gußtechnik und Bearbeitung mit äußerster Präzision ermöglichte die Entwicklung zur Serienreife bei Volkswagen. Als Beispiel sei genannt, daß sich im Lader der Verdränger bis auf Zehntel Millimeter an die Gehäusewand nähert, ohne daß er sie berühren darf.

Aufbau

In einem zweiteiligen Aluminiumgehäuse in G-Form befinden sich rechts und links die spiralförmigen Kammern. Im Gehäuse läuft der aus Magnesium gefertigte Verdränger. Auf dessen Grundplatte sitzen beidseitig G-förmige Spiralen von jeweils 40 mm Breite – daher der Name G40. Jede dieser G-Spiralen bildet gemeinsam

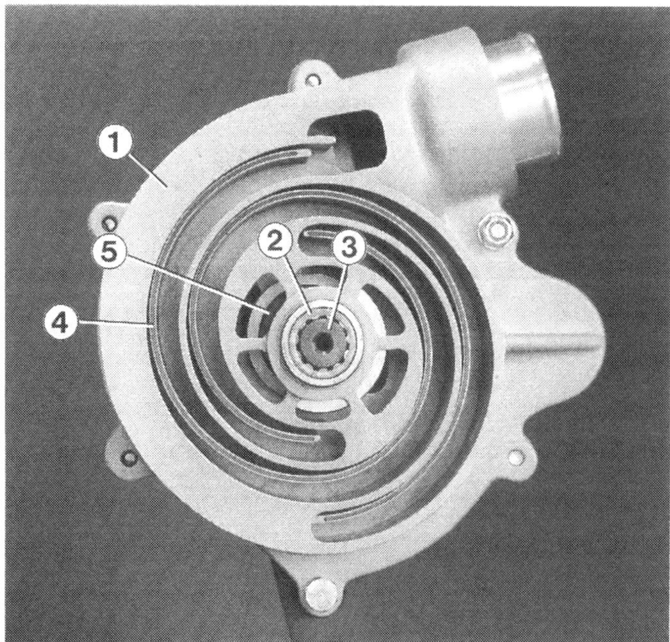

Für dieses Bild wurde der G-Lader aufgeschnitten. Sie sehen:
1 – Ladergehäuse;
2 – Lager der Verdrängerwelle (3);
4 – Dichtleisten;
5 – Verdränger.

Die Zeichnung erklärt, wie der G-Lader funktioniert:
1 – überschüssige Luft kommt vom Drosselklappenteil zurück;
2 – Luft wird durch den Luftfilter angesaugt;
3 – Nebenwelle;
4 – Verdrängerwelle;
5 – Ölrücklauf;
6 – verdichtete Luft gelangt über den Ladeluftkühler zum Drosselklappenteil;
7 – Ölzulauf.

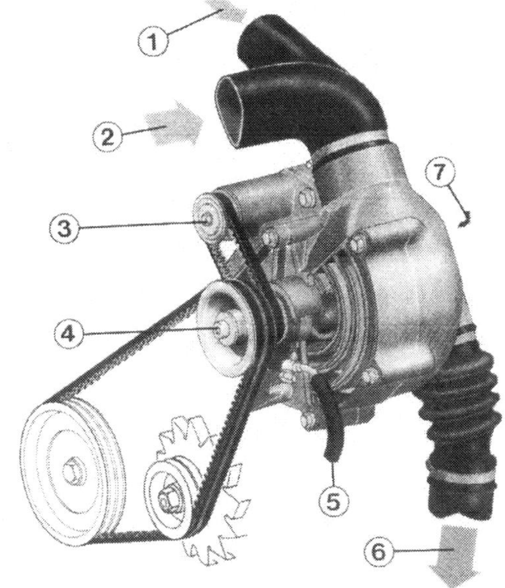

mit der Grundplatte und den Kammern in den Gehäusehälften eine separat arbeitende Ladekammer. Sämtliche Spiralkonturen sind mit Dichtleisten versehen, wobei sie in axialer Richtung auch noch für die notwendige Führung sorgen.

Funktion

Damit sich veränderliche Arbeitsräume bilden können, bewegt sich der Verdränger exzentrisch (aus der Mitte versetzt) zum Gehäuse. Angetrieben wird die Welle des Verdrängers über den Doppelkeilriemen von der Riemenscheibe der Kurbelwelle. Parallel zur Verdränger-Antriebswelle läuft – durch einen Zahnriemen verbunden – eine Nebenwelle. Durch die beiden mit Exzentern versehenen Wellen erreicht man die gleichförmig exzentrische Drehbewegung des Verdrängers.
Die durch den Luftfilter angesaugte Verbrennungsluft gelangt in den G-Lader. Dort wird der Luftstrom vom Lader beschleunigt und gleichzeitig verdichtet. Dabei beträgt der vom G-Lader erzeugte Überdruck maximal 0,68 bar.

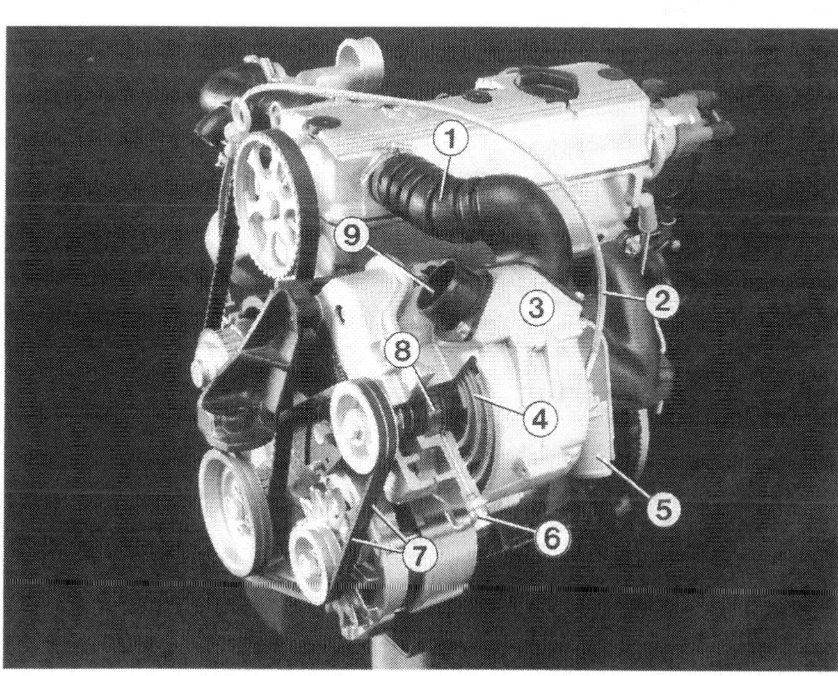

Hier sehen Sie das stärkste Triebwerk des Polo mit seinen wichtigsten Einzelteilen:
1 – Schlauch vom Drosselklappenteil;
2 – Öldruckleitung;
3 – G-Lader;
4 – Luftverdränger im Ladergehäuse;
5 – Stutzen zum Ladeluftkühler;
6 – Ölrücklaufleitung;
7 – doppelter Keilriemen;
8 – Verdrängerwelle;
9 – Ansaugstutzen zum Luftfiltergehäuse.

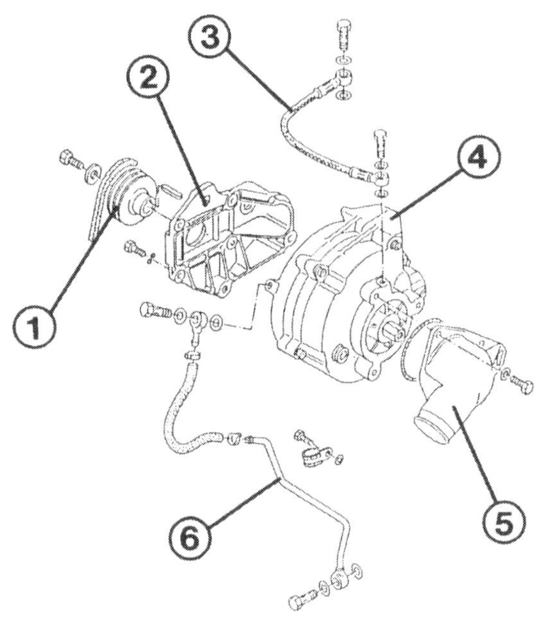

Die Anbauteile am G-Lader:
1 – Keilriemenscheibe;
2 – Konsole zur Befestigung des G-Laders am Motor;
3 – Ölzulaufleitung;
4 – G-Lader;
5 – Stutzen zum Ladeluftkühler;
6 – Ölrücklaufleitung.

Der Ladeluftkühler

Vom G-Lader gelangt der Luftstrom in den Ladeluftkühler. Dessen Aufgabe ist es, die auf bis zu 155°C erhitzte Verbrennungsluft abzukühlen. Denn erhitzte Luft nimmt ein größeres Volumen ein als kältere. Je kühler die Luft, desto mehr kann in die Verbrennungsräume gelangen. Unser Ladeluftkühler schafft eine Temperatursenkung von bis zu 57°C. Folge: bessere Zylinderfüllung und damit eine Leistungssteigerung; zusätzlich wird die Neigung zu klopfender Verbrennung verringert.

Der Bypass-Kreislauf

Läuft der Motor lediglich im Teillastbereich, dann schafft der Lader wesentlich mehr Luft herbei, als zur Verbrennung benötigt wird. Die zu viel geförderte Luft wird aber nicht einfach ins Freie geleitet. Vielmehr geht vor der Drosselklappe im Saugrohr ein Abzweigkanal zur Ansaugseite des G-Laders zurück. Ist die Drosselklappe im Ansaugrohr geschlossen (z.B. im Leerlauf), ist der Bypass durch eine gegenläufig gesteuerte Drosselklappe geöffnet. Und umgekehrt bei Vollast mit voll geöffneter Drosselklappe – jetzt schließt die Klappe den Bypass-Kanal.

Der Keilriemen

Für den Antrieb des G-Laders war ein einzelner Keilriemen nicht ausreichend. Der Polo G40 besitzt daher zwei Keilriemen für den Antrieb von G-Lader und Lichtmaschine. Was es über die Keilriemen zu sagen gibt, finden Sie im Lichtmaschinen-Kapitel.

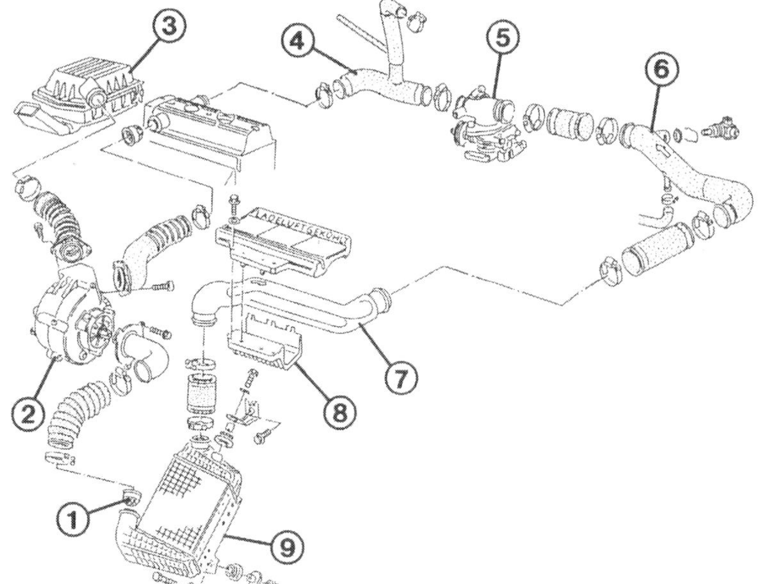

Hier sehen Sie die Teile der Luftführung:
1 – Sieb;
2 – G-Lader;
3 – Luftfiltergehäuse;
4 – Schlauch für Fahrzeuge mit Katalysator;
5 – Drosselklappenstutzen;
6, 7 – Druckrohr;
8 – Haltebügel;
9 – Ladeluftkühler.

Schuß nach hinten

Die Verbrennung des Kraftstoff/Luft-Gemisches in den Zylindern verläuft ausgesprochen lautstark. Zum Dämpfen dieser Geräusche dient die unter dem Wagenbauch verlaufende Rohrleitung.

Die Teile der Auspuffanlage

Am Zylinderkopf ist der Auspuffkrümmer angeschraubt. Darauf folgt das vordere Abgasrohr, das bei manchen Motoren weiter hinten zu einem einzelnen Durchlaß zusammenläuft; das ist das »Hosenrohr«. Aus welchen Teilen die Serienanlage bei unseren Modellen zusammengesetzt ist, zeigt die Tabelle:

Motor	Kennbuchstaben	Abgasrohr vorn			Wellrohr	Zwischenrohr	Vorschalldämpfer	Hauptschalldämpfer
		Einkanal	Zweikanal Einfachflansch	Zweikanal Doppelflansch				
1,05/29 kW	GL	+[1]	–	–	+	+[2]	–	+
1,05/33 kW, 1,3/40 kW	HZ, MH	+[1]	–	–	+	–	+	+
1,05/33 kW, 1,3/40 kW, 1,3/55 kW	AAK, AAU, NZ, AAV, 3F	–	–	+[3]	–	–	+	+
1,1/37 kW, 1,3/44 kW	HB, HH	–	–	+[1][4]	+	–	+	+
1,3/40 kW	HK	–	+[1]	–	+	–	+	+
1,3/55 kW	GK	–	–	+[1]	+	–	+	+
1,3/83 kW	PY	–	–	+	–	–	+[5]	+
1,3/85 kW	PY	–	–	+	–	–	+	+

[1] bei nachgerüstetem Katalysator Abgasrohr vorn kombiniert mit Mikrokat
[2] nur in Verbindung mit nachgerüstetem Katalysator
[3] Abgasrohr vorn kombiniert mit Katalysator
[4] Abgasrohr vorn mit abzweigender Vorwärmleitung
[5] Vorschalldämpfer kombiniert mit Katalysator

Aufhängung und Zustand der Auspuffanlage kontrollieren

Wartung Nr. 30

Die Auspuffanlage ist mit dem Auspuffkrümmer sowie einem Halter am Getriebe starr verbunden. Am Fahrzeugboden hängt sie dagegen frei schwingend in Gummiringen.

- Haltegummis auf Brüchigkeit, Einrisse oder sonstige Schäden überprüfen, ggf. ersetzen.
- Schrauben der Halteschellen bzw. Verschraubungen am Auspuffkrümmer und an der Halterung am Getriebe auf festen Sitz kontrollieren. Aber keinesfalls die Verschraubungen »anknallen«!
- Mit einem Lappen in der Hand bei laufendem Motor das Auspuff-Endrohr zuhalten. Der Motor muß nach kurzer Zeit stehenbleiben.
- Hören Sie zischende Geräusche und läuft der Motor ungestört weiter, ist die Anlage an der Geräuschstelle undicht.
- Ein dumpferer Auspuffton als gewöhnlich und Knallen im Schiebebetrieb weist auf einen durchgerosteten Auspuff hin.

Auspuffanlage erneuern

Reparaturen an einer durchgerosteten Auspuffanlage sind meist nur kurzer Erfolg beschieden. Auf rostgeschwächtem Blech kann nicht mehr geschweißt werden. Auspuffkitt und Bandagen sind zwar recht dauerhaft, aber das Blech bricht bald neben der Reparaturstelle aus.

Ganz selten sind beide Schalldämpfer gleichzeitig austauschreif. Hat man einen Dämpfer ersetzt, gibt boshafterweise wenige Monate später ein anderer den Geist auf. Werkstätten wechseln deshalb die Auspuffanlage gleich komplett aus. Das empfehlen wir nicht so unbesehen.

- Klopfen Sie den ausgebauten, noch intakten Schalldämpfer mit einem Hammer rundum gründlich ab, auch an den Stirnseiten. Dabei nicht zu zaghaft hämmern.

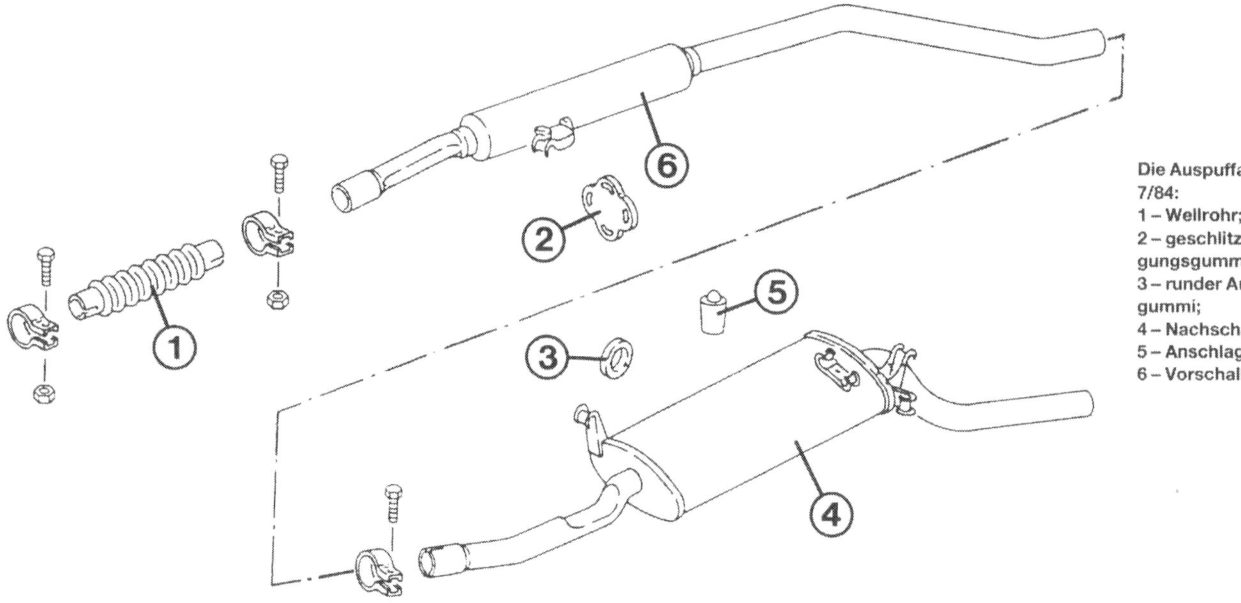

Die Auspuffanlage bis 7/84:
1 – Wellrohr;
2 – geschlitzter Aufhängungsgummi;
3 – runder Aufhängungsgummi;
4 – Nachschalldämpfer;
5 – Anschlagpuffer;
6 – Vorschalldämpfer.

● Klingt es bei jedem Schlag hell, ist das Blech noch gesund.

● Wird das Klopfgeräusch an manchen Stellen dumpfer, ist die Außenhaut bereits geschwächt und wird bald durchbrechen; besonders wenn die streusalzhaltige Winterzeit herrscht.

● Für den Teilekauf gilt, daß Dichtung(en) und selbstsichernde Muttern ersetzt werden müssen.

● Die Halteringe sollten ebenfalls erneuert werden. Es gibt sie in unterschiedlicher Ausführung für die diversen Motoren. Lassen Sie sich im Teilelager die richtigen aus dem Teilefilm heraussuchen.

Auspuffanlage ausbauen

● Zu allen Arbeiten an der Auspuffanlage muß der Wagen absolut rüttelsicher aufgebockt sein, daß er nicht kippen kann – auch bei heftigem Drehen oder Zerren an den Rohren.

● Wenn sich beim Demontieren eine Verschraubung nicht lösen läßt, sollten Sie sie durch Überdrehen abreißen. Beim Einbau werden grundsätzlich neue Schrauben und Muttern verwendet.

● Halteringe sicherheitshalber ebenfalls gleich ersetzen. Auf unterschiedliche Ausführungen achten! Die Zuordnung sollten Sie anhand des VW-Teilefilms vornehmen.

● Die Steckverbindungen der Rohrstutzen lassen sich am besten im erhitzten Zustand trennen. Die Werkstatt verwendet hierzu einen Schweißbrenner. Auch ein Heißluftfön kann genügen.

● Kalt geht es allenfalls unter Zuhilfenahme von Rostlösemittel.

● Die Rohre werden durch kräftige Drehbewegungen oder Hammerschläge getrennt.

● Hilft das nicht, wird die Rohrverbindung des defekten Schalldämpfers knapp 10 cm hinter der Verbindungsstelle abgesägt.

● Den verbleibenden Rohrrest mit der Metallsäge in Längsrichtung aufsägen und mit einem kräftigen Schraubendreher aufhebeln.

● Die Verschraubungen der Auspuffanlage lassen sich leichter wieder lösen, wenn die Gewinde beim Einbau mit Kupferfett bestrichen wurden.

● Auch zwischen die Rohrverbindungen können Sie solches hitzebeständiges Fett streichen, damit sie sich später wieder leichter trennen lassen.

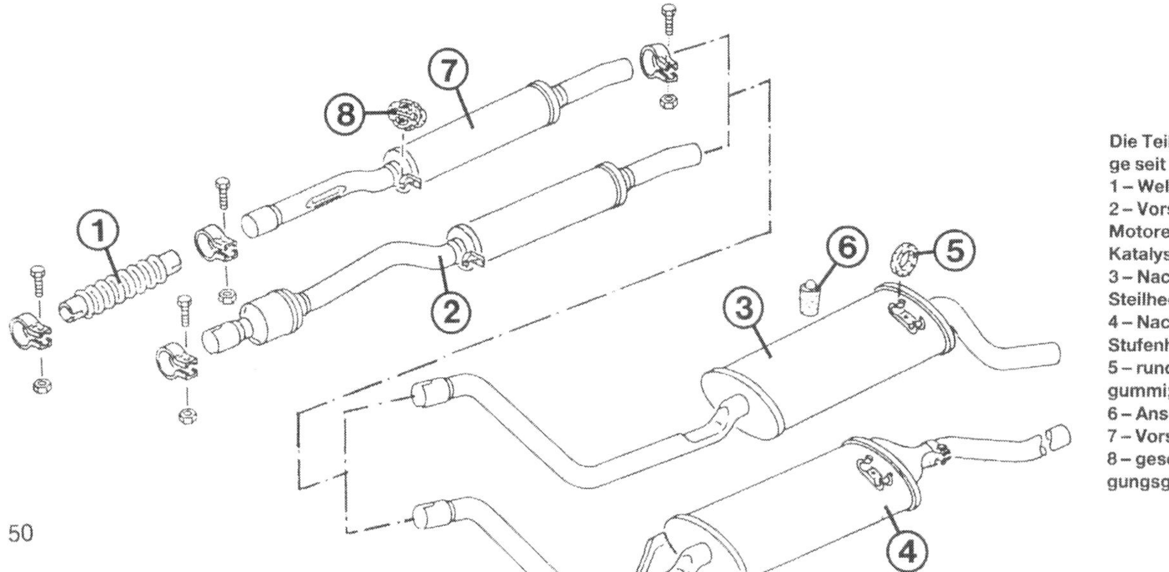

Die Teile der Auspuffanlage seit Modelljahr 1985:
1 – Wellrohr;
2 – Vorschalldämpfer für Motoren mit geregeltem Katalysator;
3 – Nachschalldämpfer für Steilheck und Coupé;
4 – Nachschalldämpfer für Stufenheck;
5 – runder Aufhängungsgummi;
6 – Anschlagpuffer;
7 – Vorschalldämpfer;
8 – geschlitzter Aufhängungsgummi.

Das vordere Auspuffrohr gibt es in zahlreichen Varianten. Wir haben hier abgebildet:
1 – Rohr für 29 kW;
2 – Rohr für abgasbeheizte Ansaugrohr-Beheizung;
3 – Rohr für 37 und 44 kW;
4 – Rohr für Einspritzmotor ohne Kat;
5 – Rohr für Einspritzmotor mit Katalysator (lambdageregelt);
6 – Rohr mit Mikro-Katalysator (7) für 33 kW;
8 – Haltelasche;
9 – Auspuffrohr-Halter;
10 – Rohr für 40 kW.

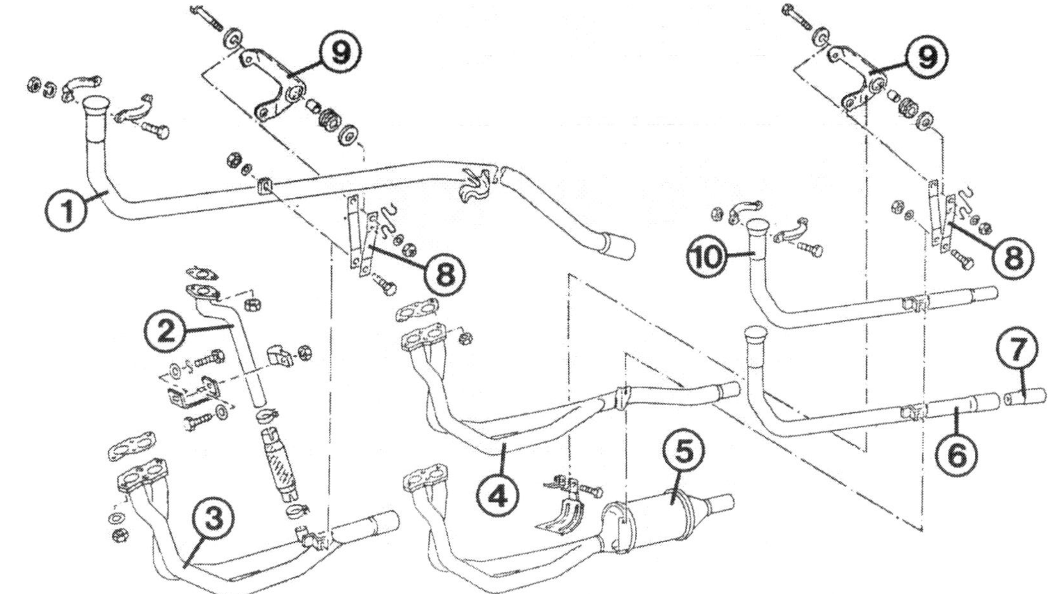

● Beim Einbau ist auf spannungsfreie Ausrichtung der Anlage zu achten.
● Teile provisorisch zusammenstecken, Halteschellen über die Rohre streifen und ausrichten.
● Auspuffanlage mit ihren Halteringen am Wagenboden aufhängen.
● Die Gummiringe sollen unter gleichmäßigem Zug stehen.
● Die Auspuffanlage muß auch genügend Abstand zur Karosserie haben. Durch Drehen bzw. Verschieben Rohre und Dämpfer in Längsrichtung auf gleichmäßigen Abstand zur Karosserie bringen. Zwischen dem Anschlagpuffer (nicht bei allen Modellen vorhanden) des hinteren Schalldämpfers und dem Kofferraumboden soll ein gewisser Abstand bleiben.
● Verschraubungen festziehen (Tabelle unten).
● Stellt sich bei einer Probefahrt heraus, daß die Auspuffanlage doch irgendwo anschlägt, Klemmschellen nochmals lösen (Vorsicht an den heißen Rohren!) und Auspuffanlage erneut ausrichten.

Abgasrohr vorn ausbauen

Für das vordere Abgasrohr gibt es zwei Befestigungsarten:
○ Der Auspuffkrümmer besitzt an seiner Unterseite einen halbkugelförmigen Flansch, mit dem das Abgasrohr ohne Dichtung durch zwei Klemmbügel verbunden ist.
○ Das vordere Abgasrohr ist mit einer zwischengelegten Dichtung am Krümmer festgeschraubt.
● Wagen vorn aufbocken. Auspuff abkühlen lassen.
● Schraube an der Getriebehalterung losdrehen.
● Verschraubungen der Klemmbügel zwischen Krümmer und Abgasrohr lösen.
● Bzw. vier selbstsichernde Muttern an der Verbindung zum Krümmer losdrehen.
● An der Klemmschelle zwischen Auspuffrohr und Wellrohr bzw. Vorschalldämpfer die Verschraubung losdrehen.
● Bei einem Motor mit abgasbeheiztem Ansaugrohr untere Klemmschelle des nach oben führenden Wellrohrs lösen.
● Auspuff-Halteringe aushängen.
● Auspuff zurückdrücken und vorderes Abgasrohr abnehmen, ggf. aus dem nach oben führenden Vorwärm-Wellrohr »ausfädeln«.
● Beim Einbau muß die Dichtung der verschraubten Flanschverbindung erneuert werden.

Auspuffkrümmer ausbauen

● Vorderes Abgasrohr vom Krümmer trennen.
● Krümmerschrauben losdrehen und Krümmer abnehmen.
● Anhaftende Dichtungsreste am Zylinderkopf und Auspuffkrümmer entfernen.
● Zum Einbau wird eine neue Dichtung montiert.

CO-Entnahmerohr ausbauen

● Schraube seitlich an der Haltelasche losdrehen.
● Überwurfmutter lösen, CO-Rohr abziehen.
● Ggf. kann auch der Stutzen für das Entnahmerohr aus dem Auspuffkrümmer herausgedreht werden.
● Beim Einbau eines neuen CO-Rohres Schneidring zwischen Stutzen und Rohr erneuern.

Anzugsdrehmomente

Bauteil	Nm
Auspuffkrümmer an Zylinderkopf	25
Abgasrohr vorn an Auspuffkrümmer	25
Klemmbügel an Verbindung Abgasrohr vorn/Auspuffkrümmer	25
Klemmschellen	25
Vorwärmrohr an Ansaugrohr	25
Halterung Vorwärmrohr	20
Klemmschellen Vorwärm-Wellrohr	10
CO-Entnahmestutzen an Auspuffkrümmer	35
CO-Entnahmerohr an Stutzen	20

Luftreiniger

Die wesentlichen Bestandteile von Benzin sind die Elemente Kohlenstoff und Wasserstoff. Wenn das Benzin im Motor verbrannt wird, verbindet sich der Kohlenstoff mit dem Luftsauerstoff zu **Kohlendioxid** (chemische Kurzformel CO_2), und der Wasserstoff vereinigt sich mit Sauerstoff zu **Wasser** (H_2O). Aus einem Liter Benzin entstehen rund 0,9 Liter Wasser, das Sie aber gewöhnlich nicht sehen, da es durch die Verbrennungswärme unsichtbar-dampfförmig dem Auspuff entweicht. Nur in der kalten Jahreszeit sehen Sie weiße Auspuffwolken von kondensierendem Wasser.
Diese Verbrennungsprodukte bilden sich, wenn Luft und Kraftstoff im optimalen Verhältnis (14,7 : 1) gemischt sind. Das ist leider fast nie der Fall. Deshalb entstehen auch Schadstoffe.

Was stößt der Motor aus?

○ **Kohlenmonoxid** (CO) ist wohl die bekannteste Verbindung, denn der CO-Gehalt wird bei der Abgas-Sonder-Untersuchung gemessen. Es entsteht um so mehr, je fetter, also kraftstoffreicher das Benzin/Luft-Gemisch ist. Mageres Gemisch, genaue Zündeinstellung und gleichmäßige Gemischverteilung im Verbrennungsraum ermöglichen einen niedrigen CO-Anteil.
○ Unverbrannte **Kohlenwasserstoffe** (HC) entstehen, wenn die von der Zündkerze entzündete Flammenfront an kalten Wandungen und engen Winkeln im Brennraum erlöscht. Zu fettes oder zu mageres Gemisch erhöht den Ausstoß der Kohlenwasserstoffe. Der HC-Anteil ist z. T. bereits durch die Motorkonstruktion bestimmt, er kann später nur gering beeinflußt werden.
○ **Stickoxide** (NO_x) bilden sich vor allem durch den zu über ¾ in der Verbrennungsluft enthaltenen Stickstoff. Ihr Anteil ist besonders hoch bei einer Auslegung des Motors für geringen Kraftstoffverbrauch und geringen CO- sowie HC-Ausstoß: Hohe Verbrennungstemperaturen und mageres Kraftstoff/Luft-Gemisch.
○ **Schwefeldioxid** (SO_2) bildet sich nur bei Dieselmotoren durch den im Dieselkraftstoff enthaltenen Schwefel.
○ **Bleiverbindungen** werden dem herkömmlichen verbleiten Kraftstoff als Antiklopfmittel zugesetzt. Rund 75% davon werden zum Auspuff hinausgeblasen.

Was ist wie gefährlich?

○ Kohlenmonoxid ist giftig und kann beim Einatmen in geschlossenen Räumen zum Tod führen. In der Luft verbindet sich das Kohlenmonoxid relativ schnell mit Sauerstoff zu Kohlendioxid (CO_2). Es ist zwar ungiftig, aber auch an der Entstehung des »Treibhauseffekts« wesentlich beteiligt.
○ Die Kohlenwasserstoff-Verbindungen sind der Übersichtlichkeit wegen zusammengefaßt, wobei die Bandbreite von harmlos bis möglicherweise krebserregend reicht. In der Luft sind die Kohlenwasserstoffe mit den Stickoxiden für Bildung von Smog (schwer auflösbare Abgasnebelwolken) verantwortlich.
○ Stickoxide können bei entsprechender Konzentration zu Reizungen der Atmungsorgane führen.
○ Die Bleiverbindungen lagern sich in der Umgebung ab und werden u.a. mit der Nahrung im Körper aufgenommen, aber nicht mehr ausgeschieden. Das ist bei höheren Konzentrationen gesundheitsgefährlich. Tanken Sie deshalb unverbleites Benzin, alle Modelle können problemlos damit gefahren werden.

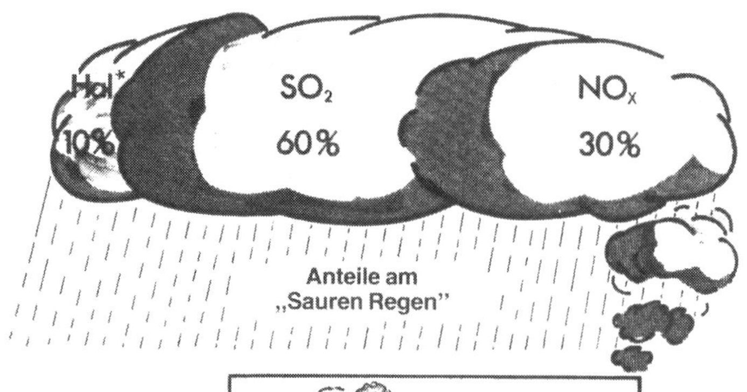

SO_2	56%	28%	13%	3%
NO_x	31%	19%	5%	45%

Als einer der Hauptverursacher für die Waldschäden gilt der »saure Regen«. Er entsteht auf Grund der Luftverschmutzung durch Schwefeldioxid und Stickoxid. In dieser Zeichnung ist der Anteil des Straßenverkehrs am Ausstoß der genannten Schadstoffe mit den übrigen Schadstoffquellen ins Verhältnis gebracht.

Fingerzeig: Der Anteil der in der Atmosphäre vorhandenen Schadstoffe ist auch für die Bildung von saurem Niederschlag verantwortlich.

Abgas-Rückführung

Für die hochverdichteten Motoren, für die überhaupt keine (37 kW Formel E bis 7/83) bzw. ursprünglich keine Katalysator-Umrüstmöglichkeit bestand (55-kW-Vergasermotor), gab es dennoch eine Abgasentgiftungs-Möglichkeit: Zur Verminderung der Stickoxide wird aus dem Abgasstrom ein gewisser Teil durch ein ventilgeregeltes System des Motors abgezweigt. Die Menge wird je nach Motorbelastung dosiert und ins Ansaugrohr zurückgeleitet. Die Zeichung unten soll die Zusammenhänge näher verdeutlichen. Da das Abgas kaum noch verbrennungsfähige Anteile enthält, kann es nicht nochmals verbrannt werden. Es verringert aber den Zustrom frischen Kraftstoff/Luft-Gemisches und bewirkt so eine Absenkung der Temperaturen im Verbrennungsraum und damit eine Verringerung des Stickoxidanteils.

Katalysator und Lambda-Sonde

Wer das Wissen aus dem Chemieunterricht nicht mehr parat hat: »Katalysator« ist ein Stoff oder in unserem Fall Bauteil, das eine chemische Reaktion bei einer niedrigeren Temperatur als im Normalfall nötig einleitet oder beschleunigt. Dabei bleibt der Katalysator chemisch unverändert.
Der Katalysator sieht ähnlich aus wie ein Auspufftopf. Darin sitzt ein Keramikkörper, der aus vielen kleinen Zellen besteht. Die so vergrößerte Oberfläche dieser Zellen ist mit einer dünnen Edelmetallschicht belegt, bestehend aus jeweils rund 2 Gramm Palladium, Platin und Rhodium.
Zur Nachrüstung gibt es praktisch für alle unsere Modelle Katalysatoren. (Den aktuellen Stand der Lieferfähigkeit erfragen Sie bitte beim VW-Händler.) Aus Platzgründen kommt nur ein sehr kleiner Katalysator zum Einsatz. Der Mikro-Katalysator sitzt im vorderen Abgasrohr und besteht aus gewelltem Stahlblech, das gewissermaßen aufgewickelt und mit der katalytischen Schicht versehen wurde.

Ungeregelter und geregelter Katalysator

Mit dem Dreiwege-Katalysator rückt man den drei Schadstoffen Kohlenmonoxid, Kohlenwasserstoffe und Stickoxide zu Leibe. Wird der Katalysator einfach ins Auspuffsystem eingesetzt, verringert sich der Schadstoffausstoß um etwa 65%.
Wirksamer ist die Umsetzung der Schadstoffe, wenn die Zusammensetzung des Kraftstoff/Luft-Gemisches beeinflußt werden kann. Das geschieht mit Hilfe der Lambda-Sonde; sie mißt den Sauerstoffanteil im Abgas. Lambda (λ = griechischer Buchstabe) ist die »Luftzahl« – das Verhältnis der Luftmenge zur Kraftstoffmenge im angesaugten Gemisch. Der Katalysator kann nur dann richtig arbeiten, wenn die Luftzahl λ dem Wert 1 möglichst nahekommt. Der λ-Wert wird anhand des Sauerstoffrestes im Abgasstrom gemessen – eine Vergleichsgröße für die Zusammensetzung des Kraftstoff/Luft-Gemisches. Weicht die Messung vom Idealwert ab, gibt das Steuergerät der Benzineinspritzung den Befehl zur unverzüglichen Korrektur: Anreichern bei zu magerem Gemisch; Abmagern des Kraftstoff/Luft-Gemisches, wenn dieses zu fett wird.
Die Regelung arbeitet im Bereich von λ = 0,8 bis λ = 1,2 in rasch wechselnder Folge: Luftüberschuß zur Verbrennung der Kohlenwasserstoffe, Luftmangel zur Verringerung der Stickoxide. Die aus dieser Mischung entstehenden Abgase gelangen in den Katalysator, wo eine nahezu vollständige Umwandlung in ungiftige Stoffe, wie Kohlendioxid, Wasserdampf und Stickstoff, erfolgt.

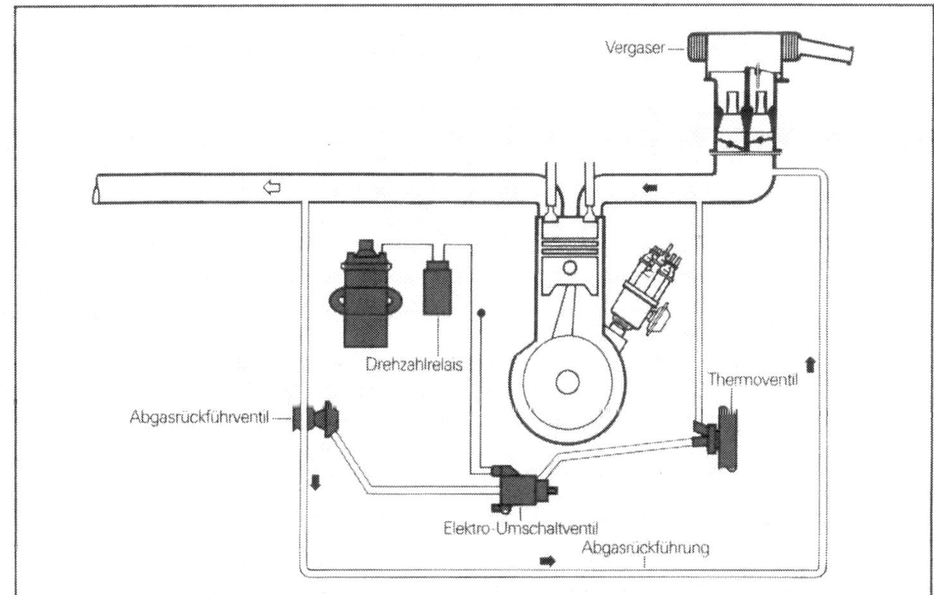

Aus dem Abgasstrom (weißer Pfeil) wird je nach Drehzahl und Motortemperatur ein gewisser Anteil ins Ansaugrohr zurückgeführt (schwarze Pfeile). In der Zeichnung sind die Steuerelemente dargestellt.

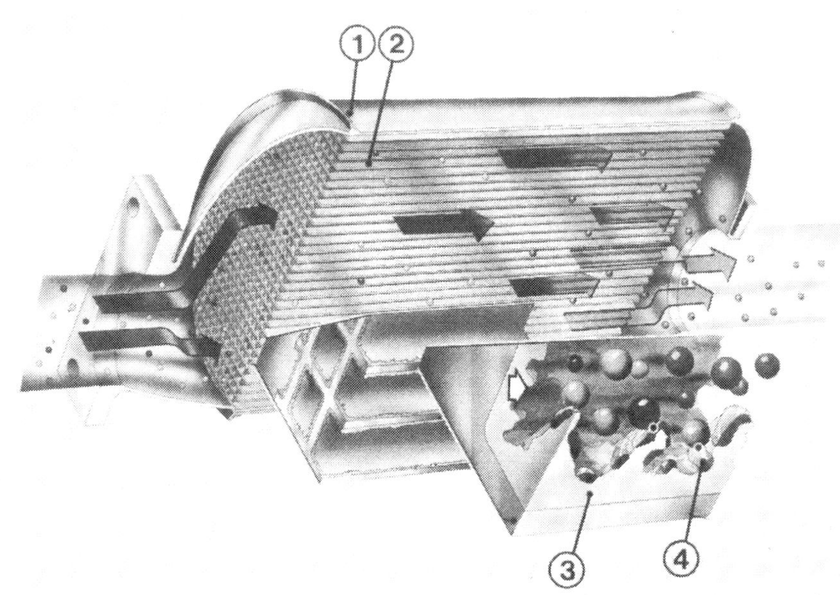

Der Aufbau des Katalysators: In einem Edelstahlgehäuse (1) ist der wabenförmige Keramikkörper (2) untergebracht. Dieser Körper ist mit Aluminiumoxid (3) beschichtet, wodurch seine Fläche um das 7000fache vergrößert wird. Auf diese Trägerschicht ist das Edelmetall Platin (4) als katalytischer Stoff aufgedampft.

In der Warmlaufphase bleibt die Anlage ungeregelt und richtet sich nach einem vorgegebenen mittleren λ-Wert. Das gleiche gilt, wenn die Vollast-Anreicherung aktiviert ist.

Fingerzeig: Im einzelnen beträgt die Verringerung der Schadstoffe beim geregelten Katalysator: Kohlenmonoxid 85%, Kohlenwasserstoffe 80%, Stickoxide 70%. Dabei ist bereits berücksichtigt, daß der Katalysator mit zunehmender Laufleistung einen Teil seiner Wirkung einbüßt.

Arbeits-Temperaturen

Ehe der Katalysator – ob geregelt oder ungeregelt – arbeiten kann, muß er eine »Anspringtemperatur« von etwa 300°C haben. Das ist nach 25–270 Sekunden der Fall. Etwa gleichlang dauert es, bis die Lambda-Sonde ihre »Einschalttemperatur« erreicht hat.
Katalysator und Lambda-Sonde sind allerdings überhitzungsempfindlich. Steigen die Temperaturen im Katalysator über 900°C, setzt eine verstärkte Alterung ein, ab 1200°C wird seine Wirksamkeit auf Dauer zerstört. Ähnliches gilt für die Lambda-Sonde. Temperaturspitzen können z.B. bei Zündaussetzern auftreten. Unverbranntes Gemisch wird dann im Katalysator gezündet, was die Temperaturen in gefährliche Höhen treibt.

Lebensdauer

Der Katalysator kann nur mit bleifreiem Benzin seine Wirkung entfalten. Die Bleianteile im verbleiten Benzin bedecken die Edelmetallschicht und gehen mit ihr chemische Verbindungen ein. Der Katalysator wird »vergiftet« und muß nach mehrmaliger Blei-Benzinbetankung ersetzt werden.
Mit zunehmender Laufleistung verliert der Katalysator etwas an Wirksamkeit. Dennoch hält er unter normalen Betriebsbedingungen so lange wie der Motor. Bei Überhitzung des Katalysators schmilzt der Keramikkörper – er schrumpft und macht sich durch Klappergeräusche im Metallgehäuse bemerkbar. Er muß dann ersetzt werden. Ein funktionsuntüchtiger Kat kann auch in der VW-Werkstatt ermittelt werden.

Vorsichtsmaßnahmen bei Katalysator-Fahrzeugen

In der Betriebsanleitung sind zahlreiche Hinweise für Katalysator-Fahrzeuge aufgeführt. Besonders gefährlich ist unverbranntes Gemisch, das sich im heißen Katalysator entzündet und so die Temperaturen in gefährliche Höhen ansteigen läßt. Wir greifen nur die wichtigsten Punkte heraus:

○ Das Anrollenlassen, Anschieben oder Anschleppen ist problemlos, wenn der Anlasser wegen einer leeren Batterie den Motor nicht zum Laufen bringt.

○ Lassen Zündaussetzer oder Fehlzündungen auf einen Defekt an der Zündanlage schließen, diese sofort überprüfen (lassen).

○ Im Hochsommer nach wochenlanger Trockenheit beim Parken den Wagen nicht über trockenem Laub, Heu o.ä. abstellen. Unter besonders ungünstigen Umständen könnte es zu einer Entzündung kommen.

○ Beim Auftragen von Unterbodenschutz darf nichts davon an den Katalysator geraten.

○ Kontrollieren Sie gelegentlich bei aufgebocktem Fahrzeug, ob die Hitzeschutzbleche nicht beschädigt oder verloren gegangen sind.

Erfrischungsgetränk

Bei der Verbrennung des Kraftstoff/Luft-Gemisches wird es dem Motor ausgesprochen warm ums Herz. Denn außer der Kraft für die Fortbewegung gibt er auch Wärme ab, und das nicht wenig: ¼ Kraft, ¾ Wärme. Diese Wärme gilt es abzuführen.

So wird gekühlt

○ Durch den Motor wird ständig Wasser gepumpt, und zwar vom Schaufelrad der Wasserpumpe. Sie wird vom Zahnriemen der Motorsteuerung angetrieben.
○ Das Kühlmittel zirkuliert nach dem Start und in der Warmlaufphase im sogenannten kleinen Kreislauf durch Motorblock und Zylinderkopf sowie den Wärmetauscher der Heizung. So erreicht man eine möglichst schnelle Aufheizung des Kühlmittels. Zusätzlich mit Warmwasser versorgt werden bei den Motoren mit Vergaser bzw. Monojetronic-/motronic-Einspritzung das Ansaugrohr (nicht beim 37- und 44-kW-Motor bis 7/83) und ggf. die Vergaser-Startautomatik.
○ Erst wenn die Kühlmitteltemperatur auf einen vorgegebenen Wert angestiegen ist, wird der Kühler gebraucht. Der Thermostat stellt die Verbindung zu ihm her – damit wirkt jetzt der »Große Kühlkreislauf«.
○ Trotz der Bezeichnung »Wasserkühlung« dient Luft als kühlendes Element – entweder als Fahrtwind oder unter Zuhilfenahme des Kühlerventilators.

Überdruck-Kühlsystem

In der Kühlanlage herrscht bei Betriebstemperatur ein Überdruck von 1,2–1,35 bar. Das erhöht den Wasser-Siedepunkt von 100°C auf über 120°C. So kann die für den Motor betriebsgünstige Kühlmitteltemperatur von über 100°C ohne »Kochgefahr« eingehalten werden, und das unter Druck gesetzte Wasser nimmt auch mehr Wärme auf. Verantwortlich für ein gutes »Arbeitsklima« des Motors sind:
○ Verschlußdeckel auf dem Ausgleichbehälter, der den Druck reguliert
○ Thermostat, der nach dem Kaltstart die Kühlflüssigkeit nicht gleich durch den Kühler strömen läßt, sondern erst mit steigender Temperatur.

Stand der Kühlflüssigkeit prüfen

Ständige Kontrolle

● Bei einem Fahrzeug **ohne Ausgleichbehälter** sollten Sie möglichst bei kaltem Motor kontrollieren. Dann ist das Kühlsystem drucklos. Der Überdruck baut sich erst mit Erwärmung der Kühlflüssigkeit auf; je heißer sie ist, desto vorsichtiger muß man beim Öffnen des Deckels sein.

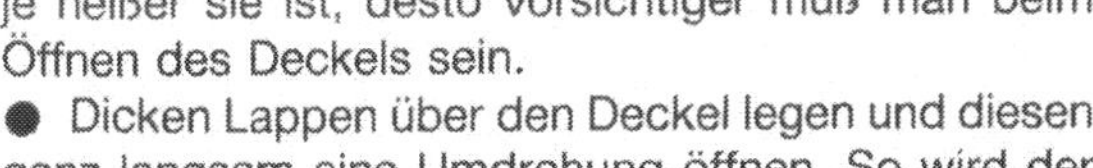

● Dicken Lappen über den Deckel legen und diesen ganz langsam eine Umdrehung öffnen. So wird der Druck allmählich abgebaut, ohne daß gleich heißes Wasser aus dem Kühler sprudelt. Erst das vom Überdruck befreite Kühlmittel beginnt zu kochen.
● Verschlußdeckel abschrauben.
● Kontrollieren, ob der Flüssigkeitsstand mindestens bis zur unteren Markierung reicht.
● Wenn der Wasserstand nicht zu erkennen ist, nehmen Sie eine Taschenlampe zu Hilfe.

Der Kühler soll bei kaltem Motor so weit mit Kühlmittel gefüllt sein, daß der Flüssigkeitsstand zwischen den Markierungen »min« und »max« sichtbar ist.

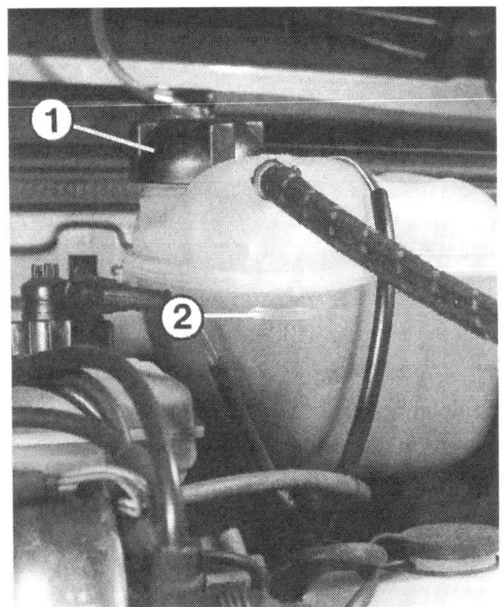

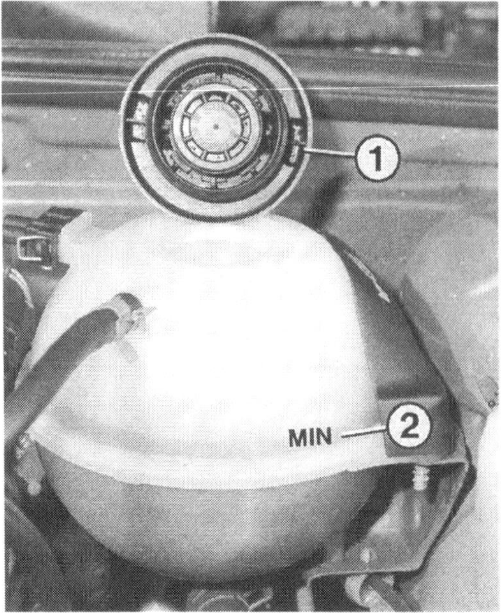

Im Ausgleichbehälter soll der Kühlmittelstand nicht unter die Markierung (2) fallen. Der Verschlußdekkel (1) braucht zur Kontrolle nicht abgenommen zu werden.

● **Mit Ausgleichbehälter:** Im durchscheinenden Behälter erkennen Sie den Flüssigkeitsstand von außen, es sei denn, der Kunststoff ist im Alter trübe geworden oder alte, rostbraune Kühlflüssigkeit hat die Behälterinnenseiten verfärbt. Dann Verschlußdeckel abnehmen, wie zuvor beschrieben.

● Bei kaltem Motor muß der Kühlmittelstand mindestens bis zum unteren Markierungsstrich am Ausgleichbehälter zu erkennen sein.

● Ist der Motor warmgefahren, darf die Kühlflüssigkeit etwas über die »MAX«-Markierung hinausreichen.

Kühlmittel auffüllen

Verlust von Kühlflüssigkeit ist das Zeichen für eine Störung oder einen Defekt. Das Kühlmittel wird nicht verbraucht und kann im geschlossenen Kühlsystem auch nicht verdampfen oder verdunsten.

● **Vorsicht bei warmgefahrenem Motor**, das Kühlsystem steht unter Überdruck. Zum Abnehmen des Deckels siehe vorangegangenen Abschnitt.

● Wird nur Wasser nachgefüllt, verdünnen Sie das Frostschutzmittel allmählich. Deshalb evtl. gleich etwas Frostschutzmittel zusätzlich eingießen.

● Nicht über die obere Markierung nachfüllen. Das Kühlmittel dehnt sich bei Erwärmung aus, und die Mehrmenge entweicht aus dem System.

● Kleinere Flüssigkeitsmengen können Sie sowohl bei warmem wie kaltem Motor eingießen.

● Bei erheblichem Wasserverlust und heißer Maschine kein kaltes Wasser nachfüllen.

● Durch den »Kälteschock« kann sich der Zylinderkopf verziehen oder der Motorblock reißen.

Das Frostschutzmittel

Im Kühlsystem sorgt nicht allein klares Wasser für die notwendige Abkühlung des Motors, sondern eine Mischung von Frost- und Korrosionsschutzmittel sowie Wasser. Man spricht daher genauer von Kühlflüssigkeit oder Kühlmittel. Das Mischungsverhältnis beträgt für mitteleuropäische Verhältnisse 2:3, in nordischen Ländern dagegen 1:1. Der Inhalt des Kühlsystems beträgt bei Fahrzeugen **ohne Ausgleichbehälter** (bis 7/83)

Bei diesem Frostschutzprüfer wird die Gefrierschutzmittel-Konzentration nicht durch eine in die Flüssigkeit eintauchende Spindel angezeigt, sondern durch zwei bewegliche Zeiger.

4,2 Liter, bei Fahrzeugen **mit Ausgleichbehälter** (ab 8/83) **5,6 Liter**. Die Angaben fürs Neubefüllen nennen die Menge ohne/mit Ausgleichbehälter:

○ Für Gefrierschutz **bis −25°C 1,7 l/2,25 l Frostschutzmittel**.

○ Für eine Frostfestigkeit **bis −35°C 2,1 l/2,8 l Frostschutzmittel**.

○ Mit klarem Wasser bis zur »MAX«-Marke auffüllen.

Mehr als 60% Frostschutzmittel darf nicht ins Kühlsystem gefüllt werden. Bei höherer Dosierung verringert sich die Schutzwirkung wieder, und außerdem wird die Kühlwirkung verschlechtert.

Als Frostschutzmittel dienen gewöhnlich giftige Alkohole namens Äthylenglykol, Diäthylenglykol oder Propylenglykol. Diese Flüssigkeiten verdampfen bzw. verdunsten nicht. Ebenso wichtig wie der Schutz vor Eingefrieren ist auch der Korrosionsschutz. Er verhindert, daß sich im Kühlsystem Kesselstein, Rost und andere Korrosionsprodukte bilden. Das werkseitig eingefüllte Kühlmittel mit Korrosionsschutzanteilen soll deshalb auch nicht im Frühjahr abgelassen werden, sondern verbleibt ganzjährig in der Kühlanlage.

In den VW-Werkstätten wird das eigene Frostschutzmittel »G 11 V8 B« eingefüllt. Wenn ein anderes Produkt verwendet wird, sollte es nach den Werksempfehlungen die Spezifikation **TL VW 774 B** aufweisen. Dann läßt es sich auch gefahrlos mit Produkten anderer Hersteller, aber gleicher Spezifikation mischen. Ungeeignetes Frostschutzmittel kann Leichtmetallteile von Motor und Kühler angreifen.

Frostschutzkonzentration prüfen

Wartung Nr. 12

Zum Nachprüfen der Kühlmittel-Frostfestigkeit brauchen Sie einen Hebe-Messer (Spindel, Aräometer). Damit wird das spezifische Gewicht der Flüssigkeit gemessen. Durch unterschiedliche Zugabe von Korrosionsschutzmitteln sind die spezifischen Gewichte der einzelnen Frostschutzprodukte nicht ganz gleich. Die Meßtoleranz liegt bei 2–3°C.

● Kühlmittel aus dem Kühler bzw. Ausgleichbehälter ansaugen. Die Spindel muß frei schwimmen können.

● Je nach spezifischem Gewicht der Flüssigkeit taucht die Spindel mehr oder minder tief ein.

● An der Skala ablesen, bis zu welcher Temperatur der Frostschutz reicht.

● Manche Gefrierschutzprüfer haben Zeiger, an denen die Frostfestigkeit abgelesen werden kann.

Frostschutzkonzentration einstellen

Meist stellt sich heraus, daß die Frostschutzkonzentration nicht mehr ausreicht. Dann muß Frostschutzmittel nachgefüllt werden. In der folgenden Tabelle haben wir die jeweilige Nachfüllmenge aufgeführt:

gemessene Frostfestigkeit	gewünschte Frostfestigkeit	Frostschutzmittel zufügen	gewünschte Frostfestigkeit	Frostschutzmittel zufügen
−5°C	−25°C	1,50 l	−35°C	2,25 l
−10°C	−25°C	1,25 l	−35°C	2,00 l
−15°C	−25°C	1,00 l	−35°C	1,75 l
−20°C	−25°C	0,75 l	−35°C	1,50 l
−25°C	−35°C	1,00 l		
−30°C	−35°C	0,75 l		

● Wanne unterstellen und die in der Tabelle angegebene Menge Kühlmittel ablassen.

● Ggf. umliegenden Bereich erst säubern, damit kein Schmutz in die ablaufende Kühlflüssigkeit gerät, denn sie soll wieder verwendet werden.

● Schläuche wieder montieren.

● Entsprechende Menge unverdünntes Frostschutzmittel eingießen.

● Zuletzt mit der aufgefangenen Kühlflüssigkeit vollfüllen.

Fingerzeig: Angebrochenes Frostschutzmittel altert, wenn es offen herumsteht. Deshalb in ein verschließbares Gefäß umfüllen, dieses beschriften und vor Kinderhänden gesichert aufbewahren, denn Frostschutzmittel ist giftig.

Kühlflüssigkeit wechseln

Der Wartungsplan sieht keinen regelmäßigen Tausch des Kühlmittels vor. Aber bei bestimmten Reparaturen muß die Flüssigkeit im Kühlsystem erneuert werden – bei Motortausch, Zylinderkopfwechsel, Ersatz der Zylinderkopfdichtung, Kühler- oder Wärmetauscherwechsel. Der Grund ist einfach: Der Kühlmittelzusatz bewahrt die Leichtmetallteile vor Korrosion. Die Schutzschicht bildet sich in der Einlaufphase des neuen Motors, wobei ein Teil der Korrosionsschutzanteile verbraucht wird. Kommt nun ein neues, großflächiges Leichtmetallteil in den Kühlkreislauf, reicht die Korrosionsschutzwirkung der bisherigen Flüssigkeit nicht mehr aus. Und im Fall eines Schadens an der Zylinderkopfdichtung kann das Korrosionschutzmittel durch eingedrungene Verbrennungsgase geschädigt sein. Deshalb sollten Sie nicht an der falschen Stelle sparen – erneuern Sie das Kühlmittel.

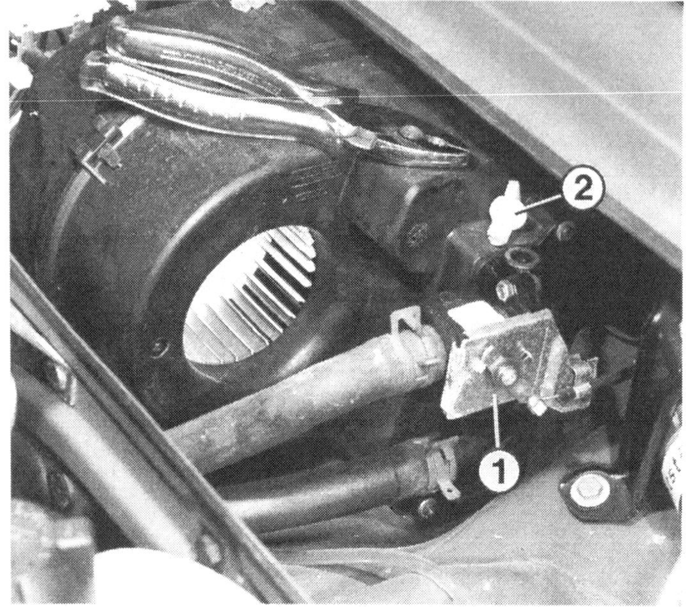

Oberhalb des Heizventils (1) sitzt die Entlüftungsschraube (2) im Wärmetauscher an der höchsten Stelle im Kühlsystem.

Kühlflüssigkeit ablassen

- Verschlußdeckel des Kühlers bzw. Ausgleichbehälters abschrauben.
- Heizhebel/-drehregler in Stellung »Warm« schieben bzw. drehen.
- Wanne unterstellen.
- Unteren Schlauch am Kühler abnehmen.

Fingerzeig: Kühlerfrostschutzmittel ist giftig, es darf deshalb nicht einfach in die Kanalisation geschüttet werden. Stattdessen in ein gesondertes Gefäß füllen und zum Sondermüll geben.

Kühlsystem neu befüllen

- Der Heizhebel/-drehregler muß in Stellung »Warm« stehen.
- Entlüftungsschraube am Wärmetauscher (Bild oben) öffnen.
- Zuerst Frostschutzmittel, dann Wasser einfüllen.
- Ist das Wasser in Ihrer Gegend besonders »hart« (kalkhaltig), sollte es zuvor abgekocht werden, dann bildet sich der Kesselstein im Kochtopf statt im Kühlsystem.
- Der Flüssigkeitsspiegel soll bis zur oberen Markierung stehen.
- Beim Auffüllen die Entlüftungsschraube am Wärmetauscher beobachten. Wenn dort Flüssigkeit austritt, Schraube zudrehen.
- Verschlußdeckel aufsetzen und festdrehen.
- Motor warmfahren, bis der Thermostat geöffnet hat. Dieser ist ganz sicher offen, wenn bei Motorleerlauf der elektrische Kühlerventilator anläuft.
- Motor abkühlen lassen, Kühlmittelstand kontrollieren, ggf. etwas Wasser nachgießen.

Kühlsystem auf Dichtheit prüfen

- Kontrollieren Sie die Schläuche am Kühler und Motor, auch die dünneren zur Heizanlage und ggf. zum Ansaugrohr und zur Vergaser-Startautomatik.
- Schläuche rissig? Durch Kneten feststellen, ob die Wasserschläuche hart und spröde sind – dann umgehend austauschen.
- Sitzen die Schlauchenden nicht zu knapp auf ihren Stutzen?
- Wenn nachträglich Schraubschellen montiert wurden: Sind deren Spannschrauben festgezogen?
- Sind die Schellen verrostet? Dann können sie unvermutet während der Fahrt und bei vollem Betriebsdruck im Kühlsystem nachgeben. Auswechseln!
- Die Werkstatt kontrolliert die Dichtheit der Kühlanlage mit einer speziellen Handluftpumpe mit Druckmesser.
- Dieses Gerät wird auf die Kühler- bzw. Ausgleichbehälteröffnung gesetzt und ein Druck von 1 bar aufgepumpt.
- Fällt der Skalenzeiger nicht innerhalb von ein bis zwei Minuten, ist das Kühlsystem dicht.

Der Kühler

Er besitzt ein Kunststoffgehäuse, innen dagegen Röhren und Rippen aus Leichtmetall. Als Verbindung zwischen den Wasserkästen des Kühlers dient eine Vielzahl von dünnwandigen Röhrchen. Zur Vergrößerung der Kühlfläche sitzen zwischen den Röhrchen noch waagrechte Rippen.

Bei Verdacht auf einen undichten Kühler sollten Sie in der Werkstatt die oben beschriebene Druckprüfung durchführen lassen. Bei einem offenkundigen Defekt können Sie den Kühler auch gleich selbst ausbauen und zur Reparatur bringen. Es gibt spezielle Kühlerwerkstätten (Branchentelefonbuch!), oder vielleicht befindet sich in Ihrer Nähe eine Kühlerfabrik, die ebenfalls Reparaturen durchführt.

Eine Übersicht der Kühlmittelschläuche.
Links: 1 – Vergaser-Starterdeckelbeheizung; 2 – Ansaugrohr-Beheizung; 3 – Kühler; 4 – Thermostatgehäuse; 5 – Kühlmittelrohr am Motor; 6 – Ausgleichbehälter; 7 – Heizventil.
Rechts: 1 – Kühler; 2 – Thermostatgehäuse; 3 – Kühlmittelrohr am Motor; 4 – Wasserpumpe; 5 – Ansaugrohr; 6 – Ausgleichbehälter für Kühlflüssigkeit.

Kühlmittelschläuche ausbauen

Besorgen Sie als Ersatz Originalschläuche in der richtigen Bogenform und grundsätzlich neue Schlauchschellen.

- Kühlmittel ablassen und auffangen.
- Schlauchschellen lösen, Schläuche abziehen.
- Festsitzende Schlauchenden mit einem Schraubendreher lockern, den man zwischen Schlauch und Stutzen schiebt und dann vorsichtig hebelt.
- Neue Schläuche weit genug auf die Stutzen schieben, damit sie nicht wieder abrutschen können.
- Schraubschellen nicht mit Gewalt anziehen, sonst wird das Gewinde überdreht.

Kühler reinigen

Vor und nach dem Sommerhalbjahr sollten die Kühlerlamellen von den dort festgesetzten Insektenleichen gesäubert werden, sonst wird die Kühlwirkung verschlechtert.

- Kühlergrill ausbauen (Karosserie-Kapitel).
- Elektroventilator mit Tragring abnehmen.
- Angetrocknete Insektenreste mit einem eiweißlösenden Mittel einsprühen.
- Nach einer gewissen Einwirkzeit von der Kühlerrückseite her abspülen. Durch die Kühlerlamellen mit nicht zu starkem Strahl spritzen. Auch hartes Bürsten oder scharfes Werkzeug kann die Kühlerlamellen beschädigen.
- Spezielle Reinigungsmittel für das Kühlerinnere sind bei ausschließlicher Verwendung von Frostschutz mit Korrosionsschutzmittel nicht erforderlich.

Kühler ausbauen

- Kühlmittel ablassen.
- Wasserschläuche am Kühler abnehmen.
- Stecker am Thermoschalter abziehen.
- **Bis 7/90:** Kühlerventilator mit Tragring abschrauben.
- Beide Schrauben der Kühlerhalter oben herausdrehen.
- Kühler herausheben, er steckt unten in Halteösen mit Gummizwischenlage.
- Luftführungspappen abschrauben und Thermoschalter herausdrehen, falls notwendig.
- **Ab 10/90:** Oben am Schloßträger zwei Halteschrauben des Kühlers herausdrehen.
- Kühler oben zum Motor hin kippen und zusammen

Die Klemm-Schlauchschellen lassen sich ohne Schwierigkeiten mit einer Zange lösen.

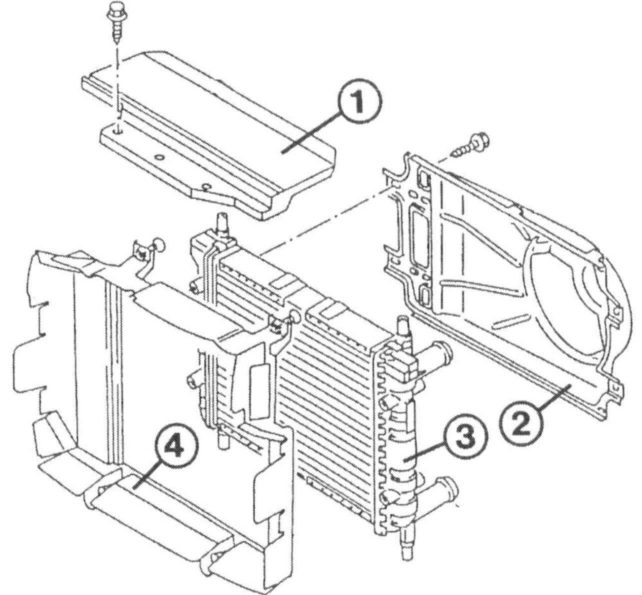

Zum Kühler (Ausführung ab 10/90) gehören folgende Bauteile:
1 – Abdeckung oben;
2 – Tragring für den Kühlerventilator;
3 – Kühler;
4 – Luftführung zum Kühler.

mit dem Kühlerventilator und dessen Tragring herausheben.

● Ggf. Klemmstücke oben am Kühler abnehmen und Thermoschalter herausschrauben.

● Die Luftführung ist vorn ans Frontblech geschraubt.

● **Alle:** Thermoschalter mit neuem Dichtring einschrauben, Anzugsdrehmoment 25 Nm.

Ausgleichbehälter ausbauen

Bei einem älteren Fahrzeug kann der Ausgleichbehälter undicht werden. Schuld daran ist die Versprödung des Kunststoffes und eine ungünstige Formgebung im Bereich des Verschlußstutzens.

● Schlauchklemmen mit einer Zange aufschneiden.

● Schläuche von den Stutzen abziehen.

● Ausgleichbehälter aus seiner Halterung ziehen.

● Neue Schlauchschellen einbauen.

Der Kühlsystem-Verschlußdeckel

Im Überdruck-Kreislauf spielt der Kühlsystem-Verschlußdeckel eine wichtige Rolle:

○ Bei aufgeschraubtem Deckel drückt die Dichtfläche fest auf den Rand des Kühlers bzw. der Ausgleichbehälteröffnung. Es kann kein Druck entweichen.

○ Wenn bei Erwärmung der Druck im Kühlsystem **1,2–1,35 bar** (bis 7/90) bzw. **1,3–1,5 bar** (ab 10/90) übersteigt, öffnet das Überdruckventil im Deckel – zum Druckausgleich kann etwas Wasserdampf entweichen.

○ Beim Abkühlen zieht sich die Kühlflüssigkeit wieder zusammen, und es entsteht ein Unterdruck in der Kühlanlage. Für diesen Unterdruckausgleich sitzt im Deckel ein zweites Ventil. Es öffnet bei einem Unterdruck von **0,06–0,1 bar**, so daß Außenluft einströmen kann.

Überdruckventil prüfen

Das Überdruckventil des Verschlußdeckels wird mit dem bereits beschriebenen Druckprüfgerät und einem Verbindungsstück auf richtige Funktion kontrolliert:

● Druck aufpumpen.

● Ausführung bis 7/90: Bei **1,2–1,35 bar** muß das Ventil öffnen.

● Deckel ab 10/90: Das Ventil muß bei **1,3–1,5 bar** öffnen.

Unterdruckventil behelfsmäßig prüfen

● Bei abgenommenem Verschlußdeckel einen dikken Wasserschlauch fest zusammendrücken.

● Deckel aufsetzen und festdrehen, Schlauch loslassen.

● Rundet sich der zusammengepreßte Schlauch wieder, dürfte das Ventil intakt sein.

● Sind die Kühlmittelschläuche morgens vor dem ersten Start plattgedrückt, streikt sicher das Unterdruckventil.

Der Thermostat

Vereinfacht gesagt bestimmt der Thermostat darüber, ob das Kühlmittel im Kühler abgekühlt werden soll oder nicht. Er hat also das Sagen darüber, ob das Kühlmittel im »kleinen« oder im »großen Kühlmittelkreislauf« zirkulieren soll, wie bereits zu Beginn des Kapitels gesagt.

Der Thermostat steuert den Kühlmittelfluß in Abhängigkeit der Kühlmitteltemperatur. Das geschieht durch eine mit Spezialwachs gefüllte Büchse und den daran befestigten Ventilteller. Bei Erwärmung des Kühlmittels verflüssigt sich das Wachs, es dehnt sich aus und öffnet zwangsläufig durch sein größeres Volumen den Ventilteller. Solange die Kühlmitteltemperatur steigt, wird vom Thermostat der Kaltwasserzufluß aus dem

Folgende Teile der Kühlanlage sind hier gezeigt:
1 – Wasserpumpe;
2 – Dichtring;
3 – Kühler (Ausführung bis 7/90);
4 – Halter für Kühler (bis 7/90);
5 – Gummiring für untere Kühleraufnahme (bis 7/90);
6 – Deckel;
7 – Thermostat;
8 – Thermostatgehäuse.

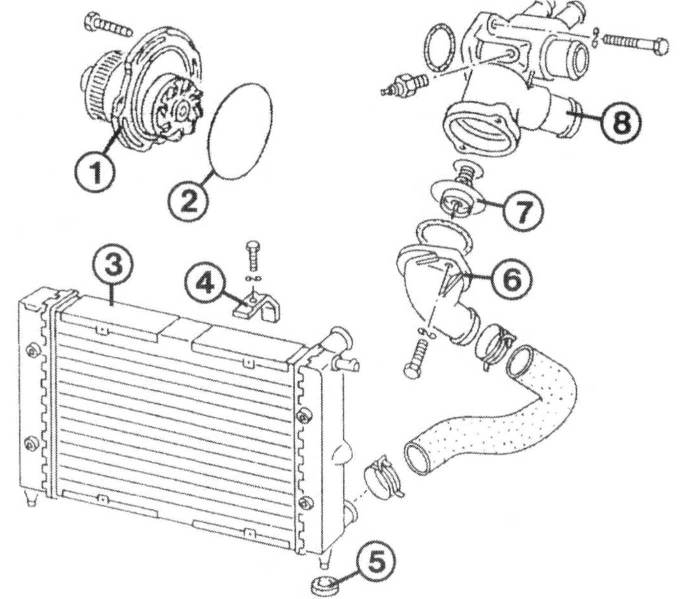

Kühler zunehmend geöffnet. Fällt dagegen die Betriebstemperatur, drückt eine Feder am Thermostat den Ventilteller in Richtung »Zu« und sperrt damit den Kaltwasserzufluß, bis wieder Betriebstemperatur herrscht.

Störungsbeistand

Thermostat

Erkennungsmerkmal	Ursache/Auswirkungen
A Temperaturanzeige steigt langsam, Betriebstemperatur wird später erreicht, Heizwirkung ungenügend	Thermostat-Ventilteller ist in »Offen«-Stellung blockiert (etwa durch Ablagerungen); der Zufluß zum Kühler bleibt ständig offen. Motor bleibt zu lange im Kaltlaufbetrieb. Es kommt jedoch kurzfristig zu keinen Schäden. Trotzdem Thermostat in Bälde wechseln
B Temperaturanzeige steht trotz richtigem Kühlmittelstand ganz rechts bzw. oben, Kühlmittel-Warnleuchte blinkt. Kühler und unterer Schlauch zum Kühler sind kalt	Thermostat-Ventilteller ist in »Geschlossen«-Stellung blockiert (etwa durch eine defekte oder undichte Thermostatbüchse). Auf keinen Fall weiterfahren, sonst entstehen schwere Hitzeschäden am Motor! Thermostat sofort auswechseln

Fingerzeig: Wenn der Motor unterwegs wegen defektem Thermostat ins Kochen kommt, hilft nur noch Abschleppen oder der komplette Ausbau des Thermostats an Ort und Stelle. Sollten Sie sich für den Ausbau entscheiden, müssen Sie erst abwarten, bis die Kühlmitteltemperatur abgesunken ist.

Thermostat ausbauen

Einen klemmenden Thermostat unterwegs auszubauen ist nicht ganz unproblematisch. Es dauert bei heißem Motor recht lange, ehe Sie mit der Arbeit beginnen können, ohne Gefahr zu laufen, daß Sie sich die Hände verbrühen. Beim Einbau eines neuen Thermostats soll zugleich der Dichtring am Thermostatgehäuse erneuert werden.

Hier ist der Thermostat (2) des Schlepphebelmotors gezeigt; er sitzt unterhalb des Zündverteilers (1). Beim Einbau muß das Entlüftungsventil (Pfeil) nach oben zeigen.

● 1–2 Liter Kühlmittel ablassen.
● In Fahrtrichtung hinten links Deckel des Thermostatgehäuses abschrauben.
● Thermostat beim Schlepphebelmotor so einsetzen, daß die Entlüftungskerbe bzw. das -ventil nach oben zeigt (Bild links unten).
● Schrauben am Thermostatgehäuse mit 10 Nm anziehen.

Thermostat prüfen

Mit einem Einmachthermometer können Sie selbst kontrollieren, ob der Kühlwasserregler bei der vorgeschriebenen Temperatur öffnet. Die Öffnungsdaten hängen von der Motorversion ab:
● Thermostat ausbauen.
● Kühlwasserregler in einen Topf mit Wasser hängen und Wasser erhitzen.
● Kontrollieren, ob das Ventil von seinem Sitz abhebt.
● Wenn möglich, noch den Öffnungshub messen.

Motor	Öffnungsbeginn	Öffnungsende	Öffnungshub mind.
Schlepphebelmotor	92° C	108° C	7 mm
Hydrostößelmotor	87° C	102° C	7 mm

Die Wasserpumpe

Die Kühlflüssigkeit wird von der Wasserpumpe im Kreislauf gehalten. Sie sitzt – in Fahrtrichtung gesehen – rechts hinten am Motor eingebaut und wird vom Zahnriemen angetrieben. Die Wasserpumpe ist wartungsfrei.

Wasserpumpe ausbauen

Das ist eine weitergehende Arbeit, da der Zahnriemen abgenommen und beim Zusammenbau die Steuerzeiten eingestellt werden müssen (siehe Motor-Kapitel).
● Kühlmittel ablassen.
● Zahnriemen abnehmen.
● Hinteren Zahnriemenschutz abschrauben.
● Drei Halteschrauben der Wasserpumpe herausdrehen, Pumpe mit Zahnriemenschutz abnehmen.
● Beim Einbau neuen Dichtring verwenden.
● Wenn eine Austausch-Wasserpumpe eingebaut wird, kontrollieren, ob im Gehäuse die Kennziffer »5« eingeschlagen ist. Dann muß ein größerer Dichtring mit 5 mm Durchmesser eingebaut werden.
● Achten Sie auf die richtige Ausführung der Pumpenrad-Verzahnung (seit 5/90 geändert).
● Zahnriemen auflegen und Steuerzeiten einstellen.
● Wasserpumpe mit 20 Nm anziehen.

Der Kühlerventilator

An der in Fahrtrichtung linken Seite des Kühlers ist ein temperaturempfindlicher Schalter eingeschraubt. Wenn er »fühlt«, daß die Flüssigkeit nach Durchfluß des Kühlers immer noch zu heiß ist, schaltet er den Kühlerventilator ein. Ebenso schaltet er den Ventilator wieder aus, wenn die Temperatur unten im Kühler auf einen bestimmten Wert abgesunken ist.
In Verbindung mit einer Anhängekupplung ist der Kühlerventilator zweistufig geschaltet. Er erhält zuerst über einen Vorwiderstand reduzierte Spannung für die halbe Drehgeschwindigkeit. Bei höherer Kühlmitteltemperatur wird der Widerstand überbrückt, und der Propeller dreht mit vollem Tempo.
Bei der entsprechenden Einschalttemperatur schließt der Kontakt im Schalter den Stromkreis des Kühlerventilators, und dieser läuft an. Der Thermoschalter hängt an Dauerstrom, so daß der Elektrolüfter auch nach Abschalten der Zündung noch weiterlaufen kann.

<u>Fingerzeig:</u> Vorsicht beim Hantieren im Motorraum: Bei heißgefahrenem Triebwerk kann der Ventilator nochmals unvermittelt loslaufen!

Der Thermoschalter

Thermoschalter	schaltet	Schalttemperaturen		Einbauort
		ein	aus	
Einfachschalter	Kühlerventilator	92 – 97° C	91–84° C	Kühler
Doppelschalter	Kühlerventilator Stufe I	92 – 97° C	91– 84° C	
	Kühlerventilator Stufe II	99 –105° C	98 – 91° C	Kühler

Störungen am Kühlerventilator

Ein ausgefallener Lüftermotor kann zu hohe Kühlmitteltemperatur verursachen, allerdings nur bei längerem Motorleerlauf oder einer scharfen Bergauffahrt. Der Ausfall des Ventilators muß aber nicht das Ende der Fahrt bedeuten:
○ Nachdem der Motor einigermaßen abgekühlt ist, kann man mit mittleren Drehzahlen und einigermaßen zügigem Tempo die nächste Werkstatt anlaufen. Dabei die Temperaturanzeige und Warnleuchte im Auge behalten.

Der Kühlerventilator ist hier mit folgenden Teilen gezeigt:
1 – Zahnscheibe;
2 – Spannstift;
3 – Ventilatormotor;
4 – Lüfterrad geschlossen;
5 – Thermoschalter;
6 – Sicherungsscheibe;
7 – Lüfterrad offen;
8 – Klemmscheibe.

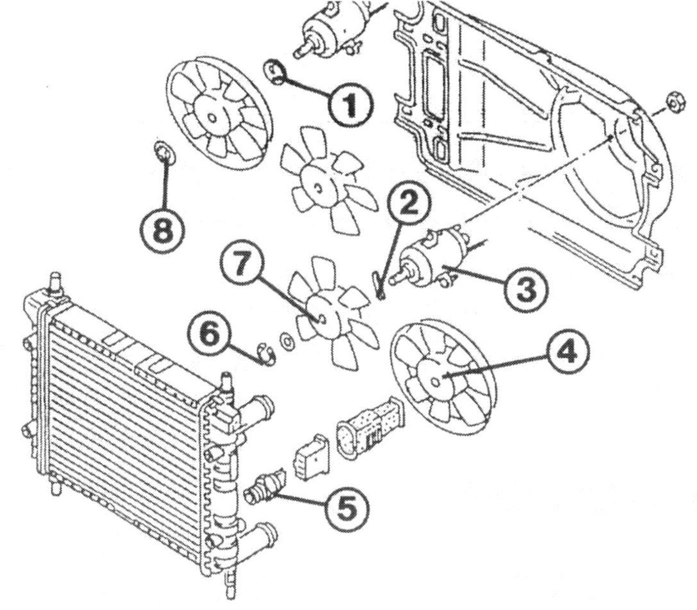

○ Leerlauf und Schleichfahrt sind dagegen für den Motor gefährlich. Da strömt kaum ein kühlender Lufthauch durch die Kühlerlamellen.

Störungssuche

● Ziehen Sie den Stecker vom Thermoschalter ab.

● **Einfach-Thermoschalter:** Überbrücken Sie im Stecker die Kontakte mit einem Stück isolierten Draht.

● Wenn nun der Ventilator losbraust, ist der Thermoschalter defekt, der jetzt aus dem Stromkreislauf herausgenommen ist.

● **Doppel-Thermoschalter:** Überbrücken Sie zwei Kontakte mit isoliertem Draht.

● Wird das rote mit dem rot/weißen Kabel verbunden, muß der Ventilator in der langsamen Geschwindigkeitsstufe anlaufen.

● Die Verbindung von rotem und rot/schwarzem Kabel bewirkt, daß der Lüftermotor mit schnellem Tempo dreht.

● Falls in beiden Fällen der Ventilator losbraust, ist der Thermoschalter defekt.

● Dreht sich der Propeller in der langsamen Stufe nicht, aber in der schnellen, ist der Vorwiderstand im Ventilatormotor defekt.

● Regt sich nichts, ist der Motor selbst defekt.

● In beiden Fällen muß der Ventilatormotor ersetzt werden, der Vorwiderstand kann nicht alleine getauscht werden.

● **Alle:** Half die Überbrückung des Thermoschalters nicht weiter, kontrollieren Sie, ob die Sicherung defekt ist.

● Bei intakter Sicherung wird der Lüftermotor überprüft:

● Kabelstecker abziehen und stattdessen am Kontakt der rot/schwarzen bzw. rot/weißen Leitung ein entsprechend langes Kabelstück zum Batterie-Pluspol legen. Die Steckverbindung für das braune Kabel wird direkt mit Masse verbunden.

● Dreht sich der Propeller immer noch nicht, ist der Ventilatormotor defekt – austauschen.

● Läuft der Ventilator jedoch, müssen die Kabelstecker sowie sämtliche Kabelverbindungen von Thermoschalter und Elektrolüfter überprüft werden.

● Zur Weiterfahrt die Kabelbrücke im Stecker gut festklemmen. So läuft der Kühlerventilator dauernd.

● Damit locker hängende Kabel keinen Unfug stiften können, umklebt man es kurzschlußsicher mit Klebeband oder Heftpflaster.

Bei defektem Thermoschalter (1) werden die Anschlüsse im Stecker (2) durch eine Kabelbrücke (3) direkt miteinander verbunden, wodurch der Kühlerventilator ununterbrochen läuft.

● Auch mit direkt von der Batterie gespeistem Kühlerventilator können Sie unbesorgt weiterfahren.
● Am Ende der Fahrt muß eine der Kabelverbindungen getrennt werden, sonst läuft der Lüftermotor so lange, bis die Batterie leer ist.

Ventilatormotor ausbauen

● Kabelstecker zum Ventilator abziehen.
● Vier Schrauben des Tragrings losdrehen und diesen samt Lüftermotor abnehmen.
● Drei Muttern am Tragring lösen, Ventilatormotor abnehmen.
● Der Propeller des Ventilators ist je nach Herstellerfirma auf unterschiedliche Weise mit der Motorwelle verbunden:
● Am Bosch-Lüfter Spannstift herausklopfen und Sicherungsscheibe abnehmen.
● Beim AEG-Ventilator Klemm- und Zahnscheibe abnehmen.

Störungsbeistand

Kühlsystem

Die Störung	– ihre Ursache	– ihre Abhilfe
A Temperatur-Anzeigenadel steht ganz rechts bzw. oben, rote Warnleuchte blinkt	1 Zu wenig Flüssigkeit im Kühlsystem	Auffüllen, notfalls aus der Scheibenwaschanlage
	2 Kabel zur Temperaturanzeige hat Massekontakt	Kabel am Temperaturfühler abziehen, Zeiger muß zurückgehen und rote Lampe muß verlöschen, sonst Masseschluß; Kabelverlauf kontrollieren
	3 Thermostat öffnet den Kaltwasserzufluß aus dem Kühler nicht (Kühler kalt)	Thermostat ausbauen und ohne ihn weiterfahren oder Wagen abschleppen lassen
	4 Kühlerventilator schaltet nicht ein	Siehe Text auf der vorangegangenen Seite
	5 Überdruckventil im Verschlußdeckel defekt	Deckel prüfen (lassen), ggf. austauschen
	6 Spannungs-Konstanter defekt (nur wenn die Tankanzeige ebenfalls falsche Werte anzeigt)	Austauschen
	7 Anzeige-Instrument defekt	Überprüfen, siehe Kapitel »Instrumente und Geräte«
	8 Temperaturfühler hat Kurzschluß	Austauschen
B Temperaturanzeige spricht sehr langsam an, schwache Heizleistung	Thermostat schließt nicht völlig, aufgeheiztes Kühlmittel strömt zu früh durch den Kühler	Thermostat säubern, ggf. ersetzen
C Temperaturanzeige bleibt im unteren Bereich, gute Heizleistung	1 Siehe A 6	
	2 Geber der Temperaturanzeige defekt	Austauschen

Energie-Politik

Über Kraftstoff wird viel gesprochen, oft ohne das richtige Grundwissen. Deshalb finden Sie im folgenden Kapitel einige wichtige Informationen.

Normal- und Superbenzin

Die Bezeichnungen »Normal« und »Super« stimmen eigentlich nicht, denn die Kraftstoffarten sind z.B. im Reinheitsgrad und im Verdampfungsverhalten gleich. Das wesentliche Unterscheidungsmerkmal ist die Klopffestigkeit. Sie wird durch die Oktanzahl gekennzeichnet und liegt bei Super höher als bei Normalbenzin.
Superkraftstoff kann höhere Kompressionsdrücke aushalten, ohne sich selbst zu entzünden, was sonst zu Motorklopfen führt. Beim Verdichten erwärmt sich jedes Gas, auch das Kraftstoff/Luft-Gemisch. Sie kennen das vielleicht von der Fahrrad-Luftpumpe beim Aufpumpen eines Reifens. Mit höherem Kompressionsverhältnis kann es also um so leichter zu Selbstzündungen im Verbrennungsraum kommen, wenn der Kraftstoff nicht klopffest genug ist.

Die Klopffestigkeit

Zur Kennzeichnung der Klopffestigkeit dient die Oktanzahl. Das ist eine Vergleichsgröße, die in einem Prüfmotor mit bestimmten Meßkraftstoffen ermittelt wird. Häufig genannt ist die »Research-Oktanzahl«, kurz ROZ. Seltener findet man dagegen die aussagekräftigere »Motor-Oktanzahl« oder MOZ. Die hierzulande geforderten Mindest-Oktanwerte für Kraftstoff sind vom **D**eutschen **I**nstitut für **N**ormung festgelegt:

Bleifreier Kraftstoff (DIN 51607) Normal		Euro Super		Super Plus		Verbleiter Kraftstoff (DIN 51600) Super	
ROZ 91	MOZ 82,5	ROZ 95	MOZ 85	ROZ 98	MOZ 88	ROZ 98	MOZ 88

Bleifreies Benzin

Der Kraftstoff wird nicht nur anhand seiner Klopffestigkeit unterschieden, sondern auch nach den sogenannten Antiklopfbeimischungen. Beim verbleiten Benzin ist dies das hochgiftige Blei-Tetraäthyl. Im bleifreien Kraftstoff werden nur ungefährliche Zusätze verwendet. Bleifreies Benzin ist für einen VW mit Katalysator unerläßlich, da sonst der Katalysator »vergiftet« wird, siehe Kapitel »Abgas-Entgiftung«.
Auch in europäischen Ländern mit einem geringen Anteil an Katalysatorfahrzeugen ist unverbleiter Kraftstoff an den wichtigen Durchgangsstraßen erhältlich. Schwierigkeiten kann es im Landesinnern und in touristisch weniger erschlossenen Gegenden geben. Im Zweifelsfall bei einem Autoclub oder Fremdenverkehrsbüro eine Bleifrei-Landkarte besorgen.

Welchen Kraftstoff tanken?

Für unsere VW-Modelle sind die folgenden Kraftstoffarten verwendbar:

Motor	Kennbuchstaben	bleifrei Normal 91 ROZ	verbleit[1] Normal 91 ROZ	bleifrei Euro Super 95 ROZ	bleifrei Super Plus 98 ROZ	verbleit Super 98 ROZ
1,05/29 kW, 1,05/33 kW, 1,1/37 kW, 1,3/40 kW, 1,3/44 kW ohne Kat	GL, HZ, HB bis 799999, HK, MH, HH	+	+	+[2]	+[2]	+[2]
1,05/29 kW, 1,05/33 kW, 1,1/37 kW, 1,3/40 kW, 1,3/44 kW, 1,3/55 kW mit Kat	GL, HZ, AAK, AAU, HB bis 799999, HK, MH, NZ, AAH, HH, 3F	+	–	+[2]	+[2]	–
1,1/37 kW, 1,3/55 kW, 1,3/85 kW ohne Kat	HB ab 800000, GK, PY	–	–	–	+	+
1,3/55 kW mit Kat	GK	–	–	–	+	–
1,3/83 kW mit Kat	PY	–	–	+[3]	+	–

[1] Falls noch verfügbar
[2] Auf Grund der Motorauslegung (Verdichtung) nicht erforderlich
[3] Bei hohen Außentemperaturen kann die Klopfregelung den Zündzeitpunkt zurücknehmen mit entsprechender Leistungsminderung. Für volle Leistung empfiehlt sich in diesem Fall bleifreies Super Plus

Kraft auf Vorrat

Der energiereiche Saft für die Fortbewegung muß in ausreichender Menge an Bord sein. Dazu dient der Tank. Und für den Transport zum Vergaser oder der Einspritzanlage ist die Kraftstoffpumpe zuständig.

Der Tank

An sicherer Stelle – vor der Hinterachse – sitzt der Tank. Er faßt seit 8/84 42 Liter, bei den früheren Modellen 36 Liter Kraftstoff und ist aus Blech gefertigt. Deshalb sollte man bei mehrwöchigen Ruhepausen des VW den Tank vollfüllen. Andernfalls kann sich an den Innenwänden Kondenswasser bilden, das zu Rostbildung führt. Gelangt der Rost trotz der dazwischenliegenden Filter in den Vergaser oder die Einspritzanlage, gibt es ärgerliche Funktionsstörungen. Zwar besitzen heutige Kraftstoffe einen Alkoholzusatz, der Wasser im Benzin »aufsaugt«, aber manchmal reicht das doch nicht völlig.

Fingerzeig: Bevor Sie irgendwelche der nachfolgend beschriebenen Arbeiten an der Kraftstoffanlage in Angriff nehmen, sollten Sie unbedingt das Batterie-Massekabel abnehmen. Unbeabsichtigte elektrische Verbindungen können zu gefährlicher Funkenbildung führen und Benzindämpfe explodierend entzünden.

Kraftstoff ablassen

Wenn der Kraftstoff aus dem Tank abgelassen werden soll, ist seine vergleichsweise altmodische Bauweise bei den Vergasermotoren doch von Vorteil. Es geht ohne Ablaßschraube.

- Tank so weit als möglich leerfahren.
- **Vergasermotor:** Sicherheitshalber die Wagenunterseite gründlich sauberspritzen, damit kein Schmutz in die Kraftstoffanlage gelangen kann.
- Wagen hinten aufbocken.
- Je nach restlicher Kraftstoffmenge im Tank eine genügend große benzinfeste Auffangwanne unterstellen.
- Schlauchschellen der Kraftstoff-Vor- und Rücklaufleitung öffnen.
- Beide Leitungen abziehen und das Benzin auslaufen lassen.
- Beim Aufstecken der Kraftstoffleitungen neue Schlauchschellen verwenden.
- **Einspritzmotor:** Rücksitzbank vorklappen bzw. Rücksitzkissen ausbauen.
- Blechdeckel am Wagenboden abschrauben.
- Blaue Rücklaufleitung am Tankgeber abnehmen, nach unten herausführen und in einen genügend großen Behälter halten.
- Kraftstoffpumpenrelais abziehen und stattdessen die Kontakte von Klemme 30 und Klemme 87 (bei angeklemmter Batterie) überbrücken.
- Die Pumpen saugen jetzt den Tank leer.

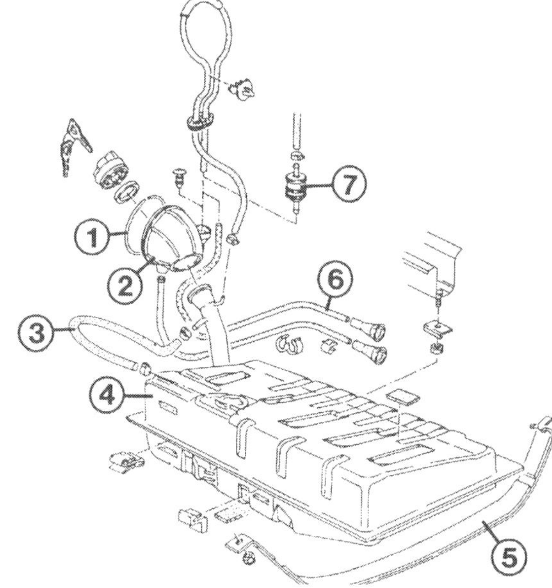

Der Kraftstofftank (4) der Vergasermodelle. Sie sehen hier:
1 – Spannring;
2 – Gummitopf;
3 – Schlauch der Schnell-Entlüftung;
5 – Halteband;
6 – Schlauch der Fein-Entlüftung;
7 – Schwerkraftventil.

Links: Hier haben wir bereits den Blechdeckel (1) oberhalb des Tankgebers abgeschraubt. Am Geber sehen Sie:
2 – Tankgeber-Oberteil;
3 – Schlauch der Schnell-Entlüftung;
4 – Steckkontakte;
5 – Mehrfachstecker mit Schutzhülle.
Rechts: Zum Losschrauben des Tankgebers muß die Rohrzange wie hier im Bild gezeigt ins Oberteil des Gebers eingesetzt werden.

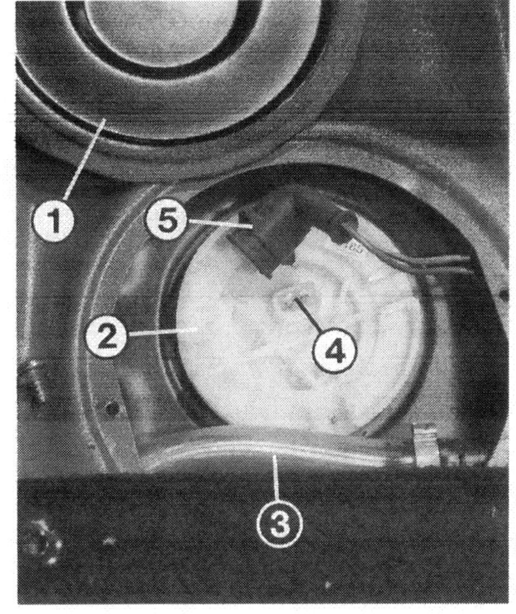

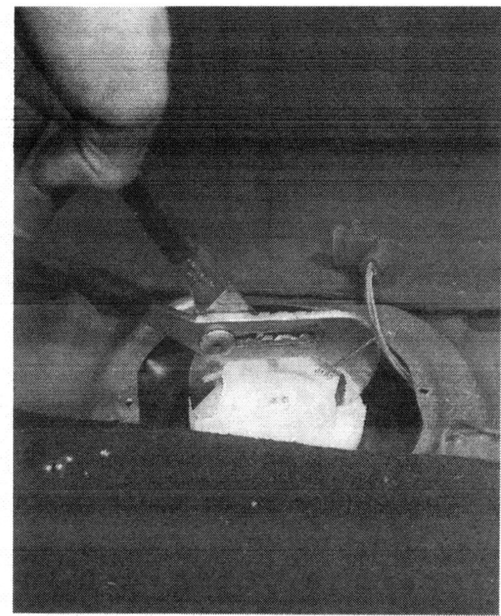

Tank ausbauen

- Kraftstoff ablassen.
- Rücksitzbank vorklappen bzw. Rücksitzkissen ausbauen.
- Abdeckblech des Tankgebers am Wagenboden abschrauben.
- Schlauchleitungen und Kabelstecker vom Tankgeber abziehen.
- Wagen hinten aufbocken.
- **Ab 8/84:** Hauptschalldämpfer aus seinen Halteringen aushängen.
- **Alle Baujahre:** Rechtes Hinterrad abschrauben.
- Am Tankeinfüllstutzen je eine nach oben bzw. unten führende Entlüftungsleitung abziehen.
- Spannring des Gummitopfes am Tankeinfüllstutzen abnehmen.
- Schwerkraftventil – falls vorhanden – ausbauen.
- Gummitopf abnehmen.
- **Ab 8/84:** Handbremsseil trennen.
- Zwei Halteschrauben des rechten Handbremsseil-Widerlagers am Hinterachskörper herausdrehen.
- **Alle Baujahre:** An der Hinterseite des Tanks die beiden Ablaufschläuche aus den Halteklammern abnehmen.
- Drei Schrauben der rechten Hinterachsbefestigung losdrehen.
- Muttern des Tankhaltebandes links und des Haltewinkels rechts lösen, dabei Tank unten abstützen.
- Kraftstoffbehälter abnehmen.
- Bei Ersatz der Tanks (die 42-Liter-Version paßt nicht in die Modelle bis 7/84!) Dämpfungsstreifen an denselben Stellen wie am alten Tank aufkleben.
- Beim Einbau vor dem Anschrauben des Tanks die dicke Entlüftungsleitung am Einfüllstutzen aufstecken.
- Zwischen Tank und Spannband darf der Gummistreifen nicht fehlen.
- Beachten Sie, daß die Entlüftungsschläuche nicht geknickt verlegt sind.
- Beim Anschließen der Kraftstoffleitungen muß die blaue Rücklaufleitung am oberen Schlauchstutzen aufgesteckt werden.
- Zum Befestigen der Hinterachse siehe Kapitel »Radaufhängung und Lenkung«.
- Zum Schutz eines neuen Tanks soll Langzeit-Unterbodenschutz an seiner Unterseite aufgetragen werden.

Geber für die Tankanzeige

Der Tankgeber ist oben in den Kraftstoffbehälter eingesetzt. Das Tankgeberoberteil gibt es in zwei Ausführungen: Bis 7/84 besteht es aus Blech, seit 8/84 in Verbindung mit dem 42-Liter-Tank dagegen aus Kunststoff. Am Tankgeber des Einspritzmotors sitzt außerdem noch die Kraftstoff-Vorförderpumpe.
Die Anzeige für den Benzinstand ist kein Präzisionsinstrument. Einen falsch anzeigenden Geber kann man durch Nachbiegen des Schwimmerarms korrigieren, siehe Kapitel »Instrumente und Geräte«.

Tankgeber ausbauen

- Rücksitzbank vorklappen bzw. Rücksitzkissen ausbauen.
- Schwarzen Blechdeckel abschrauben.
- Kabelstecker vom Tankgeber abziehen.
- Beim Einspritzmotor Kraftstoffschläuche oben am Tankgeber abnehmen.
- Rohrzange in die Aussparungen im Oberteil des Tankgebers einsetzen.
- Geber losdrehen und mit leichter Drehung herausziehen.
- Der Dichtring soll ersetzt werden. Es genügt aber nach unseren Erfahrungen, wenn der Ring vor dem

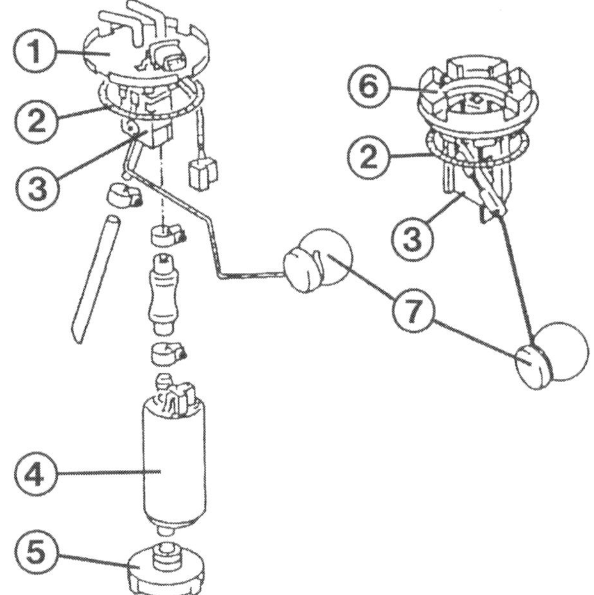

Hier die beiden Tankgeber, die in Ihrem VW verbaut sind:
1 – Tankgeber-Oberteil für Einspritzmotoren;
2 – Dichtung;
3 – Widerstandsplatte für die Tankanzeige;
4 – Vorförderpumpe;
5 – Sieb;
6 – Tankgeber-Oberteil für Vergasermotoren;
7 – Schwimmer.

Einbau mit etwas Öl bestrichen wird, damit er sich beim Festdrehen des Tankgebers mitdrehen kann.

● Beim Einbau die richtige Einbaulage des Gebers beachten:

● **Bis 7/84:** Die Steckerzungen am Tankgeber müssen in Fahrtrichtung gesehen leicht nach links zum Entlüftungsstutzen zeigen.

● **Ab 8/84:** Der Pfeil am Tankgeber muß genau nach vorn in Fahrtrichtung zeigen.

● Beim **Einspritzmotor** müssen die elektrischen Steckanschlüsse in Fahrtrichtung nach links zeigen.

Die Tank-Be- und -Entlüftung

○ An der Tankoberseite ist die sogenannte **Schnell-Entlüftung** angeschlossen, die zum Tankeinfüllstutzen führt. Durch diese Leitung entweicht die Luft, wenn der Tank mit Benzin befüllt wird.

○ Die **Fein-Entlüftung** findet sich ebenfalls oben am Einfüllstutzen. Sie soll die ständig und unvermeidlich sich bildenden Benzindämpfe ableiten. Während der Fahrt strömt durch diese Leitung entsprechend der verbrauchten Kraftstoffmenge von außen Luft in den Tank hinein, so daß sich kein Unterdruck bilden kann.

○ Bei einem Fahrzeug mit geregeltem Katalysator werden die Dämpfe aus der Tank-Entlüftung nicht ins Freie, sondern in den Aktivkohle-Behälter der Kraftstoff-Verdunstungsanlage geleitet.

○ Ein weiteres Ventil in der Fein-Entlüftung (»Schwerkraftventil«) schließt ab einer festgelegten Fahrzeug-Schräglage. Falls der VW nach einem Unfall auf der Seite oder dem Dach liegt, kann trotzdem kein Benzin austreten.

Schwerkraftventil prüfen

● Vom hinteren rechten Radkasten her das Schwerkraftventil aus dem Gummitopf des Einfüllstutzens herausziehen.

● Entlüftungsleitung vom Ventil abziehen.

● Ein passendes Schlauchstück auf einen Anschluß des Ventils stecken.

● Schwerkraftventil senkrecht halten.

● Durchblasen muß ohne Widerstand möglich sein.

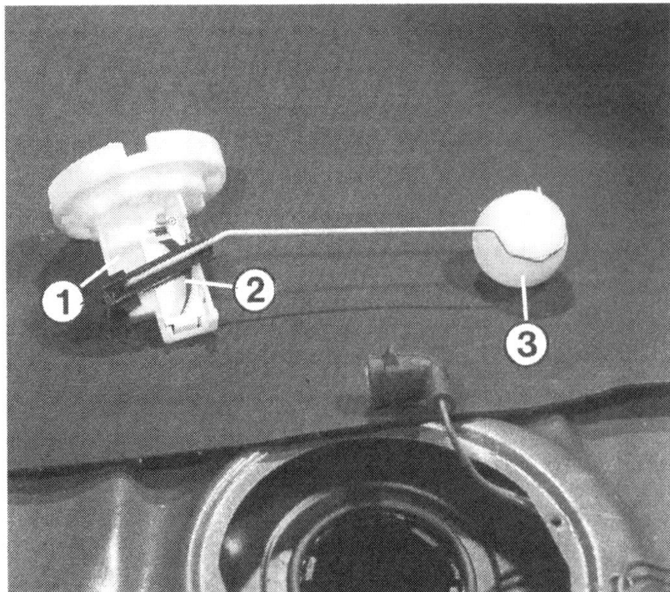

Am ausgebauten Tankgeber (1) erkennen Sie den Widerstand (2) und den Schwimmer (3).

In der Zeichnung sehen Sie die Teile der Kraftstoff-Verdunstungsanlage.
1 – Abschaltventil;
2 – Aktivkohlebehälter;
3 – Entlüftungsleitung;
4 – Entlüftungsleitung zum Schwerkraftventil;
5 – Fein-Entlüftungsleitung;
6 – Schwerkraftventil.

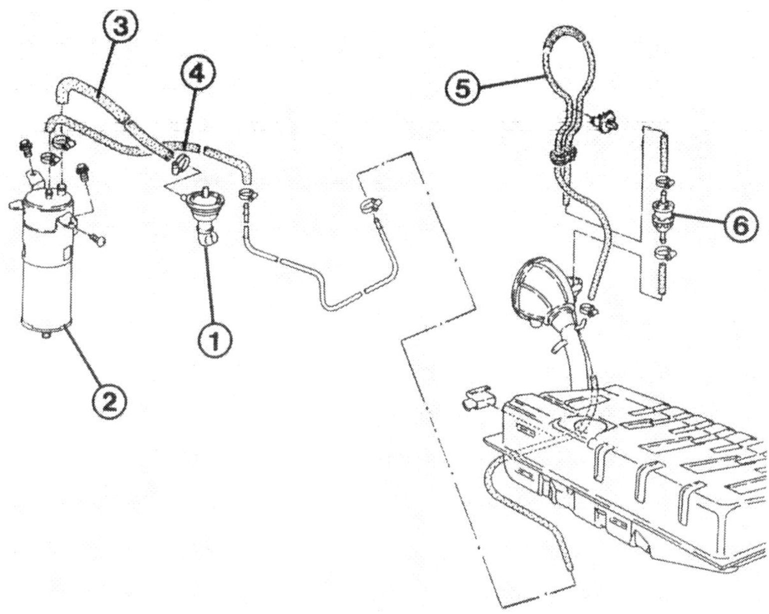

● Ventil jetzt schräg halten (45°). Das Ventil muß nun schließen, Durchblasen darf nicht mehr möglich sein.

● Beim Wiedereinbau auf richtigen Sitz der Dichtung am Ventil achten und Schlauch zur Manschette des Einfüllstutzens wieder anschließen.

Kraftstoff-Verdunstungsanlage

Beim Einspritzmotor mit geregeltem Katalysator werden die entstehenden Benzindämpfe aus dem Tank nicht einfach ins Freie geleitet. Zum Schutz der Umwelt mündet die Tank-Entlüftung in einen mit Aktivkohle befüllten Behälter der Kraftstoff-Verdunstungsanlage. Diesen Behälter finden Sie am vorderen rechten Radkasten. Bei stehendem oder im Leerlauf drehendem Motor werden die Benzindämpfe im Behälter gespeichert, um dann bei erhöhter Drehzahl dem Motor zur Verbrennung zugeführt zu werden.
Die Beimischung der Kraftstoffdämpfe zum Kraftstoff/Luft-Gemisch besorgt ein Abschaltventil oberhalb des Aktivkohlevehälters.

Abschaltventil prüfen

● Sämtliche Schlauchleitungen vom Ventil abziehen.
● Versuchen Sie, durch die große Öffnung am Ventil zu blasen. Das darf nicht möglich sein, das Ventil muß geschlossen sein.
● Für den nächsten Prüfschritt verwendet die Werkstatt eine Unterdruckpumpe. Es geht auch, wenn am dünnen Anschlußstück ein Schlauchstück aufgesteckt wird, durch das ein Helfer Luft ansaugt.
● Jetzt müssen Sie durch die große Ventilöffnung blasen können.

● Ggf. defektes Ventil ersetzen.
● Beim G40-Motor sitzt noch ein Rückschlagventil am Abschaltventil, am Schlauchanschluß des Ventils muß Ansaugen von Luft möglich sein, Durchblasen dagegen nicht.

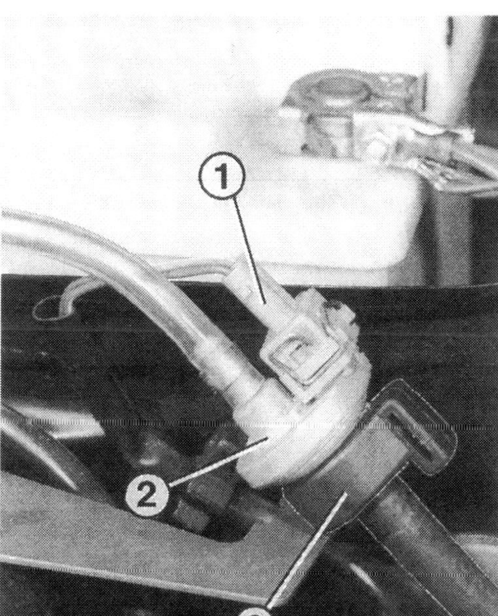

Hier die beiden Versionen der Abschaltventile für die Kraftstoff-Verdunstungsanlage.
Links: Ausführung bei Monomotronic.
1 – Stecker;
2 – Magnetventil;
3 – Haltering.
Rechts: Ausführung bei Digifant.
1 – Schlauch zwischen Aktivkohlebehälter und Abschaltventil;
2 – Leitung zum Drosselklappenstutzen;
3 – Leitung zum Sammelsaugrohr.

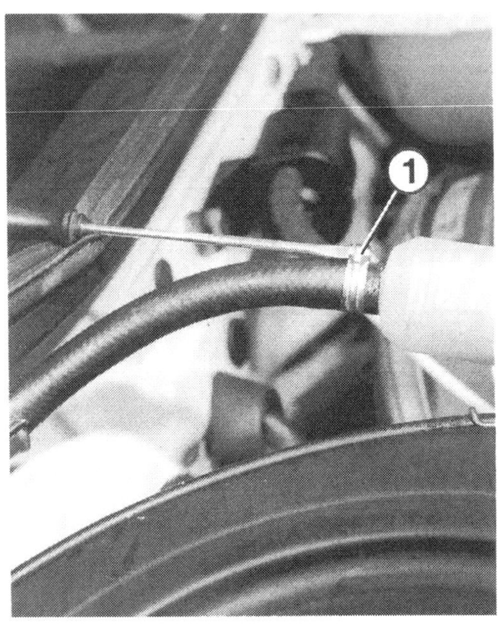

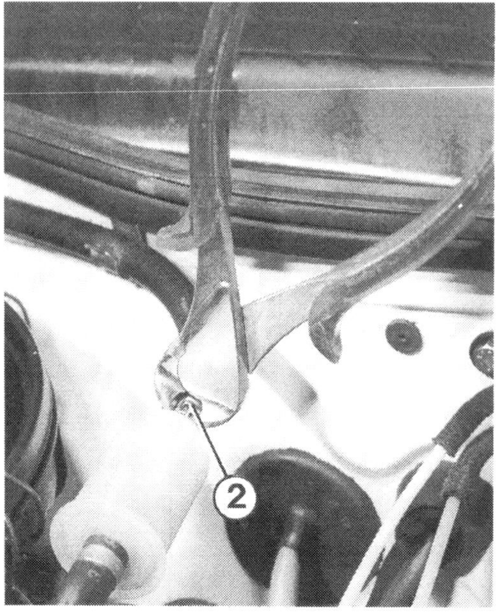

Links: Zum Abnehmen eines Kraftstoffschlauches fährt man mit einem Schraubendreher in die Öse der Schlauchschelle (1) und hebelt sie auf.
Rechts: Zum Festklemmen eignet sich eine Zange. Hier sehen Sie die Öse (2) wieder zusammengepreßt.

Die Kraftstoffleitungen

○ Beim Vergasermotor wird der Kraftstoff in einfachen Schläuchen und Leitungen vom Tank nach vorn gepumpt. Damit der Druck auf das Schwimmernadelventil im Vergaser nicht zu groß werden kann, gelangt zuviel geförderter Kraftstoff durch eine Rücklaufleitung in den Tank zurück.
○ Beim Einspritzmotor müssen die Schläuche und Leitungen einem Druck von mindestens 3 bar widerstehen. Die Schläuche bestehen teilweise aus besonders druckfestem Werkstoff und werden von Schlauchschellen gehalten.

Kraftstoffleitungen und -schläuche ausbauen

Wenn Sie eine Kraftstoffleitung bei einem Fahrzeug mit Einspritzmotor lösen, dürfen Sie nie vergessen, daß das Kraftstoffsystem auch längere Zeit nach dem Abschalten des Motors noch unter Druck steht. Nur die Leitungen am Tankgeber sind drucklos.

- Mit einem schmalen Schraubendreher in die Schlaufe der Schlauchschelle fahren und diese durch seitliches Hebeln lockern.
- Schlauch unter Drehbewegungen abziehen.
- Ist dies nicht möglich, kleinen Gabelschlüssel am Schlauchende ansetzen und damit abdrücken.
- Beim Einbau sollten Sie statt der Klemmschellen solche zum Schrauben verwenden.
- Beim **Einspritzmotor** zum Lösen einer Benzinleitung einen Lappen bereithalten, damit kein Kraftstoff in die Augen spritzen kann.

Kraftstoffanlage auf Dichtheit prüfen

Riecht es am Abstellplatz des Wagens nach Benzin, tritt dies irgendwo aus einer Leitung oder an einem Bauteil der Kraftstoffanlage aus. Zur Suche einer Undichtigkeit sollte der Wagen über Nacht an einem trockenen, sauberen Platz gestanden haben.

- Flecken unter den Wagenboden?
- Wenn nicht, Motor starten und einige Minuten laufen lassen.
- Nach dem Abstellen erneut kontrollieren.
- Falls immer noch nichts sichtbar ist, sämtliche Leitungen und Teile der Kraftstoffanlage verfolgen und auf den charakteristischen Benzingeruch achten.

Die Kraftstoffpumpe

Vergasermotor

Sie sitzt in Fahrtrichtung rechts in Höhe des 1. Zylinders. Angetrieben wird sie von einem Exzenter der Nockenwelle. Im Oberteil ist das Saug- und Druckventil eingebaut, im Unterteil sitzt der Steuermechanismus und dazwischen eine Membrane. Eine Feder am Pumpenstößel zieht diesen samt der daran befestigten Membrane nach unten, das Saugventil öffnet: Benzin wird aus dem Tank angesaugt. Der Pumpenantrieb drückt nun den Pumpenstößel mit der Membrane zurück, und das Druckventil öffnet: Kraftstoff wird in den Vergaser gefördert.

Störungen an der Kraftstoffpumpe

○ Die Pumpenventile können Probleme bereiten. Sie sind lediglich eingepreßt. Wenn sich eines löst, stockt der Benzinstrom. Falls ein Ventil lediglich hängt, hilft bisweilen kräftiges Klopfen auf das Pumpengehäuse.
○ Das Oberteil der Pumpe ist nicht zugänglich. Erweist sich die Pumpe als defekt, muß sie komplett ersetzt werden.

Kraftstoffpumpe prüfen

- Benzinschlauch zum Vergaser abnehmen und in ein Gefäß halten.
- Motor von Helfer starten lassen. Kommt Benzin?
- Sie können den Benzinpumpendruck auch mit

Der Vorratsbehälter (4) zwischen Benzinpumpe (2) und Vergaser (6) soll Heißstartproblemen durch Dampfblasenbildung vorbeugen. Der Anschluß der Benzinleitungen:
1 – Rücklaufschlauch zum Tank;
3 – von der Benzinpumpe;
5 – zum Vergaser.

einem entsprechenden Manometer messen: Es müssen bei 4000/min und abgeklemmter Rücklaufleitung beim **Schlepphebelmotor 0,20–0,40 bar** sein, beim **Hydrostößelmotor 0,35–0,40 bar**.

- Schläuche an der Pumpe abnehmen.
- Vom Tank kommenden Schlauch durch Hineindrehen einer Schraube verschließen.

Kraftstoffpumpe ausbauen

- Innensechskant-Halteschrauben losdrehen.
- Beim Einbau Dichtung unter der Pumpe erneuern.
- Halteschrauben mit 20 Nm anziehen.

Fingerzeig: Die älteren Benzinpumpen besitzen noch einen abnehmbaren Deckel. In der Praxis hat es sich gezeigt, daß sich im darunter sitzenden Filtersieb kaum Verschmutzungen ansammeln. Eine Reinigung des Siebes ist daher nicht nötig.

Vorratsbehälter

Zwischen Benzinpumpe und Vergaser sitzt bei manchen Motoren ein sogenannter Vorratsbehälter. Er soll den Start bei warmgefahrenem Motor sicherstellen. Beim Anschließen der Schläuche an diesen Behälter folgendes beachten:
Der Stutzen unten führt zum Vergaser, am Anschluß oben an der Behälterwand muß die von der Kraftstoffpumpe kommende Leitung angeschlossen werden, und der Stutzen auf dem Behälterdeckel gehört zum Rücklaufschlauch.

Die elektrischen Benzinpumpen

Einspritzmotor

Für die Kraftstoffversorgung des Einspritzmotors sorgen zwei elektrische Pumpen. Die eigentliche Kraftstoffpumpe sitzt rechts am Wagenboden an einem Halter zusammen mit einem Kraftstoff-Vorratsbehälter und dem Kraftstoffilter. Damit dieser Pumpe das Ansaugen leichter gemacht ist, sitzt innen im Tank am Tankgeber noch eine sogenannte Vorförderpumpe. Da sie ständig von kühlendem Benzin umgeben ist, können sich auch bei hohen Betriebstemperaturen keine Dampfblasen bilden, die zu Aussetzern führen würden.

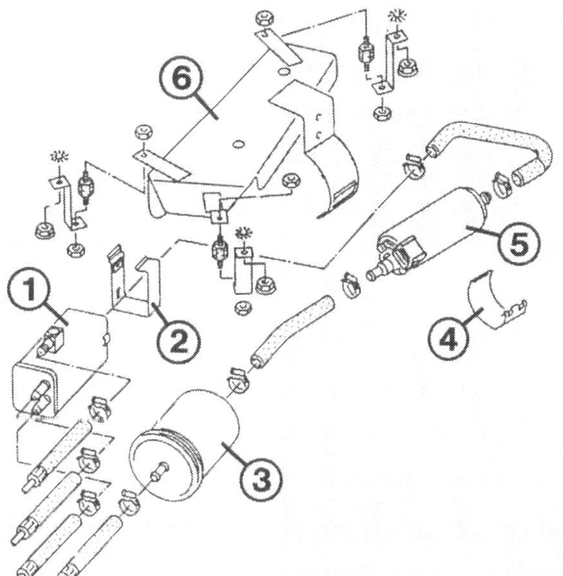

Die elektrische Benzinpumpe (5) ist mit einer Klammer (4) am Halteblech (6) am Wagenboden befestigt. An diesem Halteblech hängt der Vorratsbehälter (1) mit einer weiteren Klammer (2). Position »3« zeigt den Kraftstoffilter.

Störungssuche elektrische Kraftstoffpumpen

Hier greifen wir der sinnvollen Reihenfolge wegen auf den elektrischen Teil vor, der eigentlich erst weiter hinten im Buch zur Sprache kommt. Für die nachfolgenden Prüfungen ist eine herkömmliche Elektrikprüflampe nicht geeignet, sie könnte dem elektronischen Steuergerät der Einspritzung Schaden zufügen. Hier wird ein Leuchtdioden-Spannungsprüfer gebraucht.

● Zuerst kontrollieren, ob die zuständige Sicherung intakt ist.

● Ist sie intakt, Zündanlage lahmlegen.

● Zündung einschalten.

● Je nach Einspritzanlage laufen die Pumpen jetzt gleich an, oder der Zündschlüssel muß in Anlaßstellung gedreht werden. Auf Pumpengeräusche achten.

● Relaishalter vor dem Scheibenwischermotor aus der Halterung ziehen.

● Kraftstoffpumpenrelais abziehen.

● Im Relaissteckfeld die den Steckerfahnen von Klemme 30 und Klemme 87 gegenüberliegenden Kontakte mit einem kräftigen, isolierten Kabelstück überbrücken. Laufen die Pumpen, Kraftstoffpumpenrelais überprüfen, wie im nächsten Abschnitt beschrieben.

● Rührt sich nichts oder läuft nur eine Pumpe, wird die Spannungsversorgung der Pumpen mit der Prüflampe kontrolliert.

● **Kraftstoffpumpe:** Leuchtdioden-Spannungsprüfer an den beiden geschraubten Leitungsanschlüssen bzw. beiden Kontakten im Stecker der Pumpe anklemmen.

● **Vorförderpumpe:** Stecker oben am Tankgeber abziehen und Leuchtdioden-Spannungsprüfer an den Steckkontakten des mittleren und des äußeren, braunen Kabels anschließen.

● **Beide Pumpen:** Motor von Helfer kurz starten lassen. Die Leuchtdiode muß jeweils aufleuchten.

● Fehlt es an der Spannung, muß der Leitungsverlauf überprüft werden.

● War Spannung vorhanden, ist die betreffende Pumpe zu ersetzen.

Kraftstoffpumpenrelais prüfen

● Relais abziehen.

● Zündung einschalten und Diodenprüfer jeweils zwischen Kontakt im Relais-Stecksockel und Masse anschließen:

● 1,05 l/33 kW mit Monojetronic (Kennbuchstaben AAK): Kontakt 2/Masse und Kontakt 7/Masse.

● 1,3 l/40 kW mit Digijet (Kennbuchstaben NZ): Kontakt 5/Masse und Kontakt 12/Masse.

● 1,05 l/33 kW und 1,3 l/40 kW mit Monomotronic (Kennbuchstaben AAU bzw. AAV), 1,3 l/55 kW und 1,3 l/83 bzw. 85 kW mit Digifant (Kennbuchstaben 3F bzw. PY): Kontakt 2/Masse und Kontakt 4/Masse.

● In beiden Fällen muß die Leuchtdiode aufleuchten. Andernfalls Leitungsunterbrechung suchen.

● Zündung ausschalten.

● Diodenprüfer jetzt zwischen folgenden Kontakten anschließen:

● 1,05 l/33 kW (AAK) zwischen Kontakt 4 und 6.

● 1,3 l/40 kW (NZ) zwischen Kontakt 10 und 12.

● 1,05 l/33 kW (AAU), 1,3 l/40 kW (AAV), 1,3 l/55 kW (3F), 1,3 l/83 bzw. 85 kW (PY) zwischen Kontakt 7 und 9.

● Zündung einschalten. Für die Dauer von etwa einer Sekunde muß die Leuchtdiode jeweils leuchten.

● Blieb sie dunkel, ist entweder eine Leitung zum Steuergerät der Einspritzung unterbrochen oder das Steuergerät selbst schadhaft.

Fördermenge der Benzinpumpen prüfen

Wenn mangelhafte Motorleistung bei hohen Drehzahlen oder »Verschlucker« beim Fahren Zweifel an der ausreichenden Kraftstoffversorgung aufkommen lassen, kann es an der Fördermenge der Benzinpumpen liegen. Die Vorförderpumpe läßt sich mit Eigenmitteln problemlos prüfen. Die Pumpe am Wagenboden kann nur mit der Druckmeßvorrichtung der Werkstatt überprüft werden.

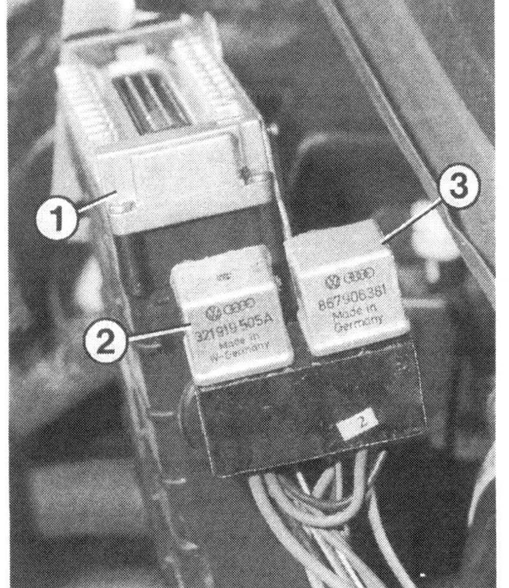

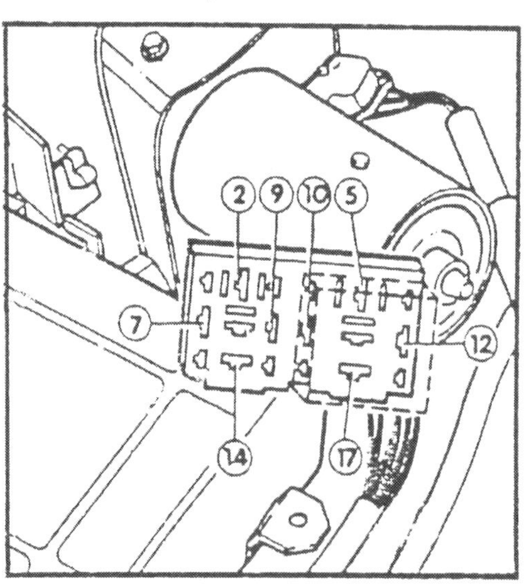

Links: Beim Steuergerät (1) der Benzineinspritzung sitzen folgende Relais:
2 – Kraftstoffpumpenrelais;
3 – Relais für Ansaugrohr-Beheizung (nur Monojetronic/-motronic).
Rechts: Kontaktbelegung im Stecksockel des Kraftstoffpumpenrelais.

Links: Für die einwandfreie Funktion der Kraftstoff-Vorförderpumpe muß der Abstand »a« zwischen Ansaugsieb und Unterkante des Tankgeber-Oberteils 171–173 mm betragen.
Rechts: Das Kraftstoffpumpenrelais (Pfeil) bei einem Motor mit Digifant-Einspritzung.

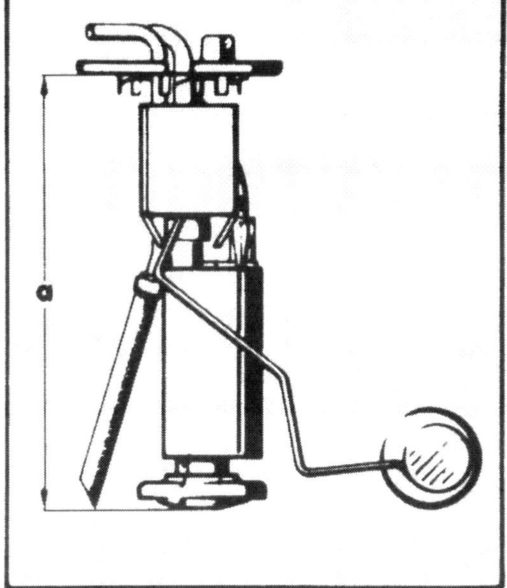

- Zündung lahmlegen.
- Tankdeckel abnehmen.
- Schwarze Schlauchleitung nach vorn abnehmen und eine saubere Schraube als Verschluß eindrehen.
- Schlauch von höchstens 35 cm Länge am freigewordenen Stutzen des Tankgebers aufstecken.
- Schlauch in ein benzinfestes Meßgefäß halten, Motor von Helfer 10 Sekunden mit dem Anlasser durchdrehen lassen.
- Mindestfördermenge 300 cm^3.
- Bei zu geringer Fördermenge Vorförderpumpe ersetzen.

Benzinpumpe ausbauen

- Arbeitsbereich am Wagenboden säubern.
- Elektrische Anschlüsse an der Pumpe abschrauben.
- Schlauchschellen vorn und hinten an der Pumpe abnehmen.
- Schläuche abziehen, dabei Lappen gegen herausspritzendes Benzin bereithalten.
- Halteklammer der Pumpe aushängen, Pumpe abnehmen.

Vorförderpumpe ausbauen

- Tankgeber ausbauen.
- Schellen am Verbindungsschlauch zwischen Geber und Pumpe lösen.
- Vorförderpumpe abziehen.
- Schlauch zuerst so weit wie möglich auf den Anschlußstutzen der Vorförderpumpe schieben und gleich mit einer Schlauchschelle befestigen.
- Jetzt in den Verbindungsschlauch den Rohrstutzen der Vorförderpumpe einschieben.
- Zwischen Ansaugsieb und Unterkante des Tankgeberoberteils muß jetzt ein Abstand von 171–173 mm bestehen, siehe Zeichnung oben links.
- Nach Anbringen der Schlauchschelle unten kontrollieren, ob die Kontakte der Pumpe nicht mit den Schellen in Berührung kommen können.
- Außerdem die Freigängigkeit des Tankgeber-Schwimmers prüfen.

Kraftstoffilter ersetzen

Wartung Nr. 42

Der Kraftstofftank kann im Lauf der Zeit innen Rost ansetzen, und Verunreinigungen können aus dem Tank einer Zapfstation stammen. Etwa dann, wenn Sie irgendwo getankt haben, als die Erdtanks eben frisch befüllt wurden. Dadurch können Schmutzpartikel aufgewirbelt werden und über den Zapfhahn in Ihren Tank gelangen. Feste Fremdstoffe müssen also herausgefiltert werden, bevor der Kraftstoff das Gemischaufbereitungssystem erreicht. Das geschieht im Kraftstoffilter. Am Filterelement werden Schmutzpartikel abgeschieden. Beim Vergaser-VW soll der Filter regelmäßig ausgewechselt werden.

- **Vergaser-Motor:** Der Filter sitzt »fliegend« in der Leitung vom Tank zur Kraftstoffpumpe.
- Klemmschellen aufdrücken, Schläuche abziehen.
- Neuen Filter mit neuen Schellen befestigen.
- Achten Sie beim Einbau auf die richtige Durchflußrichtung des Filters. Darauf weist ein Pfeil am Filtergehäuse.
- Beim **Einspritzmotor** ist kein Wechselintervall vorgesehen. Der Filter sitzt am Wagenboden neben der Kraftstoffpumpe.
- Zum Ausbau Verschraubung an der Filterhalterung lösen.
- Kraftstoffleitungen abschrauben. Lappen für herausspritzendes Benzin bereithalten.
- Beachten Sie die Durchflußrichtung beim Einbau: Der Pfeil muß in Fahrtrichtung zeigen.

Luft zum Atmen

Seine Verbrennungsluft saugt der VW durch einen Luftfilter an. Dort werden die Staub- und Schmutzteilchen aus der angesaugten Luft herausgefiltert. Sonst könnten sie in die Teile der Gemischaufbereitung oder die Verbrennungsräume gelangen und dort Schaden stiften.
Als weitere Aufgabe hat der Filter mit seinem Papiereinsatz für die Dämpfung der andernfalls deutlich vernehmbaren Ansauggeräusche zu sorgen.

Luftfiltereinsatz ausblasen

Wartung Nr. 13

Das Filterelement aus Spezialpapier soll mindestens einmal im Jahr einer Reinigungskur unterzogen werden. Falls Sie viel auf unbefestigten Straßen fahren (etwa im Urlaub), empfiehlt es sich, schon nach 5000 km für eine Reinigung des Luftfiltereinsatzes zu sorgen.

- Luftfiltereinsatz ausbauen, wie unten beschrieben.
- Papierfilter auf harter Unterlage ausklopfen.
- Den feinen Staub müssen Sie mit Druckluft ausblasen.
- Luftstrahl seitlich an den Filterlamellen vorbeistreichen lassen. Nicht von außen nach innen blasen, sonst wird der Staub noch fester in die Filterporen gedrückt.
- Niemals den Papierfilter in Flüssigkeiten zu reinigen versuchen. Das verstopft die Filterporen.
- Ölspuren im Filtergehäuse aus der Kurbelgehäuse-Entlüftung mit einem benzingetränkten Lappen auswischen.

Luftfiltereinsatz wechseln

Wartung Nr. 41

Durch einen verschmutzten Filtereinsatz erhält der Motor nicht mehr die volle Ansaugluftmenge. Das Gemisch wird fetter, der Verbrauch steigt, und die Leistung sinkt. Der rechtzeitige Filtertausch ist daher durchaus ratsam.
Die VW-Teile-Nummer des Filtereinsatzes lautet:

- Vergasermotoren 1,05 l/29 kW (GL), 1,05 l/33 kW (HZ), 1,1 l/37 kW (HB), 1,3 l/44 kW (HH) – 052 129 620
- Vergasermotoren 1,3 l/40 kW (HK und MH), Einspritzmotoren 1,05 l/33 kW (AAK und AAU), 1,3 l/40 kW (AAV) – 056 129 620
- Vergasermotor 1,3 l/55 kW, Einspritzmotoren 1,3 l/40 kW bis 7/90 (NZ), 1,3 l/55 kW bis 7/90 (3F), 1,3 l/83 bzw. 85 kW (PY) – 012 129 620
- Einspritzmotoren 1,3 l/40 kW ab 9/90 (NZ), 1,3 l/55 kW ab 9/90 (3F) – 012 129 620 D

Luftfiltereinsatz ausbauen

- **Rundes Filtergehäuse:** Spannbügel rund um den Luftfilterdeckel lösen, Deckel abnehmen.
- Papiereinsatz herausnehmen.
- Beim Einbau muß der eingeprägte Pfeil auf dem Luftfilterdeckel dem Pfeil auf dem Luftfiltergehäuse gegenüberstehen bzw. die Kerbe im Deckel in die Kunststoffahne am Filterunterteil eingesteckt sein.
- **Eckiges Filtergehäuse:** Spannbügel am Luftfilterdeckel lösen, Deckel mit dem angeschlossenen Luftschlauch zur Seite legen.
- Filtereinsatz herausnehmen.
- Beim Einsetzen des Papierfilters müssen die Filterlamellen nach unten zeigen.

Luftfiltergehäuse ausbauen

Für manche Arbeiten muß der Luftfilter abgenommen werden. Beim viereckigen Filtergehäuse genügt es in diesem Fall, den Ansaugstutzen abzuschrauben und beiseite zu legen.

- **Bis 40 kW:** Filterdeckel und -einsatz abnehmen.
- Lappen in die Vergaseröffnung stopfen, damit nichts hineinfallen kann.
- **Alle Motoren:** Halteklammern des Filter-Ansaugstutzens lösen, Stutzen abziehen.
- Oder Warmluftschlauch am Vorwärmgehäuse bzw. an der Auspuffkrümmerabdeckung abnehmen.
- **Vergaser bis 40 kW, Monojetronic/-motronic:** Am Filterunterteil zwei selbstsichernde Muttern bzw. drei Muttern des Halterings herausdrehen.
- Falls vorhanden, Spiralfeder zwischen Filterunterteil und Vergaser aushängen.
- **Alle Motoren:** Steuerschläuche der Ansaugluft-Vorwärmung abziehen.
- **Vergaser bis 40 kW, Monojetronic/-motronic:** Gehäuseunterteil vom Vergaser abheben.
- **Vergaser 55 kW:** Drei selbstsichernde Muttern am Saugstutzen des Vergasers losdrehen, Stutzen abziehen.
- Haltemuttern des Filtergehäuses am rechten Längsträger herausdrehen, Gehäuse abnehmen.
- **Alle Motoren:** Beim Einbau auf den richtigen Sitz des Dichtrings zwischen Vergaser/Einspritzeinheit und Filterunterteil bzw. Ansaugstutzen achten.

Links: Beim runden Luftfilter halten Blechklammern (4) den Deckel (2). Das Gehäuseunterteil (5) ist mit zwei Muttern (1 zeigt eine davon) auf Bolzen am Ansaugrohr festgeschraubt. Zum runden Filter gehört der runde Filtereinsatz (3).
Rechts: Im viereckigen Luftfiltergehäuse (3) sitzt ein ebenfalls viereckiger Filtereinsatz (4). Zum Abnehmen des Deckels (1) müssen die Spannklammern (2) geöffnet werden.

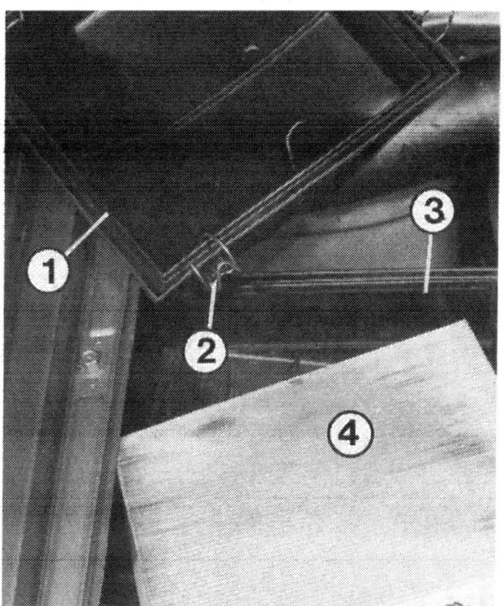

Die Ansaugluft-Vorwärmung

Die Temperatur der angesaugten Verbrennungsluft wirkt sich auf Fahrverhalten und Kraftstoffverbrauch aus:
○ Bei kühlem Wetter verteilen sich die Kraftstofftröpfchen besser in der Verbrennungsluft, wenn diese etwas angewärmt ist. Das gilt vor allem für den Leerlauf und den unteren Drehzahlbereich.
○ Weiterhin verhindert man Vergaservereisung. Sie tritt zwischen +3° und +8°C und hoher Luftfeuchtigkeit auf. Bei laufendem Motor verdunstet ein Teil des Kraftstoffes durch den Druckabfall im Vergaser. Die entstehende Verdunstungskälte kann dann an Vergaserwänden und -düsen zur Bildung einer Eisschicht führen und die einwandfreie Gemischbildung verhindern.
○ Bei höheren Außentemperaturen und grundsätzlich bei stärkerer Motorbelastung ist für gute Leistung kältere Ansaugluft besser. Erwärmte Luft hat ein größeres Volumen. Da der Motor nur eine bestimmte Menge Luft ansaugen kann, erhält er weniger, wenn diese angewärmt wurde. Das führt zu fetterem Gemisch und höherem Verbrauch.
Bei den Vergasermotoren gibt es zwei unterschiedliche Versionen der Ansaugluft-Vorwärmung: Lastabhängig oder last- und zusätzlich temperaturabhängig, die Einspritzmotoren mit 33–55 kW Leistung haben grundsätzlich eine last- und temperaturabhängige Steuerung.
○ **Lastabhängige Vorwärmung:** Bei geschlossener oder nur leicht geöffneter Drosselklappe ist der Unterdruck im Ansaugrohr unterhalb der Drosselklappe hoch. Dieser Unterdruck wirkt auf die Membrane der Regelklappe, so daß diese die Warmluftzufuhr öffnet. Beim Gasgeben sinkt der Unterdruck im Saugrohr, und die Luftklappe verschließt jetzt die Warmluftzufuhr. Bei höheren Lufttemperaturen kann – durch einen Temperaturregler gesteuert – auch bei geschlossener Drosselklappe keine Warmluft mehr angesaugt werden.
○ **Temperaturabhängige Vorwärmung:** Zusammen mit der eben beschriebenen Unterdrucksteuerung wirkt im Mischgehäuse ein Thermostat. Dieser hält den Warmluftzutritt bis zu einer bestimmten Temperatur offen.

Die Teile der Ansaugluft-Vorwärmung

○ Kernstück der Ansaugluft-Vorwärmung ist das Mischgehäuse mit der darin sitzenden Regelklappe. In das Gehäuse gelangt durch einen Stutzen Kaltluft. Durch einen zweiten Kanal kann vom Auspuffkrümmer angewärmte Luft einströmen.
○ Eine Unterdruckdose am Mischgehäuse ist über einen zwischengeschalteten Temperaturregler durch einen Schlauch mit dem Vergaser bzw. Ansaugstutzen verbunden. Geöffnet wird die Warmluftklappe durch den Unterdruck, der auf die Druckdose einwirkt.
○ Der Temperaturregler am Luftansaugstutzen unterbricht den freien Durchgang im Schlauch, sobald die Ansaugluft eine bestimmte Temperatur erreicht hat.
○ Bei manchen Motoren sitzt ein Thermostat im Mischgehäuse zwischen Klappe und Unterdruckdose. Er öffnet selbständig den Warmluftkanal bei Temperaturen unter +17°C.

Störungsbeistand

Ansaugluft-Vorwärmung

Die Beanstandung	– ihre Ursache
A Schlechter Leerlauf nach dem Kaltstart in der Warmlaufphase	Keine Warmluftzumischung im Winter
B Schlechter Übergang, Motor neigt zum Stottern	Siehe A

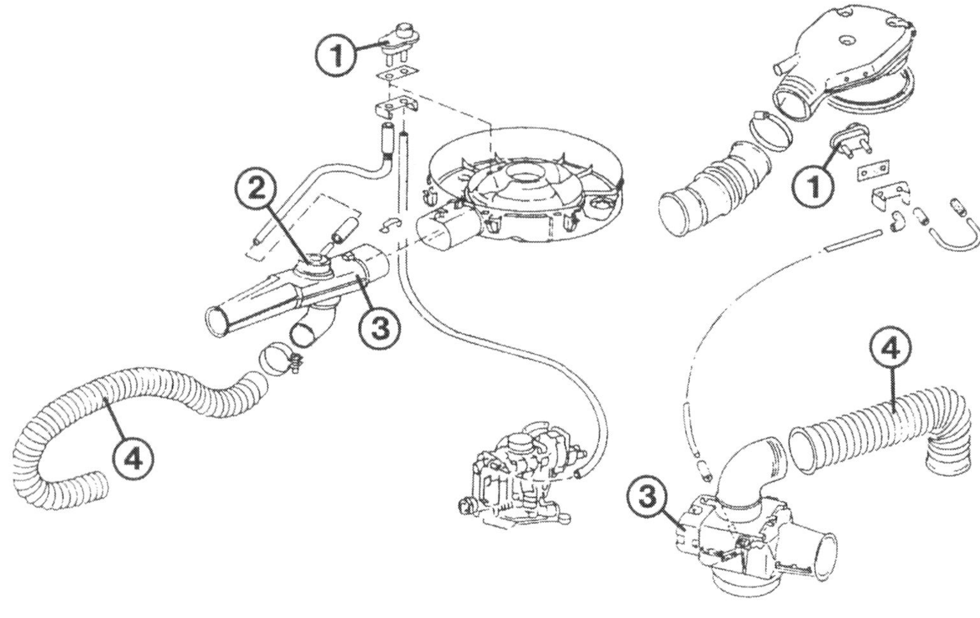

Die Teile der Ansaugluft-Vorwärmung. Links die Ausführung bis 40 kW, rechts die 55-kW-Version:
1 – Temperaturregler;
2 – Unterdruckdose;
3 – Mischgehäuse;
4 – Warmluft-Ansaugschlauch.

Die Beanstandung	– ihre Ursache
C Geringere Leistung, übliche Höchstgeschwindigkeit wird nicht erreicht	Warmluft wird bei höherer Lufttemperatur und stärkerer Motorbelastung weiterhin zugemischt
D Höherer Kraftstoffverbrauch	Siehe C
E Höhere Kühlmitteltemperatur durch geringere Innenkühlung	Siehe C

Ansaugluft-Vorwärmung kontrollieren

- **Vergasermotoren:** Warmluftschlauch vom Ansaugstutzen des Luftfilters abnehmen.
- Spannklammern an der Verbindung Ansaugstutzen/Filtergehäuse abhebeln, Stutzen abnehmen.
- Lastabhängige Steuerung: Die Lufttemperatur sollte nicht höher als 20°C liegen. Kalten Motor starten und im Leerlauf drehen lassen.
- Die Warmluftklappe muß aufgezogen werden.
- Unterdruckschlauch vom Vergaser zum Temperaturregler am Vergaserstutzen abziehen.
- Die Klappe muß nach spätestens 20 s in Ruhelage zurückgegangen sein.
- Temperaturabhängige Steuerung: Bei mehr als +20°C muß die Klappe im Stutzen die Warmluftöffnung (unten) verschließen.
- Im Temperaturbereich zwischen −20°C und +20°C darf die Klappe die Warmluftzufuhr höchstens zu ⅔ geöffnet haben. Ansaugstutzen ggf. unbemerkt von der Hausfrau im Kühlschrank oder in der Gefriertruhe abkühlen.
- An der Unterdruckdose einen passenden Schlauch aufstecken und mit dem Mund Luft ansaugen bzw. Luft einströmen lassen, dabei die Klappe beobachten.
- Die Klappe muß öffnen bzw. schließen. Von Hand prüfen, ob sie leicht beweglich ist.
- Beim Aufstecken der Schläuche beachten: Der Anschluß mit Kerbe am Temperaturregler wird mit der Unterdruckdose am Mischgehäuse verbunden.
- **Einspritzmotoren:** Unterdruckleitung zur Regelklappe am Temperaturregler abziehen.
- Saugen Sie an dieser Leitung Luft an – die Warmluftklappe muß schließen bzw. ohne Unterdruck wieder öffnen.
- Falls nicht, Leitung auf Undichtigkeiten kontrollieren und prüfen, ob die Klappe leicht beweglich ist.
- Schlauch wieder aufstecken.
- Motor starten.
- Die Stellung der Regelklappe ist von der Ansauglufttemperatur abhängig:
- Unter etwa 15°C muß die Klappe den Warmluftzustrom ganz oder teilweise öffnen.
- Über 20°C darf keine Warmluft mehr zuströmen können.

Ansaugrohr-Beheizung

Der vom Vergaser bzw. der Zentraleinspritzung in die Luft eingemischte Kraftstoff neigt zum Niederschlagen an den Wandungen des Vierkanal-Ansaugrohrs, vor allem bei kaltem Motor. Durch Beheizung des Ansaugrohrs erreicht man, daß die Kraftstofftröpfchen in gasförmigen Zustand übergehen und sich besser entzünden lassen. Die Beheizung erfolgt auf unterschiedliche Weise:

○ **Elektrobeheizung:** Unten im Saugrohr ist ein leistungsstarkes elektrisches Heizelement eingeschraubt. Wegen seiner Vielzahl nach oben ragender wärmeabstrahlender Stifte heißt dieses Heizelement »Igel«. Beim

Die Einzelteile der Ansaugrohr-Beheizung (elektrisch und durch Kühlmittel):
1 – Zwischenflansch;
2 – Dichtung;
3 – Ansaugrohr;
4 – Heizelement (»Igel«).

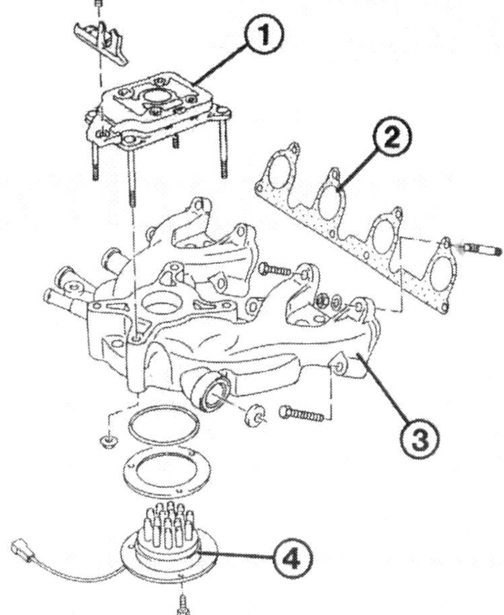

Einschalten der Zündung werden die Halbleiter-Heizelemente für schnelle Erwärmung sofort mit Spannung versorgt. Wer bei kaltem Motor die Zündung lange Zeit einschaltet ohne zu starten, kann eine schwache Batterie in die Knie zwingen.

○ **Wasserbeheizung:** Gleichzeitig wird das Ansaugrohr von aufgeheiztem Kühlmittel (aus dem »kleinen Kreislauf«) durchflossen. Doch erst ab einer bestimmten Temperatur kann auf die Elektroheizung verzichtet werden. Das besorgt ein Thermoschalter.

○ **Abgasbeheizung:** Nur bei den bis 7/83 gebauten Motoren mit 37 kW (Kennbuchstaben HB) und 44 kW (Kennbuchstaben HH) erfolgt die Saugrohrbeheizung ausschließlich durch die Motorabgase. Dazu führt vom vorderen Hosenrohr eine Leitung nach oben ans Saugrohr.

Ansaugrohr-Beheizung prüfen

Mangelhafte Beschleunigung in der Warmlaufphase, unrunder Leerlauf oder schlechter Übergang können durch eine defekte Ansaugrohr-Beheizung verursacht werden.

● **Elektrisches Heizelement:** Bei kaltem Motor unten am Ansaugrohr die Steckverbindung zum »Igel« trennen.

● Voltmeter an der stromzuführenden Leitung anschließen.

● Zündung einschalten. Die Spannung muß mindestens 11,5 V betragen.

● Liegt keine Spannung an, ist möglicherweise das Relais der Ansaugrohr-Beheizung defekt. Oder der Thermoschalter streikt.

● Ohmmeter zwischen das Anschlußkabel des elektrischen Heizelements und Fahrzeugmasse anschließen.

● Der gemessene Widerstand muß 0,25–0,50 Ω betragen, sonst Heizelement ersetzen.

● **Thermoschalter:** Dieser temperaturempfindliche Schalter sitzt bei den Schlepphebelmotoren in Fahrtrichtung links in einem Schlauchstutzen zwischen Saugrohr und Vergaser bzw. bei den Hydrostößelmotoren in Fahrtrichtung vorn im Thermostatgehäuse unterhalb des Zündverteilers.

● Falls Sie aufgrund von Motorlaufstörungen vermuten, daß der Thermoschalter nicht richtig arbeitet, läßt sich dies mit einem Thermometer und einem Ohmmeter prüfen.

● Thermoschalter ausbauen.

● Ohmmeter an den Steckkontakten des Schalters anschließen.

● Thermoschalter in einen Topf mit kaltem Wasser legen, Widerstand messen.

● Wasser langsam erhitzen und prüfen, ob der Thermoschalter bei folgenden Temperaturen schaltet:

● 29-kW-Motor (GL): Unter 65°C Widerstand 0 Ω (Schaltkontakte geschlossen), über 75°C Widerstand ∞ Ω (kein Durchgang, Kontakte offen).

● 40-kW-Motor (HK) bzw. 55-kW-Triebwerk (GK): Unter 55°C Widerstand 0 Ω (Schaltkontakte geschlossen), über 65°C Widerstand ∞ Ω (kein Durchgang, Kontakte offen).

Vermischtes

In flüssiger Form entzündeter Kraftstoff gibt seine Energie nur schwach ab. Eine Benzinpfütze brennt zwar lange, aber ziemlich müde. Das liegt daran, daß nur an der Oberfläche der Pfütze Kontakt zwischen dem Kraftstoff und der zur Verbrennung notwendigen Luft besteht. Zur kraftvollen Entzündung muß also das Benzin gut mit Luft durchmischt werden. Das besorgt der Vergaser, der aber kein »Gas« herstellt, sondern einen Benzin/Luft-Nebel in zündfähiger Zusammensetzung.

Welcher Vergaser ist eingebaut?

Für unsere Polo- und Derby-Modelle kommen recht unterschiedliche Vergaser zum Einsatz. Damit Sie aus den folgenden Typenbezeichnungen auf Anhieb die für Ihren Motor richtige heraussuchen können, hier eine Aufstellung:

Motor/Leistung Kennbuchstaben	1,05/29 kW, 1,1/37 kW, 1,1/37 kW Formel E GL, HB	1,3/44 kW HH	1,05/33 kW HZ	1,3/40 kW, 1,3/55 kW HK, MH, GK
Pierburg-Typ	31 PIC-7	34 PIC-5	1 B 3	2 E 3

Die wichtigsten Teile des Vergasers

Austrittsrohr (auch Vorzerstäuber genannt): Der von den nachfolgend aufgezählten Düsen mit Luft vorgemischte Kraftstoff wird aus diesem Rohr abgesaugt. Seine Austrittsöffnung sitzt in der engsten Stelle des Lufttrichters.

Beschleunigungspumpe: Beim Durchtreten des Gaspedals spritzt sie zusätzlich Benzin in den Saugkanal ein, damit bei plötzlichem Gasgeben das Kraftstoff/Luft-Gemisch durch das schlagartige Öffnen der Drosselklappe nicht zu kraftstoffarm wird.

Drosselklappe: Sie sitzt ganz unten im Vergaser und regelt die Menge des Kraftstoff/Luft-Gemisches, die der Motor ansaugen soll. Wie weit sie geöffnet wird, bestimmt der Fahrer beim Treten des Gaspedals. Pedal und Drosselklappe sind über den Gaszug direkt miteinander verbunden.

Hauptdüse: Sie ist in die Schwimmerkammer eingeschraubt. Mit ihrer genau bemessenen Bohrung sorgt sie für den Abfluß der richtigen Kraftstoffmenge aus der Schwimmerkammer.

Leerlaufdüse: Sie liefert dem Leerlaufsystem eine stets gleichbleibende Kraftstoffmenge zur Aufbereitung des Leerlaufgemisches.

Luftkorrekturdüse: Sie mischt den von der Hauptdüse kommenden Kraftstoff mit Luft vor.

Lufttrichter: Er sitzt im Saugkanal (Vergasereinlaß). Eine Einschnürung in seinem Innendurchmesser beschleunigt die durchströmende Luft. Das verstärkt den Unterdruck, und aus dem Austrittsrohr kann mehr Kraftstoff abgesaugt werden.

Mischrohr: Ihm werden Kraftstoff von der Hauptdüse und Luft durch Bohrungen von der Luftkorrekturdüse zugeführt. Beides wird vermischt in den Austrittsarm im Saugkanal weitergeleitet. Bei höheren Drehzahlen werden Bohrungen frei, die zusätzliche Luft einströmen lassen, um das andernfalls durch höheren Kraftstoffdurchsatz fetter werdende Mischungsverhältnis konstant zu halten.

Schwimmerkammer: Hier wird die Speicherung des Kraftstoffes durch Schwimmer und Schwimmernadelventil geregelt. Sobald der Kraftstoffstand in der Kammer eine bestimmte Höhe erreicht hat, drückt der Schwimmer durch seinen Auftrieb über einen Hebel gegen das Kugelventil. Dessen Kugel sperrt dann den weiteren Zufluß ab.

Starterklappe: Sie sitzt ganz oben im Vergaser. Bei kaltem Motor muß sie geschlossen werden. So baut sich beim Anlaufen der Maschine im Vergasereinlaß stärkerer Unterdruck auf, der mehr Benzin am Austrittsrohr absaugen kann. Das Gemisch wird kraftstoffreicher (fetter). Mit zunehmender Motorerwärmung muß die Starterklappe wieder geöffnet werden.

Vergaser-Beschreibung

○ Die im VW Polo/Derby verwendeten Vergaser stammen vom Hersteller Pierburg, der übrigens auch ein eigenes Werkstattnetz unterhält.

○ Von der Bauart her handelt es sich um sogenannte Fallstrom-Vergaser. Die angesaugte Luft strömt darin

Die wichtigsten Teile des PIC-Vergasers:
1 – Schwimmernadelventil;
2 – Hauptdüse;
3 – Leerlauf-Abschaltventil;
4 – Zusatzgemisch-Regulierschraube;
5 – CO-Einstellschraube;
6 – Luftkorrekturdüse;
7 – Leerlaufdüse;
8 – Zusatzkraftstoffdüse;
9 – kombinierte Zusatzkraftstoff-/Luftdüse;
10 – Heizelement;
11 – Beschleunigungspumpe;
12 – Starterklappen-Pulldown.

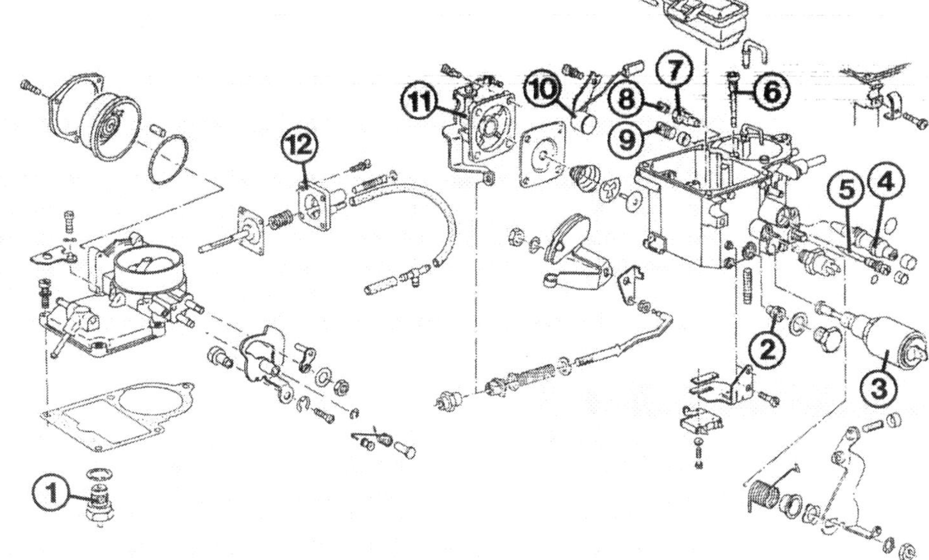

senkrecht (»fällt«) nach unten und saugt dabei nach dem Prinzip des Parfümzerstäubers aus den verschiedenen Düsen den Kraftstoff.

○ Der PIC und 1 B 3 sind sogenannte Einfach-Vergaser, denn es ist nur eine Mischkammer vorhanden.

○ Beim 2 E 3 haben wir einen Register- oder Stufen-Vergaser mit zwei Mischkammern vor uns. Die I. Stufe besorgt die Gemischzuteilung für die Zylinder bis in den mittleren Lastbereich, wobei Kraftstoffverbrauch und Schadstoffausstoß möglichst niedrig gehalten werden. Sobald mehr Leistung verlangt wird, kommt die II. Stufe mit ihrer größeren Drosselklappe zum Einsatz. Charakteristisch ist die Betätigung der Drosselklappe für die II. Vergaserstufe: Erst wenn die Drosselklappe der I. Stufe den Vergaserdurchlaß mehr als zur Hälfte freigibt, öffnet bei entsprechenden Drehzahlen eine Unterdruckdose am Vergaser die Drosselklappe der II. Stufe.

Pierburg 31 und 34 PIC

Start: Der Fahrer muß den Starterzug ziehen, um die Starterklappe zu schließen. Dadurch wird über einen Starterhebel und eine Verbindungsstange die Starterklappe geschlossen und gleichzeitig die Drosselklappe einen gewissen Spalt geöffnet. Der Unterdruck – von den im Motor auf und ab laufenden Kolben erzeugt – kann nun die fette Startmischung ansaugen. Die Starterklappe bleibt jedoch nicht fest in Geschlossen-Stellung: Sie kann durch ihre außermittige Aufhängung von der angesaugten Verbrennungsluft zum Flattern gebracht werden. Das verhindert zu starke Gemischanreicherung.

Gleich nach dem Anspringen dreht der Motor hoch auf die Kaltleerlaufdrehzahl. Der Starterzug muß jetzt in die erste Raste zurückgeschoben werden, der Motor fällt auf die sogenannte Durchlaufdrehzahl ab. Zeitgleich zieht der Starterklappen-Pulldown die Klappe in eine festgelegte Öffnungsstellung für erhöhte Luftzufuhr.

Der Starterzug muß mit wärmer werdendem Motor wieder hineingeschoben werden. Damit die Starterklappe bei eventuell falscher Bedienung durch den Fahrer nicht zu lange geschlossen bleibt, greift ein sogenanntes Thermo-Choke-System ein. An die Starterklappenwelle ist ein Hebel montiert, in den eine Bimetallfeder eingehängt ist. Sie reagiert auf die Umgebungstemperatur. Bei kaltem Motor drückt sie die Luftklappe in »Geschlossen«-Stellung. Mit zunehmender Erwärmung dehnt sich die Feder aus und zieht damit die Starterklappe allmählich wieder auf, auch wenn der Starterzug noch gezogen ist. Damit wird verhindert, daß bei versehentlich gezogenem Starterzug das Gemisch für den Motor zu stark angereichert (überfettet) wird.

Leerlauf: Das Leerlaufgemisch wird in zwei getrennten Systemen gebildet:

○ Grundleerlauf: Die Leerlaufdüse erhält Benzin von der Hauptdüse, Luft strömt durch die Leerlaufluftbohrung hinzu, zum Einstellen der Gemischzusammensetzung dient die CO-Einstellschraube.

○ Zusatzleerlauf: Das Gemisch bildet die Zusatzkraftstoff- und Zusatzluftdüse. Beim PIC-7 ist das eine kombinierte Düse. Vom Lufttrichter strömt noch Zusatzluft hinzu. Die Zusatzgemischmenge und damit die Drehzahl wird mit einer eigenen Schraube eingestellt.

○ Grund- und Zusatzgemisch gelangen in einen gemeinsamen Kanal vor das Leerlauf-Abschaltventil und, wenn dieses geöffnet ist, durch eine Bohrung unterhalb der Drosselklappe ins Saugrohr.

○ Bei Fahrzeugen mit Formel-E-Ausstattung sitzt die kombinierte Zusatzkraftstoff- und Zusatzluftdüse in Fahrtrichtung vorn am Vergaser. Wenn beim Bremsen der Kraftstoff in der Schwimmerkammer nach vorn schwappt, fehlt es dem Grundleerlaufsystem an Kraftstoff. Das gleicht jetzt das Zusatzgemischsystem aus, das weiterhin eine ausreichende Kraftstoffmenge geliefert bekommt.

Übergang: Vier kleine Bohrungen oberhalb der Ruhestellung der Drosselklappe lassen zusätzliches Gemisch einströmen, das vom Grundleerlauf-Gemisch abgezweigt wird.

Normalbetrieb: Mit dem Öffnen der Drosselklappe setzt das Hauptdüsensystem ein. Das Kraftstoff/Luft-

Gemisch bilden die Hauptdüse und die Luftkorrekturdüse. Das Gemisch gelangt über das Austrittsrohr ins Ansaugrohr.
Beschleunigen: Bei zügigem Tritt auf das Gaspedal wird zusätzlich Benzin in den Saugkanal eingespritzt, da das Hauptdüsensystem nicht gleich genügend Kraftstoff liefern kann. Das geschieht über einen mit der Drosselklappe verbundenen Hebel und eine kleine separate Membranpumpe.
Vollast: Bei voll geöffneter Drosselklappe und hohen Drehzahlen gelangt zusätzlicher Kraftstoff in den Saugkanal, damit der Motor auf seine volle Leistung kommt. Der Unterdruck im Ansaugrohr bewirkt, daß zwei Kugelventile öffnen. Damit ist der Kraftstoffweg zu den zwei Anreicherungsrohren im Vergaserdeckel frei.

Pierburg 1 B 3

Start: Das Schließen und Öffnen der Starterklappe geschieht hier mit einer Startautomatik. Zum Einschalten dieser Automatik muß das Gaspedal vor dem Anlassen des kalten Motors ein- oder zweimal durchgetreten werden. Dadurch schließt die Starterklappe (wie beim PIC-Vergaser). Mit dem Einschalten der Zündung wird die Bimetallfeder der Startautomatik elektrisch beheizt. Außerdem fließt das während der Fahrt erhitzte Kühlmittel durch den Starterdeckel. Bei Aufheizung dehnt sich die Bimetallfeder aus. So öffnet sie die Starterklappe allmählich wieder.
Zur Startautomatik gehört ein erweitertes Pulldownsystem. Nachdem die Starterklappe gleich beim Anspringen ein wenig aufgezogen wurde, kommt etwas später die zweite Pulldownstufe zum Einsatz. Ein grüner Unterdruckbehälter im Motorraum läßt den Saugrohr-Unterdruck durch »Umleitung« mit leichter Verzögerung auf die Pulldownmembrane einwirken. Das veranlaßt die Starterklappe zu einer weiteren Öffnung. Das Gemisch wird auf diese Weise erneut abgemagert.
Leerlauf: Das Leerlaufgemisch wird gebildet von einem Grund- und einem Zusatz-Leerlaufsystem. Eine kombinierte Kraftstoff/Luft-Düse erhält Benzin von der Hauptdüse und sorgt für die erforderliche Grundmischung. Das Zusatzgemisch bildet eine gleichfalls kombinierte Zusatz-Kraftstoff/Luft-Düse mit Luft aus dem Mischrohr. Beide Leerlaufgemische durchlaufen jeweils eigene Regulierschrauben und gelangen dann aus einer gemeinsamen Bohrung unterhalb der Drosselklappe in das Ansaugrohr.
Leerlaufdrehzahl-Anhebung: Sie setzt ein, wenn die Drehzahl im Leerlauf unter 700/min sinkt. Dann gibt ein elektronisches Steuergerät unter dem Armaturenbrett einem Umschaltventil den Öffnungsbefehl. Es läßt Unterdruck auf ein weiteres Ventil an der Einstellschraube für das Zusatzgemisch einwirken. Dadurch werden Bohrungen freigegeben, die zusätzliches Kraftstoff/Luft-Gemisch in den Vergaser gelangen lassen. Die Drehzahl erhöht sich durch die Mehrmenge an Gemisch. Sobald die Drehzahl auf rund 1100/min angestiegen ist, gibt das Steuergerät den Schließbefehl ans Umschaltventil, womit die Drehzahlanhebung wieder abgeschaltet wird.
Übergang, Normalbetrieb und Beschleunigen sind weitestgehend identisch mit den bereits beschriebenen PIC-Vergasern.
Teillast: Mit fortschreitender Öffnung der Drosselklappe wird zusätzlicher Kraftstoff gebraucht. Dazu gibt ein unterdruckgesteuertes Membranventil einen Kraftstoffkanal frei.
Vollast: Das vom Unterdruck im Ansaugrohr gesteuerte Anreicherungsventil öffnet hierzu den entsprechenden Kraftstoffkanal. Außerdem bleibt die Teillastanreicherung weiterhin wirksam.

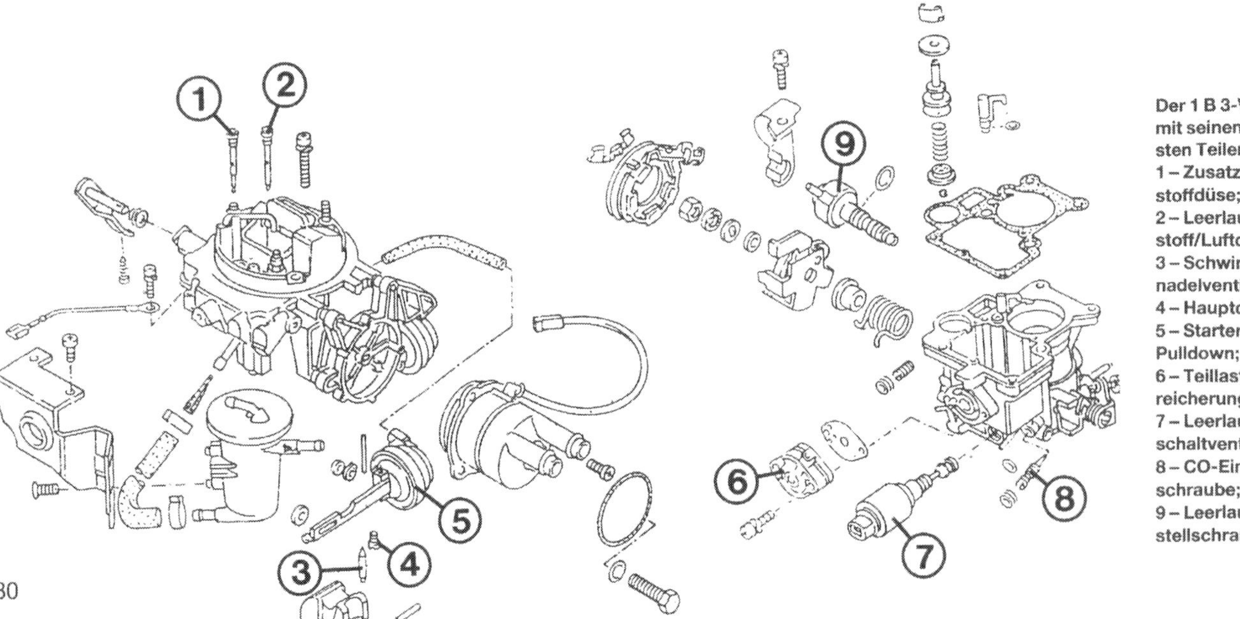

Der 1 B 3-Vergaser mit seinen wichtigsten Teilen: 1 – Zusatzkraftstoffdüse; 2 – Leerlauf-Kraftstoff/Luftdüse; 3 – Schwimmernadelventil; 4 – Hauptdüse; 5 – Starterklappen-Pulldown; 6 – Teillastanreicherungsventil; 7 – Leerlauf-Abschaltventil; 8 – CO-Einstellschraube; 9 – Leerlauf-Einstellschraube.

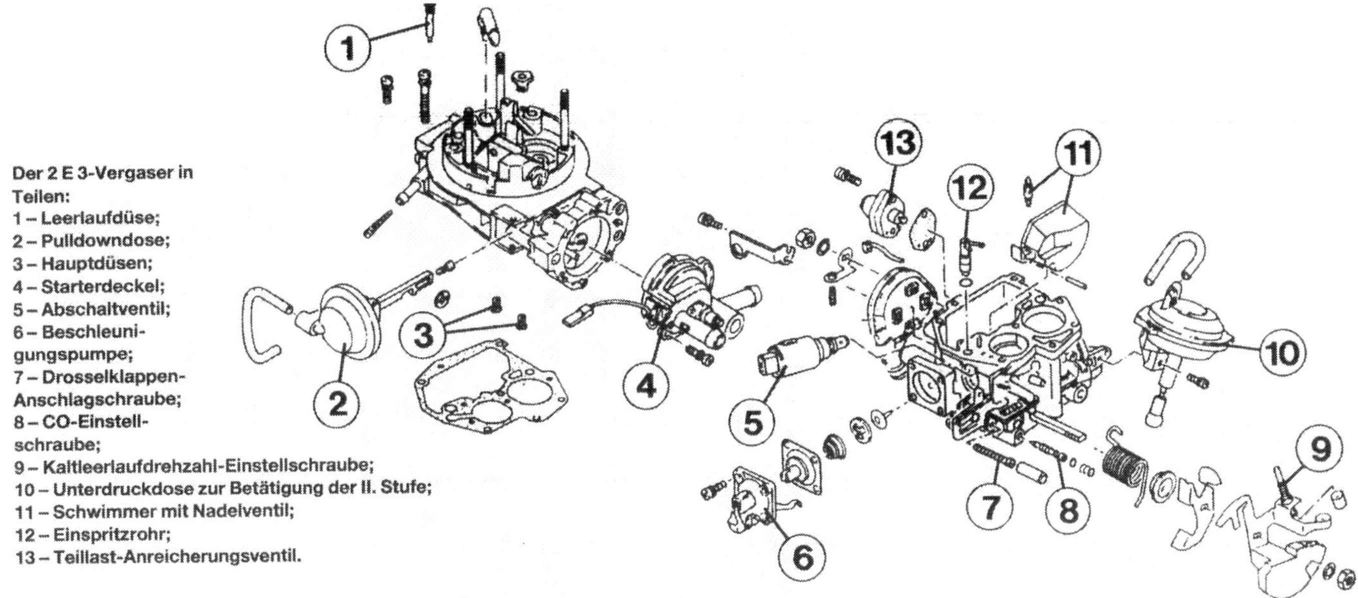

Der 2 E 3-Vergaser in Teilen:
1 – Leerlaufdüse;
2 – Pulldowndose;
3 – Hauptdüsen;
4 – Starterdeckel;
5 – Abschaltventil;
6 – Beschleunigungspumpe;
7 – Drosselklappen-Anschlagschraube;
8 – CO-Einstellschraube;
9 – Kaltleerlaufdrehzahl-Einstellschraube;
10 – Unterdruckdose zur Betätigung der II. Stufe;
11 – Schwimmer mit Nadelventil;
12 – Einspritzrohr;
13 – Teillast-Anreicherungsventil.

Pierburg 2 E 3

Start: Hierzu dient eine Startautomatik, die wie beim 1 B 3-Vergaser funktioniert.

Leerlauf: Nur in der I. Stufe wird das Leerlaufgemisch gebildet. Eine kombinierte Kraftstoff/Luft-Düse erhält Kraftstoff von der Hauptdüse und vermischt ihn mit Luft. Vorbei am geöffneten Leerlauf-Abschaltventil und an der CO-Einstellschraube zur Einstellung des Benzin/Luft-Verhältnisses fließt das Gemisch aus der Leerlauf-Austrittsbohrung in den Vergaserdurchlaß. Zuvor wird noch am Übergangsschlitz Luft beigemengt. Die elektrische Bypass-Beheizung soll Vergaser-Vereisung bei ungünstiger Witterung vermeiden. Zum Einstellen der Leerlaufdrehzahl wird die Stellung der Drosselklappe verändert.

Übergang: Damit beim Tritt auf das Gaspedal aus dem Leerlauf heraus kein »Loch« entsteht, ist oberhalb der Leerlauf-Austrittsbohrung der Übergangsschlitz angeordnet. Beim Öffnen der Drosselklappe gibt er einen Spalt frei, aus dem zusätzliches Kraftstoff/Luft-Gemisch ausströmen kann.

Normalbetrieb: In der I. Vergaserstufe setzt das Hauptdüsensystem mit dem Öffnen der Drosselklappe ein. Das Kraftstoff/Luft-Gemisch bilden die Hauptdüse und die Luftkorrekturdüse. Das Gemisch kommt über das Austrittsrohr ins Ansaugrohr. Dazu gelangt noch Gemisch aus dem Leerlaufsystem über die Leerlauf-Austrittsbohrung und den Übergangsschlitz.

Wird die Drosselklappe weiter geöffnet, gelangt über ein unterdruckgesteuertes Anreicherungsventil zusätzlicher Kraftstoff ins Hauptdüsensystem. Gleichzeitig nimmt die Gemischlieferung aus dem Leerlaufsystem ab bzw. hört ganz auf.

Beschleunigen erfolgt auf die gleiche Weise wie bei den zuvor beschriebenen Vergasern.

Übergang zur II. Stufe: Sobald die Drosselklappe der I. Stufe mehr als zur Hälfte geöffnet ist, wird die bis dahin wirksame Verriegelung der Drosselklappe von Stufe II aufgehoben. Über die schon angesprochene Unterdruckdose kann sich die Drosselklappe jetzt entsprechend des anliegenden Unterdrucks öffnen.

Damit die II. Stufe nicht ruckartig oder mit »Verschluckern« einsetzt, ist die II. Stufe mit einem Übergangssystem versehen, das ähnlich wirkt wie der Übergangsschlitz von Stufe I.

Teillast: Hier finden wir dasselbe System wie beim 1 B 3-Vergaser.

Vollast: Jetzt wird zusätzlicher Kraftstoff gebraucht:

- Das vom Unterdruck im Ansaugrohr gesteuerte und bereits bei Teillast wirksame Anreicherungsventil gibt den entsprechenden Kraftstoffkanal noch weiter frei.
- Das Hauptdüsensystem der Stufe II läßt Gemisch am Vorzerstäuber der II. Stufe austreten.
- Die Vollastanreicherung der Stufe II liefert durch die Sogwirkung zusätzlich Kraftstoff.
- Auch das Übergangssystem der II. Stufe steuert noch eine geringe Gemischmenge bei.

Der Starterzug

PIC-Vergaser

Lediglich bei den Motoren mit PIC-Vergaser wird die Starterklappe über einen Zug vom Armaturenbrett aus betätigt.

Starterklappe prüfen

- Luftfilterdeckel bzw. Luftfilter abnehmen.
- Chokezug voll ziehen.
- Die Starterklappe muß jetzt bis auf einen kleinen Spalt geschlossen sein.
- Wird der Zug am Armaturenbrett hineingeschoben, muß die Starterklappe senkrecht im Vergaserdurchlaß stehen.
- Das Spaltmaß der Starterklappe bei gezogenem Starterzug kann geprüft werden.
- Hierzu muß an der Pulldown-Unterdruckdose in

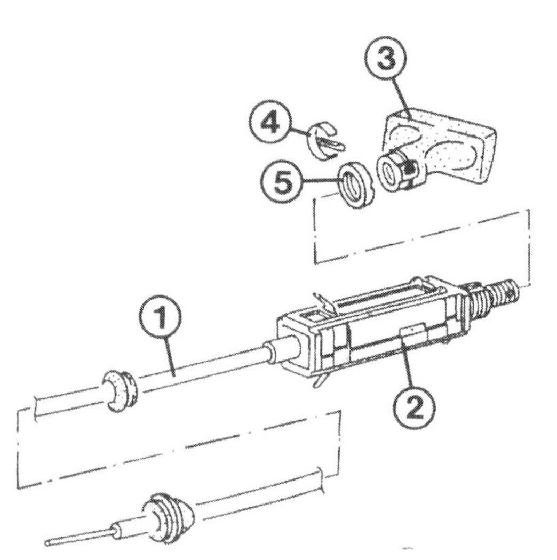

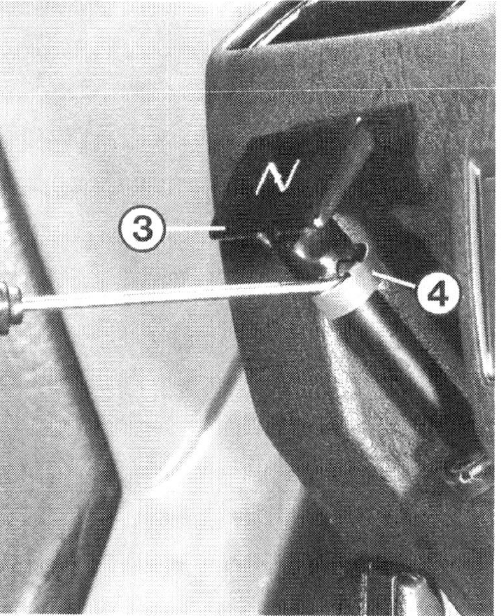

Links: Der Starterzug (1) mit seinen wichtigsten Teilen:
2 – Kontaktschalter (nicht einzeln auswechselbar) für Kontrollleuchte;
3 – Zuggriff;
4 – Klammer mit Haltebolzen;
5 – Ringmutter.
Rechts: Zum Abnehmen des T-förmigen Startzuggriffes (3) muß die Halteklammer (4) abgedrückt werden.

Fahrtrichtung hinten am Vergasergehäuse Unterdruck anliegen. Behelfsmäßig mit dem Mund am Schlauch zur Dose Luft ansaugen.
● Betätigungshebel der Starterklappe mit leichtem Fingerdruck in Geschlossen-Stellung drücken.
● Zwischen Starterklappe und Vergaserdurchlaß muß sich ein herkömmlicher Bohrer gerade durchschieben lassen.
● Dieser Bohrer muß je nach Motor einen bestimmten Durchmesser haben:
● 1,05/29 kW (Kennbuchstabe GL) – 1,8 mm; 1,1/37 kW (HB bis 799999), 1,3/44 kW (HH) – 2,0 mm; 1,1/37 kW (HB ab 800000) – 2,2 mm.
● Stimmt das Spaltmaß nicht, wird die Einstellschraube in der Mitte der Pulldowndose entsprechend verdreht.

Starterzug ersetzen

● Halteschrauben des Zugs und seiner Hülle am Vergaser losdrehen.
● Linkes Ablagefach ausbauen.
● Halteklammer aus dem T-förmigen Starterzuggriff abdrücken. Griff abschrauben.
● Ringmutter in der Aussparung des Armaturenbretts losdrehen.
● Zug nach unten herausziehen.
● Kabelstecker am Kontaktschalter abziehen.
● Starterzug in den Innenraum ziehen.
● Beim Einbau den Starterzug vorsichtig durch die Tülle in der Trennwand schieben.

Starterzug einstellen

● Hülle des Starterzugs am Vergasergehäuse befestigen, wobei die Umhüllung etwa 12 mm aus der Klemmschelle herausragen soll.
● Starterzug vollständig einschieben und rund 3 mm wieder herausziehen; dabei darf die Kontrolleuchte noch nicht brennen.
● Betätigungshebel der Starterklappe voll in Richtung »Klappe auf« drücken.
● In dieser Stellung wird der Zug am Hebel festgeschraubt.

Doppelt beheizte Startautomatik

Pierburg 1 B 3 und 2 E 3

Der Starterdeckel wird beheizt, damit die Bimetallfeder die Starterklappe öffnen kann. Das geschieht bei den Vergasern 1 B 3 und 2 E 3 auf zweierlei Weise:
○ Damit die Beheizung schnell wirkt, wird der Starterdeckel zunächst elektrisch beheizt. Das ermöglicht schnelles Öffnen der Starterklappe.
○ Sobald die Kühlflüssigkeit eine festgelegte Temperatur erreicht hat, kann sie die Beheizung des Starterdeckels übernehmen, und die Elektrobeheizung wird abgeschaltet. Bei vorübergehendem Abstellen des Motors hält die Warmwasserbeheizung die Starterklappe offen. Das verhindert Überfettung beim Wiederstart.
Die Steuerung der Starterdeckelbeheizung erfolgt durch den bereits im Kapitel »Luftfilter und Ansaugkanäle« beschriebenen Thermoschalter für die Ansaugrohr-Beheizung. Bei den Hydrostößelmotoren seit 8/85 sitzt der kombinierte Thermoschalter in Fahrtrichtung vorn unterhalb des Zündverteilers am Thermostatgehäuse, beim 55-kW-Motor sitzt der Thermoschalter am Saugrohr.

Starterdeckel prüfen

Läuft der Motor nach dem Kaltstart in der Warmlaufphase unwillig und verlassen schwärzliche Abgase den Auspuff? Wenn dieser Effekt bei den Vergasern 1 B 3 und 2 E 3 mit zunehmender Betriebstemperatur verschwindet, kann es an der Elektroheizung des Starterdeckels liegen. Zur Prüfung muß der Motor kalt sein – Kühlmitteltemperatur unter 40°C.

Zur Startautomatik (hier am 2 E 3-Vergaser gezeigt) gehören:
1 – Elektroanschluß zum Heizelement der Starterdeckelbeheizung;
2 – Starterdeckel;
3 – Bimetallfeder, deren Öse in den Mitnehmerhebel (6) eingehängt wird;
4 – Anschlußstutzen für den Schlauch der Kühlmittel-Beheizung;
5 – Pulldowndose.

● Steckverbindung zum Starterdeckel trennen.
● Leuchtdioden-Spannungsprüfer zwischen Steckverbindung und Stecker zum Starterdeckel anschließen.
● Zündung einschalten. Die Diode muß aufleuchten, sonst Deckel ersetzen.

Thermoschalter prüfen

Falls Sie aufgrund von Motorlaufstörungen vermuten, daß der Thermoschalter nicht richtig arbeitet, prüfen Sie wie im Kapitel »Luftfilter und Ansaugkanäle« beschrieben.

Starterklappe prüfen

● Luftfilterdeckel abnehmen.
● Solange das Gaspedal bei kaltem Motor noch nicht getreten wurde, muß die Starterklappe senkrecht stehen.
● Gaspedal einmal durchtreten und langsam zurückkommen lassen.
● Die Starterklappe muß jetzt bis auf einen geringen Spalt geschlossen sein.
● **2 E 3 bis 1/87:** Zum Messen des exakten Starterklappen-Spaltmaßes Betätigungsstange der Starterklappe an der Einstellschraube zur Pulldowndose hin bis zum Anschlag drücken.
● In dieser Stellung muß sich ein herkömmlicher Bohrer zwischen Starterklappe und Vergaserdurchlaß durchschieben lassen.
● Der Bohrer muß je nach Motorversion folgenden Durchmesser aufweisen:
● 1,3/40 kW bis 7/85 (HK) – 2,4 mm; 1,3/40 kW ab 8/85 (MH) – 2,0 mm; 1,3/55 kW (GK) – 2,8 mm.
● Zum Verändern des Starterklappenspalts wird die erwähnte Einstellschraube gedreht.
● **1 B 3, 2 E 3 ab 2/87:** Das exakte Starterklappen-Spaltmaß läßt sich nur dann prüfen, wenn ständig Unterdruck am Pulldownsystem anliegt. Da hierbei außerdem das Maß für die erste Öffnungsstufe kontrolliert wird, muß der Vergaser-Spezialist ran.
● **Alle:** Drosselklappe an ihrem Betätigungshebel ein wenig öffnen und kontrollieren, ob die Starterklappe gut beweglich ist.
● Außerdem kontrollieren, ob die Kerbe am Starterdeckel der Kerbe am Vergasergehäuse gegenübersteht (Grundeinstellung).

Die korrekte Einstellung des Starterdeckels.
Links: Beim PIC-Vergaser trägt der Starterdeckel einen Punkt (1), welcher der Kerbe (2) am Vergasergehäuse gegenüberstehen muß.
Rechts: Beim Vergaser 2 E 3 besitzt der Starterdeckel zwei Kerben (4), deren Toleranzbereich der Kerbe (3) am Vergasergehäuse gegenüberstehen muß.

Die Prüfung des Spaltmaßes beim 2 E 3-Vergaser zwischen Starterklappe (1) und Wandung des Vergaserdurchlasses: Mit einem Werkzeug die Betätigungsstange der Starterklappe in Pfeilrichtung drücken und einen 2-mm-Bohrer (3) zwischen Klappe und Wand durchschieben. Ist der Abstand zu groß oder zu klein, Einstellung an der Schraube (2) korrigieren.

Pulldown-system prüfen

● Motor bei abgenommenem Luftfilter starten und im Leerlauf drehen lassen.
● Luftklappe in Richtung »Geschlossen« drücken. Das muß bis auf einen Spalt von 3 mm leicht möglich sein, dann wird ein größerer Widerstand spürbar.
● Beim zweistufigen Pulldownsystem des 2 E 3-Vergasers ab 2/87 gibt die Starterklappe in der I. Stufe etwa 1,6 mm nach.
● Läßt sich die Starterklappe ohne Widerstand ganz schließen, ist entweder die Membran der Pulldowndose am Vergaser gerissen oder das Unterdrucksystem undicht.
● Zur Überprüfung der Pulldowndose verwendet die Werkstatt ein spezielles Meßgerät und eine Unterdruckpumpe.

Thermozeitventil prüfen

Diese Prüfung gilt nur für den seit 2/87 gebauten 1,3-Liter/55-kW-Motor (MH). Falls der Motor bei Temperaturen bis ca. +10°C nach dem Start gleich wieder absterben will, kann es am Thermozeitventil liegen. Es öffnet nicht, wodurch die Starterklappe vom Pulldownsystem schon zu früh aufgezogen wird.
● Thermozeitventil ausbauen.
● Am Unterdruckanschluß eine Schlauchstück aufstecken, an dem Sie Luft ansaugen müssen.
● Ventil im Gefrierfach des Kühlschranks auf unter 0°C abkühlen.
● Jetzt muß Durchblasen möglich sein.
● An den Kontaktzungen des Ventils zwei Kabel anschließen, womit das Thermozeitventil mit Batterie-Plus und -Minus verbunden werden kann.
● Nach 1–6 Sekunden muß das (immer noch kalte) Ventil schließen.
● Wenn das Thermozeitventil etwa 20–30°C warm ist, können Sie den Widerstand zwischen den Kontaktzungen messen. Sollwert 1,87–2,7 Ω.

Teillast-Anreicherungsventil ersetzen

Eine Prüfmöglichkeit für das Anreicherungsventil im Teillastbereich besteht leider nicht. Wenn eine der folgenden Störungen auftritt, gerät das Anreicherungsventil in Verdacht:
○ Leerlauf ungleichmäßig bzw. zu hoch oder zu niedrig
○ Leerlaufdrehzahl oder CO-Gehalt nicht einstellbar
○ Kraftstoffverbrauch zu hoch

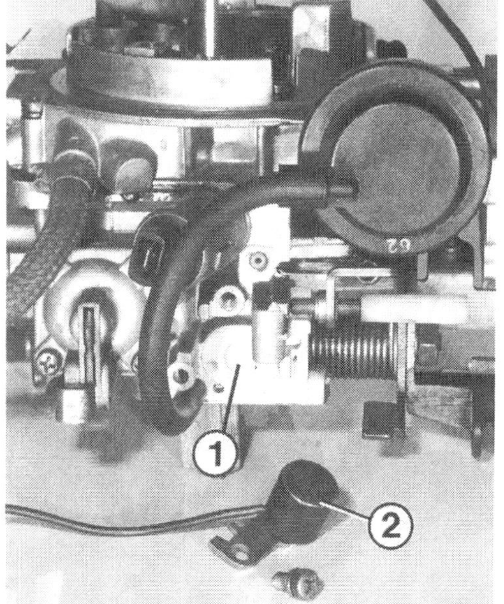

Links: Die Anlagefläche (1) des hier abgeschraubten Heizelements (2) des Gemischkanals muß vollkommen sauber sein.
Rechts: Anstelle der Verschlußschraube ist hier in der Schwimmerkammer (1) ein Thermoschalter (2) eingeschraubt, der die Gemischkanalbeheizung ab ca. 25°C abschaltet.

● Zwei Schlitzschrauben am Deckel des Anreicherungsventils losdrehen.
● Deckel, Druckfeder und Ventil abnehmen.
● Ein gebrauchtes Ventil nicht wieder einbauen.
● Beim Zusammenbau darauf achten, daß sich die Bohrungen am Vergasergehäuse und am Ventil gegenüberstehen.

Gemischkanal-Beheizung

Bei ungünstigen Witterungsbedingungen (Temperaturen wenig über dem Gefrierpunkt und hohe Luftfeuchtigkeit) können Gemischkanäle im Vergaser durch Vereisung verstopfen. Das verhindert bei den Vergasern PIC und 2 E 3 (nur 55-kW-Motor) ein elektrisches Heizelement. Es sitzt bei beiden Vergaserversionen neben der Beschleunigungspumpe am Vergaserunterteil: Beim PIC in Fahrtrichtung gesehen hinten, beim 2 E 3 dagegen vorn.

Heizelement prüfen

Leerlaufprobleme oder mangelhafter Übergang beim Gasgeben können in der kalten Jahreszeit bzw. in der Warmlaufphase durch ein defektes Heizelement verursacht werden.
● Kontrollieren, ob das Heizelement am Vergaser fest angeschraubt ist.
● Evtl. Anlageflächen säubern, damit eine gute Masseverbindung sichergestellt ist.
● Stecker beim Heizelement trennen.
● Am Pluspol der Batterie eine Prüflampe anschließen und mit der zum Heizelement führenden Leitung verbinden.
● Brennt die Prüflampe, ist das Heizelement in Ordnung, andernfalls austauschen.

Fingerzeig: Beim PIC-Vergaser kann sich die Beheizung des Teillastkanals in der warmen Jahreszeit nachteilig auswirken. Dann wird das Gemisch im Vergaser regelrecht »verkocht«. Abhilfe schafft ein Thermoschalter, der anstelle der Verschlußschraube in die Schwimmerkammer eingedreht wird. Bei einer Temperatur von ca. 25°C wird die Beheizung des Teillastkanals abgeschaltet.

Das Leerlauf-Abschaltventil

Heutige Motoren neigen dazu, nach dem Abschalten noch einige Takte weiterzulaufen. Ursache ist Gemisch, das nach dem Abstellen in die Brennräume gelangt ist und sich an heißen Stellen entzünden kann. Da dieses Nachdieseln oder Nachlaufen dem Motor nicht gut bekommt, wird ihm mit Abschalten der Zündung die Gemischzufuhr abgeriegelt.
○ Bei den Vergasern PIC und 1 B 3 verschließt ein Abschaltventil den gemeinsamen Austritt von Grundleerlauf und Zusatzgemisch in die Mischkammer unterhalb der Drosselklappe.
○ Beim Vergaser 2 E 3 wird der Leerlauf-Gemischkanal durch eine Düsennadel verschlossen.

Motor dieselt nach

● Falls der Motor nach Ausschalten der Zündung weiterläuft:
● Handbremse fest anziehen.
● 2. Gang einlegen.
● Kupplungspedal langsam loslassen – der Motor wird abgewürgt.

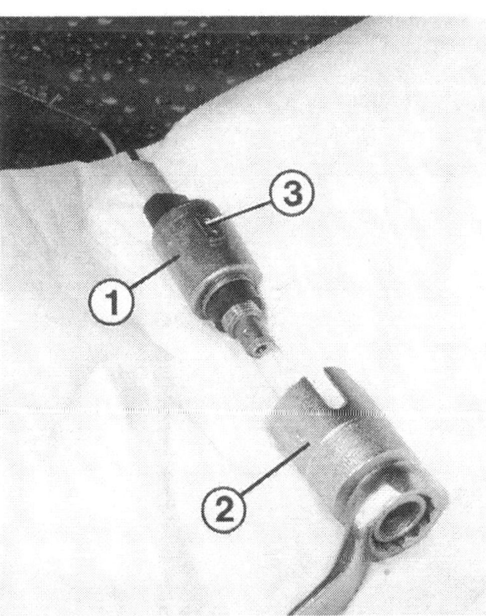

Links: Das Abschaltventil (1) des 2 E 3-Vergasers besitzt keinen Sechskant zum Ansetzen eines Schraubenschlüssels. Am Ventil sitzt eine Erhebung (3), an der das V.A.G-Werkzeug 3064 (2) eingreift. Behelfsmäßig geht es zur Not mit einer Zange.
Rechts: Zur Leerlaufkorrektur wird beim PIC-Vergaser mit der Zusatzgemisch-Regulierschraube (1) die Drehzahl verstellt. Die leicht versetzt darunter liegende Gemisch-Regulierschraube (2) dient der Einstellung des CO-Gehalts. Position »3« bezeichnet die Einstellschraube für den Kaltleerlauf.

Störungsbeistand

Abschaltventil

Die Störung	– ihre Ursache	– ihre Abhilfe
A Motor dieselt nach	1 Abschaltventil locker (Motor zieht »falsche Luft«)	Festschrauben
	2 Ventilnadel hängt	Prüfen, ggf. Ventil austauschen
B Motor geht im Leerlauf sofort aus	1 Sicherung defekt	Kontrollieren, ggf. ersetzen
	2 Elektrische Leitung zum Ventil unterbrochen	Leitungsverlauf kontrollieren
	3 Vergaser auf seinem Gummilager lose, dadurch mangelhafter Massekontakt	Vergaser festschrauben
	4 Siehe A 2	

Abschaltventil prüfen

- Ohr in die Nähe des Abschaltventils halten.
- Beim Ein- und Ausschalten der Zündung (von einem Helfer) muß das Ventil deutlich hörbar klicken.
- Oder elektrische Leitung am Ventil abziehen.
- Abschaltventil losschrauben.
- Kabel wieder aufstecken, Ventil gegen blankes Metall halten.
- Von Helfer Zündung ein- und ausschalten lassen.
- Die Ventilnadel muß sich bewegen, sonst Abschaltventil austauschen.

Leerlaufdrehzahl und CO-Gehalt einstellen

Wartung Nr. 38

Schwankungen der Leerlaufdrehzahl liegen selten am Vergaser. Zündkerzenverschleiß kann die Ursache sein, bei einem Motor mit Spulenzündung veränderter Zündzeitpunkt und beim Schlepphebelmotor falsches Ventilspiel.

Für den Selbsthelfer ist eine genaue Leerlaufeinstellung leider nur schwer zu bewerkstelligen. Außer einem exakten Drehzahlmesser wird ein Abgasmeßgerät benötigt, das in vernünftiger Ausführung praktisch unerschwinglich ist. Die einfachen Abgastester, wie sie für Heimwerker angeboten werden, arbeiten nicht ausreichend genau.

Vorbereitungen

○ Für die Einstellung muß der Motor betriebswarm sein, die Nadel der Kühlmittel-Temperaturanzeige muß sich im normalen Bereich befinden.

○ Elektrische Prüfgeräte anschließen. Das darf bei der Transistorzündung nur bei abgeschaltetem Motor geschehen. Beim 55-kW-Motor muß zwischen Meßgerät und Klemme 1 der Zündspule ein Spannungsteiler verwendet werden (im Kapitel »Elektrik und Elektronik« beschrieben).

○ Die Starterklappe muß voll geöffnet sein. D.h. der Starterzugknopf ist ganz zurückgeschoben, bzw. bei Startautomatik darf die Anschlagschraube der Drosselklappe nicht mehr auf der Stufenscheibe aufliegen.

○ Schlauch der Kurbelgehäuse-Entlüftung am Luftfilter bzw. an der Luftansaughutze abziehen. Stutzen für den Schlauch verschließen.

○ Beim 33-kW-Motor Unterdruckschlauch zur Zusatzgemisch-Regulierschraube am Ventil für Drehzahlanhebung abziehen, und den Anschluß am Ventil verschließen.

○ Nur 55-kW-Motor: Schwarz/gelbes Kabel vom Temperaturfühler am Thermostatgehäuse zum Dignition-Steuergerät abziehen (Kapitel »Zündanlage«).

Links: Am 1 B 3-Vergaser sitzt in Fahrtrichtung vorn die Einstellschraube für die Leerlaufdrehzahl (1) auf der rechten Seite. Mit der linken Schraube (2), auf die hier ebenfalls ein Schraubendreher angesetzt ist, wird der CO-Gehalt eingestellt.
Rechts: Leerlaufeinstellung beim Vergaser 2 E 3: Die Drosselklappen-Anschlagschraube (1) für die Drehzahlkorrektur steckt unter einem langen Kunststoffrohr. Die CO-Einstellschraube (2) sitzt etwas tiefer.

○ Alle elektrischen Verbraucher müssen abgeschaltet sein. Ausnahmen: 1,3 l/40 kW (HK) – das Fernlicht muß eingeschaltet sein; 1,05 l/33 kW (HZ), 1,3 l/40 kW (MH) – Fernlicht und heizbare Heckscheibe müssen eingeschaltet sein. Wenn der Kühlerventilator anläuft, muß der Einstellvorgang unterbrochen werden.
○ Falls die Einstellung länger als etwa zwei Minuten dauert, staut sich CO-Gas im Auspuff und verfälscht den Abgas-Meßwert. In diesem Fall den Motor runde 20 Sekunden mit halber Gasstellung drehen lassen.
○ Der Luftfilter darf – im Gegensatz zu unseren Abbildungen – nicht abgenommen sein.

Einstellwerte

Motor	Kennbuchstaben	Leerlauf-drehzahl 1/min	CO-Gehalt Vol.% ohne Kat am Auspuff-Endrohr	CO-Gehalt Vol.% mit Kat am Auspuff-Endrohr	CO-Gehalt Vol.% mit Kat am CO-Meßrohr
1,05/29 kW	GL	950 ± 50	1,0 ± 0,5	0–1,5	–
1,05/33 kW	HZ	800 ± 50	2,0 ± 0,5	0–2,5	2,0 ± 0,5
1,1/37 kW	HB bis 799999	950 ± 50	1,0 ± 0,5	0–1,5	–
1,1/37 kW Formel E	HB ab 800000	950 ± 50	1,0 ± 0,5	–	–
1,3/40 kW	HK	800 ± 50	3,0 ± 0,5	0–3,5	3,0 ± 0,5
1,3/40 kW	MH	800 ± 50	1,0 ± 0,5	0–1,5	1,0 ± 0,5
1,3/55 kW	GK	800 ± 50	1,0 ± 0,5	0–1,5	–

Die Einstellschrauben

Die **Leerlaufdrehzahl** wird bei den verschiedenen Vergasern an unterschiedlichen Schrauben reguliert. Sie sind in den Abbildungen auf diesen Seiten gezeigt. Eingestellt wird
○ beim **PIC- und 1 B 3-Vergaser** mit der **Zusatzgemisch-Regulierschraube**;
○ beim **2 E 3-Vergaser** an der **Drosselklappen-Anschlagschraube.**
Zur **Einstellung des CO-Gehalts** wird an **allen Vergasern** die **CO-Einstellschraube** verdreht. Sie sitzt aufgrund einer gesetzlichen Vorschrift unter einer Abdeckkappe bzw. einem Stopfen. Das soll unbefugtes Verdrehen verhindern. Wenn an dieser Einstellschraube gedreht werden muß, wird die Abdeckung der Schraube mit einer Zange abgenommen oder mit einer Nadel o. ä. herausgehebelt.

Einstellung mit CO-Meßgerät

Der Anteil von Kohlenmonoxid wird bei den ab Werk mit Katalysator ausgerüsteten Motoren am CO-Entnahmerohr gemessen (Stopfen abnehmen). Bei Motoren ohne bzw. mit nachgerüstetem Kat wird die Abgassonde am Auspuffendrohr angeschlossen.
● Die Einstellung erfolgt durch wechselweises Verdrehen der Einstellschraube für Drehzahl bzw. CO-Wert.
● Bei noch laufendem Motor Schlauch der Kurbelgehäuse-Entlüftung wieder aufstecken und Abgaswert beobachten.
● Steigt der CO-Gehalt, liegt das nicht an falscher Einstellung, sondern an Überfettung aus dem Kurbelgehäuse. Im Schmieröl sind Kraftstoffkondensate durch überwiegenden Kurzstreckenverkehr.
● Hier hilft eine zügige Überlandfahrt über rund 100 km. Die Kraftstoffkondensate verdunsten.
● Anschließend sofort den Ölstand kontrollieren, der erheblich absinken kann!
● Oder, wie im Schmierkapitel empfohlen, den Ölwechsel vorverlegen.

Behelfsmäßige Vergaser-Einstellung

● Zuerst Motordrehzahl etwas erhöhen.
● Beim **PIC- und 1 B 3-Vergaser** die Zusatzgemisch-Regulierschraube herausdrehen.
● Beim **2 E 3-Vergaser** die Drosselklappen-Anschlagschraube hineindrehen.
● **Alle Vergaser:** Jetzt wird die CO-Einstellschraube etwas hineingedreht, bis die Drehzahl abfällt.
● CO-Einstellschraube wieder so weit herausdrehen, daß der Motor gleichmäßig dreht.
● Zum Absenken der Motordrehzahl auf den vorgeschriebenen Wert:
● Beim **PIC- und 1 B 3-Vergaser** die Zusatzgemisch-Regulierschraube hineindrehen.
● Beim **2 E 3-Vergaser** die Drosselklappen-Anschlagschraube herausdrehen.
● Evtl. die CO-Schraube nochmals verdrehen, wenn der Motor nicht sauber rund läuft.
● Diese Einstellung sollte alsbald mit einem CO-Tester überprüft werden.

Abgas-Untersuchung (AU)

Für die Motoren ohne bzw. mit ungeregeltem Katalysator ist in der Bundesrepublik eine jährliche Abgaskontrolle vorgeschrieben.

Wenn für den VW eine »Fahrzeug-Hauptuntersuchung« beim DEKRA oder TÜV ansteht, muß ein gültiger Abgas-Prüfbericht vorliegen. Üblicherweise wird man zuerst die Abgas-Untersuchung durchführen lassen, wozu neben der Marken-Werkstatt auch freie Werkstätten, Bosch-Dienste, DEKRA und TÜV berechtigt sind. Nach unseren Erfahrungen geht es aber am schnellsten in der Marken-Werkstatt, die auch immer die allerneuesten Einstelldaten besitzt, während sie anderswo vielleicht erst mit einer gewissen Verzögerung vorliegen.
Bei der Abgas-Untersuchung wird auch die Zündeinstellung geprüft. Zur AU muß die Auspuffanlage intakt sein, und am Ansaugrohr darf keine »Nebenluft« eintreten können. Stellen Sie im übrigen sicher, daß der Luftfilter sauber ist und der Zündkerzen-Elektrodenabstand sowie ggf. das Ventilspiel stimmt. Außerdem sollten Sie mit betriebswarmem Motor zur Messung vorfahren und ggf. einen Motorölwechsel spendieren, falls der Wagen lange Zeit im winterlichen Kurzstreckenbetrieb gefahren wurde. Das so ins Motoröl gelangte Kraftstoff-Kondensat verschlechtert die Abgaswerte.
Bei Fahrzeugen mit Katalysator wird zusätzlich dessen Wirksamkeit geprüft. Ist er defekt, gibt es erst nach dem Austausch eine neue Prüfbescheinigung.

Fingerzeige: Weist der Motor mechanische Mängel auf (ausgeschlagener Vergaser, defekter Auspuff), gibt es keine Plakette. Dann muß der betreffende Fehler erst behoben werden.
Falls Ihr VW bei der AU »durchgefallen« ist und teure Reparaturen angekündigt werden, kann sich ein erneuter Versuch bei einer anderen Werkstatt lohnen. Manchmal genügt auch schon eine zügige Probefahrt, damit Motor und Katalysator volle Betriebstemperatur haben.
Wenn Sie die Wartung des Polo/Derby immer in der Werkstatt durchführen lassen, gehört die Abgas-Untersuchung grundsätzlich zum Umfang des regelmäßigen Service dazu.

Leerlauf-Schwankungen

Eine Undichtigkeit im Bereich des Ansaugsystems läßt sogenannte Nebenluft eintreten. Das vom Vergaser aufbereitete Gemisch wird nachträglich abgemagert. Am deutlichsten erkennt man die Störung im Leerlauf an schwankender Drehzahl. Es kann aber auch zu Klingelerscheinungen bei voll belastetem Motor kommen. Nebenluft und die verursachende undichte Stelle läßt sich recht einfach erkennen.

- Motor warmfahren und anschließend im Leerlauf drehen lassen, Motorhaube öffnen.
- Mit einer Startkraftstoff-Spraydose (z. B. »Startpilot«) Vergaserfuß, Saugrohr und Leitungen zu den unterdruckgesteuerten Aggregaten (z. B. Bremskraftverstärker, Zündverteiler) ansprühen.
- Dreht der Motor beim Besprühen einer bestimmten Stelle höher, liegt dort die Undichtigkeit vor. Recht häufig sind Undichtigkeiten am Zwischenflansch des Vergasers.

Fingerzeig: Beim 29-kW-Motor kann Klingeln beim Beschleunigen außer Nebenluft eine weitere Ursache haben: Die last- und drehzahlabhängige Verstellung des Zündzeitpunktes in Richtung »spät« kann defekt sein, siehe Kapitel »Zündanlage«.

Leerlaufdrehzahl-Anhebung prüfen

Wenn die Drehzahl beim 33-kW-Motor »in den Keller« fällt oder plötzlich deutlich zu hoch liegt, kann der Fehler in der Drehzahlanhebung zu suchen sein.

- Deckel des Luftfilters abnehmen.
- **Steuergerät kontrollieren:** Am Umschaltventil an der Trennwand zum Innenraum hin den Kabelstecker abziehen.
- Leuchtdioden-Spannungsprüfer an den Kontakten anschließen.
- Motor starten und im Leerlauf drehen lassen.
- Starterklappe langsam mit der Hand in Geschlossen-Stellung drücken, damit die Drehzahl unter 700/min sinkt.
- Unter 700/min muß die Leuchtdiode aufleuchten.
- Starterklappe loslassen, Motor auf mehr als 1100/min hochdrehen – jetzt muß die Leuchtdiode verlöschen.
- Wenn nicht, elektrische Leitungen zum Umschaltventil überprüfen.
- Falls hier kein Fehler zu erkennen war, sollten Sie das Steuergerät versuchshalber austauschen.
- Hat der Spannungsprüfer richtig angesprochen, Kabel wieder aufstecken.
- **Umschaltventil prüfen:** Unterdruckschläuche am Ventil abziehen, an einem Stutzen einen Hilfsschlauch aufstecken.
- Starterklappe in Stellung »Zu« drücken, damit die Drehzahl unter 700/min fällt.
- Jetzt muß am Hilfsschlauch Durchblasen möglich sein.
- Starterklappe loslassen und Drehzahl auf über 1100/min erhöhen.
- Jetzt darf Durchblasen nicht mehr möglich sein.
- Hat die Blasprobe nicht richtig funktioniert, ist das Umschaltventil defekt.

Links: Zur Überprüfung des Umschaltventils (1) an der Trennwand zum Innenraum haben wir hier den Stecker (2) abgezogen. In die Steckkontakte wird jetzt eine Prüflampe angeschlossen und die Funktion nach der Anleitung im Text überprüft.
Rechts: Bei abgenommenem linkem Ablagefach werden die Relais und Steuergeräte im Fahrerfußraum sichtbar. Hier ist das Steuergerät (3) für die Leerlaufdrehzahl-Anhebung mit seinem Adapter (2) aus dem Halter (1) herausgezogen.

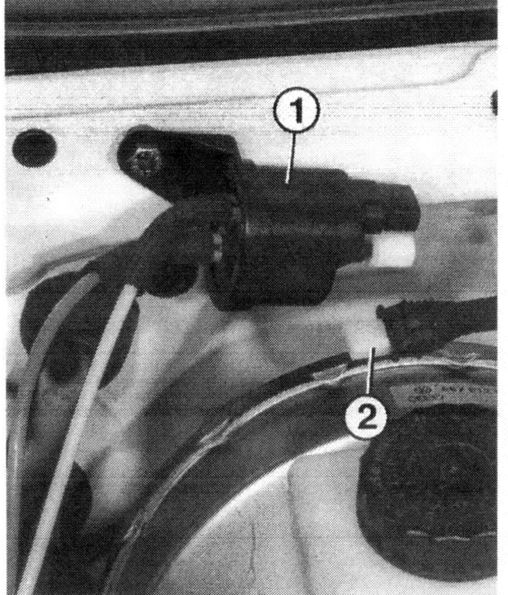

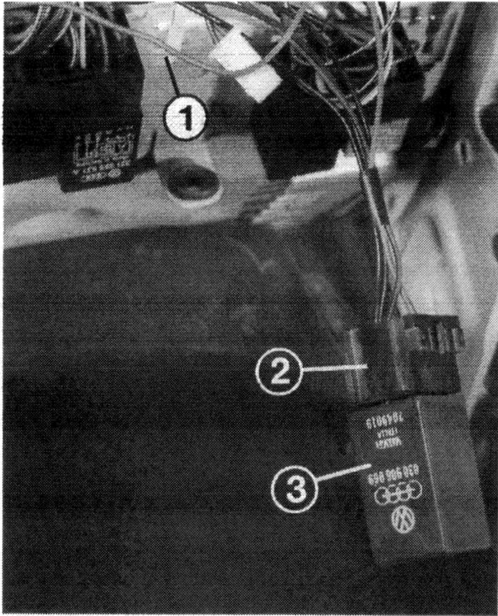

- **Ventil an der Einstellschraube prüfen:** Unterdruckschlauch am Ventil abziehen und stattdessen einen Hilfsschlauch aufstecken.
- Am Vergaser den Unterdruckschlauch zum Zündverteiler abziehen und dort den Hilfsschlauch aufstecken.
- Da jetzt bei im Leerlauf drehendem Motor Unterdruck am Ventil der Leerlaufdrehzahl-Anhebung anliegt, müssen dessen Bohrungen freigegeben werden – die Drehzahl steigt erkennbar an.
- Falls nicht, Einstellschraube mit Anhebungsventil ersetzen.
- Hat die Drehzahlanhebung jedoch funktioniert, liegt der Fehler in defekten Unterdruckschläuchen.

Kaltleerlaufdrehzahl einstellen

Damit der kältestarre Motor nach dem Start richtig rund läuft, liegt die sogenannte Kaltleerlaufdrehzahl wesentlich höher als die übliche Leerlaufdrehzahl. Falls der Motor nach dem Start nicht richtig läuft, muß der Kaltleerlauf eingestellt werden.

- Motor warmfahren (mindestens 60°C Öltemperatur).
- Drehzahlmesser anschließen, beim 55-kW-Motor mit Spannungsteiler.
- **PIC-Vergaser:** Starterzug ganz herausziehen und in die erste Raststellung zurückschieben.
- Am Hebel der Starterklappe und irgendwo in der Nähe ein Gummi so einhängen, daß die Klappe in »Offen«-Stellung gezogen wird.
- Motor starten und Drehzahl ablesen. Die Sollwerte lauten:
- 1,05/29 kW (GL), 1,1/37 kW (HB bis 799999) – 2400±100/min; 1,1/37 kW Formel E (HB ab 800000) – 2500±100/min; 1,3/44 kW (HH) – 2600±100/min.
- Falls die Drehzahl korrigiert werden muß, die Kaltleerlauf-Einstellschraube oberhalb der Drosselklappen-Anschlagschraube entsprechend verdrehen.
- **Vergaser 1 B 3:** Hebel der Drosselklappe in Stellung »Auf« drücken und die Stufenscheibe der Startautomatik so drehen, daß die Einstellschraube für den Kaltleerlauf in der zweithöchsten Stellung der Stufenscheibe steht.
- Motor ohne Gas starten.
- Drehzahl ablesen; der Sollwert lautet 2000±100/min.
- Zur Korrektur der Kaltleerlaufdrehzahl die Einstellschraube ggf. verdrehen.
- **Vergaser 2 E 3:** Luftfilter ausbauen.
- Unterdruckanschluß für den Temperaturregler der Ansaugluft-Vorwärmung verschließen.
- Motor starten und Drehzahl auf etwa 2500/min erhöhen durch Drehen am Drosselklappenhebel.
- Stufenscheibe der Startautomatik (zwischen Vergaser- und Startautomatikgehäuse) nach unten bis zum Anschlag drücken.
- Drosselklappenhebel loslassen. Die Einstellschraube für den Kaltleerlauf muß nun auf der zweiten Stufe aufliegen.
- Drehzahl ablesen: Der Sollwert lautet 2000±100/min.
- Ggf. Drehzahl an der Einstellschraube korrigieren.

Vergaser ausbauen

Damit nichts in das Ansaugrohr fallen kann, sollten Sie sofort nach dem Abnehmen des Vergasers die Öffnung im Ansaugrohr abdecken.

- Luftfilter komplett abnehmen bzw. beim Vergaser 2 E 3 Ansaugstutzen auf dem Vergaser abschrauben.
- Benzin- und Unterdruckschläuche sowie elektrische Leitungen kennzeichnen und abziehen.
- Ggf. Wasserschläuche am Starterdeckel abzie-

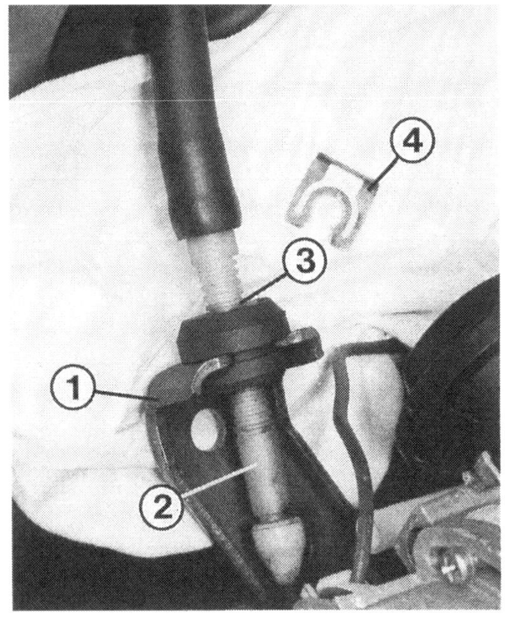

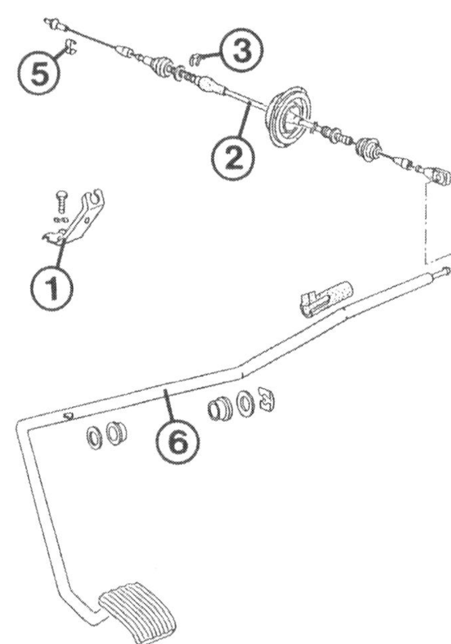

Zum Einstellen der Länge des Gaszugs (2) dient die Stecksicherung (4) am sogenannten Widerlager (1). In der Gaszughülle sind entsprechende Kerben (3) vorhanden. Der Gaszug ist am Vergaser mit Halteklammern (5) befestigt. In der Zeichnung rechts sehen Sie das Gaspedal (6) mit seinem nach rechts geführten Bolzen zum Einhängen des Gaszugs.

hen. Vorsicht, Verbrühungsgefahr bei warmem Motor! Erst den Verschlußdeckel des Ausgleichbehälters bzw. Kühlers losdrehen, damit der Überdruck aus dem Kühlsystem entweichen kann.

- Gaszug am Vergaser aushängen.
- **PIC-Vergaser:** Starterzug abklemmen.
- Unten am Ansaugrohr vier Muttern herausdrehen.
- Vergaser mit Flansch hochziehen.
- Zwei Haltemuttern unten am Zwischenflansch losdrehen, wenn dieser vom Vergaser getrennt werden soll.
- **Vergaser 1 B 3 und 2 E 3:** Oben die M 6-Schrauben herausdrehen, Vergaser hochziehen.
- Falls der Zwischenflansch abgenommen werden soll: Unten am Ansaugrohr vier Haltemuttern lösen.
- **Alle Vergaser:** Beim Einbau die Schrauben bzw. Muttern von Vergaser und Flansch mit 10 Nm anziehen.
- Einstellung des Gas- und ggf. des Starterzugs kontrollieren.

Der Gaszug

Der Verbindungszug zwischen Gaspedal und Vergaser ist sehr knickempfindlich. Beim Polo/Derby ist er allerdings kaum gefährdet, denn er verläuft auf der Beifahrerseite geradlinig vom nach rechts geführten Hebel des Gaspedals zum Vergaser.

Gaszug ersetzen

- Luftfilter bzw. beim 2 E 3-Vergaser Ansaugstutzen abbauen.
- Am Vergaser die Halteklammer und am Befestigungspunkt der Seilzughülle die Stecksicherung abnehmen.
- Im Innenraum die Öse des Gaszugs aus dem Haltenippel am Hebel des Gaspedals herausziehen.
- Gummitülle aus der Trennwand vom Motorraum zum Innenraum durchdrücken.
- Gaszug herausziehen.
- Beim Einsetzen der Gummitülle des neuen Gaszugs in die Trennwand darauf achten, daß der Zug nicht geknickt wird.

Gaszug einstellen

- Gaspedal voll durchtreten lassen.
- Drosselklappenhebel in Vollgasstellung drücken.
- Stecksicherung in die entsprechende Kerbe der Gaszughülle am Widerlager einstecken.
- Am Drosselklappenhebel darf bei voll getretenem Gaspedal ein Spiel von höchstens 1 mm vorhanden sein.
- Für die Schlepphebelmotoren gibt es noch folgende Kontrolle: Das durchgetretene Gaspedal muß etwa 5 mm vom Bodenbelag entfernt sein.

Störungsbeistand

Vergaser

Die Störung	– ihre Ursache	– ihre Abhilfe
A Kalter Motor springt nicht oder schlecht an	1 Kraftstoffweg im Vergaser nicht in Ordnung	Prüfung: Zuleitung am Vergaser abziehen, in ein Gefäß halten und Motor starten. Kommt kein Benzin, siehe unter Kraftstoffpumpe
	a) Schwimmernadelventil klemmt oder Schwimmer defekt	Gegen Schwimmerkammerdeckel klopfen, evtl. Vergaserdeckel abnehmen, Schwimmer und Nadelventil überprüfen
	b) Bohrungen, Düsen und Kanäle im Vergaser verstopft	Vergaser reinigen

Die Störung	– ihre Ursache	– ihre Abhilfe
A Kalter Motor springt nicht oder schlecht an (Fortsetzung)	2 Leerlauf-Abschaltventil defekt	Siehe Störungsbeistand Leerlauf-Abschaltventil
	3 PIC-Vergaser: Starterzug falsch eingestellt	Einstellen
	4 Starterklappe schwergängig oder klemmt	Gängig machen
	5 1 B 3- und 2 E 3-Vergaser: Bimetallfeder der Startautomatik ausgehängt	Feder einhängen oder Starterdeckel ersetzen
	6 »Falsche Luft« tritt an Deckeldichtung oder Ansaugflansch ein bzw. an einem der Unterdruckschläuche	Kontrollieren, schadhafte Dichtungen bzw. Schläuche ersetzen
	7 PIC-Vergaser: Grundeinstellung der Drosselklappe falsch	Einstellen lassen
B Kalter Motor geht nach dem Start wieder aus	1 Siehe A 4, 6 und 7	
	2 Starterklappenspalt falsch eingestellt	Einstellen (lassen)
	3 Starterdeckel falsch eingestellt	Einstellmarken gegenüberstellen
	4 Pulldowneinrichtung gestört	Prüfen
C Kalter Motor hat zu hohe oder niedrige Leerlaufdrehzahl	1 Siehe A 6 und 7	
	2 Ansaugrohr-Beheizung gestört	Siehe Kapitel »Luftfilter und Ansaugkanäle«
	3 Starterdeckel-Beheizung gestört	Prüfen
	4 Gemischkanal-Beheizung defekt	Leitung überprüfen, schadhaftes Heizelement austauschen
	5 Leerlaufdrehzahl-Anhebung defekt	Prüfen
	6 Leerlauf falsch eingestellt	Einstellen (CO-Wert)
D Kalter Motor nimmt schlecht Gas an und ruckelt	1 Ansaugluft-Vorwärmung gestört	Siehe Kapitel »Luftfilter und Ansaugkanäle«
	2 Siehe A 4 und 6	
	3 Siehe B 2 und 4	
	4 Siehe C 2, 3, 4 und 6	
	5 Beschleunigungssystem arbeitet nicht	Prüfung: Luftfilterdeckel bzw. Luftfilter abnehmen. Wird Benzin eingespritzt, wenn Sie den Drosselklappenhebel bewegen?
	a) Kanäle verstopft	Vergaser reinigen
	b) Membrane defekt	Auswechseln
	6 Beschleunigungs-Einspritzmenge falsch	Einstellen lassen
E Warmer Motor springt schlecht oder nicht an	1 Siehe A 2	
	2 Dampfblasen im Kraftstoffsystem	Mit durchgetretenem Gaspedal starten
	a) Benzinzulaufleitung liegt am Motor oder Ventildeckel an	Leitung so verlegen, daß sie frei hängt
	b) Gemischkanal-Beheizung wird nicht abgeschaltet	Thermoschalter überprüfen. Falls nicht eingebaut, Thermoschalter nachrüsten
	3 Schwimmernadelventil undicht	Ersetzen
	4 Schwimmer defekt	Prüfen, ggf. austauschen
	5 Schwimmerstand falsch	Dünnere oder dickere Dichtung unter Schwimmernadelventil einbauen
F Leerlauf ungleichmäßig bzw. zu hoch oder zu niedrig	1 Siehe A 6	
	2 Siehe C 6	
	3 Leerlauf-Kraftstoffdüse oder Zusatzgemisch-Kraftstoffdüse (PIC- und 1 B 3-Vergaser) verschmutzt oder lose	Vergaser reinigen bzw. Düse festziehen
	4 CO-Einstellschraube beschädigt	Ersetzen
	5 1 B 3- und 2 E 3-Vergaser: Teillast-Anreicherungsventil defekt	Ersetzen
G Leerlaufdrehzahl oder CO-Gehalt nicht einstellbar	1 Siehe A 3, 4, 5 und 7	
	2 Siehe F 5	
H Schlechte Übergänge bei höheren Drehzahlen (nicht beim 1 B 3- und PIC-Vergaser)	Unterdruckdose der 2. Stufe undicht	Austauschen
I Auspuffknallen im Schiebebetrieb	1 Siehe A 6 und 7	
	2 Siehe C 6	

Einzelspritzer

Der zwischen 11/89 und 7/90 gebaute 33-kW-Motor mit geregeltem Katalysator besitzt eine Zentraleinspritzung namens »Monojetronic«. In Verbindung mit der kompletten Überarbeitung der Polo-Baureihe kommt im 33-kW-Motor seit 10/90 und im 40-kW-Motor seit 1/91 die »Monomotronic« zum Einsatz. Ihr einziger, aber gravierender Unterschied ist die ins Steuergerät integrierte Steuerung der Zündverstellung – mehr darüber erfahren Sie im Kapitel »Die Zündanlage«. Der Einspritzteil besteht im wesentlichen aus einem Gehäuse, das dem eines Vergasers ähnelt, versehen mit einem einzigen Einspritzventil. Den Kraftstoffaustritt am Ventil bestimmt ein elektronisches Steuergerät.

Die wichtigsten Teile

Steuergerät

Es sitzt links im sogenannten Wasserfangkasten und erhält über einen Vielfachstecker Informationen von folgenden Bauteilen:

○ **Hallgeber** im Zündverteiler für die Motordrehzahl
○ **Lambda-Sonde** im Auspuffkrümmer für den Sauerstoff-Restgehalt im Abgas
○ **Drosselklappen-Potentiometer** für die Stellung der Drosselklappe und damit die Menge der angesaugten Luft
○ **Ansaugluft-Temperaturgeber** im Einlaß der Einspritzeinheit für die Ansauglufttemperatur
○ **Kühlmittel-Temperaturgeber** (mit blauer Isolierung) am Thermostatgehäuse für die Kühlmitteltemperatur

Aus den eingehenden Signalen errechnet das Steuergerät die Öffnungsdauer des elektromagnetisch betätigten Einspritzventils und damit die einzuspritzende Kraftstoffmenge. Dabei greift das Steuergerät auf ein Motorkennfeld zurück – eine Datei, in der alle nur denkbaren Motorsituationen gespeichert sind. Ebenfalls in diesem Kennfeld festgehalten sind die zugehörigen Kraftstoffmengen in Form von elektrischen Signalen. Bei der Monomotronic sind im Steuergrät jeweils auch die zur Kraftstoffmenge und Betriebssituation erforderlichen Zündzeitpunktwerte als Kennfelder gespeichert.

Zentrale Einspritzeinheit

Die Mehrzahl der Teile der Zentraleinspritzung ist in diesem Gehäuse zusammengefaßt. Es sieht nicht nur aus wie ein Vergaser, sondern hat auch wie jener eine Drosselklappe – bewegt durch des Gaspedal. Durch das Gehäuse strömt die Ansaugluft, und hier wird – vom Einspritzventil – auch der Kraftstoff zugesetzt, genau wie im Vergaser.

Einspritzventil

Es wird durch einen Elektromagnet geöffnet. So kann Kraftstoff fließen oder auch nicht – je nach Befehl des Steuergeräts. Damit der Kraftstoff optimal zerstäubt wird, besitzt das Ventil schräge Austrittsbohrungen, aus denen das Benzin gegen die konische Wandung der Austrittsbohrung prallt und dort verwirbelt wird.

Ansaugluft-Temperaturgeber

Er sitzt seitlich am Gehäuse des Einspritzventils und kann so die Temperatur der Ansaugluft, wie sie an der Einspritzeinheit ankommt, genau erfassen.

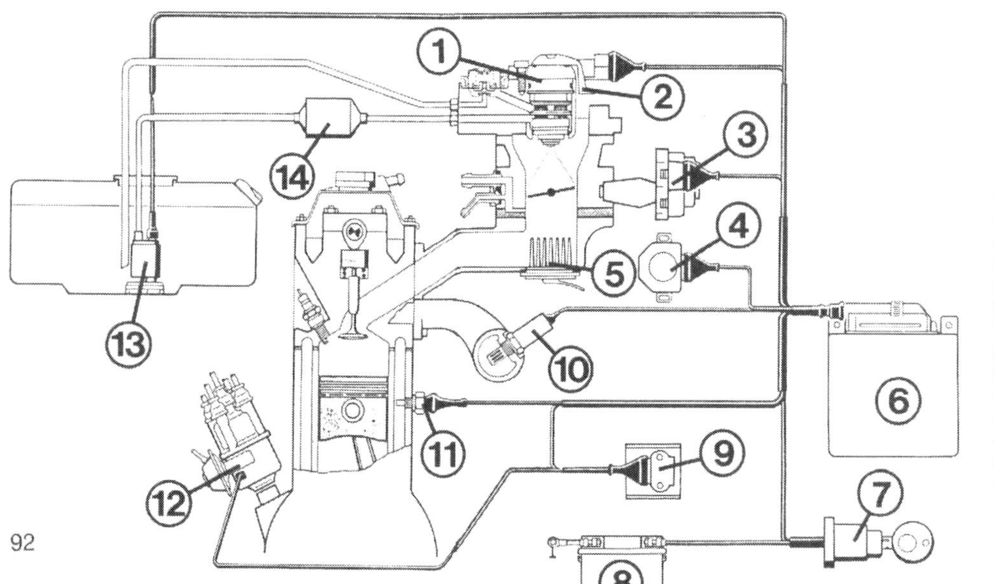

In dieser Zeichnung ist die Monojetronic mit ihren Teilen schematisch dargestellt:
1 – Einspritzeinheit;
2 – Ansaugluft-Temperaturgeber;
3 – Drosselklappensteller;
4 – Drosselklappen-Potentiometer;
5 – Heizelement der Ansaugrohr-Beheizung;
6 – Steuergerät;
7 – Zünd/Anlaßschalter;
8 – Batterie;
9 – TSZ-Schaltgerät;
10 – Lambda-Sonde;
11 – Kühlmittel-Temperaturgeber;
12 – Zündverteiler;
13 – elektrische Kraftstoffpumpe;
14 – Kraftstoffilter.

Der Druckregler

Er sorgt dafür, daß der Kraftstoffdruck am Einspritzventil stets bei 1 bar liegt. Dazu läßt er mehr oder weniger Benzin durch die Rücklaufleitung zum Tank zurückfließen. Die Kraftstoffzufuhr bleibt nämlich weitgehend konstant.

Drosselklappensteller

Ein kleiner Elektromotor mit Winkelgetriebe fährt den Betätigungsstößel mehr oder weniger weit gegen den Leerlauf-Anschlag der Drosselklappe. So kann die Drosselklappe je nach Bedarf ein kleines oder etwas größeres Stück geöffnet werden. So läßt sich die Leerlaufdrehzahl bei unterschiedlichen Belastungen konstant halten. Vorn im Betätigungsstößel des Drosselklappenstellers sitzt noch der Leerlaufschalter, der dem Steuergerät mitteilt, wenn Sie das Gaspedal loslassen.

Drosselklappen-Potentiometer

Er meldet die Bewegungen der Drosselklappe und deren Stellung dem Steuergerät. So wird zum Beispiel plötzliches Gasgeben als Beschleunigen erkannt. Die Meldung erfolgt auf elektrischem Weg – ein Potentiometer ist nichts anderes als ein veränderbarer Widerstand.

Die Funktion

Die Kraftstoffpumpe schafft Benzin unter Druck zum Druckregler. Dieser sorgt dafür, daß am Einspritzventil stets derselbe Kraftstoffdruck (1 bar) »anliegt«.
Das Steuergerät erhält Informationen über den Motorlauf durch die Drehzahlimpulse von der Zündung und die Widerstandswerte vom Drosselklappen-Potentiometer (Drosselklappenstellung). Daraus zieht das Steuergerät Rückschlüsse auf den Lastzustand des Motors und mißt (über das Einspritzventil) die zur angesaugten Luft nötige Menge Kraftstoff bei. Berücksichtigt ist bei dieser Zumessung das Kraftstoff/Luft-Verhältnis von $\lambda = 1$ für optimales Arbeiten des Katalysators. Dieses Verhältnis muß je nach Signal der Lambda-Sonde korrigiert werden.

Korrekturgrößen

Das Einspritzventil kann nur öffnen und schließen, nicht aber die Menge dosieren. Deshalb wird die Kraftstoffmenge über die Einspritzzeit variiert. Und das geht so: Bei jedem Zündimpuls der Zündanlage spritzt das Ventil einmal ab. Wird wenig Kraftstoff gebraucht, öffnet das Ventil bei diesem Impuls nur ganz kurz – oft weniger als eine tausendstel Sekunde.
Benötigt der Motor dagegen mehr Kraftstoff (im kalten Zustand oder bei Vollast), wird länger abgespritzt. Das gilt natürlich für jeden Zündimpuls.
Kalter Motor: Über die Motortemperatur ist das Steuergerät durch den Kühlmittel-Temperaturgeber informiert. Je kälter der Motor, desto länger die Einspritzzeiten für ein kraftstoffreicheres Gemisch. Bei diesem Betriebszustand muß das Lambdasignal ohne Beachtung bleiben, d.h. es kann kein für den Katalysator optimales Gemisch erzeugt werden.
Leerlauf: Der Drosselklappenschalter am Drosselklappensteller informiert das Steuergerät über diesen Betriebszustand. Nun reguliert der Drosselklappensteller die Leerlaufdrehzahl. Parallel dazu löst bei der Monojetronic der Leerlaufschalter das Umschalten des Zweiwegeventils aus. So gelangt kein Unterdruck mehr an die Zündverstellung am Verteiler. Durch das Ausschalten der Unterdruck-Zündverstellung wird der Zündzeitpunkt etwas in Richtung »Spät« verlegt, was das Abgas verbessert.
Beschleunigen: Spontanes Gasgeben erkennt das Steuergerät durch die Signale vom Drosselklappen-Potentiometer als Beschleunigungsvorgang, weshalb das Gemisch sofort »angefettet« wird.

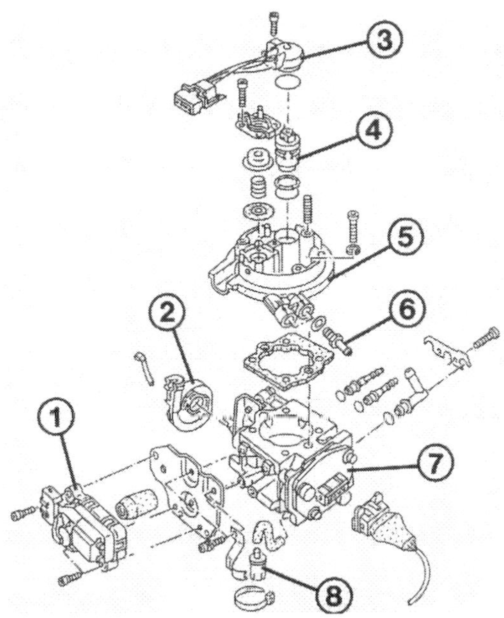

Hier sehen Sie die Einzelteile der Einspritzeinheit:
1 – Drosselklappensteller;
2 – Kurvenscheibe;
3 – Halter für Einspritzventil mit Geber für Ansauglufttemperatur;
4 – Einspritzventil;
5 – Einspritzeinheit-Oberteil;
6 – Anschlußstutzen für Vor- und Rücklaufleitung;
7 – Drosselklappen-Potentiometer;
8 – Wasserabscheider (nur Monojetronic).

Vollast: Bei Vollgas oder genauer gesagt ab ca. 72,5° Drosselklappenstellung veranlaßt das Steuergerät den Einsatz der Vollastanreicherung. Es wird also im Verhältnis mehr Kraftstoff beigemischt. Über die Drosselklappenstellung informiert der Potentiometer. Die Vollastanreicherung ignoriert natürlich das Lambda-Signal.
Schubbetrieb: Bergab mit losgelassenem Gaspedal spart die Monojetronic/-motronic Sprit und schaltet die Kraftstoffzufuhr ab. Das Steuergerät erkennt diesen Betriebszustand am losgelassenen Gaspedal (Leerlaufschalter im Drosselklappensteller) und der hohen Motordrehzahl.
Drehzahlbegrenzung: Oberhalb der Maximal-Drehzahl schaltet das Steuergerät zum Schutz des Motors die Kraftstoffzufuhr ab. Die Drehzahlbegrenzung kann bei Wagen mit Katalysator nicht durch Abschalten der Zündung erfolgen, denn sonst käme unverbrannter Kraftstoff in den Kat. Das könnte zu gefährlichen Temperaturspitzen und damit dauerhaften Schäden am Kat führen.

Selbsthilfe

Viele Prüfungen an der Einspritzung sind dem Selbsthelfer ohne das hierfür nötige Fehlerauslesegerät bzw. bestimmte Prüfgeräte leider nicht möglich. Es bleibt nur ein geringes Betätigungsfeld.

Vorgehensweise

Das Steuergerät selbst kann mit Heimwerkermitteln nicht kontrolliert werden. In der Praxis ist hier auch nur sehr selten mit Fehlern zu rechnen. Geber, Schalter und Kabelverbindungen geben ungleich häufiger Anlaß zu Beanstandungen. Daher ist bei einem Defekt folgende Vorgehensweise ratsam:

- ○ Sicherstellen, daß die Zündung in Ordnung ist.
- ○ Kraftstoffversorgung prüfen (Sicherung der Kraftstoffpumpe intakt?).
- ○ Sichtprüfung an den Teilen der Einspritzanlage durchführen (siehe folgenden Abschnitt).
- ○ Wurde so kein Fehler gefunden, Fehlerspeicher abrufen lassen, mögliche Fehlerquelle ermitteln, verdächtiges Bauteil nach Prüfanleitung kontrollieren.

Sichtprüfung

- Unterdruckschläuche auf Dichtheit prüfen. Alle Schläuche, die an der Einspritzeinheit oder am Ansaugkrümmer angeschlossen sind, müssen geprüft werden – vom dicken Schlauch des Bremskraftverstärkers bis zu den kleinen Unterdruckschläuchen zum Verteiler.
- Ist die Dichtung unter der Einspritzeinheit in Ordnung; ebenso die Flanschdichtungen der Ansaugkanäle?
- Undichtigkeiten lassen »Nebenluft« ins Ansaugsystem eindringen, Luft also, die in der Berechnung des Steuergeräts nicht enthalten ist und die deshalb die Gemischaufbereitung empfindlich stört. Das Gemisch magert unkontrolliert ab. Motorlaufstörungen – hauptsächlich im Leerlauf – sind die Folge.
- Sind an den Kraftstoffleitungen Undichtigkeiten zu erkennen?
- Wurden die Kabelstecker mehrfach auseinandergezogen und wieder verbunden? Korrosion oder ungeschicktes Reißen kann mangelnden Kontakt zur Folge haben.
- Sehen Sie sich die Stecker an den Bauteilen der Einspritzung genau an. Kontakte nicht nachbiegen, sondern nur mit Kontaktspray behandeln.

Im Bild sind die wichtigsten Teile der Monojetronic gezeigt:
1 – Kraftstoffdruckregler;
2 – Stecker für das Einspritzventil;
3 – Drosselklappen-Potentiometer;
4 – Wasserabscheider;
5 – Drosselklappensteller;
6 – Halter für Einspritzventil mit Geber für Ansauglufttemperatur.

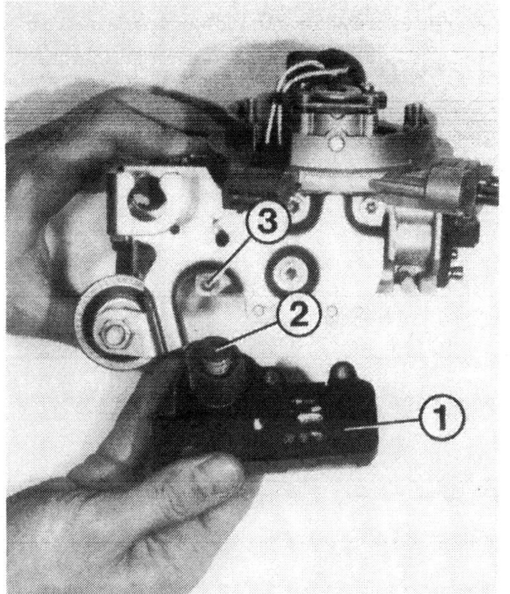

Links: Der Drosselklappensteller (1) kann einzeln ausgebaut werden. Das ist auch erforderlich, wenn der Leerlaufschalter (2) einen Defekt an seinem Betätigungsstößel aufweist. Position »3« bezeichnet die Anschlagschraube der Drosselklappe. **Rechts:** Der Drosselklappen-Potentiometer wird im Werk eingestellt und darf nicht zerlegt werden. Wir haben ihn hier lediglich ausgebaut, um die Schleifkontakte (4) und die Widerstands-Leiterbahnen (5) zeigen zu können. Bei einem Defekt die Einspritzeinheit ersetzen.

Störungen und Eigendiagnose

Das Steuergerät der Monojetronic/-motronic kann einen Teil der Fehler, die während des Motorbetriebs auftreten, erkennen und speichern. Aufgetretene Fehler werden in einem Dauerspeicher festgehalten. Beim Inspektions-Service in der Werkstatt wird der Fehlerspeicher abgefragt. Das geschieht mit einem Auslesegerät; eine Möglichkeit für den Heimwerker zur Fehlerspeicherabfrage ist nicht vorgesehen. Falls Sie einen Fehler in der Zünd-/Einspritzsteuerung vermuten, läßt sich den Fehlerspeicher nur in der VW-Werkstatt abrufen. Zusätzlich können Sie aber auch unseren Störungsbeistand zu Hilfe nehmen, in dem wir eine Vielzahl von möglichen Fehlern über die Eigendiagnose hinaus aufgeführt haben. Nach Beheben des Fehlers wird der Fehlerspeicher mit dem Auslesegerät gelöscht.

Prüfen der Bauteile

Die folgenden Abschnitte beschreiben Heimwerker-Prüfungen an den Komponenten der Einspritzanlage.

Drosselklappensteller prüfen

- Stecker am Drosselklappensteller abziehen.
- Batterie-Ladegerät auf **6 Volt** umstellen und an den oberen beiden Anschlußkontakten des Anstellers anschließen; +-Pol nach oben.
- Der Stößel muß ganz zurückfahren.
- Anschlußkabel umpolen (–-Pol an den oberen Kontaktstift):
- Der Stößel muß ganz ausfahren.
- Ist das der Fall, ist der Drosselklappensteller in Ordnung. Wenn nicht, ersetzen.
- Zusätzlich können Sie eine Widerstandsmessung durchführen.
- Wicklungswiderstand des Stellmotors zwischen den beiden oberen Anschlüssen 3 – 200 Ω.
- An den beiden unteren Kontakten bei geschlossener Drosselklappe maximal 0,5 Ω.
- Bei geöffneter Drosselklappe strebt der Widerstand gegen ∞ Ω.

Drosselklappen-Potentiometer prüfen

- Stecker am Drosselklappen-Potentiometer abziehen.
- Ohmmeter laut Tabelle an je zwei der vier Steckkontakte anschließen (siehe dazu Abbildung auf der folgenden Seite).
- Werden die genannten Werte nicht erreicht, ist der Drosselklappen-Potentiometer defekt. Leider kann er nicht einzeln ersetzt werden. Es muß das komplette Unterteil der Einspritzeinheit ausgewechselt werden.

Klemmen	Prüfbedingungen	Widerstand
1+ 5	mit zunehmender Drosselklappenöffnung muß der Widerstand gleichmäßig ansteigen	520 –1300 Ω
1+ 2	von Drosselklappe zu bis ca. 1/4 offen: Widerstand ändert sich, danach konstant	600 – 3500 Ω
1+ 4	von Drosselklappe zu bis ca. 1/4 offen: Widerstand konstant, danach sich ändernder Widerstand	600 – 6600 Ω

Einspritzventil prüfen

- **Prüfung bei laufendem Motor:** Er muß mindestens 60° C Öltemperatur haben, also warmgefahren sein.
- Luftfilterdeckel abnehmen.
- Motor starten und im Leerlauf laufen lassen.
- Spritzstrahl des Einspritzventils beobachten. Er

Links: Hier sind die Kontakte des Drosselklappen-Potentiometers bezeichnet. Bei welcher Messung das Ohmmeter an welchen Kontakten angeschlossen wird, steht in der Tabelle auf der vorangegangenen Seite.
Rechts: An den mit Pfeilen bezeichneten Anschlüssen des Einspritzventils und seines Steckers wird das Ohmmeter zur Widerstandsmessung angeschlossen.

muß ein gleichmäßiges Spritzbild haben und auf die Drosselklappe gerichtet sein.

● Motor abstellen, um die Dichtheit des Ventils zu prüfen.

● Es dürfen bei stehendem Motor nicht mehr als zwei Tropfen pro Minute austreten.

● Die weiteren Prüfungen führen Sie durch, **wenn der Motor nicht anspringt**.

● Luftfilter abbauen.

● Von Helfer den Motor mit dem Anlasser durchdrehen lassen.

● Das Einspritzventil muß sichtbar Kraftstoff abspritzen.

● Wenn nicht, Stecker oben an der Einspritzeinheit abziehen.

● **Spannungsversorgung prüfen**, wenn das Ventil trotz richtiger Werte nicht abspritzt.

● Leuchtdioden-Spannungsprüfer – nichts anderes verwenden – an die beiden mittleren Kontakte im abgezogenen Anschlußstecker anschließen.

● Anlasser betätigen lassen: Die Leuchtdioden müssen flackern, sonst Leitungsunterbrechung oder Steuergerät defekt.

● **Innenwiderstand prüfen:** Ohmmeter an den beiden mittleren Anschlußkontakten (an der Einspritzeinheit) anschließen:

● Bei einer Umgebungstemperatur zwischen +15 und +30°C müssen 1,2–1,6 Ω abzulesen sein, andernfalls ist das Einspritzventil defekt. Befestigungsschraube (TORX-Schraube) lösen und Ventil wechseln.

● **Vorwiderstandsleitung prüfen:** Die Spannungsversorgung zum Einspritzventil erfolgt über eine transparent/lila eingefärbte Vorwiderstandsleitung vom Kontakt 87 des Kraftstoffpumpenrelais ans Ventil.

● Widerstand der transparent/lila Leitung zwischen Kontakt 87 am Halter des Kraftstoffpumpenrelais und am Kontakt 2 am Vierfachstecker des Einspritzventils messen. Sollwert ca. 3–4 Ω.

● Ein defektes Vorwiderstandskabel keinesfalls durch ein herkömmliches Leitungsstück ersetzen, sonst erhält das Einspritzventil Überspannung und nimmt Schaden.

Kraftstoffdruck prüfen

● Der Kraftstoffdruck kann nur mit einer Meßvorrichtung (Werkstatt) genau kontrolliert werden.

● Bei Verdacht auf falschen Kraftstoffdruck den Druckregler zerlegen.

● Dazu vier TORX-Schrauben lösen.

● Prüfen, ob die Membran beschädigt ist oder ob sich Schmutz abgelagert hat.

Spiel des Leerlaufschalters prüfen und einstellen

● Wurde der Drosselklappensteller samt Leerlaufschalter ausgewechselt, muß die Anschlagschraube für den Schalter eingestellt werden.

● Vor dem Einstellen muß der Stößel des Drosselklappenstellers ganz zurückgefahren sein.

● Dazu an den oberen beiden Anschlußkontakten des Anstellers maximal 6 Volt Spannung anlegen.

● Das geht z. B. mit einer 4,5-Volt-Batterie oder dem 6-Volt-Ladebereich eines Ladesgerätes.

● Kabel anschließen; +-Pol nach oben.

● Warten, bis der Stößel ganz zurückgefahren ist.

● Ohmmeter an den unteren beiden Anschlüssen des Drosselklappenstellers anschließen.

● Fühlerlehrenblatt mit 0,5 mm zwischen Stößel und Anschlagschraube einschieben, dabei Ohmmeter beobachten.

● Bei eingeschobener Fühlerlehre muß der Schalter geschlossen sein. Anzeige: max. 1,0 Ω.

● Fühlerlehre wieder herausziehen. Der Schalter muß jetzt offen sein. Anzeige: ∞ Ω.

● Gegebenenfalls die Einstellschraube mit einem kleinen Innensechskantschlüssel verdrehen und anschließend mit einem Lacktupfer sichern.

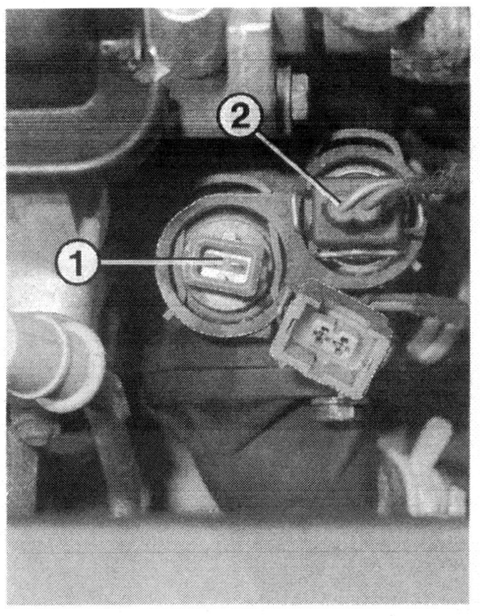

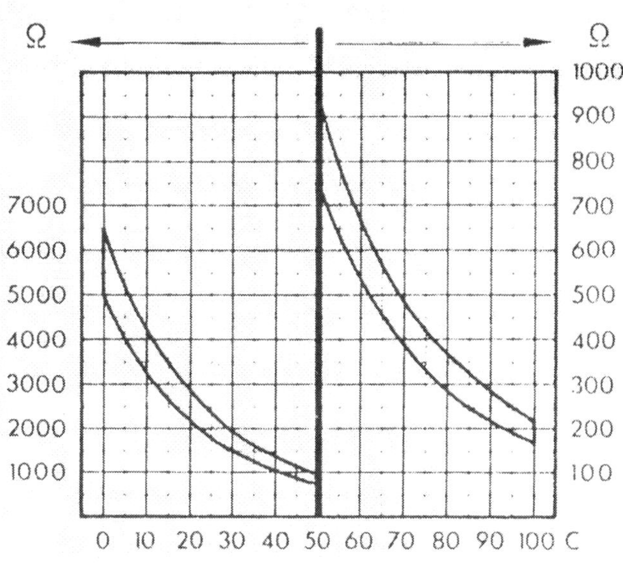

Links: Im Thermostatgehäuse sitzen: 1 – Kühlmittel-Temperaturgeber für die Einspritz-/Zündsteuerung (blaue Isolierung); 2 – Kühlmittel-Temperaturfühler für Temperaturanzeige (schwarze Isolierung). Rechts: Das Diagramm verdeutlicht die Abhängigkeit von Ansauglufttemperatur (linke Hälfte) bzw. Kühlmitteltemperatur (rechte Hälfte) und Geber-Widerstand.

Schubabschaltung prüfen

● Luftfilter abbauen.
● Motor starten, kurz auf über 3000/min hochdrehen und schlagartig Drosselklappe schließen.
● Der gut sichtbare Sprühstrahl des Einspritzventils muß in diesem Augenblick kurz unterbrochen werden. Dann ist die Schubabschaltung in Ordnung.
● Wenn nicht, Leerlaufschalter und Steuergerät kontrollieren (lassen).

Temperaturgeber prüfen

● **Temperaturgeber Ansaugluft:** Braunen Stecker oben an der Einspritz-Einheit abziehen.
● An den beiden äußeren Steckkontakten ein Ohmmeter anschließen.
● **Temperaturgeber Kühlmittel:** Stecker am Geber im Thermostatgehäuse abziehen.
● An den beiden Steckkontakten des Gebers ein Ohmmeter anschließen.
● **Beide Geber:** Widerstandswert ablesen.
● Im Diagramm oben prüfen, ob die Werte für den Geber-Widerstand und die momentane Luft- bzw. Kühlmitteltemperatur ihren Schnittpunkt auf der Kurve haben.
● Wenn ja, ist der Geber in Ordnung.

Leerlauf kontrollieren und Abgastest

Wartung Nr. 38

Diese Einstellarbeiten erübrigen sich bei der Monojetronic und Monomotronic, denn bei dieser Einspritzung gibt es nichts mehr einzustellen. Das Steuergerät übernimmt diese Aufgabe.
Nur in Zweifelsfällen wird die Leerlaufdrehzahl bzw. der CO-Gehalt nachgeprüft. Prüfvoraussetzungen sind: Motor betriebswarm, alle elektrischen Verbraucher abgeschaltet und Zündzeitpunkt richtig eingestellt. Die Sollwerte lauten für Monojetronic und Monomotronic:
○ Leerlaufdrehzahl: 750 – 850/min
○ Abgas-CO-Gehalt: 0,2 –1,0 Vol.%
Bei Nichterreichen der Werte Unterdruckschläuche und Abschaltventil der Kraftstoff-Verdunstungsanlage prüfen, Fehlerspeicher abfragen.

Abgas-Untersuchung (AU)

Für Fahrzeuge mit geregeltem Katalysator ist in der Bundesrepublik erstmals drei Jahre nach Erstzulassungsdatum und darauf alle zwei Jahre eine Abgas-Untersuchung vorgeschrieben
Für die Prüfung wird der Wagen an einen aufwendigen Werkstattester angeschlossen, dessen Drucker die erzielten Meßwerte zu einer Prüfbestätigung zusammenfaßt. Werden einzelne Vorgaben nicht erreicht, gibt's auch keine Prüfbestätigung.
Bevor Sie bei nicht bestandener Abgas-Untersuchung ein teures Bauteil auswechseln (lassen), sollten Sie die Prüfung bei einer anderen Werkstatt wiederholen. Trotz aufwendiger Meßtechnik kommt es bei den Ergebnissen zu Streuungen. Manchmal genügt auch eine ausgedehnte Probefahrt, wobei Motor, Katalysator und Lambda-Sonde auf volle Betriebstemperatur kommen.

Wirkung des Katalysators prüfen

Wartung Nr. 39

Diese Prüfung führt die Werkstatt im Rahmen der AU durch. Dazu kommt noch die Überprüfung der Lambda-Sonde und des entsprechenden Steuergeräts.

Hier an der Monojetronic gezeigt ist die richtige Stellung der Kurvenscheibe (1) und ihrer Halteklammer (2).

Der Gaszug

Der Verbindungszug zwischen Gaspedal und Einspritzanlage ist knickempfindlich. Bei Arbeiten im Motorraum sollten Sie darauf achten, daß der abgeklemmte Zug nicht in einem ungünstigen Winkel verlegt wird, wodurch er Schaden nehmen könnte.

Gaszug ersetzen

- Am Seilzugende die Halteklammer und am Befestigungspunkt der Seilzughülle die Stecksicherung abnehmen.
- Im Innenraum die Öse des Gaszugs aus dem Haltenippel am Hebel des Gaspedals herausziehen.
- Gummitülle aus der Trennwand vom Motorraum zum Innenraum durchdrücken.
- Gaszug herausziehen.
- Beim Einsetzen der Gummitülle des neuen Gaszugs in die Trennwand darauf achten, daß der Zug nicht geknickt wird.

Gaszug einstellen

- Beim Einstellen muß der Stößel des Drosselklappenstellers ganz zurückgefahren sein, siehe unter »Drosselklappenschalter einstellen«.
- Unterläßt man das Zurückfahren des Stößels, funktioniert evtl. später die Schubabschaltung nicht mehr.
- Gaspedal voll durchtreten lassen.
- Drosselklappenhebel in Vollgasstellung drücken.
- Stecksicherung in die entsprechende Kerbe der Gaszughülle am Widerlager einstecken.
- Am Drosselklappenhebel darf bei voll getretenem Gaspedal ein Spiel von höchstens 1 mm vorhanden sein.

Störungsbeistand

Monojetronic-/Monomotronic-Benzin-Einspritzung

Die Störung	– ihre Ursache	– ihre Abhilfe
A Kalter Motor springt nicht oder schlecht an	1 Sicherung der Kraftstoffpumpen defekt	Auswechseln
	2 Vorwiderstandsleitung defekt	Überprüfen, ggf. austauschen
	3 Kraftstoffpumpen fördern nicht oder nicht genügend	Benzin im Tank? Pumpen kontrollieren, Fördermenge messen
	4 Kraftstoff-Druckregler defekt	Druck messen lassen
	5 Kühlmittel-Temperaturgeber defekt	Prüfen
	6 Drosselklappen-Potentiometer defekt	Prüfen lassen
	7 Steuergerät defekt	Prüfen lassen
	8 Kabelstrang zwischen Hallgeber und Steuergerät defekt	Kabelverlauf kontrollieren
	9 Motor erhält Nebenluft	Sämtliche Schlauchleitungen überprüfen
B Warmer Motor springt nicht oder schlecht an	1 Siehe A 2–9	
	2 Einspritzventil undicht	Ventil überprüfen
C Motor springt an, stirbt aber wieder ab	1 Drosselklappensteller arbeitet nicht	Steller prüfen
	2 Siehe A 6	
	3 Lambda-Sonde defekt	Funktion prüfen lassen, ggf. ersetzen

Die Einspritzeinheit der Monomotronic ist im Vergleich zur Monjetronic um 180° verdreht eingebaut. Dadurch ändert sich auch die Anlenkung des Gaszuges. Hier im Bild sind gezeigt:
1 – Stecksicherung;
2 – Widerlager
3 – Gaszughülle mit Kerben;
4 – Gummitülle.

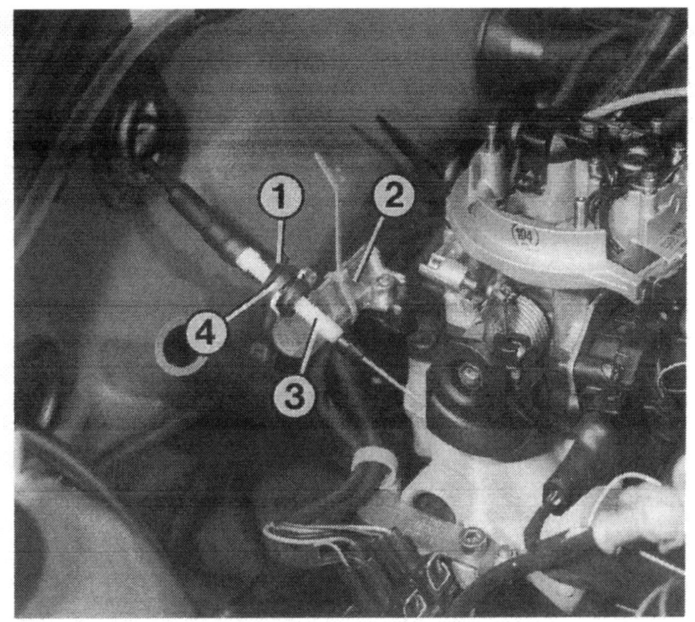

Die Störung	– ihre Ursache	– ihre Abhilfe
D Kalter Motor schüttelt im Leerlauf	1 Siehe A 5 2 Siehe C 1	
E Warmer Motor schüttelt im Leerlauf	Siehe C 1	
F Leerlauf sinkt beim Einschalten starker Stromverbraucher ab	Siehe C 1	
G Motor hat Aussetzer	1 Kraftstoffilter verstopft 2 Siehe A 3 3 Siehe B 2 4 Siehe C 3	Filter austauschen
H Schwankende Drehzahl bei 2000–3000/min	Siehe A 6	
I Motor stottert, setzt aus	Siehe A 3	
J Motorleistung ungenügend	1 Siehe A 3, 6 und 9 2 Siehe C 3 4 Drosselklappe geht nicht in Vollgasstellung	 Gaszug einstellen
K Motor patscht ins Saugrohr	1 Siehe A 4 2 Siehe C 3	
L Kraftstoffverbrauch zu hoch	1 Siehe A 5 und 6 2 Siehe C 3	

Eindrückliche Fütterung

Für eine möglichst genaue Zuteilung des Kraftstoff/Luft-Gemisches eignet sich die Benzineinspritzung mit je einem Einspritzventil pro Zylinder besser als ein Vergaser oder eine Zentraleinspritzung. Deshalb besitzen die leistungsstärkeren Polo-Modelle mit lambdageregeltem Katalysator und der Polo G40 eine »Mehrpunkt«-Einspritzanlage. Es handelt sich um eine elektronisch gesteuerte Anlage mit programmiertem Einspritzkennfeld und Schubabschaltung. Das Steuergerät errechnet **digit**al die Öffnungsdauer der Einspritzventile, was der Anlage den Namen gab.

Mit der Digijet ist der 1,3-l/40-kW-Motor bis 12/90 ausgerüstet. Dagegen verfügen der Polo G40 und der 1,3-l/55-kW-Motor seit 10/89 über die Digifant, die sich durch die zusätzliche kennfeldgesteuerte Transistorzündung auszeichnet und beim G40-Motor des weiteren eine Klopfgeregelung besitzt.

Die wichtigsten Teile

Steuergerät

Es sitzt im sogenannten Wasserfangkasten. Über einen Vielfachstecker erhält das Steuergerät Informationen von folgenden Bauteilen:

○ **Anlasser** Klemme 50 für Beginn und Ende des Startvorgangs
○ **Drosselklappenschalter** (nur Digijet und G40) für die Stellung »Leerlauf« oder »Vollast«
○ **Drosselklappen-Potentiometer** (nur 55 kW mit Digifant) für die augenblickliche Stellung der Drosselklappe
○ **Hallgeber** im Zündverteiler für die Motordrehzahl
○ **Lambda-Sonde** im Auspuffkrümmer für den Restsauerstoffgehalt im Abgas
○ **Potentiometer** am Luftmengenmesser (40 und 55 kW, G40 bis 7/90) für die Lage der Stauklappe (= Menge der angesaugten Luft)
○ **Temperaturgeber Ansaugluft** im Luftmengenmesser bzw. im CO-Potentiometer (G40 ab 1/91)
○ **Temperaturgeber Kühlmittel** am Thermostatgehäuse
○ **Klopfsensor** (nur G40) am Motorblock für »klopfende« Verbrennung, siehe auch Kapitel »Zündung«
○ **Drucksensor** im Steuergerät beim G40-Motor ab 1/91; er ist über einen Schlauch mit dem Saugrohr verbunden und erhält den aktuellen Saugrohrdruck übermittelt

Anhand der Informationen über Drehzahl und Lastzustand bzw. Saugrohrdruck (G40) errechnet das Steuergerät die Öffnungsdauer der elektromagnetisch betätigten Einspritzventile und somit die Kraftstoff-Einspritzmenge. Dazu stehen dem Steuergerät die Motorkennfelder für Einspritzung und bei Digifant zusätzlich Zündung zur Verfügung. Diese Kennfelder sind Datensammlungen für alle erdenklichen Motorsituationen und die zugehörigen Kraftstoffmengen bzw. Zündzeitpunkte. Die Werte kann das Steuergerät aber nach Eingang von sogenannten Korrektursignalen (z.B. Ansaugluft- und Kühlmitteltemperatur) noch variieren.

CO-Potentiometer
nur G40 ab 1/91

Dieses Potentiometer am Schlauch zum Drosselklappenstutzen ist mit dem Temperaturgeber für die Ansaugluft kombiniert. Mit der Einstellschraube kann das Kennfeld der Einspritzung und damit die Einspritzdauer insgesamt angehoben oder abgesenkt werden. Im Leerlauf liegt der Veränderungsbereich zwischen +25%

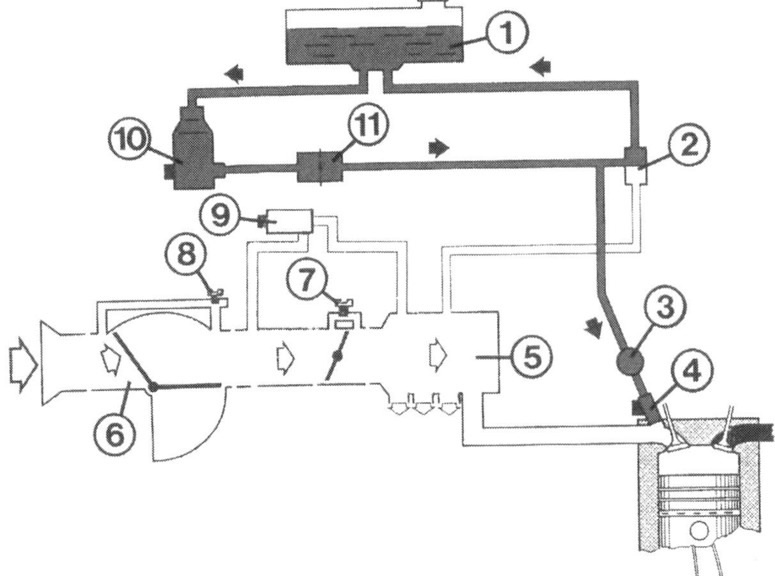

Die Digifant-Einspritzung mit Luftmengenmesser ist hier schematisch mit ihren Bauteilen dargestellt. Den Weg der Luft zeigen die weißen Pfeile, die Kraftstoffversorgung ist rot dargestellt. Es bedeuten:
1 – Tank;
2 – Druckregler;
3 – Kraftstoffverteiler;
4 – Einspritzventil;
5 – Saugrohr;
6 – Luftmengenmesser;
7 – Leerlaufdrehzahl-Einstellschraube;
8 – CO-Einstellschraube;
9 – Zusatzluftschieber;
10 – Kraftstoffpumpe;
11 – Benzinfilter.

und –20%, bei Teillast zwischen +10% und –10%. Die Information des Ansaugluft-Temperaturgebers gibt Auskunft über die »Luftdichte«. Kalte Luft ist dichter, die Kraftstoffmenge muß in diesem Fall höher sein als bei warmer Luft. Bei –24° C wird die Einspritzzeit z. B. um ein Viertel verlängert.

Drosselklappe(n)

Im Ansaugrohr der Motoren bis 55 kW sitzen in einem Stutzen zwei Drosselklappen. Die kleinere ist über den Gaszug mit dem Pedal im Innenraum verbunden. Sie dosiert den Ansaugluftstrom in den Motor bis in Halbgasstellung. Mit weiter durchgetretenem Gaspedal öffnet ein Gestänge die zweite, größere Klappe, bis bei Vollgas beide Drosselklappen vollständig geöffnet sind. Der G40-Motor kommt mit einer Drosselklappe aus.

Drosselklappen-Potentiometer
nur Digifant 55 kW

Das Drosselklappen-Potentiometer erfaßt die augenblickliche Stellung der Drosselklappe von »Leerlauf« (Drosselklappe geschlossen) bis »Vollast« (Drosselklappe ganz geöffnet). Anhand von seinen Informationen wird die Schubabschaltung bzw. Vollastanreicherung aktiviert.

Drosselklappenschalter
nur Digijet und G40

Zwei Drosselklappenschalter sind parallel geschaltet. Ihre Kontakte sind geschlossen in Stellung »Leerlauf« (Drosselklappe geschlossen) und »Vollast« (Drosselklappen ganz geöffnet). Im Bereich dazwischen öffnen die Schalter ihre Kontakte.

Druckregler

Er sitzt vor dem Kraftstoffverteiler und reguliert den Kraftstoffdruck zu den Einspritzventilen. Dazu erhält er die Höhe des Unterdrucks im Ansaugrohr übermittelt. Im Leerlauf bei geschlossener Drosselklappe und hohem Unterdruck hält er den Druck geringer. Mit abfallendem Unterdruck bei höherer Motorlast wird der Kraftstoffdruck vom Druckregler erhöht. Die Kraftstoffpumpen schaffen einen viel höheren Betriebsdruck, doch durch den Druckregler wird der Benzinrücklauf zum Tank entsprechend vergrößert und ggf. verringert.

Drucksensor
nur G40 ab 1/91

Er sitzt im Digifant-Steuergerät und ist über einen Schlauch mit dem Saugrohr verbunden. Auf einen Kristallchip im Drucksensor wirkt der aktuelle Saugrohrdruck ein. Je nach Saugrohrdruck verändert sich der Widerstandswert des Kristallchips. Über die Widerstandsänderung und die augenblickliche Drehzahl erkennt das Steuergerät die aktuelle Belastung des Motors.

Einspritzventile

Sie spritzen bei jeder Kurbelwellenumdrehung Benzin in den Saugkanal vor das Einlaßventil ihres betreffenden Zylinders – die Dauer wird vom Steuergerät festgelegt. Der jeweilige Zylinder erhält also eine Ration auf Vorrat und die zweite bei geöffnetem Einlaßventil direkt in den Brennraum.

Geber für Kühlmitteltemperatur

Die Temperatur des Kühlmittels wird für die Steuerung mehrerer Funktionen der Einspritzung gebraucht: Kaltstartanreicherung, Nachstartanreicherung (über den gesamten Temperaturbereich), Beschleunigungsanreicherung und Schubabschaltung. Die Kühlmitteltemperatur wird dem Steuergerät als Widerstandswert übermittelt. Es errechnet nun die richtige Einspritzzeit, die bei betriebswarmem Motor zwischen 2 und 8 Millisekunden liegt. Dieser Wert kann um bis zu 70% verlängert werden, wenn die Kühlmitteltemperatur bei arktischen –25°C liegt.

Luftmengenmesser
40 und 55 kW, G40 bis 7/90

Die vom Luftfilter kommende Verbrennungsluft drückt eine Stauklappe je nach angesaugter Menge mehr oder weniger stark beiseite, wobei eine mit der Stauklappe verbundene Dämpfungsklappe Schwingungen der Stauklappe verhindert. Ein Potentiometer leitet je nach Stellung der Stauklappe ein Spannungssignal an das Steuergerät: Hohe Spannung bei voller Öffnung und großer Luftmenge, geringe Spannung bei kleiner Öffnung.

Zusatzluftschieber

In der Warmlaufphase gibt er einen Luftnebenkanal frei. Damit überbrückt man die Drosselklappe, was einen vermehrten Luftdurchsatz bewirkt, der seinerseits eine erhöhte Kraftstoffzuteilung zur Folge hat. So wird z. B. die höhere Reibung im kalten Motor ausgeglichen.

So funktioniert es

Kaltstart: Zur Ansaugluft läßt der Zusatzluftschieber weitere Luft einströmen. Zugleich erhält das Steuergerät die Information »Motor kalt« vom Kühlmittel-Temperaturgeber. Daraus errechnet das Steuergerät lange Öffnungsdauer der Einspritzventile für ein fetteres Gemisch.
Warmlauf: Die zunehmende Erwärmung des Kühlmittels meldet der Geber für Kühlmitteltemperatur ans Steuergerät. Dieses veranlaßt, daß der Zusatzluftschieber schließt, und die Spritzdauer der Einspritzventile geht auf den Normalwert zurück.
Leerlauf: Aus den Meldungen des Drosselklappenschalters »Leerlauf« bzw. des Drosselklappen-Potentiometers und des Potentiometers am Luftmengenmesser bzw. des Drucksensors erkennt das Steuergerät, wenn der Motor im Leerlauf dreht. Fällt die Leerlaufdrehzahl z. B. beim Einschalten eines elektrischen Verbrauchers ab, verändert das Digifant-Steuergerät zusätzlich den Zündzeitpunkt.

Normalbetrieb erfordert keinerlei besonderen Einrichtungen. Die Stellung der Stauklappe im Luftmengenmesser bzw. der Ladedruck bestimmen die Öffnungsdauer der Einspritzventile: Viel Luft/Druck – viel Kraftstoff, wenig Luft/Druck – wenig Kraftstoff. Ganz automatisch stellt sich das richtige Verhältnis ein.
Beschleunigen: Bei der Digijet genügt die Bewegung der Stauklappe als Beschleunigungssignal. Das Digifant-Steuergerät erkennt schnelles Öffnen der Drosselklappen anhand der Meldung vom Drosselklappen-Potentiometer als Beschleunigen. In beiden Fällen wird die Einspritzzeit kurzzeitig etwas verlängert.
Lambda-Regelung: Wie bereits im Kapitel »Abgas-Entgiftung« beschrieben, braucht der Katalysator für einwandfreies Arbeiten den ständigen Wechsel von leicht angefettetem bzw. abgemagertem Gemisch. Den augenblicklichen Restsauerstoffgehalt übermittelt die Lambda-Sonde (im Auspuffkrümmer) dem Steuergerät, das in Sekundenbruchteilen den Einspritzventilen den Befehl zu kürzerer oder längerer Spritzzeit und damit der zugeteilten Benzinmenge übermittelt.
Schubabschaltung: Die Information, daß der Fuß vom Gaspedal genommen wurde, gelangt wieder über das Drosselklappen-Potentiometer ans Steuergerät. Meldet der Kühlmittel-Temperaturgeber gleichzeitig, daß der Motor betriebswarm ist und liefert der Hallgeber im Verteiler die Information, daß die Motordrehzahl über 1500 Umdrehungen in der Minute liegt, gibt das Steuergerät keinen Öffnungsbefehl an die Einspritzventile. Die Kraftstoffzufuhr unterbleibt; so wird Benzin gespart.
Vollast: Für volle Leistung bei ganz durchgetretenem Gaspedal braucht der Motor mehr Kraftstoff. Anhand der Meldung vom Drosselklappenschalter »Vollast« bzw. vom Drosselklappen-Potentiometer in Verbindung mit der voll ausgelenkten Stauklappe bzw. dem entsprechenden Saugrohrdruckwert erkennt das Steuergerät den Zustand »Vollast« und läßt die Einspritzventile einen längeren Zeitraum abspritzen, wobei das Lambda-Sondensignal ignoriert wird.
Drehzahlbegrenzung: Zum Schutz vor Überdrehen des Motors schaltet das Steuergerät die Einspritzventile ab, wenn der Hallgeber die entsprechende Abschaltdrehzahl meldet.
Notlauffunktion: Wenn das Signal von einem der Informationsgeber gar keinen oder einen unsinnigen Wert liefert, gerät die Einspritzung noch nicht durcheinander. Das Steuergerät wählt jetzt einen sogenannten Ersatzwert, der bereits fest eingespeichert ist. Dieser Ersatzwert kann natürlich viele Betriebsbedingungen nicht berücksichtigen, aber immerhin bleibt das Fahrzeug fahrbereit. Leistungsmangel oder schlechte Starteigenschaften sind das Zeichen für den Ausfall eines Gebersignals.

Eigendiagnose

Das Digifant-Steuergerät im 55-kW-Motor seit 10/90 und im Polo G40 seit 1/91 kann Fehler, die während des Motorbetriebs auftreten, erkennen und speichern. Ein Prüfprogramm überwacht die Ein- und Ausgangssignale der folgenden Geber und Bauteile sowie deren Stromkreise: Drosselklappen-Potentiometer, Saugrohr-Druckgeber, CO-Potentiometer, Kühlmittel-Temperaturgeber, Ansaugluft-Temperaturgeber und Lambda-Sonde. Aufgetretene Fehler werden in einem Dauerspeicher festgehalten. Beim Inspektions-Service in der Werkstatt wird der Fehlerspeicher abgefragt. Das geschieht mit einem Auslesegerät; eine Möglichkeit für den Heimwerker zur Fehlerspeicherabfrage ist leider nicht vorgesehen. Falls Sie einen Fehler in der Zünd-/Einspritzsteuerung vermuten, können Sie den Fehlerspeicher nur in der VW-Werkstatt abrufen lassen.
Zusätzlich können Sie aber auch unseren Störungsbeistand zu Hilfe nehmen, in dem wir eine Vielzahl von möglichen Fehlern über die Eigendiagnose hinaus aufgeführt haben. Nach Beheben des Fehlers wird der Fehlerspeicher mit dem Auslesegerät gelöscht.

Die Gesamtübersicht der Digifant-Einspritzung zeigt folgende Teile:
1 – Geräuschdämpfung des Einspritzventils;
2 – Kraftstoff-Druckregler;
3 – Sekundärdrosselklappe;
4 – Primärdrosselklappe;
5 – Anschlußstecker für Drosselklappen-Potentiometer;
6 – Anschlußstecker für Sammelanschluß;
7 – Abdeckung.

Links: Spritzprüfung des Einspritzventils, die dem Werkstattmechaniker aussagt, ob das Einspritzventil noch in Ordnung ist oder ausgewechselt werden muß.
Rechts: Zur Digijet/Digifant-Einspritzung gehören folgende Teile:
1 – Druckregler;
2 – Kraftstoffverteiler;
3 – Halteklammer für Einspritzventil (4);
5 – Ansaugrohr.

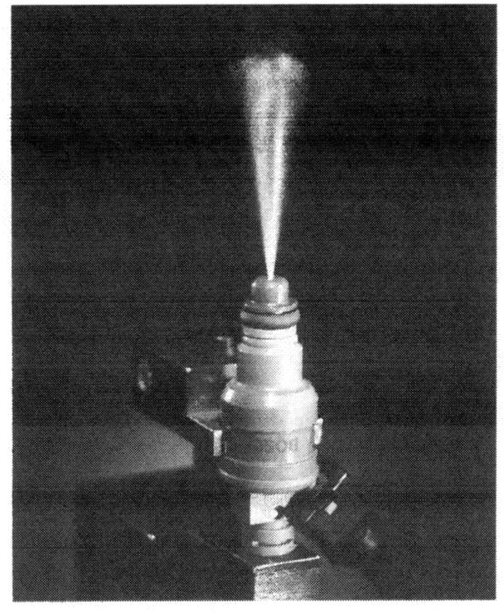

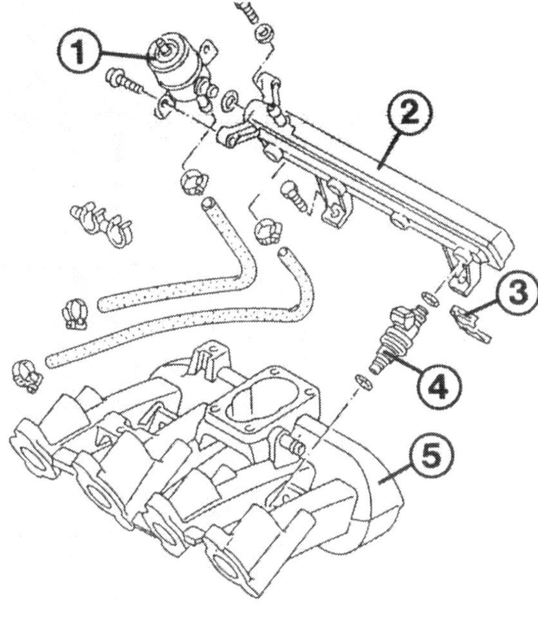

Fingerzeig: Bei allen Prüfungen und Einstellungen, zu denen bei der Digifant mit Fehlerspeicher der Stecker des Kühlmittel-Temperaturgebers abgezogen wurde, wird im Fehlerspeicher der »Ausfall des Signals vom Temperaturgeber« gespeichert. Deshalb muß nach jeder Prüfung oder Einstellung der Fehlerspeicher gelöscht werden.

Selbsthilfe bei der Einspritzung

Allzuviel Selbsthilfe ist bei der Einspritzanlage leider nicht möglich, denn tiefergreifende Prüfungen setzen eine gute Kenntnis der Materie und vor allem auch Meß- und Prüfgeräte voraus. Zu zahlreichen Messungen sind spezielle Meßleitungen und Prüfstecker erforderlich, damit nichts an den Steckkontakten beschädigt wird. Zu Funktionsprüfungen muß ggf. ein Vorwiderstand zwischengeschaltet werden, damit das Steuergerät keinen Schaden erleidet.

○ Verweigert der Polo den Dienst, kontrollieren Sie zuerst, ob die Zündanlage in Ordnung ist.
○ Als nächstes wird die Kraftstoffversorgung überprüft.

Allgemeine Störungssuche

● Überprüfen Sie Schläuche und Halteschellen auf festen Sitz sowie das Schlauchmaterial auf Risse:
● Der Luftschlauch zwischen Luftfilter und Ansaugrohr, die Schläuche zum Zusatzluftschieber, zum Steuergerät, zum Druckregler bzw. zum Bremskraftverstärker.
● Schon geringe Nebenluftmengen können die Gemischaufbereitung empfindlich stören, da sie die Druckverhältnisse im Ansaugrohr beeinflussen.
● Sind die Dichtungen an den Einspritzventilen in Ordnung, ebenso die Flanschdichtungen der Ansaugkanäle und des Drosselklappenstutzens?
● Sind an den Kraftstoffleitungen Undichtigkeiten zu erkennen?

Prüfungen an einzelnen Bauteilen

In den folgenden Abschnitten sind wir nur auf jene Möglichkeiten der Fehlersuche eingegangen, zu denen der Heimwerker keine besonderen Werkzeuge oder Meßgeräte benötigt. Für manche Bauteile ist die Fehlersuche teilweise oder ausschließlich auf das Fehlerauslesegerät abgestimmt. Da bleibt dem Heimwerker allenfalls eine Teilprüfung, ohne daß letztendlich sichergestellt ist, ob das Bauteil wirklich intakt ist. Haben Sie nach unserem Störungsbeistand am Ende des Kapitels ein bestimmtes Bauteil im Verdacht, können Sie hier die Prüfanleitung nachlesen. Ggf. muß in der Werkstatt mit dem Fehlerauslesegerät weitergeprüft werden.

Drosselklappenschalter

● Seitlich am Drosselklappenstutzen die Kabelsteckverbindung zum Schalter trennen.
● Am Schalter ein Ohmmeter anschließen. Der Widerstand muß bei geschlossener Drosselklappe 0 Ω betragen.
● Von Helfer das Gaspedal langsam durchtreten lassen, bis der Drosselklappenschalter klickt, dann muß der Widerstand auf ∞ Ω ansteigen.
● Genau in dieser Schaltstellung soll der Spalt zwischen Drosselklappenhebel und Anschlagschraube folgende Maße aufweisen: Digijet: 0,3 mm; G40 bis 7/90: 0,10 mm; G40 ab 1/91: 0,5–0,7 mm.
● Ggf. Drosselklappenschalter losschrauben und auf den vorgeschriebenen Abstand einstellen.
● Bei voll durchgetretenem Gaspedal fällt der Widerstand wieder auf 0 Ω ab.

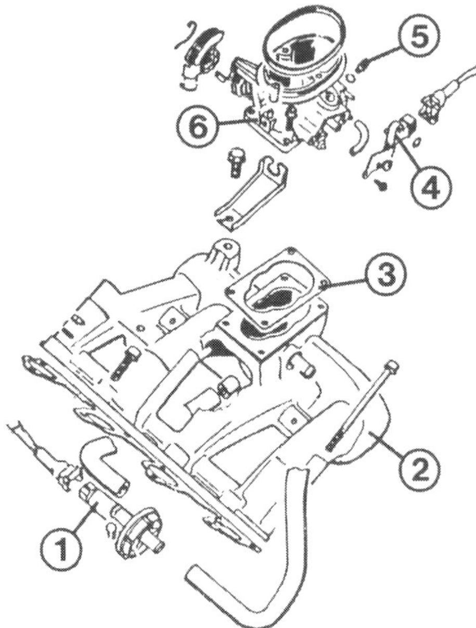

Hier das Sammelsaugrohr (2) mit den umliegenden Bauteilen:
1 – Zusatzluftschieber;
3 – Dichtung zum Drosselklappenstutzen (6);
4 – Drosselklappenschalter;
5 – Leerlaufdrehzahl-Einstellschraube.

Druckregler

Druckmessungen erfordern ein entsprechendes Manometer (V.A.G 1318) mit Absperrhahn und Adapter. Im Leerlauf muß der Kraftstoffdruck etwa 2,5 bar betragen, bei vom Druckregler abgezogenem Unterdruckschlauch muß er auf rund 3 bar ansteigen.

Einspritzventile

Für die elektrische Prüfung brauchen Sie einen Spannungsprüfer mit Leuchtdioden – keine herkömmliche Prüflampe verwenden!

● **Spannungsversorgung:** Am Halter, in dem sämtliche Kabel zu den Einspritzventilen laufen, bei Digijet den Doppelstecker, bei Digifant den Vierfachstecker abziehen.
● Spannungsprüfer am Stecker bzw. an den Kontakten 1 und 2 im Stecker anschließen.
● Motor von Helfer starten lassen, hierbei muß die Leuchtdiode im Spannungsprüfer flackern.
● Bleibt es dunkel, Kabelstecker und Leitungsverlauf zu den Einspritzventilen kontrollieren oder Steuergerät prüfen lassen.
● **Widerstandsprüfung:** Bei Digijet am Zweifach-Steckanschluß bzw. bei Digifant an den Kontakten 1 und 2 des Leitungshalters ein Ohmmeter anschließen.
● Wenn alle Einspritzventile in Ordnung sind, müssen Sie 3,7–5,0 Ω ablesen können.
● Folgende Meßwerte erhalten Sie im Defektfall:
● Ein Ventil defekt – 5,0 bis 6,7 Ω.
● Zwei Ventile defekt – 7,5 bis 10,0 Ω.
● Drei Ventile defekt – 15,0 bis 20,0 Ω.
● Haben Sie am Steckanschluß mehr als 5,0 Ω gemessen, müssen die Geräuschdämpfungen an den Einspritzventilen abgeclipst werden.
● Widerstand an den einzelnen Ventilen messen; Sollwert 15–20 Ω.
● An den einzelnen Anschlußsteckern darf der Widerstand höchstens 0,5 Ω betragen.
● Hinweise zum Wiedereinbau der Einspritzventile weiter hinten in diesem Kapitel beachten.

Lambda-Sonde

Für diese Prüfung wird ein CO-Meßgerät gebraucht, ggf. ist also ein Besuch in der Werkstatt erforderlich. Voraussetzung für die Überprüfung ist ein genau eingestellter Leerlauf, eine dichte Auspuffanlage und daß an der Lambda-Sonde Spannung anliegt.

Links: Bei neueren Bauserien sitzt jedes Einspritzventil (1) in einer Geräuschdämpfung (3). Zum Abnehmen werden die beiden Hälften der Umhüllung (4) mit einem schmalen Schraubendreher getrennt. Weiter bedeutet:
2 – Anschlußstecker am Einspritzventil.
Rechts: Die Spannungsversorgung des Einspritzventils (2) am 1. Zylinder wird bei abgezogenem Stecker (3) geprüft. Dazu ist ein Spannungsprüfer (1) mit Leuchtdioden unbedingt erforderlich.

Links: Am Luftmengenmesser (6) ist hier der Kabelstecker (5) abgezogen. An den Kontakten 1–4 können die auf diesen Seiten beschriebenen Messungen vorgenommen werden.
Rechts: Hier ist der Stecker (2) vom Zusatzluftschieber (2) beim Polo G40 ab 1/91 abgezogen. Für die Prüfung ist die Kontaktbelegung im Stecker (1–4) wichtig.

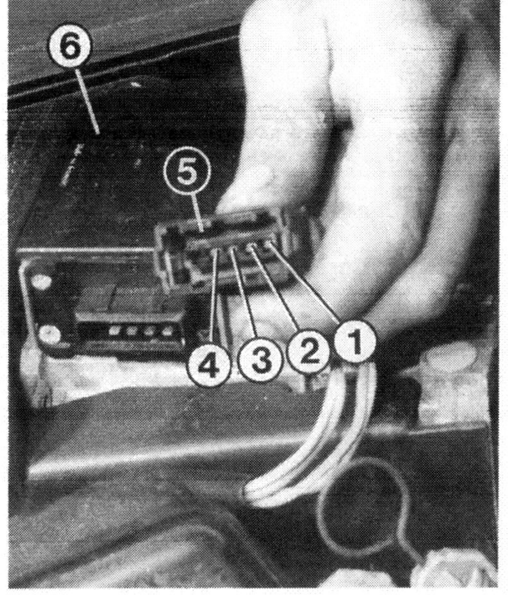

- Motor warmfahren.
- CO-Tester anschließen.
- Motor starten und mindestens zwei Minuten im Leerlauf drehen lassen.
- Motor auf 2000/min hochdrehen.
- CO-Gehalt notieren.
- Am Drosselklappenstutzen den Unterdruckschlauch vom Druckregler abziehen und das Röhrchen mit dem Finger verschließen.
- Der CO-Gehalt muß kurzzeitig ansteigen und dann wieder auf den ursprünglichen Wert abfallen.
- Falls der CO-Wert keine Reaktion zeigt, Steckverbindung zur Lambda-Sonde trennen.
- Mit einem Kabel (möglichst mit Prüfspitze) den Kontakt im Stecker abwechselnd mit dem Plus- und Minuspol der Batterie verbinden.
- Verändert sich bei dieser Prüfung nun der CO-Wert, ist die Lambda-Sonde defekt.
- Blieb der CO-Gehalt dagegen konstant, muß der Leitungsverlauf zum Steuergerät überprüft werden.
- War hier kein Fehler zu finden, ist das Steuergerät schadhaft.

Luftmengenmesser

- Kabelstecker am Luftmengenmesser abziehen.
- Die Numerierung der Kontaktzungen lautet bei der Draufsicht von rechts 1 nach links 4.
- **Ansaugluft-Temperaturfühler:** Ohmmeter zwischen den äußeren Kontakten 1 und 4 anschließen.
- Die Widerstandswerte lauten bezogen auf die Außentemperatur: Bei 0°C 5–6,5 kΩ, bei 10°C 3–4 kΩ, bei 20°C 2,2–2,8 kΩ, bei 30°C 1,5–2 kΩ.
- **Potentiometer:** Ohmmeter zwischen den mittleren Kontakten 2 und 3 anschließen.
- Stauklappe bewegen und dabei das Ohmmeter beobachten.
- Der Widerstand muß sich verändern.
- Ohmmeter zwischen den Kontakten 3 und 4 messen.
- Der Widerstand muß zwischen 0,5 und 1 kΩ liegen.
- Zeigen sich nicht die geforderten Meßwerte, muß der Luftmengenmesser ausgetauscht werden.

Steuergerät

- Motor warmfahren.
- **Lambda-Regelung:** Siehe unter »Lambda-Sonde«.
- **Schubabschaltung und Vollastanreicherung:** Beide Funktionen werden auf dieselbe Weise geprüft (nur Digijet und Digifant ohne Fehlerspeicher).
- Motor warmfahren und abschalten.
- Drehzahlmesser anschließen, Motor starten und im Leerlauf drehen lassen.
- Mit einer Hand den Drosselklappenschalter oben in Geschlossen-Stellung halten und gleichzeitig mit der anderen Hand am Drosselklappenhebel so viel Gas geben, daß der Motor mit etwa 2000/min dreht.
- Die Drehzahl muß jetzt ansteigen und abfallen – der Motor »sägt«, da die Schubabschaltung einsetzt.
- Bleibt die Drehzahl konstant (keine Schubabschaltung), ziehen Sie den blauen Stecker vom Kühlmittel-Temperaturgeber ab.
- Kontakte im Stecker mit einem Kabelstück überbrücken.
- Prüfung wiederholen.
- »Sägt« der Motor jetzt, ist der Temperaturgeber defekt — austauschen.
- Ändert sich die Motordrehzahl immer noch nicht, liegt eine Leitungsunterbrechung zum Temperaturgeber oder Drosselklappenschalter vor.
- Oder das Steuergerät ist schadhaft.
- **Elektrische Prüfung:** Der konstruktive Innenwiderstand der Prüfgeräte und die Umgebungstemperatur beeinflussen die Meßwerte stark. Mit Heimwerker-Meßgeräten können völlig andere Werte herauskommen als vom Kundendienst vorgegeben.
- Deshalb sollten Sie die elektrische Prüfung in der VW-Werkstatt durchführen lassen.

Temperaturgeber prüfen

● **Temperaturgeber Ansaugluft:** Vierfachstecker oben am Luftmengenmesser abziehen.
● An den beiden äußeren Steckkontakten ein Ohmmeter anschließen.
● G 40-Motor ab 1/91: Dreifachstecker am CO-Potentiometer abziehen.
● An den Steckkontakten 2 und 3 (Bild auf der Vorseite) ein Ohmmeter anschließen.
● **Temperaturgeber Kühlmittel:** Stecker am Geber im Thermostatgehäuse abziehen.
● An den beiden Steckkontakten des Gebers ein Ohmmeter anschließen.
● **Beide Geber:** Widerstandswert ablesen.
● Anhand des Diagramms auf Seite 97 (Kapitel »Monojetronic/-motronic-Einspritzung«) prüfen, ob die Werte für den Geber-Widerstand und die momentane Luft- bzw. Kühlmitteltemperatur ihren Schnittpunkt auf der Kurve haben.
● Wenn ja, ist der Geber in Ordnung.

Zusatzluftschieber

Geprüft wird bei kaltem Motor, die Kühlmitteltemperatur muß unter 30 ∞ C liegen. Die Zündung darf vorher nicht eingeschaltet worden sein.
● Zündung lahmlegen.
● **Digijet:** Stecker am Zusatzluftschieber abziehen.
● Prüflampe an den Kontakten des Kabelsteckers anschließen.
● Anlasser von Helfer betätigen lassen. Die Prüflampe muß aufleuchten, andernfalls liegt eine Unterbrechung in den Leitungen vor.
● **Digifant:** Vierfachstecker am Kraftstoffverteilerrohr abziehen.
● Voltmeter an die Kontaktzungen 3 und 4 (Bild auf der vorangegangenen Seite) anschließen.
● Motor mit dem Anlasser durchdrehen lassen. An den Kontakten müssen mind. 9 Volt Spannung anliegen.
● Ohmmeter an den Kontakten 3 und 4 anschließen. Der Zusatzluftschieber muß Durchgang haben, der Widerstand beträgt 0 Ω.
● **Alle:** Stecker am Zusatzluftschieber abgezogen lassen.
● Exakten Drehzahlmesser anschließen, Motor starten.
● Leerlaufdrehzahl ablesen.
● Mit Flachzange den Schlauch vom Zusatzluftschieber zum Ansaugrohr zusammenklemmen. Die Drehzahl muß ein wenig abfallen.
● Gleiche Prüfung bei warmgefahrenem Motor und aufgesteckter Kabelverbindung am Zusatzluftschieber.
● Die Drehzahl sollte sich beim Zusammenklemmen des Schlauches nicht mehr verändern, sonst ist vermutlich der Zusatzluftschieber defekt.

Einspritzventile aus- und einbauen

● Drosselklappenstutzen abschrauben.
● Kraftstoffverteiler vom Saugrohr abschrauben.
● Ggf. Hülle der Geräuschdämpfung an den Ventilen trennen, Dämpfung abnehmen.
● Halteklammern der Einspritzventile am Kraftstoffverteiler abziehen, Kraftstoffverteiler abnehmen.
● Kabelstecker am Einspritzventil abziehen.
● Einspritzventil mit einer Zange herausziehen.
● Zum Einbau müssen die Gummidichtungen am Ventil zum Saugrohr und zum Kraftstoffverteiler mit Benzin bestrichen werden, um eine exakte Abdichtung zu erzielen.
● Wird das Ventil »trocken« eingesetzt, besteht die Gefahr, daß die Gummiringe gequetscht werden und nicht einwandfrei abdichten.
● Das gibt dann Störungen im Fahrverhalten, z. B. unrunden Leerlauf.
● Halteschrauben des Kraftstoffverteilers und des Drosselklappenstutzens mit 10 Nm festziehen.

Leerlaufdrehzahl und CO-Gehalt einstellen

Wartung Nr. 38

Normalerweise ist eine Drehzahlanpassung gar nicht nötig, Sie können aber gelegentlich mit einem exakten Drehzahlmesser kontrollieren. Der CO-Abgaswert läßt sich nur mit einem guten Werkstattester genau ermitteln. Voraussetzung für einen korrekten Leerlauf ist selbstverständlich die richtige Zündzeitpunkt-Einstellung, die sich allerdings bei unseren Motoren mit Transistor- bzw. Kennfeldzündung normalerweise nicht verändert.
Beim G 40-Motor bis 7/90 muß zur Messung ein sogenannter Spannungsteiler (siehe Kapitel »Elektrik und Elektronik«) verwendet werden, sonst liefert das Meßgerät keine richtigen Werte. Am 40-kW-Digijet-Motor muß die Verbindung zum Geber für Ansauglufttemperatur unterbrochen und durch einen Widerstand von 1,8 k Ω ersetzt werden.

Fingerzeig: Was zur Abgas-Untersuchung und zur Katalysatorprüfung zu sagen ist, finden Sie im vorangegangenen Kapitel über die Monojetronic- und Monomotronic-Einspritzung.

Einstellwerte

Motor mit Digijet	Kennbuchstaben	Leerlaufdrehzahl Steckverbindung zur Lambda-Sonde getrennt	Leerlaufdrehzahl Steckverbindung zur Lambda-Sonde verbunden	Leerlauf-CO-Gehalt Steckverbindung zur Lambda-Sonde getrennt	Leerlauf-CO-Gehalt Steckverbindung zur Lambda-Sonde verbunden
1,3/40 kW bis 6/89	NZ	800 ± 50/min	800 ± 50/min	0,7 ± 0,4 Vol.%	0,3–1,2 Vol.%
1,3/40 kW 7/89–12/90	NZ	1000–50/min	980–50/min	1,2 ± 0,2 Vol.%	0,3–1,2 Vol.%

Motor mit Digifant	Kennbuchstaben	Leerlaufdrehzahl blauer Stecker am Temperaturgeber abgezogen	Leerlaufdrehzahl blauer Stecker am Temperaturgeber aufgesteckt	Leerlauf-CO-Gehalt blauer Stecker am Temperaturgeber abgezogen	Leerlauf-CO-Gehalt blauer Stecker am Temperaturgeber aufgesteckt
1,3/55 kW 10/89–7/90	3F	900 ± 50/min	820–920/min	1,2 ± 0,3 Vol.%	0,3–1,1 Vol.%
1,3/55 kW ab 10/90	3F	920 ± 25/min	850–900/min	1,2 ± 0,3 Vol.%	0,3–1,1 Vol.%
1,3/85 kW bis 7/90	PY	900 ± 50/min	900 ± 50/min	1,0 ± 0,5 Vol.%*	1,0 ± 0,5 Vol.%
1,3/83 kW ab 1/91	PY	920 ± 25/min	850–900/min	0,7 ± 0,2 Vol.%	0,3–1,1 Vol.%

* Fahrzeuge mit nachgerüstetem, lambdageregeltem Katalysator: 0,7 ± 0,3 Vol.% CO

Einstellung

○ Die Korrektur der Leerlaufdrehzahl erfolgt an der Schraube am Drosselklappenstutzen, die in Fahrtrichtung links sitzt. Hineindrehen dieser Schraube läßt den Motor langsamer, Herausdrehen läßt ihn schneller laufen.
○ Zur CO-Korrektur dient die Innensechskantschraube am Luftmengenmesser; beim G40-Motor ab 1/91 wird am CO-Potentiometer eingestellt (blauen Abdeckstopfen herausziehen). Hineindrehen verringert den CO-Gehalt, Herausdrehen läßt ihn ansteigen.

● Der Motor muß auf mindestens 80°C Öltemperatur warmgefahren sein.
● Entlüftungsschlauch des Kurbelgehäuses am Druckregelventil abziehen und Schlauch verschließen bzw. beim G40-Motor Schlauch der Kurbelgehäuse-Entlüftung zusammenklemmen und Öleinfülldeckel vom Zylinderkopfdeckel abnehmen.
● Abgastester am CO-Entnahmerohr anschließen – es darf keine Nebenluft eintreten.
● Meßgeräte bei ausgeschalteter Zündung anklemmen.
● **Digijet:** Steckverbindung zur Lambda-Sonde noch bei ausgeschalteter Zündung trennen.
● Motor starten. Elektrische Verbraucher dürfen nicht eingeschaltet sein.
● Drehzahl und CO-Wert ablesen, ggf. zum Einstellen Schrauben im Wechsel verdrehen.
● Stecker der Lambda-Sonde wieder zusammenstecken.
● Motor auf ca. 2000/min hochdrehen.
● CO-Gehalt ablesen und notieren.
● **Digifant:** Motor starten. Es dürfen keine elektrischen Verbraucher eingeschaltet sein.
● Nach etwa einer Minute Motorlauf den blauen Stecker vom Kühlmittel-Temperaturgeber abziehen.
● Motor dreimal auf über 3000/min hochdrehen und wieder im Leerlauf drehen lassen.
● Drehzahl und CO-Wert ablesen.
● Ggf. Einstellschrauben im Wechsel verdrehen.
● Stecker wieder aufdrücken, dreimal kräftig Gas geben und nochmals im Leerlauf Meßwerte ablesen und CO-Gehalt notieren.
● **Alle:** Zur Kontrolle der Lambda-Regelung den Unterdruckschlauch vom Druckregler am Drosselklappenstutzen abziehen.
● Freigewordenes Röhrchen verschließen.
● CO-Gehalt beobachten: Er muß kurz ansteigen und dann wieder abfallen. Wenn nicht, siehe unter »Lambda-Sonde«.
● Nach der Einstellung bei noch angeschlossenem Abgastester Schlauch der Kurbelgehäuse-Entlüftung wieder anschließen.

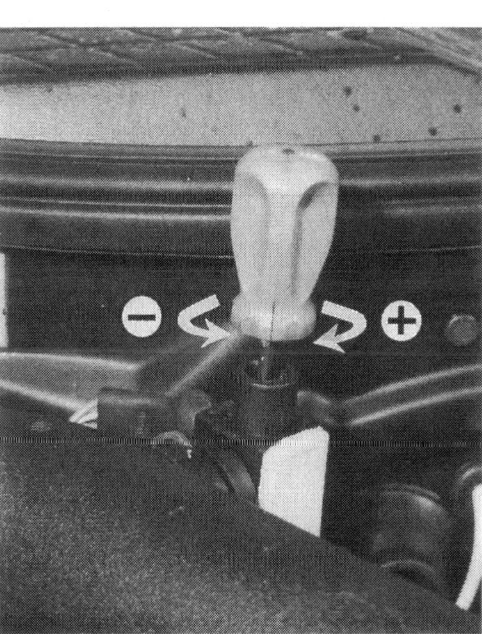

Links: Am CO-Potentiometer (6) des G40-Motors ab 1/91 ist hier der Stecker (5) abgezogen, um die Kontaktbelegung (1–3) deutlich zu machen. Position »4« zeigt die Sicherungsklammer des Steckers. **Rechts:** Zur Veränderung des CO-Anteils im Abgas muß beim G40-Motor seit 1/91 die Schraube unter der hier bereits abgenommenen Abdeckung verdreht werden. »+« steht für höheren CO-Gehalt, in »–« gedreht wird der CO-Gehalt verringert.

Links: Leerlaufdrehzahl-Einstellschraube am Drosselklappenstutzen.
Rechts: Die CO-Einstellschraube am Luftmengenmesser sitzt unter einer Sicherungskappe. Wenn der entsprechende Wert höher gedreht werden soll, dreht man in Richtung »+«. Nach »–« wird gedreht, wenn Drehzahl bzw. CO-Gehalt verringert werden sollen.

- Steigt jetzt der CO-Gehalt, befindet sich Kraftstoffkondensat im Motoröl, siehe Schmierkapitel.
- **Digifant mit Fehlerspeicher** (55 kW ab 10/90, G40 ab 1/91): Nach der Einstellung Fehlerspeicher löschen.

Der Gaszug

Was es über den Betätigungszug für die Drosselklappe zu sagen gibt, können Sie im Kapitel »Monojetronic- und Monomotronic-Einspritzung« nachlesen.

Gaszug einstellen

- Gaspedal von Helfer ganz durchtreten lassen.
- Am Lagerpunkt des Gaszugs die Stecksicherung so einsetzen, daß zwischen dem Drosselklappenhebel und dem Anschlag am Drosselklappenstutzen ein Spiel von höchstens 1 mm besteht.

Störungsbeistand

Digijet- und Digifant-Einspritzung

Die Störung	– ihre Ursache	– ihre Abhilfe
A Kalter Motor springt nicht oder schlecht an	1 Sicherung Nr. 1 defekt	Auswechseln
	2 Spannungsversorgungs-Relais defekt	Überprüfen, ggf. austauschen
	3 Kraftstoffpumpen fördern nicht oder nicht genügend	Benzin im Tank? Pumpen kontrollieren, Fördermenge messen
	4 Kraftstoff-Druckregler defekt	Druck messen lassen
	5 Zusatzluftschieber öffnet nicht	Prüfen
	6 Nur Digifant: Kühlmittel-Temperaturgeber defekt	Prüfen
	7 Drosselklappen-Potentiometer defekt	Prüfen lassen
	8 Nur G40 ab 1/91: Saugrohrdruck-Sensor defekt	Prüfen lassen
	9 Steuergerät defekt	Prüfen lassen
	10 Kabelstrang zwischen Hallgeber und Steuergerät defekt	Kabelverlauf kontrollieren
	11 Motor erhält Nebenluft	Sämtliche Schlauchleitungen überprüfen
B Warmer Motor springt nicht oder schlecht an	1 Unterdruckleitung zum Kraftstoff-Druckregler defekt	Leitung überprüfen
	2 Siehe A 2–10	
	3 Einspritzventile undicht	Ventile überprüfen
C Motor springt an, stirbt aber wieder ab	1 Siehe A 5, 7 und 8	
	2 Siehe B 1	
	3 CO-Wert stimmt nicht bzw. (nur G40 ab 1/91) CO-Potentiometer defekt	Einstellen bzw. prüfen lassen
	4 Luftmengenmesser oder Zuleitungskabel defekt	Widerstandswerte messen bzw. Kabelverlauf überprüfen
	5 Drosselklappenschalter falsch eingestellt oder defekt	Einstellung bzw. Funktion kontrollieren

Der Gaszug (3) ist am Ansaugrohr mit einem Halter (1) verbunden. Zur Einstellung der Gaszuglänge die Halteklammer (2) abziehen, Gaszug im Gummilager verschieben und Klammer in der richtigen Stellung wieder einstecken.

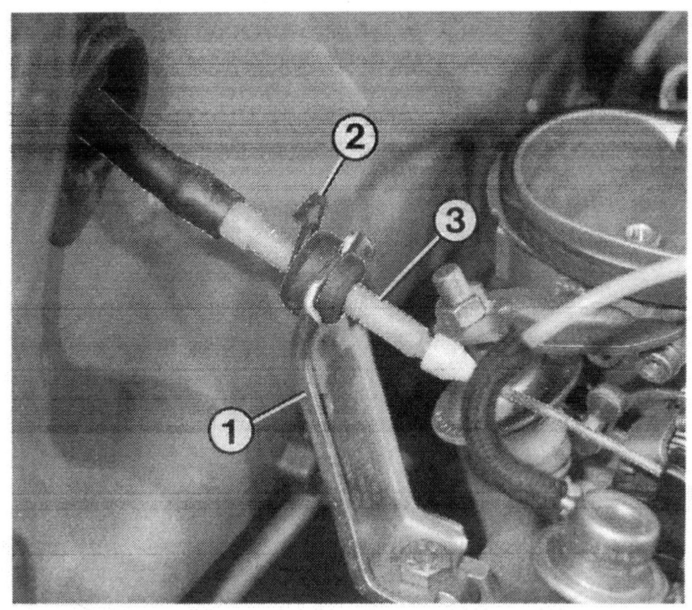

Die Störung	– ihre Ursache	– ihre Abhilfe
D Kalter Motor schüttelt im Leerlauf	1 Siehe A 5 und 6	
	2 Digifant-Steuergerät und Drosselklappen-Potentiometer nicht aufeinander abgestimmt (nur nach Bauteiletausch)	Bei laufendem Motor und geschlossener Drosselklappe blauen Stecker am Temperaturgeber mindestens fünf Sekunden abziehen. Nach dem Abgleich Fehlerspeicher löschen lassen
E Warmer Motor schüttelt im Leerlauf	1 Siehe A 4	
	2 Zusatzluftschieber schließt nicht	Prüfen
	3 Siehe C 3	
F Warmer Motor dreht im Leerlauf zu hoch	Siehe E 2	
G Motor hat Aussetzer	1 Kraftstoffilter verstopft	Filter austauschen
	2 Siehe A 3, 5 und 8	
	3 Siehe B 3	
	4 Siehe C 3 und 4	
H Schwankende Drehzahl bei 2000–3000/min	1 Siehe A 7	
	2 Siehe C 5	
J Motor stottert, setzt aus	Siehe A 3	
K Motorleistung ungenügend	1 Siehe A 3, 4 und 11	
	2 Siehe C 3 und 5	
	3 Drosselklappen gehen nicht in Vollgasstellung	Gaszug einstellen
L Motor patscht ins Saugrohr	1 Siehe A 4	
	2 Siehe C 3	
L Kraftstoffverbrauch zu hoch	1 Siehe B 4	
	2 Siehe C 3	

Reibeisen

Im Getriebe lassen sich keine Gänge schalten, solange dieses vom Motor angetrieben wird. Zur Wahl der passenden Zahnradpaare muß man die Verbindung zwischen Triebwerk und Schaltgetriebe kurz unterbrechen. Dann läßt sich eine andere Gangstufe einlegen. Anschließend werden Motor und Getriebe wieder verbunden. Trennend und verbindend wirkt im Auto die Kupplung.

So funktioniert die Kupplung

Die Kraftübertragung der Kupplung zwischen Motor und Getriebe erfolgt durch Reibung. Zwei Körper werden gegeneinander gepreßt, wodurch der eine den anderen mitnimmt. Die Beteiligten sind:

- **Schwungscheibe** am Motor als die eine Anlagefläche.
- **Kupplungsdruckplatte** als die zweite Anlagefläche, die gegen die Schwungscheibe drückt.
- Dazwischen befindet sich als Reibpartner die **Mitnehmerscheibe** auf der Eingangswelle des Getriebes.
- Weiterhin gehört noch das **Ausrücklager** dazu.
- Die Fußkraft vom Kupplungspedal zum Ausrückmechanismus am Getriebe wird durch einen **Kupplungszug** mechanisch übertragen.

Beim Tritt auf das Kupplungspedal wird der Seilzug straffgezogen und der Ausrückhebel auf der Ausrückwelle angehoben. Diese Bewegung drückt das Ausrücklager auf die tortenförmig eingeschnittene Tellerfeder der Druckplatte. Das Ausrücklager kann nun die Federkraft übernehmen, die Druckplatte wird entlastet und bei völlig durchgetretenem Pedal zurückgezogen. Jetzt kann die Mitnehmerscheibe im Raum dazwischen frei umlaufen – es ist ausgekuppelt. Beim Einkuppeln drückt die Tellerfeder der Druckplatte die Mitnehmerscheibe wieder gegen die Motorschwungscheibe.

Die Kupplungs-Lebensdauer

Jedes Einkuppeln bewirkt, daß die Beläge der Mitnehmerscheibe an ihren Gegenreibflächen schleifen und dabei heiß werden. Besonders verschleißfördernd ist hierbei das Anfahren mit hoher Motordrehzahl (Kavalierstart), Anfahren im 2. Gang, »Herummogeln« an Kreuzungen im 2. oder 3. Gang mit teilweise getretenem Kupplungspedal oder das »In-der-Waage-halten« an einer Steigung mit Kupplungs- und Gaspedal.

Auskuppeln beim Halt an der Kreuzung?

Recht verbreitet ist die Angewohnheit, mit eingelegtem 1. Gang und durchgetretenem Kupplungspedal bei rotem Ampellicht zu warten. Mancher fürchtet, bei »Grün« den Gang nicht gleich einlegen zu können. Wenn auch kein direkter oder sofort meßbarer Schaden entsteht, so beansprucht das Auskuppeln doch das Ausrücklager und bewirkt Verschleiß. Je öfter und länger das vor den vielen Ampeln geschieht, desto früher ist dieses Lager abgenutzt.

Kupplung prüfen

Der Verschleiß der Mitnehmerscheibe läßt sich im eingebauten Zustand nicht erkennen. Das erste Anzeichen für Verschleiß ist, wenn die Kupplung durchrutscht. Eine schleifende Kupplung bemerken Sie beim Fahren zuerst im höchsten Gang unter Last. Der Motor dreht hoch, ohne daß die Fahrgeschwindigkeit in gleichem Maß zunimmt. Einen gewissen Aufschluß kann folgende Methode geben, die Sie aber nur gelegentlich anwenden sollten.

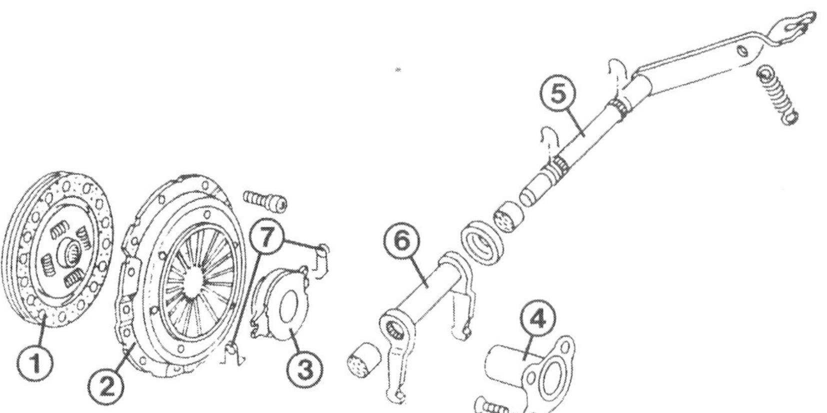

Die Kupplung in ihren Einzelteilen:
1 – Mitnehmerscheibe;
2 – Druckplatte;
3 – Ausrücklager mit Haltefedern (7);
4 – Führungshülse des Ausrücklagers;
5 – Ausrückwelle;
6 – Kupplungshebel.

Die Teile der automatischen Kupplungsnachstellung, links in Ruhestellung, rechts bei getretenem Kupplungspedal.
1 – Kupplungsseilzug;
2 – Klemmstück;
3 – Nachstellgehäuse;
4 – verzahntes Ende der Zughülle;
5 – Zahnsegment;
6 – Bowdenzugfeder.

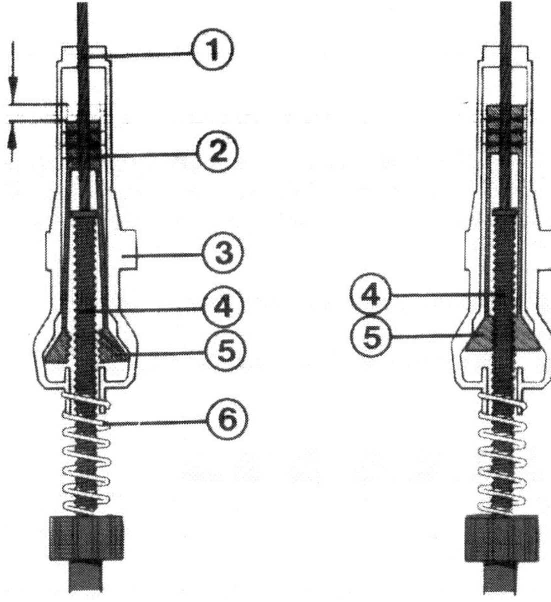

Schleift die Kupplung?

- Handbremse anziehen, Motor starten.
- 3. Gang einlegen, langsam einkuppeln und Gas geben.
- Bei einwandfreier Handbremse müßte der Motor abgewürgt werden.
- Dreht er durch, muß bei manueller Nachstellung das Kupplungspedalspiel kontrolliert werden.
- Prüfung wiederholen. Dreht der Motor weiterhin durch, wird ein Kupplungstausch fällig.

Trennt die Kupplung richtig?

Wird der Schaltvorgang von kratzenden oder krachenden Geräuschen »untermalt«, dann trennt die Kupplung nicht mehr richtig. Um sicherzugehen, daß es nicht am Getriebe liegt, macht man die Probe mit dem nicht synchronisierten Rückwärtsgang:

- Motor im Leerlauf drehen lassen.
- Kupplungspedal voll durchtreten, etwa drei Sekunden warten, dann den Rückwärtsgang einlegen.
- Kratzt es hierbei, trennt die Kupplung nicht mehr sauber – die Mitnehmerscheibe läuft also nicht ganz frei.
- Kupplungspedalspiel bzw. Nachstellautomatik kontrollieren, evtl. Spiel einstellen.
- Prüfung nochmals durchführen. Kratzt es immer noch, sollten Sie unseren Störungsbeistand am Ende des Kapitels zu Hilfe nehmen.

Die Kupplungsnachstellung

Zwischen den Teilen der Kupplungsübertragung muß ein gewisser Abstand (»Spiel«) verbleiben, solange das Pedal nicht niedergedrückt wird. Das Kupplungs-Pedalspiel muß je nach Ausführung des Kupplungszugs eingestellt werden oder stellt sich selbst nach.

○ Dieses Spiel muß so groß sein, daß das Ausrücklager nicht unter verschleißförderndem Druck steht. Je stärker das Ausrücklager durch die Kraft der Tellerfeder belastet wird, um so geringer wird die Reibungskraft der Mitnehmerscheibe. Es besteht also die Gefahr, daß die Kupplung durchrutscht.

○ Wenn das Spiel zu groß ist, geht etwas vom normalen Kupplungsweg verloren. Dann wird die Kupplung beim Niederdrücken des Pedals nicht ganz getrennt.

Die Kupplung ist so konstruiert, daß mit fortschreitender Abnutzung der Kupplungsbeläge das Spiel kleiner wird. Durch die verschleißende und dünner werdende Mitnehmerscheibe wandert die federbelastete Druckplatte näher zur gegenüberliegenden Reibfläche der Schwungscheibe. Die Druckplatte nähert sich dabei dem Ausrücklager. Liegt das Lager ohne Spiel am Ausrückhebel an, stützt sich die Tellerfeder der Druckplatte über die Ausrückplatte gegen das Ausrücklager ab. Statt die Mitnehmerscheibe gegen die Anlageflächen zu pressen, wird die Feder entlastet und die Reibungskraft geringer, die Kupplung rutscht durch.

Automatische Kupplungsnachstellung

Ab Modelljahr 1986 wurde parallel zum herkömmlichen Kupplungsseil eines mit Selbstnachstellung eingebaut. Die Grundfunktion ist, daß bei zunehmendem Kupplungsbelagverschleiß der Seilzug länger werden muß. Das erzielt man durch automatische Verkürzung der Seilzughülle. Dazu ist die Kupplungszughülle bei entlastetem Kupplungspedal in der Länge veränderlich, beim Tritt aufs Pedal wird dagegen eine starre Verbindung hergestellt.

Die Zughülle besitzt im Gehäuse der Nachstellung (zum Pedal hin) eine Verzahnung. Darin greift beim Pedaltritt ein Zahnsegment ein. Bei losgelassenem Pedal wird diese Verbindung wieder gelöst. Bei Belagverschleiß zieht ein Klemmstück am Seilzug das verzahnte Ende der Zughülle tiefer ins Nachstellgehäuse.

Ob Ihr VW mit dem selbstnachstellenden Zug ausgestattet ist, erkennen Sie am Gehäuse der Nachstellautomatik am Kupplungszug unterhalb des Lenkgetriebes. Da sich das Pedalspiel bei einem entsprechend ausgestatteten Wagen nicht mehr verändert, entfallen die nachfolgenden Arbeiten »Pedalspiel messen« und »Pedalspiel einstellen«.

Funktion prüfen

- Der Nachstellmechanismus für den Kupplungszug darf nicht beschädigt sein.
- Kupplungspedal mindestens 5 Mal voll durchtreten.
- Drücken Sie jetzt den Ausrückhebel nach unten, das muß etwa 10 mm weit möglich sein.

Kupplungs-Pedalspiel messen

Wartung Nr. 8

- Neben das Kupplungspedal ein Lineal o. ä. halten.
- Trittplatte von Hand niederdrücken, bis stärkerer Widerstand spürbar wird.
- Aus der Ruhestellung soll dies nach **ca. 15 mm** der Fall sein.
- Stimmt das Pedalspiel nicht, muß die Länge des Kupplungszugs nachgestellt werden.

Pedalspiel einstellen

Die Hülle des Seilzugs stützt sich an einem sogenannten Widerlager am Getriebe ab.

- Untere Kontermutter am Seilzug losdrehen.
- Einstellmutter des Kupplungszugs drehen: Im Gegenuhrzeigersinn – Spiel wird größer; im Uhrzeigersinn – Spiel wird kleiner.
- Pedalspiel messen.
- Arretiermutter wieder festziehen.

Kupplungszug ersetzen

- Im Innenraum das linke Ablagefach abschrauben.
- Im Motorraum die Konter- und Einstellmutter am Kupplungszug losdrehen.
- Seilzugöse am Pedal aushaken.
- Den durch das Lenkgetriebegehäuse verlaufenden Kupplungszug mit seiner Hülse am Gehäuse nach unten herausdrücken.
- Beim Einbau das Kupplungsseil zuerst am Pedal einhängen.
- Kontrollieren Sie, ob die Hülse des Zuges im Lenkgetriebegehäuse richtig eingesteckt ist.
- Kupplungszug an den Gelenken mit heller MoS_2-Paste schmieren.
- Kupplungspedal mehrmals durchtreten.
- Zuletzt Pedalspiel einstellen.

Zug mit automatischer Nachstellung ersetzen

Zusätzlich zu den beim herkömmlichen Kupplungszug genannten Arbeitsschritten:

- Kupplungspedal mehrere Male bis zum Anschlag durchdrücken, sofern der Zug nicht gerissen war.
- **Bis 7/89:** Feder unter dem Faltenbalg des Kupplungsseils zusammendrücken, und Befestigungsteile des Zuges am Ausrückhebel abnehmen.
- Öse am Pedal aushängen.
- Zum Einbau Seilzug zuerst am Kupplungspedal einhängen.
- Kupplungspedal von einem Helfer mit der Hand niederdrücken lassen. Gleichzeitig vorn am Seil zie-

Die Einstellmutter (2) des Kupplungsseilzugs besitzt eine halbkreisförmige Anlagefläche für den Ausrückhebel. Zum Korrigieren des Pedalspiels die Kontermutter (1) lösen und die Einstellschraube verdrehen, während der Sechskant (3) am Seilzug mit einem Gabelschlüssel gegengehalten wird.

Die Kupplungsbetätigung besteht bei unseren Fahrzeugen aus folgenden Teilen:
1 – Kupplungszug (gezeigt ist die einstellbare Ausführung);
2 – Kupplungspedal;
3 – Pedalbock, an dem das Kupplungspedal gelagert ist.

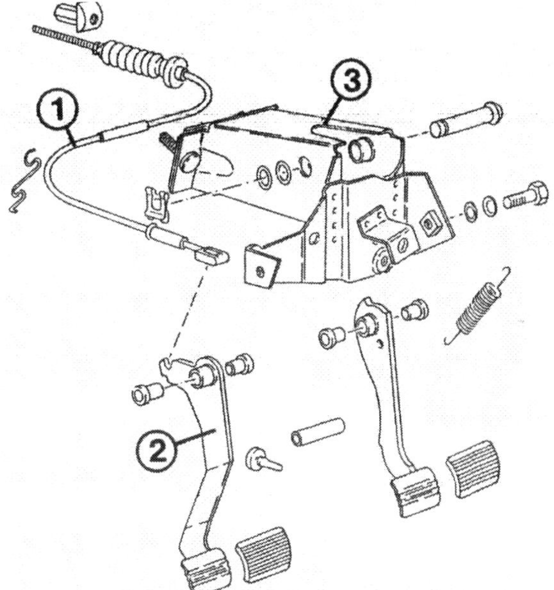

hen, die Feder unter dem Faltenbalg zusammendrükken und die Befestigungsteile am Ausrückhebel einhängen.

● **Ab 8/89:** Ausrückhebel entgegen der üblichen Betätigungsrichtung nach unten bis zum Anschlag drücken, dadurch wird der Nachstellmechanismus zusammengedrückt.

● Kupplungsseil so festhalten und Befestigungsteile des Zuges am Ausrückhebel abnehmen.

● Am Widerlager des Zuges am Getriebe den Gummipuffer aushängen.

● Öse am Pedal aushängen.

● Hülle des Seilzugs zuerst unten in das Gehäuse des Lenkgetriebes einsetzen. Die Zughülle besitzt zwei Abflachungen, die den richtigen Sitz am Lenkgetriebegehäuse sicherstellen.

● Aufnahmehaken für die Zugöse am Kupplungspedal mit MoS_2-Fett schmieren, Öse einhängen.

● Unteres Ende des Kupplungszuges am Ausrückhebel einhängen.

● **Alle:** Funktion prüfen, wie zuvor beschrieben.

Fingerzeige: **Läßt sich der Kupplungszug zum Ausbau nicht zusammendrücken, ist er defekt und muß ersetzt werden. Zug zum Ausbau durchschneiden.**
Bei nachträglichem Einbau eines selbstnachstellenden Kupplungszuges muß die Rückzugfeder am Ausrückhebel abgenommen werden, sonst funktioniert die Seilzugnachstellung nicht einwandfrei (Kupplung trennt nicht vollständig).

Fahren mit defektem Kupplungszug

Sollte der Kupplungszug unterwegs reißen, muß das noch nicht das Ende der Fahrt bedeuten. Zumindest ein nahes Ziel oder die nächste Werkstatt kann man auch ohne Kupplungsbetätigung erreichen. Bei feinfühligem Umgang mit Gaspedal und Schalthebel können Sie sogar hoch- bzw. herunterschalten.

Gang herausnehmen: Gas wegnehmen und Schalthebel in Richtung Leerlauf drücken. Bei schiebendem Wagen evtl. ein klein wenig Gas geben, falls der Gang »klemmt«.

Anfahren: Motor ausschalten, 1. Gang einlegen und Anlasser betätigen. Der VW ruckelt los und setzt sich mit anspringendem Motor in Bewegung. Wer während der Fahrt nicht schalten will, fährt auf diese Weise in der Ebene im 2. Gang an.

Hochschalten: Im 1. Gang mit dem Anlasser anfahren. 1. Gang nur knapp über Leerlaufdrehzahl hinausdrehen (ca. 1000/min). Gas etwas zurücknehmen, Schalthebel in Leerlaufstellung ziehen. Gaspedal loslassen und den Schalthebel mit leichter Hand in Richtung des 2. Gangs drücken. Bei richtiger Motor- und Getriebedrehzahl rutscht der Gang fast von selbst hinein. Wenn Sie zu lange gewartet haben, müssen Sie ein klein wenig Gas geben, damit sich die Fahrstufe ohne Zähneknirschen einlegen läßt. Hat es nicht geklappt, halten Sie nochmals an und versuchen das Ganze von neuem. In die weiteren Gänge wird auf die gleiche Weise hochgeschaltet. Am leichtesten geht es in sehr niedrigen Geschwindigkeiten: In den 2. Gang bei höchstens 20 km/h, in den 3. bei 25 km/h, in den 4. bei 35 km/h und in den 5. bei 45 km/h.

Herunterschalten: Hierbei muß die Motordrehzahl angehoben werden, damit sich der nächstniedrige Gang einlegen läßt. Fuß leicht vom Gas, Gang herausnehmen, behutsam Gas zugeben und gleichzeitig den Schalthebel in Richtung des neuen Gangs drücken. Bei richtiger Motordrehzahl rutscht der Gang fast ohne Nachdruck hinein. Auch das Herunterschalten geschieht wieder am besten bei niedrigen Drehzahlen und Geschwindigkeiten.

Der Kupplungsausbau: Zum Lösen der Schrauben (3) der Schwungscheibe haben wir einen Schraubendreher (1) durch eine Paßhülse gesteckt und halten mit einem zweiten, in die Verzahnung gesteckten Schraubendreher (2) gegen.

Kupplung aus- und einbauen

- Getriebe ausbauen.
- Druckplatte über Kreuz losschrauben, dazu einen Schraubendreher als Arretierung in die Verzahnung der Schwungscheibe stecken.
- Druckplatte und Mitnehmerscheibe abnehmen.
- Schwungscheibe mit Druckluft sauberblasen oder mit einem benzingetränkten Lappen abwischen.
- Prüfen Sie dabei, ob ihre Zentrierstifte fest sitzen.
- Nietverbindungen der Druckplatte auf festen Sitz kontrollieren.
- Die Anlagefläche zur Mitnehmerscheibe darf keine Risse oder Brandstellen zeigen und nicht mehr als 0,3 mm nach innen durchgebogen sein.
- Zum Messen ein Metallineal quer über die Druckplatte legen und mit der Fühlerblattlehre am Innenrand messen.
- Zum Einbau Verzahnung der Getriebewelle und bei einer gebrauchten Mitnehmerscheibe deren verzahnte Nabe reinigen und Rostansatz entfernen.
- Auf die Getriebewelle eine hauchdünne Schicht des Fettes G 000100 auftragen.
- Mitnehmerscheibe auf der Getriebewelle hin und her bewegen, bis die Nabe leichtgängig auf der Welle gleitet. Überschüssiges Fett abwischen.
- Mitnehmerscheibe und Druckplatte in die Schwungscheibe einsetzen. Dabei müssen die Federkäfige der vier Dämpfungsfedern in der Mitnehmerscheibe zur Druckplatte hin zeigen.
- Mitnehmerscheibe zentrieren. Andernfalls ist nicht gewährleistet, daß sich das Getriebe ohne Schwierigkeiten anflanschen läßt.
- Wenn Sie hierzu nicht den entsprechenden Dorn aus der VW-Werkstatt zur Verfügung haben, geht es mit einem Stahldorn oder Holzstiel.
- Halteschrauben der Druckplatte über Kreuz mit 25 Nm anziehen.

Fingerzeige: Neue Druckplatten sind gefettet und mit Korrosions-Schutzwachs eingesprüht. Während die Anlagefläche für die Mitnehmerscheibe unbedingt mit Verdünnung saubergerieben werden muß, soll das Wachs an den übrigen Stellen keinesfalls abgewaschen werden.
Neue Kupplungsbeläge liegen wegen ihrer rauhen Oberfläche nicht gleich auf der gesamten Reibfläche an. Sie müssen deshalb eingefahren werden, um sich ihren Gegenreibflächen anzupassen. Das soll durch sanftes und nicht etwa hartes Einkuppeln oder gar Schleifenlassen geschehen.

Ausrücklager ersetzen

- Getriebe ausbauen.
- Das Ausrücklager ist mit zwei Haltefedern an der Ausrückwelle befestigt. Kupplungshebel herunterdrücken und das Ausrücklager abnehmen.
- Wird das alte Lager wieder eingebaut, darf es nicht ausgewaschen werden; lediglich abwischen.
- Die Führungshülse, auf der das Ausrücklager hin und her verschoben wird, soll an der Anlagefläche zum Ausrücklager mit Mo_2S-Fett geschmiert werden.
- An der Stelle, wo das Ausrücklager am Kupplungshebel anliegt, muß ebenfalls etwas Mo_2S-Fett aufgetragen werden.
- Ausrücklager mit den Federn sichern.

Fingerzeig: In der Praxis hat es sich gezeigt, daß ein Ausrücklager kaum länger hält als die Mitnehmerscheibe. Der gleichzeitige Austausch ist daher durchaus sinnvoll, sonst wird bald die nächste Reparatur an der Kupplung notwendig.

Ein Blick in die Kupplungsglocke des ausgebauten Getriebes:
1 – Kupplungshebel;
2 – Halteklammern des Ausrücklagers (3);
4 – Getriebe-Antriebswelle.

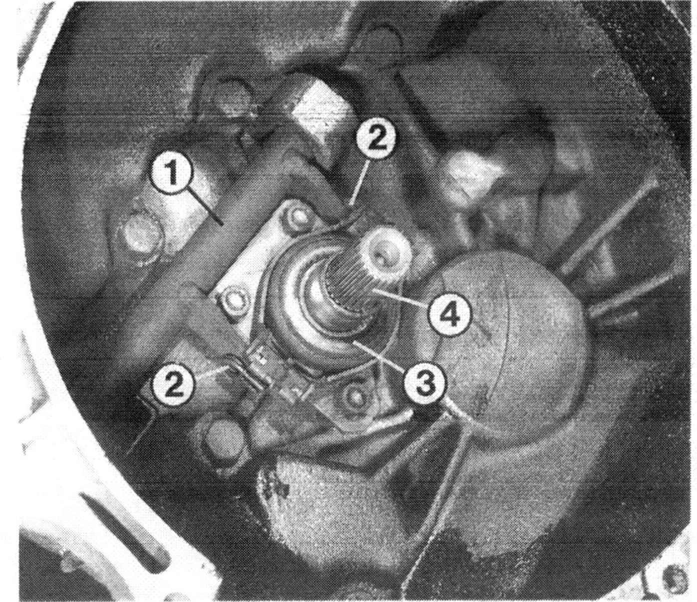

Störungsbeistand

Kupplung

Die Störung	– ihre Ursache	– ihre Abhilfe
A Kupplung rutscht	1 Kupplungsspiel zu klein oder Nachstellmechanik defekt	Nachstellen bzw. Nachstellmechanik kontrollieren
	2 Kupplungsbeläge abgenutzt	Mitnehmerscheibe ersetzen
	3 Anpreßdruck der Kupplung zu gering	Kupplungsdruckplatte ersetzen
	4 Belag verölt	Mitnehmerscheibe und defekte Getriebe- oder Kurbelwellendichtung ersetzen
	5 Kupplung wurde überhitzt	Defekte Teile ersetzen
B Kupplung trennt nicht	1 Zu großes Kupplungspedalspiel	Nachstellen
	2 Mitnehmerscheibe klemmt auf Getriebewelle	Welle und Nabe der Mitnehmerscheibe reinigen und fetten, siehe unter »Kupplung aus- und einbauen«
	3 Mitnehmerscheibe hat Schlag	Mitnehmerscheibe ersetzen
	4 Mitnehmerscheibe verzogen oder Belag gebrochen	Mitnehmerscheibe ersetzen
	5 Bei nachträglichem Einbau eines selbstnachstellenden Kupplungszuges Rückzugfeder des Ausrückhebels nicht entfernt	Rückzugfeder ausbauen
	6 Belag nach sehr langer Standzeit an Schwungscheibe festgerostet	Mit eingelegtem 1. Gang starten, Kupplung dauernd durchtreten. Gaspedal ruckartig durchtreten und loslassen, um die Kupplung loszubrechen. Andernfalls ausbauen
C Kupplung trennt nicht und rutscht gleichzeitig durch	Kupplungsdruckplatte defekt	Druckplatte auswechseln
D Kupplung rupft	1 Motor- oder Getriebeaufhängung defekt	Motor- oder Getriebeaufhängung ersetzen
	2 Unebenheiten auf der Anlagefläche von Schwungscheibe oder Druckplatte	Defektes Teil ersetzen
	3 Falsche Beläge	Mitnehmerscheibe ersetzen
E Kupplungsgeräusche	1 Unwucht der Kupplungsdruckplatte bzw. Mitnehmerscheibe	Kupplungsdruckplatte bzw. Mitnehmerscheibe ersetzen
	2 Torsions-Dämpferfeder defekt	Mitnehmerscheibe ersetzen
	3 Ausrücklager defekt	Ausrücklager ersetzen
	4 Nietverbindungen in der Kupplung locker	Kupplungsdruckplatte ersetzen

Wechsel-Kurs

Um die Kraft des Motors übertragen zu können, ist zwischen der Kurbelwelle des Motors und den Antriebsrädern eine »Untersetzung« angeordnet. Dazu gehört einerseits das entsprechend den Fahr-Erfordernissen veränderliche Schaltgetriebe und andererseits der unveränderliche Achsantrieb.

Funktion des Schaltgetriebes

Die Motorleistung wird über die Kupplung auf die Eingangswelle des Schaltgetriebes geleitet. Auf dieser Eingangs- oder Antriebswelle sitzen fünf bzw. sechs Zahnräder (einschließlich Rückwärtsgang), die mit fünf oder sechs dazu passenden Zahnrädern auf der sogenannten Abtriebswelle ständig im Eingriff stehen. Diese Zahnräder können frei umlaufen, bis eines von ihnen beim Schalten eines bestimmten Gangs mit seinem entsprechenden Gegenrad auf der Antriebswelle gekuppelt wird. Das Verhältnis der Zähnezahlen des jeweiligen Zahnradpaars ergibt die betreffende Untersetzungsstufe.
Der VW hat »vollsynchronisierte« Vorwärtsgänge. Die Zahnräder auf der Antriebs- und Abtriebswelle sind auf stiftartigen Rollen (»Nadeln«) gelagert. Es besteht also keine starre Verbindung zwischen Wellen und Rädern. Die Zahnräder bleiben immer im Eingriff. Beim Gangwechsel wird eine Verbindung zwischen Zahnrad und Welle hergestellt, nicht zwischen den Zahnrädern. Um die Drehzahlen von Welle und Zahnrad einander anzugleichen, läßt man ein Teil einer Welle gegen ein Teil der anderen Welle über Reibelemente schleifen. Durch die Reibung wird die schnellere Welle abgebremst, bis bei gleichem (synchronem) Lauf eine kraftübertragende Verbindung hergestellt werden kann.

Schaltungsprobleme

Wenn die Schaltung Schwierigkeiten macht, sollte sie in der Werkstatt mit einem V.A.G-Spezialwerkzeug eingestellt werden. Vorher muß kontrolliert werden, ob die Teile der Schaltbetätigung nicht verbogen und alle Lagerbuchsen o.ä. in Ordnung sind.

Behelfsmäßige Einstellung

- Schalthebel in Leerlaufstellung drücken.
- Klemmschelle zwischen der Schaltstange und ihrer Führung (Winkelfinger genannt) lösen.
- Die angesprochenen Teile sehen Sie in der Zeichnung unten.
- Schaltstange ein wenig verschieben. Klemmschelle wieder festziehen.
- Alle Gänge durchschalten. Funktioniert die Rückwärtsgangsperre noch?
- Kommen Sie so zu keinem befriedigenden Ergebnis, muß die Werkstatt die Schaltung einstellen.
- Beim Vierganggetriebe bis 3/89 wird das V.A.G-Werkzeug 3069 verwendet, seit 4/89 das Werkzeug 3234 und für das Fünfganggetriebe das Werkzeug mit der Nummer 3153.

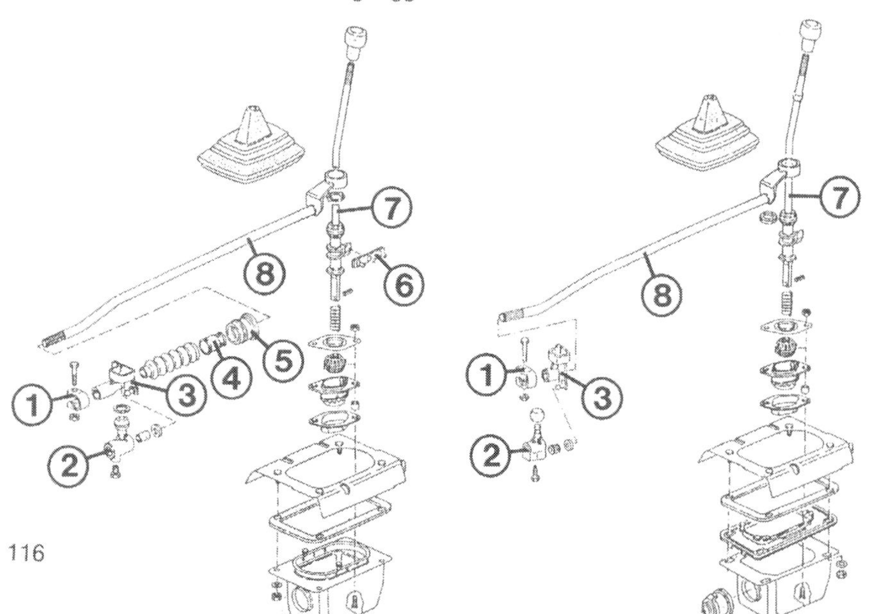

Die wichtigsten Teile der Schaltbetätigung – links für das Vierganggetriebe bis 3/89, rechts für die neuere Viergangversion und das Fünfganggetriebe:
1 – Klemmschelle;
2 – Schaltfinger;
3 – Schaltstangenführung;
4 – Buchse;
5 – Lagerring;
6 – Anschlagpuffer;
7 – Schalthebel;
8 – Schaltstange.

Ein Blick von der Fahrzeugunterseite auf die Schaltbetätigung. Wir haben hier herausgegriffen:
1 – Klemmschelle;
2 – Schaltfinger;
3 – Schaltstangenführung.

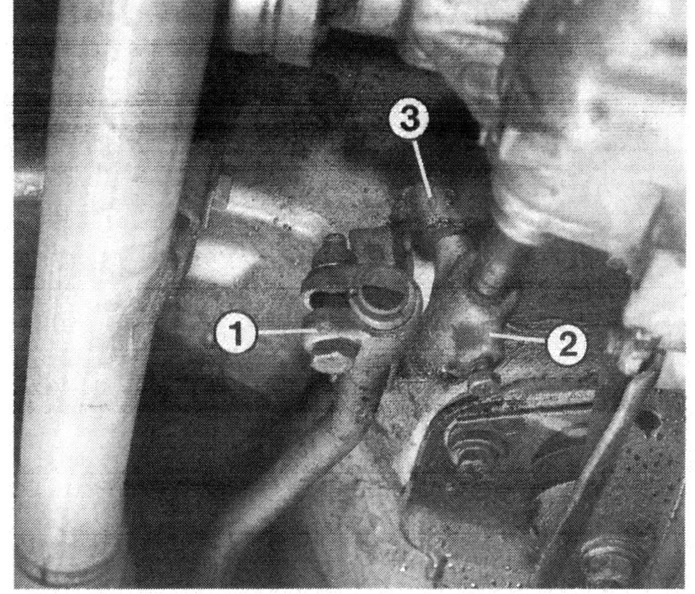

Störungsbeistand

Getriebegeräusche

Im Lauf der Zeit kann das Getriebe durch Geräuschentwicklung auf sich aufmerksam machen. Dann sollten Sie zuerst nach dem Ölstand im Getriebe sehen.

○ Tritt ein **heulendes Geräusch in einem Gang** auf und verändert sich der Ton beim Gasgeben und Gas wegnehmen, dürfte die Verzahnung des betreffenden Gangradpaares verschlissen sein.

○ Treten die **Geräusche in allen Gängen** auf, liegt es am Achsantrieb oder an den Getriebe-Wellenlagern.

○ **Rauhe, mahlende Geräusche**, die erst bei warmem Getriebe hörbar werden, weisen auf schlagende Synchronringe hin. Bei dünnflüssiger werdendem Öl wird dieses immer an derselben Stelle vom Synchronring weggedrückt.

Fingerzeige: Werkstätten wagen sich nur selten an die Reparatur oder Überholung eines Getriebes, sondern raten lieber zu einem Austauschaggregat. Preiswerter ist in den meisten Fällen der Einbau einer gebrauchten Schaltbox von der Autoverwertung.
Achten Sie auf die richtigen Getriebe-Kennbuchstaben. Die sind vorn oben am Gehäuse eingeschlagen. Außerdem ist dort das Herstellungsdatum angegeben mit Tag, Monat und Jahr, wobei von der Jahreszahl nur die letzte Ziffer erscheint.

Getriebe aus- und einbauen

Der Wagen muß so aufgebockt werden, daß Sie sowohl im Motorraum als auch an der Wagenunterseite arbeiten können. Das Getriebe wird nach unten abgenommen. Die im Text angesprochenen Aufhängungen zeigen die Zeichnungen im Motorkapitel.

- Masseband der Batterie abnehmen.
- Ein Kantholz längs auf die vordere Wand des Wasserfangkastens und das Querblech vorn über den Motorraum legen. An diesem Holz muß der Motor aufgehängt werden, solange die Triebwerklagerungen abgeschraubt sind.
- Kette oder Seil durch die Öse in Fahrtrichtung links am Zylinderkopf ziehen und am Kantholz »auf Spannung«, also straff befestigen.
- Wasserbehälter der Scheibenwaschanlage ausbauen.
- Kupplungsseil am Kupplungshebel aushängen.
- Tachowelle am Getriebe abschrauben.
- Elektrische Leitungen für Rückfahrleuchte sowie ggf. Schalt- und Verbrauchsanzeige abziehen.
- In Fahrtrichtung hinten am Kühlmittelrohr die Schlauchschelle lösen und das Halteblech abnehmen.
- Anlasser ausbauen.
- Gelenkwellen vom Getriebe abschrauben.
- Linke Gelenkwelle mit Draht hochbinden.
- Verbindungsschrauben oben zwischen Motor und Getriebe herausdrehen.
- Masseband an der Getriebestütze abschrauben.
- Getriebekonsole links vom Getriebe und Gummi/Metall-Lager abschrauben.
- Schrauben des Abdeckbleches für die Kupplung losdrehen.
- Getriebestütze vom Ausgleichgetriebe abschrauben.
- Untere Schrauben zwischen Motor und Getriebe lösen.
- Stabilisator von der Karosserie abschrauben.
- Die beiden Schrauben, mit denen der hintere Getriebeträger an der Karosserie befestigt ist, losdrehen.
- Schaltfinger (Zeichnung gegenüberliegende Seite) vom Innenschalthebel losschrauben.
- Getriebe mit einem Rangierwagenheber (Holz zwischenlegen) leicht anheben.

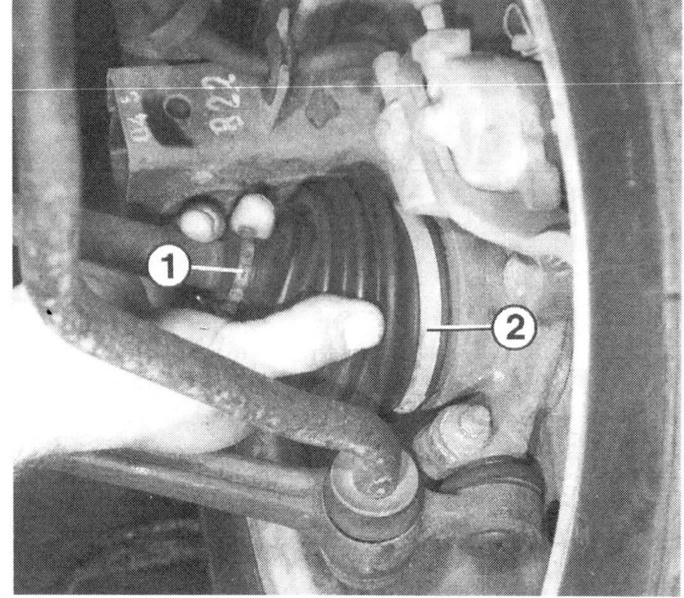

Bei der Kontrolle der Antriebswellen-Schutzmanschetten muß auch der feste Sitz des inneren (1) und äußeren Schlauchbinders (2) überprüft werden.

- Mit einem Montierhebel das Getriebe vom Motor abdrücken.
- Getriebe ablassen bzw. mit einem Helfer abnehmen.
- Vor dem Einbau die Getriebe-Antriebswelle mit etwas Moly-Gleitpaste bestreichen.
- Kontrollieren, ob die Paßhülsen zur Zentrierung von Motor und Getriebe im Motorblock vorhanden sind, andernfalls einsetzen.
- Beim Ansetzen des Getriebes darauf achten, daß das Zwischenblech zum Motor hin richtig sitzt. Man kann es ggf. mit etwas Fett »ankleben«.
- Achten Sie darauf, daß Sie die Motor/Getriebe-Aufhängungen spannungsfrei montieren.
- Kupplungsspiel einstellen.
- Blechlasche am Kühlmittelrohr ggf. zurechtbiegen und mit anschrauben.
- Schaltung neu einstellen, falls nötig.

Anzugs-Drehmomente

Bauteil	Nm
Getriebe an Motor	55
Gelenkwellen an Getriebe	45
Anlasser an Getriebe	25
Getriebestütze links an Getriebe	60
Getriebestütze an Gummi/Metall-Lager und Karosserie	60
Getriebestütze hinten an Getriebe	60
Getriebestütze hinten an Karosserie	60

Der Achsantrieb

Das Getriebe und der Achsantrieb mit dem Ausgleichgetriebe sitzen in einem gemeinsamen Gehäuse. Wenn Sie unsere Zeichnung rechts oben betrachten, erkennen Sie, daß die vom Motor ans Getriebe geleitete Kraft über ein kleines und ein großes Zahnrad an den Achsantrieb gelangt. Am großen Zahnrad ist das Gehäuse des Ausgleichgetriebes angeschraubt. In diesem Gehäuse sitzen vier ineinandergreifende Kegelräder, von denen zwei mit den Antriebswellen verbunden sind.

Solange wir geradeaus fahren, rollen beide Vorderräder mit der Drehzahl des großen Achsantriebsrades. Die Kegelräder des ebenfalls im gleichen Tempo drehenden Ausgleichgetriebe-Gehäuses stehen dagegen still. Beim Durchfahren einer Kurve muß das kurvenäußere Rad einen längeren Weg zurücklegen als das innere. Jetzt treten die Kegelräder in Aktion: Die schnellere Drehung des äußeren Rades und seines Kegelrades wirkt über die beiden Übertragungskegelräder auf jenes Kegelrad auf der Kurveninnenseite ein, das nun entsprechend langamer dreht. Dieser Ausgleich ist notwendig, sonst würde der Wagen ruckartig mit durchdrehenden Vorderrädern durch die Kurven fahren. Nachteilig wirkt sich das Ausgleichgetriebe jedoch aus, wenn ein Antriebsrad auf glattem Untergrund durchdreht. Dann wird auf das andere Vorderrad praktisch keine Kraft mehr übertragen, der Wagen rührt sich nicht von der Stelle.

Die Antriebswellen

Damit Sie beim Fahren und Lenken kein Zerren in der Lenkung verspüren, müssen die Gelenke der Antriebswellen die Kräfte in allen Feder- und Lenkstellungen vollkommen gleichmäßig übertragen. Am Ausgleichgetriebe sitzt ein sogenanntes Verschiebegelenk. Es ermöglicht den zum Ein- und Ausfedern notwendigen Längenausgleich, muß aber nur geringe Beugewinkel ertragen. Am Rad sitzt ein Festgelenk. Hier ist kein Längenausgleich notwendig, dafür ein großer Beugewinkel für den Lenkeinschlag.

Die Kraftübertragung vom Motor auf die Antriebsräder ist hier schematisch dargestellt. Die Zahlen bedeuten:
1 – Getriebe;
2 – Getriebe-Antriebswelle;
3 – Kupplung;
4 – Motor;
5 – Getriebe-Abtriebswelle;
6 – Achsantrieb;
7 – Ausgleichgetriebe;
8 – Tachoantrieb.
Die Zahnräder der einzelnen Gänge sind mit I, II, III, IV, V und R markiert.

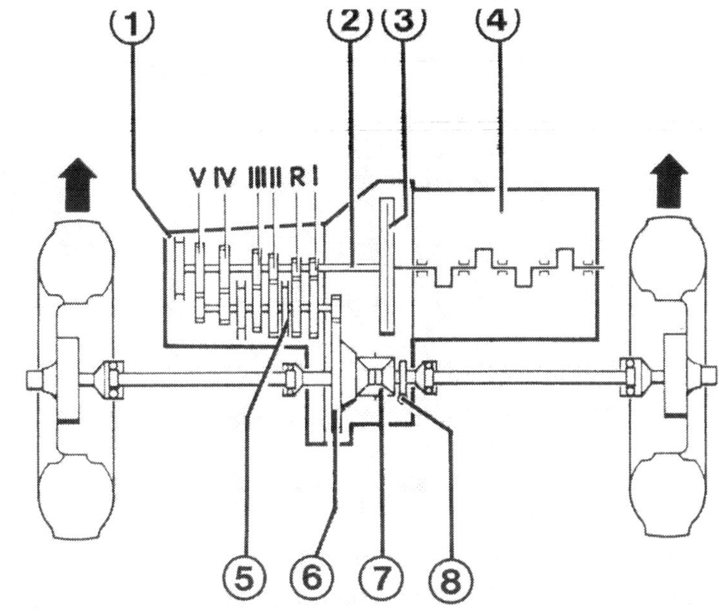

Gewöhnlich gibt es mit den Antriebswellen keine Probleme. Ihre Lebensdauer hängt natürlich von der Fahrweise ab. Vollgasstarts mit eingeschlagenen Vorderrädern und Anfahren mit durchdrehenden Antriebsrädern führen zu vorzeitigem Defekt.

Manschetten der Antriebswellen prüfen

Wartung Nr. 29

Die Gelenke der Antriebswellen sind mit Schmierfett gefüllt und zum Schutz gegen Feuchtigkeit und Schmutz mit Gummimanschetten umhüllt.

- Wagen vorn mit freihängenden Rädern aufbocken.
- Am Rad drehen und beide Manschetten der Welle auf feine Risse und spröde Stellen kontrollieren.
- Sitzen die Schlauchbinder fest?
- Fettspuren an der Manschette sind ein Alarmsignal, denn fehlendes Schmiermittel oder eindringender Schmutz bzw. Feuchtigkeit zerstören die Gelenkoberflächen sehr schnell.
- Beschädigte Manschetten sofort ersetzen. Dazu muß die Antriebswelle ausgebaut und zerlegt werden.

Störungsbeistand

Antriebswellen

Die Gelenke der Antriebswellen zeigen meist schlagartig Ausfallserscheinungen, die aber zwischendurch wieder völlig verschwinden können. Die »ruhige Phase« kann sich über mehrere Tage und Kilometer erstrecken.

○ **Rhythmische Schlag- oder Knack-knack-knack-Geräusche** beim Gasgeben und im Schiebebetrieb, die sich noch abhängig vom Lenkeinschlag verändern, sind ein Hinweis, daß das radseitige Gelenk defekt ist.

○ **Vibrationen und Zitterbewegungen im Lenkrad** bei eingeschlagenen Rädern deuten ebenfalls auf ein schadhaftes äußeres Gelenk.

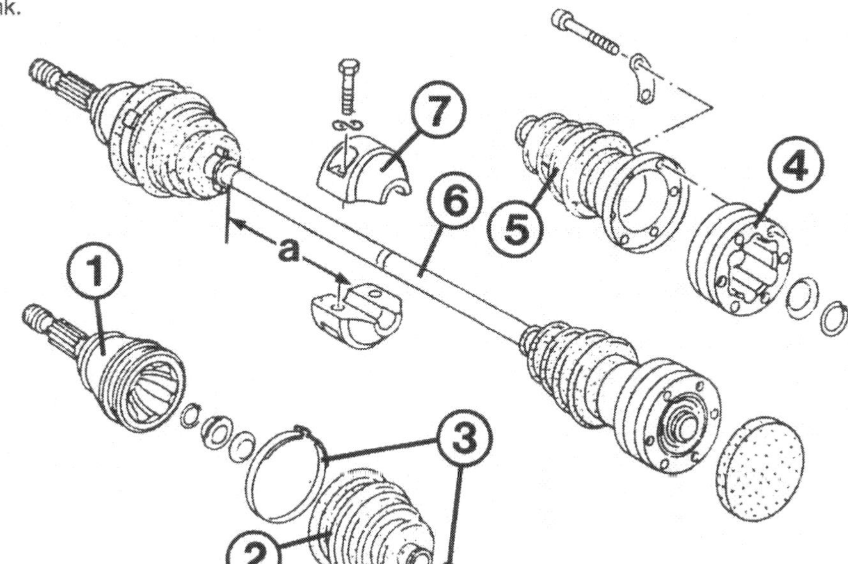

Die wichtigsten Teile der Antriebswelle (6) sind hier gezeigt:
1 – äußeres Antriebsgelenk;
2 – Manschette außen;
3 – Schlauchbinder;
4 – inneres Gelenk;
5 – Manschette innen;
7 – obere Hälfte des Ausgleichgewichtes.
Das Maß »a« muß zwischen innerem Ring der äußeren Manschette und der geraden Seite des Ausgleichgewichtes 151 mm betragen.

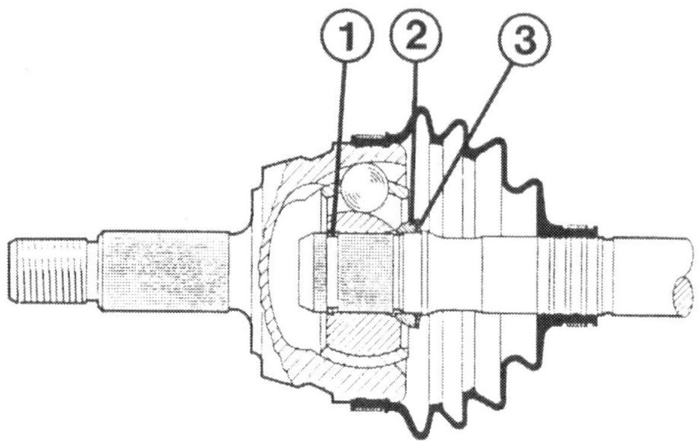

Beim Zusammenbau des äußeren Antriebswellengelenks müssen die Teile wie abgebildet montiert sein. Es bedeuten: 1 – Sicherungsring; 2 – Abstandsring; 3 – Tellerfeder.

Antriebswelle ausbauen

Die Haltemutter an der Achsnabe ist selbstsichernd und muß jedesmal erneuert werden. Außerdem ist es wichtig zu wissen, daß der VW mit ausgebauter Gelenkwelle nicht abgebockt oder gar geschoben werden darf. Hierbei würde das Radlager ungleichmäßig belastet, was die Lagerrollen beschädigt.

● Naben- bzw. Radzierkappe abnehmen.

● Sechskantmutter SW 30 in der Radnabe lösen; hierzu muß der VW absolut fest auf dem Boden stehen. Mutter herausdrehen.

● Wagen vorn aufbocken.

● Innenvielzahnschrauben der Welle am Getriebe herausdrehen.

● Gelenkwelle vom Getriebeflansch abdrücken und herausziehen.

● Gelenkwelle aus dem Radlagergehäuse ziehen.

● Wird die rechte Gelenkwelle ausgetauscht und war an der alten Welle ein Ausgleichgewicht angebracht, muß es abgeschraubt und an gleicher Stelle an der neuen Antriebswelle wieder montiert werden.

● Damit das Gewicht an der richtigen Stelle montiert wird, besitzt die Welle an dieser Stelle eine Rille oder ein Farbring. Hier muß das Ausgleichgewicht mit der geraden Seite anliegen.

● Die schräg zulaufende Seite des Gewichtes zeigt zum Getriebe hin.

● Falls der Farbring nicht mehr erkennbar sein sollte: Der Abstand zwischen dem inneren Ring der Gummimanschette und der geraden Seite des Ausgleichgewichtes soll 151 mm betragen.

● Beim Einbau die Unterlegplättchen der Innenvielzahnschrauben nicht vergessen. Anzugsdrehmoment 45 Nm.

● Wagen ablassen, Räder blockieren. Neue Achsnabenmutter mit 210 Nm anziehen.

Antriebswelle zerlegen

Zum Manschetten- oder Gelenkwechsel muß die ausgebaute Antriebswelle zerlegt werden. Problematisch ist hierbei, daß das getriebeseitige Verschiebegelenk aufgepreßt ist. Wenn Sie es nach unserer behelfsmäßigen Ausbaumethode nicht abnehmen können, muß es abgepreßt und das neue Gelenk aufgepreßt werden.
Beim Ersatz beachten, daß das äußere Gelenk je nach Baujahr in der Ausführung unterschiedlich ist. Der Polo G40 besitzt ingesamt verstärkte Antriebsgelenke.

● **Äußeres Gelenk:** An einer intakten Manschette den großen Schlauchbinder aufbiegen, Schutzhülle zurückstreifen.

● Bei beschädigter Manschette diese komplett abnehmen.

● Gelenk mit einem Kunststoffhammer von der Gelenkwelle mit einem kräftigen Schlag losklopfen.

● Beim Einbau Sitz der Tellerfeder und des Abstandsrings beachten (Zeichnung oben).

● Manschette aufziehen.

● Neuen Sicherungsring in die Nut der Gelenkwelle einsetzen, dann Gelenk mit dem Kunststoffhammer aufklopfen, bis der Sicherungsring einrastet.

● Gelenk fetten: Ein neues erhält 90 g MoS_2-Fett eingedrückt, ein gebrauchtes wird nachgefettet.

● Klemmschellen der Manschette fest zusammenpressen.

● **Inneres Gelenk:** Blech-Schutzkappe samt der daran befestigten Manschette mit Hammer und Durchschlag vorsichtig vom Gelenk herunterklopfen. Dabei den Durchschlag an mehreren Stellen rund um das Gelenk ansetzen.

● Am Wellenstumpf den Sicherungsring des Gelenks mit zwei feinen Schraubendrehern und Geduld aus seiner Nut herausheben.

● Antriebsgelenk mit Hammerschlägen von der Welle losklopfen.

● Tellerfeder von der Antriebswelle abdrücken.

● Klemmschelle der Manschette aufbiegen oder mit Seitenschneider durchschneiden, Manschette abziehen.

● Neue Manschette montieren. Klemmschelle fest zusammenpressen.

● Tellerfeder so einbauen, daß ihr größerer Durchmesser zum Gelenk hin zeigt.

● Gelenk in seinen Sitz klopfen, Sicherungsring montieren.

● Auf jeder Seite des neuen Gelenks 45 g MoS_2-Schmierfett eindrücken. Ein gebrauchtes Gelenk lediglich nachfetten.

● Blech-Schutzkappe der Manschette aufdrücken, notfalls leicht aufklopfen.

Rollendes Fundament

Die Radaufhängung stellt die gelenkige Verbindung zwischen Karosserie und den Rädern auf der Fahrbahn her. Dazu gehört auch die Lenkung.

Die Vorderradaufhängung

Es genügt nicht, die Vorderräder einfach mit der Karosserie zu verbinden, sie müssen auch exakt »geführt« werden.

○ Beim Polo/Derby dient zur Aufnahme der seitlichen Kräfte ein sogenannter Einfach-Querlenker. Einfach deshalb, weil es sich lediglich um einen geraden, profilierten Stab handelt. Der Begriff Querlenker besagt, daß er quer zur Fahrtrichtung gelenkig mit der Karosserie verbunden ist.

○ Dieser eine Führungspunkt an der Karosserie genügt natürlich noch nicht, es muß noch eine Führung in Längsrichtung vorhanden sein. Nach außen zum Rad hin ist am Querlenker ein gebogener Rundstab (der vom linken zum rechten Rad verläuft) mit einem Gummilager befestigt. Dieser als Zugstrebe bezeichnete Stab ist seinerseits in Längsrichtung unbeweglich mit einem Lagerbock an der Karosserie angeschraubt. Damit kann sich auch der Querlenker nicht mehr nach vorn oder hinten bewegen.

○ Der Rundstab wirkt zugleich als Stabilisator mit einfacher, aber wirkungsvoller Funktion: Federn beide Räder gleichzeitig ein, macht der an beiden Enden zu Hebeln gebogene Stabilisatorstab die Bewegung mit, ohne sich dagegen zu sperren. Beim Durchfahren einer Kurve federt jedoch das kurveninnere Rad aus, und die Feder des kurvenäußeren Rades wird stärker zusammengepreßt. Dadurch wird der Stabilisator in sich verdreht. Er verstärkt so die Federung im kurvenäußeren Rad und bewirkt, daß sich die Karosserie weniger stark zur Kurvenaußenseite neigt.

○ Ganz außen am Querlenker sitzt das sogenannte Achsgelenk, mit dem die Federungs-/Stoßdämpfungseinheit (das Federbein) verbunden ist.

Die Lenkung

Die Drehungen am Lenkrad wandelt ein Lenkgetriebe – es sitzt hinter dem Motor vor der Trennwand zum Innenraum – in eine hin- und hergehende Bewegung um, damit die Vorderräder zur Seite schwenken können.

○ Der VW hat eine Zahnstangenlenkung. Ein Zahnrad (Ritzel) am Ende der Lenksäule greift in eine gezähnte Stange ein und verschiebt diese je nach Drehung am Lenkrad nach rechts oder links.

○ Diese Bewegungen übertragen die beiden über einen Mitnehmer an der Zahnstange angeschraubten Spurstangen auf die schwenkbaren Radzapfen (Achsschenkel) und damit auf die Räder.

○ Um Fahrbahnstöße vom Lenkrad fernzuhalten, ist bei den Modellen ab 55 kW ein Lenkungsdämpfer am Lenkgetriebe angeschraubt.

Die Hinterachse

Hier haben wir eine richtige Achse aus einem Stück vor uns. Sie ist aber nicht starr, sondern in sich verdrehbar; dabei wirkt sie wie ein Stabilisator. Das Kernstück bildet ein V-förmiger Querträger aus Federstahl. Daran sind rechts und links rohrförmige Längslenker (= in Längsrichtung angelenkt) angeschweißt. Sie tragen in Fahrtrichtung hinten die Haltekonsole für das Federbein. Seitlich an der Konsole ist der Radzapfen angeschraubt. Ab 55 kW Motorleistung ist ein zusätzlicher Stabilisator am Hinterachskörper angeschweißt.
Die Verbindung zwischen Hinterachse und Karosserie stellen Gummi/Metall-Lager in Fahrtrichtung vorn am Längslenker her.

Die Federbeine

Unter dem Begriff Federbein verstehen wir die Zusammenfassung von Feder und Stoßdämpfer in einer Einheit. Der Dämpfer ist in die Schraubenfeder hineingesteckt. Feder und Dämpfer arbeiten genau in derselben Bewegungsrichtung. Solche Federbeine hat der VW an der Vorder- und Hinterachse.
Für die Vorderradfederung wurde ein Patent des Amerikaners Earl S. McPherson verwendet. Das nach ihm benannte Federbein stellt ein komplettes Radaufhängungssystem dar. Oben an der Verbindung zur Karosserie ist es drehbar gelagert, so daß Lenkbewegungen überhaupt möglich sind. Am unteren Teil sitzt der Radzapfen, auf dem das Vorderrad läuft.

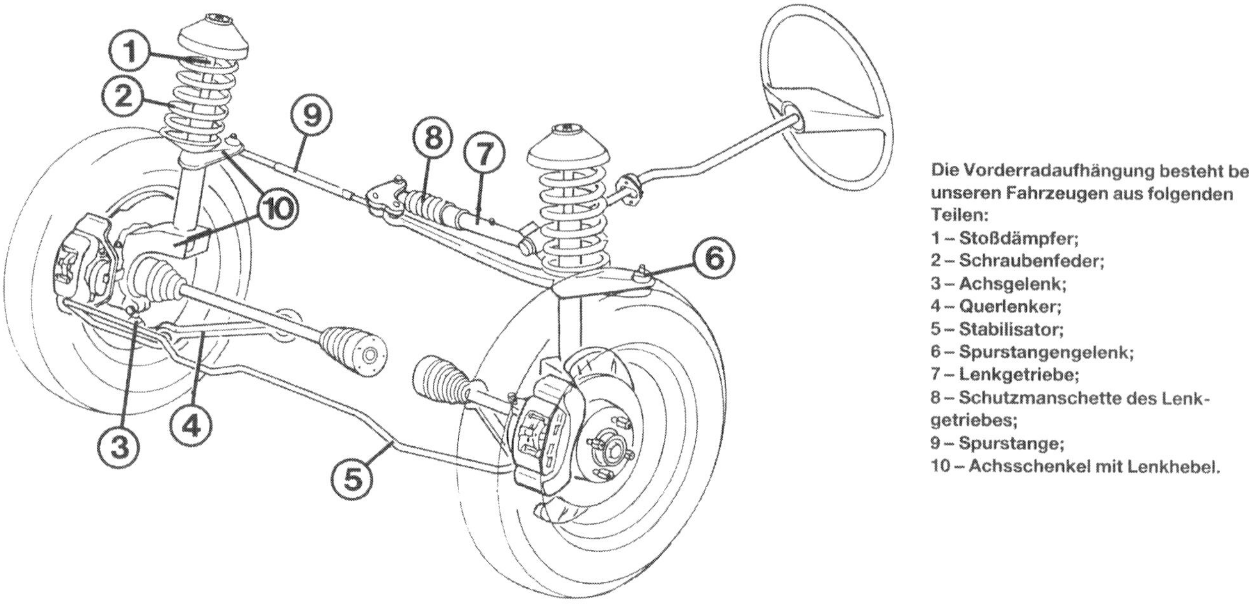

Die Vorderradaufhängung besteht bei unseren Fahrzeugen aus folgenden Teilen:
1 – Stoßdämpfer;
2 – Schraubenfeder;
3 – Achsgelenk;
4 – Querlenker;
5 – Stabilisator;
6 – Spurstangengelenk;
7 – Lenkgetriebe;
8 – Schutzmanschette des Lenkgetriebes;
9 – Spurstange;
10 – Achsschenkel mit Lenkhebel.

Um eine Tieferlegung des Fahrwerks von 10 mm zu erzielen, kommen beim Polo G40 vorn und hinten kürzere Schraubenfedern mit anderen Federraten zum Einsatz.

Die Stoßdämpfer

Die Stöße der Fahrbahn schlucken Reifen und Federn. Die Stoßdämpfer indessen sollen die Schwingungen der Radmassen unterdrücken bzw. zum Abklingen bringen. Richtiger wäre daher die Bezeichnung »Schwingungsdämpfer«.
Serienmäßig sind sogenannte Zweirohrdämpfer eingebaut. Sie bestehen aus einem Arbeitszylinder, in dem ein mit einer Kolbenstange verbundener Arbeitskolben auf und ab gleiten kann. Der Arbeitszylinder ist von einem zweiten Zylinder umgeben, der als Vorratsbehälter für das Stoßdämpfer-Hydrauliköl dient. Bei Federbewegungen eines Rades verschiebt sich der Kolben im Zylinder. Das in Bewegung versetzte Spezialöl wird durch Ventile hindurchgepreßt, was die Kolbenbewegung verlangsamt und damit die Schwingungen des jeweiligen Rades dämpft.
Im Polo G40 werden zur Anpassung an die kürzeren Schraubenfedern härtere Stoßdämpfer eingebaut.

Lenkgetriebe-Manschette kontrollieren

Wartung Nr. 24

Die aus dem Lenkgetriebegehäuse austretende Zahnstange ist durch eine Gummimanschette geschützt. Ein schadhafter Faltenbalg läßt Schmutz und Feuchtigkeit ins Lenkgetriebe gelangen. Das ergibt zusammen mit dem Lenkgetriebefett eine Art Schleifpaste und nagt am Lenkritzel. Ist die Lenkung in der Geradeausstellung schon etwas »teigig«, hilft Nachstellen nicht mehr, sonst klemmt sie beim Einschlagen der Räder und geht nach Kurven nicht mehr zurück.

- Nur bei Motoren mit rundem Luftfiltergehäuse dieses ausbauen.
- Lenkrad nach links einschlagen. Ablaufschlauch des Wasserfangkastens zu Seite drücken. Darunter ist die Lenkgetriebemanschette versteckt.
- Ziehen Sie den Faltenbalg Stück um Stück auseinander, um Risse in den Gummiwülsten zu erkennen.
- Sitzt der Haltering fest auf der Manschette?
- Kontrollieren Sie den festen Sitz des Schlauchbinders der Manschette.
- Eine defekte Manschette sofort ersetzen.

Staubkappen und Spiel der Spurstangenköpfe prüfen

Wartung Nr. 27

Rechts und links zwischen Spurstange und Lenkhebel am Radlagergehäuse sitzt ein Gelenk. Der stählerne Kugelkopf ist von selbstschmierendem Kunststoff umhüllt und durch eine staub- sowie wasserdichte Umhüllung geschützt.

- Kontrollieren Sie die Manschetten der Spurstangengelenke auf Risse.
- Eventuelles Spiel im Gelenk wird bei auf dem Boden stehendem Wagen geprüft. Am besten geht das auf einer Grube.
- Lassen Sie einen Helfer das Lenkrad mehrmals kurz nach links bzw. rechts drehen und fühlen Sie an den Spurstangengelenken, ob sie »Luft« haben.
- Spurstangenköpfe mit defekter Manschette oder Spiel müssen umgehend ersetzt werden.

Zur Hinterachse des VW Polo und des Derby zählen folgende Teile:
1 – Lagerbock mit Gummi/Metall-Lager;
2 – Stoßdämpfer;
3 – Achszapfen;
4 – Profil-Längslenker;
5 – V-förmiger Achskörper;
6 – Schraubenfeder.

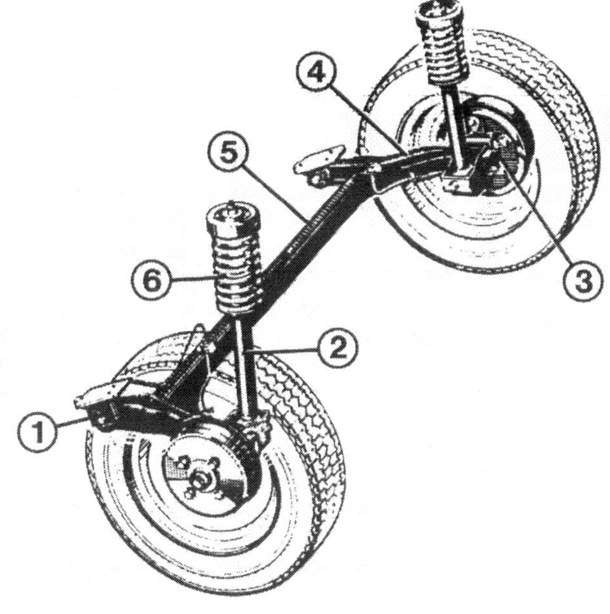

Staubkappen der Achsgelenke kontrollieren

Wartung Nr. 28

Die Gelenke rechts und links zwischen Querlenker und Radlagergehäuse sind wartungsfrei. Die stählernen Kugelköpfe der Achsgelenke sitzen in einer Fett-Dauerfüllung und zusätzlich in Kunststoffschalen. Als Schutz vor Nässe und Schmutz dienen Staubkappen aus Kunststoff. Eindringender Schmutz wirkt wie Schmirgelsand im Gelenk; Feuchtigkeit läßt es mit der Zeit festrosten.

- Lenkung nach einer Seite voll einschlagen.
- Kappen der Achsgelenke rechts und links auf Beschädigungen kontrollieren.
- Eine schadhafte Staubkappe kann nicht einzeln ersetzt werden, das Achsgelenk muß komplett ausgetauscht werden.

Spiel der Achsgelenke kontrollieren

Eine Prüfung, ob die Achsgelenke Spiel aufweisen, ist im Wartungsplan nicht vorgesehen. Die Kontrolle ist nach unseren Erfahrungen nur bei Wagen ab einer Laufleistung von 80000 km erforderlich.

- Wagen aufbocken, daß das betreffende Vorderrad frei hängt.
- Rad oben und unten fassen und quer zur Fahrtrichtung daran rütteln.
- Zeigt sich »Luft«, sollten Sie das Spiel in der Werkstatt prüfen lassen.

Lenkungsspiel prüfen

Wartung Nr. 10

- Linkes Seitenfenster herunterkurbeln. Stellen Sie sich neben den Wagen.
- Durchs Fenster greifen und Lenkrad kurz hin und her drehen.
- Bewegt sich das linke Vorderrad aus der Geradeausstellung sofort mit? Achten Sie auf die Felge, denn der elastische Reifen kann einen Teil des Einschlags »schlucken«, ehe er sich bewegt.
- Zeigt das Lenkgetriebe Spiel, kann es nachgestellt werden.

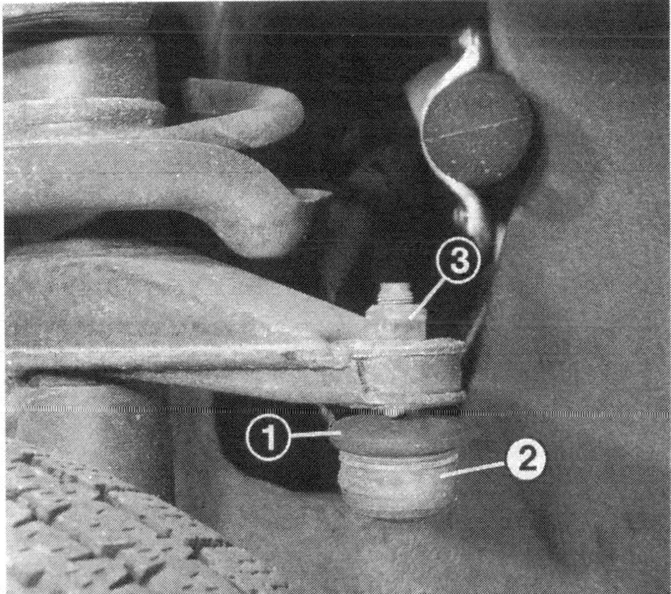

Der Spurstangenkopf (2) ist mit einer selbstsichernden Mutter (3) mit dem Lenkhebel am Radlagergehäuse verschraubt. In regelmäßigen Abständen muß die Manschette (1) auf Schäden kontrolliert werden.

Radlagerspiel prüfen

Wartung Nr. 43

Die Räder laufen vorn auf zweireihigen Kugellagern und hinten auf Schrägkegel-Rollenlagern. Sie halten, mit Dauerfetten montiert, an der Hinterachse weitaus mehr als 100000 km durch. Die vorderen Radlager können schon wesentlich früher durch laute Laufgeräusche auf sich aufmerksam machen. Wird das Geräusch z.B. in Rechtskurven lauter, ist das linke Radlager defekt.

- Fassen Sie nacheinander die fest am Boden stehenden Räder oben und versuchen Sie, diese quer zum Wagen zu bewegen.
- Bei einwandfreien Lagern darf praktisch keine »Luft« vorhanden sein.
- Zeigen die hinteren Radlager Spiel, können sie nachgestellt werden.
- Bei Spiel an den Lagern der Vorderräder lassen Sie einen Helfer auf das Bremspedal treten und wiederholen die Kontrolle.
- Ist weiterhin Spiel vorhanden, liegt die Ursache am Achsgelenk.
- Die vorderen Radlager können nicht eingestellt werden, sondern man muß sie ersetzen.
- Bei hochgebocktem Wagen können Sie noch prüfen, ob sich die Räder leicht drehen lassen (keine Schleif- oder Mahlgeräusche?).

Stoßdämpfer prüfen

Nachlassende Dämpfwirkung wird oft unbewußt durch verändertes Fahrverhalten ausgeglichen. Eine Faustregel besagt, daß nach zwei verschlissenen Reifensätzen die Serienstoßdämpfer nur noch die Hälfte ihrer ursprünglichen Wirkung besitzen und somit austauschreif sind.

Keine genaue Diagnose erhält man durch die bekannte »Schaukelmethode« im Stand, bei der man den Wagen am betreffenden Kotflügel aufschaukelt und plötzlich losläßt: Die Federbewegung müßte sofort gedämpft werden. So läßt sich aber nur ein total ausgefallener Stoßdämpfer feststellen.

Ein genaueres Bild über den Stoßdämpferzustand liefert ein spezieller Prüfstand, wie z.B. der »Shocktester« von Boge. Die Ausschwingbewegungen der zuvor in Schwingung versetzten Fahrzeugachse werden auf ein Diagramm aufgezeichnet. Dazu darf das Stoßdämpferöl nicht zu kalt sein, sonst wird das Meßergebnis verfälscht. Anhand des Diagramms hat man einen Anhaltspunkt über die Funktionsfähigkeit der Stoßdämpfer. Solche Prüfstände haben Autoclubs im »Wandereinsatz« sowie manche Werkstätten und TÜV-Stellen.

Störungsbeistand

Stoßdämpfer

Es gibt einige untrügliche Anzeichen für nachlassende Stoßdämpferwirkung:

- **Poltergeäusche** während der Fahrt.
- **Flatternde Lenkung**, weil die Räder keinen ständigen Bodenkontakt haben.
- Die **Karosserie schwingt weiter** nach Überfahren von Unebenheiten.
- **»Schwammiges« Verhalten** in Kurven, weil die kurveninneren Räder nicht genügend auf den Boden gedrückt und die äußeren nicht stark genug entlastet werden.
- **Springende Räder**; das muß freilich ein neben- oder hinterherfahrender Begleiter beobachten.
- **Vielfach unterbrochene Bremsspur** bei Vollbremsung durch springende Räder.

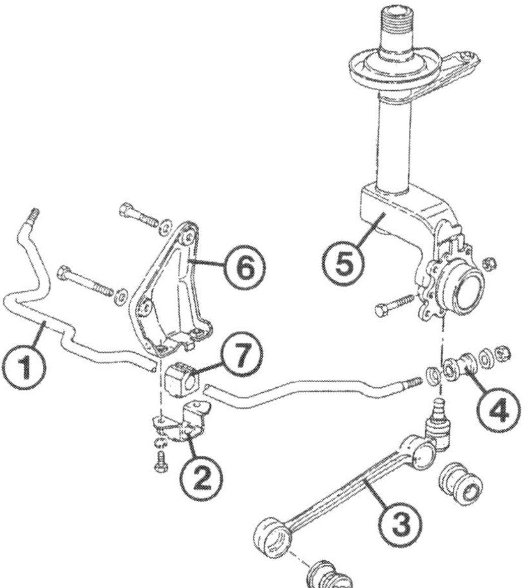

Die Vorderradaufhängung ist hier in ihren Einzelteilen abgebildet:
1 – Stabilisator;
2 – Halteschelle;
3 – Querlenker;
4 – hinteres Gummi/Metall-Lager;
5 – Radlagergehäuse;
6 – Lagerbock;
7 – Gummilager.

○ **Ungleichmäßige Abnutzung der Reifen** und erhöhter Reifenverschleiß.
○ **Erhebliche Ölspuren** außen am Stoßdämpfer bis unter den Federteller des Federbeins. Geringe Leckverluste sind dagegen normal.

Die Federbein-Lagerung

Die obere Lagerung der Federbeine dient der Geräuschisolation, soll die Federwirkung erhöhen und beim Lenkeinschlag einen möglichst geringen Widerstand entgegensetzen.
Solange die Vorderräder Fahrbahnkontakt haben, sind die Federbeinlager ständig unter Last verspannt. Falls bei der Hauptuntersuchung durch DEKRA oder TÜV das Spiel der Vorderradaufhängung bei angehobenen Rädern geprüft wird, zeigt sich zwischen Federbeinlager und Kolbenstange des Stoßdämpfers Spiel. Dies ist jedoch konstruktiv bedingt und deutet nicht auf Verschleiß.

Eigenarbeiten an Lenkung und Fahrwerk

Für die Verkehrssicherheit sind Fahrwerk und Lenkung von entscheidender Bedeutung. Sie sollten daran nur schrauben, wenn Sie sich Ihrer Sache völlig sicher sind. Andernfalls gefährden Sie sich und andere.
Sollten Sie die hier genannten Werkzeuge nicht besitzen oder im Zweifel sein, ob Sie die betreffende Reparatur selbst bewerkstelligen können, gehört die Arbeit in die Werkstatt.

Vorderradaufhängung zerlegen

An den Teilen der vorderen Radaufhängung läßt sich vieles selbst aus- und einbauen. Für bestimmte Arbeiten sind allerdings Werkstattgeräte erforderlich. Beschädigte Teile der Radaufhängung dürfen nicht gerichtet oder gar geschweißt, sondern müssen grundsätzlich erneuert werden.

Stabilisator ausbauen

- Wagen vorn aufbocken. Beide Räder müssen gleichmäßig ausgefedert sein.
- Je zwei Schrauben an den Lagerböcken rechts und links an der Karosserie losdrehen.
- An den Querlenkern beidseitig die Muttern des Stabilisators losdrehen.
- Stabilisatorstange nach vorn herausziehen.
- Kontrollieren Sie vor dem Einbau den Zustand der Stabilisator-Gummilager.
- Beim Einbau Einsteckföffnung neuer Gummis zum leichteren Aufschieben mit Glyzerin einstreichen.
- Der Stabilisator muß so montiert werden, daß die Kröpfung vorn in der Mitte nach oben zeigt.
- Selbstsichernde Muttern am Gummilager im Querlenker durch neue ersetzen und mit 75 Nm festziehen.
- Zum Anschrauben an den Lagerböcken muß ein Helfer den Stabilisator mit einer Zange nach oben drücken.
- Die Schrauben werden mit 30 Nm festgedreht.

Achsgelenk und Querlenker ausbauen

Das Achsgelenk sitzt direkt am Querlenker, es kann nicht einzeln ersetzt werden.

- Wagen vorn aufbocken, betreffendes Vorderrad abstützen.
- Stabilisator ausbauen, siehe oben.
- Halteschraube des Querlenkers innen am Haltebock an der Karosserie losdrehen.
- Unten am Radlagergehäuse die Verschraubung der Klemmverbindung lösen.
- Achsgelenk nach unten herausziehen.
- Falls das nicht problemlos geht, Schnellrostlöser ansprühen. Keinesfalls den Schlitz im Radlagergehäuse mit einem Meißel aufzuweiten versuchen.
- Gummi/Metall-Lager im Querlenker auf Risse oder sonstige Beschädigungen kontrollieren.
- Die Lager können nur mit Werkstattmitteln ausgetauscht werden.
- Selbstsichernde Muttern des Querlenkers und des Achsgelenks ersetzen.
- Einbaurichtung der Schraube an der Klemmverbindung des Achsgelenks beachten: Der Schraubenkopf zeigt in Fahrtrichtung nach vorn.
- Die Anzugsmomente lauten: Klemmverbindung 50 Nm, Querlenker-Halteschraube innen 55 Nm.

Federbein ausbauen

- Wagen vorn aufbocken, Rad abschrauben.
- Stabilisator und Querlenker ausbauen.
- Spurstangengelenk vom Lenkhebel trennen.
- Bremssattel abschrauben und mit Draht aufhängen, daß er nicht am Bremsschlauch zerrt.
- Im Motorraum die Abdeckung oben am Federbein abnehmen.
- Haltemutter SW 19 von der Kolbenstange des Federbeins abschrauben. Dazu muß der Außensechskant auf der Kolbenstange mit einem Schraubenschlüssel gegengehalten werden.
- Federbein abnehmen.
- Kolbenstange zum Festziehen der oberen Federbein-Haltemutter wieder gegenhalten.
- Für diese selbstsichernde Mutter gilt ein Anzugsdrehmoment von 60 Nm. Da gleichzeitig die Kolbenstange gegengehalten werden muß, hat die VW-Werkstatt hierzu einen Ringschlüssel-Ansatz für den Drehmomentschlüssel. Behelfsmäßig geht es nur mit gefühlsmäßigem Anziehen mit einem herkömmlichen Ringschlüssel.

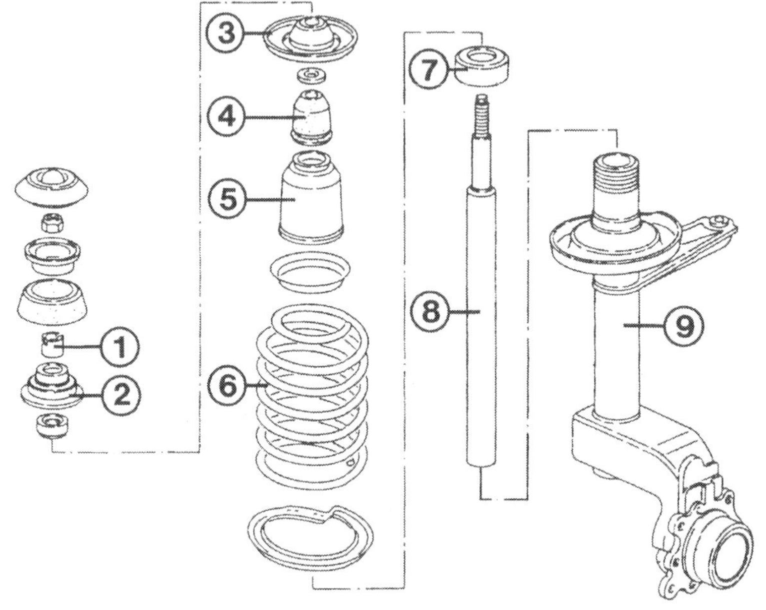

Das vordere Federbein besteht bei unseren Fahrzeugen aus folgenden Teilen:
1 – Nutmutter;
2 – Federbeinlager;
3 – Federteller oben;
4 – Anschlagpuffer;
5 – Schutzhülle;
6 – Schraubenfeder;
7 – Schraubkappe;
8 – Stoßdämpfer;
9 – Radlagergehäuse.

Stoßdämpfer bzw. Feder ausbauen

Zu dieser Arbeit ist eine Spannvorrichtung für die Schraubenfeder zwingend erforderlich. Gebraucht werden drei Federspanner. Ohne diese besteht durch die etwa vierfache Vorspannung der Schraubenfeder die Gefahr, daß die Teile nach Lösen der zentralen Halteschraube explosionsartig auseinanderfliegen – allerhöchste Verletzungsgefahr!
Zusätzliche Hürden stellen die Verschraubungen im Federbein dar. Oben ist dies eine geschlitzte Nutmutter ohne Außensechskant. Dafür gibt es das V.A.G-Spezialwerkzeug 3001. Den Stoßdämpfer hält eine Schraubkappe im Radlagergehäuse. Diese Kappe besitzt ebenfalls keinen Außensechskant, sondern ihr Innensechskant muß mit dem V.A.G-Sonderwerkzeug 40-201A gelöst werden. Als Behelf kann eine besonders lange Rohrzange dienen, wenn Nutmutter und Schraubkappe ersetzt werden.
Als Ersatz für die offenen »Naßdämpfer« der Erstausrüstung gibt es geschlossene Stoßdämpferpatronen von VW und im Zubehörhandel.

- Federbein ausbauen.
- Schraubenfeder spannen.
- Nutmutter oben lösen, gleichzeitig die Kolbenstange des Stoßdämpfers gegenhalten.
- Teile abnehmen und in ihrer Reihenfolge ablegen.
- Schraubenfeder langsam entspannen.
- Anschlaggummi und Abdeckung über dem Stoßdämpfer abnehmen.
- Schraubkappe losdrehen.
- Kolben und Kolbenstange aus dem Radlagergehäuse herausziehen.
- Stoßdämpferöl im Radlagergehäuse zum Altöl gießen; ein ganz geringer Rest soll im Gehäuse bleiben.
- Nach dem Einsetzen der neuen Stoßdämpferpatrone die Schraubkappe mit 150 Nm anziehen, was ohne das V.A.G-Spezialwerkzeug nicht möglich ist.
- Nach Einsetzen von Abdeckung und Gummipuffer die Schraubenfeder wieder spannen, dann Federbeinlager mit seinen Teilen montieren.
- Die Nutmutter oben am Federbeinlager soll mit 50 Nm festgedreht werden.

Arbeiten an der Lenkung

Spurstangenkopf auswechseln

Der Spurstangenkopf an der rechten Spurstange ist getrennt angeschraubt. Im Schadensfall muß also nicht die komplette Spurstange ausgetauscht werden.

- Rad abnehmen.
- Mutter oben am Spurstangenkopf lösen.
- Spurstangenkopf mit einem Klauenabzieher nach unten aus dem Lenkhebel am Radlagergehäuse herausdrücken.
- Kontermutter an der Spurstange losdrehen, dabei den Sechskant an der Stange gegenhalten.
- Lage der Spurstangenkopf-Verschraubung anzeichnen, dann stimmt die Spur nach dem Zusammenschrauben wieder einigermaßen.
- Spurstangenkopf abschrauben und neuen bis zur Markierung eindrehen.
- Kugelbolzen des Spurstangenkopfes in den Lenkhebel hineindrücken, ggf. vorsichtig hineinklopfen.
- Neue selbstsichernde Mutter am Spurstangenkopf mit 35 Nm anziehen, Kontermutter auf der Spurstange mit 40 Nm festdrehen.
- Spur kontrollieren lassen.

Spurstange auswechseln

Nur die rechte Spurstange ist einstellbar, die linke dagegen starr. Bis 7/82 bzw. seit 8/82 werden in Form und Länge unterschiedliche Spurstangen eingebaut.

- Spurstangenkopf vom Lenkhebel trennen, siehe vorangegangenen Abschnitt.
- Im Motorraum die Spurstange vom Mitnehmer des Lenkgetriebes losschrauben.

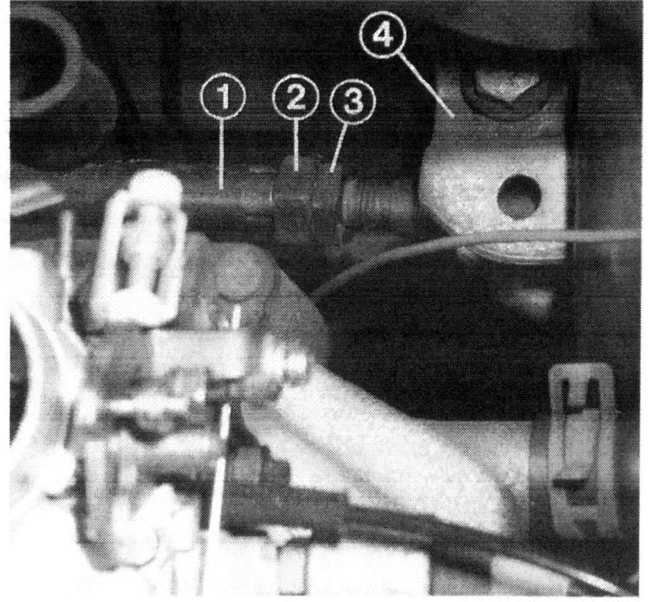

Zwischen Ansaugrohr und der Trennwand zum Innenraum sieht man das Lenkgetriebe. Hier im Bild gezeigt ist die rechte Spurstange (1) mit ihrem geschlitzten Ende, der Sechskant (2) zur Verklammerung, die Kontermutter (3) sowie der Mitnehmer (4) des Lenkgetriebes.

- Beim Festschrauben (30 Nm) der neuen Spurstange am Lenkgetriebe-Mitnehmer muß der VW mit den Rädern auf dem Boden stehen. Andernfalls können sich die Gummi/Metall-Lager verspannen.

Länge der rechten Spurstange einstellen

- Kontermutter rechts und links lösen.
- Sechskant auf den geschlitzten Enden der Spurstange etwas zurückklopfen. Dadurch löst sich die Verklammerung, und die Stange kann mit einer Rohrzange verdreht werden.
- Kontermuttern wieder festziehen, dadurch werden die Sechskante auf die konisch zulaufenden Enden der Spurstange gedrückt.
- Damit ist die Verklammerung wieder hergestellt und die Einstellung gesichert.
- Spur kontrollieren lassen.

Lenkungsdämpfer ersetzen

Lenkungsflattern oder Ölspuren außen am Lenkungsdämpfer lassen einen Schaden vermuten.

- Die von unten eingedrehten Halteschrauben am Mitnehmer für die Spurstangen und am linken Halter des Lenkgetriebes losdrehen.
- Dämpfer abnehmen.
- Beim Einbau die Schrauben mit 45 Nm anziehen.

Lenkgetriebe-Manschette austauschen

Eine beschädigte Manschette läßt sich mit einigen Verrenkungen bei eingebautem Lenkgetriebe auswechseln.

- Mitnehmer von der Zahnstange abschrauben.
- Schlauchbinder der Manschette aufschneiden.
- Manschette mit ihrem seitlichen Haltering von der Zahnstange abziehen.
- Zahnstange mit Lenkgetriebefett AOF 063 000 04 fetten.
- Beim Einbau die neue Manschette bis in die Nut am Haltering einstecken.
- Ring bis zum Anschlag auf die Zahnstange aufschieben.
- Schlauchbinder der Manschette so montieren, daß die Verschraubung zur Trennwand zwischen Motor- und Innenraum zeigt.
- Verschraubung zwischen Mitnehmer und Lenkzahnstange mit 45 Nm anziehen.

Lenkgetriebe einstellen

- Wagen vorn aufbocken, Räder geradeaus stellen.
- Selbstsichernde Einstellschraube (von unten erreichbar, siehe Bild auf der folgenden Seite unten) vorsichtig rund 20° hineindrehen. Das ist knapp die Hälfte einer Vierteldrehung!
- Wagen ablassen und probefahren.
- Geht die Lenkung nach Kurven nicht von selbst wieder in die Geradeausstellung zurück, Einstellschraube etwas herausdrehen.
- Bei noch vorhandenem Spiel die Schraube ein wenig hineindrehen.

Radlager ausbauen

Beim Anfahren mit voll eingeschlagenen Vorderrädern kann ein Knackgeräusch auftreten. Dann verschiebt sich das Radlager geringfügig im Radlagergehäuse. Abhilfe ist durch Molypaste möglich, womit der Radlagersitz – nicht das Lager – eingestrichen werden muß. Bei den VW-Ersatz-Radlagern wird diese Paste gleich mitgeliefert.

Das Radlager ist mit seinem Außenring ins Radlagergehäuse eingepreßt, am inneren Lagerring ist die Radnabe eingepreßt. Ein neues Radlager darf auf keinen Fall mit dem Hammer in seinen Sitz geklopft werden, sonst ist der nächste Schaden »mit eingebaut«. Das Aus- und Einpressen sollten Sie in der Werkstatt machen lassen.

- Federbein ausbauen.
- Bremsscheibe abschrauben.
- Abdeckblech der Bremsscheibe losschrauben.
- Zuerst Radnabe abpressen.
- Lagerinnenring von der Radnabe abziehen.
- Radlager-Sicherungsringe auf beiden Seiten abnehmen. Lager aus dem Gehäuse pressen.
- Sicherungsring an der Außenseite des Radlagers

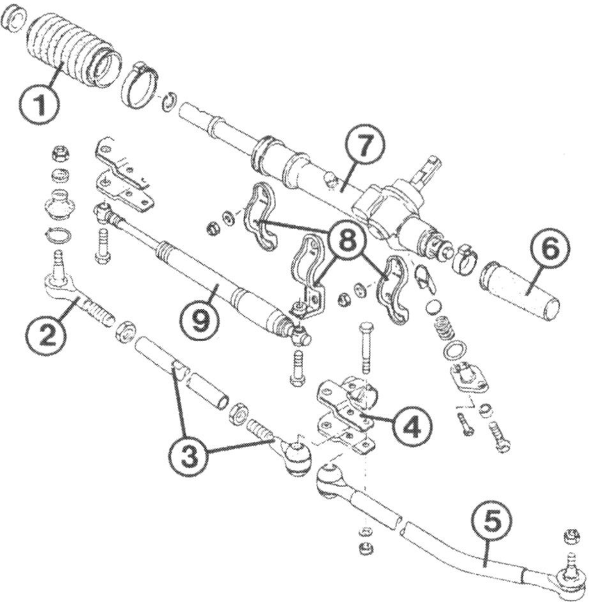

Das Lenkgetriebe (7) unserer Modelle. Dazu gehören folgende Bauteile:
1 – Lenkgetriebe-Manschette;
2 – auswechselbarer Spurstangenkopf rechts;
3 – Spurstange rechts;
4 – Mitnehmer;
5 – starre Spurstange links;
6 – Schutzkappe;
8 – Halteschellen;
9 – Lenkungsdämpfer.

einsetzen, Lager bis zum Anschlag einpressen, zweiten Sicherungsring einbauen.
- Zum Einpressen der Radnabe muß der Innenring des Radlagers unterstützt werden, damit das Lager nicht überlastet wird.

Lenkrad ausbauen

Die Lenkräder haben seit ca. 8/88 eine feinere Verzahnung als früher. Die Lenksäulenverzahnung blieb aber gleich. Zur Anpassung dient ein spezieller Adapter.
- Flexible Abdeckung in Lenkradmitte von Hand abziehen, ggf. mit einem schmalen Schraubendreher heraushebeln.
- Lenkrad in Sperrstellung einrasten lassen.
- Lenksäulenmutter mit Stecknuß SW 24 lösen.
- Lenkschloß entriegeln und Vorderräder genau geradeaus stellen, so daß die Lenkradspeichen symmetrisch stehen.
- Mutter und Unterlegscheibe abnehmen.
- Lenkrad mit ruckelnden Bewegungen abziehen.
- Beim Einbau des Lenkrades auf die symmetrische Ausrichtung der Speichen achten. Außerdem muß der Blinkerhebel in Neutralstellung stehen, sonst kann er beschädigt werden.
- Lenkschloß einrasten lassen.
- Lenksäulenmutter mit 40 Nm anziehen.

Die Radeinstellung

Für sicheres Fahrverhalten müssen die Vorderräder in Längs- und Seitenrichtung in bestimmten Winkelstellungen stehen. Damit Sie sich unter der »Lenkgeometrie« etwas vorstellen können, hier eine Erläuterung der Begriffe, die sich jeweils auf den Grundeinstellwert beziehen:

Spur: Im Gegensatz zu vielen anderen Fahrzeugen stehen die Vorderräder im Stillstand genau parallel zueinander, die Spur ist **neutral**. Die Reibung zwischen Rad und Straße drückt das linke Rad nach links weg und das rechte nach rechts weg. Das gleichen die Kräfte des Frontantriebs wieder aus, die bestrebt sind, die Vorderräder vorn zusammenzudrücken. Beim Hineinlenken des Wagens in eine Kurve geht die neutrale Spur durch die trapezförmige Anordnung des Lenkgestänges in »Nachspur« über. Das kurveninnere Rad schwenkt

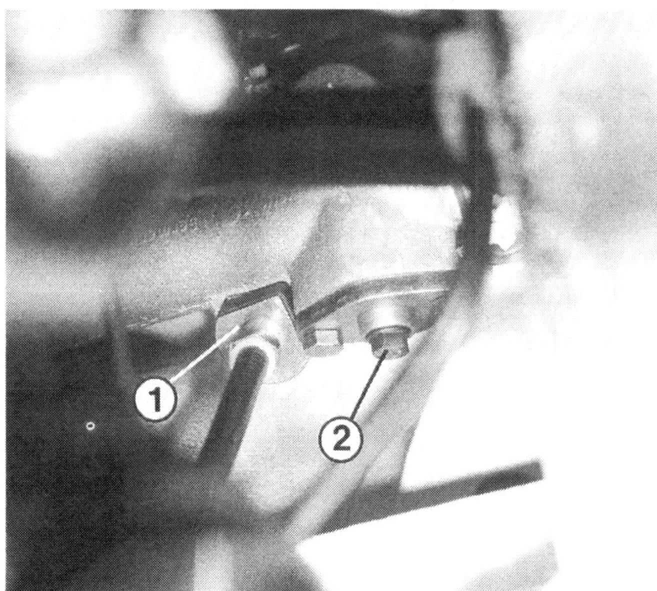

Die Einstellschraube (2) des Lenkgetriebes sitzt an dessen Unterseite. Da das Lenkgetriebe etwas beengt zwischen Motor und Trennwand zum Innenraum sitzt, kommt man an diese Stelle schlecht heran. Links davon sehen Sie die Halterung der Tachowelle (1).

stärker herum als das kurvenäußere. Dies ist auch notwendig, weil ja in einer Kurve die inneren Räder einen engeren Kreis fahren müssen als die äußeren. Das ergibt automatisch eine Unterstützung der Lenkbewegung und der Lenkkräfte.

Sturz: So nennt man die Stellung der Vorderräder beim Blick von vorn. Beim Polo/Derby gibt es drei Möglichkeiten: **Bis 7/84** haben die Räder oben im Radkasten einen weiteren Abstand voneinander als unten am Boden. Das heißt in der Fachsprache **positiver** Sturz. **Seit 8/84** stehen die Räder genau senkrecht = Sturz **neutral** bzw. den **Modellen ab 55 kW** unten weiter auseinander als oben = **negativer** Sturz.

Spreizung: Sie gehört zum Sturz. Spreizung ist die geringfügige Neigung der Schwenkachse, um die beim Lenken die ganze Geschichte schwenkt. Beide Schwenkachsen haben oben einen kleineren Abstand voneinander als unten. Sturz und Spreizung verhindern zusätzlich das Flattern der Räder. Ferner erleichtern sie das Einschlagen. Und zusätzlich bewirken sie das »Rückstellmoment«, worunter man das Bestreben der Vorderräder versteht, bei oder nach Kurven selbsttätig wieder in Geradeausstellung zu gehen.

Nachlauf: Darunter versteht man die Schrägstellung der Schwenkachse in Fahrzeuglängsrichtung. Das hilft ebenfalls, den Geradeauslauf zu stabilisieren und Flattern der Vorderräder zu verhindern. Außerdem bewirkt er eine Rückstellung der Lenkung nach Kurven.

Erkennungsmerkmale für falsche Radeinstellung

Wenn Sie fehlerhafter Lenkgeometrie beim Fahren auf die Schliche kommen wollen, müssen Sie zuerst sicherstellen, daß beide Vorderreifen dieselbe Reifensorte, Profiltiefe und den vorgeschriebenen Luftdruck aufweisen.

○ Stehen die **Lenkradspeichen bei Geradeausfahrt symmetrisch**? Ein schiefsitzendes Lenkrad ist oft das Zeichen für falsche Spureinstellung.

○ **Unruhiger Geradeauslauf**; er ist besonders gut auf schnee- oder eisglattem Untergrund zu erkennen. Überbreite Reifen können den Geradeauslauf trotz richtiger Radeinstellung ebenfalls verschlechtern.

○ **Zieht der Wagen zur Seite** auf völlig ebener Fahrbahn und bei losgelassenem Lenkrad?

○ **Stellt sich die Lenkung** nach Kurven wieder **von selbst in Geradeausstellung**?

○ Schauen Sie sich die **Vorderräder** aus fünf bis zehn Meter Entfernung an – stehen sie **in Geradeausstellung symmetrisch zueinander**?

○ Ist das **Reifenprofil einseitig abgenutzt**? Bei scharfer Fahrweise ist es allerdings nicht ungewöhnlich, daß an beiden Vorderreifen die Außenkanten stärkere Verschleißspuren zeigen als innen.

○ Eine **verbeulte Felge** deutet auf eine harte Bordsteinberührung, wodurch die Geometrie der Federbein-Vorderradaufhängung leicht aus dem Winkel gerät.

○ Weitere Ursachen für fehlerhafte Stellung der Räder können verschlissene Gelenke bzw. Gummilager sein oder unsachgemäße Unfallreparaturen.

Radeinstellung messen

Zur Vermessung der Radstellung wird ein optischer Achsmeßstand verwendet – das ist Werkstattsache. Vor der Messung muß der Reifendruck überprüft werden, und das Fahrzeug muß unbeladen, durchgefedert und ausgerichtet sein. Die Teile der Vorderradaufhängung und Lenkung dürfen kein zu großes Spiel aufweisen. Bei der Radeinstellung am Polo/Derby gelten folgende Besonderheiten:

○ Konstruktiv ist eine Korrektur des Vorderradsturzes nicht vorgesehen. Doch im Falle einer Abweichung kann im Aufnahmebock (am Karosserieboden) für den Querlenker ein Langloch eingefeilt werden. In Verbindung mit

Links: Hier ist die Abdeckung in Lenkradmitte abgezogen. Darunter wird die Haltemutter (3) für das Lenkrad sichtbar. Die Zapfen (1) der Abdeckung rasten beim Aufdrücken in die Aufnahmen (2) ein. Mit »4« sind die Steckkontakte der Hupbetätigung bezeichnet.
Rechts: Die Haltemutter des Lenkrads läßt sicham besten mit einer Stecknuß, Verlängerung und Hebel oder Rätsche lösen.

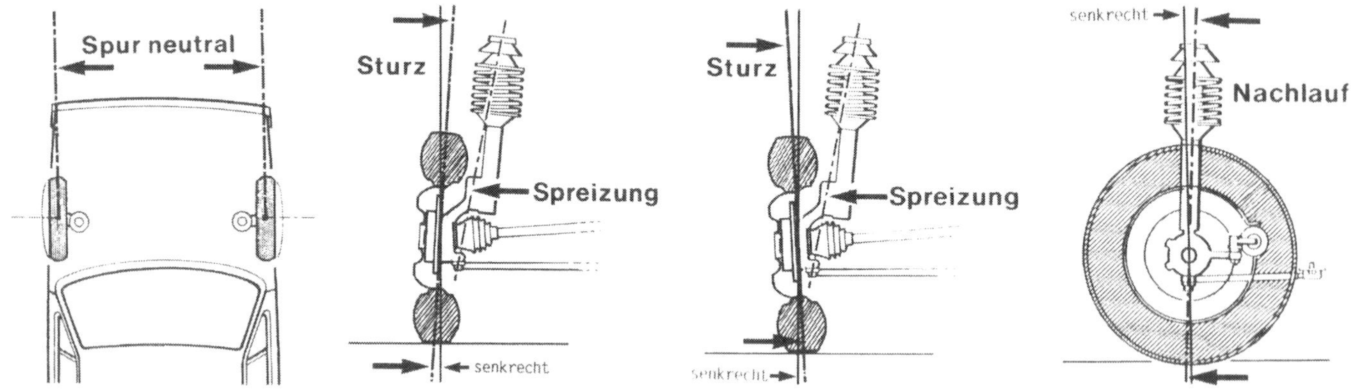

Damit Sie sich die Begriffe der Radeinstellung besser vorstellen können, haben wir sie hier zeichnerisch deutlich gemacht. Ganz links ist die Spur erklärt, daneben der positive Sturz bzw. der negative Sturz und ganz rechts finden Sie den Nachlauf dargestellt.

einem geänderten Gummi/Metall-Lager ist jetzt eine Lageveränderung möglich. Der VW-Werkstatt liegen entsprechende Anweisungen vor.

○ Auch der Nachlauf wird üblicherweise nicht eingestellt. Beträgt die Differenz zwischen rechter und linker Seite jedoch mehr als 1°, wird an der Seite mit dem größeren Nachlauf zwischen Stabilisator und Gummi/Metall-Lager im Querlenker eine zusätzliche Scheibe beigelegt. Dabei muß jedoch gesichert sein, daß die selbstsichernde Mutter noch voll auf das Gewinde am Stabilisator aufgeschraubt werden kann.

Hinterachse zerlegen

Wurde beim Vermessen der Hinterradstellung eine zu große Abweichung vom Sollwert festgestellt, muß der Achskörper komplett ausgetauscht werden. Richt- und auch Schweißarbeiten sind nicht zulässig.

Federbein ausbauen

● Schutzkappe im Innen- bzw. Kofferraum abnehmen.

● Haltemutter des Federbeins bei am Boden stehendem Fahrzeug mit einem gekröpften Ringschlüssel lösen. Kolbenstange des Stoßdämpfers gegenhalten.

● Ggf. in die Kolbenstange des Stoßdämpfers einen Schlitz einsägen, in den ein Schraubendreher zum Gegenhalten eingesteckt werden kann.

● Fahrzeug hochbocken, Rad abnehmen.

● Von Helfer die Achse etwas anheben lassen und die untere Verschraubung des Federbeins losdrehen.

● Federbein aus der unteren Konsole herausnehmen, dazu den Radzapfen etwas nach unten drücken.

● Das Federbein kann jetzt ohne Werkzeug weiter zerlegt werden.

● Beim Stoßdämpfertausch den unteren Federteller am alten Dämpfer abziehen und am neuen aufstecken.

● Bevor das zweite Federbein ausgebaut wird, muß das eine wieder montiert werden, da sich sonst die Gummi/Metall-Lager der Hinterachse zu stark verformen.

● Beim Einbau die untere Federbeinhalterung mit 45 Nm anziehen.

● Das Federbein sollte oben an der Karosserie erst dann festgeschraubt werden, wenn der VW wieder auf den Rädern steht. Drehmoment 20 Nm.

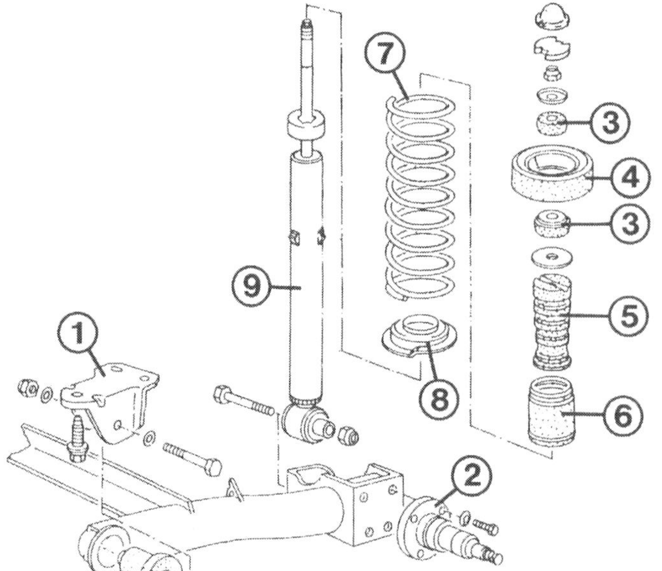

Die Teile der hinteren Radaufhängung bei unseren Modellen:
1 – Lagerbock;
2 – Achszapfen;
3 – Puffer;
4 – Federteller oben;
5 – Anschlagpuffer;
6 – Schutzhülle;
7 – Schraubenfeder;
8 – Federteller unten;
9 – Stoßdämpfer.

Die beiden Lagerböcke der Hinterachse müssen leicht nach unten geneigt eingebaut werden, wie hier gezeigt. Das genaue Maß lautet 16±2°.

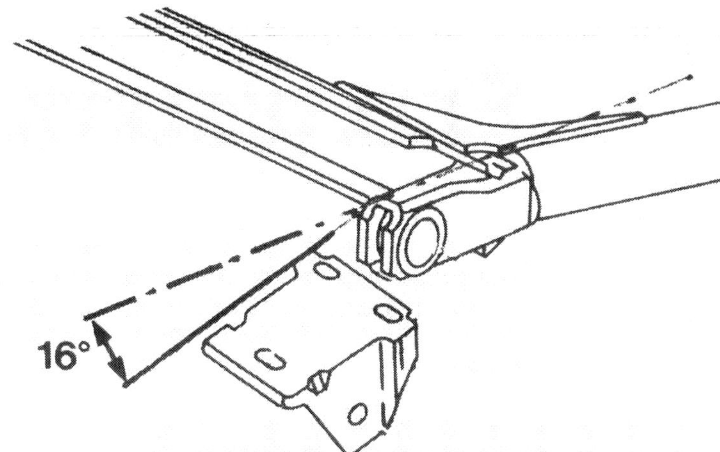

Hinterachse ausbauen

● Wagen aufbocken.
● Umlenkrolle des Handbremsseils (bis Baujahr 7/84) an der Hinterachse abschrauben.
● Handbremsseil an der Zugstange bzw. am Verbindungsbügel (ab 8/84) aushängen.
● Falls die Seilzuglänge zum Aushängen nicht ausreicht, automatische Nachstellung der Hinterradbremsen entriegeln.
● In Höhe des Achskörpers rechts und links die Bremsschläuche von den -leitungen losschrauben.
● Je zwei Halteschrauben der Hinterachs-Lagerböcke herausdrehen, jeweils eine Schraube lockern, aber noch eingedreht lassen.
● Halteringe der Auspuffanlage aushängen.
● Wagen ablassen, Hinterachse abstützen.
● Federbeine entweder oben an der Karosserie oder unten an der Achse losschrauben.
● Lagerbock-Schrauben vollends herausdrehen.
● Fahrzeug langsam anheben.
● Einteiliges Handbremsseil (bis 7/84) über den Auspuff ziehen.
● Beim Einbau kontrollieren, ob die Lagerböcke der Hinterachse in einem Winkel von 16±2° angeschraubt sind (siehe Zeichnung oben), sonst korrigieren.
● Einteiliges Handbremsseil (bis 7/84) über den Auspuff legen.
● Zum »Einfädeln« der Federbeine in die Achskonsole bzw. die Aufnahme in der Karosserie den Wagen vorsichtig ablassen.

Radlager ausbauen

● Wagen aufbocken, Rad abnehmen.
● Nicht zu scharfen Meißel an den Abdichtwulst der Nabenkappe ansetzen und diese ein wenig nach außen treiben.
● Kräftige Schraubendreherklinge hinter den Nabenwulst klemmen und die Kappe gleichmäßig abhebeln.
● Sicherungssplint geradebiegen, aus der Kronensicherung ziehen und diese abnehmen.
● Sechskantmutter losdrehen, Druckscheibe und äußeres Radlager abnehmen.
● Bremstrommel abnehmen.
● Dichtring an der Innenseite der Bremstrommel abhebeln, inneres Radlager herausnehmen.
● Beide Radlager sauberreiben und auf Verschleiß kontrollieren.
● Laufringe der Lager in der Bremstrommel ebenfalls kontrollieren. Zeigen sich hier Verschleißspuren, müssen neue Ringe eingepreßt werden.
● Radlager mit Mehrzweckfett einsetzen, Nabenkappe etwa zur Hälfte mit Fett füllen.
● Inneren Dichtring über Kreuz mit Kunststoffhammer einschlagen.
● Spiel der Radlager einstellen.

Radlagerspiel einstellen

● Nabenkappe und Kronensicherung abnehmen, wie zuvor beschrieben.
● Sechskantmutter SW 24 festziehen, dabei das Rad bzw. die Radnabe drehen, damit sich die Lager nicht verklemmen.
● Mutter wieder etwas lockern.
● Das Spiel ist richtig eingestellt, wenn sich die Druckscheibe hinter der Mutter mit einem Schraubendreher unter mäßigem Fingerdruck gerade noch verschieben läßt. Die Schraubendreherklinge dabei nicht an der Radnabe abstützen.
● Läßt sich jetzt der neue (!) Sicherungssplint noch nicht durch die Kronensicherung einschieben, wird die Mutter ein wenig in Richtung »Zu« gedreht.
● Nabenkappe mit Kunststoffhammer eintreiben.

Radzapfen ausbauen

● Radlager und Bremstrommel ausbauen.
● Handbremsseil aushängen.
● Bremsleitung am Bremsträgerblech abschrauben.
● Halteschrauben des Bremsträgers losdrehen; damit ist auch der Radzapfen vom Achskörper gelöst.
● Zum Anschrauben (60 Nm) neue Federringe (sogenannte Hochspannungsringe) verwenden.
● Die Anlagefläche für den Radzapfen und die Gewindelöcher müssen frei von Lack und Schmutz sein.
● Zuletzt Bremse entlüften.

Energieumwandlung

Im fahrenden Auto steckt ein gehöriges Maß Bewegungsenergie. Will man zum Halten kommen, so muß die Bewegungsenergie »vernichtet« werden. Allerdings stimmt das pysikalisch in dieser Form nicht, denn Energie läßt sich nicht vernichten, sondern kann nur in eine andere Energieart umgewandelt werden. Bei den Bremsen geschieht das durch Reibung, dabei entsteht Wärme. Mit der Bremse haben wir also einen Energieumwandler im Auto.

Eigenarbeiten an der Bremse

Von der richtigen Funktion der Bremsen hängt Ihr Leben ab. Das sollten Sie sich stets vor Augen halten, wenn Sie Reparaturen daran ausführen wollen. Muten Sie sich also nicht zu viel zu. Andererseits ist bei der Bedeutung der Bremsen keine Kontrolle zu viel. Auch wenn Sie regelmäßig die Werkstatt besuchen, sehen gerade in diesem speziellen Fall vier Augen mehr als zwei. Durch gezielte Kontrollen, nicht aber durch unsachgemäßige Reparaturen können Sie die Verkehrssicherheit Ihres Wagens erhalten. Was Sie selbst tun können, ist hier im Buch behandelt. Alle anderen Arbeiten sollten Sie der Werkstatt überlassen.

So funktionieren die Bremsen

- Wenn Sie auf das Bremspedal treten, preßt eine mit dem Pedal verbundene Druckstange zwei hintereinanderliegende Kolben in den Hauptbremszylinder (im Motorraum).
- Die Kolben übertragen die Kraft auf die dort eingeschlossene Bremsflüssigkeit. Der so entstehende hydraulische Druck in der Bremsflüssigkeit gelangt über Rohr- und Schlauchleitungen zu den Radzylindern.
- In diesen drücken Kolben die Bremsklötze gegen die Bremsscheiben bzw. die Bremsbacken gegen die Bremstrommeln.
- Der Flüssigkeitsdruck gelangt an die Radbremszylinder in zwei voneinander unabhängigen Leitungssystemen, und zwar für je ein Vorderrad und das gegenüberliegende Hinterrad (diagonal aufgeteilte Zweikreisbremse).
- Falls ein Bremskreis ausfallen sollte, bleiben so ein Vorderrad und das Hinterrad auf der anderen Seite bremsfähig. Mit dem ungebremsten Vorderrad kann man noch lenken, und das ungebremste Hinterrad hält das Heck in der Spur.

Fingerzeig: Den Ausfall eines Bremskreises erkennen Sie zum einen daran, daß Sie das Pedal fast bis zum Bodenblech durchtreten können. Zum anderen müssen Sie wesentlich stärker auf das Bremspedal treten. Außerdem wird der Anhalteweg länger.

Die Bremsflüssigkeit

Die Flüssigkeit in den Bremsleitungen und Bremszylindern ist eine Mischung aus Glykol, Polyglykoläther und ein paar weiteren Bestandteilen. Diese gelbliche Flüssigkeit greift die Metall- und Gummiteile der Bremsanlage nicht an. Sie bleibt selbst bei –40°C noch ausreichend dünnflüssig, und sie hat trotz ihrer Dünnflüssigkeit den extrem hohen Siedepunkt von ca. 260°C.
Aber die Bremsflüssigkeit hat auch unangenehme Eigenschaften: Sie ist gegen Autolack aggressiv und im übrigen auch noch giftig. Besonders gefährlich ist aber die Tatsache, daß sie gern Wasser aufnimmt, sie ist hygroskopisch. Wasser – oder besser Luftfeuchtigkeit – kann tatsächlich in die Bremsflüssigkeit gelangen: Über den Vorratsbehälter sowie durch mikroskopische Undichtigkeiten an den Bremsschläuchen und Gummimanschetten. Solche Wasseraufnahme führt nicht nur zu Korrosion an den Metallteilen der Anlage, sondern bewirkt ein rapides Absinken des Siedepunkts. Bei nur 2,5% Wassergehalt liegt der Siedepunkt nur noch bei 150°C. Das ist bei starker Beanspruchung der Bremsen (Paßabfahrt, evtl. voll beladen oder mit Anhänger, häufige Vollbremsungen auf der Autobahn) gefährlich, weil sie sich dann sehr stark aufheizen. In der Nähe der erhitzten Bremsen können sich Dampfblasen in der Hydraulikflüssigkeit bilden. Die lassen sich zusammenpressen – das Bremspedal kann tief durchgetreten werden; manchmal tritt man sogar ins Leere! In diesem Fall kann bisweilen noch schnelles Pumpen mit dem Bremspedal helfen. Besonders gefährlich ist dieser Effekt nach dem Abstellen des Wagens nach starker Bremsbeanspruchung. Mangels Fahrtwind heizt sich die Bremsenumgebung noch stärker auf; die höchste Temperatur herrscht nach etwa 15 Minuten Standzeit. Erst nach etwa einer halben Stunde ist wieder die normale Bremsflüssigkeitstemperatur erreicht.

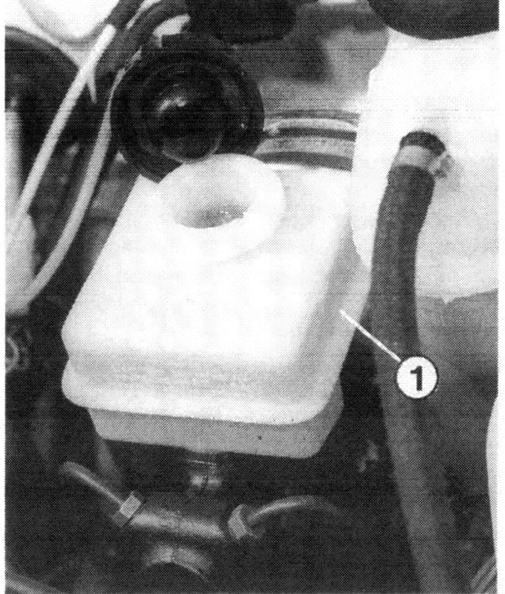

Links: Der Bremsflüssigkeitsstand darf nicht unter die untere Markierung (1; knapp oberhalb der umlaufenden Gehäusekante) am Vorratsbehälter fallen.
Rechts: Bei einem Fahrzeug mit Flüssigkeitsstand-Kontrolle sinkt bei zu geringem Stand der Schwimmer (2) nach unten, und der Kontaktschalter (3) im Deckel schaltet die Warnleuchte im Armaturenbrett ein.

Vorbeugend schreibt der Wartungsplan daher den Wechsel der Bremsflüssigkeit alle zwei Jahre vor. Bremsflüssigkeit muß der Spezifikation FMVSS 116 DOT 4 entsprechen. Alle mit DOT 4 gekennzeichneten Flüssigkeiten können gefahrlos gemischt werden.

Bremsflüssigkeitsstand prüfen

Ständige Kontrolle

Bedingt durch die vorderen Scheibenbremsen sinkt der Flüssigkeitsstand auch bei völlig intakter Bremsanlage mit zunehmender Kilometerleistung. Denn die im Durchmesser verhältnismäßig großen Kolben der Scheibenbrems-Radzylinder wandern mit den verschleißenden Belägen weiter heraus, und mehr Flüssigkeit fließt nach. Ein gewisses, langsames Absinken der Bremsflüssigkeit muß also nicht unbedingt alarmierend sein. Wenn Sie wissen, wie hoch die Bremsflüssigkeit bei neuen und abgenutzten Scheibenbremsbelägen steht, läßt sich am Niveau der hydraulischen Flüssigkeit sogar ablesen, wie weit die Beläge abgenutzt sind.
Werden neue Scheibenbremsbeläge eingesetzt, müssen die Kolben in den Bremssätteln zurückgedrückt werden, wodurch der Flüssigkeitsstand im Behälter wieder ansteigt. Wurde unnötigerweise bei abgefahrenen Belägen Bremsflüssigkeit aufgefüllt, kann diese beim Zurückdrücken der Kolben durch die Belüftungslöcher im aufgeschraubten Deckel austreten.

- Links hinten im Motorraum, direkt auf dem Hauptbremszylinder, sitzt der Bremsflüssigkeitsbehälter.
- Im weißlich durchscheinenden Behälter soll die Bremsflüssigkeit zwischen den Markierungen MIN und MAX stehen.
- Ist der Flüssigkeitsstand auffallend gesunken, was bei entsprechender Ausstattung auch durch eine Warnleuchte am Armaturenbrett angezeigt wird, muß die Bremsanlage auf undichte Stellen kontrolliert werden.

Bremsen prüfen

Ständige Kontrolle

- Zuerst eine Vollbremsung bei Schrittgeschwindigkeit.
- Am Gummiabrieb auf der Straße (mit möglichst hellem Belag!) sehen Sie bei gleich langen Spuren, daß die Bremsen gleichmäßig ziehen.
- Gleiche Prüfung mit der Handbremse.
- Für die Bremsenprüfung bei höheren Geschwindigkeiten brauchen Sie eine ebene Strecke.
- Nun aus etwa 50 km/h bei losgelassenem Lenkrad, aber mit griffbereiten Händen zuerst sanft und dann scharf bis zum Stillstand abbremsen.
- Lassen Sie den VW ein leichtes Gefälle hinunterrollen, um festzustellen, ob die Räder leichtgängig sind.
- Nach der Probefahrt kontrollieren, ob eine Felge auf der einen Wagenseite wärmer ist als auf der anderen Seite.
- Für alle Bremsenmängel siehe Störungsbeistand am Ende dieses Kapitels.

Bremsanlage auf Undichtigkeiten und Beschädigungen prüfen

Wartung Nr. 25

Zur Kontrolle muß die Wagenunterseite trocken sein, damit Sie undichte Stellen erkennen können. Bremsflüssigkeit kriecht auch unter Schmutz. Feuchtdunkle Stellen oder schwarzer Schmutz lassen eine Undichtigkeit vermuten.

- Kontrollieren Sie sämtliche Anschluß- und Verbindungsstellen; auch den hydraulischen Bremslichtschalter, Bremssättel und die Bremsträgerbleche, hinter denen die Radbremszylinder sitzen.

● Die Bremsschläuche dürfen weder feucht noch aufgequollen oder angescheuert sein.

● Die Bremsleitungen sind zum Schutz gegen Rost mit einer Kunststoffschicht überzogen. Wird diese Schutzschicht beschädigt, kann es zu Rostansatz kommen.

● Die Leitungen nie mit Schraubendreher, Schmirgelleinen oder Drahtbürste säubern, sondern Kaltreiniger nehmen.

● Ist die Schutzschicht beschädigt, soll Rostschutzgrundierung dünn aufgestrichen werden.

● Leitungen mit Rostnarben und solche, die plattgedrückt sind, müssen ersetzt werden.

● Sind Schutzkappen auf allen Entlüftungsventilen? Sie sitzen an den Bremssätteln bzw. innen an den Bremsträgerblechen der Trommelbremse.

● Die Bremsdruckprobe können Sie provisorisch selbst machen: Treten Sie mit voller Kraft aufs Bremspedal.

● Es darf auch nach einigen Minuten der vollen Belastung nicht nachgeben, sonst ist eine der Manschetten im Hauptbremszylinder defekt.

● Durch die undichte Manschette sinkt der Flüssigkeitsstand im Behälter nicht, sondern die unter Druck gesetzte Flüssigkeit mogelt sich an einem Kolben des Hauptbremszylinders vorbei auf die drucklose Seite.

● Gewisse undichte Stellen an den Kolbenmanschetten lassen sich allerdings nur bei einer genauen Druckprüfung in der Werkstatt ermitteln.

Die Scheibenbremsen

Zusammen mit jedem Vorderrad dreht sich eine Stahlscheibe frei im Luftstrom. Sogenannte Bremssättel umfassen die Scheiben. Beim Tritt auf das Bremspedal drücken Kolben die Bremsbeläge gegen die Scheiben – es wird gebremst. Durch den Fahrtwind werden die Scheibenbremsen ständig gekühlt, zusätzlich sind die vorderen Bremsscheiben beim Polo G40 innenbelüftet: Im Umfang der Bremsscheibe sitzen große Aussparungen, die Luft wegschaufeln und so die Kühlung noch verbessern. Belagabrieb gleich weggeblasen, und ohne besondere Mechanik stellen sich die Scheibenbremsen selbst nach.

○ Bis 2/85 waren im Polo/Derby **Schwimmsattelbremsen** eingebaut. Das bedeutet, daß der Bremssattel beweglich (»schwimmend«) gelagert ist.

○ Die neueren Modelle besitzen sogenannte **Faustsattelbremsen**. Der ebenfalls bewegliche Bremssattel sieht wie eine geballte Faust aus.

○ Die Funktion ist bei beiden Versionen gleich: Der Bremskolben im Zylindergehäuse drückt den inneren Belag gegen die Bremsscheibe, wodurch das Zylindergehäuse in seiner Führung herübergezogen und der Bremsklotz auf der anderen Seite ebenfalls gegen die Scheibe gepreßt wird.

Fingerzeige: Bei Regen wird die offen liegende Bremsscheibe kräftig geduscht, weshalb die Bremswirkung einen Sekundenbruchteil verspätet einsetzt. Die Feuchtigkeit zwischen Bremsscheiben und -klötzen muß erst zum Verdampfen gebracht werden.
In streusalzreichen Wintern tritt diese Erscheinung verstärkt auf, unter ungünstigen Umständen spricht die Bremse überhaupt nicht an. Die auf Bremsbelägen und -scheiben sitzende Salzschicht muß beim Bremsen erst abgeschliffen werden. Bei Fahrten in streusalzhaltigem Tauwasser die Bremsen immer wieder mal ein paar Sekunden lang warmbremsen. Regen- oder salzwassernasse Bremsen sollten Sie vor mehrtägigem Abstellen des Wagens »trockenfahren«. Es genügt, die letzten hundert Meter Wegstrecke mit dauernd leicht getretenem Bremspedal zu fahren.

Links: Zum Prüfen der Belagstärke an der Schwimmsattelbremse eignen sich mehrere 10-Pfennig-Stükke. Wenn nur noch ein Groschen zwischen Spreizfeder (1) und Belagträger (2) paßt, sind die Beläge reif zum Austausch.
Rechts: Die restliche Belagstärke (Pfeile) können Sie bei der Faustsattelbremse nach Abnahme des betreffenden Rades mit einem Zentimetermaß exakt messen.

Stärke der Scheibenbremsbeläge messen

Den verschleißenden Bremsbelag schiebt der Kolben jeweils so weit nach, daß er nur Bruchteile von Millimetern von der Bremsscheibe entfernt ist. Der Bremspedalweg ist deshalb keine Richtschnur für die Abnutzung der vorderen Bremsbeläge. Verlassen Sie sich daher nicht auf Ihr Gefühl im Fuß! Wenn Sie sich um die Wartung Ihres VW selbst kümmern, gilt es, auf die Scheibenbremsbeläge ein wachsames Auge zu haben. Das gilt inbesondere für die Schwimmsattelbremsen.

Wartung Nr. 2 und 32

- Die **Mindestbelagstärke** beträgt **mit Trägerplatte** des Bremsbelags **7 mm**. Die Trägerplatte selbst – also das Metallstück, auf das der Belag geklebt ist – hat eine Stärke von ca. 5 mm.
- Zur flüchtigen Kontrolle mit Lampe durch ein Felgenloch leuchten und die Belagstärke abschätzen.
- Genauer ist die Kontrolle bei abgenommenen Rädern.
- Bei der Faustsattelbremse Meterstab anlegen und messen, wie auf der gegenüberliegenden Seite gezeigt. Bremsbelag auf der Innenseite nicht vergessen!
- An der Schwimmsattelbremse wird der Abstand zwischen der Kreuzfeder und der Trägerplatte gemessen.

Zustand der Bremsscheiben kontrollieren

Wenn die Vorderräder zur Belagkontrolle abgenommen sind, prüft man auch den Zustand der Bremsscheiben.

Wartung Nr. 33

- Die Scheiben dürfen keine tiefen Rillen (durch Schmutz oder zu stark abgefahrene Beläge) aufweisen. Die Riefen graben sich in neue Bremsbeläge tief ein, was deren Lebensdauer wesentlich verkürzt.
- Riefige Bremsscheiben können nachgeschliffen werden, wenn sie nicht durch lange Laufzeit auf das zulässige Mindestmaß »abgemagert« sind.
- Die **Mindest-Scheibenstärke** beträgt bei den Modellen bis 55 kW **8 mm** (neu: 10 mm) und beim Polo G40 **18 mm** (neu: 20 mm).
- Zu dünne Scheiben müssen paarweise ausgetauscht werden.
- Eine bläuliche Verfärbung der Bremsscheibe ist ohne Bedeutung.

Arbeiten an der Scheibenbremse

Bremsbeläge erneuern

Grundsätzlich müssen rechts und links beide Beläge ausgetauscht werden. Nur Beläge mit »Allgemeiner Betriebserlaubnis« (ABE) verwenden. Für die Schwimmsattelbremse sind neue Belaghaltefedern erforderlich. Bei der Faustsattelbremse des Polo G40 werden zum Belagwechsel zwei neue selbstsichernde Schrauben gebraucht. Diese sind meist im Bremsbelagsatz enthalten – kontrollieren.

Weil die Kolben in den Bremssätteln mit zunehmendem Verschleiß der Beläge weiter herauswandern, müssen sie vor dem Einsetzen neuer, dicker Beläge zurückgedrückt werden. Hierbei wird die Bremsflüssigkeit durch die Leitungen in den Vorratsbehälter gepreßt. Haben Sie in der Zwischenzeit unnötigerweise Bremsflüssigkeit nachgefüllt, muß das Zuviel jetzt mit einer sauberen Pipette oder Spritze abgesaugt werden. Andernfalls greift die am Vorratsbehälter austretende Bremsflüssigkeit umliegende lackierte Teile im Motorraum an.

- Wagen vorn aufbocken und sichern.
- Rad abnehmen.
- Lenkung einschlagen, damit die Beläge gut zugänglich sind.

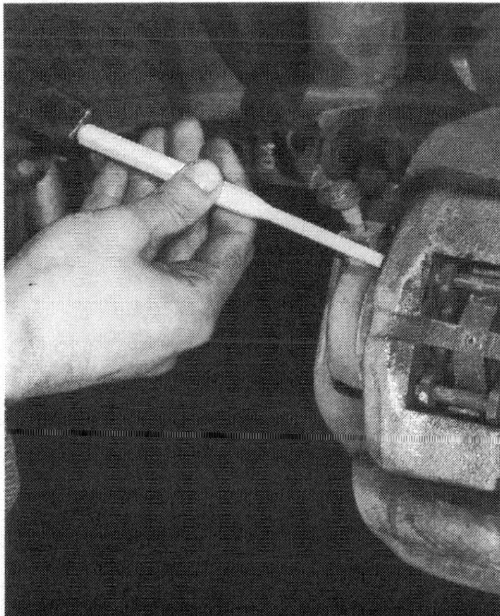

Links: Zum Belagausbau an der Schwimmsattelbremse wird zuerst die Klemmfeder herausgezogen. Rechts: Dann mit einem Durchschlag die Haltestifte heraustreiben.

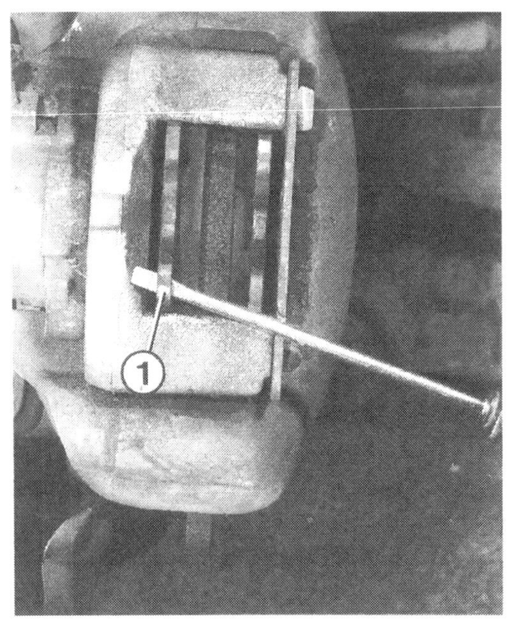

Links: Bei der Schwimmsattelbremse muß zuerst der innere Belag (1) herausgezogen werden. Rechts: Dann den Bremssattel nach außen drücken, ggf. mit leichten Hammerschlägen nachhelfen. Jetzt erst läßt sich der äußere Belag (2) aus der Haltenase am Schwimmrahmen herausnehmen.

- **Schwimmsattelbremse:** Sicherungsfeder aus den Haltestiften herausziehen.
- Haltestifte mit Hammer und Durchschlag von innen nach außen herausklopfen, Spreizfeder abnehmen.
- Inneren Bremsbelag herausziehen, dazu Schraubendreher abwechselnd durch die Ösen des inneren Belagträgers stecken und – die Schraubendreherklinge auf den Bremssattel gestützt – den Belag heraushebeln.
- Oder mit einer Rohrzange abwechselnd an der oberen und unteren Belagträgeröse ziehen.
- Beweglichen Schwimmrahmen nach außen drükken. Dadurch gibt die Haltenase im Bremssattel den äußeren Belag frei, und er kann auf die gleiche Weise abgenommen werden.
- Bremsbelag-Führungsschächte mit Spiritus (keinesfalls Benzin) und Lappen, evtl. mit Flaschenbürste von Belagabrieb säubern.
- Festgebackene Belagstaubkrusten und Rost mit einem flachen Schraubendreher wegkratzen. Vorsicht, daß hierbei die Kolbenmanschette nicht beschädigt wird.
- Zum Zurückdrücken des Kolbens einen alten, abgefahrenen Bremsbelag nochmals einsetzen.
- Mit einem zwischen Bremsscheibe und Belag angesetzten breiten Schraubendreher den Kolben zurückdrücken, wobei sich der Schraubendreher auf der Bremsscheibe abstützt.
- Vor dem Einbau der Bremsbeläge soll noch die Stellung des Kolbens im Schwimmsattel überprüft werden, wozu die Werkstatt eine entsprechende Kolbenlehre besitzt.
- Es genügt aber die behelfsmäßige Kontrolle, ob die abgesenkte Anlagefläche am Kolben hinten leicht schräg (20°) nach unten geneigt ist.
- Schwimmrahmen nach außen drücken, äußeren Belag einsetzen.
- Schwimmrahmen zurückdrücken und inneren Belag einsetzen.
- Einen Haltestift von außen einstecken und mit dem Hammer vorsichtig hineintreiben; zuletzt mit einem Durchschlag, bis der Haltestift innen vollkommen anliegt.
- Spreizfeder einsetzen und zweiten Haltestift montieren.
- Sicherungsfeder einsetzen.
- **Faustsattelbremse:** Schrauben an der Innenseite mit Innensechskantschlüssel 6 bzw. 7 mm herausdrehen.

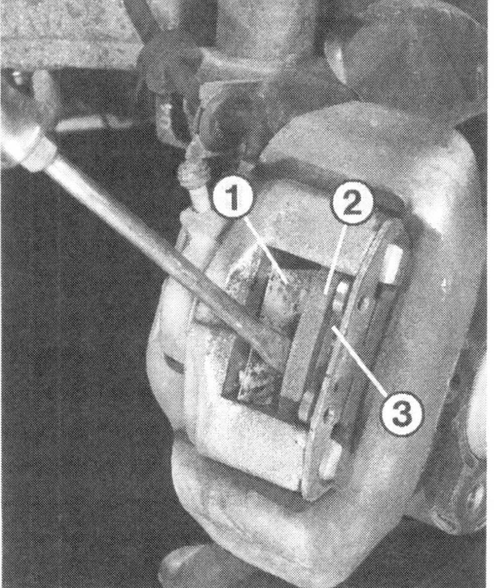

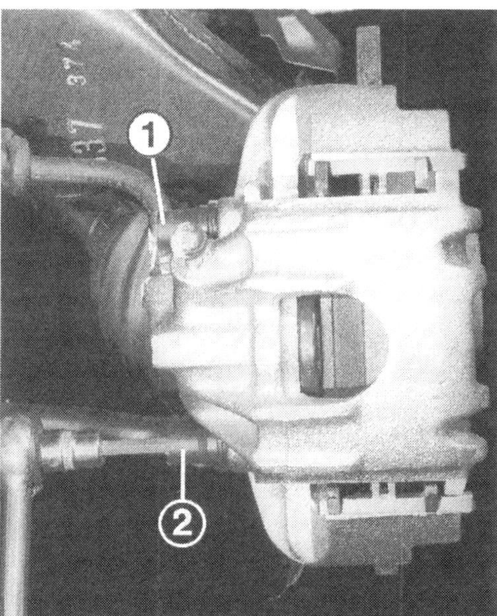

Links: So wird der Kolben im Schwimmsattel zurückgedrückt: Alten Belag (3) außen nochmals einsetzen. Zum Schutz des Kolbens im Bremssattel ein Holzbrettchen (1) o. ä. einlegen. Mit dem an der Bremsscheibe (2) abgestützten Schraubendreher kann der Kolben zurückgedrückt werden.
Rechts: Zum Belagausbau am Faustsattel muß mit dem Innensechskant-Steckschlüssel der obere (1) und der untere Führungsbolzen (2) losgeschraubt werden.

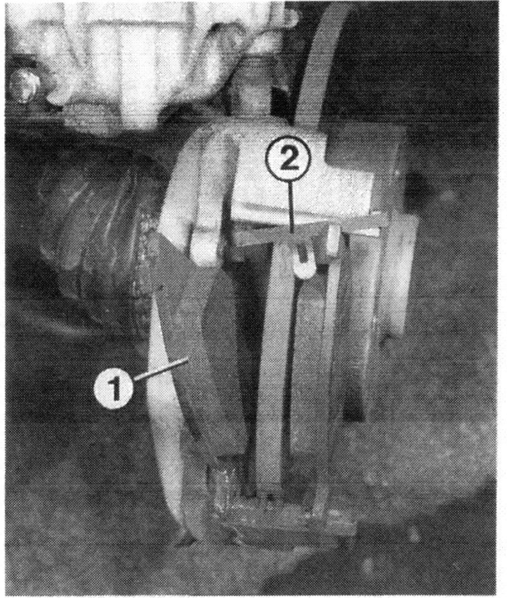

Links: **Hier haben wir am Faustsattel den Bremsbelag (1) zur Seite herausgezogen und die obere Haltefeder (2) ausgehängt.**
Rechts: **Die Belagführung (3) muß für gute Bremsfunktion sauber und rostfrei sein. Bei eingelaufenen Bremsscheiben die Innenkante des neuen Belages (4) mit einer Feile leicht anschrägen, damit der Belag sofort voll an der Scheibe anliegt.**

- Schrauben herausziehen, Bremssattelgehäuse abnehmen.
- Damit das Bremssattelgehäuse nicht an seinem Bremsschlauch zerrt, wird es mit Draht am Federbein aufgehängt.
- Belaghaltefedern abnehmen, dazu einen Belag zur Seite drücken.
- Beläge rechts und links aus den Führungsschienen nehmen.
- Kolben im Bremssattel mit einer Schraubzwinge zurückdrücken.
- Damit der Kolben nicht verkantet oder beschädigt wird, auf den Anlagering ein kleines Brettchen legen.
- Beim Einbau erst die Haltefedern und dann die Beläge einsetzen (der innere Belag hat die kleinere Belagfläche).
- Bremssattelgehäuse nur so weit herandrücken, daß sich die Halteschrauben ansetzen lassen. Wird der Bremssattel über diese Stellung hinausgedrückt, können sich die Haltefedern verbiegen und beim Bremsen Geräusche verursachen.
- Schrauben einsetzen; beim Polo G40 die lange Schraube oben und die kürzere unten. Schrauben mit jeweils 35 Nm anziehen.
- **Alle:** Nach dem Zusammenbau das **Bremspedal mehrmals treten**, bis die Beläge an den Bremsscheiben anliegen. Sonst ist keine Bremswirkung vorhanden!

Fingerzeige: Mit neuen Bremsbelägen sollten Sie auf den ersten 500 km nur behutsam bremsen, wenn möglich. Gewaltbremsungen gleich zu Anfang führen zu Brandstellen im Belag. Er verändert sich in seinem Gefüge. Die günstigste Bremswirkung wird nicht erreicht, der Belag verhärtet – »verglast«, wie der Fachmann sagt.
Bei Pfeifgeräuschen der vorderen Scheibenbremsen kann bei den Schwimmsattelbremsen die Spezialpaste »Plastilube PL Brems« an der Belagrückseite, an den seitlichen Kanten sowie an den Belaghaltestiften aufgetragen werden. Für Faustsattelbremsen ist die Schmiermethode nicht zulässig. Hier kann ein geräuschdämpfender Aufkleber (Teile-Nr. 171698993) an den Belagrückenplatten angebracht werden.

Bremssattel und -kolben gängig machen

Durch Korrosion an den Gleitflächen des Bremssattels kann dieser schwergängig werden. Eine defekte Kolbenmanschette bewirkt, daß der Kolben im Bremssattel durch Schmutz und Korrosion festgeht. Beides ergibt ungleichmäßige Bremswirkung.

- Bremsbeläge ausbauen.
- Kontrollieren Sie, ob sich die Beläge in ihren Führungen leicht bewegen lassen.
- Andernfalls Führungen mit einem Schraubendreher sauberkratzen. Dabei Kolbenmanschette nicht beschädigen.
- Bei der Schwimmsattelbremse Beweglichkeit des Rahmens kontrollieren. Führungen ebenfalls sauberkratzen.
- Damit die Führungen künftig gängig bleiben, an den Gleitstellen etwas Kupferfett auftragen.
- Zur Kontrolle, ob der Kolben leichtgängig ist:
- An der Faustsattelbremse eine Schraubzwinge mit zwischengelegtem Holzstück als Anschlag für den Kolben ansetzen (siehe »Scheibenbremsbeläge erneuern«), damit der Kolben nicht zu weit herausgleiten kann.
- Bei der Schwimmsattelbremse einen alten, möglichst weit abgefahrenen Belag oder ein dünnes Holzbrettchen an der Seite mit dem Kolben als Kolbenanschlag einstecken.
- Bremspedal von Helfer vorsichtig treten lassen. Bewegt sich der Kolben?
- Kommt der Kolben nicht heraus, so lange mit dem

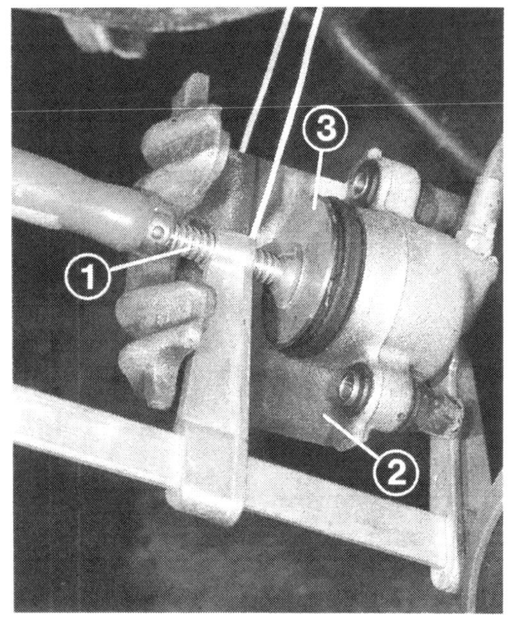

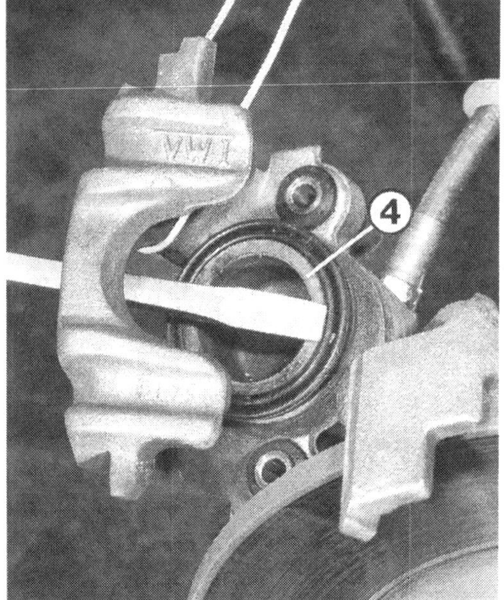

Links: Zum Zurückdrücken des Bremskolbens in das Bremssattelgehäuse (2) ist eine Schraubzwinge (1) das beste Werkzeug. Zum Schutz des Kolbens dient ein zwischengelegtes Holzbrettchen oder hier eine kleine Metallplatte (3). Rechts: Behelfsmäßig läßt sich der Bremskolben (4) auch mit einem Schraubendreher zurückdrücken. Das Werkzeug läßt sich durch eine Aussparung im Bremszylindergehäuse durchschieben.

Bremspedal pumpen, bis sich der Kolben bewegt.
- Kolben zurückdrücken, wie unter »Scheibenbremsbeläge erneuern« beschrieben.
- Dieses Spiel so lange wiederholen, bis sich der Kolben leichtgängig bewegt.
- Seitenflächen des Kolbens mit ATE-Bremspaste bestreichen.

Bremssattel ausbauen

- Rad abschrauben.
- Evtl. Bremsbeläge ausbauen.
- Halteschrauben des Bremssattels losdrehen.
- Bremssattel mit angeschraubtem Bremsschlauch so aufhängen, daß der Schlauch nicht unter Spannung steht.
- Oder Bremsschlauch abschrauben und hochbinden, damit nicht der gesamte Bremskreis ausläuft.
- Schrauben mit 70 Nm anziehen.
- Bremsanlage entlüften, falls der Bremsschlauch abgeschraubt war.
- Bei nicht abgenommenem Bremsschlauch das Pedal mehrmals treten, damit sich die Bremsbeläge an die Bremsscheibe anlegen.

Fingerzeig: Die Bremssättel sind mit sogenannten Rippschrauben am Federbeingehäuse befestigt. Diese Schrauben besitzen hinter dem Sechskantkopf eine geriffelte Fläche, die ein unbeabsichtigtes Lösen der Schraube verhindert. Ausnahme: Bei den allerersten Modellen bis Ende 1981 wurden normale Sechskantschrauben verwendet. Als Ersatz gibt es nur solche Rippschrauben. Werden herkömmliche Schrauben gegen Rippschrauben getauscht, muß an den Befestigungslöchern des Bremssattels eine sogenannte Fase angebracht werden – eine leichte Ansenkung am Schraubloch. Sie soll 1 mm breit sein und einen Winkel von 45° aufweisen. Hierfür eignet sich ein großer Bohrer, der lediglich von Hand angesetzt wird.

Bremskolbenmanschette wechseln

Wurde die Bremskolbenmanschette im Bremssattel beschädigt, müssen Sie baldigst für Ersatz sorgen, sonst klemmt bald der Bremskolben aufgrund von Schmutz und Korrosion. Die Manschette gibt's nur zusammen mit dem Bremskolben-Dichtring zu kaufen. Zum Einbau beider Teile muß der Kolben im Bremssattelgehäuse herausgedrückt werden. Aus Sicherheitsgründen sollten Sie diese Arbeit in der Werkstatt durchführen lassen. Eventuell Bremssattel selbst ausbauen und zur Reparatur bringen.

Bremsscheibe ersetzen

Bremsscheiben müssen grundsätzlich beidseitig erneuert werden. Einseitiger Wechsel kann ungleiche Bremswirkung zur Folge haben.

- Bremssattel abschrauben und mit Draht an der Karosserie befestigen; die Hydraulikleitung bleibt angeschlossen.
- Eine Kreuzschlitzschraube (neben Radschraubenbohrung) herausdrehen – am besten unter Verwendung von Rostlöserspray.
- Bremsscheibe von der Radnabe abziehen.
- Ist sie festgerostet, mit kräftigen Hammerschlägen nachhelfen – aber nur, wenn die Scheibe ohnehin gewechselt wird.
- Vor dem Ansetzen der neuen Bremsscheibe die Anlagefläche an der Radnabe säubern.

Die Bremsscheibe ist mit einer Kreuzschlitzschraube auf der vorderen Radnabe gesichert.

Die Trommelbremsen

An den hinteren Rädern besitzen unsere Modelle sogenannte Trommelbremsen. Je zwei halbkreisförmige Beläge werden von einem oben sitzenden Radbremszylinder gegen die zylindrischen Bremstrommeln gedrückt. Diese Bauart mit einem Radzylinder für zwei Beläge nennt sich Simplexbremse.
Die Trommelbremse wirkt selbstverstärkend. Und zwar zieht sich eine Bremsbacke durch die Drehung des Rades in gewissem Maß selbsttätig an die Bremstrommel. Dadurch sind geringere Fußkräfte am Pedal notwendig. Bei Vorwärtsfahrt wirkt die vordere Bremsbacke selbstverstärkend. Sie heißt Auflauf- oder Primärbremsbacke im Gegensatz zur hinteren Ablauf- bzw. Sekundärbremsbacke.

Automatische Bremsennachstellung

Die Trommelbremsen brauchen nicht nachgestellt zu werden. Allerdings bewirkt dies – anders als bei den Scheibenbremsen – eine Mechanik. Die Druckstange zwischen den Bremsbacken muß mit zunehmendem Belagverschleiß verlängert werden, damit die Beläge wieder zum Anliegen an die Trommel kommen. Das geschieht durch einen unter Federzug stehenden Keil, der mit den allmählich verschleißenden Belägen in der Druckstange nachrückt.

Belagstärke der Trommelbremsen kontrollieren

Wartung Nr. 34

Da die Auflaufbacke schneller verschleißt als die hintere Ablaufbacke, wird nur an der vorderen Bremsbacke die Stärke gemessen.

- Wagen hinten aufbocken.
- An der Innenseite des jeweiligen Hinterrades vorn am Bremsträgerblech den Plastikstopfen abziehen.
- Mit Taschenlampe ins Schauloch leuchten, Belagstärke feststellen.
- Die Beläge sind neu 7,5 mm stark und dürfen bis auf **5 mm Reststärke** abgefahren werden – jeweils mit Belagträger gemessen.

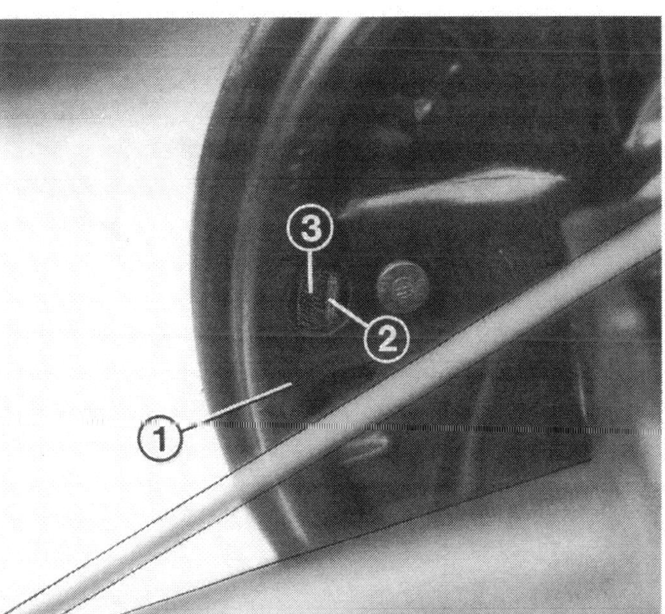

Das Schauloch zur Kontrolle der Belagstärke an den hinteren Trommelbremsen sitzt in Fahrtrichtung vorn im Bremsträgerblech (1). Bei abgezogenem Abdeckstopfen sehen Sie die Bremsbakke (2) und den darauf aufgenieteten Belag (3).

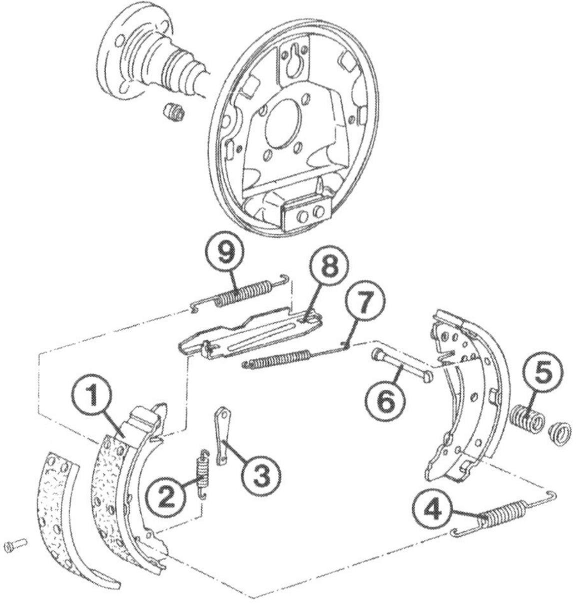

Die Befestigungsteile der Bremsbacken (1) für die hintere Trommelbremse sehen wie folgt aus:
2 – Zugfeder des Nachstellkeils (3);
4 – untere Rückzugfeder;
5 – Druckfeder;
6 – Haltestift;
7 – obere Rückzugfeder;
8 – Druckstange;
9 – Anlagefeder.

Bremspedalweg prüfen

Wartung Nr. 6

- Drücken Sie das Bremspedal von Hand nieder.
- Der **Leerweg** soll **höchstens ⅓ des gesamten Pedalwegs** betragen.
- Bei längerem Pedalweg sind die Trommelbremsbeläge auf das Mindestmaß abgefahren und müssen erneuert werden.
- Zu langer Pedalweg kann auch durch verklemmte Bremsbeläge oder einen festgerosteten Bremssattel verursacht werden.

Arbeiten an der Trommelbremse

Bremstrommel abnehmen

- Die Bremstrommel kann auch mit angeschraubtem Rad abgenommen werden.
- In diesem Fall eine Radschraube herausdrehen.
- Wagen hinten aufbocken.
- Äußeres Radlager ausbauen.
- Felge oder Bremstrommel so drehen, daß ein Radschraubenloch in Fahrtrichtung vorn oben steht.
- Durch das Schraubenloch mit einem Schraubendreher den Nachstellkeil hochdrücken – damit werden die Bremsbacken zurückgezogen.
- Bremstrommel abziehen.
- Beim Zusammenbau Radlagerspiel einstellen.
- Beläge durch einmaliges kräftiges Treten des Bremspedals zum Anliegen an der Trommel bringen. Dazu müssen die Bremstrommeln rechts und links montiert sein.

Fingerzeig: Bei einem älteren Wagen läßt sich der Nachstellkeil nicht einfach nach oben drücken. Lassen Sie von einem Helfer das Bremspedal treten (die Bremstrommel auf der anderen Seite darf nicht abgenommen sein), und schieben Sie den Keil nach oben. Bremspedal loslassen und erst jetzt den Schraubendreher aus der Bremstrommel ziehen, sonst rutscht der Keil wieder nach unten.

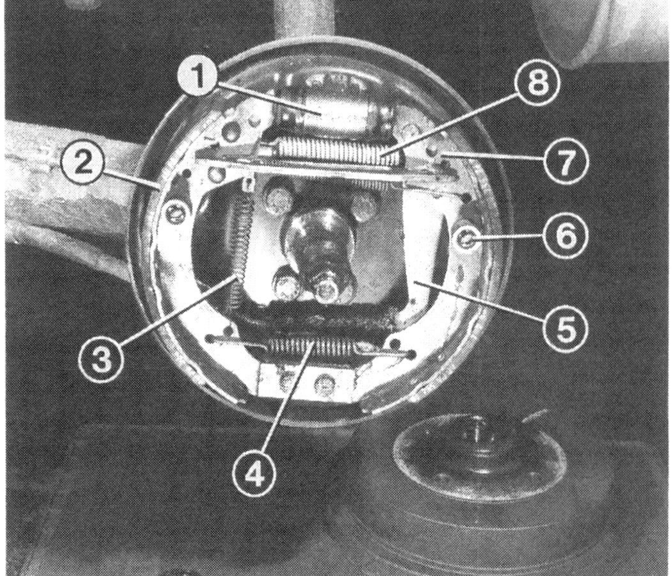

Die hintere Trommelbremse geöffnet:
1 – Radbremszylinder;
2 – Bremsbelag;
3 – Zugfeder mit Nachstellkeil;
4 – Rückzugfeder unten;
5 – Handbremshebel;
6 – Niederhaltefeder;
7 – Bremsbacke;
8 – Rückzugfeder oben.

Das umgebogene Ende (Pfeil) der Anlagefeder (2) muß nach innen zeigen, wenn sie richtig in die Druckstange (1) eingesetzt ist.

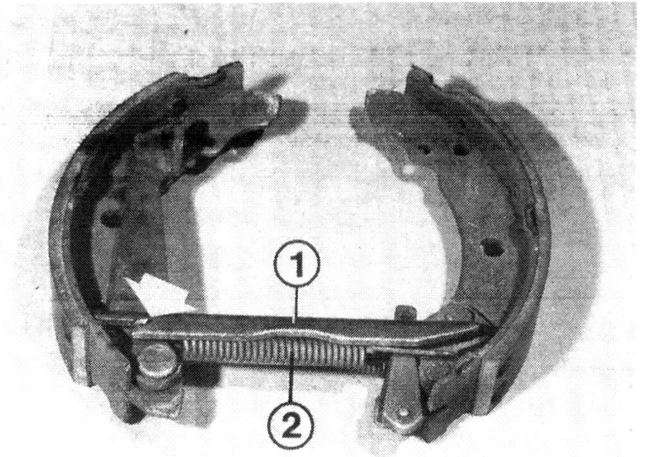

Zustand der Bremstrommeln kontrollieren

- Die Schleiffläche in der Bremstrommel muß möglichst glatt sein.
- Zeigen sich tiefe Rillen oder Riefen (durch bis auf die Nieten abgefahrene Bremsbeläge), kann die Trommel ausgedreht werden.
- Neue Bremstrommeln haben einen Innendurchmesser von 180 mm.
- Nach dem Ausdrehen darf der Durchmesser nur 1 mm größer sein.
- Für ausgedrehte Trommeln müssen 0,4 mm dikkere Bremsbeläge verwendet werden.
- Zu weit eingelaufene Bremstrommeln sind zu ersetzen, und zwar immer beide.

Bremsbacken ausbauen

In den Abbildungen auf diesen Seiten sehen Sie die im Text genannten Teile.

- Federteller der Druckfedern an den Bremsbacken mit einer Kombizange oder besser mit einem Steckschlüssel 10 mm zurückdrücken, Haltestift hinten am Bremsträgerblech um 90° drehen und herausziehen, Federn abnehmen.
- Rückzugfeder des Nachstellkeils aushängen.
- Bremsbacken aus der unteren Abstützung und den Kolben im Radbremszylinder herausheben.
- Handbremsseil an den abgezogenen Bremsbakken aushängen.
- Rückzugfedern oben und unten abnehmen.
- Nachstellkeil aus der Druckstange ziehen.
- Anlagefeder oben aus der Druckstange aushängen. Ggf. Druckstange in Schraubstock spannen.
- Beim **Zusammenbau** Druckstange in Schraubstock spannen.
- Anlagefeder an der Druckstange und Bremsbacke einhängen. Wie die Feder richtig montiert wird, zeigt das Bild oben.
- Bremsbacke auf der Druckstange einsetzen, Nachstellkeil von oben einstecken. Die »Warze« oben zeigt zum Bremsträgerblech hin.
- Bremshebel der Sekundär-Bremsbacke in die Aussparung der Druckstange einsetzen, obere Rückzugfeder einhängen.
- Zum Einhängen des Handbremsseils bei noch nicht montierten Bremsbacken Feder und Federteller auf dem Seil zurückdrücken, in dieser Stellung mit einer Zange festhalten, so daß das Handbremsseil ein Stück freiliegt.
- Bremshebel einhängen.

Fingerzeig: Grundsätzlich müssen beide Beläge auf jeder Seite ausgewechselt werden. Für einwandfreie Bremswirkung nur Beläge mit ABE verwenden.

Die Handbremse

○ Beim Zug am Handbremshebel zieht jedes Seil bzw. Zugende den Bremshebel an der hinteren Sekundärbremsbacke an. Durch diese Bewegung wird die Bremsbacke gegen die Trommel gedrückt. Gleichzeitig stützt sich der Bremshebel über die Druckstange an der vorderen Bremsbacke ab, die ebenfalls nach außen gedrückt wird – die Hinterräder werden gebremst.

Die Zugkraft wird je nach Baujahr auf etwas unterschiedliche Weise übertragen:

○ **Bis 7/84 zweiteiliges Seil:** Am Handbremshebel ist der vordere Bremszug befestigt, der in einer Zugstange endet. In die Stange ist der Ausgleichbügel (eine Art Wippe) eingehängt und mit einer Mutter gesichert. Das hintere, einteilige Bremsseil läuft über diesen Ausgleich zu den Hinterrädern, wobei es rechts noch den »Umweg« um den Tank über eine Umlenkrolle durchläuft. Durch die Ausgleichwippe soll die Kraft beim Anziehen so gleichmäßig wie möglich zu den hinteren Bremsen verteilt werden. Das funktioniert nicht immer so wie geplant, deshalb erfolgte zum Modelljahr 1985 eine grundlegende Änderung.

○ **Ab 8/84 dreiteiliges Seil:** Das vordere Bremsseil ist vorn durch seine Zugstange mit dem Handbremshebel

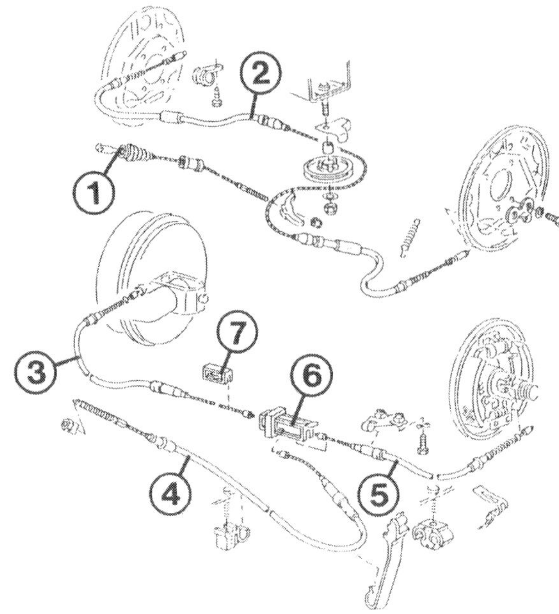

Oben in der Zeichnung der zweiteilige Handbremszug bis 7/84:
1 – Seilzug nach vorn;
2 – Zug zu den Hinterrädern.
Unten die neuere Ausführung:
3 – Zug zum rechten Hinterrad;
4 – Seilzug zum Handbremshebel;
5 – linker Hinterrad-Bremszug;
6 – Verbindungsbügel;
7 – Zwischenstück.

verbunden. Das Seil stützt sich hinten in einem Verbindungsbügel ab und verläuft weiter zu einem Zwischenstück, in dem der Bremszug zum rechten Hinterrad eingehängt ist. Das Handbremsseil zum rechten Hinterrad ist dagegen am Verbindungsbügel eingehängt.

Leerweg des Handbremshebels prüfen

Wartung Nr. 7

● Die Wirkung der Handbremse soll mit der **dritten Raste** des Hebels beginnen.
● Bei eingerastetem vierten Zahn sollten die Hinterräder blockiert sein.
● Ist der Hebelweg länger, weist das auf abgenutzte hintere Trommelbremsbeläge oder gedehnte Handbremsseile, weil die Handbremse bei jedem Parken kräftig angezogen wurde.
● Eine Einstellung der Handbremse ist nur nach Auswechseln eines Handbremsseils erforderlich.

Zweiteiligen Handbremszug wechseln

● Wagen hinten aufbocken.
● Bei gelöster Handbremse die selbstsichernde Mutter auf der Zugstange losdrehen (obere Abbildung oben), dabei Stange gegenhalten.
● Handbremsseil aus dem bogenförmigen Ausgleichstück herausnehmen.
● **Hinterer Zug:** An der linken Seite die Zugfeder aushängen.
● Rechts den Halteclip der Seilzughülle an der Hinterachse losschrauben.
● Bremstrommel rechts und links ausbauen, Bremsbacken abnehmen und Handbremsseil aushängen.
● **Vorderer Zug:** Im Innenraum am Handbremshebel die Sicherungsscheibe vom Haltebolzen des Handbremsseils abdrücken und Bolzen seitlich abnehmen.
● Unter dem Wagen Schutzmanschette abziehen, Handbremszug herausziehen.
● Neuen Zug vom Wagenboden durchschieben, Gummimanschette am Eintrittsrohr des Zuges sauber aufsetzen.
● **Beide Züge:** Beim Zusammenbau die Gleitfläche des hinteren Handbremszuges auf dem Ausgleichstück mit wasserbeständigem Mehrzweckfett ein-

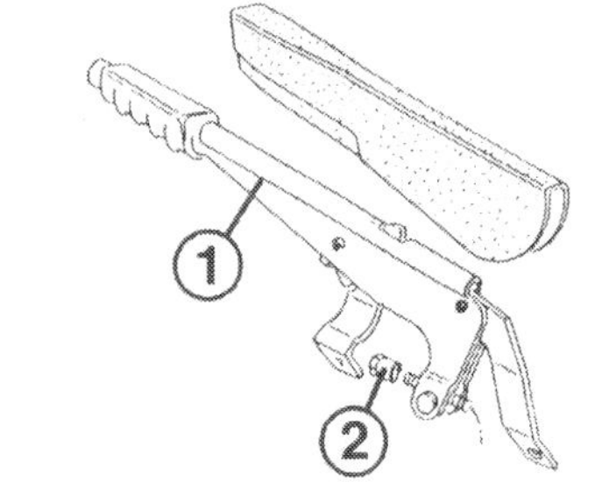

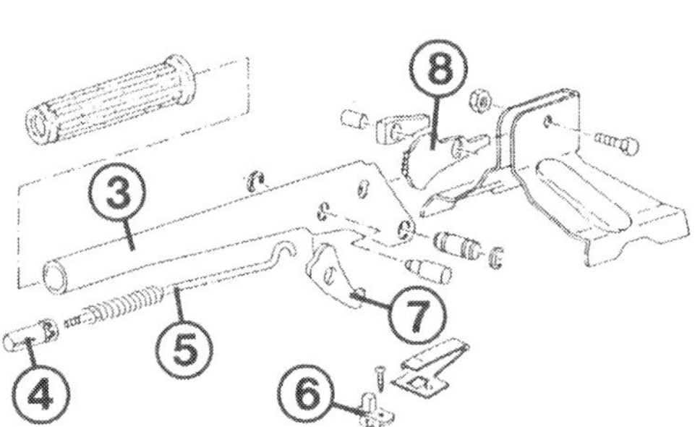

Der Handbremshebel seit 8/84 (1) ist nicht zerlegbar. Position »2« zeigt die Bundmutter, die auf den Bremszug aufgeschraubt wird. Unten der mehrteilige Handbremshebel (3) bis 7/84:
4 – Druckknopf;
5 – Verbindungsstange zur Sperrklinke (7);
6 – Kontaktschalter für die Handbrems-Kontrolleuchte;
8 – Zahnsegment.

streichen, das sichert gleichmäßige Bremskraftverteilung.

- Abdeckung am Handbremshebel abdrücken.
- Selbstsichernde Mutter auf der Gewindestange des vorderen Handbremsseils losdrehen, dabei Gewindeteil gegenhalten.
- **Hintere Züge:** Bremszug zum linken Hinterrad aus dem Verbindungsbügel, Zug zum rechten Hinterrad aus dem Zwischenstück aushängen.
- Haltespange des betreffenden Zuges von der Hinterachse abschrauben.
- Handbremse einstellen, siehe übernächsten Abschnitt.

Dreiteiligen Handbremszug ersetzen

- Zughülle aus dem Halteclip aushängen.
- Bremstrommel ausbauen, Bremsbacken abnehmen und Handbremsseil aushängen.
- **Vorderer Zug:** Mutter vom Gewindestück abnehmen.
- Bremszug aus den Haltern abnehmen und hinten aus dem Verbindungsbügel herausziehen.
- Nach dem Einbau Handbremse einstellen, siehe folgenden Abschnitt.

Handbremse einstellen

Diese Arbeit wird nur nach Auswechseln eines Handbremsseils ausgeführt.

- Wagen hinten so aufbocken, daß beide Hinterräder frei hängen.
- Bremspedal einmal kräftig treten.
- **Ab 8/84:** Abdeckung am Handbremshebel abziehen.
- **Alle Baujahre:** Handbremshebel in die 2. Raste ziehen.
- Selbstsichernde Mutter auf der Gewindestange am bogenförmigen Ausgleichstück (bis 7/84) bzw. am Handbremshebel (ab 8/84) so weit hineindrehen, bis sich beide Hinterräder nur noch schwer von Hand durchdrehen lassen.
- Handbremse lösen und prüfen, ob sich beide Räder ohne Widerstand durchdrehen lassen.

Der Bremskraftverstärker

Scheibenbremsen wirken im Gegensatz zu Trommelbremsen nicht selbstverstärkend; es ist eine höhere Pedalkraft vonnöten. Deshalb erhielten die Modelle ab 37 kW seit Serienbeginn und später auch die leistungsschwächeren Versionen einen Bremskraftverstärker, der den Fußdruck aufs Bremspedal um rund 60% verstärkt.

Diese Hilfseinrichtung sitzt links im Motorraum hinter dem Hauptbremszylinder. Das Bremspedal wirkt jedoch weiterhin direkt auf die Bremskolben im Hauptbremszylinder, so daß man auch noch bei ausgefallenem Bremsservo bremsen kann. Der notwendige Pedaldruck muß dann allerdings mehr als verdoppelt werden!

Die Hilfskraft liefert der Unterdruck aus dem Ansaugrohr. Der Bremskraftverstärker ist über einen Schlauch mit dem Saugrohr verbunden. Beim Bremsen verschiebt der Druckunterschied zwischen dem äußeren Luftdruck und dem Unterdruck im Ansaugrohr eine große, elastische Membrane und drückt zusätzlich auf die Kolben im Hauptbremszylinder.

Wenn der Motor nicht läuft, kann der Servo auch keine (zusätzliche) Bremskraft liefern. Deswegen müssen Sie stärker aufs Pedal treten, wenn Ihr Wagen z. B. abgeschleppt wird. Bleibt der Motor unterwegs plötzlich stehen, haben Sie durch den Unterdruckspeicher noch eine Reserve für einige kurze Bremsungen; erst dann werden die Wadenmuskeln voll beansprucht.

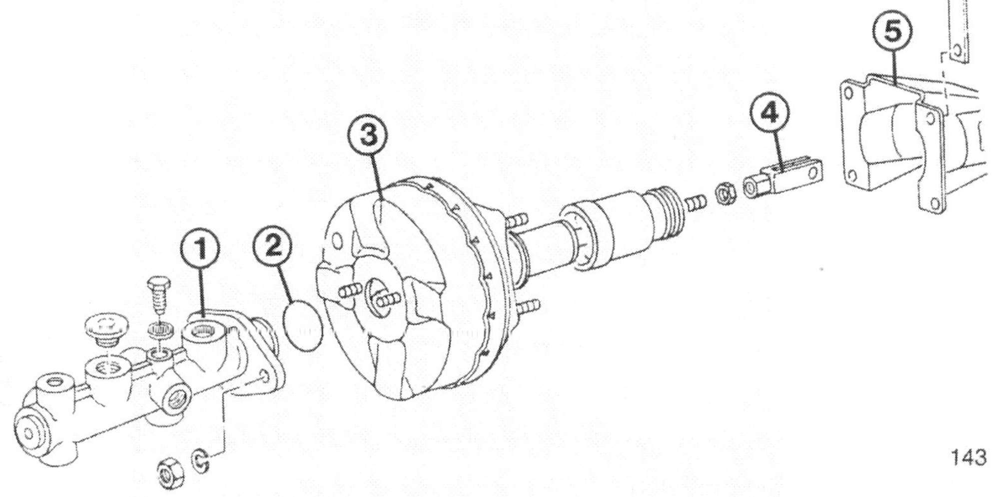

Zur Baugruppe Hauptbremszylinder (1) und Bremskraftverstärker (3) gehören weiterhin:
2 – Dichtring;
4 – Gabelkopf;
5 – Lagerbock für Bremskraftverstärker.

Bremskraftverstärker prüfen

Wartung Nr. 9

● Bei abgestelltem Motor das Bremspedal zehnmal durchtreten und in seiner tiefsten Stellung halten.
● Motor starten. Bei einwandfrei funktionierendem Verstärker muß das Pedal noch ein Stück nachgeben (Verstärkung wird wirksam).
● Senkt sich das Pedal nicht, kommen in Betracht: Unterdruckschlauch vom Ansaugrohr zum Bremskraftverstärker undicht, Rückschlagventil im Unterdruckschlauch, Gummiring zwischen Hauptbremszylinder und Servogerät oder Membrane des Bremskraftverstärkers defekt.
● Zur Kontrolle des Rückschlagventils nehmen Sie den Unterdruckschlauch am Bremskraftverstärker ab.
● Durchblasen muß, Ansaugen darf nicht möglich sein.
● Das Rückschlagventil gibt es nur mit dem zugehörigen Unterdruckschlauch.
● Der Pfeil am Ventil muß in Richtung Ansaugrohr zeigen.
● Zum Austausch eines schadhaften Gummirings zwischen Hauptbremszylinder und Verstärker muß der Zylinder demontiert werden.
● Ein defekter Bremskraftverstärker wird komplett ersetzt. Reparieren ist nicht möglich.

Der Bremskraftregler

Bei den Modellen ab 44 kW sitzt in Fahrtrichtung links vor der Hinterachse ein Bremskraftregler. Er kann den Flüssigkeitsdruck zu den hinteren Radbremszylindern reduzieren. Das geschieht je nach Beladung: Viel Druck bei vollgeladenem Wagen, wobei die Hinterachse auch beim Bremsen nur wenig entlastet wird; wenig Druck bei Ein- oder Zweimannbesatzung – hierbei hebt sich der Wagen stärker aus den Hinterfedern. Durch zu viel Bremsdruck an den Hinterrädern blockieren diese vorzeitig, und das Auto stellt sich quer.

Bremskraftregler prüfen

Für eine schnelle Funktionsprüfung brauchen Sie einen Helfer. Der Wagen darf nicht aufgebockt sein.
● Treten Sie das Bremspedal kräftig durch und lassen Sie es schnell los.
● Hierbei muß sich der Hebel am Bremskraftregler bewegen.
● Für eine genaue Prüfung werden Federspanner und ein Druckprüfgerät gebraucht – eine Arbeit für die VW-Werkstatt.

Arbeiten an der Bremshydraulik

Bei allen nachfolgend beschriebenen Arbeiten kommen Sie mit Bremsflüssigkeit in Kontakt. Deshalb ein paar Sicherheitshinweise:
○ Bremsflüssigkeit ist giftig, deshalb nicht mit dem Mund oder offenen Wunden in Berührung bringen.
○ Die Bremsflüssigkeit greift den Lack an. Deshalb keine bremsflüssigkeitsgetränkten Lappen oder -verschmierten Werkzeuge auf die Lackierung legen. Auch im Motorraum nach der Montage die Spuren von Bremsflüssigkeit abwaschen; aber erst, wenn sämtliche Anschlüsse fest angeschraubt sind.
○ Beim Lösen eines Bremsschlauches oder einer Bremsleitung läuft der Vorratsbehälter allmählich leer. Das läßt sich verhindern: Vor dem Öffnen der Verschraubung eine Entlüftungsschraube im betreffenden Bremskreis

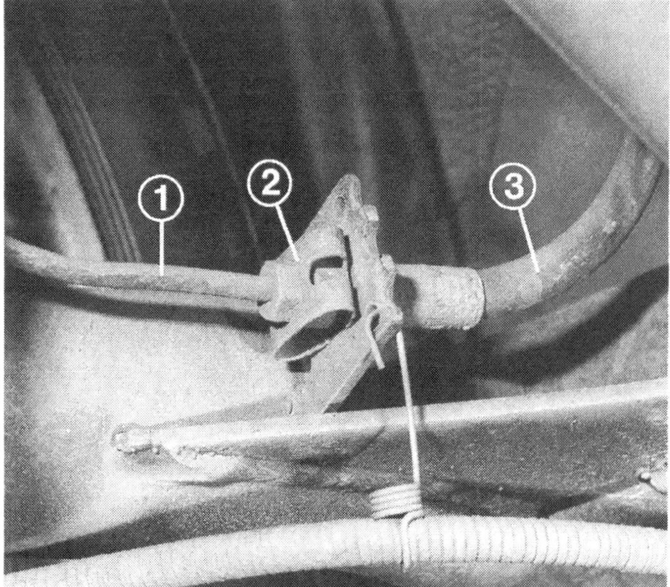

Zwischen der Verbindung von Bremsleitung (1) und Bremsschlauch (3) sitzt ein Schlauchhalter (2), der beim Zusammenbau nicht vergessen werden darf.

Die Verlegung der Bremsleitungen und -schläuche. Bremsschläuche finden wir vorn rechts (1), vorn links (4), hinten links (7) und hinten rechts (10). Vom Hauptbremszylinder gehen die Leitungen nach vorn rechts (2), vorn links (3), hinten links (9) und hinten rechts (8). Bei einem Fahrzeug mit Bremskraftregler (5) sind die Leitungen »8« und »9« jeweils zweigeteilt. An den Hinterrädern stellt jeweils eine kurze Leitung (6 und 11) die Verbindung zum Radbremszylinder her.

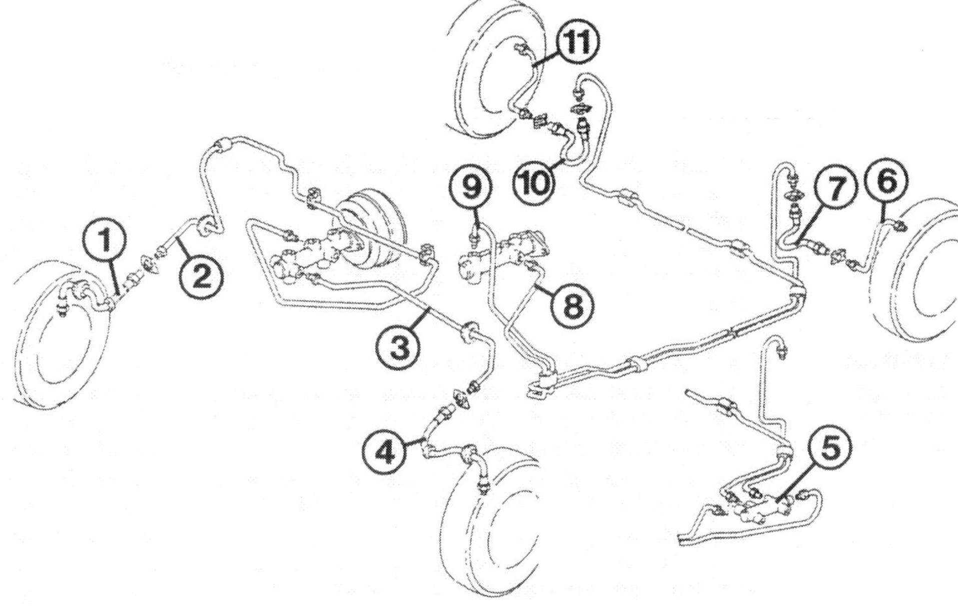

lösen. Entlüftungsschlauch aufstecken und in ein Gefäß halten. Nun das Bremspedal voll durchtreten und mit einer passenden Holzlatte o.ä. in dieser Stellung halten. Damit sind die Zulaufbohrungen im Hauptbremszylinder verschlossen, es kann keine Bremsflüssigkeit mehr auslaufen.

○ Zum Lösen und Anziehen der Bremsleitungen brauchen Sie einen Bremsleitungsschlüssel 10 × 11 (z.B. Hazet 05202). Er sieht aus wie ein aufgesägter Ringschlüssel. Für die Bremsschläuche genügt ein Gabelschlüssel SW 14.

○ Nach allen Arbeiten an der Bremshydraulik muß die Bremsanlage entlüftet werden. Oft genügt es, nur den Bremskreis zu entlüften, an dem gearbeitet wurde.

Bremsleitung ausbauen

- Überwurfmutter der Bremsleitung losdrehen. Hierzu Gegenverschraubung – z.B. an einem Bremsschlauch – festhalten.
- Ist die Mutter auf der Leitung angerostet, wodurch sich diese mitdreht, muß die Leitung in jedem Fall erneuert werden. Die dünnwandigen Rohre knicken schnell ab.
- Zum Lösen der Leitungsanschlüsse kann folgender Trick weiterhelfen, wenn das betreffende Leitungsstück ohnehin ausgewechselt werden soll:
- Bremsleitung nahe der Verschraubung absägen, Überwurfmutter mit einer Sechskantnuß losdrehen.
- Muß eine neue Leitung noch etwas zurechtgebogen werden, darf dies nur in einem großen Radius geschehen. Andernfalls knickt das dünne Rohr ab.
- Innenseite des Bogens beim Biegen mit dem Daumen unterstützen. So können Sie sich langsam dem Radius entlang arbeiten.
- Evtl. vorhandene Schutzschläuche der Leitungen nicht vergessen.
- Bremsleitungen in ihren Abstandshaltern verlegen.
- Bremsanlage entlüften.

Bremsschlauch ausbauen

- Zuerst die Überwurfmutter der betreffenden Bremsleitung losdrehen. Dabei darauf achten, daß sich die Leitung nicht verdreht.
- Ist ein Bremsschlauch mit einem Blechhalter an der Karosserie befestigt, dann ist er mit einem Blechbügel gegen Hin- und Herrutschen gesichert. Beim Zusammenbau darf dieser sogenannte Schlauchhalter nicht vergessen werden.
- Beim Einbau den Schlauch immer zuerst an der Stelle festdrehen, an der er sein Außengewinde hat.
- Dann andere Verschraubung anziehen.
- Der Bremsschlauch darf nicht in sich verdreht sein. Zur Kontrolle dient der Farbstreifen oder Gummianguß entlang des Schlauches.
- Bremssystem entlüften.
- Sofort nach der Reparatur kontrollieren, ob der Schlauch bei Federbewegungen irgendwo scheuern kann.
- Diese Kontrolle nach einer längeren Fahrtstrecke wiederholen.

Radbremszylinder ausbauen

- Bremstrommel und Bremsbacken ausbauen.
- Entlüftungsventil und Bremsleitung hinten am Bremsträgerblech abschrauben.
- Halteschrauben des Bremszylinders losdrehen, Radzylinder abnehmen.
- Nach dem Zusammenbau Bremsen entlüften.

Hauptbremszylinder ausbauen

- Bremsflüssigkeit aus dem Vorratsbehälter absaugen.
- Behälter aus dem Hauptbremszylinder herausziehen.
- Kabelstecker am hydraulischen Bremslichtschalter abnehmen.
- Sämtliche Bremsleitungen am Hauptbremszylinder abschrauben.

- Ggf. Muttern der Verbindung Hauptbremszylinder/Bremskraftverstärker losdrehen, Hauptbremszylinder abnehmen.
- Beim Zusammenbau neuen Dichtring zwischen Bremskraftverstärker und Hauptbremszylinder einlegen.
- Dichtstopfen für die Anschlußstutzen des Vorratsbehälters innen mit Bremsflüssigkeit anfeuchten, bevor der Behälter aufgedrückt wird.
- Bremsanlage entlüften.

Bremskraftverstärker ausbauen

- Linkes Ablagefach ausbauen.
- Am Hebel des Bremspedals die Sicherungsklammer am Haltebolzen für die Bremsdruckstange abnehmen, Bolzen herausdrücken.
- Unterdruckschlauch am Verstärker abnehmen.
- Bremsflüssigkeit absaugen und Bremsleitungen abschrauben.
- Im Fahrerfußraum die vier Muttern des Haltebocks für den Bremskraftverstärker losdrehen.
- Servogerät mit Hauptbremszylinder und Haltebock aus dem Motorraum herausnehmen.
- Hauptbremszylinder und Haltebock losschrauben.
- Beim Einbau muß sich der Haltebolzen für die Bremsdruckstange in Ruhestellung von Bremspedal und Bremsdruckstange einschieben lassen.
- Ist dies nicht möglich, Kontermutter des Gabelkopfes an der Druckstange lösen.
- Gabelkopf so lange verdrehen, bis die Bohrungen für den Bolzen in einer Ebene stehen.
- Sicherungsklammer auf dem Bolzen nicht vergessen.
- Bremssystem entlüften.

Bremsanlage entlüften

Nach allen Reparaturen an der Bremshydraulik muß entlüftet werden. Die Werkstatt benutzt hierzu ein Entlüftungsgerät, es geht aber genauso gut nach der althergebrachten Methode.

- Die Arbeitsreihenfolge lautet: Hinten rechts, hinten links, vorn rechts und zuletzt vorn links.
- Vorratsbehälter auf dem Hauptbremszylinder mit frischer Bremsflüssigkeit auffüllen. Während des Entlüftens muß immer wieder nachgefüllt werden, sonst wird aus dem leeren Behälter wieder Luft angesaugt.
- Gummikappe vom Entlüftungsventil abnehmen, Ventilnippel sauberreiben.
- Durchsichtigen Schlauch auf den Nippel schieben, freies Schlauchende in ein teilweise mit Bremsflüssigkeit gefülltes Glas stecken.
- Entlüfterventil eine bis eineinhalb Umdrehungen lösen.
- Von Helfer das Bremspedal langsam niedertreten lassen. So wird Bremsflüssigkeit und die darin eingeschlossene Luft herausgepumpt. Sie sehen die Luftbläschen im durchsichtigen Schlauch und im Glas.
- Pedal langsam zurückkommen lassen.
- Das wird nun so lange wiederholt, bis keine Luft mehr kommt.
- Bremspedal ganz durchgetreten halten, bis das Entlüftungsventil angezogen (nicht »angeknallt«) wurde.
- Auf gleiche Weise werden die übrigen Radbremsen entlüftet.

Bremsflüssigkeit wechseln

Wartung Nr. 44

Nicht nur die zu Beginn des Kapitels erwähnte Gefahr von Dampfblasenbildung macht den Bremsflüssigkeitswechsel erforderlich, sondern auch die vom aufgenommenen Wasser verursachte Korrosionsgefahr in den Bremszylindern und -leitungen. Außerdem soll Abrieb der Bremsmanschetten herausgepumpt werden.

Beim Entlüften wird die Schutzkappe vom Entlüfterventil (3) abgezogen. Durchsichtigen Schlauch (2) am Ventil aufstecken. Das andere Schlauchende muß in ein mit Bremsflüssigkeit teilweise gefülltes Glasgefäß (1) reichen. Erst jetzt das Ventil öffnen.

Beim Flüssigkeitswechsel geht man wie beim Entlüften vor. Gebraucht werden 2 Liter frische Bremsflüssigkeit.

- Bremsflüssigkeit aus dem Vorratsbehälter mit einer Pipette oder einer sauberen Injektionsspritze absaugen.
- Frische Bremsflüssigkeit einfüllen bzw. regelmäßig nachgießen.
- An jedem Entlüfterventil sollen 500 cm³ Bremsflüssigkeit durchgepumpt werden. Durch diese relativ hohe Menge ist gewährleistet, daß sich neue Bremsflüssigkeit nicht mit der alten vermischt hat, sondern das Bremssystem durchweg mit unverbrauchter Flüssigkeit befüllt ist.

Fingerzeig: Gebrauchte Bremsflüssigkeit darf nicht in die Kanalisation geschüttet werden. In ein separates Gefäß gefüllt gibt man sie zur Sondermüll-Beseitigung.

Störungsbeistand

Bremsen

Die Störung	– ihre Ursache	– ihre Abhilfe
A Bremsen ziehen einseitig	1 Reifendruck ungleichmäßig	Korrigieren bei kalten Reifen
	2 Reifenprofil ungleich abgefahren	Reifen so untereinander auswechseln, daß auf jede Achse gleichmäßig abgenutzte Reifen kommen
	3 Beläge verschmutzt, verschmiert oder abgenutzt	Erneuern
	4 Bremsflächen der Scheiben bzw. Trommeln stark verschmutzt, verrostet oder zu stark abgenutzt	Scheiben abschleifen bzw. Trommeln ausdrehen. Ggf. austauschen
	5 Belagführung im Bremssattel verschmutzt oder verrostet	Blank schleifen
	6 Festsitzender Kolben im Bremssattel	Gängig machen oder Bremssattel überholen lassen
	7 Nachstellmechanismus der Trommelbremsen nicht in Ordnung	Einbaulage der Bauteile überprüfen
	8 Festsitzender Kolben im Radbremszylinder	Gängig machen oder Bremszylinder austauschen
	9 Bremskraftregler defekt	Druckprüfung in der Werkstatt durchführen lassen
B Bremse quietscht	1 Resonanzgeräusche zwischen Bremsscheibe und Belägen	Siehe Fingerzeig Seite 137
	2 Beläge verschlissen oder verhärtet (»verglast«)	Erneuern
	3 Siehe A 4–8	
	4 Neue Bremsbeläge liegen nicht plan an	Außenkanten der Beläge mit einer Feile brechen
	5 Lose Belagnieten	Erneuern
C Bremse rubbelt, Bremspedal pulsiert	1 Bremsscheiben verschlissen, beschädigt oder Belagreste angeklebt. Seitenschlag der Bremsscheibe oder Radnabe zu groß	Scheiben abschleifen oder austauschen. Ggf. Radnaben und evtl. Radlager ersetzen
	2 Siehe A 3 und 7	
	3 Bremstrommel hat Seiten- oder Höhenschlag oder beschädigte Bremsflächen	Bremstrommeln ausdrehen lassen bzw. austauschen
D Hinterräder blockieren	1 Siehe A 7	
	2 Bremsflächen der Trommeln verrostet oder mit starken Riefen	Bremstrommeln ausdrehen lassen bzw. ersetzen
	3 Beläge gerissen oder an der Oberfläche beschädigt	Erneuern
	4 Schwache Vorderradbremswirkung, siehe A 4–6	
E Bremse wird heiß, löst nicht	1 Hydrauliksystem unter Vordruck. Alle Räder schwergängig:	Prüfung: Wagen aufbocken, Räder durchdrehen
	a) Kein Spiel zwischen Bremspedal (Druckstange) und Hauptbremszylinderkolben	Spiel kontrollieren
	b) Bremskraftverstärker defekt	Austauschen
	c) Hauptbremszylinder defekt	Ersetzen

Die Störung	– ihre Ursache	– ihre Abhilfe
E Bremse wird heiß, löst nicht (Fortsetzung)	2 Ein Bremskreis unter Vordruck. Ein Vorderrad und evtl. gegenüberliegendes Hinterrad schwergängig:	
	Ausgleichbohrung im Hauptbremszylinder verstopft	Säubern lassen
	3 Bremsmechanik klemmt. Ein oder zwei Räder einer Achse schwergängig:	
	a) Siehe A 4–8	
	b) Handbremse löst nicht	Handbremseinstellung kontrollieren
	4 Gummiteile gequollen durch Verwendung falscher Bremsflüssigkeit	Bremsflüssigkeit wechseln und schadhafte Teile erneuern
F Pedalweg zu groß	1 Trommelbremsbeläge abgenutzt	Erneuern
	2 Siehe A 5	
G Pedalweg zu groß, Pedal läßt sich weich und federnd durchtreten	1 Luft im Bremssystem, evtl. Flüssigkeit im Vorratsbehälter zu tief abgesunken. Ursachen:	
	a) Leck im Bremssystem	Kontrollieren, schadhafte Teile erneuern
	b) Manschette im Hauptbremszylinder undicht	Hauptbremszylinder austauschen
	2 Überhitzte Bremsflüssigkeit, Dampfblasenbildung durch zu hohen Wassergehalt der Bremsflüssigkeit	Bremsflüssigkeit wechseln
	3 Siehe A 6 und 7	
H Schlechte Bremswirkung bei hohem Pedaldruck	1 Pedalweg normal:	
	a) Beläge verölt, verbrannt oder verhärtet	Erneuern
	b) Siehe A 4 und 8	
	2 Pedalweg kurz:	
	Bremskraftverstärker arbeitet nicht	Funktion prüfen
	3 Pedalweg lang:	
	a) Siehe A 6	
	b) Ein Bremskreis ausgefallen durch Undichtigkeit oder Beschädigung	Kontrollieren, schadhafte Teile auswechseln

Ziemlich gerädert

Vier Gebilde aus Gummi, Stahldraht und Gewebe stellen die nur handtellergroße Verbindung zwischen Fahrzeug und der Straße her. Was Sie über die Autoreifen wissen sollten, finden Sie im folgenden Kapitel beschrieben.

Welche Reifen sind montiert?

Welche Reifengrößen für Ihr Fahrzeug **zugelassen sind, steht in den Kfz-Papieren**. Andere als die dort vermerkten dürfen nur dann montiert werden, wenn sie vom TÜV begutachtet und anschließend in die Fahrzeugpapiere eingetragen wurden.
Folgende Reifengrößen gibt es bei unseren Modellen in Serien- bzw. Sonderausstattung:

Modell Motor	Steilheck, Stadtlieferwagen 29 und 33 kW	Steilheck, Coupé 33–44 kW	Stufenheck bis 7/84 alle	Coupé GT bis 40 kW	Stufenheck ab 8/84 alle	Coupé GT G40 alle
Serienausstattung	135 R 13	145 R 13	145 R 13	155/70 R 13*	165/65 R 13	175/60 R 13
Sonderausstattung	155/70 R 13	155/70 R 13	155/70 R 13	165/65 R 13	–	–

* bis 7/84 ausschließlich 165/65 R 13

Die Reifenbezeichnung

Nach international gültigen Vereinbarungen wird die Reifengröße in Millimeter oder, wie in unserem Fall, gemischt in Millimeter und Zoll angegeben. Die Bezeichnungen 145 SR 13, 155/70 R 13 S oder 165/65 R 13 T besagen folgendes:
145, 155, 165, 175: Reifenbreite in unbelastetem Zustand in mm
/70, /65, /60: Das Verhältnis von Reifenhöhe zu Reifenbreite beträgt 70, 65 oder 60:100. Normale Gürtelreifen haben ein Höhen/Breiten-Verhältnis von 80:100
R: Kennzeichnung der Bauart als **R**adial- oder Gürtelreifen
13: Innendurchmesser des Reifens in Zoll (")
Q: Zulässige Höchstgeschwindigkeit bis 160 km/h – Geschwindigkeitsklasse für herkömmliche M+S-Reifen
S: Höchstgeschwindigkeit bis 180 km/h
T: Bis 190 km/h
H: Bis 210 km/h
V: Bis 240 km/h
Z: Über 240 km/h

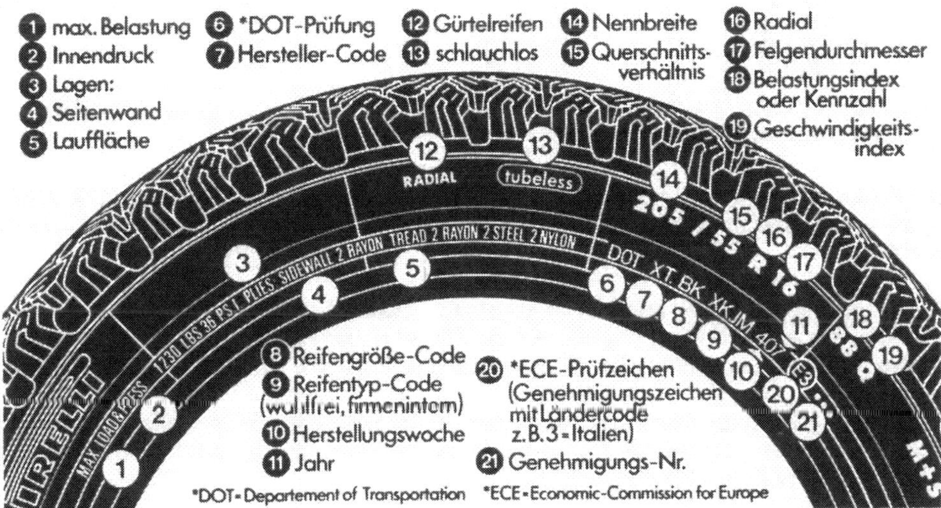

Was die verschiedenen Bezeichnungen auf der Reifenflanke bedeuten, finden Sie hier komplett zusammengestellt.

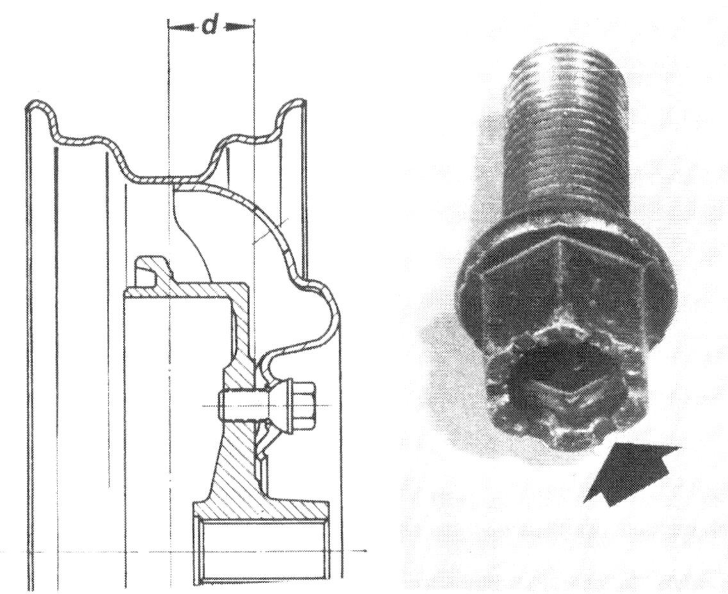

Links: In der Zeichnung wird die Einpreßtiefe der Felge verdeutlicht. Mit dem Maß »d« bezeichnet man den Abstand zwischen der Felgenmitte und der Anlagefläche der Felge an die Radnabe.
Rechts: Die richtigen Radschrauben für die Original-Stahl- oder Leichtmetallfelgen besitzen einen sogenannten Kronenkopf. Der Pfeil weist auf eine der Einkerbungen im Schraubenkopf.

Fingerzeig: Die breiteren Niederquerschnittsreifen werden nur in höheren Geschwindigkeitsklassen gefertigt.

Die Felgen

An unseren Fahrzeugen können Felgen mit folgender Bezeichnung montiert sein: 4½ J × 13 H 2 ET 45 oder 5½ J × 13 H 2 ET 38. Diese Zahlen und Buchstaben besagen:
4½, 5½: Felgenmaulweite in Zoll, an der Felgenhornbasis quer zur Laufrichtung des Rades gemessen
J: Kennzeichnung der Felgenhorn-Höhe
×: Zeichen für Tiefbettfelge
13: Felgendurchmesser in Zoll, von Wulst zu Wulst gemessen
H 2: Zeichen für Doppelhump-Felge. Zwei höckerartige Erhebungen innen im Felgenbett verhindern, daß die Reifenwülste bei seitlicher Beanspruchung (scharfe Kurvenfahrt mit niedrigem Luftdruck) vom Felgenhorn abgleiten können.
ET 38, ET 45: Einpreßtiefe 38 bzw. 45 mm. Dieses Maß erläutert unsere Zeichnung oben links näher

Fingerzeig: Die Norm-Bezeichnungen geben nur die Hauptabmessungen der Felgen an, nicht aber die fahrzeugspezifischen Daten, wie Anzahl der Radbefestigungslöcher oder Lochkreisdurchmesser.

Welche Reifen auf welche Felgen?

Folgende Reifen/Felgen-Kombinationen sind beim Polo ab Oktober 1981 und beim Derby ab Februar 1982 möglich und zulässig **ohne Änderung der Fahrzeugpapiere**:

Reifen	Felge	Einpreßtiefe	Motor
135 R 13	4½ J × 13	45	nur Steilheck und Stadtlieferwagen 29 und 33 kW
145 R 13	4½ J × 13	45	alle bis 55 kW
155/70 R 13	4½ J × 13	45	alle bis 55 kW
165/65 R 13*	5½ J × 13	38	alle
175/60 R 13	5½ J × 13	38	nur 83/85 kW

* Fahrzeuge, bei denen diese Reifen und Räder noch nicht in die Kfz-Papiere eingetragen sind, müssen zur Berichtigung der Fahrzeugdaten beim TÜV vorgeführt werden

Welche Felgen verwenden?

Am Polo und Derby dürfen nur wenige Original-VW-Felgen verwendet werden. **Nicht zulässig sind die Stahl- und Leichtmetallräder der Vorgängermodelle**, da der Freiraum im Radkasten und zu den Bremssätteln nicht ausreicht.

Nur eine Radschraubensorte

Radschrauben und Felgen stellen eine Konstruktionseinheit dar und müssen deshalb richtig gepaart werden. Der Kegelsitz an den Befestigungslöchern der Felgen ist genau auf den Kegel der Radschrauben abgestimmt. Andere Kegelformen können den sicheren Sitz der Schraube und damit die Befestigung des Rades nicht garantieren.
Für die am Polo/Derby werkseitig montierten und zugelassenen Felgen (Stahl und Leichtmetall) eignet sich ausschließlich die sogenannte Kronenkopfschraube (Teile-Nr. 321 601 139 C). Sie ist erkennbar an den Einkerbungen oben am Schraubenkopf.

Andere Schrauben für Sonderfelgen

Abweichend vom eben Gesagten können nachträglich montierte Leichtmetallfelgen anderer Hersteller als VW besondere Schrauben erfordern. Das hat folgende Gründe: Für die entsprechende Stärke der Felgen-Anlagefläche muß die passende Radschraubenlänge verwendet werden. Eine zu kurze Radschraube hält das Rad nicht sicher an der Nabe. Eine Schraube mit zu langem Schraubengewinde ragt zu weit in die Schraubenbohrung der Radnabe und kann vor allem an der hinteren Trommelbremse Teile beschädigen.

Felgen für die Winterbereifung

Leichtmetallfelgen können unter Streusalzeinwirkung bis zur Verkehrsunsicherheit korrodieren. Schäden im Felgen-Decklack müssen deshalb möglichst bald ausgebessert werden. Noch besser ist die Anschaffung eines zweiten Reifensatzes auf den weniger empfindlichen Stahlfelgen. Reifenfachgeschäfte bieten oft Komplettsätze zu günstigen Preisen an.

Anbau von Sonderfelgen

Sonderfelgen heißen auf Amtsdeutsch solche Räder, die in Form oder Material nicht der serienmäßigen Ausstattung entsprechen. Da es wegen nachträglich montierten Rädern und Reifen immer wieder Schwierigkeiten bei Polizeikontrollen oder der Hauptuntersuchung bei DEKRA oder TÜV gibt, hier einige Punkte, die Sie beachten müssen.

○ Keine Probleme gibt es, wenn Felgen- und Reifengröße mit den Angaben in den Fahrzeugpapieren übereinstimmen und die Felgen Original-VW-Teile sind.

○ Wenn eine Rad-ABE vorliegt und Felgen- sowie Reifengröße mit den Angaben in den Kfz-Papieren übereinstimmen, genügt eine Änderung der Fahrzeugpapiere durch die Zulassungsstelle.

○ Ein Gutachten nach § 19 (2) StVZO beim TÜV (Teilgutachten) und die Berichtigung der Kfz-Papiere ist notwendig, wenn Felgen- und Reifengröße nicht mit den Angaben in den Papieren übereinstimmen und/oder für die Felgen lediglich ein TÜV-Bericht vorliegt.

○ Beim Kauf neuer Sonderfelgen muß eine Rad-ABE oder ein TÜV-Bericht beigefügt sein.

○ Vor dem Kauf gebrauchter, nicht originaler Felgen ohne entsprechende Papiere sollten Sie anhand der genauen Hersteller- und Typenbezeichnung sowie des Herstellungsdatums (es ist in der Felge eingeschlagen oder eingegossen) aus dem Räderkatalog des TÜV heraussuchen lassen, ob hierfür eine Rad-ABE oder ein TÜV-Bericht vorliegt.

○ Räder ohne ABE oder TÜV-Bericht dürfen in der Bundesrepublik nicht montiert werden.

Breite Reifen und Felgen

Für unsere Fahrzeuge bestehen zahlreiche Umrüstmöglichkeiten für Reifen- und Felgengrößen. Den aktuellen Stand erfahren Sie bei der VW-Werkstatt: Anhand der dort vorliegenden Broschüre »Ratgeber Änderungen VW-Fahrzeuge« kann man Ihnen Auskunft geben, auf welche Reifen- und Felgengrößen Sie umrüsten können und welche Voraussetzungen erfüllt werden müssen. Fast immer wird dann auch der Besuch bei einer TÜV-Stelle fällig, wo die neue Reifen- und/oder Felgengröße in den Kfz-Papieren eingetragen werden muß.

Reifendruck prüfen

Ständige Kontrolle

Fahren mit zu wenig Luftdruck bewirkt, daß der Reifen vermehrt durchgewalkt (verformt) und dabei zu heiß wird. Das kann zu einem Totalausfall führen, wenn sich die äußere Gummierung vom Gewebe ablöst. Unter die genannten Werte (in bar Überdruck) sollte der Reifendruck keinesfalls absinken:

Reifen		Beladung	Sommerreifen		Winterreifen		Reserverad
			vorn	hinten	vorn	hinten	
bis 7/89	135 R 13	halb voll	1,7 2,1	1,7 2,4	1,9 2,3	1,9 2,6	2,4
ab 8/89	135 R 13	halb voll	1,9 2,2	1,9 2,5	2,1 2,4	2,1 2,7	2,5
bis 7/89	145 R 13, 155/70 R 13, 165/65 R 13	halb voll	1,6 1,9	1,6 2,3	1,8 2,1	1,8 2,5	2,3
ab 8/89	145 R 13, 155/70 R 13, 165/65 R 13	halb voll	1,7 1,9	1,7 2,2	1,9 2,1	1,9 2,4	2,2
	175/60 R 13	halb voll	2,1 2,2	2,1 2,6	2,3 2,4	2,3 2,8	2,6

Fingerzeig: Wenn Sie bei der regelmäßigen Prüfung (alle zwei bis vier Wochen) Druckverlust an einem Reifen feststellen, müssen Sie ihn sich genauer anschauen. Entweder kann das Ventil undicht gewor-

den sein oder in der Reifendecke sitzt eine Glasscherbe bzw. ein Nagel, wodurch ein kleines Loch entstanden ist. Der Ursache für den Druckverlust muß unbedingt nachgespürt werden; es hilft nichts, einfach Luft nachzupumpen.

Luftdruck bei kalten Reifen messen

Bereits wenige Kilometer zügiger Fahrt lassen den Reifendruck um 0,2–0,4 bar ansteigen. Diese Druckerhöhung durch Erwärmung ist bei den Luftdruckempfehlungen bereits berücksichtigt worden und darf deshalb nicht abgelassen werden. Am günstigsten ist ein eigener Luftdruckprüfer, womit der Reifendruck vor Antritt der Fahrt bei kalten Reifen gemessen werden kann.

Reifenzustand kontrollieren

Wartung Nr. 23

Die Kontrolle geht am besten bei aufgebocktem Wagen, etwa beim Ölwechsel an der Tankstelle.

- Drehen Sie jedes Rad einmal komplett durch.
- Fremdkörper, wie kleine Steinchen, bohren Sie mit einem schmalen Schraubendreher aus den Profillamellen, ohne den Reifen dabei zu beschädigen.
- Das Reifenprofil muß laut Gesetzesvorschrift seit 1. 1. 1992 über die gesamte Profilbreite noch **mindestens 1,6 mm** (früher 1,0 mm) tief sein.
- Zur Verschleißkontrolle dienen in regelmäßigen Abständen quer zur Lauffläche verlaufende Erhebungen in den Profilrillen. Sie sind an der Reifenflanke durch die Buchstaben »TWI« (**T**read **W**ear **I**ndicator = Profilabnutzungsanzeiger) gekennzeichnet.
- Wenn diese Erhebungen mit den Profilrippen in gleicher Höhe stehen, ist ein Reifentausch zwingend fällig. Schon bei 3 mm Restprofiltiefe wird das Fahrverhalten auf nasser Fahrbahn problematisch, speziell mit breiten Reifen.
- Aus der Art der Profilabnutzung können Sie einiges herauslesen, wie im folgenden Abschnitt beschrieben.

Das Reifenlaufbild

○ **An der Außenseite abgefahrene Vorderreifen** sind beim frontgetriebenen VW nichts Ungewöhnliches. Grund ist die erhöhte Belastung dieses Laufflächenbereichs bei Kurvenfahrt.

○ **Einseitig abgefahrenes Profil** kann auch auf falsche Radeinstellung hinweisen; vor allem dann, wenn lediglich ein Reifen schräg abgelaufen ist.

○ **Starke Abnutzung in der Profilmitte** entsteht, wenn häufig mit hoher Geschwindigkeit gefahren wird, wobei sich die Lauffläche durch die Fliehkraft ausbaucht. Der Effekt tritt besonders deutlich an den Hinterrädern auf. Es kann auch der Hinweis auf wesentlich zu hohen Luftdruck sein.

○ Sind **beide Außenschultern** eines Reifens **stärker abgefahren als die Profilmitte**, wurde lange Zeit mit zu niedrigem Luftdruck gefahren.

○ **Gleichmäßige Auswaschungen** im Profil deuten auf einen defekten Stoßdämpfer.

○ Tritt die **ungleiche Abnutzung nur an bestimmten Stellen** auf, ist das Rad unwuchtig, oder der Reifen-Unterbau ist beschädigt.

○ Eine **einzelne Stelle im Profil mit starker Abnutzung** stammt von einer Bremsung mit blockiertem Rad – eine sogenannte Bremsplatte.

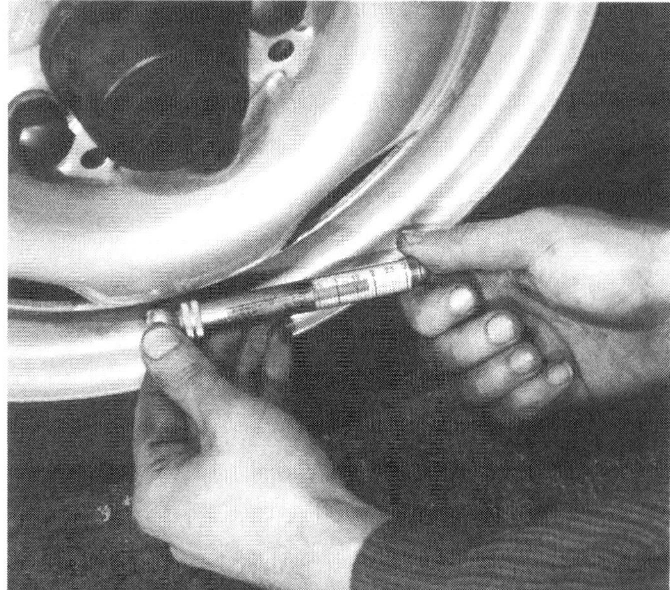

Der Reifendruck muß regelmäßig überprüft werden. Das geht am besten mit einem eigenen Druckprüfer. Üben Sie das zischfreie Ansetzen, sonst geht Luftdruck verloren. Dann muß schnellstens nachgepumpt werden.

Die Art des Reifenverschleißes läßt Rückschlüsse auf dessen Ursachen zu. Die Zeichnung zeigt einige Beispiele.

Der Radwechsel

Unterwegs ist der Radwechsel nicht ganz problemlos. Die Radschrauben können festgerostet sein oder sie wurden beim letzten Radwechsel in der Werkstatt mit einem Schlagschrauber »angeknallt« (statt mit den vorgeschriebenen 110 Nm festgezogen). Dann hilft das Bordwerkzeug nicht mehr weiter, sondern nur ein kräftiger Radschraubenschlüssel oder ein Radkreuz mit aufgestecktem Rohrstück zur Verlängerung der Hebelkraft.

- Handbremse anziehen und 1. oder Rückwärtsgang einlegen.
- Unterwegs Warnblinkanlage einschalten und Warndreieck aufstellen.
- Räder der anderen Wagenseite gegen Wegrollen sichern, z. B. mit Steinen oder Holzstücken.
- Radschraubenabdeckungen mit einem Schraubendreher abdrücken.
- Oder Radzierblende mit einem Schraubendreher abdrücken oder von Hand abziehen.
- Ggf. mittlere Abdeckung in der Felge abdrücken.
- So vorhanden, Radschraubenschloß mit Schlüssel öffnen.
- Radschrauben jeweils knapp eine Umdrehung lockern.
- Bordwagenheber schräg nach außen stehend an der gekennzeichneten Stelle der Karosserie-Unterkante ansetzen (siehe Kapitel »Arbeitsplatz«). Der Wagenheber muß dabei in den senkrechten Steg der Karosserie eingreifen.
- Bei weichem Untergrund Brettchen unterlegen.
- Wagen hochkurbeln.
- Radschrauben vollends herausdrehen.
- Rad abnehmen, Reserverad aufstecken.
- Schrauben über Kreuz gleichmäßig anziehen. Dabei das Rad hin- und herdrehen, damit es sich einwandfrei auf der Radnabe zentriert.
- Wagen ablassen, Schrauben nachziehen (110 Nm).
- Radzierblende bzw. Mittenabdeckung oder Radschraubenkappen montieren.
- Festen Sitz der Schrauben nach kurzer Fahrtstrecke prüfen.

Fingerzeig: Soll ein intaktes, am Wagen gewuchtetes Rad – etwa zu Kontrollen an der Bremse – abgenommen werden, muß zuvor die Stellung Radnabe/Rad angezeichnet werden. Sonst stimmt hinterher die Wuchtung nicht mehr.

Reifen-Reparatur

Die Instandsetzung eines Stahlgürtelreifens ist problematisch. Hat man den Defekt erst nach geraumer Zeit festgestellt, kann der Reifenunterbau durch länger anhaltendes Fahren mit zu geringem Luftdruck inneren Schaden gelitten haben. Ist Feuchtigkeit durch das Einstichloch eingedrungen, kann Rost den stabilisierenden Stahlgürtel zersetzen. Gefährlich ist, daß man die Schädigung von außen nicht erkennen kann. Wird der reparierte Pneu stark beansprucht (hohes Tempo, volle Zuladung), kann er schlagartig aufgeben. Das Einlegen eines Schlauches ist nur ein wenig tauglicher Notbehelf, denn überstehende Stahldrähte an der Schadensstelle können den Schlauch zerscheuern.

Falls Sie einen Stahlgürtelreifen reparieren lassen, muß dies ein Reifendienst durchführen. Evtl. den Pneu als nicht mehr hochgeschwindigkeitstaugliches Ersatzrad kennzeichnen und in den Kofferraum legen. Im Zweifelsfall lieber einen neuen Reifen kaufen.

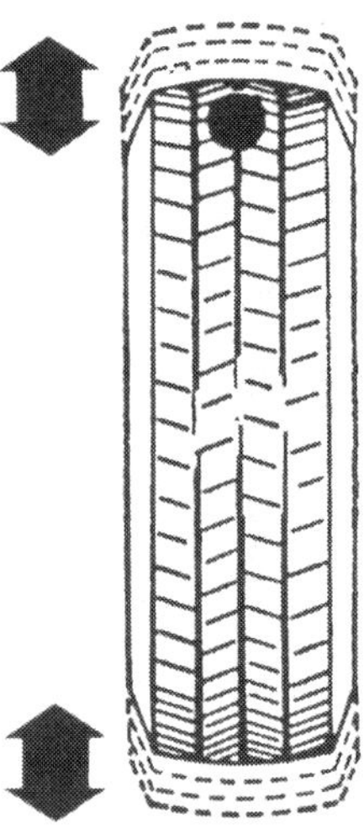

Die »statische« Unwucht erkennt man, wenn das freihängende, drehende Rad immer an derselben Stelle zu Boden sinkt und sich allmählich auspendelt. Folge während der Fahrt: Das Rad hüpft.

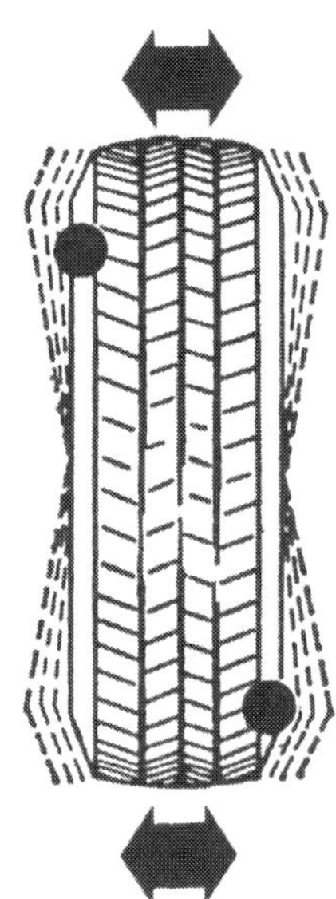

Die »dynamische« Unwucht läßt sich durch Auspendeln des Rades nicht erkennen, denn sie liegt gewissermaßen schräg zur Radachse. Beim schnellen Lauf flattert und wackelt das Rad.

Festen Sitz der Radschrauben kontrollieren

Wartung Nr. 35

Nach einigen Kilometern Fahrtstrecke soll nach jeder Radmontage kontrolliert werden, ob die Radschrauben richtig angezogen sind. Als Anzugsdrehmoment sind **110 Nm** vorgeschrieben, also nicht mit einem zusätzlich verlängerten Radschlüssel die Schrauben »anknallen«.

Auf zu starkes oder ungleichmäßiges Festschrauben reagiert der VW Polo/Derby besonders empfindlich. Es kann dazu führen, daß sich die Bremsscheiben, die Radnaben oder die Bremstrommeln verziehen – Sie spüren das an Bremsenschütteln. Aber auch ungleichmäßige Bremswirkung und punkt- oder flächenförmiger Reifenverschleiß können auftreten.

Rad-Unwuchten

Unwuchtige Räder spürt man durch Vibrationen im Lenkrad oder Schütteln im Vorderwagen. Beides tritt bei bestimmten Geschwindigkeiten besonders stark auf. Die Ursache liegt an ungleichmäßiger Gewichtsverteilung am Rad.

Statische Unwucht zeigt sich bereits, wenn man das Rad am hochgebockten Wagen sich frei auspendeln läßt: Der Schwerpunkt wird sich ganz von selbst nach unten begeben. Ein Rad, das nur eine statische Unwucht hat, hüpft beim Fahren.

Eine **dynamische Unwucht** kommt erst beim Rotieren des Rades zur Wirkung. Das ist der Fall, wenn die übergewichtige Stelle nicht in der Mittelebene des Rades sitzt, sondern etwas nach außen bzw. innen. Das Rad hüpft dann nicht nur, sondern es taumelt auch.

Räder auswuchten

Die Räder müssen statisch und dynamisch ausgewuchtet werden. Dazu gibt es zwei Methoden:

○ Das Rad wird am Wagen ab- und an einer Auswuchtmaschine angeschraubt. Dort läuft es zur Probe, Unwuchten werden dabei angezeigt und können durch Anbringen von Bleigewichten ausgeglichen werden.

○ Zum Ausschalten letzter Unwuchten ist Feinwuchten erforderlich. Dabei werden auch Unwuchten von Radnabe und Bremsscheibe ausgeglichen. Die am Wagen anmontierten Räder werden durch einen Elektromotor mit Reibrad in die notwendige schnelle Drehung versetzt und die Restunwucht angezeigt. Das gleicht man wieder durch Bleigewichte aus.

Fingerzeig: Die Vorderräder dürfen beim frontgetriebenen VW beim Feinwuchten nicht vom Elektromotor angetrieben werden. Die einseitige Beschleunigung ist für das Ausgleichgetriebe schädlich. Stattdessen hebt man den Wagen vorn an und läßt den Motor die Vorderräder im vierten Gang auf etwa 90 km/h beschleunigen.

Neue Reifen kaufen

Wenn im Kofferraum noch der neue Ersatzreifen liegt, können Sie jetzt Geld sparen. Voraussetzung hierfür ist, daß das gleiche Fabrikat mit demselben Profil noch lieferbar ist. Dann kaufen Sie einen entsprechenden Reifen dazu und haben bereits eine Achse neu ausgestattet.

○ Die Reifengröße 135 R 13 darf nur am Steilheck-Polo und Stadtlieferwagen mit 29 und 33 kW montiert werden.
○ Für die Modelle bis 44 kW bietet sich mit der Dimension 145 SR 13 ein guter Kompromiß bezüglich Preis, Fahrverhalten und Lebensdauer.
○ Wer sein Fahrzeug gerne auf eine breitere Basis stellen und den entsprechenden Mehrpreis berappen will, wählt die Dimension 155/70 R 13. Fahrtechnisch notwendig ist diese Reifengröße bei den Modellen bis 44 kW jedoch nicht.
○ Auch beim Stufenheckmodell ab 8/84 sind die serienmäßigen, breiteren 165/65 R 13 nicht unbedingt erforderlich. Wer sparen will, nimmt die schmäleren 145er oder 155er, die ebenfalls in den Kfz-Papieren eingetragen sind.
○ Bei den 55-kW-Modellen und beim Polo mit G 40-Motor würden wir bei der serienmäßigen Größe 165/65 R 13 bzw. 175/60 R 13 bleiben.
○ An den Polo/Derby-Fahrzeugen bis 55 kW sind ab Werk Reifen der Geschwindigkeitskategorie »S« oder »T« montiert. Das genügt vollauf, zumal auch die 55-kW-Modelle nicht mehr als 172 km/h laufen.
○ Für den knapp 200 km/h schnellen Polo G 40 ist die Geschwindigkeitsklasse »H« für die Sommerreifen unabdingbar.

Fingerzeige: **Mit breiteren Reifen wird die Aquaplaninggefahr auf regennasser Fahrbahn mit schwindender Profiltiefe immer größer. Der Reifentausch empfiehlt sich hier schon bei 3 mm Restprofil.**
Bei der Montage neuer schlauchloser Reifen sollen auch neue Ventile verwendet werden. Das verhindert Luftverlust, denn die Ventile altern im Lauf der Zeit, und der Gummi wird rissig. Doch auch die bei Verwendung luftdichter Leichtmetallfelgen eingesetzten Metall-Schraubventile sollten ersetzt werden, weil die Gummidichtung am Ventilfuß altert.

Winterbereifung

Breite Sommerreifen neigen auf Schnee und Eis schneller zum Durchdrehen als die schmäleren 135 bzw. 145 R 13. Je nach Einsatzgebiet und bisheriger Sommerbereifung läßt sich die Anschaffung spezieller Winterreifen nicht immer umgehen.
○ Gleichgültig, welche Reifen Sie fahren, bedenken Sie immer: Bei Temperaturen um den Gefrierpunkt bildet sich auf Glatteis beim Darüberrollen ein Wasserfilm, der die Haftfähigkeit auch der besten Winterreifen gefährlich herabsetzt.
○ In Sachen Reifendimension raten wir bei Winterbereifung zu möglichst schmalen Ausführungen. Das hat vor allem Kostengründe: Schmälere Reifen sind billiger als breitere. Fürs gesparte Geld werden gleich die passenden Felgen gekauft, denn regelmäßiges Ummontieren im Frühjahr und Herbst kommt auf Dauer viel zu teuer.
Folgende Winterreifengrößen können am Polo/Derby montiert werden:
○ 135 R 13 auf Felgen 4½ J × 13 (nur 29- und 33-kW-Steilheck und Stadtlieferwagen).
○ 145 R 13 auf Felgen 4½ J × 13 (alle Modelle bis 55 kW).
○ 155/70 R 13 auf Felgen 4½ J × 13 (alle Modelle bis 55 kW).
○ 165/65 R 13 auf Felgen 5½ J × 13 (Coupé, Stufenheck ab 8/84, Polo G 40 und alle übrigen Modelle, bei denen diese Reifengröße in den Fahrzeugpapieren eingetragen ist).

Runderneuerte Reifen

Neu besohlte Reifen stehen bei vielen Autofahrern in schlechtem Ansehen, obwohl sie den Beweis ihrer Tauglichkeit in verschiedenen Test erbracht haben. Reifen mit »RAL-Gütesiegel« erfüllen eine Reihe von Qualitäts- und Ausführungskriterien. Außerdem haben sie Schnellauftests bestanden.
Dennoch eignen sie sich nach unseren Erfahrungen eher für geruhsamere Fahrweise. Immer noch treten Defekte an neu gummierten Reifen meist bei höherer Geschwindigkeit bzw. voller Beladung auf – vor allem, wenn der Reifendruck nicht stimmt. Dem günstigeren Kaufpreis stehen gegenüber: Kürzere Lebensdauer, größere Unwuchten, bisweilen mangelhafter Rundlauf bei höherer Laufleistung sowie unterschiedliches Fahrverhalten im Vergleich zum Neureifen mit gleichem Profil.

Altreifenbeseitigung

Verschlissene Reifen dürfen nicht einfach auf den Müll geworfen werden; auch die Müllabfuhr nimmt sie nicht mehr mit. Denn je nach Methode werden abgefahrene Reifen entweder zerschnitten, weiterverwertet oder in speziellen Anlagen verbrannt. Aber wie wird man Altreifen nun los?
Da gibt es verschiedene Möglichkeiten: Je nach Gemeinde fungiert der städtische Bauhof oder der Müllplatz als Annahmestelle. In jedem Fall nimmt jedoch der Reifenhändler die alten Pneus ab. Eine geringe Gebühr für das Loswerden der Reifen müssen Sie jedoch überall entrichten.

Unsichtbare Kräfte

Im Kraftfahrzeug sind wir auf die Elektrik angewiesen, sonst läuft der VW nicht. Wir müssen uns daher näher damit befassen, zumal Störungen im elektrischen Bereich nicht eben selten sind. Nach der Lektüre der folgenden Kapitel sind Sie zwar noch kein Elektrik-Profi, aber mit den wichtigsten Grundbegriffen und einfachen Meßvorgängen vertraut.

So einfach ist Elektrik

Elektrizität kann man leider nicht sehen; das erschwert für manchen das Verständnis. Wir wollen es Ihnen anhand eines Beispiels leichter machen. Die Vorgänge um den elektrischen Strom lassen sich am einfachsten mit einer Wasserleitung erklären. Durch eine solche strömt unter einem bestimmten Druck eine gewisse Menge Wasser.

○ Man kann den Wasserdruck vergleichen mit der **Spannung**, gemessen in Volt (Abkürzung: V).

○ Die in einer bestimmten Zeit durchfließende Wassermenge entspricht dem **Strom**, der in Ampere (kurz: A) gemessen wird.

○ Multipliziert man Spannung und Strom miteinander, so erhält man die elektrische **Leistung** mit der Maßeinheit Watt (abgekürzt: W).

○ Einen anderen Wert erhalten wir, wenn wir die Spannung durch den Strom dividieren, nämlich den **Widerstand**, der in Ohm (Zeichen: Ω) gemessen wird. Wir können ihn uns als Absperrhahn in der Wasserleitung vorstellen. Bei geöffnetem Wasserhahn ist der Widerstand gleich 0, das Wasser fließt ungehindert. Wird der Hahn zugedreht, erhöht sich der Widerstand bis schließlich zum Wert unendlich (∞), wobei der Strom versiegt.

Jeder Stromverbraucher stellt einen Widerstand dar, der für seine einwandfreie Funktion mit genügend Strom beliefert werden muß. Deshalb braucht eine kleine Kontrollampe lediglich ein dünnes Kabel, der leistungsstarke Anlasser dagegen eine besonders dicke Leitung.

Elektrische Messungen

Beim Prüfen und Reparieren der Fahrzeugelektrik und -elektronik gibt es verschiedene elektrische Größen zu messen. Was im Einzelfall zu tun ist, beschreiben die verschiedenen Kapitel hier im Buch.

Damit der Meßwert richtig abgelesen werden kann, bedarf es zunächst eines genauen Meßgeräts. Wie man das Meßgerät richtig anschließt, und was bei den einzelnen Messungen zu beachten ist, finden Sie in den folgenden Abschnitten erklärt.

Spannung messen mit Prüflampe

Praktisch ist eine Prüflampe mit Nadelkontakt, mit deren Nadel einfach die Isolierung des zu prüfenden Kabels durchstochen werden kann. Die Klemme am Kabel der Lampe wird irgendwo an blankem Fahrzeugmetall, der sogenannten Masse, angeclipst.

Die Lampe gibt in erster Linie Auskunft darüber, ob überhaupt Spannung anliegt. An ihrer Helligkeit kann man in etwa die Höhe der Spannung abschätzen.

Spannung messen mit Diodenprüfer

An elektronischen Bauteilen darf mit einer herkömmlichen Prüflampe nicht gemessen werden. Sie nimmt zu viel Leistung auf und kann so Bauteile der Elektronik beschädigen. Wer in diesem Bereich Messungen vornehmen will, sollte sich einen Spannungsprüfer mit Leuchtdioden anschaffen.

Spannung messen mit Voltmeter

Exakter ist die Spannungsmessung mit dem Volt-Meßbereich eines Zeiger- oder Digitalmeßgeräts. Durch den sehr geringen Stromverbrauch des Instruments droht auch Elektronikteilen keine Gefahr.

○ Zum Messen der Batteriespannung (als Beispiel) wird das mit »–« gekennzeichnete Meßkabel an den Minuspol der Batterie angeschlossen. Das »+«-Kabel kommt an den Pluspol.

○ Zeigt das Instrument beispielsweise nur 10,4 Volt an, hat eine der Batteriezellen Kurzschluß. Interessant kann es auch sein, die Batteriespannung zu messen, während der Anlasser betätigt wird. Sind dann nur noch 6 Volt abzulesen, steht es mit der Batterie sicher nicht zum besten.

○ Messen einer Spannung »gegen Masse«: »+«-Kabel des Meßgeräts an einer Klemme anschließen, an der Spannung anliegt, »–«-Kabel an ein blankes Teil der Karosserie oder des Motors anklemmen. Beide sind durch dicke Kabel mit dem Minuspol der Batterie verbunden, wodurch eine exakte Messung möglich ist.

○ Häufig wird die Spannung zwischen zwei bestimmten Kontakten (etwa an einem Steuergerät) gemessen.

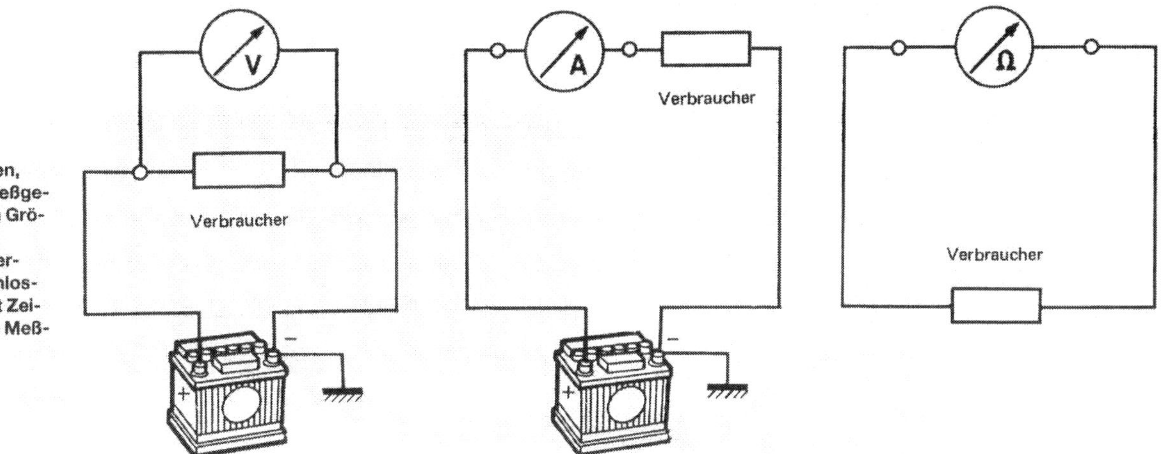

Die Zeichnungen zeigen, wie das betreffende Meßgerät für die elektrischen Größen Spannung (links), Strom (mitte) und Widerstand (rechts) angeschlossen wird. Der Kreis mit Zeiger stellt das jeweilige Meßgerät dar.

Wie das Meßgerät anzuschließen ist und welche Spannung anliegen soll, ist in einem solchen Fall Bestandteil der Prüfvorschriften.

○ Mit dem Volt-Meßbereich kann auch geprüft werden, ob ein Massekabel in Ordnung ist: »+«-Kabel des Meßgeräts am Pluspol der Batterie anschließen, »–«-Kabel des Geräts am Ende des Massekabels anklemmen. Ist die Masseversorgung intakt, muß volle Batteriespannung angezeigt werden.

Strom messen

Ob Strom zu einem Verbraucher hin fließt, wird mit dem Amperemeter bzw. dem entsprechenden Meßbereich des Vielfachinstruments gemessen.

○ Dazu muß der Stromkreis aufgetrennt und das Meßgerät zwischen die jetzt freien Pole zwischengeschaltet werden.

○ In der Praxis sieht das so aus: Einen Steckkontakt in der Leitung zu einem Verbraucher abziehen und Meßgerät zwischen Stecker und Kontaktzunge zwischenschalten.

○ Strom wird beispielsweise gemessen, wenn der Verdacht besteht, daß ein heimlicher Stromverbraucher irgendwo im Bordnetz sitzt, der über Nacht die Batterie leersaugt. Um diese Leckstelle festzustellen, nehmen Sie das Batterie-Massekabel ab und klemmen zwischen Batteriepol und -kabel das Amperemeter. Zeigt das Instrument Stromfluß an, wird der Stromkreis ermittelt: Eine Sicherung nach der anderen herausnehmen und statt deren das Amperemeter an den Kontaktzungen im Sicherungskasten anklemmen. So können Sie erkennen, in welchem Stromkreis Verluste entstehen. Anhand der Sicherungstabelle auf Seite 161 vergleichen Sie dann, welche Verbraucher in diesen Stromkreis eingeschaltet sind und kontrollieren diese der Reihe nach durch.

○ **Niemals** versuchen, auf diese Weise den Stromverbrauch des Anlassers zu ermitteln! Der Strom ist viel zu hoch für unser kleines Meßgerät.

Widerstand messen

Die exakte Widerstandsmessung an einem Bauteil hat nur dann einen Sinn, wenn man ein genau anzeigendes Gerät besitzt. Sonst bleiben letztlich Zweifel an der Messung.

○ Mit dem Widerstandsmeßbereich läßt sich beispielsweise erkennen, welchen Innenwiderstand ein bestimmtes Bauteil hat. Die Angaben finden Sie – wo nötig – hier im Buch.

○ Die Kabel des Meßgeräts (Polung ist dabei gleichgültig) werden dazu an zwei Anschlüssen des Bauteils angeklemmt.

○ Oder es wird der Widerstand »gegen Masse« gemessen: Ein Kabel am Bauteil, das zweite an Motorblock oder Karosserie anklemmen.

○ Ferner läßt sich mit dem Widerstands-Meßbereich des Meßinstruments prüfen, ob eine Leitung oder ein Schalter »Durchgang« hat (der Meßwert ist dann 0 Ω) oder ob der Stromweg irgendwo unterbrochen ist (dann strebt der Meßwert gegen unendlich = ∞ Ω).

Beim 55-kW-Motor mit Digijet-Einspritzung und beim G40-Motor bis 7/90 muß der Spannungsteiler wie hier gezeigt vor den Heimwerker-Drehzahlmesser geschaltet werden, sonst erhalten Sie keine richtigen Meßergebnisse. Rechts die schematische Darstellung der Verschaltung der beiden Widerstände im Spannungsteiler.

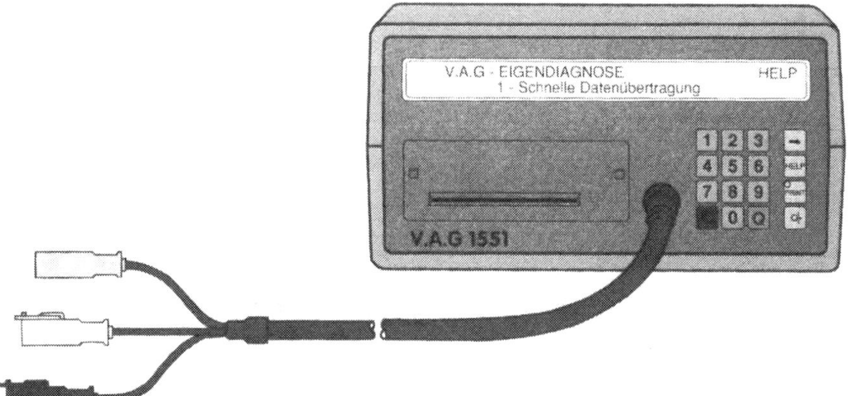

Der Fehlerspeicher der Digifant-Zünd/Einspritzsteuerung ab 10/90 wird mit diesem Fehlerauslesegerät abgefragt. Mit geringem Prüf- und Meßgeräteaufwand ist eine schnelle Beurteilung und Diagnose des entsprechenden Steuergerätes und seiner Informationsgeber möglich.

Spannungsteiler im Eigenbau

Für den **55-kW-Motor mit Digijet-Einspritzung** und den **Polo G40 bis 7/90** ist zur Drehzahlmessung an Klemme 1 der Zündspule ein Spannungsteiler erforderlich. Durch das Steuergerät der Dignition-Zündverstellung bzw. der Digifant-Einspritzung entstehen an Klemme 1 besonders hohe Spannungen, die Profi- wie Heimwerker-Testgeräte ohne Spannungsteiler nicht korrekt verarbeiten können, es werden völlig falsche Werte angezeigt.

Der Spannungsteiler besteht aus zwei 20-Ω-Widerständen mit einer Belastbarkeit von 25 Watt. Die elektrische Verschaltung und den Anschluß ans Testgerät sehen Sie in der Zeichnung auf der Vorseite unten.

Vorsichtsmaßnahmen im Umgang mit elektronischen Bauteilen

Hohe Spannungen und hohe Temperaturen sind für die Bauteile der Elektronik gefährlich. Damit Sie nicht versehentlich ein (teures) Schalt- oder Steuergerät durch Unachtsamkeit zerstören, sollten Sie die nachfolgenden Punkte beachten:

- Vor Abziehen eines Steckers im Bereich der Fahrzeugelektronik immer die Zündung ausschalten. Noch besser ist das Abklemmen der Batterie. Denn beim Trennen eines Steckkontakts können Spannungsspitzen entstehen, die nahegelegenen empfindlichen Elektronikgeräten nicht gut bekommen.
- Falls am VW elektrisch geschweißt wird, muß zum einen die Batterie abgeklemmt und zum anderen an sämtlichen elektronischen Steuergeräten die jeweilige Steckverbindung abgezogen werden.
- Kommt der Wagen nach einer Blechreparatur in die Lackier-Trockenkammer, so darf die Temperatur dort kurzzeitig 95°C betragen. Über eine längere Zeitdauer (maximal zwei Stunden) sollen 85°C nicht überschritten werden. Der Motor darf erst dann gestartet werden, wenn der Wagen auf normale Temperaturen abgekühlt ist.

Eigendiagnose

Oft ist die Fehlersuche der teuerste Posten der Werkstattarbeit – speziell dann, wenn es sich um Effekte handelt, die nur hin und wieder auftreten. Was läge da näher, als die Nervenstränge eines Automobils anzuzapfen, um auf diesem Weg sofort über die Probleme in seinem Innersten Kenntnis zu erhalten?

Das Prinzip

Der Polo ist zu einem gewissen Ausmaß diagnosefähig. Ein diagnosefähiges Steuergerät besitzt die Monojetronic und die Monomotronic sowie die Digifant-Zünd/Einspritzsteuerung. Es verfügt über einen Fehlerspeicher, in dem Fehlfunktionen im Fahrbetrieb festgehalten werden. Darüber hinaus muß es eine Sender- und eine Empfängerleitung besitzen, über die es mit dem Fehlerauslesegerät der VW-Werkstatt kommunizieren kann.

Die Handhabung

Richtig angewandt funktioniert die Sache dann so: Der Autofahrer kommt mit seinem VW in die Werkstatt, und noch vor Beginn jeglicher Arbeiten am Wagen wird dieser an das Fehlerauslesegerät angeschlossen. Das druckt als erste Maßnahme ein komplettes Fehlerprotokoll aus, auf dem alle diagnosefähigen Steuergeräte – in unserem Fall nur jenes der Digifant-Zünd/Einspritzsteuerung – den Inhalt ihrer Fehlerspeicher zeigen. Das Auslesegerät führt dabei den Monteur mittels entsprechender Bildschirmanzeige durch sein Programm. Zum Schluß liegt zweifelsfrei fest, wo repariert werden muß.

Fehlerspeicher abfragen

Wartung Nr. 36

Im Inspektions-Service ist das Auslesen der Fehlerspeicher mit enthalten. Die Werkstatt hat damit sogar ohne Kundengespräch einen Überblick über etwaige Fehler an den Elektronikbauteilen des Fahrzeugs.

Wer die Wartung komplett selbst in die Hand nimmt, kann auf diesen Arbeitspunkt verzichten, zumal er ja den Wagen im Alltagsbetrieb ständig beobachtet – Fehlfunktionen wären in der Regel aufgefallen.

Ausgesprochen drahtig

Strom kann nur in einem geschlossenen Kreislauf fließen. An die Mehrzahl der Stromverbraucher im VW sind zwei Kabel angeschlossen. Doch nur eines läßt sich bis zur Batterie bzw. bis zum Generator zurück verfolgen. Die andere Leitung ist dagegen meist schon nach wenigen Zentimetern irgendwo am Karosserieblech festgeschraubt oder mit einer Steckerfahne eingesteckt. Hier hat man sich zunutze gemacht, daß die Metallteile von Karosserie und Motor bzw. Getriebe ebenfalls Strom leiten können. In der Autoelektrik bezeichnet man sie mit der »Masse«. Sie sorgen für die Stromrückleitung zum Minuspol der Batterie. Merksatz: **M**inus an **M**asse. Wenn ein Stromverbraucher direkt auf Metall sitzt, braucht er nur ein einziges Anschlußkabel, aber im heutigen kunststoffreichen Automobil müssen fast immer kleine Verbindungsleitungen den Kontakt zur Fahrzeugmasse herstellen.

Fingerzeig: Wenn eine Glühlampe oder etwa ein Anzeigeinstrument nicht so funktioniert, wie es soll, liegt dies nicht selten an fehlender Masseverbindung. Den fehlenden Kontakt zur Fahrzeugmasse holt sich der Verbraucher auf Umwegen und stiftet so Verwirrung.

Orientierungshilfen in der Autoelektrik

Das bunte Kabelgewirr im Auto ist eigentlich ganz gut geordnet, denn viele Einzelheiten der Kraftfahrzeug-Elektrik sind genormt. Die Zahlen an verschiedenen Bauteilen und Kabelanschlüssen sowie in den Stromlaufplänen haben in allen deutschen und in manchen ausländischen Fahrzeugen dieselbe Bedeutung:

Klemme 15 erhält nur bei eingeschalteter Zündung Strom ab Zündschloß, wobei außer der Zündspule jene Stromverbraucher versorgt werden, die nur bei Betrieb des Wagens Strom erhalten sollen. Die Kabel an den Normklemmen 15 besitzen vielfach eine schwarze Ummantelung, bisweilen auch mit farbigen Zusatzstreifen bei bestimmten Stromverbrauchern.

Klemme X ist eine VW-eigene Benennung für Anschlüsse, die ausschließlich bei eingeschalteter Zündung Spannung führen, nicht aber in Zündschloßstellung »Anlassen«. Die Kabel-Kennfarbe ist schwarz/gelb.

Klemme 30 erhält dauernd Strom vom Pluspol der Batterie bzw. bei laufendem Motor von der Lichtmaschine. Das kann bei unvorsichtigem Umgang mit Werkzeug zu Kurzschlüssen und Funkenregen führen, wenn das Minuskabel der Batterie nicht abgenommen wurde. Diese stets stromführenden Kabel haben meist eine rote Umhüllung, ggf. mit zusätzlichen Farbstreifen.

Klemme 49 ist für die Blink- und Warnblinkanlage zuständig.

Klemme 53 versorgt die Scheibenwischeranlage in meist grün bzw. grün mit Zusatzfarben gekennzeichneten Leitungen.

Klemme 56 ist für die Spannungszufuhr des Abblendlichts mit gelben und gelb/schwarzen Kabeln sowie des Fernlichts mit weißen und weiß/schwarzen Leitungen zuständig.

Klemme 58 gehört zum Standlicht vorn sowie zu den Schluß- und Kennzeichenleuchten. Die Grundfarbe der Kabelumhüllung ist grau, jeweils mit zusätzlichen Farbstreifen.

Klemme 31 ist die Masse-Klemme, mit der ein Stromverbraucher zur Fahrzeugmasse verbunden sein muß, damit der Stromkreis geschlossen ist. Die entsprechenden Kabel sind braun umhüllt.

Die Leitungen

Von den einzelnen, bunten Kabeln sehen Sie immer nur die Enden, denn sonst laufen sie in schwarzen Isolierschläuchen. Wichtig bei eventuellen eigenhändigen Einbauten ist, daß der Querschnitt eines Kabels je nach Leistung (Stromanspruch) des betreffenden Verbrauchers ausgewählt wird. Ein Kontrollämpchen kommt mit 0,5 mm^2 Kabelstärke aus, der Anlasser braucht dagegen eine 16-mm^2-Leitung. Ein zu dünnes Kabel heizt sich auf, und die Spannung fällt ab. Dann kommen statt der erwünschten 12 Volt am Scheinwerfer nur 10 oder 9,5 Volt an – das Licht wird trübe.

Sicherungskasten und Relais

Sämtliche Leitungen sind in bestimmten Leitungssträngen zusammengefaßt. Sie alle gehen vom Sicherungskasten im Wasserfangkasten im Motorraum bzw. im Fahrerfußraum aus. Die Relais sitzen auf separaten Haltern entweder im Fahrerfußraum oder am Sicherungskasten im Wasserfangkasten. Auf die Funktion und Einbaulage der verschiedenen Relais und Steuergeräte gehen wir im Kapitel »Instrumente und Geräte« ein.

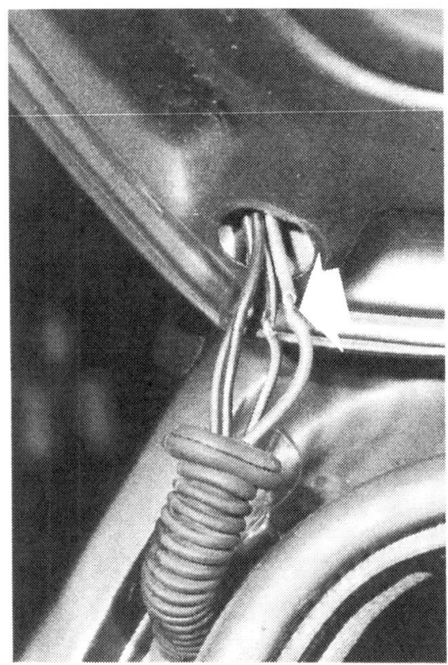

Links: Beim Polo Steilheck und beim Coupé laufen die elektrischen Leitungen vom Heckklappenausschnitt links oben in die hintere Klappe. Trotz ihres Schutzschlauches werden die Kabel so beansprucht, daß nach einer gewissen Zeit die Isolierung bricht und die Drähte blank liegen (Pfeil). Folge: Die Sicherung brennt beim Einschalten des Verbrauchers durch. Bisweilen brechen die Drähte unter der intakten Isolierung. Dann bleibt der Verbraucher funktionslos. Rechts: Am Sicherungskasten sind hier die jeweils außen sitzenden Sicherungen mit der entsprechenden Positionsnummer versehen. Der Pfeil zeigt auf die Zusatzsicherung im Polo ab 10/90.

Die Sicherungen

Wenn durch einen Defekt ein Kurzschluß entsteht (der nichts anderes ist als ein abnorm ansteigender Stromdurchfluß) oder an einen vorhandenen Stromkreis zusätzliche Verbraucher angeschlossen werden, würde der Stromkreis überlastet. Die Leitung würde warm oder zu glühen beginnen, ebenso die Wicklungen der Lichtmaschine, und die Batterieflüssigkeit könnte ins Sieden geraten – wären da nicht die elektrischen Sicherungen zwischengeschaltet. Die sind sehr kurz angebunden: Wenn der Strom ein gewisses, zuträgliches Maß übersteigt, unterbrechen sie ihn einfach.

Damit der VW bei einem Defekt nicht gleich völlig ohne Strom dasteht, sind die Sicherungen auf verschiedene Stromkreise verteilt. Allerdings sind die Schaltungen zwischen Anlasser, Batterie, Lichtmaschine und Zündschloß nicht von Sicherungen überwacht. Bei einer Störung dieser Teile nützt der Blick in den Sicherungskasten also nichts. Dagegen haben die Einspritzanlage und alle übrigen elektrischen Aggregate eine eigene Absicherung.

Herkömmliche Sicherungen

Ein schmaler Metallstreifen auf einem Kunststoff- oder Keramikkörper stellt die Brücke für den Stromfluß her. Besonders »kluge Köpfe« ersetzen eine solche defekte Sicherung durch einen Nagel oder umwickeln die alte Sicherung mit Stanniol. Der Stromfluß ist dann zwar wiederhergestellt, aber die überlastete Leitung kann einen Fahrzeugbrand verursachen! Erst den Fehler suchen und dann eine Sicherung gleicher Stärke einsetzen!

Kein Strom durch Oxidation

Wenn ein Stromkreis ausgefallen ist, liegt es bisweilen daran, daß die Haltezungen der betreffenden Sicherung oxidiert sind und den Stromfluß hemmen.

- Sicherung herausnehmen.
- Haltezungen zusammendrücken.
- Sicherung wieder einsetzen und mehrmals in den zusammengedrückten Zungen drehen.
- So können sich die Berührungsflächen gegeneinander blank reiben, und es herrscht wieder einwandfreier Kontakt.

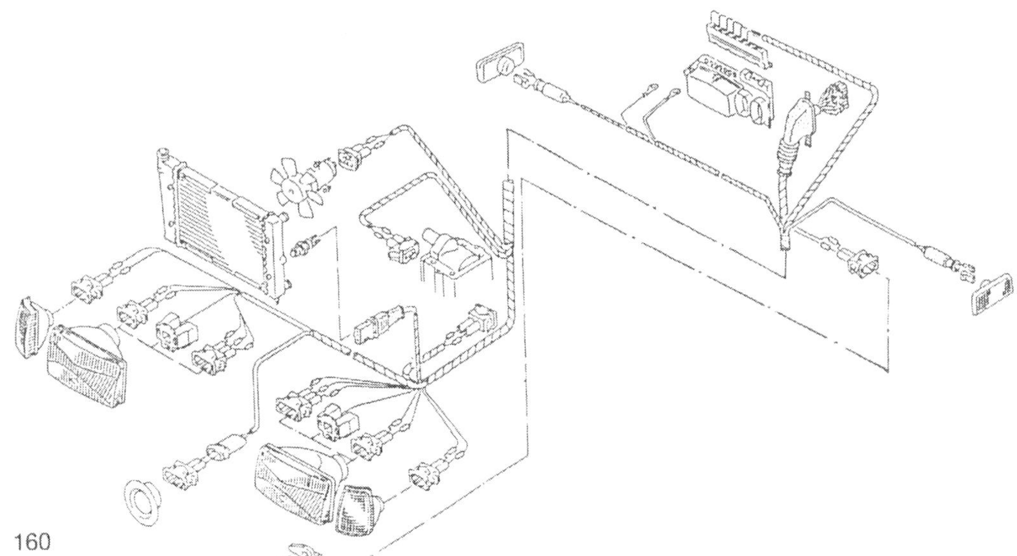

Die Zeichnung vermittelt einen Überblick über die Kabelstränge im Motorraum und am Armaturenbrett in einem Polo ab 10/90.

Zusatz-Sicherung

Im Polo seit 10/90 sitzt eine weitere Sicherung im separaten Halter oberhalb des Sicherungskastens. Es handelt sich hierbei um eine sogenannte Flachstecksicherung. In ein durchscheinendes, eingefärbtes Kunststoffteil sind zwei Flachstecker eingebettet, die durch den Schmelzfaden verbunden sind. Mit dieser Sicherungsart gibt es keine Korrosionsprobleme, da sie große Kontaktflächen besitzt.
Zum Auswechseln die Stecksicherung einfach herausziehen. Sie ist auf 20 Ampere Nennbelastbarkeit ausgelegt, zur Kennzeichnung ist das Kunststoffmaterial gelb eingefärbt.

Sicherungstabelle

In der folgenden Tabelle sind sämtliche Stromverbraucher aufgeführt, die im Laufe der Modelljahre im Polo/Derby eingebaut sein konnten. Bei der Motorelektrik wurden manche Bauteile nur eine bestimmte Zeit verbaut.

Nr.	Klemme	erhält Strom	angeschlossene Stromverbraucher	A
1	83a	bis 7/86: von Stromeingangsseite der Sicherung 15 über Relais und Schalter für Nebelscheinwerfer	Nebelscheinwerfer	8
	15	8/86–7/90, Einspritzmotor: bei eingeschalteter Zündung vom Zündschloß Klemme 15	Elektrische Kraftstoffpumpen, Heizwiderstand der Lambda-Sonde	16
	58	ab 10/90: über Lichtschalter Klemme 58	Kennzeichenleuchten	8
2	83b	bis 7/86: von Stromeingangsseite der Sicherung 15 über Schalter für Nebelscheinwerfer	Nebelschlußleuchte	8
	83	ab 8/86: von Stromeingangsseite der Sicherung 15 über Relais und Schalter für Nebelscheinwerfer	Nebelscheinwerfer, Nebelschlußleuchte	8
3	58L	über Lichtschalter Klemme 58L oder Parklichtschalter Klemme PL	Standlicht links, Schlußlicht links	8
4	58R	über Lichtschalter Klemme 58R oder Parklichtschalter Klemme PR	Standlicht rechts, Schlußlicht rechts, Kennzeichenleuchten (bis 7/90), Pumpe für Scheinwerfer-Waschanlage	8
5	56a	bei eingeschalteter Zündung über Lichtschalter und Lichtumschalter Klemme 56a	Fernlicht links	8
6	56a	wie Sicherung 5	Fernlicht rechts, Fernlichtkontrolle	8
7	56b	bei eingeschalteter Zündung über Lichtschalter und Lichtumschalter Klemme 56b	Abblendlicht links, Motor für Leuchtweitenregulierung links	8
8	56b	wie Sicherung 7	Abblendlicht rechts Motor für Leuchtweitenregulierung rechts	8
9	15	bei eingeschalteter Zündung vom Zündschloß Klemme 15	Signalhorn, Rückfahrleuchte über Rückfahrlichtschalter, Vergaser-Leerlauf-Abschaltventil, Vergaser-Starterdeckelbeheizung über Thermoschalter, Ansaugrohr-Beheizung über Relais für Ansaugrohr-Beheizung und Thermoschalter, Vergaser-Gemischkanalbeheizung, Zweiwegeventil für Zündzeitpunktverstellung (nur 29-kW-Motor), Stop-Start-Anlage	8
10	15	wie Sicherung 9	Richtungsblinker über Warnblinkschalter, Heizwiderstände der Sitzheizung, Heizwiderstände der heizbaren Waschwasserdüsen Motor für elektrisches Faltschiebedach über Schiebedachschalter	8
11	30	ständig von Batterie+	Innenleuchte, Zeituhr, Anzünder, Radio	8
12	30	wie Sicherung 11	Bremsleuchten über Bremslichtschalter, Warnblinker über Warnblinkschalter	8
13	30	wie Sicherung 11	Kühlerventilator über Thermoschalter	16
14	X	bei eingeschalteter Zündung vom Entlastungsrelais für X-Kontakte	Luftgebläse über Gebläseschalter, Heckscheibenwischermotor, Lichtschalter-Beleuchtung (ab 8/84)	16
15	X	wie Sicherung 14	Frontscheibenwischermotor über Wischerschalter, Front- und Heckscheiben-Waschwasserpumpe(n) über Wischerschalter	8
16	X	bei eingeschalteter Zündung vom Entlastungsrelais für X-Kontakte und Schalter für heizbare Heckscheibe	Heizbare Heckscheibe	16

Strom-Kartographie

Für Arbeiten an der Autoelektrik ist es wichtiger, die elektrische Verschaltung zu erkennen, als die Lage der einzelnen Bauteile zu ersehen. Deshalb haben sich bei VW die sogenannten Stromlaufpläne durchgesetzt, aus denen sich der funktionelle Zusammenhang der verschiedenen Teile der Autoelektrik ohne große Probleme erfassen läßt.

Aufbau der Stromlaufpläne

Im Stromlaufplan ist ein Stromkreis mit dem kürzestmöglichen Kabelweg – dem Strompfad – gezeichnet ohne Rücksicht auf die Einbaulage im Fahrzeug. Bauteile mit mehreren Funktionen können auf mehrere Pfade aufgeteilt sein.

Stromverteilung: Oben im Stromlaufplan ist die Plus-Seite dargestellt. Von hier wird der Strom verteilt, der von der Batterie bzw. der Lichtmaschine kommt.

Sicherungen: Mit dem Kennbuchstaben »S« und einer nachfolgenden Zahl sind die im Sicherungskasten sitzenden Sicherungen bezeichnet. Die Numerierung entspricht ihrem Platz im Halter. Außerdem ist die elektrische Belastbarkeit angegeben – z. B. 10 A Nennstrom.

Leitungen: Die elektrischen Leitungen sind mit dem Querschnitt ihrer Metallseele angegeben; »0,5« steht für 0,5 mm^2 Querschnitt. Außerdem sind die Kabelfarben abgekürzt wiedergegeben: Es bedeuten: bl – blau; br – braun; ge – gelb; gn – grün; gr – grau; li – lila; ro bzw. rt – rot; sw – schwarz; ws – weiß.

Steckverbindungen: Sie tragen grundsätzlich den Kennbuchstaben »T«. Aus der nachfolgenden Zahl läßt sich ablesen, um was für einen Stecker es sich handelt: »T3« bedeutet Dreifachstecker. Anhand der Legende zum Stromlaufplan läßt sich herauslesen, wo dieser Stecker im Fahrzeug zu finden ist.

Bauteile: Alle elektrischen Bauteile im Stromlaufplan tragen Kennbuchstaben, ggf. mit Unterscheidungsziffern. Die Bedeutung ist einheitlich für alle VW- und Audi-Modelle. So bedeuten z. B. A – Batterie, E – Handschalter, L und M – Glühlampen, V – Motoren.

Schaltzeichen: Zur Darstellung der Bauteile werden genormte Schaltzeichen verwendet, wobei alle Schalter und Kontakte in Ruhestellung gezeichnet sind.

Klemmenbezeichnungen: Zweistellige Ziffern, ggf. mit Zusatzbuchstaben im Stromlaufplan finden sich gleichlautend am entsprechenden Bauteil.

Strompfade: Unten an der Fußleiste sind die Stromlaufpläne durchnumeriert. Für jedes Bauteil ist mindestens ein eigener Strompfad vorhanden. Endet ein Strompfad mit einem quadratischen Kästchen, so gibt die Zahl im Kästchen an, wo der Strompfad weiterläuft.

Interne Verbindungen: Sie sind nicht als Kabel vorhanden, sondern als Metallschienen oder -brücken. Im Stromlaufplan sind sie als dünne Querlinien gezeichnet.

Masse: Karosserie, Motor oder Getriebe dienen in der Autoelektrik zur Rückleitung des Stromes – man spricht hier von »Masse«. Im Stromlaufplan ist sie unten als dünne Querlinie dargestellt. Kann ein elektrisches Bauteil nicht direkt mit Masse verbunden werden, stellt man die Verbindung über einen sogenannten Massepunkt her. Dieser ist im Stromlaufplan durch eine Zahl im Kreis unten bei der Masseleiste dargestellt.

Für welche Modelle?

Wir haben stellvertretend für sämtliche Modelle zwei komplette Stromlaufpläne abgebildet. Außerdem finden Sie noch Zusatz-Stromlaufpläne für weitere Motorversionen und bestimmte Sonderausstattungen.

Im Rahmen der Modellpflege haben an der Elektrik immer wieder Schaltungsänderungen eingesetzt, so daß Unterschiede zu Ihrem speziellen Fahrzeug nicht ausgeschlossen werden können.

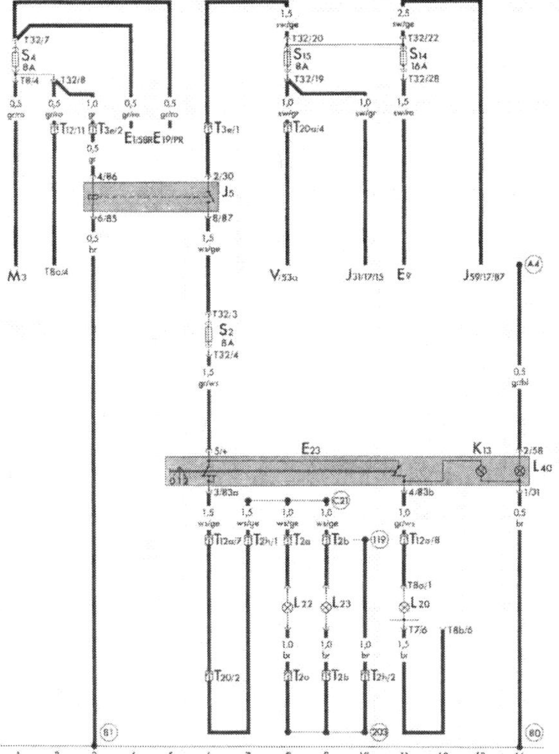

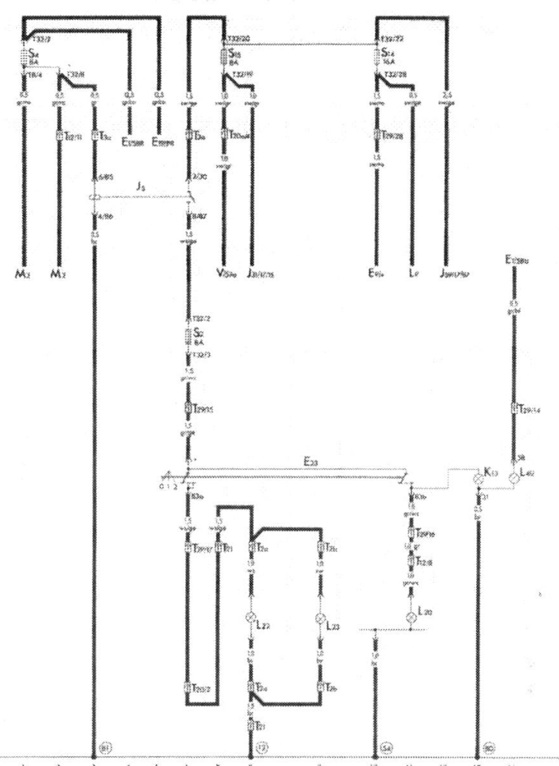

Stromlaufplan Nebelscheinwerfer und -schlußleuchte ab 8/86

E 1 – Lichtschalter
E 9 – Schalter für Luftgebläse
E 19 – Schalter für Parklicht
E 23 – Schalter für Nebelscheinwerfer und -schlußleuchte
J 5 – Relais für Nebelscheinwerfer
J 59 – Entlastungsrelais für X-Kontakte
K 13 – Kontrollampe für Nebelschlußleuchte
L 9 – Lampe für Beleuchtung Lichtschalter
L 20 – Lampe für Nebelschlußleuchte
L 22 – Lampe für Nebelscheinwerfer links
L 23 – Lampe für Nebelscheinwerfer rechts
L 40 – Lampe für Beleuchtung Nebelscheinwerferschalter
M 2 – Lampe für Schlußlicht rechts
M 3 – Lampe für Standlicht rechts
S 2, 4, 14, 15 – Sicherungen im Sicherungskasten
T 2a – Steckverbindung beim Scheinwerfer links
T 2b – Steckverbindung beim Scheinwerfer rechts
T 2l – Steckverbindung im Motorraum vorn links
T 3a, 12, 29 – Steckverbindungen hinter dem Armaturenbrett
T 8, 20, 20a, 32 – Steckverbindungen am Sicherungskasten
V – Motor für Scheibenwischer
12 – Massepunkt im Motorraum links
54 – Massepunkt am Abschlußblech hinten
80 – Masseverbindung im Leitungsstrang Kombi-Instrument
81 – Masseverbindung im Leitungsstrang Armaturenbrett

Stromlaufplan Nebelscheinwerfer und -schlußleuchte ab 10/90

E 1 – Lichtschalter
E 9 – Schalter für Luftgebläse
E 19 – Schalter für Parklicht
E 20 – Regler für Instrumentenbeleuchtung
E 22 – Schalter für Scheibenwischer
E 23 – Schalter für Nebelscheinwerfer und -schlußleuchte
J 5 – Relais für Nebelscheinwerfer
J 31 – Relais für Wisch/Wasch-Intervallschaltung
J 59 – Entlastungsrelais für X-Kontakte
K 13 – Kontrollampe für Nebelschlußleuchte
L 20 – Lampe für Nebelschlußleuchte
L 22 – Lampe für Nebelscheinwerfer links
L 23 – Lampe für Nebelscheinwerfer rechts
L 40 – Lampe für Beleuchtung Nebelscheinwerferschalter
M 3 – Lampe für Standlicht rechts
S 2, 4, 14, 15 – Sicherungen im Sicherungskasten
T 2a – Steckverbindung beim Scheinwerfer links
T 2b – Steckverbindung beim Scheinwerfer rechts
T 2h – Steckverbindung im Motorraum links
T 3e – Steckverbindung hinter dem Armaturenbrett
T 7, 8b – Steckverbindungen an der Schlußleuchte rechts
T 8, 32 – Steckverbindungen am Sicherungskasten
T 8a – Steckverbindung an der Schlußleuchte links
T 12 – Steckverbindung hinter dem Armaturenbrett, Leitungsstrang Schlußleuchte
T 12a – Steckverbindung hinter dem Armaturenbrett, Leitungsstrang Kombi-Instrument
T 20, 20a – Steckverbindungen beim Sicherungskasten
V – Motor für Scheibenwischer
80 – Masseverbindung im Leitungsstrang Kombi-Instrument
81 – Masseverbindung im Leitungsstrang Armaturenbrett
119 – Masseverbindung im Leitungsstrang Scheinwerfer
203 – Masseverbindung im Leitungsstrang Nebelscheinwerfer
A4 – Plusverbindung (58b) im Leitungsstrang Armaturenbrett
C21 – Verbindung im Leitungsstrang Nebelscheinwerfer

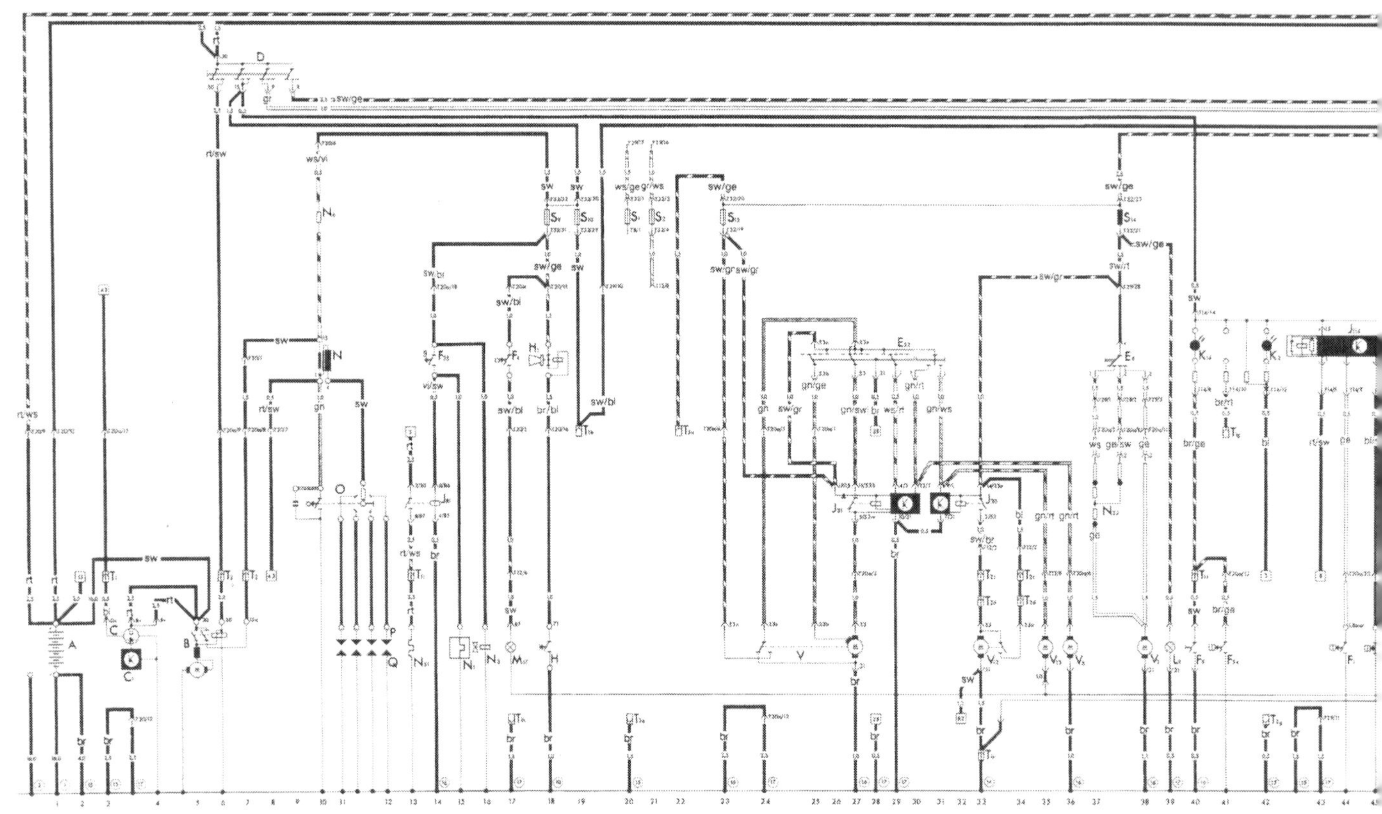

Stromlaufplan Polo/Derby ab 8/84

A – Batterie
B – Anlasser
C – Generator
C 1 – Spannungsregler
D – Zünd/Anlaß-Schalter
E 1 – Lichtschalter
E 2 – Blinkerschalter
E 3 – Warnblinkschalter
E 4 – Lichtumschalter
E 9 – Schalter für Luftgebläse
E 15 – Schalter für heizbare Heckscheibe
E 19 – Parklichtschalter
E 20 – Regler für Instrumentenbeleuchtung
E 22 – Scheibenwischerschalter
F – Bremslichtschalter
F 1 – Öldruckschalter 1,8 bar
F 2 – Türkontaktschalter links
F 3 – Türkontaktschalter rechts
F 4 – Schalter für Rückfahrleuchte
F 9 – Schalter für Handbremskontrolle
F 18 – Thermoschalter für Kühlerventilator
F 22 – Öldruckschalter 0,3 bar
F 34 – Warnkontakt für Bremsflüssigkeitsstand
F 35 – Thermoschalter für Startautomatik
G – Geber für Tankanzeige
G 1 – Tankanzeige
G 2 – Geber für Kühlmittel-Temperaturanzeige
G 3 – Kühlmittel-Temperaturanzeige
H – Hupkontakt
H 1 – Signalhorn
J 2 – Blinkrelais
J 6 – Spannungskonstanter
J 30 – Relais für Heckscheibenwischer und -wascher
J 31 – Relais für Wisch/Wasch-Intervallschaltung
J 59 – Entlastungsrelais für X-Kontakte
J 81 – Relais für Ansaugrohr-Beheizung
J 114 – Steuergerät für Öldruckkontrolle
K 1 – Kontrollampe für Fernlicht
K 2 – Kontrollampe für Generator
K 3 – Kontrollampe für Öldruck
K 5 – Kontrollampe für Blinker
K 6 – Kontrollampe für Warnblinkanlage
K 10 – Kontrollampe für heizbare Heckscheibe
K 14 – Kontrollampe für Handbremse
K 28 – Kontrollampe für Kühlmittel
L 1 – Zweifadenlampe für Scheinwerfer links
L 2 – Zweifadenlampe für Scheinwerfer rechts
L 9 – Lampe für Beleuchtung Lichtschalter
L 10 – Lampe für Beleuchtung Kombi-Instrument
L 16 – Lampe für Beleuchtung Heizregulierung
L 39 – Lampe für Beleuchtung Heizscheibenschalter
M 1 – Lampe für Standlicht links
M 2 – Lampe für Schlußlicht rechts
M 3 – Lampe für Standlicht rechts
M 4 – Lampe für Schlußlicht links
M 5 – Lampe für Blinklicht vorn links
M 6 – Lampe für Blinklicht hinten links
M 7 – Lampe für Blinklicht vorn rechts
M 8 – Lampe für Blinklicht hinten rechts
M 9 – Lampe für Bremslicht links
M 10 – Lampe für Bremslicht rechts
M 17 – Lampe für Rückfahrlicht rechts
N – Zündspule
N 1 – Vergaser-Startautomatik
N 3 – Leerlauf-Abschaltventil
N 6 – Zündspulen-Vorwiderstandsleitung
N 23 – Vorwiderstand für Luftgebläse
N 51 – Heizwiderstand der Ansaugrohr-Beheizung
O – Zündverteiler
P – Zündkerzenstecker
Q – Zündkerzen
R – Anschluß für Radio
S 1–16 – Sicherungen im Sicherungskasten
T 1, 1i, 2 – Steckverbindungen beim Vergaser
T 1a, 1c, 2c – Steckverbindungen im Kofferraum hinten links
T 1b, 1f, 1g, 1h, 2f, 2g, 2i, 3a – Steckverbindungen hinter dem Armaturenbrett beim Sicherungskasten
T 1d – Steckverbindung im Kofferraum hinten rechts
T 1e – Steckverbindung im Kofferraum am Schloßträger
T 2a – Steckverbindung im Motorraum links
T 2d – Steckverbindung in der Heckklappe beim Heckwischermotor
T 2e – Steckverbindung im Motorraum vorn links
T 2h – Steckverbindung im Motorraum vorn rechts
T 4, 12/, 29/ – Steckverbindungen hinter dem Armaturenbrett
T 8/, 20/, 20a/, 32/ – Steckverbindungen am Sicherungskasten
T 14/ – Steckverbindung am Kombi-Instrument
U 1 – Anzünder
V – Motor für Scheibenwischer
V 2 – Motor für Luftgebläse
V 7 – Motor für Kühlerventilator
V 5 – Motor für Scheibenwascherpumpe
V 12 – Motor für Heckscheibenwischer
V 13 – Motor für Heckscheibenwascherpumpe
W – Innenleuchte
X – Kennzeichenleuchte
Y – Zeituhr
Z 1 – Heizwiderstand für heizbare Heckscheibe
1 – Masseband der Batterie über Aufbau zum Getriebe
2 – Masseband vom Motor zum Aufbau
10 – Masseleitung am Lenkgetriebe
11 – Massepunkt unter der Rücksitzbank
14 – Massepunkt hinten am Heckklappenschloßträger
15 – Massepunkt im Isolierschlauch des Leitungsstranges Motorraum links
16 – Massepunkt im Isolierschlauch des Leitungsstranges Motorraum rechts
17 – Massepunkt mit Isolierband umwickelt im Leitungsstrang Armaturenbrett
18 – Massepunkt mit Isolierband umwickelt im Leitungsstrang Armaturen
22 – Plusverbindung (58b) im Leitungsstrang Armaturen

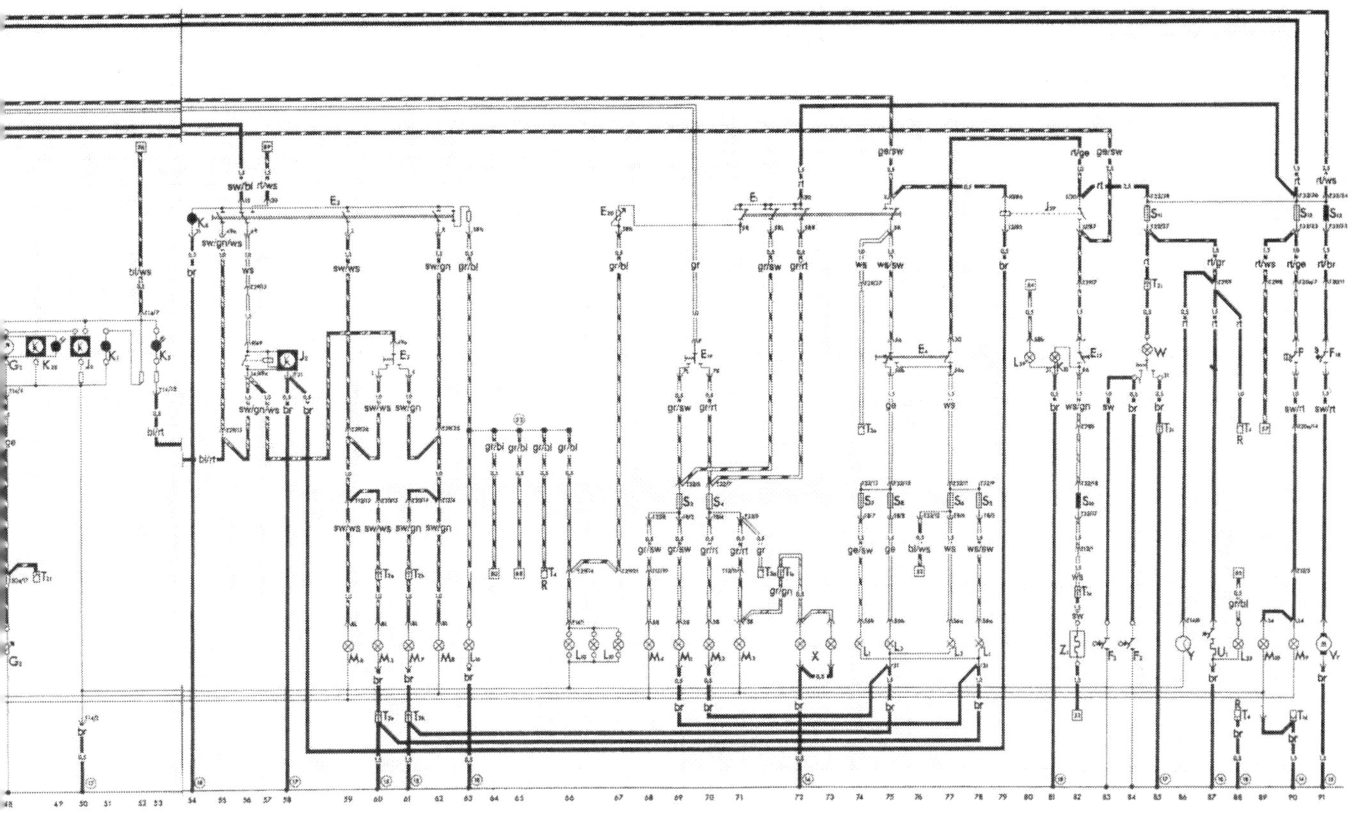

Stromlaufplan Polo mit 33-kW-Monomotronic-Motor ab 10/90 (Seite 166/167)

A – Batterie
B – Anlasser
C – Drehstrom-Lichtmaschine
C 1 – Spannungsregler
D – Zünd/Anlaß-Schalter
E 1 – Lichtschalter
E 2 – Blinkerschalter
E 3 – Warnblinkschalter
E 4 – Lichtumschalter
E 9 – Schalter für Luftgebläse
E 15 – Schalter für heizbare Heckscheibe
E 19 – Schalter für Parklicht
E 20 – Regler für Instrumentenbeleuchtung
E 22 – Schalter für Scheibenwischer
E 23 – Schalter für Nebelscheinwerfer und -schlußleuchte
E 102 – Regler für Leuchtweitenregulierung
F – Bremslichtschalter
F 1 – Öldruckschalter 1,4 bar
F 2 – Türkontaktschalter links
F 3 – Türkontaktschalter rechts
F 4 – Schalter für Rückfahrleuchte
F 9 – Schalter für Handbremskontrolle
F 18 – Thermoschalter für Kühlerventilator
F 22 – Öldruckschalter 0,3 bar
F 34 – Warnkontakt für Bremsflüssigkeitsstand
F 60 – Leerlaufschalter
G – Geber für Tankanzeige
G 1 – Tankanzeige
G 2 – Geber für Kühlmittel-Temperaturanzeige
G 3 – Kühlmittel-Temperaturanzeige
G 5 – Drehzahlmesser
G 40 – Hallgeber
G 6 – Elektrische Benzin-Vorförderpumpe
G 23 – Elektrische Benzinpumpe
G 39 – Lambda-Sonde mit Heizung
G 42 – Geber für Ansauglufttemperatur
G 54 – Geschwindigkeitsgeber
G 62 – Geber für Kühlmitteltemperatur
G 69 – Drosselklappen-Potentiometer
H – Kontakt für Hupbetätigung
H 1 – Signalhorn
H 11 – Warnsummer für Öldruckkontrolle
J 2 – Blinkrelais
J 6 – Spannungskonstanter
J 17 – Relais für Kraftstoffpumpe
J 31 – Relais für Wisch/Wasch-Intervallschaltung
J 59 – Entlastungsrelais für X-Kontakte
J 81 – Relais für Ansaugrohr-Beheizung
J 252 – Steuergerät für Öldruck- und Kühlmittelkontrolle
J 257 – Steuergerät für Monomotronic
K 1 – Kontrollampe für Fernlicht
K 2 – Kontrollampe für Generator
K 3 – Kontrollampe für Öldruck
K 5 – Kontrollampe für Blinker
K 6 – Kontrollampe für Warnblinker
K 7 – Kontrollampe für Bremsanlage
K 10 – Kontrollampe für heizbare Heckscheibe
K 13 – Kontrollampe für Nebelschlußleuchte
K 28 – Kontrollampe für Kühlmittel
L 1 – Zweifadenlampe für Scheinwerfer links
L 2 – Zweifadenlampe für Scheinwerfer rechts
L 9 – Lampe für Beleuchtung Lichtschalter

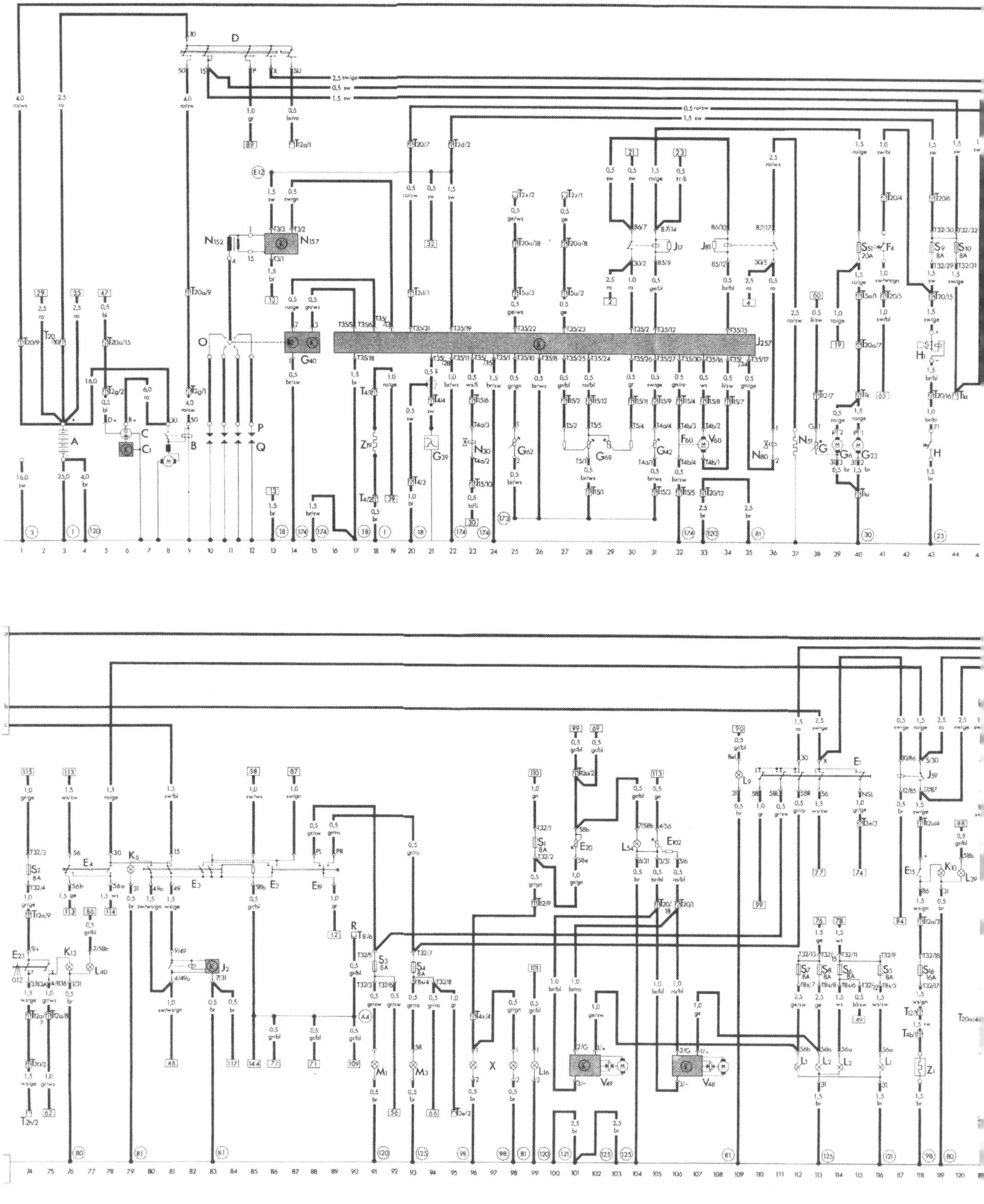

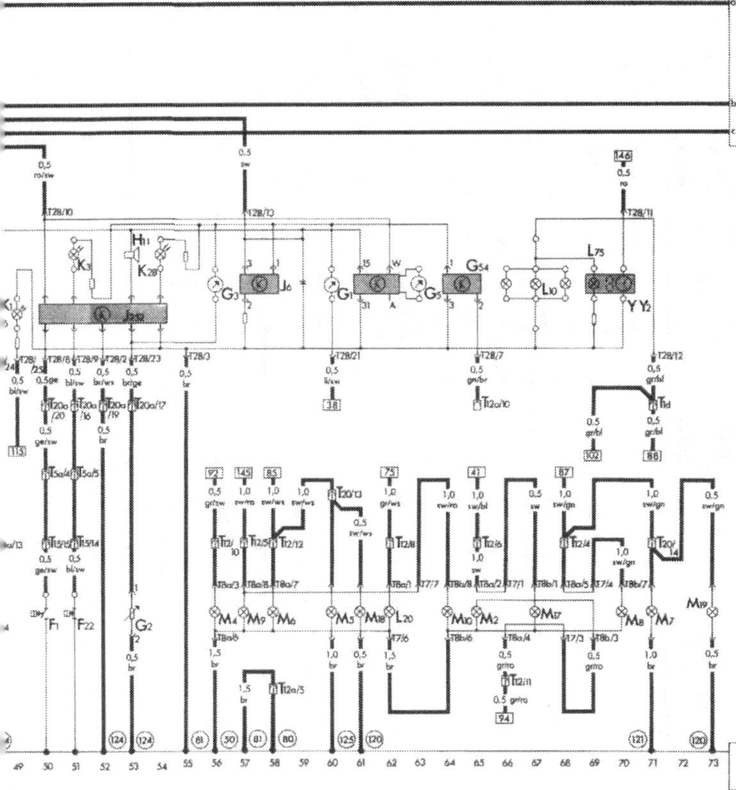

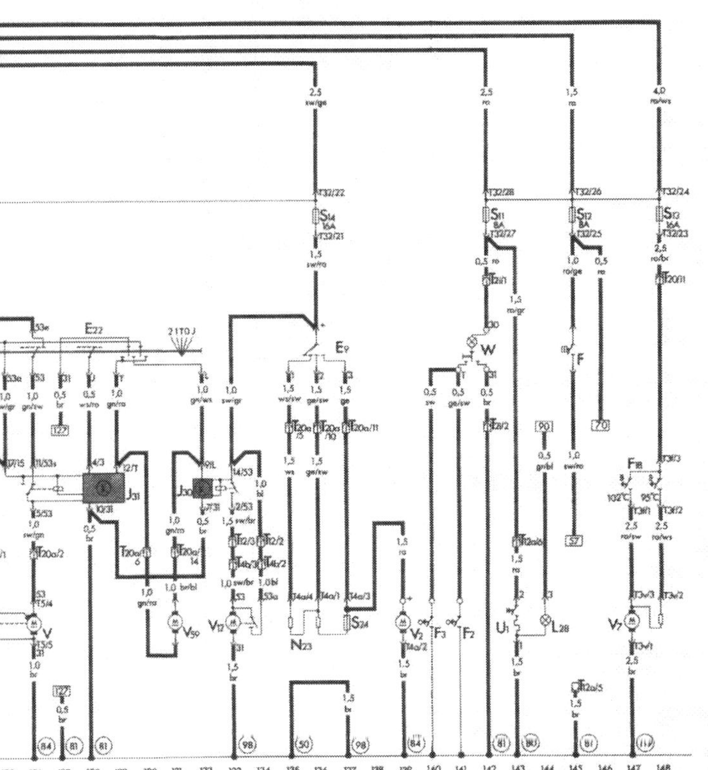

Stromlaufplan Polo mit 33-kW-Monomotronic-Motor ab 10/90

L 10 – Lampe für Beleuchtung Kombi-Instrument
L 16 – Lampe für Beleuchtung Heizregulierung
L 20 – Lampe für Nebelschlußleuchte
L 28 – Lampe für Beleuchtung Anzünder
L 39 – Lampe für Beleuchtung Heizscheibenschalter
L 40 – Lampe für Beleuchtung Nebelscheinwerferschalter
L 54 – Lampe für Beleuchtung Regler Leuchtweitenregulierung
L 75 – Beleuchtung für Digitalanzeige
M 1 – Lampe für Standlicht links
M 2 – Lampe für Schlußlicht rechts
M 3 – Lampe für Standlicht rechts
M 4 – Lampe für Schlußlicht links
M 5 – Lampe für Blinklicht vorn links
M 7 – Lampe für Blinklicht vorn rechts
M 8 – Lampe für Blinklicht hinten rechts
M 9 – Lampe für Bremslicht links
M 10 – Lampe für Bremslicht rechts
M 17 – Lampe für Rückfahrlicht rechts
M 18 – Lampe für Seitenblinkleuchte Links
M 19 – Lampe für Seitenblinkleuchte rechts
N 23 – Vorwiderstand für Luftgebläse
N 30 – Einspritzventil
N 51 – Heizwiderstand der Ansaugrohr-Beheizung
N 80 – Magnetventil 1 für Kraftstoff-Verdunstungsanlage
N 152– Zündtrafo
N 157– Endstufe für Zündtrafo
P – Zündkerzenstecker
Q – Zündkerzen
R – Anschluß für Radio
S 1–16 – Sicherungen im Sicherungskasten
S 24 – Überhitzungssicherung
S 51 – Sicherung für Kraftstoffpumpe in separatem Halter
T 2h – Steckverbindung im Motorraum links
T 1f, 1d, 1k, 2i, 3e, 5a, 12, 12a – Steckverbindungen hinter dem Armaturenbrett
T 1a, 1x – Steckverbindungen beim Zylinderkopfdeckel
T 2g, 4, 5, 15 – Steckverbindung im Motorraum
T 2d – Steckverbindung im Wasserkasten rechts
T 2z – Steckverbindung hinter der Ablage vorn links (Anschluß Eigendiagnose)
T 3 – Steckverbindung Endstufe für Zündtrafo
T 4a – Steckverbindung am Luftgebläse
T 4a – Steckverbindung im Motorraum rechts
T 4z – Steckverbindung im Kofferraum links
T 5 – Steckverbindung am Wischermotor
T 7 – Steckverbindung an der Schlußleuchte rechts
T 8, 20, 20a – Steckverbindungen beim Sicherungskasten
T 8a – Steckverbindung an der Schlußleuchte links
T 8r – Steckverbindung für Radio
T 28/ – Mehrfachstecker am Kombi-Instrument
T 32 – Steckverbindung am Sicherungskasten
T 35 – Steckverbindung Steuergerät für Monomotronic
U 1 – Anzünder
V – Motor für Scheibenwischer
V 2 – Motor für Luftgebläse
V 7 – Motor für Kühlerventilator
V 12 – Motor für Heckscheibenwischer
V 48 – Motor für Leuchtweitenregulierung links
V 49 – Motor für Leuchtweitenregulierung rechts
V 59 – Motor für Scheibenwascherpumpe
V 60 – Drosselklappensteller
W – Innenleuchte
X – Kennzeichenleuchte
Y 2 – Digitaluhr
Z 1 – Heizwiderstand für heizbare Heckscheibe
Z 19 – Heizwiderstand für Lambda-Sonde
1 – Masseband der Batterie
3 – Masseband am Motor zum Aufbau
12 – Massepunkt im Motorraum links
18 – Massepunkt am Motorblock
30 – Massepunkt neben dem Sicherungskasten
50 – Massepunkt im Kofferraum links
80 – Masseverbindung im Leitungsstrang Armaturenbrett
81 – Masseverbindung im Leitungsstrang Kombi-Instrument
84 – Masseverbindung Motormasse im Leitungsstrang vorn rechts
98 – Masseverbindung im Leitungsstrang Heckklappe
119, 120, 125 – Masseverbindungen im Leitungsstrang Scheinwerfer
121 – Masseverbindung im Leitungsstrang vorn rechts
124 – Masseverbindung im Leitungsstrang Motorraum rechts
173, 174 – Masseverbindungen im Leitungsstrang Monomotronic
A4 – Plusverbindung (58b) im Leitungsstrang Armaturenbrett

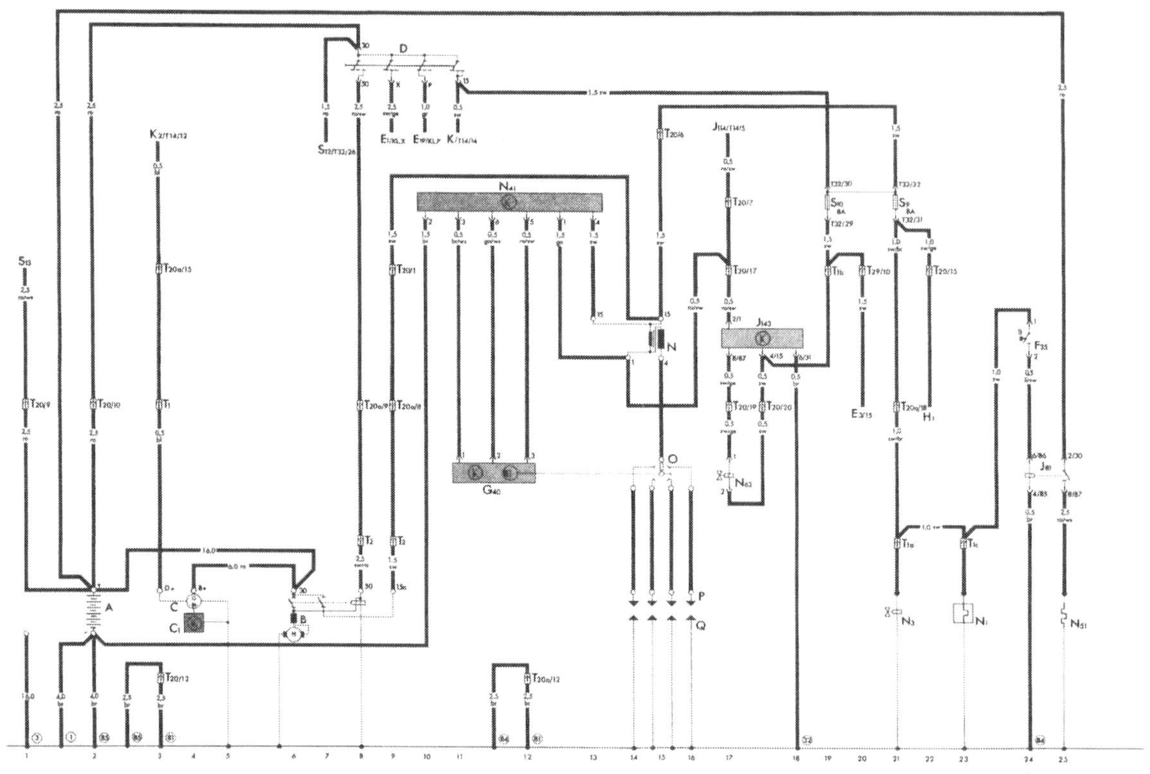

Stromlaufplan 33-kW-Vergasermotor ab 8/85

A – Batterie
B – Anlasser
C – Drehstrom-Lichtmaschine
C 1 – Spannungsregler
D – Zünd/Anlaß-Schalter
E 1 – Lichtschalter
E 3 – Warnblinkschalter
E 19 – Schalter für Parklicht
F 35 – Thermoschalter für Ansaugrohr-Beheizung
G 4 – Geber für Zündzeitpunkt
H 1 – Signalhorn
J 81 – Relais für Ansaugrohr-Beheizung
J 114 – Steuergerät für Öldruckkontrolle
J 143 – Steuergerät für Leerlaufdrehzahl-Anhebung
K – Kombi-Instrument
K 2 – Kontrollampe für Generator
N – Zündspule
N 1 – Heizwiderstand der Startautomatik
N 3 – Leerlauf-Abschaltventil
N 41 – TSZ-Schaltgerät
N 51 – Heizwiderstand der Ansaugrohr-Beheizung
N 62 – Ventil für Leerlaufdrehzahl-Anhebung
O – Zündverteiler
P – Zündkerzenstecker
Q – Zündkerzen
S 9, 10, 12, 13 – Sicherungen im Sicherungskasten
T 1 – Steckverbindung beim Vergaser
T 1a – Steckverbindung am Vergaser
T 1b, 29 – Steckverbindungen hinter dem Armaturenbrett
T 1c – Steckverbindung im Motorraum mitte
T 2 – Steckverbindung beim Anlasser
T 20, 20a, 32 – Steckverbindungen am Sicherungskasten
1 – Masseband der Batterie
3 – Masseband am Motor
32 – Massepunkt hinterm Armaturenbrett links
81 – Masseverbindung im Leitungsstrang Armaturenbrett
84 – Masseverbindung, Motormasse im Leitungsstrang vorn rechts
85 – Masseverbindung im Leitungsstrang Motorraum

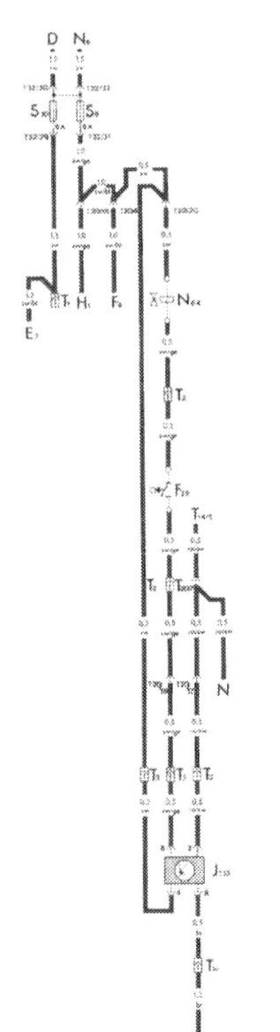

Stromlaufplan 29-kW-Vergasermotor ab 10/81

D – Zünd/Anlaß-Schalter
E 3 – Warnblinkschalter
F 4 – Schalter für Rückfahrleuchten
F 25 – Drosselklappenschalter
H 1 – Signalhorn
J 113 – Drehzahlschalter für Zündzeitpunktverstellung
N – Zündspule
N 6 – Zündspulen-Vorwiderstandsleitung
N 64 – Zweiwegeventil fürZündzeitpunktverstellung
S 9, 10 – Sicherungen im Sicherungskasten
T 1, 1a, 3 – Steckverbindungen hinter dem Armaturenbrett
T 2 – Steckverbindung im Motorraum an der Spritzwand
T 14/ – Steckverbindung am Kombi-Instrument
T 20/, 32/ – Steckverbindungen am Sicherungskasten
17 – Massepunkt mit Isolierband umwickelt im Leitungsstrang Armaturenbrett

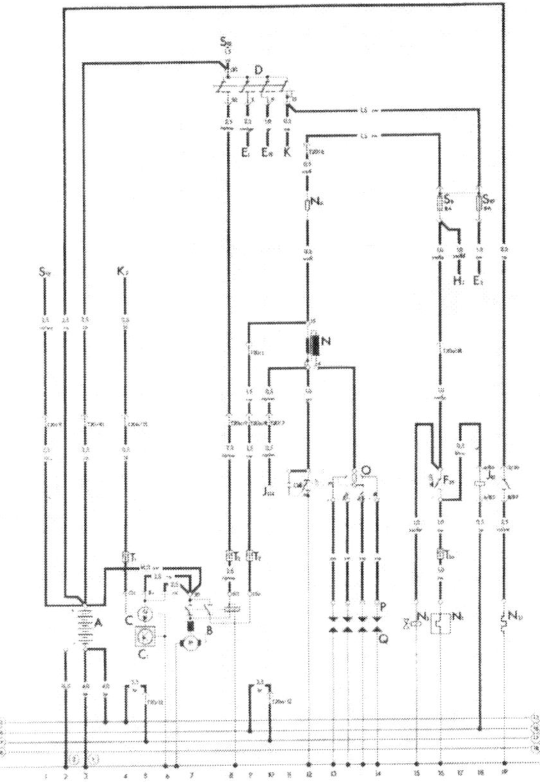

Stromlaufplan 40-kW-Vergasermotor ab 8/83

A – Batterie
B – Anlasser
C – Drehstrom-Lichtmaschine
C 1 – Spannungsregler
D – Zünd/Anlaß-Schalter
E 1 – Lichtschalter
E 3 – Warnblinkschalter
E 19 – Schalter für Parklicht
F 35 – Thermoschalter für Ansaugrohr-Beheizung
H 1 – Signalhorn
J 81 – Relais für Ansaugrohr-Beheizung
J 114 – Steuergerät für Öldruckkontrolle
K 1 – Kombi-Instrument (Klemme 14/14)
K 2 – Kontrollampe für Generator
N – Zündspule
N 1 – Vergaser-Startautomatik
N 3 – Leerlauf-Abschaltventil
N 6 – Zündspulen-Vorwiderstandsleitung
N 51 – Heizwiderstand der Ansaugrohr-Beheizung
O – Zündverteiler
P – Zündkerzenstecker
Q – Zündkerzen
S 9, 10, 12, 13 – Sicherungen im Sicherungskasten
T 1 – Steckverbindung im Motorraum Mitte
T 1a, 2 – Steckverbindungen im Motorraum, beim Vergaser
T 20/, 20a – Steckverbindungen am Sicherungskasten
1 – Masseband der Batterie über Aufbau zum Getriebe
2 – Masseband am Motor zum Aufbau
15 – Massepunkt im Isolierschlauch des Leitungsstranges Motorraum links
16 – Massepunkt im Isolierschlauch des Leitungsstranges Motorraum rechts
17 – Masseverbindung im Leitungsstrang Armaturenbrett
18 – Masseverbindung im Leitungsstrang Kombi-Instrument

Stromlaufplan 55-kW-Vergasermotor mit Dignition ab 10/82

A – Batterie
D – Zünd/Anlaß-Schalter
E 3 – Warnblinkschalter
F 35 – Thermoschalter für Ansaugrohr-Beheizung
G 5 – Drehzahlmesser
G 27 – Geber für Motortemperatur (Dignition)
G 40 – Hallgeber
H 1 – Signalhorn
J 81 – Relais für Ansaugrohr-Beheizung
J 125 – Steuergerät für Dignition
N – Zündspule
N 1 – Heizwiderstand der Startautomatik
N 3 – Leerlauf-Abschaltventil
N 51 – Heizwiderstand der Ansaugrohr-Beheizung
N 52 – Heizwiderstand der Gemischkanal-Beheizung
O – Zündverteiler
P – Zündkerzenstecker
Q – Zündkerzen
S 9, 10 – Sicherungen im Sicherungskasten
T 1, 1a, 1b – Steckverbindungen im Motorraum beim Vergaser
T 14/ – Steckverbindung am Kombi-Instrument
T 20/, 20a/, 32/ – Steckverbindungen am Sicherungskasten

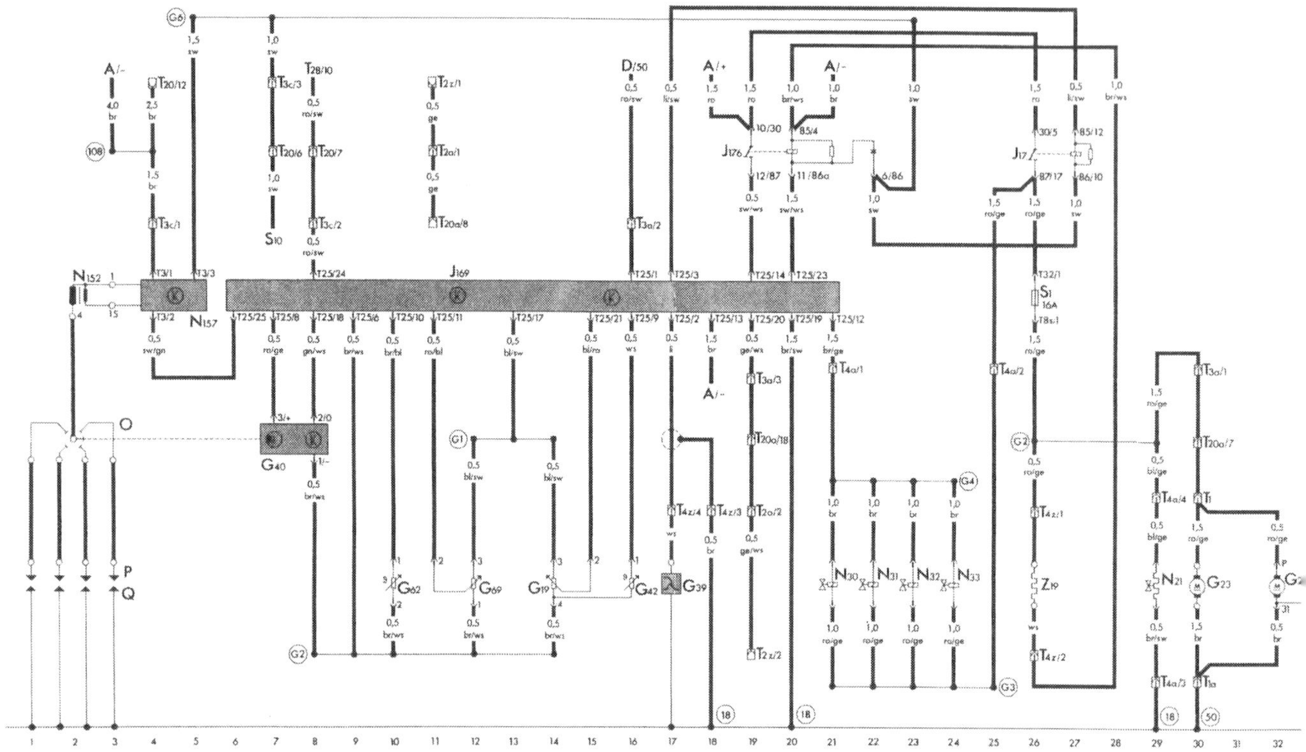

A/-
A/+
D/50
J169
J176
J17
N152
N157
O
P
Q
G40
G62
G69
G19
G42
G39
S10
S1
16A
N30
N31
N32
N33
N21
Z19
G23

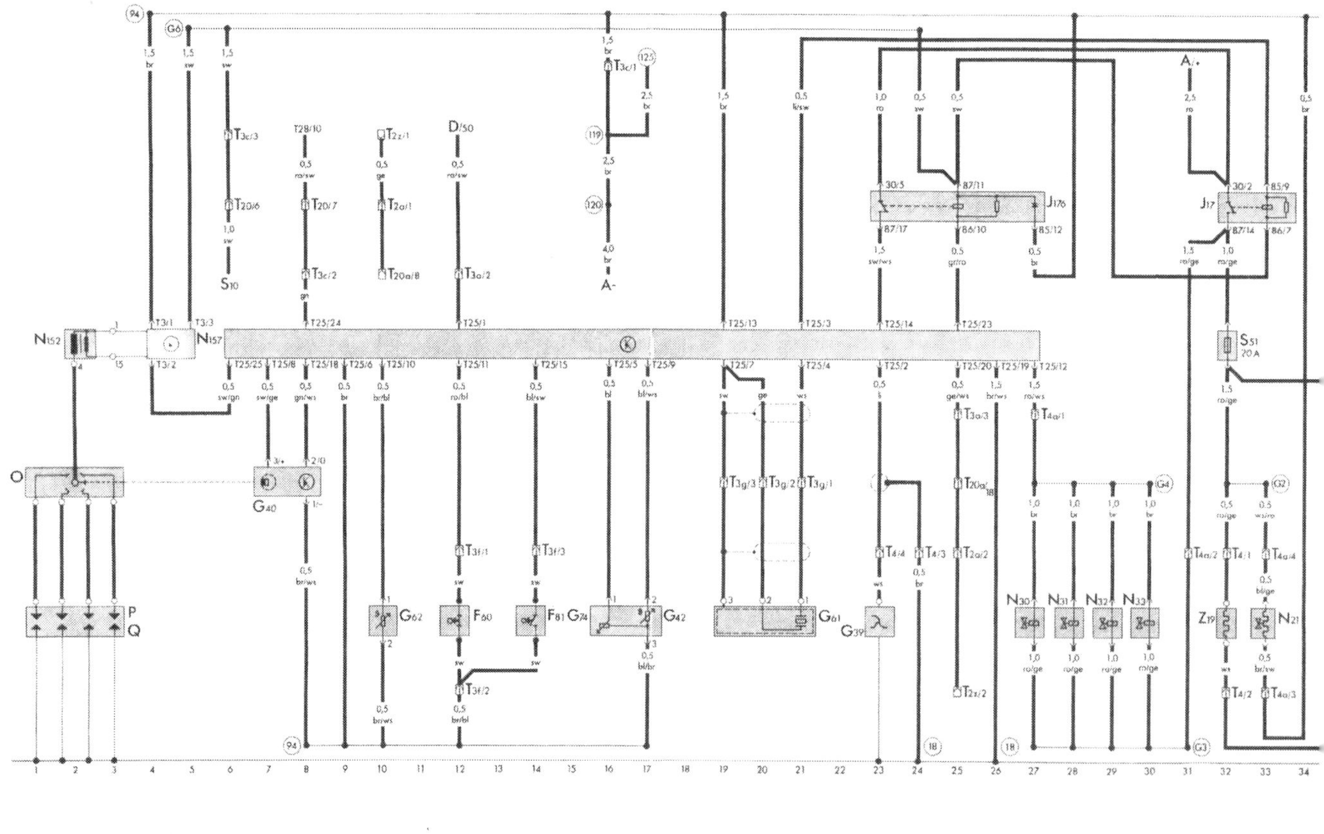

A/-
A/+
D/50
N152
N157
J176
J17
O
P
Q
G40
G62
F60
F81
G74
G42
G61
G39
S10
S51
20 A
N30
N31
N32
N33
Z19
N21

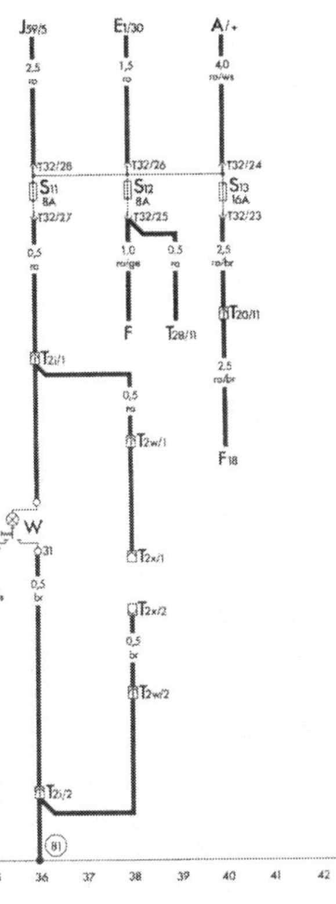

Stromlaufplan 55-kW-Digifant-Motor ab 10/90

A – Batterie
D – Zünd/Anlaß-Schalter
E 1 – Lichtschalter
F – Bremslichtschalter
F 2 – Türkontaktschalter links
F 3 – Türkontaktschalter rechts
F 18 – Thermoschalter für Kühlerventilator
G – Geber für Tankanzeige
G 6 – Elektrische Benzin-Vorförderpumpe
G 19 – Potentiometer
G 23 – Elektrische Benzinpumpe
G 39 – Lambda-Sonde mit Heizung
G 40 – Hallgeber
G 42 – Geber für Ansauglufttemperatur
G 62 – Geber für Kühlmitteltemperatur
G 69 – Drosselklappen-Potentiometer
J 17 – Relais für Kraftstoffpumpe
J 59 – Entlastungsrelais für X-Kontakte
J 169 – Steuergerät für Digifant
J 176 – Relais für Stromversorgung Einspritzanlage
N 21 – Zusatzluftschieber
N 30 – Einspritzventil Zylinder 1
N 31 – Einspritzventil Zylinder 2
N 32 – Einspritzventil Zylinder 3
N 33 – Einspritzventil Zylinder 4
N 152 – Zündtrafo
N 157 – Endstufe für Zündtrafo
O – Zündverteiler
P – Zündkerzenstecker
Q – Zündkerzen
S 1, 10, 11, 12, 13 – Sicherungen im Sicherungskasten
T 1 – Steckverbindung hinter dem Armaturenbrett links
T 1a – Steckverbindung im Motorraum beim Zylinderkopfdeckel
T 2a, 2i, 2w – Steckverbindungen hinter dem Armaturenbrett
T 2x – Steckverbindung schwarz hinter der Ablage (Anschluß Eigendiagnose)
T 2z – Steckverbindung weiß hinter der Ablage (Anschluß Eigendiagnose)
T 3 – Steckverbindung Endstufe für Zündtrafo
T 3, 3a – Steckverbindungen im Wasserkasten links
T 4 – Steckverbindung im Motorraum beim Abgaskrümmer
T 4a – Steckverbindung im Motorraum
T 8 – Steckverbindung am Radio
T 8s, 32 – Steckverbindungen am Sicherungskasten
T 12 – Steckverbindung hinter dem Armaturenbrett, Leitungsstrang Schlußleuchte
T 20 – Steckverbindung beim Sicherungskasten, Leitungsstrang Motorraum links
T 20a – Steckverbindung beim Sicherungskasten, Leitungsstrang Motorraum rechts
T 25 – Steckverbindung am Steuergerät für Digifant
T 28 – Steckverbindung Leitungsstrang am Armaturenbrett
W – Innenleuchte
Z 19 – Heizwiderstand für Lambda-Sonde
18 – Massepunkt am Motorblock
50 – Massepunkt im Kofferraum links
81 – Masseverbindung im Leitungsstrang Armaturenbrett
108 – Masseverbindung im Leitungsstrang vorn links
G1 – Plusverbindung im Leitungsstrang Digifant
G2 – Verbindung im Leitungsstrang Digifant
G3 – Plusverbindung in Leitungsführung Einspritzventile
G4 – Verbindung in Leitungsführung Einspritzventile
G6 – Plusverbindung (15) im Leitungsstrang Digifant

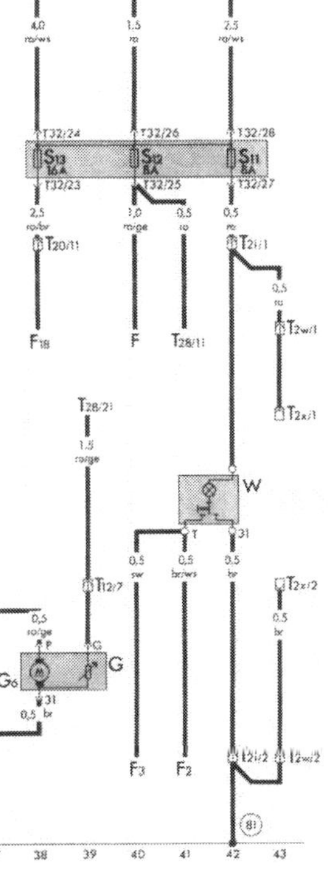

Stromlaufplan 83-kW-Digifant-Motor ab 1/91

A – Batterie
D – Zünd/Anlaß-Schalter
F – Bremslichtschalter
F 2 – Türkontaktschalter vorn links
F 3 – Türkontaktschalter vorn rechts
F 18 – Thermoschalter für Kühlerventilator
F 60 – Leerlaufschalter
F 81 – Vollastschalter
G – Geber für Tankanzeige
G 6 – Elektrische Benzin-Vorförderpumpe
G 23 – Elektrische Benzinpumpe
G 39 – Lambda-Sonde mit Heizung
G 40 – Hallgeber
G 42 – Geber für Ansauglufttemperatur
G 61 – Klopfsensor
G 62 – Geber für Kühlmitteltemperatur
G 74 – CO-Potentiometer
J 17 – Relais für Kraftstoffpumpe
J 59 – Entlastungsrelais für X-Kontakte
J 169 – Steuergerät für Digifant
J 176 – Relais für Stromversorgung Einspritzanlage
N 21 – Zusatzluftschieber
N 30 – Einspritzventil Zylinder 1
N 31 – Einspritzventil Zylinder 2
N 32 – Einspritzventil Zylinder 3
N 33 – Einspritzventil Zylinder 4
N 152 – Zündtrafo
N 157 – Endstufe für Zündtrafo
O – Zündverteiler
P – Zündkerzenstecker
Q – Zündkerzen
S 10–13 – Sicherungen im Sicherungskasten
T 1 – Steckverbindung hinter dem Armaturenbrett links
T 1a – Steckverbindung im Motorraum mitte beim Zylinderkopfdeckel
T 2a, 2a – Steckverbindungen beim Sicherungskasten
T 2i, 2w, 3c – Steckverbindungen hinter dem Armaturenbrett
T 2x – Steckverbindung hinter der Ablage (Anschluß Eigendiagnose)
T 2z – Steckverbindung hinter der Ablage (Anschluß Eigendiagnose)
T 3f – Steckverbindung beim Saugrohr
T 3g – Steckverbindung beim Anlasser
T 4 – Steckverbindung beim Abgaskrümmer
T 4a – Steckverbindung im Motorraum rechts
T 12 – Steckverbindung hinter dem Armaturenbrett, Leitungsstrang Schlußleuchte
T 20 – Steckverbindung beim Sicherungskasten, Leitungsstrang Motorraum links
T 20a – Steckverbindung beim Sicherungskasten, Leitungsstrang Motorraum rechts
T 25 – Steckverbindung am Steuergerät Digifant
T 28 – Steckverbindung am Kombi-Instrument
T 32 – Steckverbindung am Sicherungskasten
W – Innenleuchte
Z 19 – Heizwiderstand für Lambda-Sonde
18 – Massepunkt am Motorblock
50 – Massepunkt im Kofferraum links
81 – Masseverbindung im Leitungsstrang Armaturenbrett
94 – Masseverbindung im Leitungsstrang Digifant
119, 120, 125 – Masseverbindungen im Leitungsstrang Scheinwerfer
G2 – Verbindung im Leitungsstrang Digifant
G3 – Plusverbindung in Leitungsführung Einspritzventile
G4 – Verbindung in Leitungsführung Einspritzventile
G6 – Plusverbindung (15) im Leitungsstrang Digifant

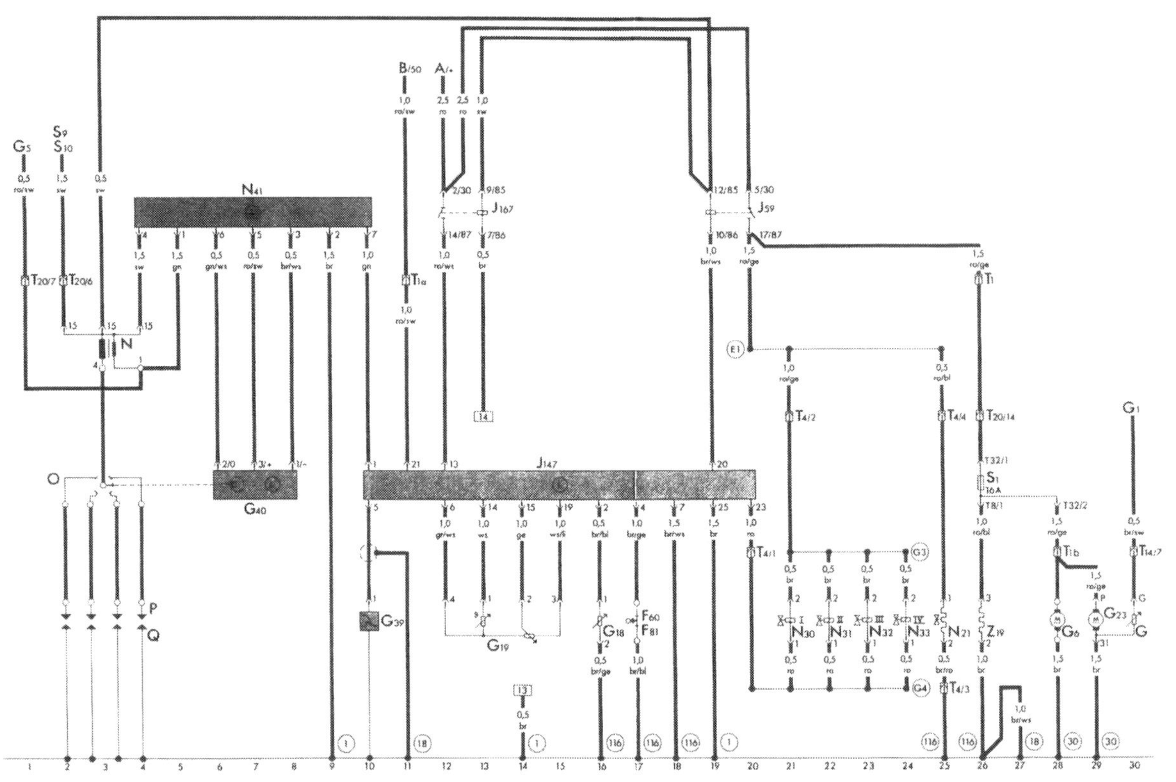

G5
S9
S10
N41
B/50
A/+
J167
J59
N
O
P
Q
G40
J147
G39
G19
G18
F60
F81
E1
G3
G4
N30
N31
N32
N33
N21
Z19
S1
G1
G6
G23
G
1 2 3 4 5 6 7 8 9 10 11 12 13 14 15 16 17 18 19 20 21 22 23 24 25 26 27 28 29 30

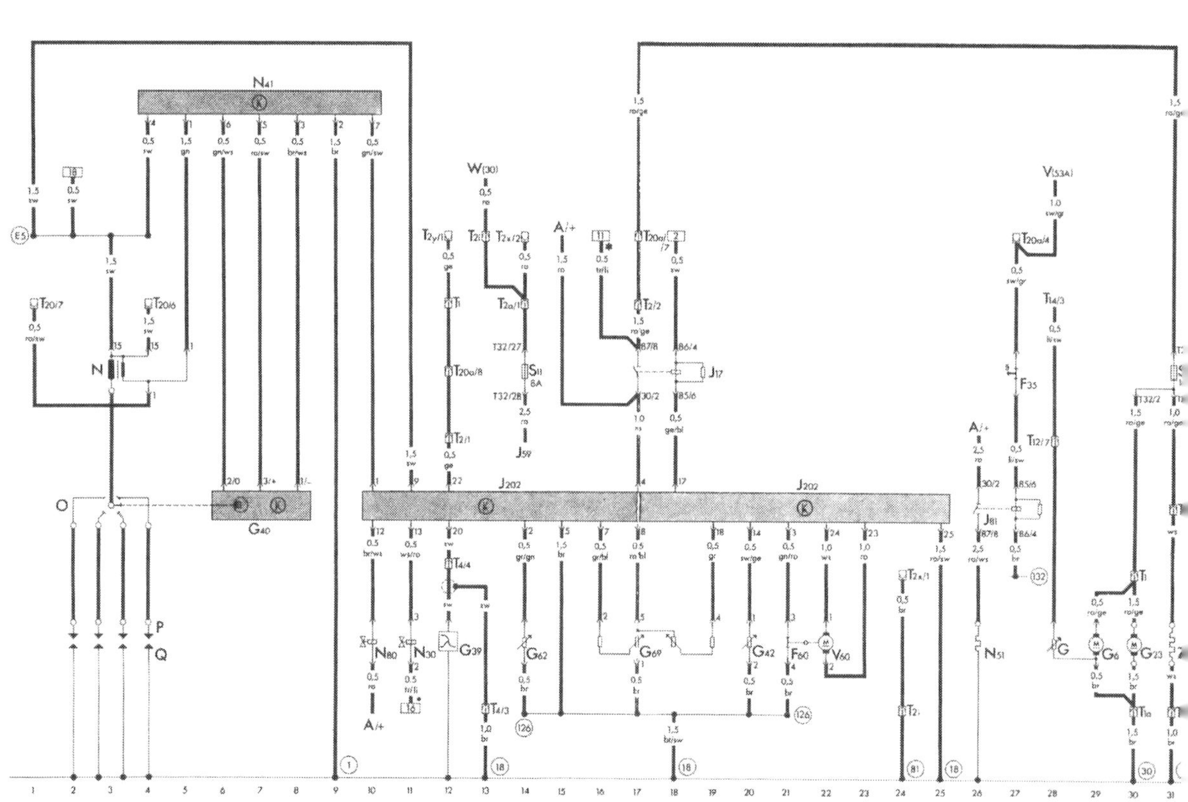

N41
E5
N
O
P
Q
G40
W(30)
A/+
J17
J59
S11
8A
V(53A)
F35
J202
J81
N80
N30
G39
G62
G69
G42
F60
V60
N51
G
G6
G23
1 2 3 4 5 6 7 8 9 10 11 12 13 14 15 16 17 18 19 20 21 22 23 24 25 26 27 28 29 30 31

Stromlaufplan 40-kW-Digijet-Motor ab 10/89

A – Batterie
B – Anlasser
F 60 – Leerlaufschalter
F 81 – Vollastschalter
G – Geber für Tankanzeige
G 1 – Tankanzeige
G 5 – Drehzahlmesser
G 6 – Elektrische Benzinpumpe
G 18 – Temperaturfühler
G 19 – Potentiometer
G 23 – Elektrische Benzin-Vorförderpumpe
G 39 – Lambda-Sonde mit Heizung
G 40 – Hallgeber
J 59 – Entlastungsrelais für X-Kontakte
J 147 – Steuergerät für Digijet
J 167 – Stromversorgungsrelais für Steuergerät Digijet
N – Zündspule
N 21 – Zusatzluftschieber
N 30 – Einspritzventil Zylinder 1
N 31 – Einspritzventil Zylinder 2
N 32 – Einspritzventil Zylinder 3
N 33 – Einspritzventil Zylinder 4
N 41 – TSZ-Schaltgerät
O – Zündverteiler
P – Zündkerzenstecker
Q – Zündkerzen
S 1, 9, 10 – Sicherungen im Sicherungskasten
T 1, 1b, 14 – Steckverbindungen hinter dem Armaturenbrett
T 1a – Steckverbindung im Motorraum links
T 4 – Steckverbindung beim Saugrohr
T 8, 20 – Steckverbindungen am Sicherungskasten
T 32 – Steckverbindung beim Sicherungskasten
Z 19 – Heizwiderstand für Lambda-Sonde
1 – Masseband der Batterie
18 – Massepunkt am Motorblock
116 – Masseverbindung im Leitungsstrang Digijet
E1 – Plusverbindung im Leitungsstrang Digijet
G3 – Plusverbindung in Leitungsführung Einspritzventile
G4 – Verbindung in Leitungsführung Einspritzventile

Stromlaufplan 33-kW-Monojetronic-Motor ab 10/89

A – Batterie
F 35 – Thermoschalter für Ansaugrohr-Beheizung
F 60 – Leerlaufschalter
G – Geber für Tankanzeige
G 6 – Elektrische Benzin-Vorförderpumpe
G 23 – Elektrische Benzinpumpe
G 39 – Lambda-Sonde mit Heizung
G 40 – Hallgeber
G 42 – Geber für Ansauglufttemperatur
G 62 – Geber für Kühlmitteltemperatur
G 69 – Drosselklappen-Potentiometer
J 17 – Relais für Kraftstoffpumpe
J 59 – Entlastungsrelais für X-Kontakte
J 81 – Relais für Ansaugrohr-Beheizung
J 202 – Steuergerät für Monojetronic
N – Zündspule
N 30 – Einspritzventil Zylinder 1
N 41 – TSZ-Schaltgerät
N 51 – Heizwiderstand der Ansaugrohr-Beheizung
N 80 – Magnetventil 1 für Kraftstoff-Verdunstungsanlage
O – Zündverteiler
P – Zündkerzenstecker
Q – Zündkerzen
S 1, 11 – Sicherungen im Sicherungskasten
T 1, 1a – Steckverbindungen hinter dem Armaturenbrett links
T 1b, 2, 2a, 12, 14 – Steckverbindungen hinter dem Armaturenbrett
T 2i – Steckverbindung hinter dem Armaturenbrett beim Sicherungskasten
T 2x – Steckverbindung schwarz hinter der Ablage (Anschluß Eigendiagnose)
T 2y – Steckverbindung blau hinter der Ablage (Anschluß Eigendiagnose)
T 4 – Steckverbindung beim Abgaskrümmer
T 8, 32 – Steckverbindungen am Sicherungskasten
T 20 – Steckverbindung beim Sicherungskasten
V – Motor für Scheibenwischer
V 60 – Drosselklappensteller
W – Innenleuchte
Z 19 – Heizwiderstand für Lambda-Sonde
1 – Masseband der Batterie
18 – Massepunkt am Motorblock
30 – Massepunkt neben Relaisplatte
81 – Masseverbindung im Leitungsstrang Armaturenbrett
126 – Masseverbindung im Leitungsstrang Monojetronic
132 – Masseverbindung im Leitungsstrang Motorraum
E5 – Plusverbindung im Leitungsstrang Monojetronic

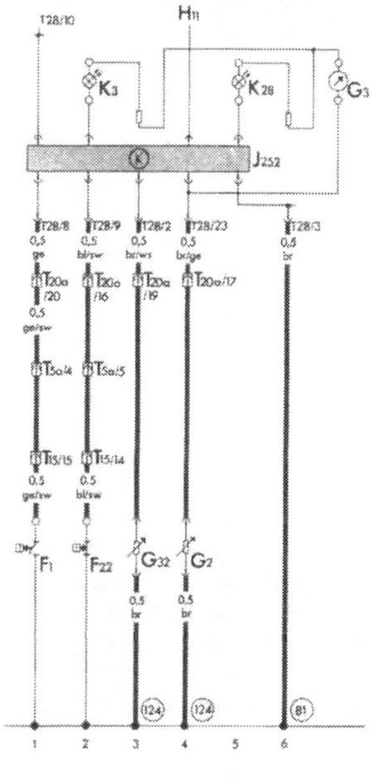

Stromlaufplan Kühlmittelmangelanzeige ab 10/90

F 1 – Öldruckschalter 1,4 bar
F 22 – Öldruckschalter 0,3 bar
G 2 – Geber für Kühlmittel-Temperaturanzeige
G 3 – Kühlmittel-Temperaturanzeige
G 32 – Geber für Kühlmittelmangelanzeige
H 11 – Warnsummer für Öldruckkontrolle
J 252 – Steuergerät für Öldruck- und Kühlmittelkontrolle
K 3 – Kontrollampe für Öldruck
K 28 – Kontrollampe für Kühlmittel
T 5a – Steckverbindung hinter dem Armaturenbrett
T 15 – Steckverbindung im Motorraum
T 20a – Steckverbindung beim Sicherungskasten, Leitungsstrang Motorraum rechts
T 28 – Steckverbindung am Armaturenbrett
84 – Masseverbindung im Leitungsstrang Armaturenbrett
124 – Masseverbindung im Leitungsstrang Motorraum rechts

Energie-Sparbüchse

Die Energie zum Starten des Motors führt unser VW in der Batterie mit, worauf auch ihre Bezeichnung »Starterbatterie« hinweist. Während der vorangegangenen Fahrt wurde der Akku von der Lichtmaschine aufgeladen. Diese liefert mehr Leistung, als während dem Fahrbetrieb verbraucht wird. Es bleibt also etwas übrig für die »hohe Kante«.

So funktioniert die Batterie

Eine Bleiplatte als Elektrode, die mit verdünnter Schwefelsäure (dem Elektrolyt) in Verbindung kommt, gibt unter dem Einfluß des Lösungsdruckes positive Ionen, also elektrisch geladene Teilchen an den Elektrolyt ab. Dadurch wird zwischen der Bleiplatte und dem Elektrolyt eine elektrische Spannung aufgebaut.
In der Praxis verläßt man sich jedoch nicht auf diesen freiwilligen Übertritt geladener Teilchen, sondern zwingt der Batterie eine Ladespannung auf. Das hat den Effekt, daß sich das Bleisulfat der Platten einer entladenen Batterie an der positiven Elektrode in Bleidioxid und an der negativen Elektrode in Bleischwamm umwandelt. Gleichzeitig wird im Elektrolyt wieder Schwefelsäure gebildet. Als äußeres Zeichen für den fast abgeschlossenen Ladevorgang steigen Gasbläschen auf.
Beim Entladen dreht sich der Vorgang um. Das Bleidioxid der positiven Platte und der Bleischwamm der negativen werden wieder zu Bleisulfat, wobei sich die Schwefelsäure verbraucht und Wasser gebildet wird. Mit der Entladung sinkt deshalb die Säuredichte ab.

Die richtige Batterie

Beim Polo/Derby sitzt die Batterie hinten rechts im Motorraum. Bis 1992 wurden Batterien mit einer Bauhöhe von 175 mm eingebaut, seit Modelljahr 1993 kommen Akkus mit 190 mm Bauhöhe zum Einsatz. Die neueren Batterien können auch in früheren Fahrzeugen (mit Linkslenkung) eingebaut werden. Auf dem Akku finden Sie eine der folgenden Bezeichnungen:
Bis 7/92: 12 V/36 Ah, 12 V/45 Ah oder 12 V/54 Ah **ab 8/92:** 12 V/44 Ah oder 12 V/60 Ah

Batterie-Daten

Typ-Nummer: Die fünfstellige Zahl dient einheitlich bei allen deutschen Batterie-Herstellern zur Kennzeichnung von Leistung, Abmessungen und Bauart. Die auf die Ziffer 5 folgende Zahl gibt die Batterie-Kapazität an. Die nachfolgenden beiden Ziffern kennzeichnen Konstruktionsmerkmale sowie die Ausführung.
Spannung und Kapazität: In der Angabe 12 V/45 Ah gibt die vorangestellte 12 V natürlich die Spannung an. Hinter dem Schrägstrich ist die Stromstärke in ihrer »zeitlich lieferbaren Menge« vermerkt – »Ah« steht für Amperestunden. Das ist die Nenn-Batteriekapazität, die nach Normbedingungen gemessen wird. In Wirklichkeit rechnet man allerdings nur mit $^{2}/_{3}$ der angegebenen Kapazität; bei einer älteren Batterie lediglich mit der Hälfte.
Kälteprüfstrom: Die Zahl 175 A, 220 oder 265 A nennt die Stromstärke, welche die Batterie bei –18° C liefern kann.

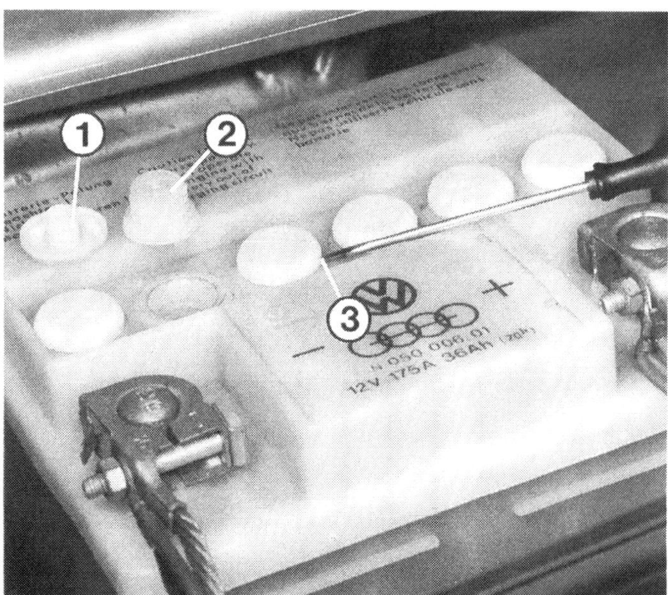

Zum Abnehmen eines Batteriestopfens beim hier gezeigten Akku einen schmalen Schraubendreher unten am Stopfen (3) ansetzen und Stopfenoberteil (1) abnehmen. Position »2« zeigt das Unterteil, das sich von Hand oder mit einer Zange herausdrehen läßt.

Wie lange reichen die Reserven?

Wie lange ein Stromverbraucher mit dem Stromvorrat aus der Batterie funktionieren kann, errechnen wir anhand der Formel **Betriebszeit = Batteriekapazität x Bordnetzspannung geteilt durch Leistung des Verbrauchers**. In der Praxis sollten Sie aber nie mit der vollen Batteriekapazität rechnen, sondern nur mit ½ bis ⅔ der Nennkapazität. Es ergeben sich dann beispielsweise die folgenden Betriebszeiten:

Batterie	Parklicht	Standlicht	Warnblinkanlage
36 Ah	ca. 32 Stunden	ca. 9½ Stunden	ca. 3 Stunden
45 Ah	ca. 40 Stunden	ca. 12 Stunden	ca. 3¾ Stunden
54 Ah	ca. 48 Stunden	ca. 14½ Stunden	ca. 4½ Stunden

Die größten Anforderungen an die Batterie stellt der Anlasser. Daher auch der Name »Starterbatterie«. Durch Reibungsverluste frißt der Anlasser im Augenblick des Einschaltens über 3000 Watt. Zum Durchdrehen des warmen Motors braucht er nur ⅕ dieser Leistung. Andererseits wird der Strombedarf des Anlassers höher, wenn die Temperaturen sinken und die Schmierstoffe dadurch zäher sind.

Temperatureinfluß auf die Batterie

Die Batterie hat die Eigenart, um so unwilliger auf Kälte zu reagieren, je weniger Strom sie gespeichert hat. Ein völlig leerer Akku ist so empfindlich, daß er bei Frost einfrieren und platzen kann. Randvoll geladen verträgt die Batterie die Kälte jedoch verhältnismäßig gut. Vor der kalten Jahreszeit empfiehlt sich bei einem älteren Akku die Kontrolle des Ladezustands.

Wartungsfreie Batterien

Die Batterieflüssigkeit besteht aus Schwefelsäure, die mit destilliertem Wasser verdünnt ist. Ein Teil dieses Wassers kann verdunsten oder wird beim Ladevorgang in Wasserstoff und Sauerstoff zersetzt. Bei herkömmlichen Autobatterien muß der Flüssigkeitsstand regelmäßig ergänzt werden. Im VW ist ab Werk eine wartungsfreie Batterie nach DIN 72311 eingebaut. Durch ein größeres Flüssigkeitsvolumen soll sie unter normalen Bedingungen ihr gesamtes Leben ohne Nachfüllen von destilliertem Wasser auskommen. Erhöhten Wasserverlust verursachen lediglich höhere Umgebungstemperaturen, längere Aufenthalte in heißen Regionen (Urlaub), ein defekter Lichtmaschinen-Spannungsregler, Selbstentladung bei langen Standzeiten des Fahrzeugs oder Tiefentladung, etwa durch eingeschaltetes Standlicht über Nacht.

Batteriesäurestand kontrollieren

Wartung Nr. 16

Auch beim wartungsfreien Akku sollte regelmäßig nach dem Flüssigkeitsstand gesehen werden.

- Die Batterieflüssigkeit muß bis zur unteren der beiden Markierungen am Gehäuse reichen, zumindest aber die Plattenoberkanten gut bedecken.
- Bei abgesunkenem Flüssigkeitspegel Verschlußstopfen herausdrehen.
- Bei einer geladenen Batterie bis zur oberen Markierung bzw. bis 15 mm über die Plattenoberkanten destilliertes Wasser auffüllen.
- In eine stark entladene Batterie nur so viel Wasser einfüllen, daß die Platten oben bedeckt sind. Beim Wiederaufladen steigt der Flüssigkeitsstand nämlich erheblich.
- Erst nach dem Laden destilliertes Wasser bis zur oberen Marke nachfüllen.
- Die Wassermenge aus der Einfüllflasche muß gut dosierbar sein, sonst wird der Akku überfüllt.
- Eine überfüllte Batterie »kocht über«, die Säure tritt an den Verschlußstopfen aus und verursacht Korrosion und Säurekristalle an Batterieoberfläche und -standplatz.

Destilliertes Wasser verwenden!

In den Akku darf niemals Batteriesäure gefüllt werden, sondern nur entsalztes (ionengetauschtes) Wasser, landläufig destilliertes Wasser genannt. Leitungswasser, Regenwasser und auch abgekochtes Wasser enthält leitfähige Salze und andere Stoffe, die der Batterie schaden.

Fingerzeig: Wenn Sie Batteriewasser nicht kostenlos an Ihrer Stammtankstelle bekommen, kaufen Sie es am billigsten in der Drogerie oder Apotheke. Abgepacktes destilliertes Wasser an der Tankstelle ist meist überteuert.

Batterie ausbauen

- Grundsätzlich muß an der Batterie zuerst das Minuskabel abgenommen werden, damit beim weiteren Hantieren kein Kurzschluß auftreten kann.
- Vorsicht, wenn ein Radio mit Anti-Diebstahl-Codierung eingebaut ist. Vergewissern Sie sich, daß der Anti-Diebstahl-Code vorliegt, damit Sie das Radio nach dem Einbau wieder aktivieren können.
- Die Zündung und ein Radio mit Anti-Diebstahl-

Links: Zum Ausbau der Batterie zuerst das Minuskabel (1) und dann das Pluskabel (3) lösen. Vorn sehen Sie die Schraube (2) der Halteleiste am Batteriefuß.
Rechts: Zum Messen der Batteriesäuredichte muß so viel Säure angesaugt werden, daß der Schwimmer (5) im Säureheber (4) frei schwimmt.

Code müssen ausgeschaltet sein, wenn die Batterie abgeklemmt wird.

- Mutter an der Klemme des Minuskabels (gedrillte Kupferlitze) lösen, Klemme vom Batteriepol abheben.
- Pluskabel-Klemme lösen und abnehmen.
- Schraube der Halteleiste am Batteriefuß losdrehen, Schraube und Leiste abnehmen.
- Batterie herausheben.
- Beim Einbau zuerst das Pluskabel anschließen, dann die Minusklemme.
- Ein Vertauschen der Kabelklemmen ist nur mit Gewalt möglich, denn der Plus-Polkopf ist dicker als der Minus-Polkopf.
- Bei einem Radio mit Sicherheitscode die Code-Nummer wieder eingeben.

Kontaktpflege an der Batterie

- Ein verschmutztes Batteriegehäuse mit Kaltreiniger, Wasser und einer kräftigen Bürste abwaschen.
- Oxidkristalle an den Batterieklemmen mit warmem Sodawasser abwaschen oder mit »Neutralon« von Varta behandeln.
- An den Stopfen kontrollieren, ob ihre Entlüftungsbohrungen frei sind, sonst säubern.
- Batteriepolköpfe und Kabelklemmen mit Säureschutzfett (Bosch »Ft 40 v 1«) einstreichen.
- Kein Fett erhalten die Polkopfseiten und die Innenseiten der Klemmen, sonst kann es Kontaktschwierigkeiten geben.

Ladezustand der Batterie prüfen

Erscheint der Akku trotz richtigem Säurestand kraftlos, muß der Ladezustand kontrolliert werden. Auskunft darüber gibt das spezifische Gewicht der Batteriesäure. Sie brauchen für die Kontrolle einen speziellen Hebe-Säuremesser (Aräometer), den Sie sich bei der Tankstelle ausleihen können.

- Batterie-Verschlußstopfen herausdrehen.
- So viel Batteriesäure ansaugen, daß die Meßspindel frei schwimmt.
- Säuregewicht ablesen. Es bedeuten: 1,28 kg/l = Batterie voll geladen; 1,20 kg/l = halb geladen; 1,12 kg/l = entladen.

Fingerzeig: Bei gleichmäßig niedriger Säuredichte kann Nachladen der Batterie genügen. Ist eine einzelne Zelle entladen, ist die Batterie vermutlich defekt – in einer Autoelektrik-Werkstatt kontrollieren lassen.

Batterie laden

Auch wenn die Batterie nichts zu leisten hat, will sie gelegentlich geladen werden. Sie hat nämlich die Untugend, sich mit der Zeit selbst zu entladen.

Ladegerät anschließen

- Pluskabel an Batterie-Pluspol, Minuskabel an Minuspol anklemmen.
- Die Batteriekabel brauchen bei einem Heimwerker-Ladegerät nicht abgenommen zu werden.
- Die Batteriestopfen können eingeschraubt bleiben. Das sich beim Laden bildende Gas kann durch die Entlüftungsbohrungen in den Stopfen entweichen.
- Der Ladestrom soll anfangs etwa 10% der Batteriekapazität betragen (z.B. 3,6 A beim 36-Ah-Akku) und sich während der Ladung automatisch verringern.
- Die Batterie ist voll geladen, wenn ihre Säuredichte innerhalb von zwei Stunden nicht mehr ansteigt.
- Beim Batterieladen wird das destillierte Wasser teilweise zersetzt. Es bilden sich Gasblasen aus

Wasserstoff und Sauerstoff – das hochexplosive Knallgas.

- Wenn mit hohem Strom geladen wird, für gute Durchlüftung des Raumes sorgen.
- Beim Laden der Batterie in deren Nähe nicht rauchen und kein offenes Feuer verwenden.
- Auch Funken beim Ab- oder Anklemmen des Laders bzw. der Batteriekabel können das Knallgas entzünden.

Schnelladung der Batterie

Wer es eilig hat, kann seine Batterie bei Tankstelle oder Werkstatt schnelladen lassen. Nach einer Stunde ist die Batterie wieder voll. Beachten Sie:

○ Einem älteren Akku kann die Schnelladung das Leben kosten, dann muß eine ohnehin bald fällige neue Batterie her.

○ Beide Batteriekabel müssen abgenommen werden. Durch den hohen Ladestrom können die empfindlichen elektronischen Bauteile im Auto Schaden nehmen.

○ Batterie-Verschlußstopfen herausdrehen und lose in die Öffnungen stecken, da der Akku bei der Schnellladung erheblich »gast«. Bei abgenommenen Stopfen sprüht durch die aufsteigenden und zerplatzenden Gasblasen ein feiner Säurenebel aus der Batterie, der sich rundum niederschlägt. Zum Schutz der Umgebung eine Plastikfolie oder Zeitung zum Abdecken verwenden.

Start mit leerer Batterie

Starthilfekabel

- Hilfsfahrzeug so dicht an den VW heranfahren lassen, daß die Batterien beider Wagen durch die Starthilfekabel miteinander verbunden werden können.
- Kontrollieren Sie, ob in Ihrem stromlosen Fahrzeug sämtliche Stromverbraucher abgeschaltet sind.
- Ein Kabel an beide Batterie-Pluspole anklemmen.
- Anderes Starthilfekabel zuerst am Minuspol der geladenen Fremdbatterie und dann im Motorraum des stromlosen Wagens an blanker Masse (z.B. direkt am Motor) anschließen.
- Motor des Hilfswagens mit erhöhter Drehzahl laufen lassen, damit die Lichtmaschine kräftig Spannung liefert.
- Falls der Motor nicht gleich anspringt, zwischendurch eine Abkühlungspause für den Anlasser einlegen. Hilfsmotor weiterlaufen lassen, wodurch die leere Batterie bereits etwas nachgeladen wird.
- Beim Abklemmen der Starthilfekabel zuerst die Klemme vom Minuspol der geladenen Fremdbatterie abnehmen.

Wagen anschieben

Mit zwei Helfern läßt sich der VW bei gutem Motorzustand anschieben:

- Zündung einschalten.
- 1. Gang einlegen. In höheren Gängen wird die Lichtmaschine für kräftige Stromlieferung zu langsam durchgedreht.
- Kupplung durchtreten, Wagen anschieben lassen, bis er in Schwung ist.
- Kupplung schnell kommen lassen. Der Motor wird abrupt durchgedreht und müßte anspringen.
- Sofort Kupplung treten und Gas geben.

Wagen anschleppen

Suchen Sie sich zum Anschleppen einen schlepperfahrenen Helfer aus, damit nicht durch Ungeschick größerer Schaden entsteht. Und denken Sie daran: Bei stehendem Motor arbeitet der Bremskraftverstärker nicht.

- Zündung einschalten, 2. Gang einlegen und Kupplung treten.
- Der Zugwagen muß langsam anfahren.
- Bei etwa 15 km/h die Kupplung langsam kommen lassen, dabei die rechte Hand an den Handbremshebel legen.
- Ist der Motor angesprungen, Kupplung treten und Gas geben.
- Handbremse sanft ziehen, damit Sie dem Vordermann nicht ins Heck rollen.
- Schleppfahrer Hupsignal geben.
- Gang herausnehmen, Kupplung loslassen.
- Mit der Handbremse zusammen mit dem Schleppwagen abbremsen.

<u>Fingerzeig:</u> Bei Fahrzeugen mit Katalysator wird oft vor dem Anrollenlassen, Anschieben oder Anschleppen gewarnt. Falls der Motor lediglich wegen einer leeren Batterie nicht anspringt, ist das aber ungefährlich. Anders bei einem Defekt an der Zündanlage: Da können unverbrannte Gemischanteile nachgezündet werden und die Temperatur im Katalysator auf gefährliche Höhen treiben.

Die Lichtmaschine

Kraftwerk auf Reisen

Unter Autofahrern hat sich der Begriff »Lichtmaschine« für den Stromerzeuger eingebürgert, obwohl andere, mindestens ebenso wichtige Stromverbraucher ebenfalls mit elektrischer Energie gespeist werden müssen. Bei stehendem Motor besorgt dies die Batterie. Sobald der Motor läuft, tritt der Generator als Stromquelle in Aktion.

Der Drehstrom-Generator

Im VW sitzt eine Drehstrom-Lichtmaschine, vom Motor über einen bzw. zwei Keilriemen in Schwung versetzt. Der Drehstrom-Generator benötigt außer der Kontrolle seines Antriebsriemens keinerlei Wartung, und selbst die Schleifkohlen halten 80000 km und mehr.

Leistung

Im Polo/Derby sind je nach Ausstattung Lichtmaschinen mit 45, 55 oder 65 Ampere Leistung eingebaut. Bei einer maximalen Spannung von 14 Volt sind das 630, 770 oder 910 Watt. Zwei Drittel dieser Leistung werden bereits bei 2000 Lichtmaschinen-Umdrehungen erzeugt. Bei einer Übersetzung von knapp 1:2 von Generator zur Motorkurbelwelle liegen die ⅔ Leistung bereits bei etwas erhöhter Leerlaufdrehzahl an.

Fingerzeig: Die Lichtmaschine liefert 14 Volt Ladespannung im 12-V-Bordnetz, denn nur durch diesen kleinen Spannungsunterschied kann Strom zur Batterie fließen, damit diese aufgeladen wird.

Umgang und Vorsichts-Maßnahmen

Der Generator erzeugt Wechselstrom. Da die Batterie mit Gleichstrom geladen werden will, besorgen Halbleiter-Dioden die notwendige Gleichrichtung des Wechelstromes. Die Dioden sind empfindlich gegen zu hohe Spannungen. Deshalb:

○ Bei laufendem Motor darf kein Kabel zwischen Akku und Lichtmaschine gelöst bzw. wieder angeschlossen werden. Dadurch kann die Spannung schlagartig ansteigen (Spannungsspitze) und eine Diode »verheizt« werden.

○ Ohne richtig angeschlossene und intakte Batterie darf die Drehstrom-Lichtmaschine nicht laufen. Der Akku dient als Spannungsbegrenzer für den Generator, gewissermaßen als Puffer gegen Überspannungen.

○ Sämtliche Kabelanschlüsse im Verbund Lichtmaschine–Batterie–Masse müssen ganz fest sitzen. Schon ein Wackelkontakt kann zu Spannungsspitzen führen.

○ Beim Schnelladen der Batterie und beim elektrischen Schweißen an der Karosserie müssen beide Kabel vom Akku abgenommen werden.

Die Ladekontrolle

○ Die Kontrolleuchte im Kombi-Instrument hat zwei Plus-Anschlüsse: Zum einen von der Klemme D+ des Generators (blaues Kabel) und zum anderen von Klemme 15 über die Mehrfachsteckverbindung der Leiterfolie/-platte hinten am Kombi-Instrument vom Zündschloß kommend.

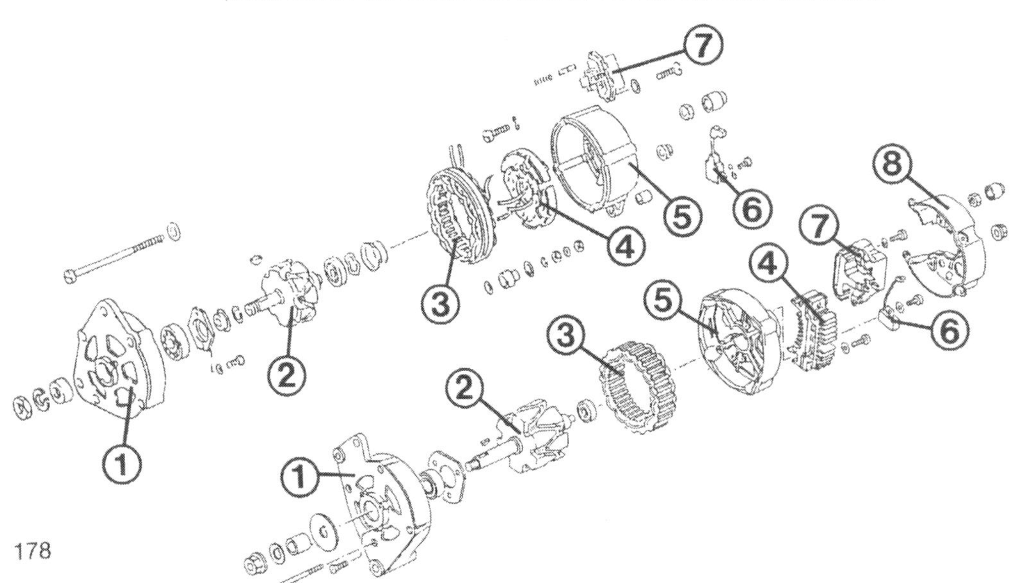

Oben die Bosch-Lichtmaschine, unten der Generator von Valeo:
1 – Lagerschild;
2 – Klauenpolläufer;
3 – Ständerwicklung;
4 – Diodenplatte;
5 – Gehäuse;
6 – Entstör-Kondensator;
7 – Spannungsregler;
8 – Abdeckung.

Links: An der Rückseite der Lichtmaschine sehen Sie:
1 – Spannungsregler;
2 – Federklammer des Mehrfachsteckers (3);
4 – Entstörkondensator.
Rechts: Zur Kontrolle der Länge der Schleifkohlen (5) haben wir hier den Bosch-Spannungsregler von der Lichtmaschine losgeschraubt.

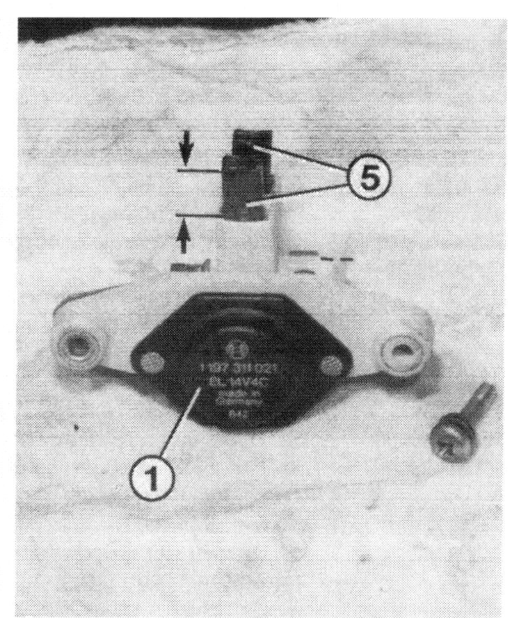

○ Mit Einschalten der Zündung führt Klemme 15 Spannung. Die Lichtmaschine steht aber noch, so daß der spannungslose D+-Kontakt als »Minus« wirkt. Die Kontrollampe leuchtet auf, denn zwischen dem von der Batterie versorgten Bordnetz und dem noch stehenden Generator herrscht eine Spannungsdifferenz.
○ Wird der Motor gestartet und hat die Lichtmaschine ihre Ladedrehzahl erreicht, verbindet der Spannungsregler den Stromerzeuger mit der Bordelektrik. Nun kommt Plusstrom von Klemme 15 und zusätzlich von Klemme D+. Damit besteht keine Spannungsdifferenz mehr, die Ladekontrolle verlöscht.
○ Beim Einschalten der Zündung muß die brennende Ladekontrolle – bei unserem Polo/Derby in Verbindung mit einem parallel geschalteten Widerstand – die Drehstrom-Lichtmaschine »vorerregen«. Nur so kann diese schon aus niedrigen Drehzahlen heraus Strom liefern. Allerdings ist die Vorerregung nur beim ersten Anlaufen des Generators erforderlich.

Fingerzeig: Bisweilen bleibt die Ladekontrolle brennen, wenn Sie den Motor starten und er in niedriger Leerlaufdrehzahl läuft. Dann ist die Vorerregung des Drehstrom-Generators zu schwach, er liefert noch keinen Strom. Sobald Sie auf das Gaspedal tippen, verlöscht das rote Licht – alles ist wieder in Ordnung. Diese Erscheinung ist normal und deutet keinen Schaden an.

Der Spannungsregler

Je schneller die Lichtmaschine dreht, um so höher steigt die Spannung und damit auch der gelieferte Strom – wie beim Fahrraddynamo. Ein derartiges Auf und Ab ertragen die Stromverbraucher im Auto nicht. Deshalb begrenzt ein am Generator angeschraubter Regler die Spannung und verhindert ein Überladen der Batterie. Über die Schleifkohlen der Drehstrom-Lichtmaschine fließt nur ein geringer Strom, außerdem laufen die Kohlen auf glatten Schleifringen. Das bewirkt nur geringen Verschleiß. Die Schleifkohlen sitzen an der Innenseite des Spannungsreglers.

Spannungsregler prüfen

- Voltmeter zwischen Klemme B+ der Lichtmaschine und Masse anklemmen.
- Motor mit 2000/min drehen lassen.
- Die Regulierspannung muß **13,3–14,6 V** betragen.
- Messen Sie eine höhere Ladespannung, ist der Regler defekt und muß ausgetauscht werden.
- Zu niedrige Spannung kann evtl. an abgenutzten Schleifkohlen liegen.

Bosch-Schleifkohlen kontrollieren

- Zwei Halteschrauben am Regler lösen.
- Regler gewissermaßen herausklappen, damit die Kohlebürsten nicht hängenbleiben.
- Überstand der Schleifkohlen messen.
- Sind sie nur noch **5 mm** lang, müssen sie ersetzt werden.

Bosch-Schleifkohlen auswechseln

Die Schleifkohlen sind am Regler mit ihren Anschlußlitzen an einem Halter angelötet. Sie brauchen als Werkzeug daher einen Lötkolben.

- Anschlußlitzen auslöten, Schleifkohlen herausziehen.
- Druckfedern von den alten Kohlen abziehen.
- Federn auf die neuen Schleifkohlen stecken.
- Anschlußlitzen anlöten.

Motorola- und Valeo-Schleifkohlen kontrollieren

● Beide Halteschrauben des Reglers an der Lichtmaschinen-Rückseite herausdrehen.
● Regler und dahinter sitzenden Schleifkohlenhalter herausziehen.
● Länge der Kohlen messen.
● Bei **5 mm** Restlänge sind die Schleifkohlen abgenutzt.
● Die Kohlen können bei diesen Lichtmaschinen nicht einzeln ausgetauscht werden, sondern beim Motorola-Generator nur mit dem Schleifkohlenhalter und bei der Valeo-Ausführung seit 8/84 ausschließlich im Verbund mit dem Spannungsregler.

Motorola-Schleifkohlen auswechseln

Die Motorola-Kohlen bis 7/84 lassen sich nicht aus ihrem Halter lösen. Der Halter muß komplett mit den Schleifkohlen ausgetauscht werden.
● Anschlußkabel vom Schleifkohlenhalter abschrauben. Der Kabelstecker zum Regler bleibt angeschlossen.
● Stecker der grünen Leitung vom alten Kohlenhalter abziehen und gleich auf den neuen stecken.
● Auf die Steckerfahne an der Anschlußplatte gehört der Stecker des roten Kabels.

Keilriemenzustand kontrollieren

Wartung Nr. 14

Der Keilriemen ist bei den Motoren bis 55 kW ausschließlich für den Antrieb der Lichtmaschine zuständig. Da bei den heutigen leistungsstarken Generatoren erhebliche Kräfte übertragen werden müssen, wird die Spannung wesentlich strammer eingestellt wird als früher.
Beim Polo G40 dient der Doppelkeilriemen gleichzeitig zum Antrieb des G-Laders; hier ist für einwandfreie Funktion des Laders die richtige Riemenspannung besonders wichtig.
○ Zu geringe Riemenspannung bewirkt neben mangelhafter Leistungsübertragung hohen Riemenschlupf, dadurch steigende Riementemperatur und frühzeitigen Flankenverschleiß.
○ Ist die Spannung so gering, daß die Kurbelwellen-Riemenscheibe unter dem Keilriemen durchdreht, zeigen sich unregelmäßige Schleifspuren auf den Riemenflanken.
● Zur Kontrolle des Riemens den Motor einige Male durchdrehen, damit Sie wirklich alle Flächen des Keilriemens sehen.
● Jeweils freilaufende Riemenseite von Hand um 90° drehen und sorgfältig ansehen. Sehen Sie einen der nachfolgend beschriebenen Schäden, Keilriemen sofort ersetzen.
● Risse an der Unterseite oder an den keilförmig zulaufenden Flanken? Das sind Anzeichen normaler Alterung.
● Glänzende (glasige) Oberfläche der Riemenflanken? Ein Zeichen für zu schwache Riemenspannung, er rutscht unter Belastung durch.
● Riemenflanken ausgefranst? Die Flanken sind abgenutzt.

Keilriemenspannung prüfen

Wartung Nr. 15

● Gemessen wird mit kräftigem Fingerdruck zwischen Kurbelwellen-Keilriemenscheibe und Lichtmaschine.
● Bei richtiger Spannung soll sich ein gelaufener Riemen **5 mm** eindrücken lassen, ein neuer **2 mm**.
● Auch bei richtig gespanntem Riemen sollten Sie prüfen, ob die Spannschraube der Lichtmaschine und die Mutter am Schwenkbolzen gut angezogen sind.

Der Keilriemen ist durch die rechte Motoraufhängung teilweise verdeckt. Der Pfeil zeigt auf die Stelle, an der die Spannung geprüft wird.

Das Keilriemenspannen von der Wagenunterseite her.
Links: Bei glattem Spannbügel (3) nach Lösen der Klemmschraube (1) und des Schwenkbolzens zieht man die Lichtmaschine mit dem Hebel (2) in Fahrtrichtung nach vorn.
Rechts: Beim verzahnten Spannbügel (4) muß zuerst die Spannschraube (5) gelockert werden, bevor die Zahnmutter (6) gedreht werden kann.

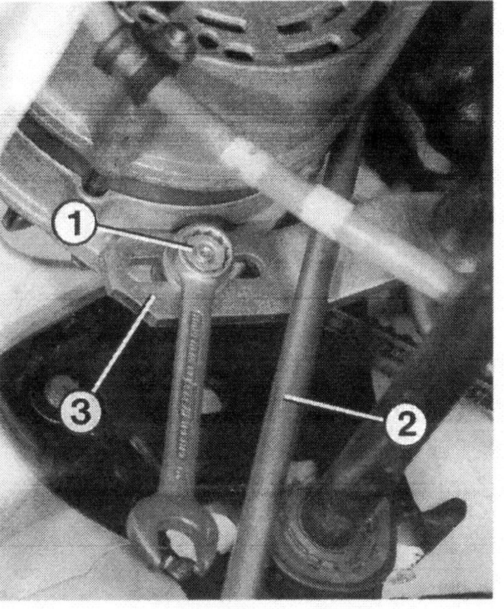

Keilriemen spannen

Welche Teile im folgenden Text angesprochen sind, zeigen die Abbildungen auf diesen Seiten. Am besten arbeiten Sie bei den Motoren bis 55 kW am aufgebockten Wagen von unten her.

- **Glatter Spannbügel:** Klemmschraube am Spannbügel des Generators sowie den Schwenkbolzen lösen.
- Unten an der Lichtmaschine einen kräftigen Schraubendreher oder eine stabile Stange ansetzen.
- Lichtmaschine vom Motor weg ziehen.
- Gleichzeitig mit der anderen Hand die Klemmschraube anziehen.
- Schwenkbolzen wieder festziehen.
- **Verzahnter Spannbügel:** Halteschraube des Spannbügels eine Umdrehung lösen.
- Spannschraube der Zahnmutter eine Umdrehung lockern, dabei die Mutter gegenhalten.
- Schwenkbolzen lösen.
- Die Lichtmaschine muß sich durch ihr eigenes Gewicht bewegen.
- Zahnmutter mit einem Drehmomentschlüssel mit 8 Nm (bei neuem Keilriemen) bzw. 4 Nm (gelaufener Keilriemen) anziehen.
- Mutter in dieser Stellung gegenhalten und Spannschraube festziehen (35 Nm).
- Ohne Drehmomentschlüssel Zahnmutter mit Gefühl drehen und die Spannschraube anziehen.
- Schwenkbolzen mit 35 Nm und Spannbügelschraube mit 30 Nm festziehen.
- **Polo G40:** Bis 7/90 Kühlergrill ausbauen (Karosserie-Kapitel), beim Motor ab 1/91 kommen Sie ohne Grillausbau heran.
- Beidseits des G-Laders die Schrauben der Konsole (rechts in Fahrtrichtung, Innensechskant 10 mm) und des Druckstutzens lösen.
- Im Vierkantloch an der Konsole (Bild folgende Seite) den ½"-Vierkantbolzen eines Drehmomentschlüssels einstecken.
- Schlüssel nach oben anziehen, Drehoment 135–140 Nm bei neuen Keilriemen, 80–85 Nm bei gelaufenen Keilriemen.
- Halteschrauben von Konsole und Druckstutzen festziehen; Drehmoment für M12-Schrauben 80 Nm, für M8-Schrauben 30 Nm.

Fingerzeig: Nach dem Keilriemenspannen den Motor kurz laufen lassen und die Spannung kontrollieren, ggf. nochmals spannen.

Die richtige Keilriemengröße

Folgende Riemengrößen können bei unseren Motoren verwendet werden:

- ○ **Bis 7/83: 9,5 × 695**
- ○ **Ab 8/83: 9,5 × 675**
- ○ **Polo G40: 8,0 × 1015** (2 Stück)

Keilriemen abnehmen und montieren

Ein Keilriemen darf auf keinen Fall mit einem Schraubendreher o.ä. über die Riemenscheiben »gewürgt« werden, sonst ist der nächste Riemenschaden durch Bruchstellen im Keilriemenunterbau bereits »mit eingebaut«.

- **Glatter Spannbügel:** Klemmschraube oben am Spannbügel lösen.
- **Spannbügel mit Verzahnung:** Halteschraube des Spannbügels und Spannschraube der Zahnmutter eine Umdrehung lockern – Mutter gegenhalten.
- **Alle:** Schwenkbolzen lösen.
- Generator zum Motor hin schwenken.
- Riemen zuerst aus der Kurbelwellen- und dann aus der Lichtmaschinen-Riemenscheibe herausheben.
- Nach dem Einbau eines neuen Riemens Spannung auf **2 mm Eindrücktiefe** einstellen.
- **Polo G40:** Bis 7/90 Kühlergrill ausbauen (Kapitel »Die Karosserie«).

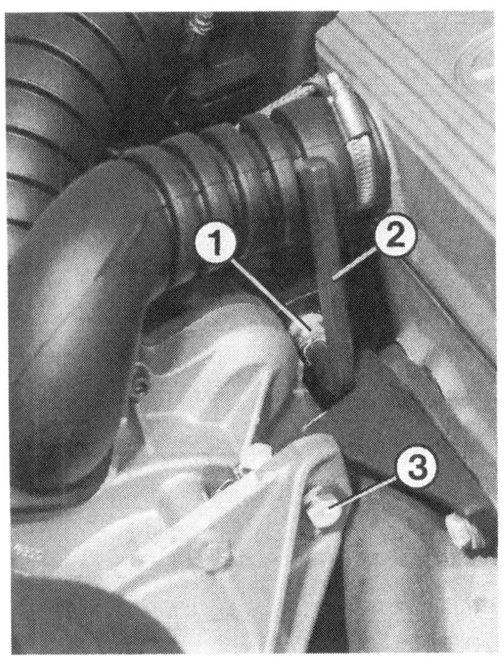

Links: Bevor der Doppelkeilriemen am Polo G40 gespannt werden kann, muß die Schraube (1) mit einem 10-mm-Innensechskantschlüssel (2) und die Sechskantschraube (3) am Druckstutzen gelöst werden.
Rechts: Nach Lösen der hier gezeigten Sechskantschraube (2) wird der im Vierkant der Konsole angesetzte Drehmomentschlüssel (1) in Pfeilrichtung gedreht.

- Beim G40-Motor ab 1/91 geht es ohne Ausbau des Kühlergrills.
- Beidseits des G-Laders Schrauben der Konsole (Innensechskant 10 mm) und des Druckstutzens lösen.
- Beide Keilriemen aus den Riemenscheiben nehmen.
- Wenn die Keilriemen zu ersetzen sind, müssen grundsätzlich beide (!) erneuert werden.
- Keilriemenspannung einstellen durch Drehen des G-Laders nach oben; Drehmoment 135–140 Nm.

Generator ausbauen

- Minuskabel der Batterie abnehmen.
- Haltebügel des Lichtmaschinen-Mehrfachsteckers zur Seite drücken, Stecker abziehen, dabei nicht an den Kabeln zerren.
- Massekabel am Generatorgehäuse lösen.
- Keilriemen abnehmen.
- Schwenk- bzw. Haltebolzen herausdrehen, dabei den Generator festhalten.

Riemenscheibe abnehmen

- Riemenscheibe mit einem Bandschlüssel (Ölfilterschlüssel) festhalten. Mit anderen Werkzeugen wird die Riemenscheibe beschädigt.
- Mutter von der Achse der Lichtmaschine losdrehen.
- Riemenscheibe und ggf. Lüfterrad des Generators abnehmen.
- Beim Einbau die Mutter mit 40 Nm anziehen.

Gerissener Keilriemen

Leuchtet plötzlich während der Fahrt die rote Ladekontrolle auf und haben Sie vielleicht gehört, daß im Motorraum kurz etwas gegen das Blech schlug, ist sicher der Keilriemen gerissen. Anhalten und nachsehen! Falls ja, braucht keine Panik aufzukommen:
Sie können weiterfahren, wenn die Batterie ausreichend geladen ist. Die Wasserpumpe wird weiterhin vom Zahnriemen angetrieben.

Fingerzeig: Langwierige Versuche mit einem Behelfskeilriemen würden wir nicht machen, sondern umgehend zur nächsten Wekstatt fahren und dort einen neuen Keilriemen erwerben, falls kein Ersatz an Bord sein sollte.

Batterie und Lichtmaschine

Die Störung	– ihre Ursache	– ihre Abhilfe
A Rote Ladekontrolle brennt nicht beim Einschalten der Zündung	1 Batterie leer	Mit Starthilfekabeln starten oder Wagen anschleppen
	2 Batteriekabel gebrochen, Kabelklemmen lose oder oxidiert	Batteriekabel und -klemmen kontrollieren
	3 Leuchtdiode oder deren Vorwiderstand defekt	Ersetzen
	4 Kabelweg zwischen Zündschloß, Kontrollampe und Lichtmaschine unterbrochen	Stromweg mit Prüflampe kontrollieren
	5 Massekabel zwischen Lichtmaschine und Motorblock gebrochen	Kabel kontrollieren
	6 Schleifkohlen abgenutzt	Schleifkohlen erneuern
	7 Spannungsregler defekt	Regler austauschen
	8 Lichtmaschine schadhaft	Lichtmaschine instand setzen lassen
	9 Nach zu heftiger Motorwäsche hat eingedrungene Feuchtigkeit einen isolierenden Schmierfilm zwischen den Schleifringen und Kohlen gebildet	Lichtmaschine mit Druckluft ausblasen oder Schleifringe und Kohlen sauberreiben
B Ladekontrolle brennt oder glimmt bei laufendem Motor	1 Keilriemen lose	Riemen spannen
	2 Mangelnder Kontakt an Kabelanschlüssen oder unterbrochene Kabel	Kabelanschlüsse und Kabel prüfen
	3 Siehe A 6–8	
C Batterieoberfläche feucht	1 Batterie überfüllt	Zuviel eingefülltes destilliertes Wasser durch Überladen herausgasen. Keine Säure absaugen
	2 Batterieverschlüsse verstopft	Entlüftungslöcher säubern
	3 Siehe A 7	
D Batterie gast stark	Siehe A 7	

Fingerzeig: Wenn die Lichtmaschine oder ihr Regler streikt, ist die Weiterfahrt noch nicht gefährdet, denn die Batterie kann hilfreich einspringen. Bei Tag reicht der Batteriestrom noch eine ganze Weile, obwohl die Zündanlage zum Aufbau eines brauchbaren Zündfunkens eine Mindestspannung benötigt. Von der Batterie zehren weiterhin beim Vergasermotor die Ansaugrohr- und Starterdeckelbeheizung bzw. beim Einspritzmotor das Steuergerät und die elektrischen Benzinpumpen. Zudem ist der Akku oft nur zu ⅔ geladen. Je nach Batteriekapazität reicht es aber zu mindestens fünf Stunden Fahrt. Im Winter kommt erschwerend hinzu, daß die Batterie schwächer auf der Brust ist. Außerdem brauchen Sie das Licht schon wesentlich früher. Sie sollten daher so wenig Stromverbraucher wie möglich einschalten. Außerdem die Fahrt nicht unnötig unterbrechen, denn der Anlasser benötigt besonders viel Strom. Wenn möglich, den Wagen anrollen lassen.

Hilfsmotor

Was die Autofahrer der Frühzeit durch kräftezehrendes Ankurbeln bewerkstelligen mußten, erledigt ein kleiner Elektromotor für uns. In Zusammenarbeit mit der Zündanlage und einer gut geladenen Batterie wirft er den Motor an.

Die Bauart

Der Anlasser im VW ist ein »Schub-Schraubtrieb-Starter«. Bei ihm bewirkt der Zündschlüsseldreh in Stellung »Start« folgendes:

○ Die Klemme 50 am Zündschloß liefert Spannung an den oben auf dem Anlasser sitzenden Magnetschalter.
○ Dadurch schiebt ein Einrückhebel das Zahnritzel des Anlassers auf einem Steilgewinde der Ankerwelle in den Zahnkranz des Motor-Schwungrades.
○ Beim Eingreifen des Ritzels schaltet der Magnetschalter den vollen, von Klemme 30 kommenden Batteriestrom ein, so daß der Anlasser den Motor erst nach dem Einspuren des Ritzels kräftig durchdreht.
○ Ist der Motor angesprungen, wird das Ritzel aus dem Schwungrad wieder ausgespurt.

Arbeiten am Anlasser

Ausbau

- Massekabel an der Batterie abnehmen.
- Kabel am Anlasser-Magnetschalter abnehmen.
- Schraube des Anlasser-Stützbleches vom Motor losdrehen.
- Stützblech vom Anlasser abschrauben.
- Drei Muttern der Halteschrauben losdrehen.
- Bolzen des Anlassers herausziehen, dabei Anlasser festhalten.
- Beim Einbau die Verschraubungen mit 25 Nm anziehen.
- Stützblech am Anlasser mit Federscheibe und Unterlegscheibe befestigen, Muttern lediglich von Hand anziehen.
- Abstützblech am Motor festschrauben.
- Vor dem Festziehen der Muttern zwischen Stützblech und Anlasser prüfen, ob sich die Gehäuseschrauben des Anlassers innerhalb der Aussparungen im Stützblech frei bewegen können.
- Falls nicht, ist der Anlasser verspannt. Dann die Löcher nachfeilen.

Magnetschalter ausbauen

- Anlasser demontieren.
- Kabel zwischen Magnetschalter und Anlasser lösen.
- Drei Schlitzschrauben am Halteflansch des Magnetschalters losdrehen.
- Magnetschalter abziehen und aus dem Einrückhebel aushängen.
- Beim Einbau den Einrückhebel und den Magnetkern des Magnetschalters mit MoS_2-Fett schmieren.

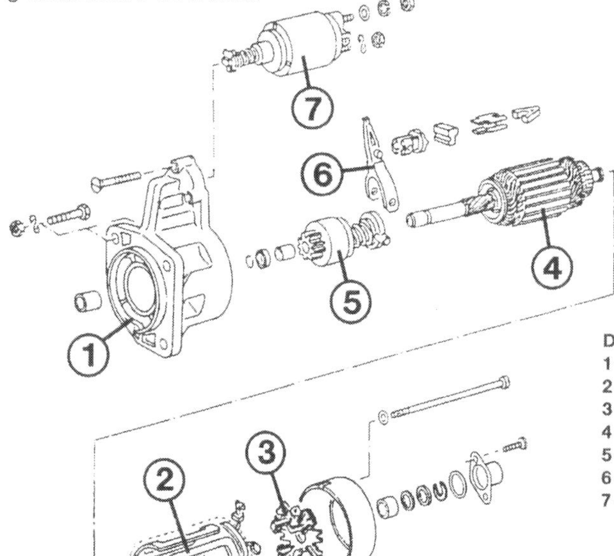

Der Anlasser ist hier mit seinen wichtigsten Bauteilen gezeigt:
1 – Gehäuse;
2 – Feldspule;
3 – Kohlebürsten-Halteplatte;
4 – Anker;
5 – Ritzelgetriebe;
6 – Einrückhebel;
7 – Magnetschalter.

Anlasser-Schleifkohlen auswechseln

- Anlasser ausbauen.
- An der geschlossenen Seite des Anlassers zwei Schlitzschrauben an dem kleinen Lagerdeckel herausdrehen, Deckel abnehmen.
- Sicherungsscheibe und Einstellscheiben vom darunter liegenden Wellenstumpf abnehmen.
- Beide Muttern am Anlasser-Gehäusedeckel herausdrehen und Deckel abnehmen.
- Länge der Schleifkohlen an der Halteplatte messen – Mindestlänge: 13 mm.
- Verbrauchte Kohlen mit einer Zange zerdrücken.
- Freies Ende der Kupferlitze blank kratzen.
- Litze in die Bohrung der neuen Kohlebürste stekken, und mit einem Körner das Litzenende etwas spreizen.
- Kohlen mit eine Lötkolben von mindestens 250 Watt Leistung anlöten, dabei die Kabellitze dicht an der Kohle mit einer Flachzange halten, damit kein Lot in der Litze hochsteigt.
- Vor dem Zusammenbau den Kollektor des Anlassers mit einem benzingetränkten Lappen sauberreiben.

Störungsbeistand

Anlasser

Nicht immer wird Ihnen unser Störungsbeistand so weit helfen, daß der Anlasser den Motor zum Laufen bringt. Aber Sie können den VW immer noch anschieben oder anschleppen lassen, wie im Batteriekapitel beschrieben.

Die Störung	– ihre Ursache	– ihre Abhilfe
A Beim Drehen des Zündschlüssels in Startstellung dreht der Anlasser zu langsam oder gar nicht	1 Kontrollampen brennen schwach oder verlöschen	
	a) Batterie entladen	Mit Starthilfekabeln starten
	b) Kabelanschlüsse lose oder oxidiert	Kabelanschlüsse kontrollieren
	c) Anlasser hat Masseschluß	Anlasser überholen lassen
	2 Kontrollampen brennen hell, Klicken aus Richtung Anlasser	Kurz auf den Magnetschalter klopfen. Dreht der Anlasser weiterhin nicht:
	a) Kohlebürsten bzw. deren Anschlüsse im Anlasser gelöst	Kohlebürsten überprüfen
	b) Kontakte im Magnetschalter verschmort	Magnetschalter ersetzen
	c) Anlasserwicklung schadhaft	Anlasser überholen lassen
	3 Kontrollampen brennen hell, keinerlei Geräusche	
	a) Flachstecker der Klemme 50 am Magnetschalter lose	Steckanschluß überprüfen
	b) Klemme-50-Leitung vom Zündschloß zum Magnetschalter unterbrochen	Leitung mit Prüflampe kontrollieren
B Anlasser läuft, ohne den Motor durchzudrehen	1 Einrückvorrichtung klemmt	Anlasser überholen lassen
	2 Verzahnung des Ritzels oder der Motorschwungscheibe beschädigt	Wagen bei eingelegtem Gang ein Stück vorschieben. Erneut starten. Beschädigte Teile ersetzen lassen
C Magnetschalter schaltet in schneller Folge ein und aus, Anlasser läuft nicht an	Batterie stark entladen, beim Einschalten des Magnetschalters fällt die Spannung ab, und er schaltet wieder ab	Batterie laden
D Anlasser läuft weiter, obwohl Zündschlüssel losgelassen wurde	1 Magnetschalter hängt und schaltet nicht ab	Zündung sofort abschalten, notfalls Batterie abklemmen. Magnetschalter ersetzen
	2 Zünd-/Anlaßschalter defekt	Zünd-/Anlaßschalter ersetzen
E Ritzel spurt nach Anspringen des Motors nicht aus	1 Rückstellfeder des Einrückhebels lahm oder gebrochen	Zündung sofort abschalten. Reparieren lassen
	2 Verzahnung des Ritzels bzw. der Motorschwungscheibe verschmutzt oder beschädigt	Reinigen bzw. schadhafte Teile ersetzen lassen

Hier funkt's

Ein kräftiger elektrischer Funke ist vonnöten, damit das von den Kolben angesaugte Kraftstoff/Luft-Gemisch entzündet werden kann. Das muß im richtigen Moment geschehen sowie unter allen Betriebsbedingungen.

Was die Zündung leistet

Die Zündanlage sorgt durch gezielt abgefeuerte Zündfunken für den richtigen Verbrennungsablauf im Motor. Der Funke muß im richtigen Augenblick überspringen. Am wirkungsvollsten ist die Verbrennung, wenn das Kraftstoff/Luft-Gemisch in dem Moment entzündet wird, da dieses auf engstem Raum zusammengepreßt ist. Diese höchste Verdichtung herrscht beim Viertaktmotor in jenem Augenblick, in dem der Kolben bei Beendigung des Kompressionshubs (2. Takt) von der Aufwärtsbewegung in die Abwärtsbewegung des (3.) Arbeitstakts übergehen will. Bevor sich die Bewegungsrichtung des Kolbens umkehrt, steht er einen winzigen Sekundenbruchteil lang im höchsten Punkt in seiner Bewegungsbahn still. Diesen Punkt nennt man den »Oberen Totpunkt« (OT).
Idealer Zündzeitpunkt ist der Moment, in dem der Kolben gerade seine Abwärtsbewegung beginnt. Die Verdichtung ist am höchsten, und der Kolben kann mit Kraft und Schwung zum Motorblock hinuntergedrückt werden. Trotzdem wäre es falsch, den Zündzeitpunkt genau auf OT zu legen. Denn das Kraftstoff/Luft-Gemisch braucht eine gewisse Zeit (rund 1/3000 s), bis es sich entzündet hat und den vollen Verbrennungsdruck entwickelt. Also wird der Zündzeitpunkt vorverlegt – wir haben »Frühzündung«. Der Startschuß für den Funken erfolgt deshalb noch während der Aufwärtsbewegung des Kolbens, der Verbrennungsdruck setzt jedoch erst knapp nach dem OT ein.

Oberer Totpunkt und Frühzündung

Mit steigender Motordrehzahl muß der Zündfunke immer früher überspringen, denn – wir haben das im letzten Abschnitt schon angesprochen – das Kraftstoff/Luft-Gemisch braucht ja immer die gleiche Zeit zur Entzündung. Nur so erfolgt die Verbrennung wieder genau zur richtigen Zeit, nämlich dann, wenn der Kolben gerade wieder beginnt abwärts zu laufen. Das Verbrennen des Kraftstoff/Luft-Gemisches hängt aber auch von dessen Zusammensetzung ab. Bei nur gering durchgetretenem Gaspedal (bei »Teillast«) ist das Gemisch in den Brennräumen weniger zündfähig; es verbrennt daher langsamer. Auch hier muß früher gezündet werden.

Verschiedene Zündsysteme

Im VW Polo/Derby sind je nach Baujahr und Motortyp unterschiedliche Zündsysteme eingebaut:
○ Zu Serienbeginn waren alle Motoren im Polo/Derby mit einer herkömmlichen **Spulenzündung** (Kurzbezeichnung: **SZ**) ausgerüstet. Bei dieser Zündung erfolgt die Zündverstellung – also die Anpassung des Zündzeitpunkts an die jeweilige Motorbelastung – im Verteiler durch Fliehkraft und Unterdruck.
○ Bei allen seit 8/85 gebauten Motoren bis 40 kW mit Vergaser oder Digijet- bzw. Monojetronic-Einspritzung kommt eine kontaktlose **Transistorzündanlage (TSZ)** mit mechanischer Zündverstellung zum Einsatz.

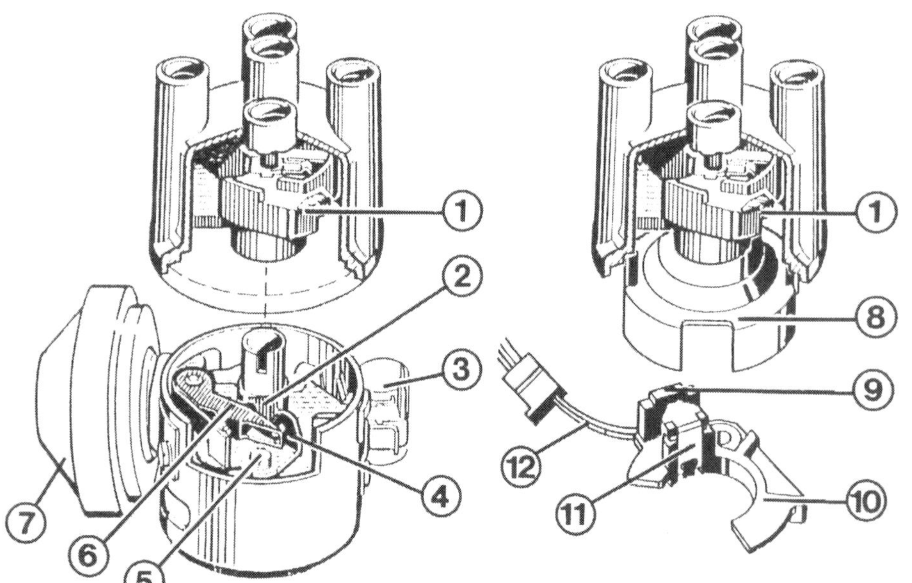

Links der Zündverteiler der herkömmlichen Spulenzündung, rechts sehen Sie den Verteiler bei elektronischer Zündanlage:
1 – Verteilerfinger;
2 – vierkantige Nockenbahn der Verteilerwelle;
3 – Kondensator;
4 – Amboß des Unterbrechers;
5 – Unterbrecher-Halteschraube;
6 – Unterbrecherhammer;
7 – Unterdruckdose der Zündzeitpunkt-Verstellung;
8 – Blendenrotor;
9 – Hall-IC;
10 – Halter;
11 – Dauermagnet;
12 – Kabelverbindung.

○ Das 55-kW-Vergaser-Triebwerk besaß bereits bei seiner Einführung eine Transistorzündanlage mit elektronisch gesteuerter Zündzeitpunktverstellung namens **Dignition**.
○ Die Motoren mit 33 kW seit 10/90 und 40 kW seit 1/91 haben eine **Monomotronic**. Hier wurde das Steuergerät für die Einspritzung und die TSZ mit einer elektronischen Zündverstellung kombiniert.
○ Beim 55-kW-Motor seit 10/89 und beim Polo G40 wird eine Motorsteuerung namens **Digifant** eingebaut. Die elektronische Zündverstellung dieser TSZ übernimmt das Digifant-Steuergerät.

Welche Zündung in welchem Motor?

Damit Sie sich leichter zurecht finden, hier eine genaue Aufstellung:

1,05 29 kW GL 11/81–7/85	1,05 33 kW HZ 8/85–10/89	1,05 US-Kat 33 kW AAK 11/89–7/90	1,05 US-Kat 33 kW AAU ab 10/90	1,1 37 kW HB bis 799999 10/81–7/83	1,1 Formel E 37 kW HB ab 800000 10/81–7/83	1,3 40 kW HK 8/83–7/85	1,3 40 kW MH 8/85–12/88
SZ	TSZ	TSZ	Monomotronic	SZ	SZ	SZ	TSZ
1,3 US-Kat 40 kW NZ 2/87–12/90	1,3 US-Kat 40 kW AAV ab 1/91	1,3 44 kW HH 10/81–7/83	1,3 55 kW GK 11/82–7/89	1,3 US-Kat 55 kW 3F ab 10/89	1,3 G40 85 kW PY 5/87–7/90	1,3 G40 US-Kat 83 kW PY ab 1/91	
TSZ	Monomotronic	SZ	Dignition	Digifant	Digifant	Digifant	

Damit es in den folgenden Abschnitten dieses Kapitels zu keinen Verwechslungen kommt, finden Sie an den Überschriften die Zusatzvermerke »SZ« (Spulenzündung), »TSZ« (Transistorzündung), »Monomotronic« oder »Dignition« bzw. »Digifant«. Fehlt ein Vermerk, gilt der betreffende Absatz für alle Zündungen, oder es ist kein Zweifel möglich.

So entsteht der Zündfunke

Das Grundprinzip der Zündung besteht darin, daß einerseits die Zündspule für die notwendige Hochspannung sorgt und andererseits der Verteiler diese Hochspannung reihum auf die Zündkerzen verteilt.
○ Zunächst fließt der Batteriestrom durch die Primärwicklung der Zündspule. Diese Wicklung besteht aus wenigen Windungen eines dicken Drahts. Unter der Wirkung des Stroms baut sich um den Eisenkern in der Zündspule ein kräftiges Magnetfeld auf – unsere Zündenergie.
○ Nähert sich der Kolben in seinem Zylinder dem Punkt, da die angesaugte und verdichtete Ladung gezündet werden soll (dem Zündzeitpunkt), wird der Strom zur Zündspule unterbrochen. Das geschieht je nach Zündsystem auf unterschiedliche Weise.
○ Mit dem Ausschalten des Stroms bricht das Magnetfeld in der Zündspule zusammen. Dabei passiert folgendes: In der Sekundärwicklung aus sehr vielen Windungen eines dünnen Drahts entsteht ein Hochspannungs-Stromstoß von einigen zigtausend Volt.
○ Diese Zündspannung wird über den Verteiler derjenigen Zündkerze zugeleitet, die in der Zündfolge des Motors gerade an der Reihe ist. Das Gemisch wird entzündet, der Motor dreht weiter. Der Stromkreis wird wieder geschlossen, und das Spiel läuft von neuem ab.

Die Spulenzündung

Bei der herkömmlichen Zündanlage dient zum Ein- und Ausschalten des Stromkreises ein mechanischer Schalter. Er heißt Unterbrecher und sitzt unten im Verteilergehäuse. Das Öffnen und Schließen besorgt die vierkantige Nockenbahn der Verteilerwelle.
○ Bei geschlossenem Schalter fließt der Strom zur Zündspule.
○ Wenn eine Nocke der Verteilerwelle den Unterbrecherhammer von seinem Gegenkontakt – dem Amboß – abhebt, wird der Stromkreis unterbrochen und der Zündfunke ausgelöst.
○ Die Zündspannung von rund 20000 Volt ist **nicht gefährlich**, weil dabei nur geringe Stromstärken auftreten.

Die Transistorzündung

Kernstück bei den Transistor-Zündanlagen unserer VW-Modelle ist der »Hallgeber«, bei dem der nach seinem amerikanischen Entdecker E.H. Hall so genannte Hall-Effekt nutzbar gemacht wird. Der Hallgeber haust im

Verteilergehäuse und besteht aus einem von der Nockenwelle bewegten Blendenrotor mit vier Aussparungen, einem Dauermagneten und ihm gegenüberliegend dem eigentlichen Hall-IC. Das ganze funktioniert ähnlich wie eine Lichtschranke bei der automatischen Aufzugstür, nur daß hier anstelle von Licht mit magnetischen Wellen gearbeitet wird. Stehen Sie vor der Tür und unterbrechen den Lichtstrahl, bleibt die Aufzugstür offen. Sobald Sie den Lichtstrahl freigegeben haben, erhält der Türmechanismus den Schließbefehl. Zurück zur Zündung:

○ Steht eine Rotorblende im Magnetfeld, so erhält ein kräftiger Transistor im TSZ-Schaltgerät bzw. in der Endstufe des Zündtrafos das Signal, Batteriestrom durch die Primärwicklung der Spule fließen zu lassen.

○ Mit der Drehung der Zündverteilerwelle verläßt die Blende den Luftspalt zwischen Hall-IC und Dauermagnet. Jetzt kommt an das Schaltgerät der Befehl, den Strom zur Spule zu unterbrechen – der Zündfunke entsteht.

○ Die Breite der vier Rotorblenden bestimmt, wie lange der Primärstromkreis eingeschaltet wird. In dieser »Schließzeit« dreht der Motor eine bestimmte Zahl von Winkelgraden weiter – man nennt das den Schließwinkel. Die Gesamtbreite der Blende entspricht dem größtmöglichen Schließwinkel. Aber der wird nicht unbedingt ausgenutzt, sondern das Schalt- oder Steuergerät genehmigt der Spule gerade so viel Strom, wie diese benötigt. Im Extremfall (Zündung eingeschaltet, Motor läuft nicht) wird der Strom zur Spule ganz abgeschaltet, damit sie keinen Schaden erleiden kann.

Monomotronic, Digifant 55 und 83 kW

Die Zündfunkenerzeugung geschieht hier auf gleiche Weise, jedoch nicht mit einem separaten Schaltgerät, sondern mit dem Steuergerät der Einspritz- und Zündsteuerung. Damit die hohen Ströme nicht die empfindliche Elektronik für die Zündzeitpunktverstellung im Gerät stören können, ist der Schalttransistor (die Endstufe) außerhalb des Steuergeräts im Zündtrafo untergebracht.

Fingerzeig: Bei der Transistorzündung liegt die Zündspannung bei etwa 35000 Volt. Gefährlich sind aber die ebenfalls auftretenden hohen Stromstärken.

Mechanische und unterdruckgesteuerte Zündverstellung

nur SZ und TSZ

Die Zündverstellung in Richtung »früh« übernehmen bei der SZ und TSZ einerseits die (mechanische) Fliehkraftverstellung im Verteiler und andererseits die seitlich sitzende Unterdruckdose. Beide Einrichtungen wirken dabei teilweise gemeinsam.

Frühzündungs-Fliehkraft-Verstellung

Die Fliehkraftverstellung wirkt »innerlich« auf die zweigeteilte Verteilerwelle. Die Trägerplatte des Fliehkraftverstellers sitzt im Verteilergehäuse unter dem Unterbrecher bzw. Blendenrotor fest auf der Verteiler-Antriebswelle. Je schneller diese dreht, um so intensiver drücken die Fliehgewichte auf ihrer Trägerplatte gegen einen Mitnehmer. Dieser bewegt die eigentliche Verteilerwelle zusätzlich in ihrer Drehrichtung. Dadurch erreicht man mit ansteigender Drehzahl zunehmende Frühzündung, weil die Unterbrecherkontakte früher öffnen bzw. der Hallgeberimpuls früher ausgelöst wird. Bei abnehmender Drehzahl stellen kleine Spiralfedern die Trägerplatte wieder zurück. Die Fliehkraftverstellung bewirkt maximal 31° Frühzündung.

Frühzündungs-Unterdruckverstellung

Die Unterdruckdose am Verteiler ist durch eine dünne Saugleitung mit dem Vergaser, der Einspritzeinheit bzw. dem Drosselklappenteil verbunden. Oberhalb der Drosselklappe herrscht ein Unterdruck, der hauptsächlich von der Drosselklappenstellung abhängig ist. Bei geschlossener Drosselklappe ist der Unterdruck gleich Null. Er steigt mit zunehmender Öffnung und steigender Drehzahl unter Teillast auf einen Höchstwert, um bei voll geöffneter Drosselklappe wieder auf etwa ⅓ des Höchstwertes abzufallen.

Wenn bei nur teilweise durchgetretenem Gaspedal ein kräftiger Unterdruck herrscht, zieht dieser über die Saugleitung eine Membrane in der Unterdruckdose an. Von ihr reicht eine Zugstange in den Verteiler hinein und zieht dort die drehbare Grundplatte des Unterbrechers bzw. Hallgebers an. Hierdurch wird die Platte entgegen der Drehrichtung der Verteilerwelle gezogen, und die Zündung erfolgt so entsprechend früher. Die Unterdruckverstellung mit höchstens 16° Frühverstellung wirkt zusätzlich zur Fliehkraftverstellung.

Spätzündungs-Unterdruck-Verstellung
nur 29 kW

Um Klingelerscheinungen bei niedrigen Drehzahlen und hoher Motorbelastung (viel Gas) zu verhindern, wird beim 29-kW-Triebwerk der Zündzeitpunkt in Richtung »spät« verstellt. Ein Drehzahl-Steuergerät (links unter dem Armaturenbrett) und ein Drosselklappenschalter (am Vergaser) übermitteln einem Umschaltventil die aktuellen Werte der Motorbelastung. Wenn die Drehzahl unter 3600/min liegt und die Drosselklappe mindestens 30° weit geöffnet ist, kommt der Befehl ans Umschaltventil, den Unterdruckkanal zur Zweikammer-Unterdruckdose am Verteiler freizugeben. Die Membrane der »Spätdose« zieht die Zugstange in Drehrichtung der Verteilerwelle und damit auf rund 1° Spätzündung. Sobald die Drehzahl über 3600/min ansteigt oder die Drosselklappenöffnung geringer als 30° ist, wird der Unterdruckkanal wieder geschlossen und die Spätverstellung unwirksam. Auf der Unterdruckseite dient ein runder, grüner Behälter als Dauer-Unterdruckvolumen von 0,2 bar, so daß die Spätverstellung sofort voll wirksam werden kann. In die Unterdruckleitung zum Vergaser ist ein Rückschlagventil eingesetzt, das den Mindestunterdruck sicherstellt.

In der linken Zeichnung ist das Zündkennfeld einer herkömmlichen Zündanlage dargestellt. Rechts bei der Motronic erkennen Sie, daß das Kennfeld wesentlich stärker ausgeformt ist. Folge: Der Zündzeitpunkt ist viel genauer auf den jeweiligen Betriebszustand angepaßt.

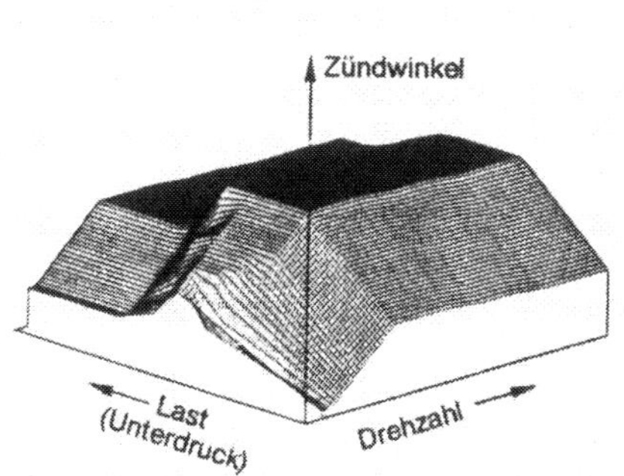

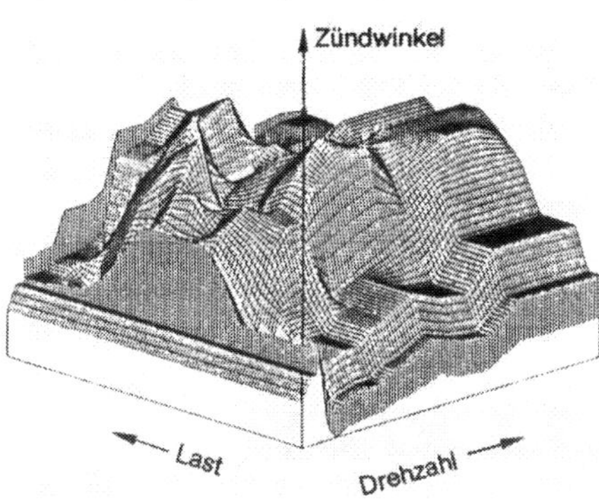

Elektronische Zündverstellung

Dignition, Monomotronic, und Digifant

Die mechanische und unterdruckgesteuerte Zündverstellung kann nur in engeren Grenzen für eine optimale Gemischverbrennung sorgen. Mit den Möglichkeiten der Elektronik läßt sich dagegen der Zündzeitpunkt für problematische Verbrennungsphasen günstiger legen. Das senkt den Verbrauch und verringert den Giftanteil im Abgas. Die Elektronik im Steuergerät ist es, welche den jeweils günstigsten Wert des Zündzeitpunkts ermittelt. Das geschieht nach vorprogrammierten Werten, die im Steuergerät als sogenanntes Zündkennfeld gespeichert sind. Damit fallen dem Steuergerät folgende Funktionen zu:

○ Die **Zündverstellung**, abhängig von Motordrehzahl und Motorbelastung wird nicht mehr im Verteiler vorgenommen. Der Verteiler hat keine Unterdruckdose, und auch die Verteilerwelle ist aus einem Stück gefertigt. Die Ausschnitte im Blendenrotor des Verteilers sind so gelegt, daß der Zündimpuls bis zu 60° vor OT an das Steuergerät gelangt. In dem so vorgegebenen Spielraum (bis 60°) errechnet das Steuergerät anhand der Informationen über Motordrehzahl (durch die Zündimpulsfolge) und Drosselklappenstellung oder Saugrohrdruck den optimalen Zündzeitpunkt.

○ Es stehen **Korrekturprogramme** zur Verfügung für Motorstart, Kaltlauf, Schiebebetrieb etc.

○ Bei Ausfall eines Gebersignals tritt ein **Notlaufprogramm** in Aktion, bei dem der Motor mit einem Ersatzwert für die ausgefallene Information betriebsbereit gehalten wird.

○ Nicht zuletzt findet bei Monomotronic und Digifant ein **Datenaustausch mit der Einspritzung** statt.

Klopfregelung

Digifant G40

Klopfende Verbrennung durch zu weit in Richtung »früh« gelegten Zündzeitpunkt schadet dem Motor. Die Folgen sind Überhitzung, Lager- und Kolbenschäden. Andererseits ist die Leistungsausbeute des Motors am höchsten, wenn der Zündzeitpunkt so weit als möglich in Richtung »früh« gelegt wurde, wenn also hart an der Klopfgrenze gefahren wird. Zu viele Faktoren (Kraftstoffqualität, Brennraumablagerungen etc.) beeinflussen diese Klopfgrenze, als daß man sie genau festlegen könnte. Man braucht also einen großen »Sicherheitsabstand« bei der herkömmlichen Zündeinstellung. Oder einen »Horchposten«, der ermittelt, ob klopfende Verbrennung vorliegt – eine Klopfregelung.

Der Klopfsensor

In diesem Fühler ist ein »Piezokeramik«-Stückchen eingesetzt, ein Werkstoff, den wir als Funkenspender vom Gasfeuerzeug her kennen. Mechanische Kräfte (Zug, Druck), die auf die Piezokeramik wirken, werden von dieser in elektrische Spannung umgesetzt. Ungleichmäßige Schwingungen – erzeugt durch klopfende Verbrennung – genügen, um den Sensor zu aktivieren.

Vorsicht beim Umgang mit der elektronischen Zündung

Im Motorraum warnt ein Aufkleber vor den **hohen Spannungen** der elektronischen Zündanlage, und das nicht ohne Grund: Schon in der dünnen Steuerleitung zur Zündspule können Spannungen bis zu 100 Volt mit hoher Stromstärke auftreten, ganz zu schweigen von der Zündspannung, die mit über 30000 Volt gefährlich hoch ist. Das Berühren blanker Kontakte bei eingeschalteter Zündung kann unter ungünstigen Umständen für Herzkranke und vor allem für Träger eines Herzschrittmachers sehr gefährlich werden. Deshalb:

○ Sämtliche elektrischen Leitungen – auch Anschlüsse von Prüfgeräten – nur **bei ausgeschalteter Zündung** berühren oder ab- bzw. anklemmen.

○ Soll der Motor vom Anlasser lediglich durchgedreht werden ohne anzuspringen, muß die Zündung lahmgelegt werden.

○ Zur Motorwäsche darf der Motor nicht laufen, und die Zündung muß ausgeschaltet sein.

○ Zur Starthilfe bei leerer Batterie mit einem Schnellader darf dieser höchstens eine Minute lang angeschlossen sein und die Spannung nicht mehr als 16,5 V betragen.

○ Bei einem bestehenden oder vermuteten Defekt an der Zündanlage zum Abschleppen des Fahrzeugs die Zündung ebenfalls lahmlegen.
○ An Klemme 1/– der Zündspule keinen Kondensator anschließen.
○ Zündverteilerläufer nicht gegen einen beliebigen austauschen, er hat einen Widerstand von 1 kΩ und die Kennzeichnung »R 1«.
○ An den dicken Zündkabeln nur Widerstände mit 1 kΩ und Kerzenstecker mit einem Widerstand von 5 kΩ verwenden.
○ Beim elektrischen Schweißen und in der Lackier-Trockenkammer gelten besondere Vorschriften.

Zündung lahmlegen

Zu manchen Arbeiten am Motor muß der Motor vom Anlasser durchgedreht werden, darf aber nicht anspringen. Damit das TSZ-Schaltgerät bzw. Steuergerät von Zündung und Einspritzung und die Endstufe des Zündtrafos keinen Schaden erleiden, muß der Dreifachstecker des Hallgebers am Zündverteiler abgezogen werden. Mangels Versorgungsspannung vom Schalt- bzw. Steuergerät kann jetzt nichts mehr passieren.

Störungssuche an der Zündung

Die Steuergeräte der Monomotronic und der Digifant ab 10/90 (55 kW) bzw. ab 1/91 (G40) können Fehler, die während des Motorbetriebs auftreten, in Eigendiagnose erkennen und speichern. Ein Prüfprogramm überwacht die Ein- und Ausgangssignale von Gebern und Bauteilen, wie in den Kapiteln über die Benzineinspritzung beschrieben.
Wer im Pannenfall einem Fehler im Zündungsbereich auf die Spur kommen will, muß ganz systematisch vorgehen.
○ Ob überhaupt ein Zündfunken erzeugt wird, klärt man mit einer einfachen Zündspannungs-Prüfung.
○ Eine genaue Sichtprüfung der Zündanlage deckt die häufigsten Fehlerursachen auf.
○ Sitzen alle Kabelanschlüsse und Steckkontakte an Schaltgerät bzw. Zündtrafo und am Verteiler fest?
○ Ist in den Mehrfachsteckern eventuell ein einzelner Steckkontakt zurückgerutscht?
○ Hat sich teerartige Vergußmasse an der Zündspule bzw. am Zündspulenteil des Trafos herausgedrückt? Dann ist Ersatz notwendig.
○ Sehen Sie am Zündspulen/-trafogehäuse Risse oder Brandspuren von überschlagenden Funken?
○ Zeigt die Verteilerkappe Schäden? Vor allem die Innenseite beachten.
○ Sind alle Teile der Zündanlage sauber und trocken? Feuchter Schmutz begünstigt Spannungsüberschläge.
○ Kontrollieren Sie zusätzlich die Haupt- oder Zündkerzenkabel auf festen Sitz und Schäden an der Isolation. Die elektronischen Zündanlagen sind durch ihre hohen Zündspannungen empfindlich gegen Funkenüberschläge und Kriechströme.
○ Als letzte Station für den Zündfunken werden die Zündkerzen überprüft.
○ Erst jetzt Zündspule/-trafo und Hallgeber durchprüfen.

Fingerzeig: Beachten Sie bei den folgenden Messungen an den elektronischen Zündanlagen, daß Meß- und Prüfgeräte zu Ihrer eigenen Sicherheit nur bei ausgeschalteter Zündung an- und abgeklemmt werden dürfen.

Das Lahmlegen der Zündung geht ganz einfach: Am Zündverteiler (1) den Stecker vom Anschluß (2) des Hallgebers abziehen.

Die Zeichnung und das Bild der Zündspule zeigen die Normklemmen:
1 – zum Unterbrecher (SZ) bzw. zum Schaltgerät der Transistorzündung;
4 – hochgespannter Zündstrom;
15 – vom Zündschloß kommender Batteriestrom.
Weiter bedeuten in der Zeichnung:
2 – Sekundärwicklung;
3 – lamellierter Eisenkern;
5 – gemeinsamer Wicklungsanschluß;
6 – Primärwicklung.
Der Pfeil im Bild rechts deutet auf den Entstörkondensator.

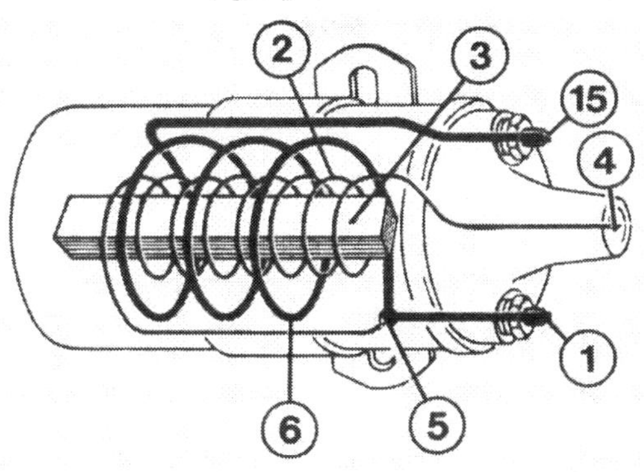

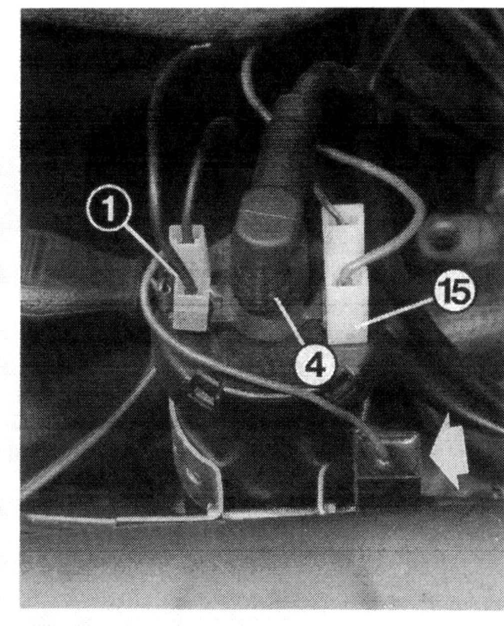

Ist Zündspannung vorhanden?

● **Spulenzündung:** Hauptzündkabel aus der Mittelbuchse des Zündverteilers ziehen und blankes Kabelende in eine Plastik- oder Holzwäscheklammer stecken.
● Zündkabel mit 10 mm Abstand gegen den Motorblock halten, Motor von Helfer starten lassen.
● **Elektronische Zündung:** Einen Kerzenstecker abziehen, Zündkerze herausschrauben.
● Stecker wieder auf die Zündkerze stecken und diese so auf dem Motorblock ablegen, daß sie einwandfreien Massekontakt hat. Besser noch das Gewindeteil der Kerze mittels Starthilfekabel leitend mit dem Motor verbinden.
● Motor von Helfer durchdrehen lassen.
● **Alle Zündanlagen:** Springen kräftige Funken am Kabelende bzw. an der Kerzenelektrode über, ist Zündstrom vorhanden, doch vielleicht stimmt der Zündzeitpunkt nicht.
● Funkt nichts, versuchen Sie es mit der Kerze eines anderen Zylinders.
● Springen weiterhin keine Funken über, muß die Zündanlage komplett geprüft werden.

Fingerzeig: Zündstörungen können bei der Spulenzündung auch von Bauteilen verursacht werden, die an Klemme 15 zusätzlich angeschlossen wurden, wie Entstörkondensatoren oder Zubehör.

Die Zündspule

SZ, TSZ, Dignition, Digifant 55 kW und G40 bis 7/90

Wie die Zündspule prinzipiell funktioniert, haben wir zu Beginn des Kapitels beschrieben.
○ Ihren Primärstrom erhält sie an Klemme 15.
○ Über die Primärwicklung der Zündspule gelangt die Spannung von deren Klemme 1/– zum Unterbrecher der Spulenzündung bzw. zum Schaltgerät der Transistorzündung.
○ Die Zündspannung von rund 20–35 000 Volt kommt aus der mittleren Klemme 4 der Spule und wird über das Hauptzündkabel zum Verteilerdeckel weitergeleitet.
○ Die Zündspulen für unsere Motoren sind verschieden in ihren technischen Daten – nicht verwechseln. Wir unterscheiden zum einen die Spule der unterbrechergesteuerten Zündung und zum anderen die (ab Werk eingebauten) Spulen für TSZ. Erkennungsmerkmal bei der TSZ ist ein grüner oder grauer Aufkleber: Seit 8/87 wird in die Hydrostößelmotoren eine geänderte Zündspule eingebaut. Sie läßt die Verwendung herkömmlicher Mehrbereichs-Wärmewert-Zündkerzen zu (anstelle der Longlife-Kerzen mit drei Masse-Elektroden) trotz der 30 000-km-Wechselintervalle. Zur Unterscheidung dient der Zündspulen-Aufkleber: Grün für die bisherige Ausführung, grau für die Version ab 8/87. Zur Zündspule mit grünem Aufkleber gehören die Longlife-Zündkerzen; bei der Spule mit grauem Aufkleber sind die Mehrbereichskerzen zwingend vorgeschrieben.

Der Zündspulen-Vorwiderstand
nur SZ

Bei Spulenzündung trägt die Zündspule die Bosch-Kennzeichnung »KW 12 V«. Sie ist lediglich auf eine Betriebsspannung von 9 Volt ausgelegt. Im normalen Betrieb muß ihr deshalb ein Widerstand vorgeschaltet werden, damit sie durch die 12–14 V Bordnetzspannung nicht überlastet wird. Als Vorwiderstand dient ein 1280 mm langes Spezialkabel aus aufgedrilltem dünnem Draht, das vom 20fach-Stecker am Sicherungskasten zur Zündspule führt.
Während des Startens kann dagegen auf den Vorwiderstand verzichtet werden, denn beim Einschalten des Anlassers sinkt die Bordspannung auf runde 9 V ab. Mit dem Vorwiderstand würde die Spannung für kräftige Zündfunken nicht mehr ausreichen. An Klemme 15 der Zündspule finden Sie ein schwarzes Kabel, das mit

Klemme 15a des Anlassers verbunden ist. Beim Startvorgang verbindet der Magnetschalter die Klemme 15a mit Klemme 30 am Anlasser. Damit wird die beim Anlassen reduzierte Batteriespannung von rund 9 V unter Umgehung des Vorwiderstands über Klemme 15a direkt an Klemme 15 der Zündspule geleitet. Die Zündspule hat also ihre übliche Arbeitsspannung. Sobald der Anlasser abgeschaltet wird, weil der Motor läuft, wird die Klemme 15a wieder stromlos.

Stromversorgung der Zündanlage in Ordnung?

Neben einem Totalausfall der Zündanlage durch fehlende Spannung kann auch zu geringe Versorgungsspannung erhebliche Störungen bewirken. Deshalb ein Voltmeter verwenden.

● **SZ:** An Klemme 1 der Zündspule das grüne Kabel zum Unterbrecher abnehmen, damit der Stromweg über die Unterbrecherkontakte unterbrochen ist.

● Zündung einschalten.

● Zwischen Kontakt 6 im 20fach-Stecker am Sicherungskasten (Anschluß des weiß/violetten Widerstandskabels) und Masse messen. Mindestwert 11,5 Volt.

● Gleiche Prüfung an Klemme 15/+ der Zündspule; Meßwert etwa 8,5 Volt.

● Erhält die Zündspule keine Spannung, ist das Vorwiderstandskabel unterbrochen.

● Messen Sie an beiden Stellen dieselbe Spannung, ist das Kabel durch Kurzschluß überbrückt.

● Bei der Prüfung an Klemme 1/– der Zündspule sollten 5 Volt gemessen werden.

● Kabel zum Unterbrecher wieder anschließen.

● **TSZ:** Meßgerät zwischen Klemme 15 der Zündspule und Masse anschließen.

● Zündung einschalten.

● Mindestens 11,5 V müssen abzulesen sein.

● Gleiche Messung am schwarzen Kabel des TSZ-Schaltgeräts.

● Messen Sie gar keine Spannung oder weniger als die genannten Werte, liegt der Fehler im Kabelweg zum Zündschloß.

Zündspule defekt?

● Die **Sichtprüfung** an der Zündspule wurde bereits durchgeführt.

● Zur **Widerstandsprüfung** alle Leitungen an der Zündspule bei ausgeschalteter Zündung abnehmen. Wir messen Primär- und Sekundärwicklung der Spule.

● Mit einem genauen Ohmmeter zwischen den Zündspulenklemmen 1/– und 15/+ messen. Je nach Zündspule gelten unterschiedliche Sollwerte:

● **SZ:** 1,7–2 Ω.

● **TSZ:** Spule mit grünem Aufkleber **0,52–0,76** Ω.

● Bei grauem Aufkleber: **0,6–0,8** Ω.

● Nächste Messung zwischen Klemme 1/– und 4.

● Sollwerte bei **SZ:** 7–12 kΩ.

● **TSZ:** Spule mit grünem Aufkleber: **2,4–3,5 k**Ω; bei grauem Aufkleber: **6,9–8,5 k**Ω.

● Werden die genannten Werte nicht erreicht, Zündspule ersetzen.

● Mit diesen Messungen läßt sich ein Kurzschluß zwischen den Wicklungen nicht erkennen. Fällt also der Verdacht trotz guter Meßergebnisse auf die Zündspule, sollten Sie die ausgebaute Spule bei einer Autoelektrik-Werkstatt durchprüfen lassen.

● Bei Spulenzündung kann der Fehler auch am Kondensator liegen.

Der Zündverteiler

○ Im Hochspannungsteil unter dem Verteilerdeckel liefert der sich drehende Verteilerfinger den hochgespannten Strom an die einzelnen Zündkerzen.

○ Im Verteilergehäuse sitzt der Auslöser der Zündimpulse: Bei Spulenzündung der Unterbrecher, bei den elektronischen Zündanlagen der Hallgeber.

Links: Zwei Haltespangen (1) halten den Verteilerdeckel auf dem Unterteil. Bei einem Fahrzeug mit Radio ist zusätzlich ein Massekabel (2) eingesteckt. Oben der vom Hallgeber abgezogene Dreifachstecker (3).
Rechts: Der Verteiler der Spulenzündung mit abgenommenem Deckel:
1 – Unterdruckdose für die Zündverstellung;
2 – Verteilerwelle;
3 – Verteilerfinger mit Drehzahlbegrenzer;
4 – Schutzkappe;
5 – Lagerdeckel;
6 – Kondensator;
7 – Unterbrecherkontakte;
8 – eine der beiden Verteilerhalteschrauben.

Der zerlegte Verteiler – unten bei der Spulenzündung, oben bei der TSZ:
1 – Dichtung;
2 – Zwischenflansch;
3 – Unterdruckdose;
4 – Verteilergehäuse;
5 – Unterbrecherplatte;
6 – Unterbrecherkontakte;
7 – Spannring;
8 – Lagerdeckel;
9 – Blendenrotor;
10 – Kabelabdeckung;
11 – Hallgeber.

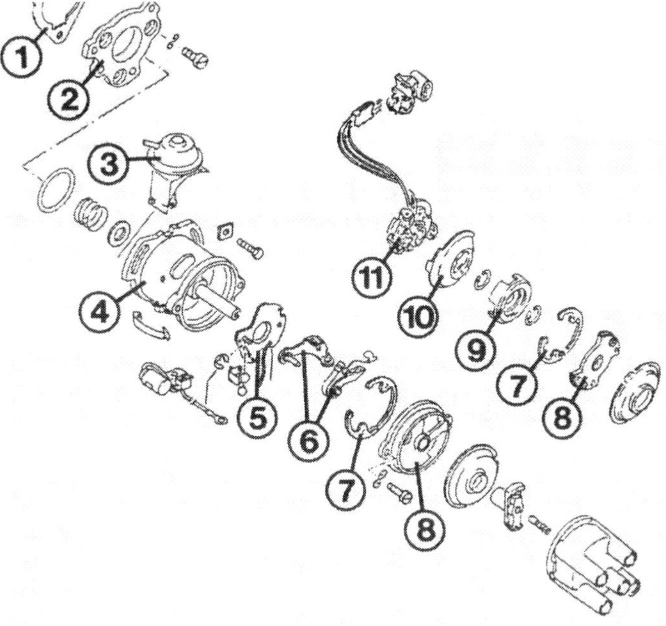

○ Bei Spulenzündung und einfacher TSZ ist die Verteilerwelle zweigeteilt. Sie ist kombiniert mit der fliehkraftgeregelten mechanischen Zündzeitpunktverstellung.
○ Seitlich am Verteiler ist bei der SZ und TSZ die Unterdruckdose der Unterdruck-Zündverstellung angebracht, die über eine Betätigungsstange auf die Unterbrecher- bzw. Hallgeber-Grundplatte wirkt.

Verteiler öffnen

● Blech-Halteklammern des Deckels mit einem Schraubendreher abdrücken.
● Massekabel der evtl. vorhandenen Blechabschirmung abziehen.
● Verteilerdeckel abnehmen, die Zündkabel bleiben aufgesteckt.
● Verteilerfinger abziehen, Staubschutzdeckel abnehmen.
● Beim Einbau den Staubschutzdeckel so auflegen, daß seine Haltenase in die Aussparung im Verteilergehäuserand zu liegen kommt.
● Der Verteilerfinger besitzt eine angegossene Erhebung, die in die Aussparung in der Verteilerwelle einrastet.
● Auch der Verteilerdeckel besitzt als Verdrehsicherung eine angegossene Nase, die in den Einschnitt im Verteilergehäuse einrasten muß.

Verteilerdeckel und -finger kontrollieren

● Verteilerdeckel abnehmen. Er muß innen und außen sauber sein, damit keine Strombrücke über Schmutz, Abrieb oder Feuchtigkeit den Zündstrom ableitet.
● Abbrand an den Kontakten abwischen.
● Oxidierte Kontaktstellen (Grünspan) blankschleifen oder kontrollieren, ob ein falscher Verteilerfinger zu weit entfernt an den Kontakten vorbeiläuft.
● Bleistiftartige Striche im Verteilerdeckel sind Brandspuren von Kriechströmen, die sich über Schmutz oder Feuchtigkeit einen Weg gebahnt und eingebrannt haben.
● Behelfsmäßige Abhilfe schafft hier Auskratzen mit einem Schraubendreher oder Messer und Überstreichen z.B. mit Alleskleber oder Nagellack.
● Die Kontaktkohle in Deckelmitte muß glatt und glänzend sein, sich leicht einfedern lassen und ohne zu klemmen wieder zurückfedern.
● Der Verteilerfinger darf an seiner Kontaktzunge und über der Vergußmasse des Entstörwiderstands zwischen Mittenkontakt und der Zunge nicht verschmort sein.
● Widerstand zwischen Mitten- und Außenkontakt des Verteilerfingers messen: Bei Spulenzündung 4–6 kΩ; bei Transistorzündung (Kennzeichnung »R 1«) 0,6–1,4 kΩ.
● Zuletzt noch die Kontrolle, ob die Arretierung zum Aufstecken auf der Verteilerwelle abgeschert ist.

Fingerzeig: Speziell bei elektronischen Zündanlagen kann es am Verteilerdeckel zu Kriechströmen bzw. Spannungsdurchschlägen zwischen den Zündkabeln und der runden Blechabschirmung kommen. Behelf unterwegs: Blechabschirmung ganz abnehmen.

Verteiler ausbauen

● Zylinder 1 auf Zündzeitpunkt stellen.
● Verteilerdeckel abnehmen.
● Zwei Halteschrauben am Zündverteilerfuß losdrehen, Verteiler abnehmen.
● Die Mitnehmerkupplung des Verteilers ist asymmetrisch geformt, der Verteiler läßt sich nur in einer Stellung richtig einsetzen.
● Zum Einbau Motor ggf. drehen.
● Die Kerbe auf der Kurbelwellen-Keilriemenscheibe muß an der Kante des in Fahrtrichtung vorderen Teils des Markierungsbleches an der Motorstirnseite stehen, siehe Motor-Kapitel.
● Zündung einstellen.

Der Unterbrecher

nur SZ

Der Unterbrecher sitzt ziemlich zugebaut im Verteiler. Um ihn erkennen können, müssen Sie erst einmal den Verteiler öffnen. Hammer und Amboß des Unterbrechers sitzen gegen Masse isoliert auf einer gemeinsamen Halteplatte. Die Aufgabe des Unterbrechers haben wir bereits unter »So entsteht der Zündfunke« besprochen.

Der Kondensator

nur SZ

Außen am Verteiler sitzt ein silberfarbener kleiner Metallzylinder – der Kondensator. Er ist mit Klemme 1 der Zündspule verbunden. Seine Aufgabe ist es, den beim Öffnen der Unterbrecherkontakte entstehenden Funken so weit als möglich zu unterdrücken. Er ist also ein sogenannter Funkenlösch-Kondensator.

Kondensator prüfen

Schwache oder gar keine Zündfunken bzw. stark verschmorte Unterbrecherkontakte, die noch nicht lange im Betrieb sind, können vom Kondensator verursacht sein. Behelfsmäßige Prüfung:

● Verteiler öffnen.

● Motor von Helfer mit dem Anlasser durchdrehen lassen.

● Springen zwischen den Unterbrecherkontakten starke Funken über, dürfte der Kondensator defekt sein.

● Von Klemme 1 der Zündspule das grüne Kabel abziehen. Prüflampe zwischen dieses Kabel und die Klemme 1 an der Spule anklemmen.

● Motor mit dem Anlasser von Helfer durchdrehen lassen.

● Der Kondensator hat zumindest keinen Kurzschluß, wenn die Lampe jetzt regelmäßig aufleuchtet und verlöscht.

● Eine weitergehende Überprüfung des Kondensators ist für den Heimwerker nicht möglich. Allerdings lohnt sich langes Prüfen ohnehin nicht. Ein neuer Kondensator kostet nicht viel.

Unterbrecherkontakte prüfen

nur SZ
Wartung Nr. 18

Das ständige Öffnen und Schließen des Stromkreises bewirkt unvermeidbar Verschleiß an den Kontakten des Unterbrechers durch Abbrand, Verschmoren und Metallwanderung.

Der Wartungsplan sieht den Wechsel der Kontakte bei jedem Regel-Service vor. Sie halten jedoch bei intakter Zündanlage auch doppelt so lange. Deshalb wird der sparsame Heimwerker die Kontaktflächen erst einmal prüfend mustern.

Das Aussehen der Kontaktflächen des Unterbrechers bedeutet:

○ **Silberartig, wie hell poliert:** Zündanlage in Ordnung.

○ **Starke Höcker- und Kraterbildung an den Kontaktflächen:** Kontakte abgenutzt.

○ **Grauer Überzug an den Kontaktflächen:** Oxidation durch zu geringen Kontaktabstand, zu schwache Feder oder klemmenden Unterbrecherhammer.

○ **Blau angelaufen:** Zündspule oder Kondensator defekt.

○ **Schwarze Verkrustungen:** Öl, Fett oder Schmutz auf die Kontakte geraten.

Unterbrecherkontakte säubern

● Verkrustete oder verschmutzte Kontakte mit einem scharfkantigen Schraubendreher oder Taschenmesser blank schaben.

● Wattestäbchen in Tetrachlorkohlenstoff (als Reinigungsmittel in der Drogerie erhältlich) tauchen und die Kontakte damit abwischen.

Fehlersuche an den Unterbrecherkontakten

Wenn die Unterbrecherkontakte als Ursache für einen Zünddefekt vermutet werden, prüfen Sie folgendes:

○ Halteschraube lose, so daß sich der Kontaktabstand verstellt hat?

○ Isolierende Schmutz- oder Fettschicht zwischen den Kontaktflächen?

○ Gleitstück am Unterbrecherhammer abgebrochen?

○ Amboßwinkel abgebrochen?

○ Unterbrecher mit Prüflampe auf Kurzschlußüberbrückung prüfen.

○ Masseschluß des Kabels zum Unterbrecher?

○ Masseband zur Unterbrecherplatte gebrochen?

○ Falls keine dieser Möglichkeiten zutraf, könnte auch eine Leitung außen am Verteiler unterbrochen sein.

Unterbrecherkontakte austauschen
nur SZ

Sind die alten Kontakte blau angelaufen oder verschmort, genügt das Auswechseln allein nicht. Der Kondensator oder die Zündspule müssen überprüft werden.

● Verteiler öffnen.

● Lagerdeckel abschrauben.

● Kabelstecker des Verbindungskabels zum Unterbrecher innen am Verteiler abziehen.

● Halteschraube der Unterbrecherplatte herausnehmen, Kontaktsatz herausnehmen.

● Lagerwelle des Unterbrecherhammers mit einem Tropfen Motoröl schmieren.

● Verteilerwelle abreiben und die vierkantige Nockenbahn mit einer dünnen Schicht Bosch-Fett Ft 1 v 4 bestreichen.

● Am Unterbrechergleitstück an der zur Lagerwelle

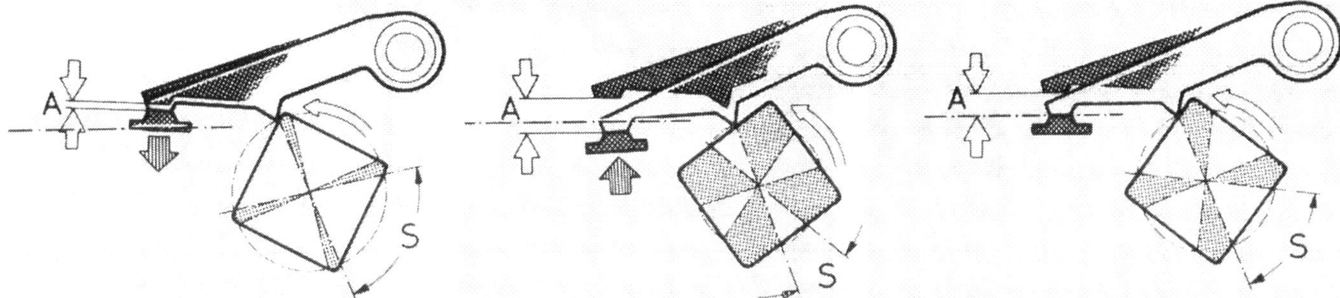

So hängen Unterbrecher-Kontaktabstand (A) und Schließwinkel (S) voneinander ab: Links zu kleiner Abstand, zu großer Schließwinkel; in der Mitte zu großer Abstand, zu geringer Winkel; rechts richtige Einstellung.

hin zeigenden Seite eine stecknadelkopfgroße Menge desselben Fettes auftragen.

● Neue Kontaktplatte so einbauen, daß der Zapfen an der Unterseite in die Bohrung der Verteilergrundplatte einrastet.

● Nach Montage des Lagerdeckels Schließwinkel und Zündzeitpunkt einstellen.

Unterbrecher-Kontaktabstand und Schließwinkel

nur SZ

Wenn Sie den Motor bei offenem Verteiler von einem Helfer mit dem Anlasser durchdrehen lassen, können Sie beobachten, wie jede Nocke der Verteilerwelle den Unterbrecherhammer vom Amboß abhebt. Wie lange die beiden Unterbrecherkontaktflächen zwischen den einzelnen Nocken geöffnet und geschlossen sind, hängt vom Abstand der Unterbrecherkontakte ab.

○ Ist der Abstand bei voller Kontaktöffnung nur gering, bleiben die Unterbrecherkontakte bis zum nächsten Abheben verhältnismäßig lange geschlossen.

○ Bei großem Kontaktabstand werden die Kontakte dagegen schon nach relativ kurzer Zeit wieder geöffnet. Den Winkel, um den die Verteilerwelle mit ihren Nocken vom Beginn bis zum Ende der »Schließzeit« dreht, nennt man den Schließwinkel.

Schließwinkel prüfen

nur SZ
Wartung Nr. 20

● Schließwinkeltester anschließen.

● Motor starten und Meßwert bei Leerlaufdrehzahl ablesen – er muß **44–50°** bzw. **50–56%** betragen.

● Motordrehzahl auf 2000/min erhöhen. Der Meßwert darf sich nicht verändern, da Kontaktabstand und Schließwinkel theoretisch über den ganzen Drehzahlbereich des Motors gleich bleiben.

● Unterschiedliche Meßergebnisse weisen auf einen verschlissenen Verteiler hin.

● Zur Schließwinkelkorrektur Verteiler öffnen. Der Lagerdeckel im Verteiler darf nicht abgenommen werden.

● Halteschraube der Unterbrechergrundplatte etwas lockern.

● Schraubendreherklinge zwischen die beiden »Warzen« und die Kerbe stecken, siehe Abbildung unten.

● Motor von einem Helfer mit dem Anlasser durchdrehen lassen.

● Grundplatte des Kontaktsatzes so lange verdrehen, bis der Schließwinkel auf etwa **47° oder 53%** eingestellt ist.

● **Neue Kontakte** auf **44° oder 50%** einstellen, denn durch unvermeidlichen Abrieb am Gleitstück

Zum Einstellen des Schließwinkels ist der Schraubendreher (3) zwischen die Einstellwarzen und die Kerbe an der Unterbrecher-Grundplatte angesetzt. Die Halteschraube muß gelokkert werden. Der Lagerdeckel (1) der Verteilerwelle (2) darf zur Einstellung nicht abgeschraubt sein.

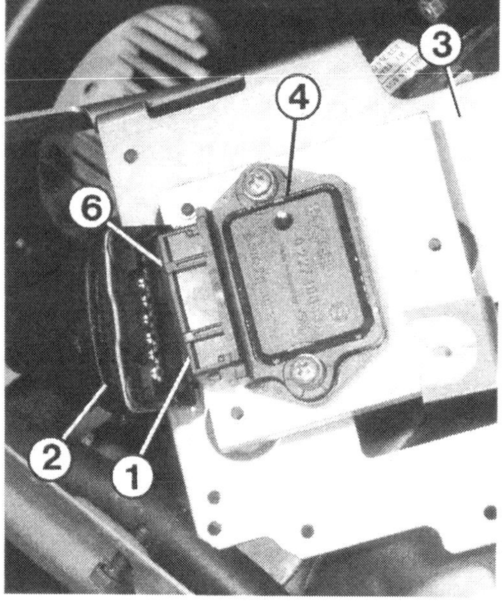

Links: Der geöffnete Verteiler bei elektronischer Zündung. Die Zahlen kennzeichnen:
1 – Verteiler-Halteschrauben;
2 – Hallgeber;
3 – Blendenrotor;
4 – Kontaktstifte im Steckanschluß für den Dreifachstecker.
Rechts: Im Wasserfangkasten sitzt das Schaltgerät (4) der Transistorzündung auf einem sogenannten Kühlkörper (3). Hier haben wir den Mehrfachstecker (2) abgezogen, um an die Steckzungen am Schaltgerät heranzukommen. Die Zungen werden von 1 bis 6 gezählt, wie unsere Zahlen erkennen lassen.

des Unterbrecherhammers wird der Schließwinkel mit der Zeit größer.
- Sicherheitshalber nochmals den Schließwinkel im Leerlauf und bei 2000/min messen.
- Nach der Korrektur des Schließwinkels muß die Zündeinstellung überprüft werden.

Kontaktabstand behelfsmäßig einstellen
nur SZ

Ohne Schließwinkeltester mißt man den Abstand der Unterbrecherkontakte. Das ist aber nur bei neuen, ebenen Kontakten genau. Bei älteren Unterbrecherkontakten mit Höcker- und Kraterbildung an den Kontaktflächen die Fühlerblattlehre nur an den Rand der Kontakte halten.
- Verteiler öffnen.
- Motor so drehen, daß eine Verteilerwellennocke den Unterbrecherhammer voll abhebt.
- In dieser Stellung muß sich das 0,4-mm-Fühlerblatt ohne großen Widerstand, aber auch nicht zu leicht durchschieben lassen.
- Stimmt der Abstand nicht, Halteschraube der Unterbrechergrundplatte lockern.
- Schraubendreherklinge zwischen die Einstellwarzen und -kerbe stecken, Grundplatte so verdrehen, bis der Abstand **0,4 mm** beträgt.
- Nach dem Festziehen der Halteschraube den Abstand nochmals messen.
- Zündzeitpunkt einstellen.

Hallgeber prüfen

nur TSZ

Voraussetzung für diese Prüfung ist eine einwandfreie Zündspule und ein intaktes TSZ-Schaltgerät.
- **Unterbrechungsimpuls:** Zündung lahmlegen.
- Schutzhülle am Mehrfachstecker des Schaltgerätes zurückstreifen (Stecker bleibt angeschlossen).
- Voltmeter oder Spannungsprüfer (keine herkömmliche Prüflampe) zwischen den Kontakt der grün/weißen Leitung am Schaltgerät und Masse schalten.
- Zündung einschalten, Motor von Hand in Drehrichtung durchdrehen.
- Bei gedrehtem Motor liegen abwechselnd 0 und mehr als 2 Volt Spannung an (normal: ca. 7 V).
- Zündung ausschalten.
- Kommt der Hallgeberimpuls an, aber fehlt es dennoch am Zündstrom, ist das Schaltgerät defekt.
- **Versorgungsspannung:** Dreifachstecker am Zündverteiler abziehen.
- Voltmeter zwischen die außenliegenden Kontakte im Stecker der rot/schwarzen und der braun/weißen Leitung anschließen.
- Zündung einschalten. Die Spannung muß mindestens 10 Volt betragen.
- Sind Versorgungsspannung und Masseanschluß bzw. die Leitungen in Ordnung, muß der Hallgeber ersetzt werden.

Fingerzeig: Bei einem Ausfall der Zündanlage sollten Sie unbedingt die Kabel am Hallgeber prüfen, sie können durch die zwangsläufig beim Motorlauf auftretenden Vibrationen brechen.

Das TSZ-Schaltgerät

TSZ, Dignition, Digifant 55 kW und G40 bis 7/90

Auf die Funktion des Schaltgerätes der Transistorzündung sind wir bereits eingegangen. Hier zur Erinnerung:
- ○ Der Impuls vom Hallgeber wird umgeformt und verstärkt.
- ○ Der Schließwinkel wird entsprechend den Motordrehzahlen variiert.
- ○ Die Leistungsendstufe im Schaltgerät schaltet den Primärstromkreis zur Zündspule an und aus.

Zur Schonung der Zündspule besitzt das Schaltgerät eine Sicherheitsschaltung. Da beim Einschalten der

Zündung der Stromkreis immer geschlossen ist, könnte die Spule überhitzt werden, wenn die Zündung über längere Zeit eingeschaltet bleibt. Das verhindert die Sicherheitsschaltung:
An Klemme 15 der Spule liegen 12 Volt an, an Klemme 1 dagegen nur rund 6 Volt. Es werden also etwa 6 Volt in der Spule »verbraucht«, wodurch sich diese aufheizen kann. Doch bereits nach 1–2 Sekunden legt das Schaltgerät an Klemme 1 ebenfalls 12 Volt Spannung. In der Spule herrscht keine Spannungsdifferenz mehr, der »Verbraucher« ist abgeschaltet.

Elektrische Verschaltung

Für die Fehlersuche ist es wichtig, die Bedeutung der Kabel an Schaltgerät und Hallgeber zu kennen.
○ Mit Einschalten der Zündung erhält das Schaltgerät an seiner Klemme 4 Spannung von Zündschloßklemme 15 (schwarze Leitung).
○ Masse ans Schaltgerät gelangt an Kontakt 2 über die braune Leitung.
○ Grün ist die Leitung der Klemme 1, über die an Kontakt 1 der Unterbrechungsbefehl kommt.
○ Über das rot/schwarze Kabel von Kontakt 5 kommt die Versorgungsspannung vom Schaltgerät zum Hallgeber.
○ Die braun/weiße Leitung von Kontakt 3 stellt die Masseverbindung her.
○ Über Kontakt 6 mit dem grün/weißen Kabel gelangt der Unterbrechungsimpuls vom Hallgeber zum Schaltgerät.

TSZ-Schaltgerät prüfen

Vor der Schaltgerät-Prüfung muß sichergestellt sein, daß die Zündspule in Ordnung ist.
● Ggf. Abdeckung am Wasserfangkasten abziehen.
● Gummimanschette am Mehrfachstecker des TSZ-Schaltgeräts zurückstreifen.
● **Spannungsversorgung:** Nach Herunterdrücken der Sicherungsklammer den Stecker abziehen.
● Voltmeter an den Kontakten 2 (braunes Kabel) und 4 (schwarzes Kabel) anschließen.
● Zündung einschalten. Es müssen etwa 12 Volt anliegen.
● Zeigt sich nichts, Unterbrechung anhand der Stromlaufpläne suchen.
● Zündung ausschalten. Stecker am Schaltgerät wieder aufstecken.
● **Sicherheitsschaltung:** Voltmeter zwischen Klemme 1 und Masse anschließen.
● Sofort nach Einschalten der Zündung liegen ca. 6,6 Volt an.
● Nach 1–2 Sekunden steigt die Spannung auf ca. 12 V an. Das ist die Sicherheitsschaltung, damit sich die Zündspule bei lang eingeschalteter Zündung nicht aufheizen kann.
● Falls an Klemme 1 sofort 12 Volt anliegen, Stecker am Schaltgerät wieder abziehen.
● Durchgang der folgenden Leitungen überprüfen: Klemme 1 (grün), Klemme 15 (schwarz), Masse (braun).
● War hier kein Fehler erkennbar, muß das Schaltgerät ersetzt werden.
● Da die Zündspule durch die ausgefallene Sicherheitsschaltung gelitten haben könnte, muß sie auf ausgetretene Vergußmasse überprüft werden. Wenn ja, Zündspule ersetzen.
● **Impulsverarbeitung:** Zündung lahmlegen.
● Voltmeter zwischen Klemme 1 der Zündspule und Masse anschließen.
● Dreifachstecker am Zündverteiler abziehen.
● In den mittleren Steckkontakt einen Nagel, Splint o. ä. stecken.
● Zündung einschalten, am Voltmeter werden nach 1–2 Sekunden 12 Volt angezeigt.
● Mit dem verlängerten Mittelkontakt kurz Masse berühren und Voltmeter beobachten.
● Für 1–3 Sekunden sinkt die Spannung auf rund 6 Volt ab und steigt dann wieder auf ca. 12 V an.
● Bleibt die Spannung auf 12 Volt, ist das Schaltgerät defekt.
● Sinkt die Spannung kurzfristig, aber fehlt es am Zündfunken, ist die Zündspule defekt oder das Hochspannungskabel zwischen Spule und Verteiler unterbrochen.

Der Zündtrafo

Monomotronic, Digifant 55 kW ab 10/90, G40 ab 1/91

Dieses Bauteil vereinigt Schaltgerät und Leistungsendstufe der Transistorzündung mit der Zündspule; die Zusammenfassung in einem Gehäuse verringert Spannungsverluste.
○ Für die Spannungsversorgung der Primärwicklung im Zündspulenteil dient eine schwarze Leitung vom Sicherungskasten zum Zündtrafo. Über den Kontakt der **Klemme 15** ist in der sogenannten Schließzeit die Verbindung zur Primärwicklung hergestellt.
○ Damit im gesamten Leistungsbereich die nötige Zündenergie vorhanden ist, wird die Zeit für den Stromfluß zum Zündspulenteil je nach Drehzahl und Versorgungsspannung angepaßt. Außerdem kann das Schaltteil den Primärstromfluß zum Zündspulenteil bis zu einem Maximalwert begrenzen.
○ Zur Schonung des Zündspulenteils besitzt der Zündtrafo eine Sicherheitsschaltung. Da beim Einschalten der Zündung der Stromkreis immer geschlossen ist, könnten die Spulenwicklungen überhitzt werden, wenn die Zündung über längere Zeit eingeschaltet bleibt. Das verhindert die Sicherheitsschaltung: An Klemme 15 liegen 12 Volt an, an Klemme 1 dagegen maximal 10 Volt (eher weniger). Es werden also mindestens 2 Volt in den

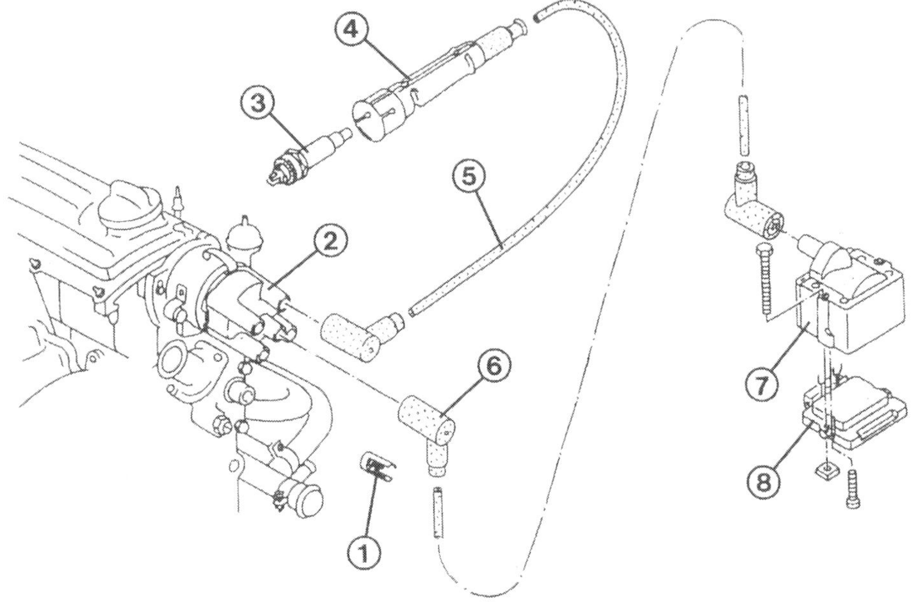

Hier sind Bauteile der neueren Zündanlage gezeigt:
1 – Messingklemme;
2 – Verteilerdeckel;
3 – Zündkerze;
4 – Zündkerzenstecker;
5 – Zündkabel;
6 – Entstörstecker;
7 – Zündtrafo;
8 – Endstufe.

Wicklungen »verbraucht«, wodurch sich diese aufheizen können. Doch bereits nach 1–2 Sekunden legt der Zündtrafo an Klemme 1 ebenfalls 12 Volt Spannung. In den Wicklungen herrscht keine Spannungsdifferenz mehr, der »Verbraucher« ist abgeschaltet.

○ Der Unterbrechungsimpuls vom Hallgeber gelangt über das Zünd/Einspritz-Steuergerät durch eine grün/schwarze Leitung an das Schaltteil mit Leistungsendstufe des Zündtrafos. Dort findet die Umformung und Stromverstärkung des Hallgeberimpulses statt, der – wie beschrieben über den Kontakt der **Klemme 1** – den Stromfluß durch die Primärwicklung steuert.

○ Die Zündspannung von rund 35 000 Volt kommt aus der dicken **Klemme 4** des Trafos und wird über das Hauptzündkabel zum Verteilerdeckel weitergeleitet.

○ Die braune Leitung stellt die **Masse**-Verbindung her.

Zündtrafo prüfen

● Die **Sichtprüfung** am Zündtrafo wurde bereits durchgeführt.

● Zur **Widerstandsprüfung** Dreifachstecker und Hauptzündkabel am Zündtrafo bei ausgeschalteter Zündung abnehmen. Wir messen Primär- und Sekundärwicklung des Spulenteils.

● Mit einem Ohmmeter zwischen den Zündtrafoklemmen 1/– und 15/+ messen.

● Sollwert: 0,5–0,7 Ω.

● Nächste Messung zwischen Klemme 15 und 4.

● Sollwert: 3–4 kΩ.

● Werden die genannten Werte nicht erreicht, Zündtrafo ersetzen.

● Mit diesen Messungen läßt sich ein Kurzschluß zwischen den Wicklungen nicht erkennen. Fällt also der Verdacht trotz guter Meßergebnisse auf den Zündtrafo, sollten Sie den ausgebauten Trafo bei einer Autoelektrik-Werkstatt durchprüfen lassen.

● Zur **Spannungsprüfung** brauchen Sie ein Voltmeter sowie Hilfskabel mit Prüfspitzen.

● An den außenliegenden Kontakten des Zündtrafo-Dreifachsteckers die Kontakte anklemmen.

● Zündung einschalten, am Voltmeter müssen etwa 12 Volt abzulesen sein. Lag keine Spannung an, Leitungsunterbrechung in der Plus- oder Masseleitung suchen.

● Zündung ausschalten.

● **Impulsprüfung:** Bei Digifant Kabelstecker am

Der Zündtrafo sitzt vorn am linken Längsträger. Die Zahlen geben die Klemmenbezeichnungen der Zündanlage wieder. Mit dem Pfeil haben wir den Stecker am Zündtrafo gekennzeichnet.

Die beiden Zeichnungen zeigen, wie die Meßgeräte zum Prüfen des Zündtrafos angeschlossen werden müssen (Näheres dazu im Text auf diesen Seiten).

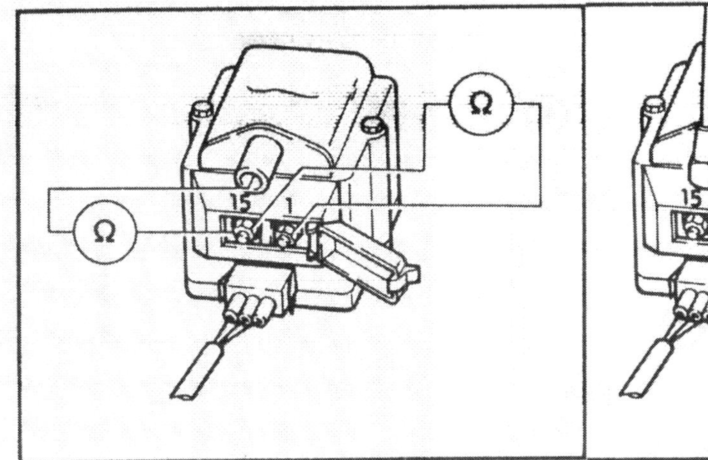

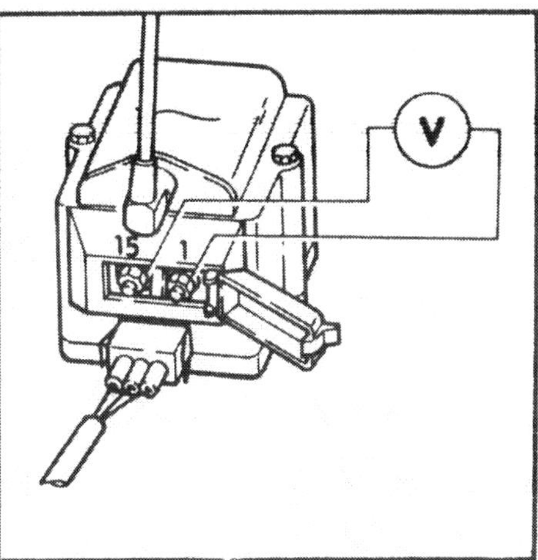

am Halter für die Leitungen der Einspritzventile abziehen.

- Mit Hilfsleitungen und Prüfspitzen einen Leuchtdioden-Spannungsprüfer an den Kontakten 2 und 3 der Zündtrafosteckers anschließen.
- Von Helfer den Anlasser betätigen lassen.
- Die Leuchtdiode muß flackern. Wenn nicht, liegt es am Hallgeber, oder das Steuergerät ist defekt.
- Zündung ausschalten.
- **Sicherheitsschaltung:** Dreifachstecker am Trafo wieder aufdrücken.
- Voltmeter an den Schraubkontakten von Klemme 1 und 15 des Zündtrafos anklemmen.
- Zündung einschalten. Es müssen mindestens 2 Volt anliegen (= Spannungsdifferenz zwischen den Wicklungen).
- Nach 1 – 2 Sekunden fällt die Spannung auf 0 ab.
- Wenn nicht, ist die Sicherheitsschaltung des Zündtrafos defekt, und er muß ersetzt werden.

Fehlersuche an der mechanischen Zündverstellung

SZ und TSZ

Auf die Funktion dieser Einrichtung sind wir bereits zu Beginn des Kapitels eingegangen. Hier die Störungssuche für den Selbsthelfer.

Fliehkraft-Verstellung prüfen

- Stroboskoplampe anschließen.
- Unterdruckschlauch am Verteiler abziehen.
- Motor starten.
- Zündlichtlampe auf die Zündzeitpunktmarkierung halten (siehe unter »Zündung prüfen«).
- Die Kerbe auf der Keilriemenscheibe muß ruckfrei nach hinten auswandern und beim Zurückgehen auf Leerlaufdrehzahl sofort wieder zur Zündmarkierung zurückkommen.
- Für eine genaue Überprüfung muß die Zündverstellung anhand der Verteiler-Verstellkurven in der Werkstatt gemessen werden.

Unterdruck-Verstellung prüfen

- **Frühverstellung:** Zur Prüfung Schlauch von der Unterdruckdose am Verteiler abziehen und mit der Fingerspitze verschließen.
- Motor von einem Helfer starten und auf mittlerer Drehzahl (ca. 3000/min) halten lassen.
- Bei gleichmäßiger Drehzahl den Schlauch wieder an der Unterdruckdose aufstecken.
- Da nun vom Saugrohr her Luft durch den Schlauch angesaugt wird, muß die Unterdruckverstellung in diesem Teillastbereich in Aktion treten,

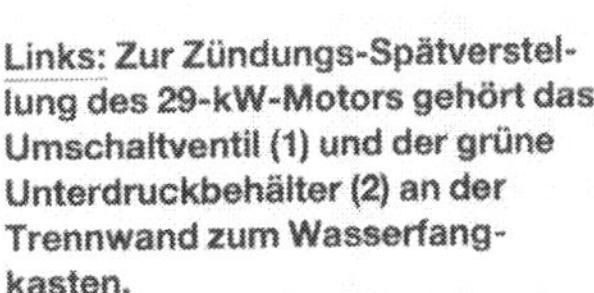

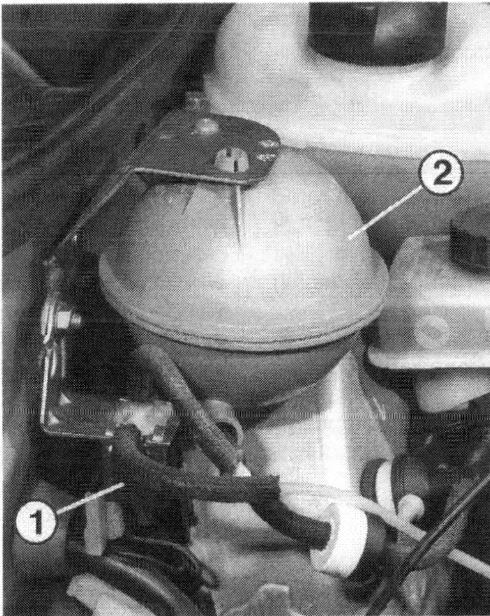

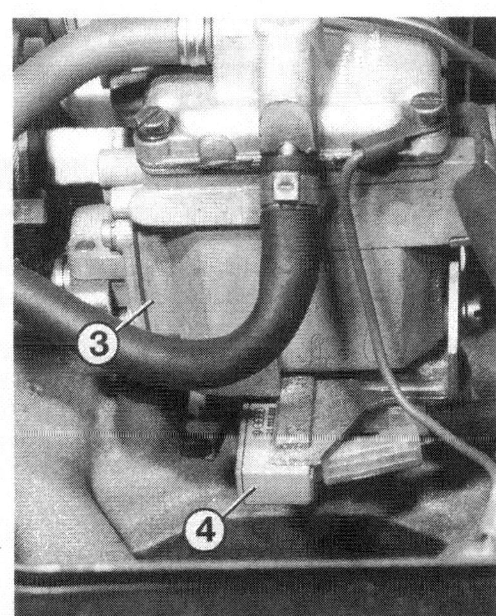

Links: Zur Zündungs-Spätverstellung des 29-kW-Motors gehört das Umschaltventil (1) und der grüne Unterdruckbehälter (2) an der Trennwand zum Wasserfangkasten.
Rechts: In Fahrtrichtung vorn ist am Vergaser (3) der Drosselklappenschalter (4) angeschraubt.

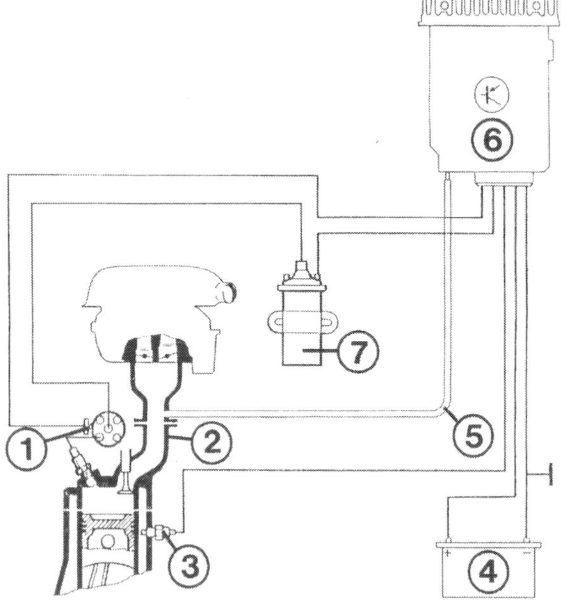

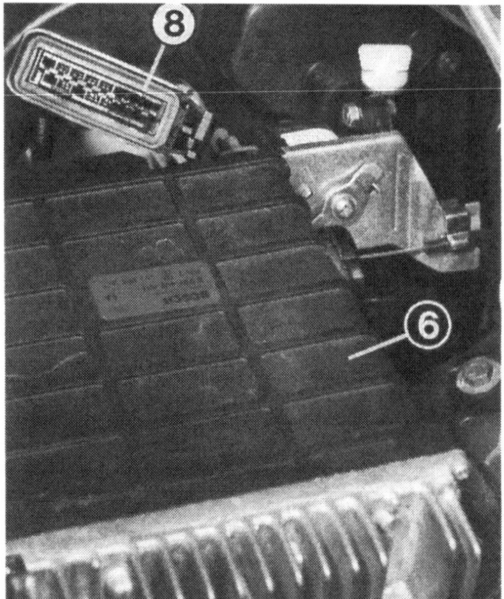

Links: Die Dignition im Schema. Das Steuergerät (6) erhält seine Informationen vom Hallgeber (1) über die Drehzahl; vom Saugrohr (2) durch die Unterdruckleitung (5) und vom Fühler (3) über die Kühlmitteltemperatur. Weiter gehören dazu Batterie (4) und Zündspule (7).
Rechts: Das Steuergerät mit abgezogenem Vielfachstekker (8).

wodurch die Motordrehzahl ohne Gaspedalveränderung sofort merklich erhöht wird.

- Falls der Motor nicht etwas schneller dreht, ist wahrscheinlich der Schlauch oder die Unterdruckdose undicht.
- **Spätverstellung 29 kW:** Drehzahlmesser und Stroboskoplampe anschließen.
- Luftfilter ausbauen und den Unterdruckanschluß zum Temperaturregler der Ansaugluft-Vorwärmung verschließen.
- Motor starten und im Leerlauf drehen lassen.
- Stroboskoplampe auf die Zündmarkierung richten.
- Von Helfer den Drosseklappenschalter (in Fahrtrichtung vorn unten am Vergaser) betätigen lassen, dabei Zündmarkierung auf der Riemenscheibe beobachten. Sie muß nach vorn über die OT-Marke am Markierungsblech hinauswandern.
- Prüflampe an Batterie-Plus anschließen und die beiden Kontakte am Drosselklappenschalter abtasten.
- Leitung, bei der die Lampe aufleuchtet (zum Steuergerät), am Drosselklappenschalter abziehen.
- Prüflampe zwischen die abgezogene Leitung und Batterie-Plus anschließen, sie muß bei laufendem Motor jetzt brennen.
- Motor langsam hochdrehen. Zwischen 3500 und 3700/min muß die Prüflampe verlöschen.
- Falls nicht, ist eine Leitung unterbrochen oder das Steuergerät defekt.
- Motor abschalten.
- Prüflampe zwischen die freie Kontaktfahne am Drosselklappenschalter und Masse anklemmen.
- Zündung einschalten.
- Zwischen den Drosselklappenhebel und den Volllastanschlag am Vergaser einen 10,5 mm starken herkömmlichen Bohrer durchstecken (damit ist die Drosselklappe etwa 25° geöffnet).
- Die Prüflampe darf nicht brennen.
- Gleiche Prüfung mit einem 9-mm-Bohrer (entspricht 35° Drosselklappenöffnung).
- Die Prüflampe muß aufleuchten, andernfalls den Drosselklappenschalter einstellen.

Drosselklappenschalter einstellen
nur 29 kW

- Vergaser ausbauen.
- Vergaser umdrehen und zwischen Drosselklappe und Saugrohrwandung einen 4 mm starken Bohrer stecken.
- Beide Halteschrauben des Drosselklappenschalters lösen.
- Schalter so verschieben, daß er bei dieser Drosselklappenstellung gerade einschaltet, was durch ein deutliches Klicken hörbar ist.

Fehlersuche an der elektronischen Zündverstellung

Dignition

- Stroboskoplampe anschließen, Motor starten und langsam hochdrehen. Beim Hochdrehen des Motors wandert die Kerbe auf der Keilriemenscheibe im Licht der Stroboskoplampe in Fahrtrichtung nach hinten aus.
- Schwankt der Zündzeitpunkt zwischen 5 und 6° vor OT, steigt aber nicht an, Stecker am Temperaturgeber abziehen und an Masse halten.
- Wandert die Zündmarkierung jetzt beim Hochdrehen weiter aus, ist vermutlich der Temperaturfühler defekt.
- Widerstand des Fühlers messen: Kalt 1,5 kΩ, warm 70–150 Ω. Stimmen die Werte, ist das Steuergerät defekt.
- Blieb der Zündzeitpunkt unverändert, Leitung vom Temperaturgeber zum Steuergerät überprüfen.
- War diese intakt, Spannungsversorgung am Stekker des Temperaturfühlers bei eingeschalteter Zündung messen.
- Wird der Sollwert von $5 \pm 0{,}1$ Volt nicht erreicht, liegt der Fehler am Steuergerät.
- Wandert die Zündmarke auf höchstens 18° vor OT

aus, Unterdruckschlauch auf festen Sitz und Beschädigungen kontrollieren. Zur genaueren Prüfung wird eine Unterdruckpumpe benötigt.

- Motor im Leerlauf drehen lassen.
- Mit der am Steuergerät angeschlossenen Pumpe werden 500 mbar Unterdruck erzeugt, wodurch der Zündzeitpunkt auf etwa 10° vor OT ansteigen muß.
- Falls nicht, ist der Druckgeber im Steuergerät defekt – Steuergerät ersetzen.
- Hat das Steuergerät auf Unterdruck reagiert, wird die drehzahlabhängige Verstellung geprüft.
- Unterdruckschlauch zum Steuergerät am Vergaser abziehen.
- Motor starten und kurzzeitig auf 2500/min hochdrehen.
- Der Zündzeitpunkt muß sich um etwa 10° in Richtung »früh« verschieben.
- Zeigt sich nichts, ist das Steuergerät schadhaft.

Monomotronic

- Stroboskoblampe mit Verstellwinkelanzeige und Drehzahlmesser anschließen.
- Warmgefahrenen Motor auf ca. 3000/min hochdrehen.
- Der Zündzeitpunkt muß auf ca. 40° in Richtung »früh« verstellt werden.
- Wenn nicht, Fehlerspeicher auslesen und Monomotronic prüfen lassen.

Digifant ohne Fehlerspeicher

Voraussetzung für die Prüfung ist ein warmgefahrener Motor, und der Temperaturgeber der Digifant muß in Ordnung sein, siehe Kapitel »Digifant-Einspritzung«.

- Stroboskoblampe mit Verstellwinkelanzeige sowie Drehzahlmesser anschließen. Beim Polo G40 Prüfgeräte mit Spannungsteiler anschließen (Kapitel »Elektrik und Elektronik«).
- Motor starten und im Leerlauf drehen lassen.
- **55 kW:** Am Temperaturgeber blauen Stecker abziehen.
- Motor auf 2500/min hochdrehen, Zündzeitpunkt ablesen und notieren.
- Temperaturgeber-Stecker wieder anschließen, Zündzeitpunkt nochmals bei 2500/min messen.
- Er muß jetzt 30° über den notierten Wert hinaus in Richtung »früh« wandern.
- Wird der Zündzeitpunkt nur um ca. 15°C nach »früh« verstellt, liegt es am Luftmengenmesser.
- Wandert der Zündzeitpunkt überhaupt nicht aus, Steuergerät prüfen lassen.
- **G40:** Blauen Stecker des Temperaturgebers nicht abziehen!
- Motor kurz auf 2500/min hochdrehen, der Zündzeitpunkt muß sich um mindestens 15° in Richtung »früh« bewegen.
- Verändert sich der Zündzeitpunkt nicht, Stecker am Temperaturgeber abziehen und Kontakte im Stecker überbrücken.
- Verändert sich jetzt der Zündzeitpunkt, ist der Temperaturgeber defekt.
- Falls weiterhin keine Veränderung, Leitungen auf Unterbrechung kontrollieren bzw. Steuergerät prüfen lassen.

Digifant mit Fehlerspeicher

Geprüft wird hier durch Vergleich des Zündzeitpunkts bei aufgestecktem und abgezogenem Stecker des Temperaturgebers wie beim 55-kW-Motor mit Digifant ohne Fehlerspeicher. Das Abziehen des Temperaturgeber-Steckers hat aber zur Folge, daß im Fehlerspeicher »Ausfall des Gebersignals« gespeichert wird. Nach der Prüfung muß die Werkstatt den Fehlerspeicher löschen.

Klopfsensor
nur G40

Eine Prüfung des Klopfsensors ist nicht vorgesehen. Einen Ausfall des Sensors oder Unterbrechung seiner Leitungen werden vom Digifant-Steuergerät registriert. Bei höherer Motorbelastung unterbricht das Steuergerät die Kraftstoffzufuhr etwa alle fünf Sekunden, der Motor ruckelt.

- Ursachen können sein: Klopfsensor zu fest angeschraubt.
- Abhilfe: Schraube lösen und mit genau 15–25 Nm anziehen.
- Weitere Möglichkeit: Leitungsunterbrechung. Anhand der Stromlaufpläne ermitteln.
- War die Leitung in Ordnung, Klopfsensor ersetzen.

Die Zündkabel

Die Verbindungskabel vom Verteiler zu den Zündkerzen besitzen funktionssichere Kupferdrähte. Normalerweise bereiten die Kabel keine Probleme. Seit 7/84 werden Zündkabel mit besseren Steckverbindungen eingebaut. Dadurch sind auch die Anschlüsse an Zündspule, Verteilerkappe sowie Kerzen- und Entstörsteckern anders geformt. Vor dem Ersatzteilkauf erst am Wagen kontrollieren, welche Ausführung eingebaut ist.

Zündkabel prüfen

- Kontrollieren Sie, ob die Kabel fest im Verteilerdeckel eingesteckt sind. Sie können sich durch Erwärmung der eingeschlossenen Luft etwas herausheben und so Motorstottern verursachen.
- Die Messingklemmen dürfen nicht oxidiert sein, und sie müssen guten Kontakt zu den Kerzensteckern haben.
- Wenn der Zündfunke schon vor der Zündkerze zur Masse überspringt, hören Sie das an Knack- oder Knattergeräuschen im Motorraum.
- Nachts sehen Sie die Funken deutlich springen.
- Ursache kann eine Streusalzschicht auf den Kabeln sein, oder ein Kabel ist irgendwo durchgescheuert.

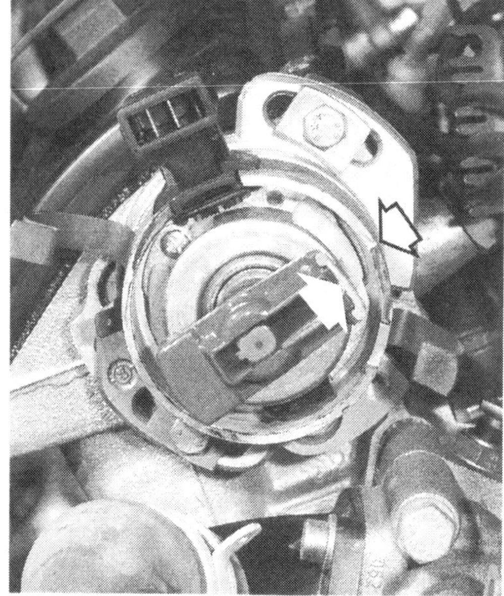

Wenn sich der 1. Zylinder in Zündstellung befindet, zeigt die Kontaktfläche (weißer Pfeil) des Verteilerfingers auf eine Kerbe (schwarz umrandeter Pfeil) im Gehäuserand des Verteilers. Links der Verteiler für Spulen-, rechts für elektronische Zündung.

- Zündkabel mit Scheuer- oder Schmorstellen sollten Sie umgehend ersetzen.
- Bei Zündstörungen die Entstörstecker an der Zündspule sowie am Verteiler auf richtigen Widerstandswert messen.
- Das Ohmmeter soll 0,6–1,4 kΩ anzeigen.
- Widerstand der Zündkerzenstecker messen, Sollwert der abgeschirmten Kabel von SZ und TSZ 4–6 kΩ. Nicht abgeschirmte Kabel der SZ haben einen Widerstand von 0,2–1,2 kΩ.

Zündkabel auswechseln

- Kaufen Sie Kupferlitzen-Zündkabel als Meterware im Autozubehörgeschäft.
- Zum Verteiler hin Messingklemmen eindrehen.
- Die Entstör- und Kerzenstecker werden auf gleiche Weise eingedreht.

Die Zündfolge

Für ausgewogenen Motorlauf werden die Zylinder nicht etwa in der Folge 1–2–3–4 gezündet, sondern gewissermaßen durcheinander. Entsprechend der Zündfolge sind die Zündkabel im Verteilerdeckel eingesteckt. Wenn der Verteilerfinger bei abgenommenem Verteiler- und Staubschutzdeckel auf die Kerbe im Gehäuserand zeigt, steht Zylinder 1 (der in Fahrtrichtung rechts stehende) auf Zündzeitpunkt. Das ist ein Anhaltspunkt beim Aufstecken der Zündkabel.
Die Zündfolge lautet **1–3–4–2**, der **Verteilerfinger** ist **linksdrehend** (entgegen dem Uhrzeigersinn).

Zündkerzen kontrollieren

Wartung Nr. 17

Der Wartungsplan sieht den Wechsel der herkömmlichen Kerzen alle 15000 km vor. Longlife-Kerzen sollen 30000 km halten. Wir raten zu einer Kontrolle in kürzeren Abständen.

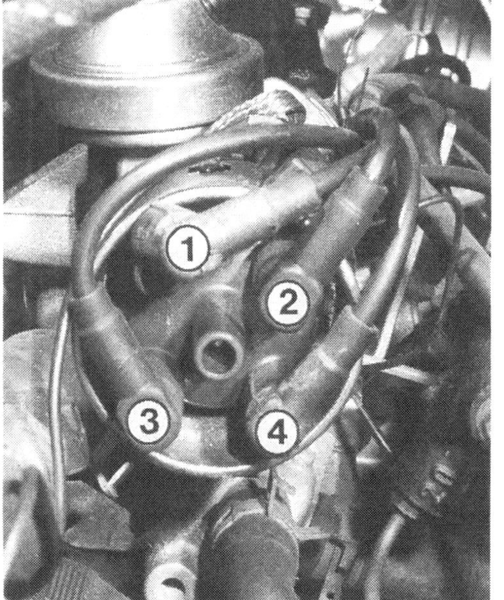

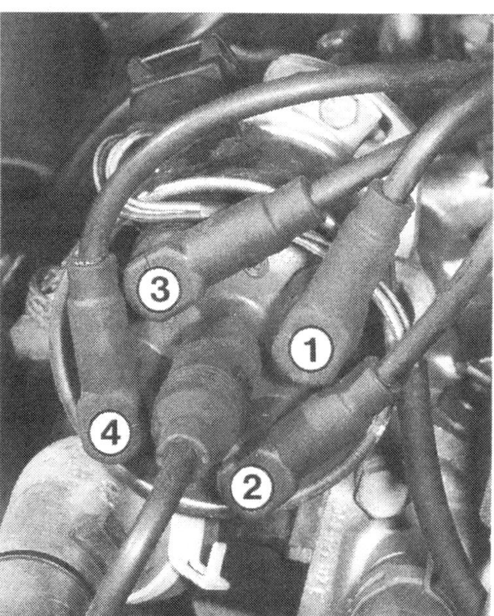

Die Zündfolge lautet 1–3–4–2. Hier der richtige Anschluß der Zündkabel, links bei Spulenzündung, rechts bei elektronischer Zündung. Entscheidend ist jeweils die Kerbe im Verteilergehäuserand, siehe Abbildungen oben.

Zündkerzen ausbauen

● Zündkerzenstecker fassen und von den Stiften der Kerzen ziehen. Nicht an den Zündkabeln zerren.

● Zündkerzen mit dem Kerzenschlüssel herausdrehen (SW 20,8).

● Zündkerzen in der Reihenfolge der Zylinder ablegen.

● Sitzen die Kerzen sehr fest, keine Gewalt anwenden, sonst kann das Kerzengewinde im Leichtmetall-Zylinderkopf ausreißen.

● Motor heißfahren und jetzt die Kerzen herausdrehen. Vorsicht, daß Sie die Hände nicht verbrennen.

● Beim Einbau keine kalten Kerzen in den warmen Zylinderkopf fest eindrehen, sie sitzen später wie eingenietet fest.

● Zündkerzen sollen mit 20 Nm festgezogen werden.

● Wenn kein Drehmomentschlüssel zur Hand ist: Kerze eindrehen, bis der Dichtring anliegt – sie läßt sich dann von Hand oder mit dem Kerzenschlüssel ohne Kraftanstrengung nicht mehr weiterdrehen.

● Eine neue Kerze jetzt mit dem Kerzenschlüssel eine knappe Viertelumdrehung (= 90°) weiter anziehen, das genügt.

● Eine gebrauchte Kerze, deren Dichtring bereits plattgedrückt ist, darf nur im Winkel von etwa 15° angedreht werden.

Zündkerzen prüfen

Die Zündkerzen sind gewissermaßen Augenzeugen der Verbrennung im Motor. Das Aussehen der Kerzenspitze (das »Kerzengesicht«) läßt erkennen, ob der Motor optimal arbeitet. Vorher sollte der Wagen auf der Landstraße oder Autobahn gründlich warmgefahren werden. Die Kontrolle nach Kurzstreckenverkehr kann zu Fehlschlüssen führen. Sehen Sie sich die Isolatorspitze mit der Mittelelektrode und die Seitenelektrode(n) an:

○ **Isolatorspitze hellgrau bis bräunlich gefärbt:** Gute Einstellung des Vergasers bzw. der Einspritzanlage, der Motor läuft wirtschaftlich.

○ **Starke Ablagerungen:** Ursache können Zusätze im Motoröl oder Kraftstoff sein oder erhöhter Ölverbrauch. Evtl. Öl- bzw. Kraftstoffmarke wechseln.

○ **Schwarze rußartige Ablagerungen:** Zündkerze erreicht durch häufigen Kurzstreckenverkehr ihre Selbstreinigungs-Temperatur nicht, falscher Wärmewert, CO-Gehalt zu hoch.

○ **Isolatorspitze weißlich gefärbt:** Zündzeitpunkt zu stark in Richtung »früh« eingestellt, Zündzeitpunktverstellung funktioniert nicht, CO-Gehalt zu niedrig.

○ **Schmelzerscheinungen an Mittel- und Seitenelektrode:** Glühzündungen durch Ablagerungen im Verbrennungsraum, überhitzte Ventile, falschen Zündzeitpunkt, defekte Zündzeitpunktverstellung oder Hitzestau durch mangelhafte Kühlung.

○ **Bruch der Isolatorspitze**, im Anfangsstadium als Haarrisse erkennbar: Klopfende Verbrennung durch minderwertigen Kraftstoff, falsche Zündeinstellung, schadhafte Zündzeitpunktverstellung, ungenügende Motorkühlung oder Gemischabmagerung durch Nebenluft.

○ **Gelblich glänzende Schicht auf der Isolatorspitze:** Benzin- und Motorölzusätze haben Ablagerungen gebildet, die sich bei abrupter voller Belastung des Motors verflüssigt haben und elektrisch leitfähig wurden – als Folge Zündaussetzer. Nach wochenlangem Kurzstreckenbetrieb sollten Sie den Motor nicht sofort voll belasten.

○ **Ölschicht über Elektroden und Innenraum der Kerze:** Kolbenringe, Ventilführungen oder Ventilschaftabdichtungen schadhaft.

○ Zeigt das Zündkerzengesicht keine Besonderheiten, aber leidet der Motor unter Startunwilligkeit oder Ruckeln, kann es dennoch an den Kerzen liegen. Unsichtbare Risse im Keramikisolator können beim Kaltstart durch kondensierenden Kraftstoff gefüllt werden, wodurch der Zündfunke abgeleitet wird. Auch unter Druck können Kerzen versagen, obwohl der Funke in ausgebautem Zustand überspringt.

Der Elektrodenabstand

Das Kraftstoff/Luft-Gemisch bzw. das verbrannte Altgas wirkt korrosiv auf die metallischen Zündkerzenelektroden. Und die hohe Spannung beim Funkenüberschlag sprengt kleine Metallpartikel ab, wodurch der Funkenspalt mit zunehmender Laufzeit der Zündkerzen vergrößert wird.

Für unsere Motoren sind unterschiedliche Zündkerzen-Elektrodenabstände vorgeschrieben, siehe Tabelle auf der folgenden Seite. Bei zu großem Abstand wird eine höhere Zündspannung benötigt, und es kann zu Zündaussetzern kommen. Evtl. springt der Motor überhaupt nicht an. Deshalb bei Zündkerzen mit Einzel-Stirnelektrode diese rechtzeitig nachbiegen. Bei den 3-Elektroden-Zündkerzen kann sich der Zündfunke die jeweils kürzeste Überspringstrecke »aussuchen«. Ein Nachbiegen wird kaum erforderlich werden.

Neue Zündkerzen kaufen

Wärmewert: Zündkerzen müssen auf die im Motor auftretenden Brennraum-Temperaturen abgestimmt sein. Eine Kennzahl besagt, wieviel Hitze die Zündkerze ertragen, d. h. ableiten kann, ohne selbst zu heiß zu werden. Leitet die Kerze zu viel Wärme ab, erreicht sie ihre Selbstreinigungs-Temperatur nicht, und die Zündkerzenelektroden setzen Ruß an.

Elektroden: Beim VW werden sowohl Zündkerzen mit einzelner Stirnelektrode verwendet als auch solche mit drei Masse-Elektroden. Welche Ausführung bei Ihrem Motor erforderlich ist, steht in der Tabelle unten.
Einschraubgewinde: Es muß bei allen Zündkerzen für unsere Motoren 19 mm lang sein; der Gewindedurchmesser beträgt 14 mm.
Schlüsselweite: Der Sechskant zum Ansetzen des Zündkerzenschlüssels ist 20,8 mm breit.
Dichtsitz: Es sind Kerzen mit flachem Dichtsitz vorgeschrieben. Sie besitzen einen unverlierbaren Dichtring, also keinen zusätzlichen Dichtring einlegen.

Zündkerzen-Empfehlungen

Die in der Tabelle genannten Zündkerzen entsprechen den Empfehlungen des Volkswagen-Kundendienstes.

Motor	Kennbuchstaben	Besonderheiten	Zündkerzen Beru	Zündkerzen Bosch	Zündkerzen Champion	Elektrodenabstand mm	Elektrodenanzahl
1,05/29 kW	GL		14–7 DU	W 7 DC	N 7 YC	0,6–0,8	1
1,05/33 kW	HZ	Spulenaufkleber grün Spulenaufkleber grau	14–7 DTU 14–7 DUO	W 7 DTC W 7 DCO	N 7 BYC N 7 YCX	0,7–0,9 0,7–0,8	3 1
1,05/33 kW	AAK		14–7 DTU	W 7 DTC	N 7 BYC	0,7–0,9	3
1,05/33 kW	AAU		14–8 DTU	W 8 DTC	N 7 BYC	0,7–0,9	3
1,1/37 kW	HB		14–7 DU	W 7 DC	N 7 YC	0,6–0,8	1
1,3/40 kW	HK		14–7 DU	W 7 DC	N 7 YC	0,6–0,8	1
1,3/40 kW	MH	Spulenaufkleber grün Spulenaufkleber grau	14–7 DTU 14–7 DUO	W 7 DTC W 7 DCO	N 7 BYC N 7 YCX	0,7–0,9 0,7–0,8	3 1
1,3/40 kW	NZ	Spulenaufkleber grün Spulenaufkleber grau	14–7 DTU 14–7 DUO	W 7 DTC W 7 DCO	N 7 BYC N 7 YCX	0,7–0,9 0,7–0,8	3 1
1,3/40 kW	AAV		14–8 DTU	W 8 DTC	N 7 BYC	0,7–0,9	3
1,3/44 kW	HH		14–7 DU	W 7 DC	N 7 YC	0,6–0,8	1
1,3/55 kW	GK	Spulenaufkleber grün Spulenaufkleber grau	14–5 DTU 14–5 DUO	W 5 DTC W 5 DCO	N 6 BYC N 6 YCX	0,7–0,9 0,7–0,8	3 1
1,3/55 kW	3F		14–6 DTU	W 6 DTC	–	0,7–0,9	3
1,3/85 kW	PY	bis 7/90	–	W 5 DTC	–	0,7–0,9	3
1,3/83 kW	PY	ab 1/91	–	W 5 DPO	–	0,7–0,9	1

Zündzeitpunkt prüfen

Wartung Nr. 37

Die Werkstatt kontrolliert im Rahmen des »ASU-Service« auch die Zündeinstellung. Der Zündzeitpunkt kann sich bei der kontaktgesteuerten Spulenzündung durch Veränderung des Unterbrecher-Schließwinkels verschieben. Bei den elektronischen Zündanlagen kann eine Veränderung allenfalls am Verteilerantrieb liegen.

Vorbereitungen

○ Beachten Sie die Vorsichtsmaßnahmen bei Arbeiten an der Zündung.
○ Für die Einstellung muß der Motor betriebswarm sein. Der Zeiger der Kühlmittel-Temperaturanzeige muß im Normalbereich stehen.
○ Elektrische Prüfgeräte anschließen. Das darf bei den elektronischen Zündanlagen nur bei abgeschaltetem Motor geschehen. Beim 55-kW-Vergasermotor und beim Polo G40 bis 7/90 muß zwischen Meßgerät und Klemme 1 der Zündspule ein Spannungsteiler verwendet werden (im Kapitel »Elektrik und Elektronik« beschrieben).
○ Nur 55-kW-Vergasermotor: Schwarz/gelbes Kabel vom Temperaturfühler am Thermostatgehäuse zum Dignition-Steuergerät abziehen (Kapitel »Zündanlage«).
○ Am 40-kW-Digijet-Einspritzmotor muß die Verbindung zum Geber für Ansauglufttemperatur unterbrochen und durch einen Widerstand von 1,8 kΩ ersetzt werden.
○ Bei den Motoren mit Digifant muß der blaue Stecker zum Temperaturgeber abgezogen werden: 55-kW-Motor (3F) und 85-kW-Triebwerk (PY bis 7/90) bei Leerlaufdrehzahl, 83-kW-Motor (PY ab 1/91) nach Anheben der Drehzahl auf 2000–2500/min. Nach dem Einstellvorgang muß bei der Digifant mit Fehlerspeicher dieser gelöscht werden (nur mit Fehlerauslesegerät V.A.G 1551 möglich).

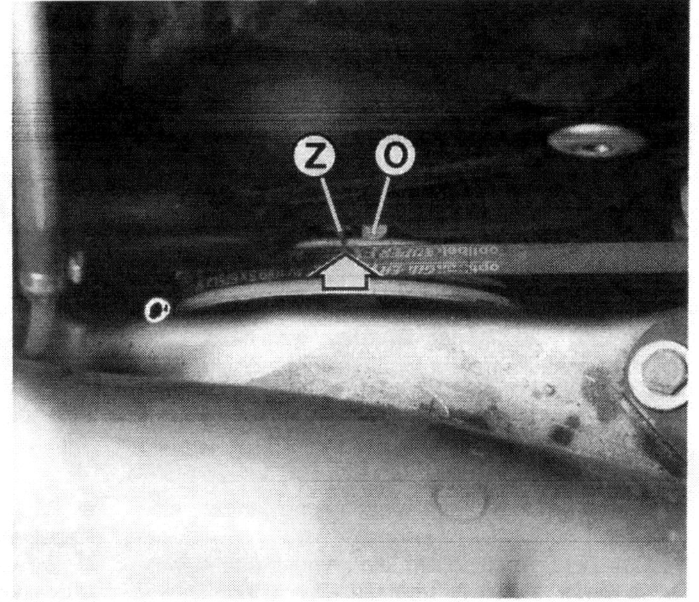

Zur Zündeinstellung dient eine Kerbe (Pfeil) auf der Kurbelwellen-Keilriemenscheibe. Die hintere Kante (Z) am Markierungsblech kennzeichnet den Zündzeitpunkt, die zweite Kante (O) markiert den Oberen Totpunkt.

○ Alle elektrischen Verbraucher müssen abgeschaltet sein, auch der Kühlerventilator darf nicht laufen. Ausnahmen: 1,3 l/40 kW (HK) – das Fernlicht muß eingeschaltet sein; 1,05 l/33 kW (HZ), 1,3 l/40 kW (MH) – Fernlicht und heizbare Heckscheibe müssen eingeschaltet sein.

Einstellung

Als Zündmarkierung dient ein **Markierungsblech an der Motorstirnseite rechts**, unter dem die **Kurbelwellen-Keilriemenscheibe mit einer Kerbmarke** vorbeiläuft. Bei jedem Aufblitzen der Stroboskoplampe müssen sich die feste und die umlaufende Markierung genau gegenüberstehen.

- Motor warmfahren und abschalten.
- Drehzahlmesser anschließen.
- Stroboskoplampe anschließen und ihr Auslösekabel in das Zündkabel des 1. Zylinders (der in Fahrtrichtung rechts stehende) schalten.
- Motor starten, im Leerlauf drehen lassen bzw. auf die Prüfdrehzahl von 2000–2500/min hochdrehen.
- Leerlaufdrehzahl – sofern noch einstellbar – ggf. nachregulieren.
- Stroboskoplampe auf die Zündmarkierung halten. Bei der Kontrolle muß der gemessene Wert innerhalb der Toleranz des sogenannten Prüfwertes liegen.
- Stimmt die Einstellung nicht, beide Schrauben am Verteilerfuß lockern.
- Verteiler ein kleines Stück nach rechts oder links um seine eigene Achse verdrehen, bis die Einstellmarken fluchten. Hierbei soll der korrekte Einstellwert erreicht werden.
- Verändert sich die Motordrehzahl während des Einstellens, muß nachreguliert werden (sofern möglich).
- Zum Schluß Schrauben festziehen und Zündzeitpunkt nochmals nachprüfen.

Zünd-Einstellwerte

Die Tabelle zeigt zur Zündeinstellung einen Prüf- und einen Einstellwert, was so zu verstehen ist: Bei der zeitsparenden Kontrolle richtet man sich nach der größeren Toleranz des Prüfwerts. Muß man ohnehin einstellen, soll das so gründlich wie möglich geschehen.

Motor Kennbuchstaben	1,05/33 kW GL	1,05/33 kW HZ	1,05/33 kW AAK	1,05/33 kW AAU	1,1/37 kW HB	1,3/40 kW HK	1,3/40 kW MH
Prüfwert °vor OT	3–7	3–7	3–7	3–7	8–12	3–7	3–7
Einstellwert °vor OT	5±1	5±1	5±1	5±1	10±1	5±1	5±1
Prüfdrehzahl 1/min	950±50	800±50	750–850	750–850	950±50	800±50	800±50
Unterdruckschlauch	an	ab[1]	ab	–	ab	ab[1]	ab[1]

Motor Kennbuchstaben	1,3/40 kW NZ	1,3/40 kW AAV	1,3/44 kW HH	1,3/55 kW GK	1,3/33 kW 3F	1,3/85 kW PY	1,3/83 kW PY
Prüfwert °vor OT	3–7	3–7	3–7	3–7	3–7	3–7	4–8
Einstellwert °vor OT	5±1	5±1	5±1	5±1	5±1	5±1	6±1
Prüfdrehzahl 1/min	800±50[2]	750–850	950±50	2000–2500	2000–2500	2000–2500	2000–2500
Unterdruckschlauch	ab	–	ab	an	–	–	–

[1] Drehzahlabfall ausgleichen durch Gasgeben auf max. 900/min
[2] Einstelldrehzahl ab 7/89: 1000–50/min

Lichte Momente

Nacht- und Nebelfahrten erfordern gutes Licht. Denn einerseits müssen Sie sehen, wohin Sie fahren und andererseits sollen die Verkehrsteilnehmer um Sie herum Ihren VW rechtzeitig erkennen. Deshalb ein paar »erleuchtende« Worte.

Beleuchtung kontrollieren

Ständige Kontrolle

- Zündung einschalten und nacheinander einschalten:
- Standlicht, Abblendlicht, evtl. eingebaute Nebelscheinwerfer, Fernlicht und ggf. Zusatzfernscheinwerfer.
- Blinker vorn rechts und links sowie Warnblinker.
- Rücklichter und Kennzeichenleuchten und ggf. Nebelschlußleuchte.
- Blinker hinten rechts und links, Warnblinker, Rückfahrleuchte.
- Zur Kontrolle der Bremsleuchten von einem Helfer das Bremspedal treten lassen.

Ersatzlampen für unterwegs

Im Ersatzlampenkasten sollten folgende Glühlampen vorhanden sein:

- Zweifadenlampe 45/40 Watt, DIN-Form A für die Hauptscheinwerfer der einfachen Modellversionen oder
- Halogen-Zweifadenlampe H4, 60/55 Watt, DIN-Form YD für die Hauptscheinwerfer
- Halogen-Einfadenlampe H3, 55 Watt, DIN-Form YC für Nebelscheinwerfer und Fernscheinwerfer
- Kugellampe, 21 Watt, DIN-Form RL für Blinker vorn und hinten, Bremslicht (nicht Stufenheck), Rückfahrleuchte, Nebelschlußleuchte
- Zweifaden-Kugellampe, 21/5 Watt, DIN-Form SL für Brems- und Schlußlicht (nur Stufenheck)
- Kugellampe, 10 Watt, DIN-Form G für Schlußlicht (nicht Stufenheck)
- Röhrenlampe, 4 Watt, DIN-Form HL für Standlicht und Kennzeichenleuchten

Hauptscheinwerferlampen auswechseln

Alle Glühlampen in den Scheinwerfern werden vom Motorraum her ausgebaut. Nach dem Auswechseln einer Scheinwerfer-Glühlampe (nicht der Standlichtlampe) die Scheinwerfer-Einstellung kontrollieren.

- Dreifach-Kabelstecker an der Scheinwerferrückseite abziehen.
- Gummiabdeckkappe abnehmen.
- Klemmring in Richtung Scheinwerfer drücken, nach links drehen und abnehmen.
- Bzw. Federklemmen der Glühlampe zusammendrücken und aus ihren Haltern ziehen.
- Scheinwerferlampe herausziehen.
- Die neue Glühlampe muß so eingesetzt werden, daß ihre drei Stecker-Kontaktzungen ein nach unten offenes »U« bilden. Die normale Scheinwerferlampe besitzt eine Haltenase, die in der entsprechenden Aussparung im Reflektor sitzen muß.

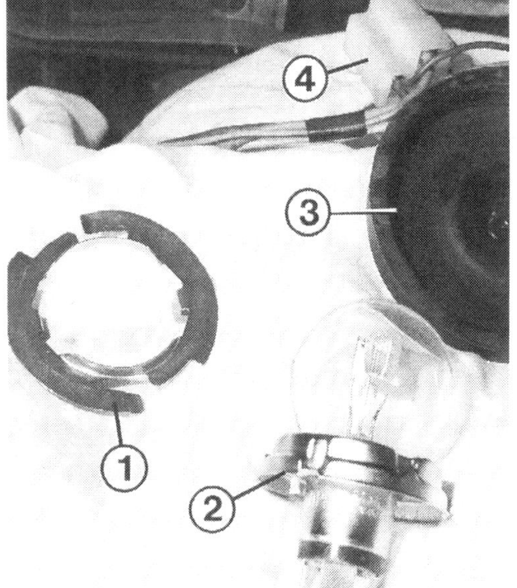

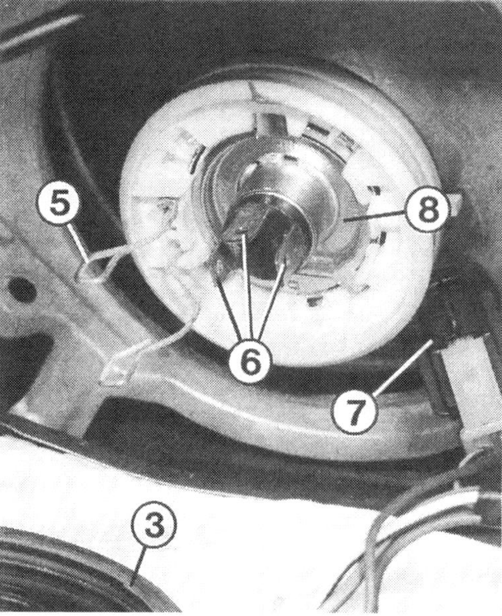

Der Lampenwechsel am Hauptscheinwerfer, links mit herkömmlicher Lampe (2), rechts mit H4-Glühlampe (8):
1 – Haltering;
3 – Abdeckkappe;
4 – Dreifach-Kabelstecker;
5 – Federklemme;
6 – Kontaktzungen in richtiger Stellung;
7 – Standlichtlampenfassung.

Links: Hier haben wir die Fassung (2) der Standlicht-Glühlampe (3) aus dem Scheinwerfer-Reflektor herausgezogen. Die Stromzufuhr erfolgt durch einen Zweifachstecker (1).
Rechts: Hier ist der Lampenwechsel am Hauptscheinwerfer des Polo ab 10/90 gezeigt:
1 – Federklemme;
2 – Fassung der Standlichtlampe;
3 – Anschlußstecker;
4 – H4-Glühlampe;
5 – Abdeckkappe.

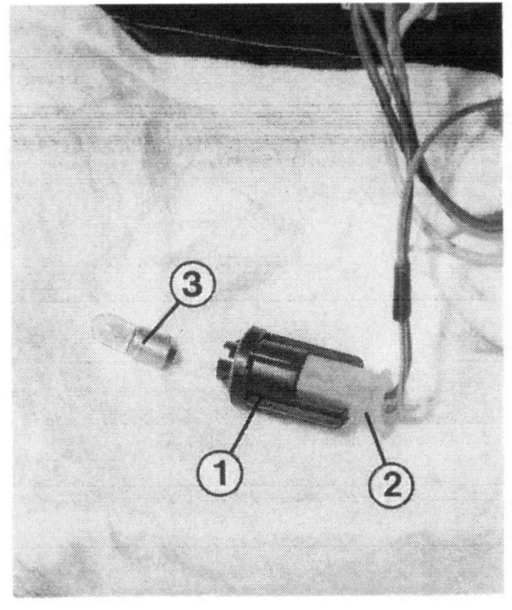

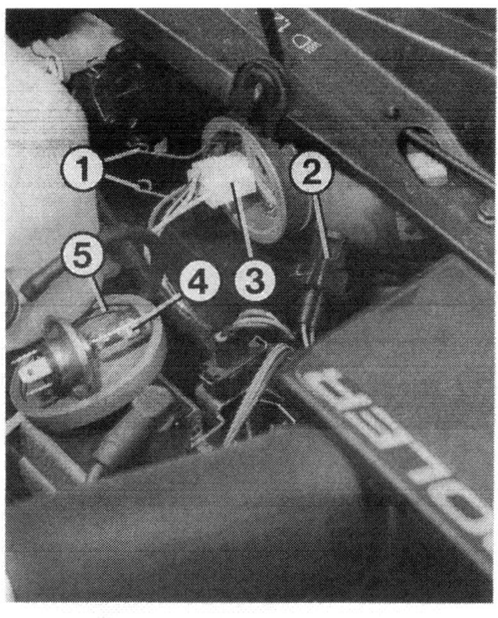

Fingerzeig: Beim Polo G40 muß zu Arbeiten am rechten Scheinwerfer der Ansaugstutzen des G-Laders ausgebaut werden. Dazu die Abdeckung über dem Ansaugstutzen hinten nach unten drücken und herausziehen. Kreuzschlitzschraube oben auf dem Ansaugstutzen losdrehen und Stutzen nach vorne wegziehen. Beim Zusammenbau auf sauberen Sitz des Ansaugstutzens achten und Abdeckung wieder montieren.

Standlichtlampe

- Standlicht-Lampenfassung (seitlich unter der Zweifadenlampe) ein wenig nach links drehen und herausnehmen.
- Röhrenlampe leicht in die Fassung drücken, drehen und herausziehen.
- Beachten Sie beim Einbau der Standlicht-Lampenfassung, daß ihre beiden Haltenasen beim Rechtsdrehen in den Reflektor richtig einrasten müssen.

Zusatzscheinwerfer

- **Im Kühlergrill:** Kabelstecker an der Scheinwerferrückseite abziehen.
- Abdeckkappe abnehmen.
- **Unter dem Stoßfänger:** Unten am Scheinwerfer die Halteschraube des Scheinwerfereinsatzes herausdrehen.
- Einsatz abnehmen und Leitungsverbinder zur Glühlampe trennen.
- **Im Stoßfänger** (seit 10/90): Polo vorn hochbocken.
- Unter die Stoßfängerabdeckung greifen, Lampenfassung nach links drehen und abnehmen.
- Kabel der Glühlampe von der Fassung abziehen.
- **Alle:** Federdrahtbügel aushaken und beiseite klappen.
- Scheinwerferlampe herausziehen.
- Beim Einsetzen der neuen Glühlampe muß der Lampensockel genau in die Aussparung im Reflektor passen – die abgeschrägte Stelle der Lampensockelplatte zeigt seitlich nach links unten.
- **Unter dem Stoßfänger:** Scheinwerfereinsatz zuerst oben ins Leuchtengehäuse einsetzen und dann festschrauben.

Links: Glühlampenausbau des Zusatzscheinwerfers am ausgebauten Kühlergrill:
1 – H3-Glühlampe;
2 – Haltebügel;
3 – Massekabel;
4 – Abdeckkappe.
Rechts: Zum Lampenwechsel im Nebelscheinwerfer des Polo ab 10/90 Verschlußkappe (2) drehen und abnehmen. Soll das Lampenglas ersetzt werden, muß es aus dem Linsengehäuse (1) ausgeclipst werden. Der komplette Nebelscheinwerfer ist mit drei Muttern (Pfeile) am Querträger angeschraubt.

Links: Die Schraubendreher sind an den Halteschrauben des Scheinwerfereinsatzes angesetzt (Rundscheinwerfer bis 7/90). Rechts: Der Rechteckscheinwerfer des Polo ab 10/90 wird von vier Kreuzschlitzschrauben (Pfeile) gehalten.

Scheinwerfer ausbauen

Wenn das Scheinwerferglas beschädigt oder der Reflektor matt ist, muß in jedem Fall der komplette Scheinwerfer ausgetauscht werden. Streuscheibe und Scheinwerferspiegel sind miteinander verklebt und nicht einzeln lieferbar. Nach dem Einbau des neuen Scheinwerfers muß grundsätzlich dessen Einstellung überprüft werden.

Haupt-Scheinwerfer

- Kühlergrill ausbauen, siehe Kapitel »Die Karosserie«.
- Ab 10/90 zusätzlich das betreffende Blinkergehäuse ausbauen.
- Ggf. Stellmotor der Leuchtweitenregulierung ausbauen.
- Glühlampen ausbauen.
- Drei bzw. vier Schrauben am Halterahmen des Scheinwerfers losdrehen.
- Komplette Scheinwerfereinheit abnehmen.
- Falls der Scheinwerfereinsatz vom Haltering getrennt werden soll: An der Rückseite des Halterahmens den Kunststoffhalter mit einer Zange so drehen, daß er aus dem Rahmen ausgerastet werden kann.
- Scheinwerfer-Einstellschrauben aus dem Halterahmen herausdrehen.
- Scheinwerfereinsatz abnehmen.
- Alle Halter aus den Ösen des Scheinwerfereinsatzes abziehen und im neuen einhängen.

Fingerzeig: **Modelle in Fox- und Grundausstattung erhielten noch lange Zeit herkömmliche Zweifadenglühlampen. Wenn Sie an Ihrem Fahrzeug ohnehin einen beschädigten Normalscheinwerfer ersetzen müssen, sollten Sie gleich umrüsten. Bosch liefert hierzu Einzelscheinwerfer, von Hella gibt es ein Einbauset mit Glühlampen. Kabelstecker und Standlichtfassungen an den alten Scheinwerfern abnehmen. Normalscheinwerfer ausbauen, neue Scheinwerfer montieren. Standlichtfassung im H4-Scheinwerfer einsetzen, Glühlampen montieren. Zuletzt Scheinwerfer einstellen.**

Zusatz-scheinwerfer

- **Im Kühlergrill:** Glühlampe ausbauen.
- Kühlergrill ausbauen.
- Kunststoffhalter hinten an den Scheinwerfereinstellschrauben so drehen, daß sie sich aus den Halteösen »ausfädeln« lassen.
- Kreuzschlitzschraube des Scheinwerfereinsatzes an der Grillrückseite losdrehen, Scheinwerfer abnehmen.
- **Unter dem Stoßfänger:** Einsatz ausbauen, wie beim Glühlampenwechsel beschrieben, oder kompletten Scheinwerfer vom Frontblech abschrauben.
- **Im Stoßfänger** (ab 10/90): Lampenfassung abnehmen, wie beschrieben.
- Von unten her drei Schrauben (oberhalb des Scheinwerfers) lösen.
- Scheinwerfer herausziehen.

Die Nebelscheinwerfer

bis 7/90

Nebelscheinwerfer sollten möglichst tief montiert werden, damit sie den gewöhnlich nicht ganz auf dem Boden aufliegenden Nebel »unterstrahlen« können. Im Kühlergrill neben den Hauptscheinwerfern sitzen die Nebelscheinwerfer relativ hoch. Günstiger ist nach unserer Meinung die Anbringung unter dem Stoßfänger. Dort sitzen die Scheinwerfer, falls sie gleich beim Neukauf mitbestellt wurden. Dann sind die Nebelscheinwerfer mit einer Verstärkung am Frontblech angeschraubt.

Der Hauptscheinwerfer des Polo ab 10/90 mit seinen Einzelteilen:
1 – Scheinwerfereinsatz;
2 – Tragrahmen;
3 – Stellhebel bei Leuchtweitenregulierung;
4 – Stellmotor der Leuchtweitenregulierung;
5 – Einstellschraube mit Halter.

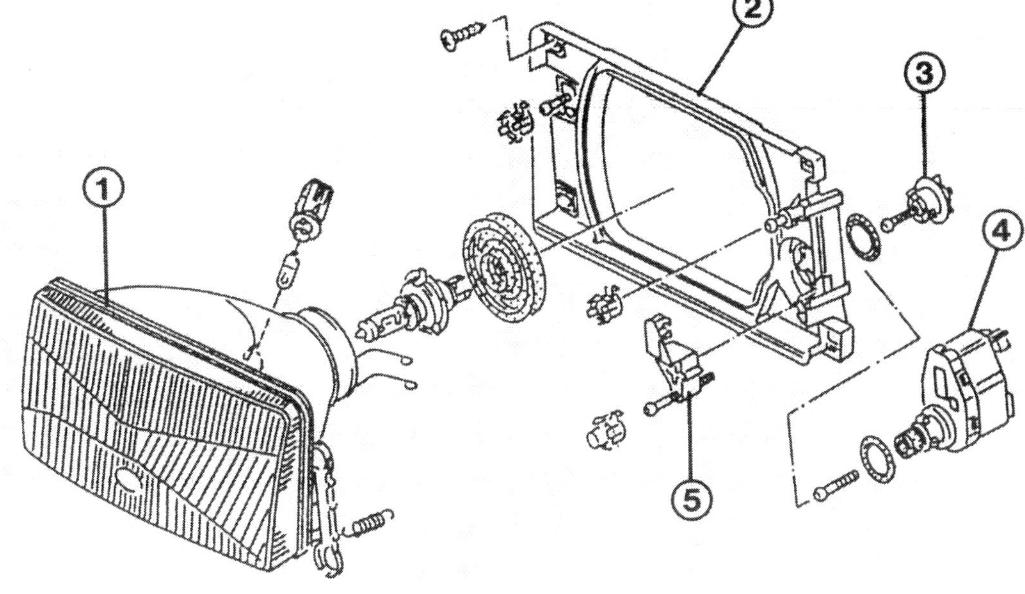

Achten Sie bei Montage unter dem Stoßfänger darauf, daß die von Ihnen gekauften Scheinwerfer für »hängenden« Anbau vorgesehen sind. Andernfalls sitzen die Wasserablauflöcher an der falschen Seite und lassen Wasser eindringen.
Anders beim Polo ab 10/90: In den hohen Stoßfängern sind Aufnahmefelder für Nebelscheinwerfer vorgesehen.

seit 10/90

Die auf Wunsch eingebauten Nebelscheinwerfer im Stoßfänger zeichnen sich durch besonders geringe Baugröße aus. Erreicht wurde dies durch eine Sammellinse, die wie das Objektiv eines Diaprojektors arbeitet. Zwischen Linse und Reflektor sitzt noch eine Blende – also dort, wo beim Diaprojektor das Dia eingeschoben wird. Diese Blende ist für die exakte Hell/Dunkel-Grenze verantwortlich; die Nebelscheinwerfer bewirken eine besonders geringe Eigenblendung. Der speziell geformte Reflektor kann einen größeren Teil des Glühlampenlichts erfassen als ein herkömmlicher Scheinwerferreflektor. Dadurch ist die Lichtausbeute auch noch höher.

Nebelleuchten nachträglich einbauen

Aus dem VW-Teilelager sollten Sie sich folgendes besorgen:
○ Nebelscheinwerferschalter (nur bei einem Fahrzeug ohne Nebelschlußleuchte)
○ Relais mit dem zugehörigen Adapter
○ Für die unter dem Stoßfänger am Frontblech montierten Nebelscheinwerfer (bis 7/90) die passenden Verstärkungen (links Nr. 867941731, rechts Nr. 867941732).

● Batterie-Massekabel abklemmen.
● **Bis 8/90:** Löcher ins Frontblech bohren, Bohrkanten mit Rostschutzfarbe behandeln.
● Nebelscheinwerfer mit der an der Frontblech-Innenseite angesetzten Verstärkung montieren.
● **Ab 10/90:** Stoßfänger ausbauen.
● In der Stoßfängerabdeckung die Felder für die Nebelscheinwerfer mit einem scharfen Messer ausschneiden, Kanten glattschleifen.
● Nebelscheinwerfer montieren.
● Den elektrischen Anschluß der Nebelscheinwerfer finden Sie im Kapitel »Die Stromlaufpläne«.
● Ggf. Blinddeckel am Armaturenbrett abnehmen und Schalter einsetzen.
● Bei einem Fahrzeug mit Nebelschlußleuchte ist der Schalter bereits richtig verkabelt, hier muß nichts verändert werden.
● Als Kabelverbindungen eignen sich Quetschverbinder und Stecker aus dem Zubehörgeschäft.
● Batterie wieder anklemmen und Funktion prüfen.
● Bei eingeschalteter Zündung und Beleuchtung müssen die Nebelscheinwerfer bei gedrücktem Schalter brennen. Beim Umschalten auf Fernlicht verlöschen die Nebelscheinwerfer nicht, was einer EG-Richtlinie entspricht.
● Lichtstrahl der Nebelscheinwerfer einstellen.
● Bei fünf Meter Abstand vor der Einstellwand müssen die breit gestreuten Scheinwerferstrahlen 100 mm unterhalb des jeweiligen Scheinwerfermittelpunkts liegen.

Scheinwerfer-Einstellung kontrollieren

Wartung Nr. 40

Wenn eine Scheinwerferglühlampe oder der Scheinwerfereinsatz ausgewechselt wurde, muß die Einstellung des Lichtstrahls kontrolliert werden. Am genauesten geht das mit dem Meßgerät in der Werkstatt oder an der Tankstelle. Behelfsmäßig gibt es unterschiedlich genaue Methoden.

● Wagen möglichst im rechten Winkel in fünf Meter Abstand vor eine helle Wand stellen.
● Erneuerten Scheinwerfer in der Höhe dem unveränderten gleichstellen. Eine Seitenkorrektur ist so allerdings nicht möglich.
● Nach einer genauen Einstellung mit dem Meßge-

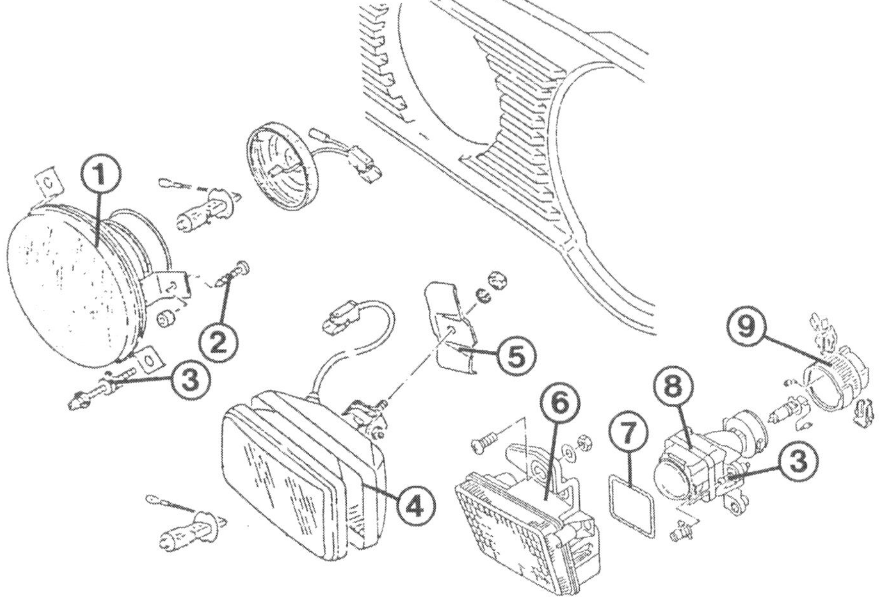

Links der Zusatzscheinwerfer im Kühlergrill; mitte rechteckiger Nebelscheinwerfer bis 7/90, der unterhalb des Stoßfängers an der Wagenfront angeschraubt wird; rechts Nebelscheinwerfer mit Linsenoptik ab 10/90.
Mit den Zahlen haben wir folgende Teile bezeichnet:
1 – Scheinwerfereinsatz;
2 – Halteschraube;
3 – Einstellschraube;
4 – Scheinwerfergehäuse;
5 – Halter;
6 – Scheinwerfereinsatz;
7 – Dichtung;
8 – Linsengehäuse;
9 – Verschlußkappe.

rät die Abknickpunkte (in diesen Punkten steigt der Abblend-Lichtstrahl um 15° nach oben an) an der Garagenwand anzeichnen. Dazu den VW am Garagentor abstellen.

● So läßt sich später bei gleicher Fahrzeugstellung auch die Lichtstrahl-Seitenrichtung überprüfen.

Die Einstellschrauben

Ohne Ausbau von Teilen sind die Einstellschrauben von der Scheinwerfer-Vorderseite erreichbar.

● Zum Justieren des Scheinwerferstrahls muß ggf. die Leuchtweitenregelung in Stellung »0« gedreht werden.

● Zuerst wird die Höhe korrigiert, dann erfolgt die Seiteneinstellung.

● An der Höheneinstellschraube senkt Drehen im Uhrzeigersinn den Lichtstrahl nach unten.

● Drehen im Uhrzeigersinn an der Seiteneinstellschraube läßt den Lichtstrahl nach links wandern.

● Mit dem Einstellen des Abblendlichts ist auch das Fernlicht richtig eingestellt. Ausnahme: Zusatzfernscheinwerfer im Kühlergrill – sie müssen bei abgedeckten Hauptscheinwerfern eingestellt werden.

● Bei den Nebelscheinwerfern unter dem Stoßfänger wird das Scheinwerfergehäuse zum Einstellen in die entsprechende Richtung gedrückt.

● Die Nebelscheinwerfer im Stoßfänger (ab 10/90) sind nur in der Höhe einstellbar. Die Einstellschraube erreichen Sie von vorn.

● Beim Drehen im Uhrzeigersinn an dieser Schraube steigt der Lichtstrahl an.

Die Leuchtweitenregulierung

Seit 8/89 besitzt der Polo auf Grund einer Gesetzesvorschrift serienmäßig eine elektrische Leuchtweitenregulierung, früher war sie aufpreispflichtig.

● Drehregler links am Armaturenbrett ausbauen, wie im Instrumentenkapitel unter »Kippschalter ausbauen« beschrieben.

● Im Motorraum am betreffenden Stellmotor den Mehrfachstecker abziehen.

● Motor durch einen Rechtsdreh aus dem Tragrahmen ausrasten.

● Scheinwerfer-Höheneinstellschraube vorn am Scheinwerfer herausdrehen.

● Motor nach hinten abziehen.

Die Scheinwerfer-Einstellung am Hauptscheinwerfer und am Zusatzscheinwerfer des Polo bis 7/90. »H« steht für Höheneinstellung, »S« für Seiteneinstellung.

Zur Scheinwerfereinstellung am Hauptscheinwerfer und am Nebelscheinwerfer des Polo ab 10/90 die Höheneinstellschrauben (H) bzw. die Seiteneinstellschraube (S) entsprechend den Angaben im Text auf der gegenüberliegenden Seite drehen.

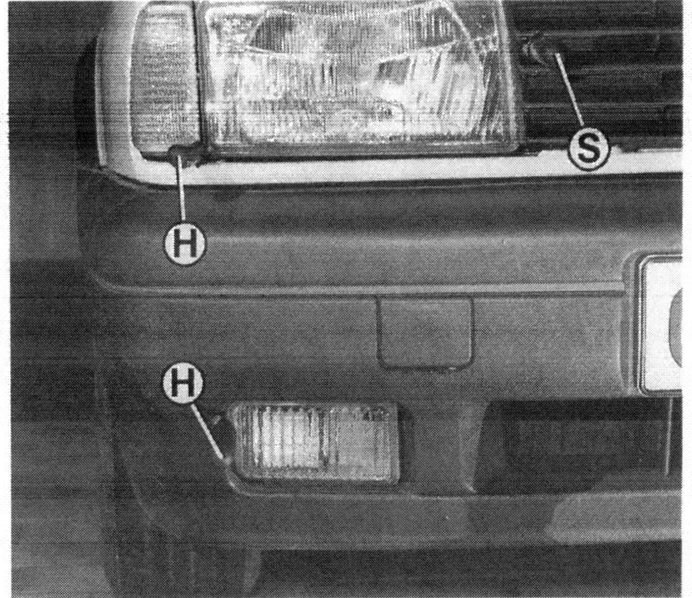

Blinkleuchten vorn

Lampenwechsel

- **Bis 7/90:** Beide Kreuzschlitzschrauben des Blinkerglases losdrehen, Lampenglas abnehmen.
- Glühlampe ein wenig in die Fassung drücken, nach links drehen und herausziehen.
- Zum Abnehmen des Blinkergehäuses dieses aus der Öffnung im Stoßfänger ziehen und Kabel-Steckverbindungen trennen.
- Beim Zusammenbau auf korrekte Abdichtung zwischen Blinkerglas und Gehäuse achten, evtl. zusätzlich Silikonpaste an den Dichtflächen anstreichen.
- **Ab 10/90:** Motorhaube öffnen. An der rechten Fahrzeugseite behindert beim Polo G40 die Ansaugluftführung.
- Deshalb ggf. die Vorarbeiten wie im Fingerzeig unter »Hauptscheinwerferlampen auswechseln« durchführen.
- Lampenfassung mit angeschlossenen Kabeln nach links drehen und aus dem Blinkergehäuse ziehen.
- Glühlampe ein wenig in die Fassung drücken, nach links drehen und herausziehen.
- Einbau: Fassung in das Blinkergehäuse drücken und bis zum Anschlag nach rechts drehen.

Lampengehäuse ausbauen

- Lampenfassung herausdrehen.
- Kunststoffklammer des Blinkergehäuses zurückdrücken, Gehäuse nach hinten herausnehmen.
- Zum Einbau das Blinkergehäuse sorgfältig in die Führungen am Scheinwerfergehäuse einschieben und einrasten lassen.

Gehäuse ausbauen

- **Bis 7/90:** Lampenglas abschrauben.
- Blinkergehäuse aus dem Stoßfänger ziehen.
- Kabel-Steckverbindungen trennen.
- **Ab 10/90:** Lampenfassung herausdrehen.
- Kunststoffklammer des Blinkergehäuses zurückdrücken, Gehäuse nach vorn herausnehmen.
- Zum Einbau das Blinkergehäuse sorgfältig in die Führungen am Scheinwerfergehäuse einsetzen.

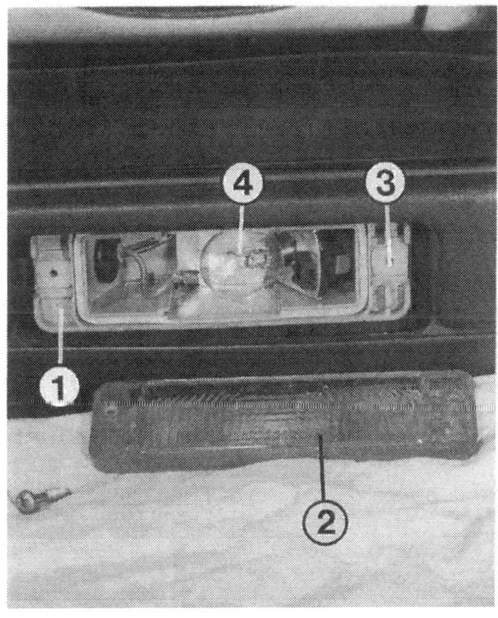

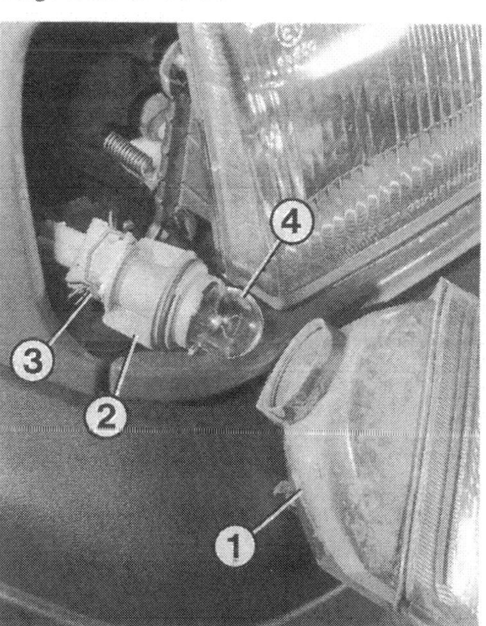

Links: Lampenwechsel am vorderen Blinker bis 7/90:
1 – Blinkergehäuse;
2 – Blinkerglas;
3 – Kunststoff-Haltemutter des Blinkergehäuses;
4 – Glühlampe.
Rechts: Auswechseln der Glühlampe beim vorderen Blinker ab 10/90:
1 – Blinkergehäuse;
2 – Lampenfassung;
3 – Anschlußstecker;
4 – Glühlampe.

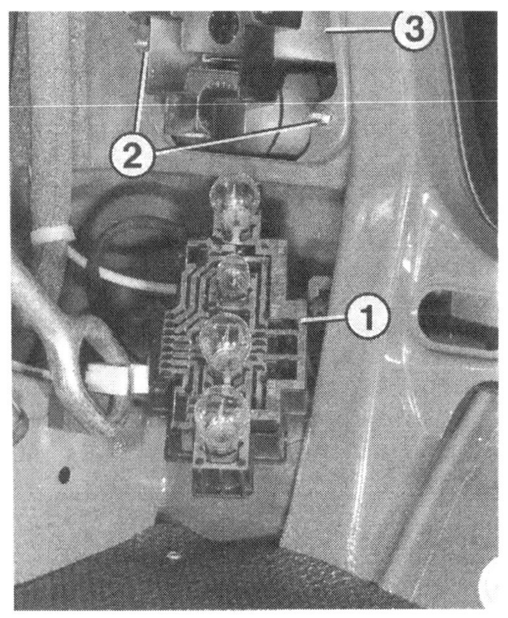

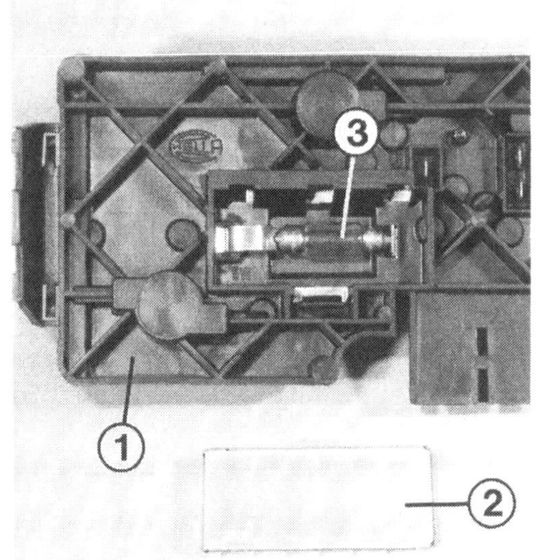

Links: Die Heckleuchte beim Polo Steilheck/Coupé:
1 – Lampenträger;
2 – Haltemuttern des Lampengehäuses (3).
Rechts: Nur das Stufenheckmodell besitzt im Lampenträger der rechten Heckleuchte (1; hier ausgebaut) eine Kofferraumleuchte. Soll die Soffittenlampe (3) ausgewechselt werden, wird das Lampenglas (2) abgezogen.

Fingerzeig: Ein häufiges Problem sind die Kunststoff-»Muttern«, die sich beim Drehen der Schrauben von Blinkerglas bzw. -gehäuse (bis 7/90) in ihren Bohrungen im Stoßfänger mitdrehen. Dem können Sie mit verschiedenen Maßnahmen begegnen: Möglichst nicht bei Kälte die Schrauben drehen, bei wärmeren Temperaturen dehnt sich der Kunststoff etwas und klemmt besser in der Bohrung. Durch kräftigen Druck auf den Schraubendrehergriff kann man oft verhindern, daß sich das Kunststoffteil mitdreht. Wenn Sie vor dem Zusammenbau die Kunststoffmuttern mit Klebstoff sichern, gehen Sie dem Problem des Mitdrehens künftig aus dem Weg.

Seitenblinker

- Lampengehäuse mit den Fingernägeln oder mit einem lappenumwickelten Schraubendreher aus dem Ausschnitt im Kotflügel heraushebeln.
- Lampenfassung abziehen.
- 5-Watt-Glassockellampe (DIN-Form W 10) herausziehen.

Heckleuchten

Lampenwechsel

- Heckklappe bzw. Kofferraumhaube öffnen.
- Steilheck und Coupé bis 7/90: Haltelasche unten am Rücklichtgehäuse herunterdrücken.
- Stufenheck, Steilheck und Coupé ab 10/90: Rechte und linke Kunststoff-Halteklammer des Lampenträgers nach innen drücken, Träger abnehmen.
- Das Auswechseln aller Glühlampen geschieht gleich – Lampe ein wenig in ihre Fassung drücken, nach links drehen und herausziehen.

Ausbau

- Lampenträger abnehmen.
- An der mit ihren Reflektoren kombinierten Leuchte drei bzw. sechs (Stufenheck) Haltemuttern losdrehen.

Rückfahrlichtschalter

Das Aufleuchten der Rückfahrleuchte(n) veranlaßt der Schalter links unten im Getriebegehäuse, wenn er beim Einlegen des Rückwärtsgangs von der entsprechenden Schaltstange berührt wird.

Links: Bei aufgebocktem Wagen sehen Sie vor der linken Antriebswelle den von unten ins Vierganggetriebe eingeschraubten Schalter (1) für den bzw. die Rückfahrleuchte(n) mit seinem Zweifachstecker (2).
Rechts: Beim Fünfganggetriebe sitzt der Schalter für die Rückfahrleuchte (1) in Fahrtrichtung vorn im Getriebegehäuse. Weiter bedeuten:
2 – Anschlußstecker;
3 – Stabilisator.

● Bleibt es bei eingelegtem Rückwärtsgang hinten dunkel, kontrollieren Sie die zuständige Sicherung.
● Ist sie intakt, Stecker am Rückfahrlichtschalter abziehen und mit einem Drahtstück überbrücken.
● Leuchtet es jetzt, ist der Schalter defekt.
● Bleibt es jedoch dunkel im Rückfahrleuchtenfenster, ist die Leitung nach hinten unterbrochen (intakte Glühlampen vorausgesetzt).

● **Ausbau:** Der Schalter sitzt direkt im Getriebeöl. Zum Wechsel also ein Auffanggefäß unterstellen.
● Halten Sie den neuen Schalter gleich bereit, damit möglichst wenig Getriebeöl ausläuft.
● Sicherheitshalber nach dem Einbau den Getriebeölstand kontrollieren.

Kennzeichenleuchten

● Beide Kreuzschlitzschrauben des Deckglases im hinteren Stoßfänger (Ausführung bis 7/86) bzw. im Heckklappengriff (ab 10/90) herausdrehen.
● Darauf achten, daß die Halteschrauben nicht verloren gehen.
● Bei den von 8/86 bis 7/90 gebauten Modellen Lampengehäuse aus dem Stoßfänger herausziehen, ggf. mit einem schmalen Schraubendreher etwas anheben.
● Deckglas abziehen bzw. Kunststoff-Lampenfassung vom Deckglas abziehen.
● Glühlampe nach leichtem Druck und Linksdrehung aus der Fassung ziehen.
● Beachten Sie beim Einbau des Lampenglases, daß die Leuchtfläche in Richtung Kennzeichen zeigt.

Leuchten im Innenraum

Innenleuchte

Die Soffittenlampe (10 Watt, 41 mm lang, DIN-Form K) muß bei geöffneter Fahrertür und entsprechender Schalterstellung brennen. Sie erhält dauernd Strom. Bei »besserer« Ausstattung sitzt auch an der Beifahrertür ein entsprechender Kontaktschalter für die Leuchte.
Zum Ausbau der Innenleuchte brauchen Sie kräftige Fingernägel, einen breitflächigen Schraubendreher oder einen flachen Löffelstiel.
● Massekabel der Batterie abklemmen oder Sicherung der Innenleuchte herausnehmen, sonst Kurzschlußgefahr.
● Lampengehäuse an der Seite mit der Metall-Haltefeder aus dem Dachausschnitt heraushebeln.
● Soffittenlampe aus ihren Haltezungen aushängen.
● Beim Einbau zuletzt die Seite der Innenleuchte mit der Haltefeder in den Dachausschnitt drücken.

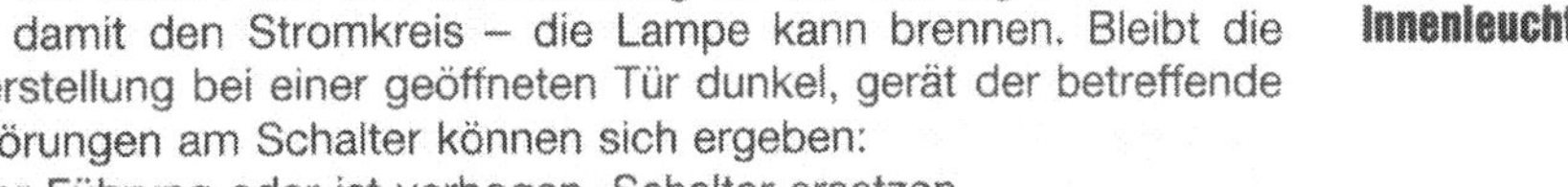

Türkontaktschalter der Innenleuchte

Die Innenleuchte wird bei entsprechender Schalterstellung durch den/die in die Türpfosten eingeschraubten Türkontaktschalter ein- und ausgeschaltet. Sie stellen die Masseverbindung zu der ständig unter Strom stehenden Innenleuchte her und schließen damit den Stromkreis – die Lampe kann brennen. Bleibt die Innenleuchte in der entsprechenden Schalterstellung bei einer geöffneten Tür dunkel, gerät der betreffende Türkontaktschalter in Verdacht. Folgende Störungen am Schalter können sich ergeben:
○ Der Druckstift des Schalters klemmt in der Führung oder ist verbogen. Schalter ersetzen.
○ Der Kabelstecker ist gar nicht am Schalter aufgesteckt.

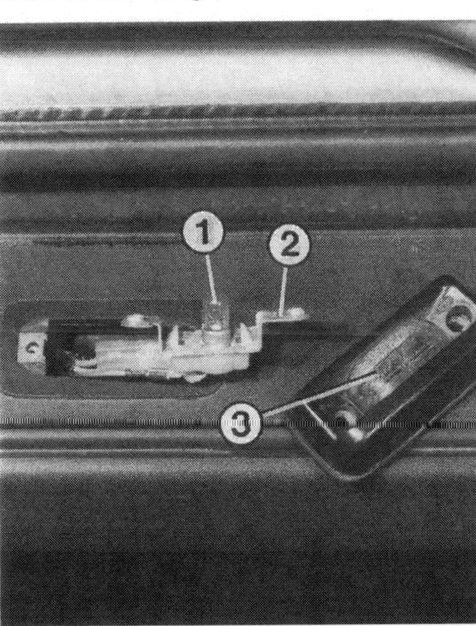

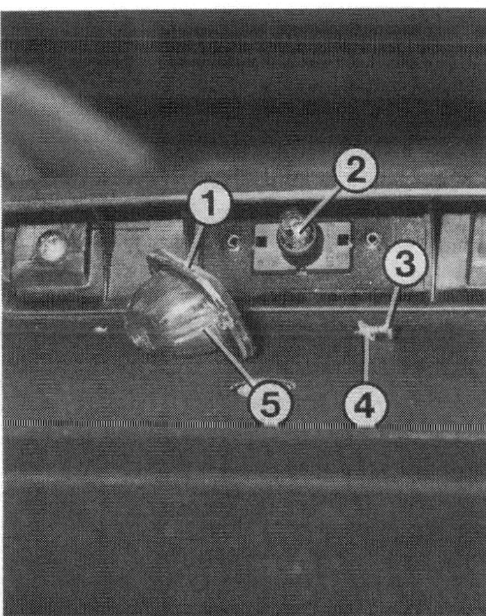

Links: Zur Kennzeichenleuchte im Stoßfänger (bis 7/86) gehören:
1 – Glühlampe;
2 – Fassung;
3 – Deckglas.
Rechts: Die Kennzeichenleuchte im Heckklappengriff ab 10/90:
1 – Dichtung;
2 – Glühlampe;
3 – Halteschraube;
4 – Dichtung;
5 – Deckglas.

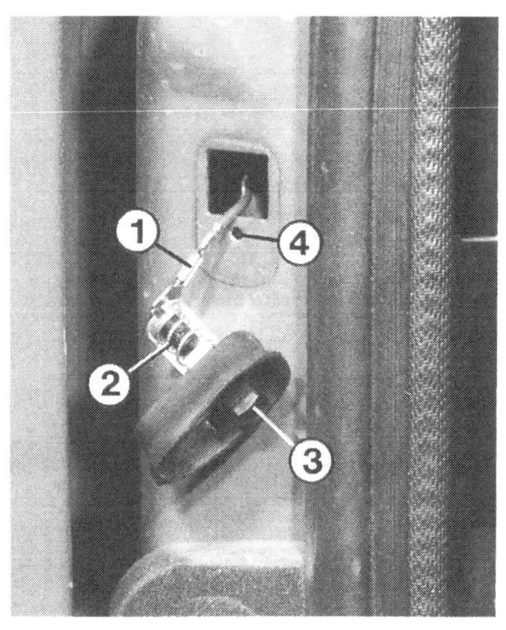

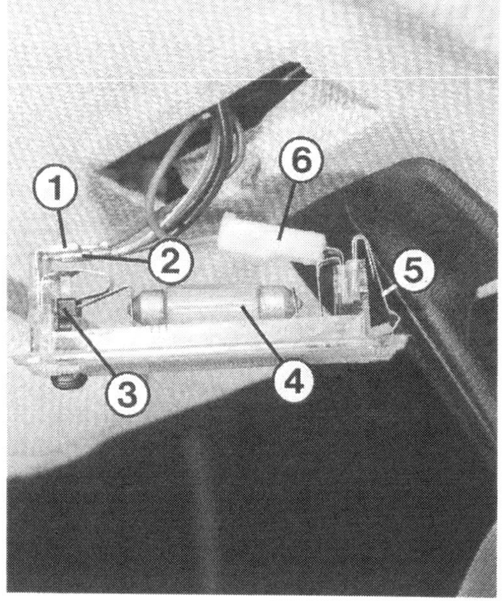

Links: Der ausgebaute Türkontaktschalter zeigt:
1 – Anschlußleitung;
2 – Feder;
3 – Druckstift;
4 – Bohrung für die Halteschraube.
Rechts: An der herausgenommenen Innenleuchte sehen Sie:
1 – Massekabel;
2 – Kabel zu den Türkontaktschaltern;
3 – Schalter der Innenleuchte;
4 – Soffittenlampe;
5 – Metall-Haltefeder;
6 – stromzuführende Leitung.

○ Die Kontaktfläche des Schalters ist zur Halteschraube hin oder am Steckeranschluß oxidiert. Oxidschicht mit scharfkantigem Schraubendreher wegkratzen oder mit Schleifpapier blankschleifen.

● Der Türkontaktschalter ist nur mit einer Kreuzschlitzschraube an den Türausschnitt angeschraubt.

● Zum Ausbau Schraube herausdrehen und Schalter herausziehen.

● Achten Sie darauf, daß das angeschlossene Kabel nicht in den Türpfosten hineinfällt.

● Ist das Kabel im Türpfosten verschwunden, nehmen Sie im Fußraum seitlich den Teppich ab, um das Kabel zu »angeln«.

Kofferraumleuchte

Sie ist den Stufenheckmodellen vorbehalten. Im Fassungsgehäuse der rechten Heckleuchte ist eine Soffittenlampe (5 Watt, 36 mm lang, DIN-Form L) eingesetzt.

● Kofferraumklappe öffnen.

● Haltenase der durchsichtigen Abdeckung an der rechten Heckleuchte nach unten drücken, Deckglas abnehmen.

● Soffittenlampe aus ihren Haltern herausnehmen.

Sonstige Leuchten

Instrumenten-Beleuchtung

An dieser Stelle ist lediglich die Beleuchtung der Anzeigeinstrumente behandelt. Die ebenfalls im Kombi-Instrument sitzenden Kontrolleuchten finden Sie im Kapitel »Instrumente und Geräte« beschrieben.

● Die 1,2-Watt-Glassockellämpchen bilden mit der Fassung eine Einheit, Sie müssen sich also aus dem Teilelager eine Lampe mit Fassung besorgen.

● Für bessere Zugänglichkeit sollten Sie das Lenkrad abschrauben.

● Kombi-Instrument komplett ausbauen (Kapitel »Instrumente und Geräte«).

● Oben im Gehäuse des Kombi-Instruments sitzen zwei Lampenfassungen und ggf. eine weitere im Gehäuse der Digitaluhr.

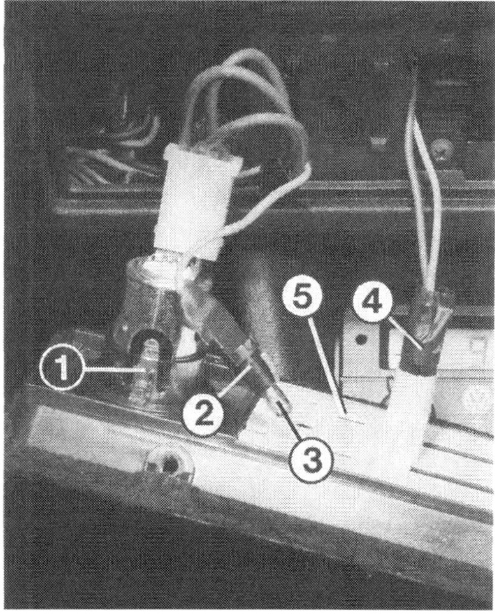

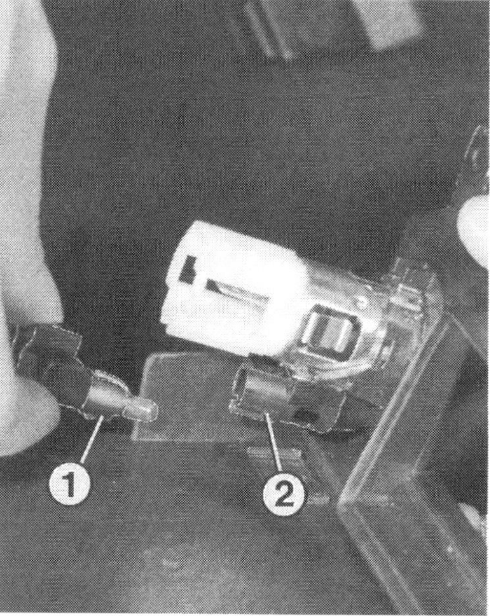

Links: Die ausgebaute Heizhebelblende bis 7/90 mit Anzünderbeleuchtung und Lichtleiste für die Heizhebel:
1 – Halteklammer für die Anzünderbeleuchtung;
2 – Fassung der Anzünderbeleuchtung;
3 – Glassockellampe;
4 – Fassung der Heizhebelbeleuchtung.
Rechts: Die Beleuchtung des Anzünders ab 10/90 besteht aus der Fassung mit Glassockellampe (1) und der Halterung (2).

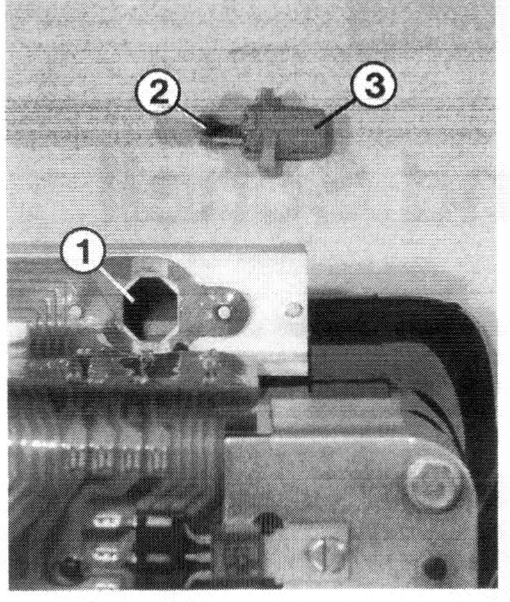

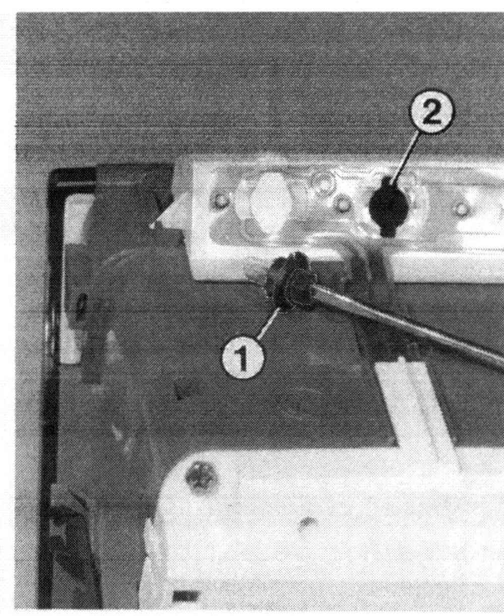

Links: Am ausgebauten Kombi-Instrument bis 7/90 ist die Fassung (3) der Instrumentenbeleuchtung mit ihrer Glassockellampe (2) abgenommen. Position »1« zeigt auf die Öffnung zum Einstecken der Fassung.
Rechts: Hat die Fassung (1) der Glassockellampe einen Querschlitz (hier im Kombi-Instrument ab 10/90 gezeigt), läßt sie sich am besten mit einem schmalen Schraubendreher aus ihrer Halteöffnung (2) losdrehen.

- Fassung nach Linksdrehen abnehmen.
- Hilfreich ist eine kleine Flachzange oder eine »Telefonzange«, wie sie der Elektriker besitzt.
- Besitzt die Lampenfassung einen Querschlitz, läßt sie sich mit einem Schraubendreher ausbauen.
- Fassung mit Lampe wieder ins Instrumentengehäuse einsetzen und bis zum Anschlag rechtsdrehen.

Heizhebel- und Anzünderbeleuchtung

Die Beleuchtung für die Symbole der Heizung und Lüftung sowie den Anzünder sitzt in der Heizhebelblende und brennt bei eingeschaltetem Stand- und Hauptlicht.

- Heizhebelblende ausbauen (Kapitel »Heizung und Lüftung«).
- Betreffende Glühlampenfassung an der Rückseite der Blende abziehen bzw. etwas nach links drehen und abnehmen.
- Glühlampe aus der Fassung ziehen. Es handelt sich um eine Glassockellampe (1,2 Watt, DIN-Form W).

Cassettenbox-Beleuchtung

Für die beleuchtete Belegungsanzeige der Cassettenablage dient ebenfalls eine Fassung mit eingesetzter Glassockellampe.

- Zum Wechseln der defekten Lampe die Cassettenbox aus der Mittelkonsole ziehen.
- Haltespange der Lampenfassung an der Box anheben, Fassung herausziehen.
- Stecker abziehen, Fassung komplett mit Lampe ersetzen.

Licht und Schall

Im Straßenverkehr gibt es glücklicherweise schon seit langem eine allgemeinverständliche Sprache: Die Absicht zum Abbiegen oder Spurwechseln drücken die Blinker aus. Wenn abgebremst oder angehalten werden soll, zeigen dies rote Lichter an. Und will der Fahrer jemanden warnen, ertönt das Horn oder die Lichthupe flammt kurz auf.

Blink- und Warnblinkanlage prüfen

Ständige Kontrolle

Die Warnblinkanlage muß ständig funktionieren, deshalb wird ihr Schalter direkt von Batterie-Plus über Sicherung 12 versorgt. Die Richtungsblinker erhalten dagegen nur bei eingeschalteter Zündung Strom von Klemme 15 über Sicherung 10.

● Drücken Sie bei ausgeschalteter Zündung auf den Schalter der Warnblinkanlage.

● Alle Blinkerlampen und die rote Schaltertaste leuchten im gleichen Rhythmus auf.

● Wenn Sie die Zündung jetzt einschalten, blinkt zusätzlich die grüne Blinkerkontrolle im Gegentakt mit.

● Warnblinker ausschalten, Zündung eingeschaltet lassen.

● Bei gedrücktem Blinkerhebel müssen eine Blinkerseite und im Gegentakt die grüne Kontrolleuchte regelmäßig aufleuchten.

Störungsbeistand

Blink- und Warnblinkanlage

Die Störung	– ihre Ursache
A Grüne Kontrollampe für Richtungsblinker leuchtet in ganz kurzen Intervallen auf, normaler Blinker-Rhythmus beim Warnblinken	Eine Glühlampe defekt oder ohne Kontakt
B Blinkleuchten am Wagen brennen beim Richtungs- und Warnblinken dauernd, grüne Kontrolleuchte bleibt dunkel	Blinkrelais defekt
C Grüne Kontrolleuchte brennt beim Richtungs- und Warnblinken dauernd, Blinkleuchten am Wagen bleiben dunkel	Blinkrelais defekt
D Richtungsblinken funktioniert, aber kein Warnblinken	1 Sicherung 12 defekt 2 Leitung zwischen Ausgang Sicherung 12 und Warnblink- bzw. Hebelschalter unterbrochen 3 Warnblink- bzw. Hebelschalter defekt
E Warnblinken funktioniert, aber kein Richtungsblinken	1 Sicherung 10 defekt 2 Leitung zwischen Ausgang Sicherung 10 und Warnblink- bzw. Hebelschalter unterbrochen 3 Siehe D 3
F Kein Richtungs- und kein Warnblinken	Siehe D 3
G Störungen im Blinker-Rhythmus, Blinker spricht ohne Schalterbetätigung an	1 Überspringende Zündfunken durch schadhafte Kabel oder Stecker 2 Spannungsimpulse durch stromführende Leitungen in der Nähe des Blinkrelais

Behelf bei defektem Blinkrelais

Mit einem ausgefallenen Blinkrelais ist die Weiterfahrt nicht ganz ungefährlich, denn im dichten Verkehr und vor allem bei Dunkelheit wird Ihre Abbiegeabsicht den anderen Autofahrern nicht ersichtlich.

● Blinkrelais leicht ruckelnd aus dem Halter herausziehen.

● Brücke zwischen den Klemmen 49 und 49a (am Relais markiert) herstellen. Dazu in den Relaishalter in die Steckanschlüsse, die Klemme 49 und 49a gegenüber liegen, ein kurzes Drahtstück einstecken.

● Blinkrelais wieder einsetzen.

● Bei gedrücktem Blinkerhebel leuchtet jetzt eine Blinkerseite dauernd.

● Durch Ein- und Ausschalten mit dem Blinkerhebel erhalten Sie einen Blinker-Rhythmus.

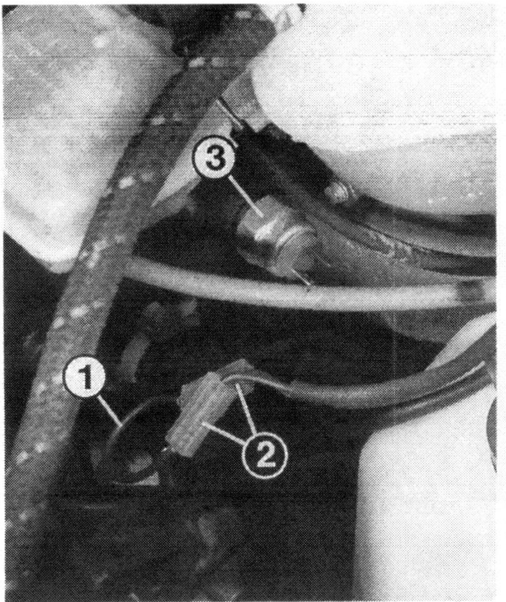

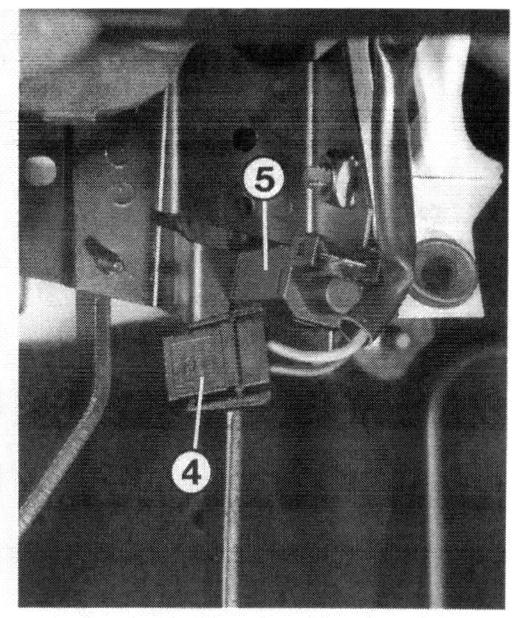

Links: Der hydraulische Bremslichtschalter (3) sitzt am Hauptbremszylinder. Hier die Überprüfung des Schalters, wozu beide Stecker (2) abgezogen und mit einem Kabelstück (1) verbunden wurden.
Rechts: Bei den neueren Modellen sitzt der mechanische Bremslichtschalter (5) am Pedalbock. Wir haben hier den Anschlußstecker (4) abgezogen.

Bremsleuchten prüfen

Ständige Kontrolle

- Bei rückwärts gegen eine helle Wand geparktem VW müssen Sie zwei rote Lichtreflexionen sehen, wenn Sie auf das Bremspedal treten. Am besten im Dunkeln kontrollieren.
- Oder in einer Kolonne im Rückspiegel prüfen, ob sich in den Scheinwerfer-Reflektoren oder in der Lackierung des Hintermannes beide Bremslichter spiegeln.

Der Bremslichtschalter

Bis 2/85 gebaute Modelle besitzen einen hydraulischen Bremslichtschalter am Hauptbremszylinder im Motorraum. Bei neueren Fahrzeugen sitzt ein mechanischer Schalter oben im Fahrerfußraum am Pedalbock. Durch den Tritt auf das Bremspedal werden die Schalterkontakte und damit der Stromkreis zu den Bremsleuchten geschlossen. Beim hydraulischen Schalter bewirkt dies der ansteigende Druck im Bremssystem, beim mechanischen Schalter wandert ein Druckstift heraus.

Bremslichtschalter überprüfen

- **Hydraulischer Schalter:** Motorhaube öffnen.
- **Mechanischer Schalter:** Linkes Ablagefach ausbauen.
- **Beide:** Kabelstecker abziehen.
- Kabelanschlüsse im Stecker mit Büroklammer oder Drahtstück überbrücken.
- Brennen jetzt die Bremslichter, ist der Bremslichtschalter defekt.

Hydraulischen Schalter auswechseln

- Kabelstecker abziehen.
- Bremslichtschalter herausschrauben.
- Neuen Schalter bereithalten und umgehend eindrehen, damit möglichst wenig Bremsflüssigkeit ausläuft.
- Bremsanlage entlüften.

Mechanischen Schalter austauschen

- Linkes Ablagefach ausbauen.
- Kabelstecker abziehen.
- Bremslichtschalter eine Vierteldrehung nach links drehen und vom Pedalbock abziehen.
- Nach dem Einbau Funktion überprüfen.

Störungsbeistand

Bremslicht

Die Störung	– ihre Ursache	– ihre Abhilfe
A Eine Bremsleuchte brennt nicht	1 Glühbirne durchgebrannt	Austauschen
	2 Spannungszuleitung unterbrochen. Brennen alle übrigen Glühbirnen in derselben Heckleuchte? Falls nicht:	Kabel kontrollieren
	3 Unterbrechung der Masseverbindung	Masseanschluß überprüfen
B Beide Bremslichter brennen nicht	1 Sicherung defekt	Ersetzen
	2 Bremslichtschalter defekt	Überprüfen, ggf. ersetzen
	3 Siehe A 1 und 3	
C Bremslicht brennt dauernd	1 Siehe B 2	
	2 Kabel zum Bremslichtschalter haben direkten Kontakt	Kabel kontrollieren

Hupenprüfung: Steht das schwarz/gelbe Kabel unter Spannung? An dessen Kabelstecker ist hier die Prüflampe angeklemmt.

Hupe prüfen

Wartung Nr. 5

Bei eingeschalteter Zündung und beim Druck auf den Hupkontakt im Lenkrad muß das Horn ertönen bzw. bei entprechender Ausstattung die Zweiklanghörner. Bei Modellen mit Zweiklanghörnern ist zur Schonung der Hupkontakte ein Relais zwischengeschaltet. Bei beiden Versionen liegt bei eingeschalteter Zündung am Signalhorn bzw. den Hörnern ständig Spannung von Klemme 15 an. Damit es hupt, wird die Verbindung zur Masse über den Hupkontakt und ggf. das Relais geschlossen.

Signalhorn kontrollieren

- Kabelstecker abziehen.
- Hupe ausbauen.
- An beiden Steckanschlüssen je ein Kabelstück aufstecken und diese mit dem Plus- bzw. Minuspol der Batterie verbinden.
- Bleibt es ruhig, ist das Signalhorn defekt.
- Ein krächzendes oder stummes Horn läßt sich bisweilen mit der Einstellschraube an der Hupenrückseite stimmen oder zum Leben erwecken.
- Schraube unter der Vergußmasse freilegen.
- Nach dem Einstellen die Schraube mit Karosseriedichtmasse feuchtigkeitssicher verschließen.

Störungsbeistand

Hupe

Die Störung	– ihre Ursache	– ihre Abhilfe
A Einzelhupe tönt nicht	1 Sicherung defekt	Ersetzen
	2 Spannungszuleitung zur Hupe (schwarz/gelbes Kabel) unterbrochen	Kabelverlauf kontrollieren, Steckkontakte an der Hupe blank kratzen
	3 Hupe defekt	Prüfen, ggf. austauschen
	4 Leitung zwischen Hupenkontakt und Hupe unterbrochen	Kabelverlauf kontrollieren
B Einzelhupe tönt dauernd bei eingeschalteter Zündung	1 Kabel vom Hupkontakt zur Hupe hat Kurzschluß zur Masse	Braun/schwarzes Kabel abziehen. Hupt es nicht mehr, Kabelverlauf kontrollieren. Unterwegs: Kabel abgezogen lassen
	2 Hupe hat inneren Kurzschluß	Hupe ersetzen. Unterwegs: Stromzuführendes schwarz/gelbes Kabel abziehen und isolieren
C Eine Hupe der Zweiklanghörner tönt nicht	Siehe A 2–4	
D Beide Hupen der Zweiklanghörner tönen nicht	1 Siehe A 1, 2 und 4	
	2 Hupenrelais defekt	Prüfen, ggf. austauschen

Die Lichthupe

Die Fernlicht-Glühfäden und Fernlichtkontrolle leuchten auf, wenn Sie den Blinkerhebel zum Lenkrad ziehen. Falls die Lichthupe nicht funktioniert, obwohl die Scheinwerfer bei eingeschalteter Beleuchtung brennen:

- Mit Prüflampe kontrollieren, ob das rot/gelbe Klemme-30-Kabel zum Hebelschalter unter Spannung steht.
- Falls ja, dürfte der Lichthupenkontakt im Hebelschalter defekt sein. Schalterausbau siehe Kapitel »Instrumente und Geräte«.

Schaltzentrale

Anzeigeinstrumente und Warnlichter informieren den Fahrer über das augenblickliche Befinden seines Fahrzeugs. Und eine Vielzahl von Schaltern löst allerlei Funktionen aus. Auf alle diese Bauteile gehen wir in diesem Kapitel ein. Weiter sollen jene Einrichtungen zur Sprache kommen, mit denen das Autofahren sicherer oder komfortabler wird.

Kontrollinstrumente und -leuchten prüfen

Wartung Nr. 4

Setzen Sie sich hinter das Lenkrad und kontrollieren Sie nacheinander:

- Läuft die Zeiger- bzw. Digitaluhr?
- Zündung einschalten. Es müssen aufleuchten oder -blinken: Ladekontrolle, Öldruckwarnleuchte, Temperaturwarnleuchte, Handbremskontrolle bei angezogenem Hebel. Im Lichtschalter muß das Lichtsymbol erleuchtet sein.
- Mit etwas Verzögerung wandert die Tankanzeigenadel über die Skala.
- Linken Hebelschalter betätigen – leuchtet die grüne Blinkerkontrolle bzw. die Fernlichtkontrolle?
- Brennen bei gedrücktem Schalter die Kontrollleuchten für Warnblinker, heizbare Heckscheibe und, bei eingeschaltetem Licht Nebelscheinwerfer bzw. Nebelschlußleuchte?
- Motor starten – arbeitet der evtl. eingebaute Drehzahlmesser?
- Bei einer Probefahrt die Funktion von Tachometer, Kühlmittel-Temperaturanzeige und ggf. Schalt- und Verbrauchsanzeige überprüfen.

Arbeiten am Kombi-Instrument

Zum Ausbau der Instrumenten-Kombination haben wir das Lenkrad abgenommen. Das ist nicht unbedingt notwendig, aber es erleichtert die Zugänglichkeit.

Kombi-Instrument bis 7/90 ausbauen

- Massekabel der Batterie abnehmen.
- Zwei Kreuzschlitzschrauben der Kombi-Instrumentblende herausdrehen, Blende ein Stück herausziehen.
- Sämtliche Schalter ausbauen.
- Blende des Kombi-Instruments abnehmen.
- Seitlich links an der Instrumenten-Kombination vorbei nach hinten greifen und Tachowelle lösen.
- Rechts und links am Kombi-Instrument je eine Kreuzschlitzschraube losdrehen.
- Kombi-Instrument so weit wie möglich vorziehen und an der Rückseite die Mehrfachstecker und ggf. den Unterdruckschlauch für die Verbrauchsanzeige (nur Formel E) abziehen.
- Beim Einbau darauf achten, daß der Mehrfachstecker und die Tachowelle richtig eingesteckt sind.
- Funktion vor dem endgültigen Zusammenbau prüfen!

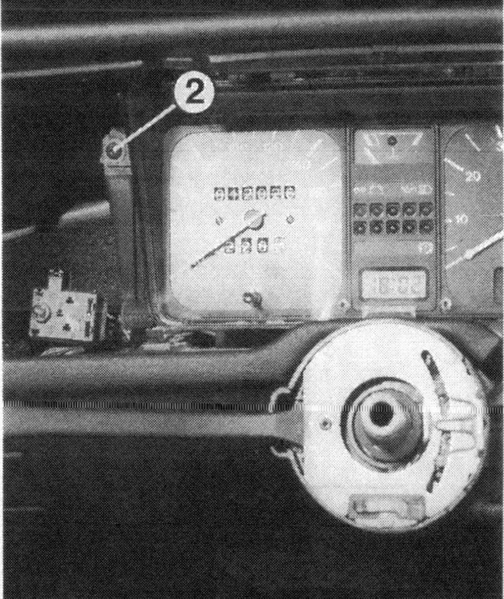

Links: Die Blende des Kombi-Instruments bis 7/90 wird oben von zwei Kreuzschlitzschrauben gehalten – eine davon (1) ist zu sehen. **Rechts:** Beidseitig vom Kombi-Instrument muß je eine Kreuzschlitzschraube (2) herausgedreht werden.

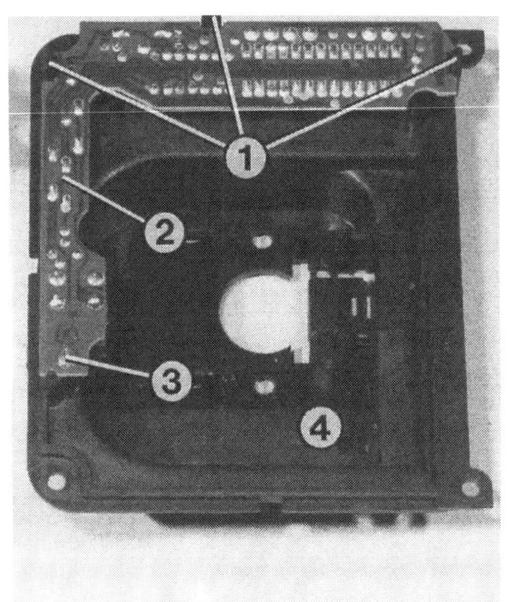

Links: Beim Polo bis 7/90 wird bei abgeschraubtem Tachometer im Gehäuse (4) das Steuergerät (2) für die dynamische Öldruckkontrolle sichtbar sowie die entsprechenden Kunststoff-Halteklammern (1) und die Befestigungsschraube (3). Rechts: Hier ist die Haltespangen (5) des Mehrfachsteckanschlusses (6) am Kombi-Instrument bis 7/90 gezeigt.

Leiterfolie bis 7/90 ausbauen

- Ausgebaute Instrumenten-Kombination mit dem »Gesicht« auf einen Lappen legen.
- Fassungen der Instrumenten- und ggf. Digitaluhrbeleuchtung abnehmen.
- Halteschraube des Spannungskonstanters losdrehen.
- Halteschrauben der Leiterfolie losdrehen, dabei auf die Isolierscheibe achten, die wieder an derselben Stelle montiert werden muß.
- Muttern (SW 7) an den Gewindestiften der Instrumente losdrehen. Die darunter liegenden Federringe sind unterschiedlich – nicht vertauschen.
- An der Zeigeruhr Halteclip vom Steckkontakt der Leiterfolie abdrücken.
- Schraube der Anschlußfahne an der Zeigeruhr losdrehen.
- Folie vorsichtig aus den Kunststoffhaltestiften mit leichter Schraubendreher-Nachhilfe herausheben.
- Mehrfachsteckverbindungen der Leiterfolie rechts oben am Tacho und in der Mitte vorsichtig abheben.
- Folie vollends abziehen. Nicht knicken!
- Wenn die Leiterfolie nicht komplett abgenommen werden soll, klappt man sie jetzt nach unten.
- Andernfalls Haltespangen am Mehrfachsteckanschluß ausrasten.
- Beim Kauf einer neuen Leiterfolie auf die richtige Ausführung achten.
- Beim Festschrauben der Leiterfolie darauf achten, daß an der Zeigeruhr die Anschlußfahne unter die Kontaktöse an der Uhr gelegt wird. Andernfalls verdreht sich die Leiterfolie beim Festschrauben.
- Evtl. eingebaute Messingringe unter den Federringen der Tankanzeige wieder montieren.
- Kühlblech des Spannungskonstanters nicht vergessen.

Instrumente bis 7/90 ausbauen

- Leiterfolie ausbauen.
- Zuerst müssen die mittleren Instrumente ausgebaut werden.
- **In der Mitte** sitzende **Temperatur- bzw. Schalt- und Verbrauchsanzeige und Digitaluhr:** Mittleren Instrumententräger abheben.
- Instrument komplett vom Träger abnehmen.
- **Tachometer:** Tachometergehäuse herausnehmen.
- Schrauben am Tachowellenanschluß losdrehen, Tachometer herausziehen.
- Im Tachometergehäuse sitzt außerdem das **Steuergerät** für **die dynamische Öldruckkontrolle**. Zu dessen Ausbau eine Schraube lösen und drei Kunststoffklammern ausrasten.
- **Drehzahlmesser:** Ggf. rechts sitzende Tankanzeige ausbauen.
- Erst mittleren Instrumententräger, dann Drehzahlmesser abnehmen.
- Zwei Schrauben des Drehzahlmessers am Träger lösen.
- **Zeigeruhr:** Ggf. rechts sitzende Tankanzeige ausbauen.
- Uhr abnehmen.
- Zum Ausbau der **rechts sitzenden Tank- und Temperaturanzeige** zwei Halteschrauben der Blende losdrehen.
- Betreffendes Instrument vom Träger abnehmen.

Kontrolleuchten bis 7/90 ersetzen

- Leiterfolie abschrauben.
- Mittleren Instrumententräger abheben.
- In der Mitte der Diodenplatte die schwarze Diodenhalterung vorsichtig abhebeln.
- Defekte Diode bzw. Glühlampe herausziehen und neue einstecken.
- Diodenanschlüsse nicht verwechseln – der Minusanschluß ist zur Diode hin etwas breiter. Die richtige Einbaulage ist auch auf der Diodenhalteplatte eingeprägt.
- Zum Wechsel der Leuchtdiode in der Schaltanzeige muß diese erst von der weißen Diodenplatte abgeschraubt werden.

Links: Beim Kombi-Instrument bis 7/90 wird die Diodenhalterung (2) mit einem kleinen Schraubendreher abgehebelt. Die Digitaluhr besitzt zwei Halteschrauben, die Temperaturanzeige (1) ist lediglich eingesteckt.
Rechts: Eine herausgezogene Leuchtdiode (3).

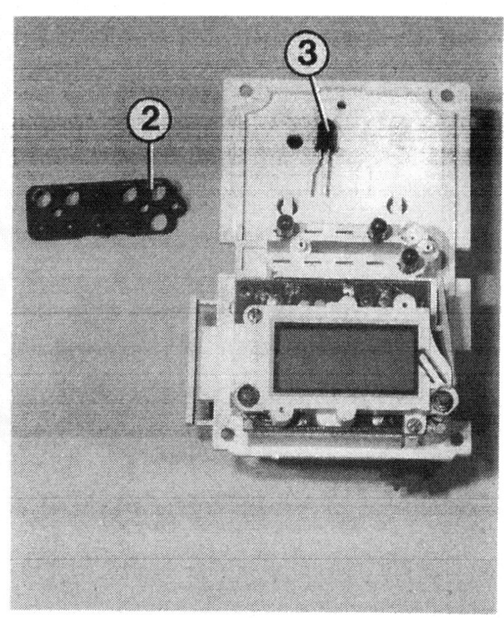

Spannungskonstanter bis 7/90 austauschen

- Kombi-Instrument ausbauen und auf das »Gesicht« legen.
- Spannungskonstanter von seinem Kühlblech abschrauben.
- Konstanter vorsichtig aus den Steckverbindungen der Leiterfolie herausziehen.
- Beim Anschrauben des neuen Spannungskonstanters unbedingt auf guten Kontakt mit dem Kühlblech achten. Bei der Reduzierung der Spannung wird Wärme frei, die bei schlechter Ableitung den elektronischen Bauteilen im Konstanter schadet.

Kombi-Instrument ab 10/90 ausbauen

- Radio-Entriegelungsbügel in die vier Bohrungen seitlich an der Frontblende stecken.
- Oder vier passende Nägel oder Drahtstifte in die Bohrungen schieben und damit die Haltefedern entriegeln.
- Instrumentengehäuse herausziehen. Ggf. mit leichtem Fingerdruck oben auf das Gehäuse nachhelfen.
- Mehrfachstecker am Kombi-Instrument abziehen.
- Die Tachowelle braucht nicht gelöst zu werden.

Leiterplatte und Instrumente ab 10/90 ausbauen

- Ausgebaute Instrumenten-Kombination mit dem »Gesicht« auf einen Lappen legen.
- Fassungen der Instrumenten- und ggf. Digitaluhrbeleuchtung abnehmen oder Steckverbindung der Leiterfolie für die Instrumentenbeleuchtung trennen.
- Vier Schrauben der Abdeckplatte hinten losschrauben.
- Abdeckplatte mit Leiterplatte und Instrumenten abnehmen.
- **Tachometer:** Seitlich am Kombi-Instrument zwei Schrauben losdrehen, Tacho vom Instrumentengehäuse abnehmen.
- **Tank- und Temperaturanzeige, Zeigeruhr, Drehzahlmesser:** Die Instrumente sind lediglich in die Leiterplatte eingesteckt – einfach abziehen.
- **Digitaluhr, Leiterplatte:** Bei Fahrzeugen mit Digitaluhr ist diese in die Leiterplatte integriert. Ebenfalls fest eingebaut sind der Spannungskonstanter und

Links: Zum Ausbau des Kombi-Instruments ab 10/90 rechts und links die Entriegelungsbügel (Pfeile) einstecken. Zum Herausziehen ggf. mit dem Finger oben etwas nachhelfen.
Rechts: Hier haben wir Teile der Instrumenten-Kombination abgenommen;
1 – Drehzahlmesser;
2 – Tank- und Temperaturanzeige;
3 – Leiterplatte;
4 – Spannungskonstanter.

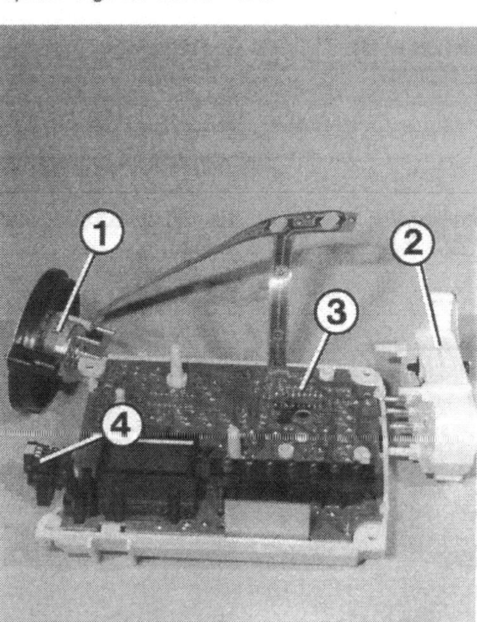

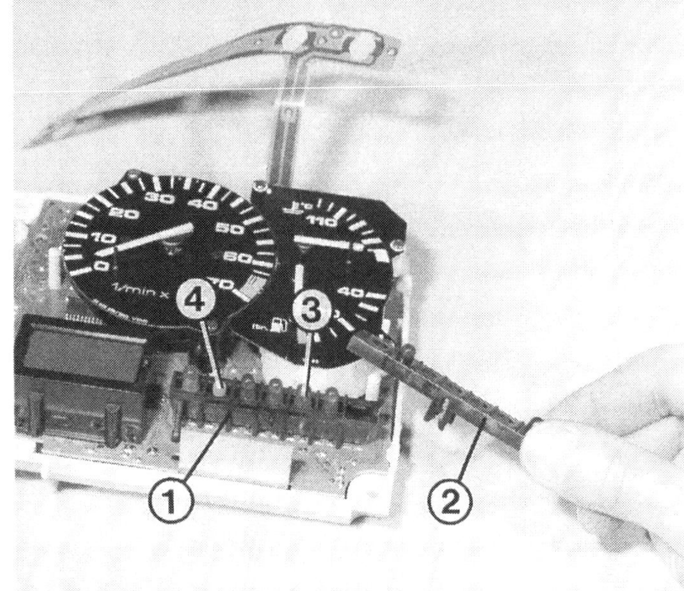

Am Kombi-Instrument ab 10/90 ist hier der Wechsel der Leuchtdioden gezeigt:
1 – Diodenhaltesockel;
2 – Abdeckung;
3 – Leuchtdiode;
4 – Glühlampe der Fernlichtkontrolle.

der Warnsummer der Öldruckkontrolle. Alle diese Teile können nur gemeinsam mit der Leiterplatte ersetzt werden.

- Instrumente und ggf. Steckververbindung der Leiterfolie zur Instrumentenbeleucvhtung abziehen.
- Kontrolleuchten ausbauen.
- Beim Teilekauf auf richtige Ausführung der Leiterplatte achten.

Kontrolleuchten ab 10/90 ersetzen

- Am ausgebauten Kombi-Instrument die Abdeckplatte hinten losschrauben.
- Abdeckung der Kontrolleuchten in der Leiterplatte ausrasten.
- Defekte Diode bzw. Glühlampe herausziehen und neue einstecken.
- Diodenanschlüsse nicht verwechseln – der Minusanschluß hat drei Erkennungsmerkmale: Größerer Pol im Diodengehäuse, angefaste Stelle am Diodengehäuse (sieht aus wie plangeschliffen), bisweilen ist auch der Steckanschluß leicht gebogen.
- Die richtige Einbaulage ist auch auf der Leiterplatte eingeprägt.

Tachometer

Dieser Geschwindigkeitsmesser zeigt das Fahrtempo gewissermaßen auf elektrischem Weg an, nämlich durch Erzeugung von Wirbelströmen, die eine Aluminiumtrommel rund um die Zeigerachse gegen den Widerstand einer Spiralfeder verdrehen. Der Tachometer kann aber nicht die genaue Entfernung oder Geschwindigkeit messen, sondern er »zählt« die Umdrehungen des Tachowellenantriebs am Getriebegehäuse und setzt sie in Kilometerangaben um. Nach wieviel Tachowellenumdrehungen ein Kilometer auf der Straße zurückgelegt wurde, hängt von der Reifengröße und der Achsübersetzung ab. Die entsprechende Tachometerantriebs-Anpassung wird mit der »Weg-Drehzahl« gekennzeichnet. Die lautet für unsere Modelle 980.

Störungen am Tachometer

○ Eine zitternde Tachonadel weist gewöhnlich darauf hin, daß die Tachowelle einen Knick hat und bald brechen wird.
○ Bei einem Fahrzeug mit hoher Laufleistung kann auch der Tachoantrieb im Getriebe verschlissen sein.
○ Ist ausschließlich der Kilometerzähler ausgefallen, kann die schwenkbare Antriebsschnecke aus der Kilometerzählerachse abgerutscht sein (nur beim Tacho von Moto Meter).

Tachowelle ausbauen

- **Bis 7/90:** Blende des Kombi-Instruments abschrauben.
- Mit schlanker Hand links am Kombi-Instrument vorbeigreifen und die Kunststoff-Halteklammern an der Tachorückseite ausrasten; das geht bisweilen leichter, wenn man die Wellensicherung etwas dreht.
- **Ab 10/90:** Bei geöffneter Motorhaube im Wasserfangkasten an der Stirnwand die Kunststoffmutter der Tachowelle losdrehen.
- Tachowellenansatz aus dem Kombi-Instrument ziehen.
- **Alle:** Am hochgebockten Wagen von unten rechts am Getriebe die Sechskantmutter der Tachowelle losdrehen.
- Tachowelle zum Motorraum hin herausziehen.
- Kontrollieren Sie den Dichtring am Wellenanschluß des Getriebes; ggf. ersetzen.
- Beim Einbau darf die Tachowelle nicht stark gebogen oder gar geknickt werden, sonst ist sie bald wieder defekt.

Links: Ein Blick über das Auspuffrohr auf die Sechskantmutter (1) der Tachowelle am Getriebe. Rechts davon sehen Sie die Auspuffaufhängung (2).
Rechts: In der Zeichnung ist die Klemmbefestigung (3) der Welle am Tachometer bis 7/90 abgebildet.

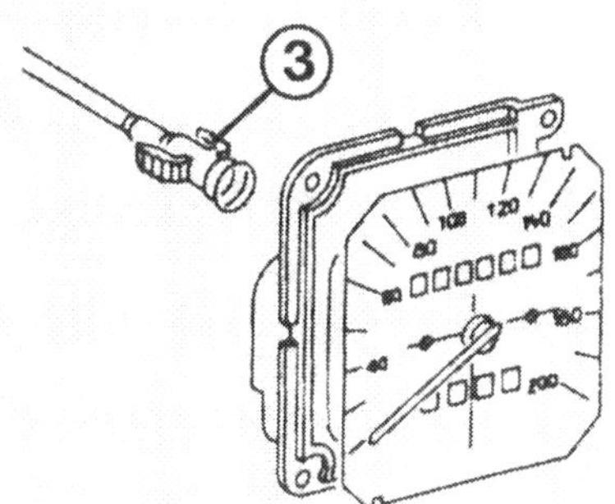

Kraftstoffanzeige

Die Tankanzeige ist im Prinzip nichts anderes als ein Voltmeter. Mit Einschalten der Zündung erhält das Anzeigegerät im Kombi-Instrument Spannung. Den Stromkreis zur Masse schließt ein veränderlicher Widerstand im Tankgeber. Dieser Geber im Kraftstofftank besteht aus einem Schwimmer und eben diesem elektrischen Widerstand. Je nach Stromdurchfluß wird das Bimetall im Anzeigeinstrument mehr oder weniger stark beheizt, und die daran befestigte Zeigernadel schlägt entsprechend aus.
Steht der Schwimmer bei vollem Tank in seiner höchsten Stellung, ist der Widerstand am Tankgeber überbrückt, das Anzeige-Bimetall wird voll beheizt und läßt den Zeiger voll ausschlagen. Mit abnehmendem Tankinhalt sinkt der Schwimmer, der dadurch höhere Widerstand hemmt den Stromdurchfluß zum Bimetall, die Nadel zeigt weniger an.

Störungsmöglichkeiten

Als Ursache für fehlerhafte Anzeige kommen in Frage:
○ Zu hoher oder zu niedriger Stand bei **gleichzeitig** falscher Temperaturanzeige: Spannungskonstanter defekt.
○ Fehlerhafte oder keine Anzeige des Tankinhalts bei richtiger Temperaturanzeige: Schwimmerarm verbogen bzw. Tankgeber oder Anzeigeinstrument defekt.

Tankgeber einstellen

● Bei fehlerhafter Anzeige durch verbogenen Schwimmerarm Tankgeber ausbauen (Kapitel »Vom Tank zur Kraftstoffpumpe«).
● Biegen des Schwimmerarms nach oben verringert die Anzeige, Biegen nach unten ergibt einen höheren Anzeigewert.

Tankgeber prüfen

● Freilegen, wie im Kapitel »Vom Tank zu Kraftstoffpumpe« beschrieben, Kabelstecker abziehen.
● Im Stecker den Anschluß des violett/schwarzen Kabels mit einem Kabelstück zum Kontakt des braunen Kabels überbrücken.
● Zündung kurz einschalten – wandert der Zeiger auf »Voll«, ist der Tankgeber defekt.
● Bewegt sich der Zeiger nicht, ist das violett/schwarze Kabel zum Kombi-Instrument unterbrochen bzw. die Leiterfolie/-platte oder das Anzeigeinstrument defekt.
● Prüfung des Anzeigeinstruments, wie unter »Anzeigegerät prüfen« beschrieben (Abschnitt »Kühlmittel-Temperaturanzeige«).

Kühlmittel-Temperaturanzeige

Die Anzeige für die Kühlmitteltemperatur funktioniert ähnlich wie die Tankanzeige. Plusstrom erhält das Instrument bei eingeschalteter Zündung, die Masseverbindung stellt der Temperaturfühler im Thermostatgehäuse am Zylinderkopf her. Dieser Fühler ist ein veränderlicher Widerstand. Mit zunehmender Erwärmung gibt er den Stromdurchfluß weiter frei, so daß das Bimetall im Instrument stärker beheizt wird und die Nadel weiter ansteigt.
Bei zu hoher Kühlmitteltemperatur wird zusätzlich eine rotblinkende Leuchtdiode eingeschaltet.

Kühlmittel-Mangelanzeige

Abgesunkener Kühlmittelstand wird bei manchen Modellen ebenfalls von der rotblinkenden Temperaturwarnleuchte angezeigt. Im Kühlmittel-Ausgleichbehälter sitzt dazu ein Kontaktschalter mit zwei Elektroden. Ein

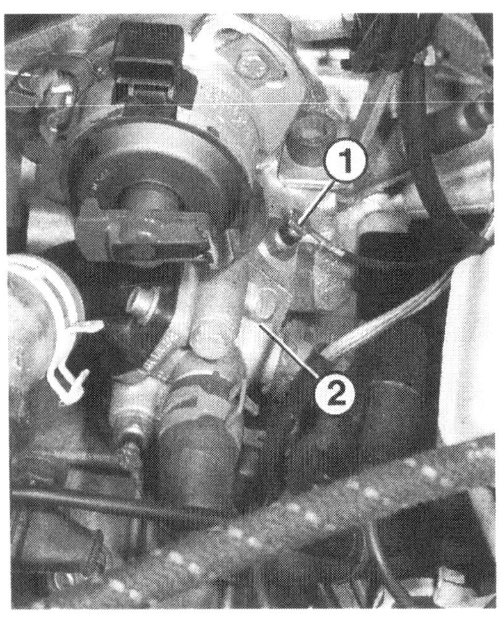

Links: Beim Schlepphebelmotor sitzt der Temperaturfühler (1) für die Kühlflüssigkeit in Fahrtrichtung hinten im Thermostatgehäuse (2). Wir haben hier den Verteilerdeckel abgenommen, damit der Temperaturfühler besser sichtbar ist.
Rechts: Am Hydrostößelmotor sitzen der Temperaturfühler (2) für das Kühlmittel und der Thermoschalter (1) der Ansaugrohrbeheizung und Startautomatik bzw. der Temperaturgeber für die Einspritzanlage in Fahrtrichtung vorn im Thermostatgehäuse.

Steuergerät im Fahrerfußraum (bis 7/90) bzw. in der Leiterplatte (seit 10/90) erzeugt einen Wechselstrom. Der Stromkreis ist durch das Kühlmittel geschlossen. Bei abgesunkenem Niveau stehen die Elektroden frei, der Stromkreis wird unterbrochen, und der Schalter öffnet seine Kontakte. Dadurch schaltet das Steuergerät die Kühlmittel-Warnleuchte ein. Damit die Kontrolle nicht bei schwappender Flüssigkeit in Kurven aufleuchtet, muß der Stromkreis mindestens acht Sekunden lang unterbrochen sein.

Störungsmöglichkeiten

○ Fehlerhafte Anzeige der Kühlmitteltemperatur bei **gleichzeitig** ungenauer Benzinstandsanzeige lassen auf einen schadhaften Spannungskonstanter schließen.
○ Keine Anzeige kann ihre Ursache im Temperaturfühler oder Instrument haben.
○ Richtige Anzeige und gleichzeitig blinkendes Warnlicht kann am Schalter der Kühlmittel-Mangelanzeige im Ausgleichbehälter oder dem Steuergerät liegen.

Prüfanleitung

● **Temperaturfühler prüfen:** Am Schlepphebelmotor gelb/rotes Kabel am Temperaturfühler abziehen und fest mit Masse verbinden.
● Am Hydrostößelmotor schwarzen Kabelstecker am Temperaturfühler abziehen und Kontakte durch ein Kabelstück verbinden.
● Zündung kurz einschalten – schlägt die Anzeigenadel aus, ist der Temperaturfühler defekt.
● **Anzeigegerät prüfen:** Kombi-Instrument ausbauen, Mehrfachstecker abziehen. Ab 10/90 Temperaturanzeige aus der Leiterplatte ziehen.
● Am besten eignet sich für die Überprüfung eine geladene Blockbatterie von 9 Volt, denn das entspricht in etwa der Betriebsspannung für das Anzeigeinstrument.
● Batteriepole an die Gewindestifte hinten am Instrument halten, ggf. mit Kabelstück.
● Die Anzeigenadel muß ausschlagen; wenn nicht, Pole vertauschen.
● Regt sich weiterhin nichts, ist das Instrument defekt – ersetzen.
● Zur Prüfung der Leiterfolie/-platte am Anschluß des Mehrfachsteckers den Steckkontakt des schwarzen Kabels (= Klemme 15) mit dem Pluspol einer 12-Volt-Batterie verbinden.
● Kontakt des violett/schwarzen Kabels (Tankanzei-

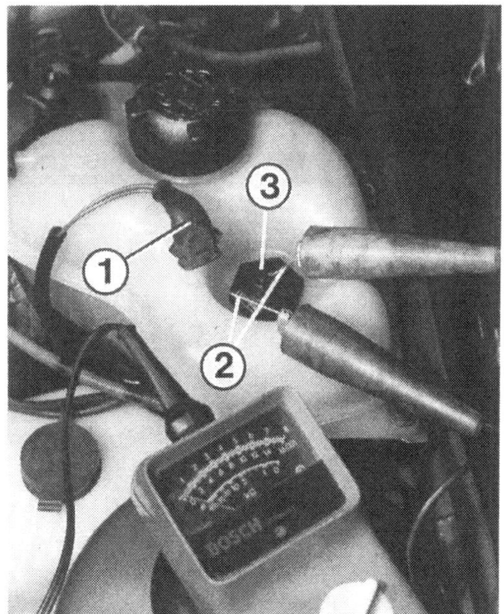

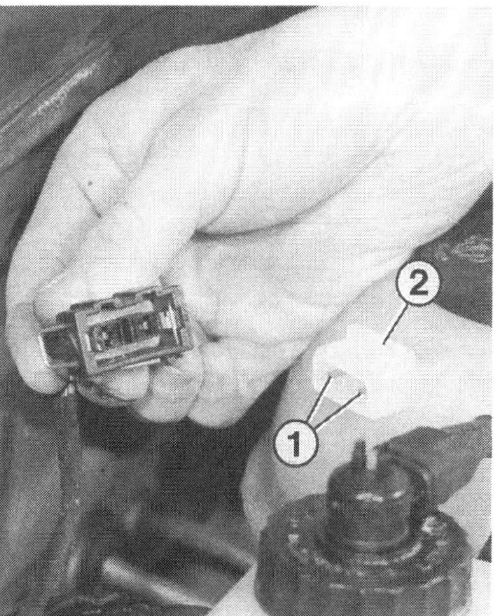

Links: Die ältere Version des Ausgleichbehälters mit eingeschraubtem Kontaktschalter (3) der Kühlmittel-Mangelanzeige. Hier ist zur Störungssuche der Kabelstekker (1) abgezogen. Damit wir die Steckkontakte mit den Klemmen des Ohmmeters antippen können, haben wir hier kleine Stifte (2) eingeklemmt.
Rechts: Beim neueren Ausgleichbehälter ist der Schalter (2) der Kühlmittel-Mangelanzeige ins Behältergehäuse eingegossen. Zur Störungssuche an den Schalterkontakten (1) den Widerstand messen.

Der Spannungskonstanter (1; Ausführung bis 7/90) ist hier von seinem Kühlblech (2) losgeschraubt; Postion »3« zeigt seine Halteschraube. Wir haben außerdem den Massekontakt (31) sowie den Spannungs-Eingang (E+) und -Ausgang (A+) bezeichnet.

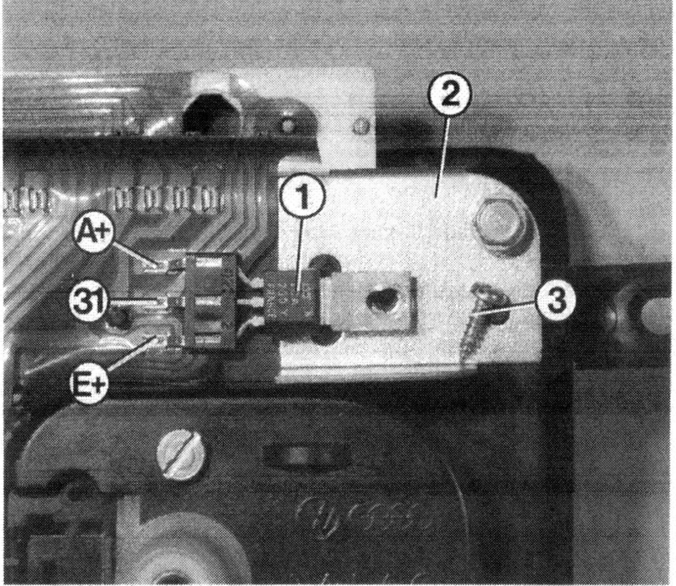

ge) bzw. der gelb/roten Leitung (Temperaturanzeige) an den Minuspol anschließen.

- Rührt sich die Anzeigenadel nicht, ist die Leiterfolie/-platte unterbrochen.
- Wandert die Nadel in ihre höchste Stellung, liegt der Fehler in der Kabelzuleitung.
- **Leuchtdiode im Instrument (bis 7/90) prüfen:** Hierzu wieder die 9-Volt-Batterie anschließen: Dünnen Stift an »–«, dickeren Gewindestift an »+«.
- Jetzt muß die Leuchtdiode blinken.
- Die rotblinkende Leuchtdiode in der Kühlmittelanzeige (bis 7/90) kann nicht ausgebaut werden, sondern muß gemeinsam mit dem Instrument getauscht werden.
- **Schalter für Kühlmittelmangel prüfen:** Kabelstecker abziehen, Ohmmeter an den Schalterkontakten anschließen.
- Solange die Elektroden in die Flüssigkeit reichen, ist der Widerstand 0 Ω.
- Wasser mit dem Frostschutzprüfer absaugen, der Widerstand strebt gegen ∞ Ω.
- Damit ist der Schalter in Ordnung, und der Fehler dürfte am Steuergerät liegen.

Spannungskonstanter

Er muß die Tank- und die Temperaturanzeige mit absolut gleichmäßiger Spannung versorgen. Andernfalls lassen Spannungsschwankungen die Zeigernadeln pendeln. Bis 7/90 ist der Konstanter an der Rückseite des Kombi-Instruments festgeschraubt, seit 10/90 ist er fest in die Leiterplatte integriert.

Spannungskonstanter prüfen

- **Versorgungsspannung:** Kombi-Instrument ausbauen.
- Mehrfachstecker am Kombi-Instrument wieder aufstecken.
- Zündung einschalten.
- Voltmeter zwischen »Eingang Klemme 15« und Masse (siehe Bild oben) anschließen.
- Hier müssen rund 12 Volt anliegen.
- Wenn nicht, Leitungsunterbrechung anhand des Stromlaufplans suchen.
- **Ausgangsspannung:** Zwischen dem mittleren »–«-Kontakt und dem »Ausgang Plus« die Spannung messen.
- Der Sollwert muß zwischen 9,5 und 10,5 Volt liegen.
- Wenn nicht, ist die Leiterfolie/-platte unterbrochen oder der Spannungskonstanter defekt.

Schalt- und Verbrauchsanzeige

Formel E

Ein Pfeil mit gelber Leuchtdiode leuchtet auf, wenn der Motor die geforderte Leistung nicht im günstigsten Drehzahlbereich abgibt. Die Zündspule gibt die Drehzahlinformation. Die Unterdruckmeldung aus dem Ansaugrohr stammt von einem Unterdruckschalter. Über 1900/min und bei mehr als 0,3 bar Unterdruck wird von einem Steuergerät der Stromkreis zur Leuchtdiode geschlossen, sie brennt und fordert den Fahrer zum Hochschalten auf. Totgestellt ist die Schaltanzeige bei kaltem Motor, bei losgelassenem Gaspedal und im höchsten Gang. Dies besorgen entsprechende Geber.
Nur im vierten Gang wandert der Zeiger der Verbrauchsanzeige über die Skala und zeigt den augenblicklichen Verbrauch als Tendenzwert. Die Information für die Verbrauchsanzeige liefert wieder der Unterdruck im Ansaugrohr. Dabei geht man davon aus, daß starker Unterdruck (bei nahezu geschlossener Drosselklappe) niedrigem Verbrauch entspricht; geringer Unterdruck dagegen hohem Benzinkonsum.

Störungssuche Schaltanzeige

● **Leuchtdiode prüfen:** Steuergerät abziehen, Steckkontakt für blau/gelbes Kabel direkt mit Masse verbinden.
● Zündung einschalten. Wenn jetzt die Schaltanzeige aufleuchtet:
● **Gangschalter prüfen:** Handbremse anziehen, Motor starten, Kupplung treten und vierten Gang einlegen (nicht einkuppeln!). Bewegt sich der Zeiger der Verbrauchsanzeige?
● Falls nicht, am Schalter in Fahrtrichtung links am Getriebegehäuse den Mehrfachstecker abziehen.
● Im Stecker die Kontakte der weiß/grünen und braunen Leitung miteinander verbinden.
● Handbremse anziehen, Motor starten, Kupplung treten. Zeigt die Verbrauchsanzeige jetzt an, ist der Gangschalter defekt. Sonst Anzeige prüfen.
● **Unterdruckschalter prüfen:** Er sitzt in einer Unterdruckleitung beim Ansaugrohr. Stecker abziehen (Kabelfarbe weiß/rot und braun).
● Ohmmeter an den Schalterkontaktzungen anschließen. Der Meßwert strebt gegen ∞ Ω.
● Motor starten und mit etwa 3000/min drehen lassen, der Widerstand muß auf 0 Ω abfallen. Wenn nicht, Unterdruckschläuche überprüfen bzw. Schalter ersetzen.
● War bis jetzt kein Fehler zu finden, liegt es an der Spannungsversorgung des Steuergerätes, oder das Steuergerät selbst ist defekt.

Störungssuche Verbrauchsanzeige

● Steuergerät abziehen, Klemme G des weiß/grünen Kabels im Relaissitz direkt mit Masse verbinden.
● Motor starten und langsam hochdrehen.
● Bewegt sich der Zeiger nicht, ist das Instrument defekt, wenn die Unterdruckleitung in Ordnung ist und keine Leitungsunterbrechung zwischen Steuergerät und der Verbrauchsanzeige vorliegt.
● Hat sich die Zeigernadel bewegt, Getriebeschalter prüfen, wie im vorangegangenen Abschnitt beschrieben.

Drehzahlmesser

Wie oft die Kurbelwelle im Motor in der Minute rotiert, zeigt ggf. der Drehzahlmesser an. Er erhält von der Zündanlage die Zündimpulse übermittelt. Sie werden von der Elektronik im Instrument summiert und aufbereitet an das Meßwerk des Zeigerinstruments weitergegeben.
Bei Störungen gilt es, die entsprechenden Leitungen zu überprüfen. Auch in der Leiterfolie/-platte des Kombi-Instruments kann ein Fehler stecken. Der Drehzahlmesser läßt sich nicht mit Eigenmitteln reparieren.

Die Zeituhr

In manchen Versionen ist serienmäßig eine Zeigeruhr im Kombi-Instrument eingebaut. In Verbindung mit einem Drehzahlmesser ist es eine Digitaluhr. Beide Uhren sind quarzgesteuert und gehen ausgesprochen exakt. Läuft die Digital- oder Zeigeruhr überhaupt nicht, beschränkt sich die Fehlersuche auf die zuständige Sicherung oder das stromzuführende Kabel. Eine Reparatur ist bei der Digitaluhr überhaupt nicht und bei der Zeigeruhr nur in der Spezialwerkstatt möglich.

Blinkerkontrolle

Die Blinkerkontrolle ist einerseits an Klemme 49a des Blinkrelais angeschlossen und erhält von dort die Blinkimpulse. Auf der anderen Seite hängt sie über den Mehrfachstecker an Klemme 15, die aber nur bei eingeschalteter Zündung Spannung liefert. Ist diese Klemme abgeschaltet, reagiert die Blinkerkontrolle nicht auf die Impulse der Warnblinkschaltung. Kommt dagegen bei eingeschalteter Zündung Spannung von Klemme 15, ist in der Pause zwischen den Blinkimpulsen der Stromkreis über den »toten« (= Minus-)Relaiskontakt geschlossen, und die Kontrolleuchte blinkt im Gegentakt auf.

Bremskontrolle

Diese Kontrolleuchte warnt vor angezogener Handbremse und ggf. zusätzlich vor abgesunkenem Flüssigkeitsstand. Dazu sitzt am Handbremshebel ein Kontaktschalter, der bei angezogener Handbremse die rote Leuchtdiode aufleuchten läßt. Bei entsprechender Ausstattung besitzt der Verschlußdeckel auf dem Ausgleichbehälter für die Bremsflüssigkeit einen Schwimmer und einen Kontaktschalter, der bei abgesunkenem Niveau im Behälter den Stromkreis zur Warnleuchte schließt.

Störungen an der Bremskontrolle

● Verlöscht die Kontrolle nicht, überprüfen Sie, ob der gelöste Handbremshebel den Stift im Kontaktschalter nach unten drückt.
● Wenn nicht, den Kontaktschalter lösen und seitlich versetzen.
● Bei einem Fahrzeug mit Anzeige für den Flüssigkeitsstand muß das Niveau im Behälter geprüft werden.
● Fehlt Bremsflüssigkeit, siehe Kapitel »Die Bremsen«.
● War kein Fehler zu entdecken, muß der Kabelverlauf zur Kontrolleuchte überprüft werden.

Die Öldruckschalter sitzen jeweils in Fahrtrichtung hinten am Zylinderkopf. Links der Schlepphebelmotor mit 0,3-barSchalter (1) und 1,8-bar-Schalter (2), rechts der Hydrostößelmotor mit 0,3- (1) und 1,4-bar-Schalter (3).

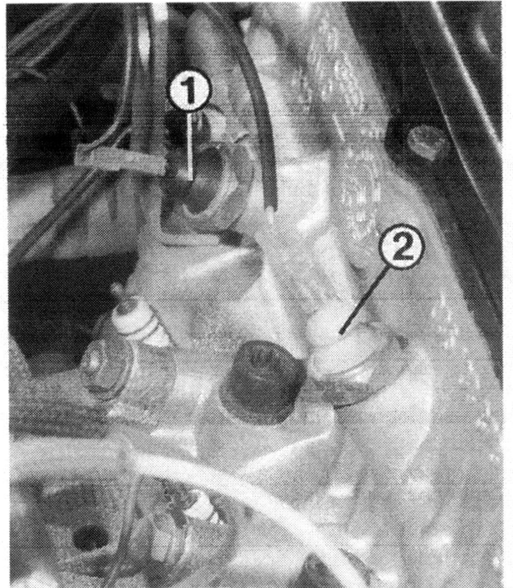

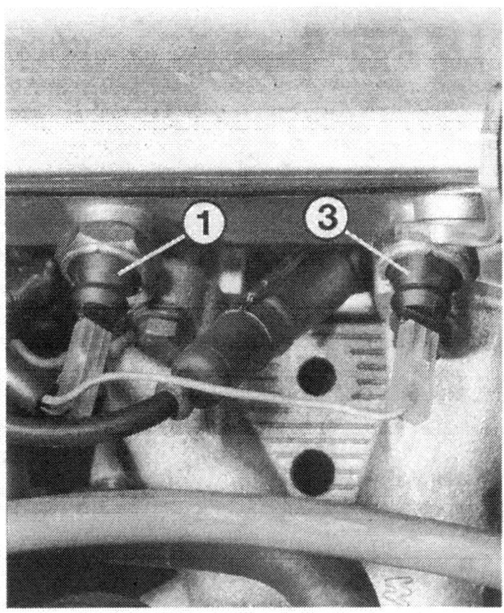

● Wenn die Warnleuchte überhaupt nicht brennt, kann es an folgenden Fehlern liegen: Kontaktschalter klemmt, Leitungsunterbrechung, Leiterfolie/-platte oder Leuchtdiode defekt.

Fernlichtkontrolle

Nur bei eingeschaltetem Fernlicht oder beim Lichthupen erhält die Fernlichtkontrolle Spannung. Ob die Fernlichtfäden auch brennen, kann sie aber nicht anzeigen.

Ladekontrolle

Bei laufendem Motor darf die Ladekontrolle weder schwach noch hell leuchten. Bleibt sie beim Einschalten der Zündung dunkel, ist das ebenfalls ein Fehler. Näheres zur Störungssuche finden Sie im Kapitel »Die Lichtmaschine«.

Öldruckkontrolle

Bis 7/82 und ab 8/93: Bei eingeschalteter Zündung erhält die Öldruckkontrolle Spannung. Solange kein Öldruck im Motor aufgebaut wird, ist ihr Stromkreis durch den Öldruckschalter im Zylinderkopf zur Masse geschlossen – das rote Licht leuchtet. Nach dem Start mit zunehmenden Drehzahlen steigt der Öldruck, der Öldruckschalter öffnet seine Kontakte, und das Warnlicht verlöscht.
Ab 8/82 bis 7/93: Der Motoröldruck wird von zwei Öldruckschaltern sowie dem Steuergerät mit Warnsummer überwacht. Das Steuergerät sitzt im Gehäuse des Tachometers bzw. seit 10/90 in der Leiterplatte. So funktioniert es:
○ Bei eingeschalteter Zündung liegt an der Kontrolleuchte im Armaturenbrett ständig Spannung an. Solange der Öldruck bei stehendem Motor noch unter 0,3 bar liegt, hält der 0,3-bar-Öldruckschalter seine Kontakte geschlossen. Bei eingeschalteter Zündung ist über das Steuergerät die Verbindung zur Masse hergestellt, die Kontrolleuchte im Armaturenbrett blinkt. Sobald der Motor gestartet wird und der Öldruck ansteigt, öffnet der Schalter seine Kontakte, die Masseverbindung über das Steuergerät wird unterbrochen – die Kontrolle verlöscht.
○ Der **zweite Öldruckschalter** mit einem Schaltdruck von **1,4 bar** (Hydrostößelmotor) bzw. **1,8 bar** (Schlepphebelmotor) ist ebenfalls mit dem Steuergerät verbunden. Sinkt der Motoröldruck unter 1,4 bzw. 1,8 bar, öffnet er seine Kontakte, wodurch die Masseverbindung zum Steuergerät unterbrochen wird. Das Steuergerät leitet diesen Impuls aber nur dann zur Kontrolleuchte weiter, wenn der **Öldruck länger als eine Sekunde unter 1,4 bzw. 1,8 bar fällt und die Motordrehzahl über 2100/min liegt.** Dann läßt das Steuergerät die Öldruckkontrolle blinken und gibt zusätzlich einen Warnton von sich bzw. schaltet den Warnsummer ein (seit 10/90).

Die Öldruckschalter

○ Zur Unterscheidung besitzen die Isolierstücke der Öldruckschalter unterschiedliche Farben: **Braun** ist die Isolierung am **0,3-bar-Schalter;** schwarz trägt der **1,4-bar-Schalter** des Hydrostößelmotors; **weiß** eingefärbt ist der **1,8-bar-Schalter.** Kurzzeitig wurde auch ein 0,25-bar-Schalter (blau) eingebaut.
Beide Öldruckschalter sitzen in Fahrtrichtung hinten mitte und links am Zylinderkopf.

Störungssuche

● **Leuchtet die Warnlampe** (bis 7/82) oder **blinkt sie mit zusätzlichem Warnton bei laufendem Motor, müssen Sie sofort anhalten und den Motor abstellen!**

● Ölstand kontrollieren. Falls in Ordnung:
● Blau/schwarzes Kabel am 0,3-bar-Öldruckschalter abziehen und frei hängen lassen.
● Zündung einschalten; blinkt die Kontrolle weiterhin, hat die Zuleitung Masseschluß – das ist ungefährlich für den Motor.
● Gelbe Leitung am 1,4- bzw. 1,8-bar-Öldruckschalter abziehen und an Masse halten.
● Zündung einschalten; blinkt die Kontrolle weiter, liegt der Defekt am Steuergerät oder seinen Zuleitungen – auch das ist ungefährlich für den Motor.
● Zeigen sich andere als die beschriebenen Effekte, besteht der Verdacht, daß die Ölversorgung im Motor unterbrochen ist. Wagen abschleppen lassen!
● Möglicherweise ist ein Öldruckschalter schadhaft. Bisweilen funktioniert er wieder, wenn man an seiner Steckzunge wackelt.

● **Bleibt die Öldruckkontrolle** nach Einschalten der Zündung **dunkel**:
● Blau/schwarze Leitung am 0,3-bar-Öldruckschalter abziehen und gegen Masse halten.
● Zündung einschalten; blinkt die Kontrolle jetzt, ist der Öldruckschalter defekt.
● Bleibt es dunkel, ist die Zuleitung bzw. die Leiterfolie, die Leuchtdiode oder das Steuergerät schadhaft.

Steuergerät prüfen

● Gelbes Kabel am 1,4-/1,8-bar-Öldruckschalter abziehen. Nicht gegen Masse halten.
● Motor starten und langsam hochdrehen. Ab etwa 2200/min muß die Kontrolle blinken und der Warnsummer ertönen. Wenn nicht, ist das Steuergerät defekt – ersetzen.
● Gleiche Prüfung mit aufgestecktem Kabel.
● Blinkt die Kontrolle und ertönt der Summer ab einer Drehzahl von etwa 2200/min, ist der 1,4-/1,8-bar-Öldruckschalter defekt.
● Motor im Leerlauf drehen lassen, Kabel am 1,4-/1,8-bar-Schalter abziehen und frei hängen lassen.
● Werden nun Kontrolle und Summer aktiv, ist die Zuleitung von Klemme 1 der Zündspule (die Drehzahlinformation) und dem Steuergerät unterbrochen.

Öldruckschalter austauschen

● Kaufen Sie den richtigen Schalter, als Unterscheidungsmerkmal dient die Farbe des Isoliermaterials, siehe oben.
● Schalter mit Dichtring einbauen.
● Das Anzugsdrehmoment beträgt lediglich 25 Nm.

Starterzugkontrolle

Sie ist nur bei Schlepphebelmotoren mit PIC-Vergaser eingebaut. Damit die gelbe Leuchtdiode bei gezogenem Starterzug brennen kann, erhält sie den Einschaltimpuls vom Kontaktschalter am Zug.
Zur Störungssuche erst den Stromausgang am Kontaktschalter prüfen, dann Kabelverlauf, Leiterfolie und zuletzt Leuchtdiode.

Anhänger-Blinkerkontrolle

Sie blinkt rhythmisch mit, wenn bei angeschlossener Anhängerbeleuchtung die betreffende Blinkleuchte am Anhänger funktioniert. Ist am Anhänger (oder am Zugwagen) eine Blinkleuchte defekt, bleibt die Kontrolle beim

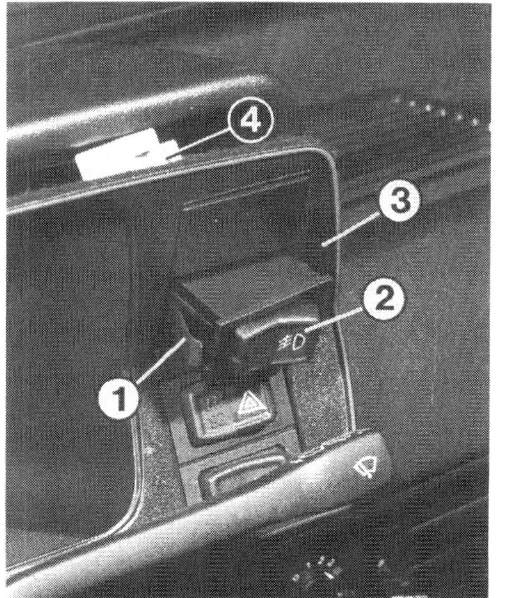

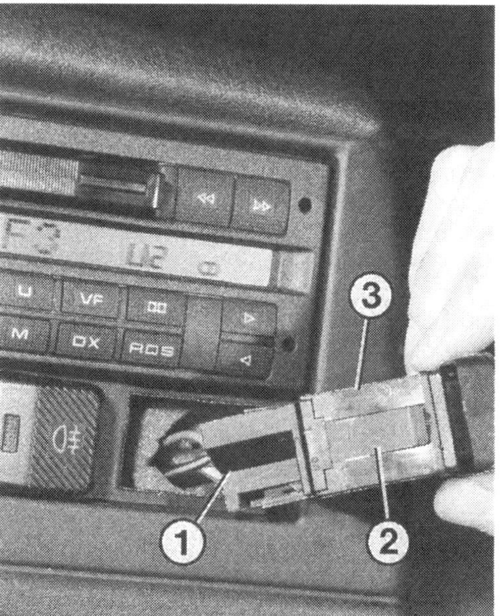

Links: Zum Ausbau eines Kippschalters (2) muß bis 7/90 die Blende (3) des Kombi-Instruments ein Stück vorgezogen werden. Mehrfachstecker (4) hinten abziehen, Klammern (1) am Schalter zusammendrücken und nach vorn herausdrücken.
Rechts: Am herausgezogenen Kippschalter (3) in der Ausführung seit 10/90 sehen Sie die Halteklammer (2) und den Mehrfachstecker (1).

jeweiligen Richtungsblinken dunkel. Bei eingeschalteter Warnblinkanlage kann die Kontrolle den Ausfall einer Hänger-Blinkleuchte nicht anzeigen – sie blinkt immer mit.

Warnblink-Kontrolleuchte

Diese Kontrolleuchte im Druckschalter leuchtet bei eingeschalteter Warnblinkanlage im Gleichtakt mit den vier Blinkleuchten auf. Spannung kommt von Klemme 30 des linken Hebelschalters. Ein Wechsel der Glühlampe ist nicht möglich.

Die Schalter

Wenn ein elektrisches Gerät im VW eingeschaltet werden soll, muß der betreffende Schalter gedrückt oder ausgelöst werden. Auf die indirekt betätigten Schalter sind wir bereits eingegangen. Im folgenden kommen nun die handbetätigten Schalter zur Sprache.

Kippschalter

○ Im Lichtschalter glimmt das Scheinwerfersymbol beim Einschalten der Zündung. Bei der neueren Schalterversion leuchtet im Schalter eine grüne Kontrolle auf, wenn das Standlicht brennt.
○ Die transparent-rote Taste im Warnblinkschalter bis 7/90 ist bei eingeschaltetem Licht schwach erleuchtet. Erst wenn man den Warnblinkschalter drückt, wird der Widerstand an der Birne überbrückt und sie leuchtet hell in den Blinkertakten.
○ Ebenfalls bei eingeschalteter Beleuchtung sind die Symbole in den Kippschaltern der neueren Modelle schwach erleuchtet.
○ Die Kontrolleuchten in den verschiedenen Schaltern bis 7/90 besitzen Glassockellampen mit separaten Fassungen und können ausgewechselt werden.
○ Die Schaltersymbol-Beleuchtung ist in den Schalter integriert, ebenso die Kontrolleuchte in den Schaltern seit 10/90. Ein Wechsel dieser Glühlampen ist nicht vorgesehen.

Kippschalter ausbauen

● **Bis 7/90:** Blende des Kombi-Instruments losschrauben.
● Hinter die Blende fassen, Schalter zum Innenraum hin herausdrücken, ggf. Halteklammern am Schalter zusammendrücken.
● **Ab 10/90:** Mit dem Finger vorstehende Schalterseite herausziehen.
● Jetzt können Sie den Schalter seitlich fassen und herausziehen.
● **Alle:** Mehrfachstecker abziehen.

Schalterbeleuchtung auswechseln

● Schalter ausbauen.
● Lampenfassungshülse an der Schalterrückseite ein wenig nach links drehen und abziehen.
● Glassockellampe (1,2 Watt, DIN-Form W) abziehen.
● Beim Lichtschalter bis 7/90 sitzt die Glühlampe im Mehrfachstecker.

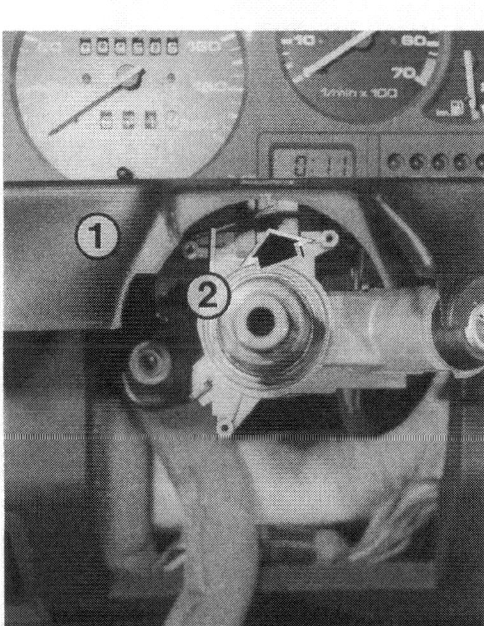

Links: Die Glassockellampe (2) im Mehrfachstecker (1) des Lichtschalters bis 7/90 läßt sich einfach herausziehen.
Rechts: Zum Ausbau der Hebelschalter am Polo ab 10/90 muß die obere Lenksäulenverkleidung (1) ausgerastet werden. Dazu von links mit einem schmalen Schraubendreher (2) die mittlere Haltenase (Pfeil) entriegeln. Verkleidung ein wenig von der Lenksäule wegziehen und abnehmen.

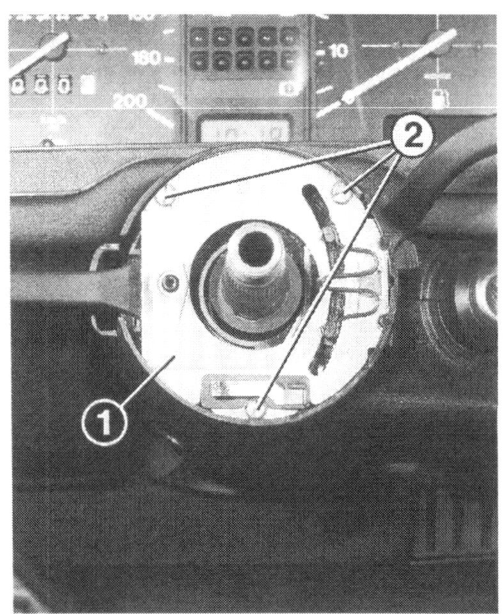

Links: Zum Ausbau der Hebelschalterkombination (1) müssen drei Schlitzschrauben (2) gelöst und die Mehrfachstecker abgezogen werden.
Rechts: Der linke Hebelschalter (2) ab 10/90 ist mit dem Warnblinkschalter (1) kombiniert. Der linke Schalter kann einfach vom rechten Hebelschalter (3) abgezogen werden. Beim Einbau müssen die Steckkontakte (4) korrekt ineinandergesteckt werden.

Kippschalter nachträglich einbauen

- **Bis 7/90:** Blende des Kombi-Instruments abschrauben.
- Blinddeckel von der Rückseite herausdrücken.
- **Ab 10/90:** Blinddeckel mit einem schmalen Schraubendreher ein kleines Stück heraushebeln und abnehmen.
- **Alle:** Kabelstrang mit passendem Mehrfachstekker verlegen.
- Stecker anschließen und Schalter in den freigewordenen Ausschnitt einsetzen.

Hebelschalter

Die Hebelschalter am Lenkrad sind Schalter der Superlative: Sie zählen nicht nur zu den am meisten gebrauchten Schaltern im Auto, sie führen auch die meisten Schaltfunktionen aus.
Wichtig zu wissen ist, daß Lichtumschaltung und Lichthupe zwar mit dem Blinkerschalter betätigt werden, der eigentliche Schalter aber im Scheibenwischerschalter sitzt. Bei einem Defekt der Lichtumschaltung und Lichthupe muß der Scheibenwischerschalter komplett ersetzt werden, der Umschalter läßt sich nicht abbauen.
Zur Störungssuche an den Hebelschaltern genügt es, die mit zwei bzw. drei Kreuzschlitzschrauben befestigte Verkleidung unter der Lenksäule abzunehmen.

Hebelschalter ausbauen

- Lenkrad ausbauen.
- Lenksäulenverkleidung unten abschrauben.
- Ab 10/90 kleinen Schraubendreher links unter die obere Lenksäulenverkleidung einschieben und deren Haltenasen ausrasten.
- Drei Schrauben der Schalter herausdrehen.
- Mehrfachstecker an den Schaltern abziehen.
- Linken Schalter herausziehen, bis 7/90 ggf. leicht verkanten, damit seine Schaltnase aus dem Schalter für Lichtumschaltung und Lichthupe ausrastet.
- Scheibenwischerschalter abnehmen.

Drehschalter

Für das Luftgebläse dient ein Drehschalter. Alles was mit dem Gebläse zu tun hat, finden Sie im folgenden Kapitel »Heizung und Lüftung«. Hier geht es um einen anderen Drehschalter.

Zünd/Anlaß-Schalter

Dieses landläufig als Zündschloß bezeichnete Teil dient nicht nur dazu, dem Besitzer des Zündschlüssels den Motorstart zu ermöglichen, sondern sperrt nach Abziehen des Zündschlüssels und nach einer kurzen Lenkraddrehung auch die Lenkung. Demgemäß nennt man es auch Lenk-/Zündschloß.
Während das Schloßteil nur in seltenen Fällen seinen Geist aufgibt, kann der in einem Kunststoffteil eingegossenene Schaltkontaktsatz (also der eigentliche Schalter) des Zündschlosses eher die Ursache für eine Störung sein. Ob er defekt ist, können Sie nach Abschrauben der unteren Lenksäulenverkleidung prüfen.

Zünd/Anlaß-Schalter ausbauen

Das Schloßteil des Zündschlosses auszubauen ist Werkstattarbeit. Dazu muß an einer genau definierten Stelle an der Schalteraufnahme ein Loch gebohrt werden. Durch dieses Loch kann dann die Haltefeder des Schließzylinders zurückgedrückt werden.
Das Schaltteil unten am Schloß kann die Ursache von Störungen sein, wenn die Kontakte bei einem älteren Fahrzeug abgenutzt sind.

Links: Der Ausbau der Klemmscheibe (1) erfolgt mit einer Zange. Rechts: Zum Einbau der neuen Scheibe wird sie mit einem passenden Ringschlüssel auf die Lenksäule (2) geklopft.

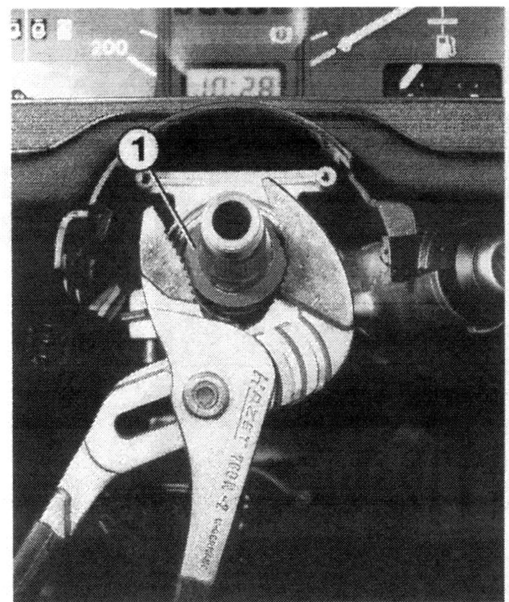

- Hebelschalter ausbauen.
- Mehrfachstecker vom Zünd/Anlaß-Schalter abziehen.
- Klemmscheibe auf der Lenksäule mit einer Rohrzange drehen und herunterziehen.
- Druckfeder und Kontaktring abnehmen.
- Innensechskantschraube links am Klemmstück des Zündschloßgehäuses herausdrehen, Gehäuse von der Lenksäule abziehen.
- An der Rückseite des Zündschloßgehäuses die Schraube des Zünd/Anlaß-Schalters losdrehen, Schalter herausziehen.
- Zum Einbau das linke Ablagefach ausbauen (Kapitel »Der Innenraum«).
- Die Lenksäule ist bis 9/86 zweigeteilt und unten lediglich ineinandergesteckt. Sie muß deshalb gegen Herausrutschen gesichert werden.
- Beachten Sie, daß der Betätigungsstift des Schloßteils richtig in das Gegenstück am Schalter einrastet.
- Kontaktring und Feder bis zum Anschlag aufschieben.
- Neue Klemmscheibe wie im Bild oben rechts gezeigt aufdrücken.
- Klemmschraube am Zündschloßgehäuse mit 10 Nm festziehen.

Fahren mit defektem Zünd/Anlaß-Schalter

Sind die Kontakte im Zünd/Anlaß-Schalter so abgenutzt, daß sich beim Zündschlüsseldreh nichts mehr regt, können Sie dennoch den Motor starten. Voraussetzung ist, daß am roten Kabel des Zündschloß-Mehrfachsteckers Spannung anliegt.

- Lenksäulenverkleidung unten abschrauben, Mehrfachstecker abziehen.
- Mit einem Kabelstück oder einer Büroklammer die Steckbuchsen des dicken roten und des schwarzen Kabels miteinander verbinden. Damit ist die Zündung eingeschaltet, die Ladekontrolle muß aufleuchten, die Öldruckkontrolle blinken.
- Wagen anschieben lassen.
- Oder mit einem mindestens 4 mm² starken, isolierten Kabelstück eine Brücke zwischen dem roten und der Steckerbuchse des rot/schwarzen Kabels der Klemme 50 herstellen. Damit wird der Anlasser gestartet.
- Sobald der Motor angesprungen ist, diese Kabelbrücke wieder wegziehen.
- Der Mehrfachstecker bleibt abgezogen. Damit während der Fahrt kein Kurzschluß entstehen kann, muß er isoliert werden.
- Zum Abstellen des Motors die Verbindung zwischen dem roten und schwarzen Kabel abziehen.

Relais und Steuergeräte

Zur Bordelektrik gehören einige Relais und Steuergeräte, die in der Nähe des Sicherungskastens bzw. im Fahrerfußraum in Adaptern eingesteckt sind.

○ Ein einfaches Schaltrelais wird für leistungsstarke Stromverbraucher verwendet. Leitet man den Strom auf langen Kabelwegen über den dazugehörigen Schalter, gibt es Spannungsverlust. Außerdem werden die Schalterkontakte durch den hohen Stromfluß stark beansprucht. Bei einer Relaisschaltung benutzt man den Schalter nur für den geringen Schaltstrom, womit nicht der Verbraucher direkt, sondern dessen Relais eingeschaltet wird.

○ Bestimmte Relais können zusätzliche Funktionen auslösen. So schaltet das Blinkrelais die Blinkimpulse, das Relais der Wisch/Wasch-Intervallschaltung steuert den Intervallbetrieb und den Trockenlauf der Scheibenwischer nach dem Scheibenwaschen.

○ Steuergeräte besitzen mehr oder minder umfangreiche elektronische Schaltungen für bestimmte Funktionen. Als Beispiel sei hier das Steuergerät für die Kühlmittelmangelanzeige genannt.

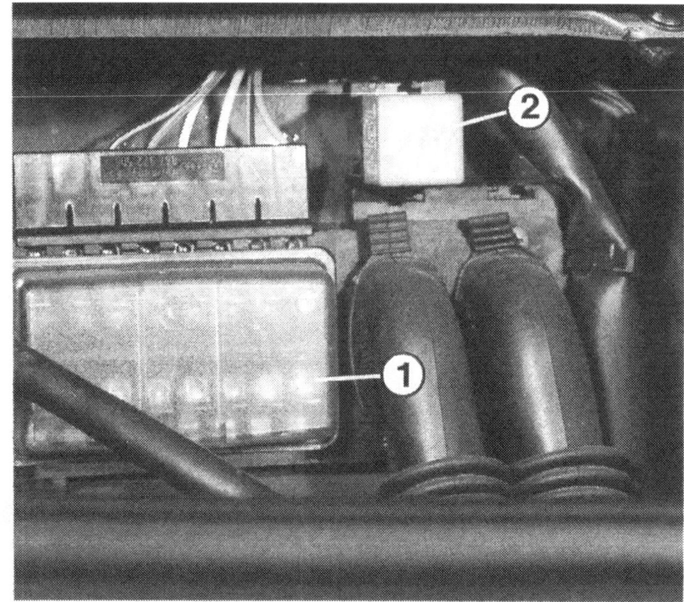

Direkt neben dem Sicherungskasten (1) sitzt meist nur ein einzelnes Relais (2). Hier an einem Polo mit Vergasermotor gezeigt ist das Relais für die Ansaugrohr-Beheizung.

Relais-Funktion

○ Beim Einschalten des betreffenden Verbrauchers wird im Schaltrelais durch den an Klemme 86 ankommenden »Schaltstrom« der Schaltstromkreis zu Klemme 85 geschlossen.
○ Dadurch zieht eine Magnetspule einen kräftigen Kontakt gegen Federdruck an und schließt so den Stromkreis für den »Arbeitsstrom«.
○ Der Arbeitsstrom wird zur Vermeidung von Spannungsabfall auf kurzem Weg direkt an Klemme 30 des Relais herangeführt und von dort – bei geschlossenen Schalterkontakten – über Klemme 87 an den Stromverbraucher weitergeleitet.

Relais-Störungssuche

● Klemme 30 muß immer Spannung führen. Zur Kontrolle Relais ein Stück herausziehen und mit Prüflampennadel Klemme 30 antippen.
● Relais abziehen, Klemme 86 mit Batterie-Plus und Klemme 85 mit Masse verbinden. Die Magnetspule muß den Relaiskontakt deutlich hörbar anziehen, sonst ist das Relais defekt.

Behelf bei defektem Relais

● Relais aus dem Adapter abziehen.
● Klemme 30 und 87 im Relaissteckfeld mit einer Büroklammer oder einem kurzen Drahtstück überbrücken.
● Der Verbraucher erhält jetzt Dauerstrom.
● Zum Abschalten die Brücke abziehen, da der betreffende Schalter in diesem Fall ja kurzgeschlossen ist.

Anzünder

Der elektrische Anzünder erhält Dauerstrom über die zuständige Sicherung. Falls der Anzünder trotz intakter Sicherung nicht funktioniert, ist der Heizwendeleinsatz locker oder durchgebrannt.

Heizbare Heckscheibe

Das Feld mit den aufgedampften Leiterbahnen muß bei beschlagener oder vereister Scheibe über die gesamte Fläche freie Sicht schaffen.

Störungssuche

● Sicherung kontrollieren.
● Festen Sitz der Kabelstecker an der heizbaren Heckscheibe kontrollieren.
● Schalter ausbauen und prüfen.
● Funktion des Relais prüfen.
● War bisher kein Fehler zu finden, Leitungsverlauf kontrollieren, auch die Masseverbindung.
● Sind Heizfäden beschädigt und dadurch unterbrochen, hilft Leitsilberlack (im Autozubehörhandel erhältlich, z.B. von Doduco).

Scheibenwischer und -wascher prüfen

Ständige Kontrolle

● Zündung einschalten.
● Laufen die Wischer in beiden Geschwindigkeiten, und gehen sie in die Parkstellung zurück?
● Funktioniert – je nach Ausstattung – die Wischintervallschaltung und die Wisch/Wasch-Automatik?
● Spritzt Wasser aus den Wascherdüsen?
● Arbeiten ggf. Heckwischer und -wascher?

Im Fahrerfußraum ist die Mehrzahl der Relais und Steuergeräte untergebracht:
1 – Heckscheibenwischer und -wascher;
2 – Wisch/Wasch-Intervallschaltung;
3 – Kühlmittel-Mangelanzeige bis 7/90;
4 – Blinker;
5 – Entlastungsrelais für X-Kontakte;
6 – Nebelscheinwerfer.

Fingerzeig: Die seit 1/85 serienmäßige Intervallschaltung für den Heckscheibenwischer läßt sich ganz einfach nachrüsten: Ersetzen Sie das alte Heckwischerrelais durch das neue mit der Teile-Nr. 191 955 529.

Scheibenwischerarm ausbauen

- Abdeckkappe vom Wischerarm mit einem flachen Schraubendreher abhebeln und hochklappen.
- Haltemutter lösen und mit der Federscheibe abnehmen.
- Wischerarm von der Welle abziehen.
- Falls dies nicht möglich ist, beidseitig von der Scheibenwischerwelle zum Schutz der Lackierung einen großen Lappen legen.
- Mit rechts und links angesetzten flachen Schraubendrehern den Wischerarm abhebeln.
- Wischerarm so montieren, daß das Scheibenwischerblatt folgenden Abstand von der Windschutzscheibendichtung hat: Fahrerseite 37 mm, Beifahrerseite 43 mm.

Wischerblatt abnehmen

- Wischerarm abklappen.
- Arretierungsfeder des Wischerblatts zusammendrücken, bis ihre Kerbe aus der Öffnung des Wischerarms austritt.
- Scheibenwischerblatt nach unten drücken und aus dem Arm herausschwenken.
- Beim Einsetzen des Wischerblatts darauf achten, daß die Kerbe in der Arretierungsfeder der Aussparung im Wischerarm gegenübersteht und dort einrasten kann.

Scheibenwischergummi wechseln

- Wischerblatt abnehmen.
- Die Wischerlippe besitzt an einer Seite Aussparungen zum Einhängen der Wischerblatt-Halteklammern. Die entsprechenden Erhebungen im Gummi mit dem Fingernagel oder einem kleinen Schraubendreher zurückdrücken, damit die Halteklammern ausgerastet werden können.
- Wischergummi mit den seitlichen Metallstreifen herausziehen.
- Neues Wischergummi in die unteren Halteklammern des Wischerblatts einhängen.
- Metallstreifen rechts und links einschieben und die Haltenasen der Streifen in die Aussparungen im Gummi einsetzen.
- Gummierhebungen zum Einrasten der Halteklammern wieder zurückdrücken.

Störungsbeistand

Scheibenwischerblätter

Die Störung	– ihre Ursache	– ihre Abhilfe
A Wasser und Schmutz werden gleichmäßig über das Wischfeld verteilt	1 Scheibe durch Lackpflegemittel, ölartige Rückstände oder Insektenleichen verschmutzt	Auf die gesäuberte Scheibe »Sidol« Messingputzmittel auftragen. Nach dem Antrocknen mit einem weichen, sauberen Tuch abwischen
	2 Wischergummi verschlissen	Austauschen
	3 Wischerarm am Anlenkpunkt des Wischerblattes nicht parallel zur Windschutzscheibe	Wischerarmende nachbiegen
B Im Wischfeld bleiben feine Wasserstreifen stehen	Siehe A 2	

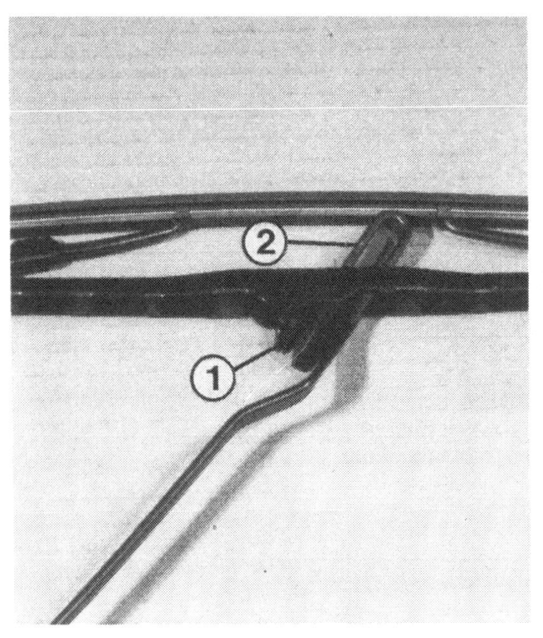

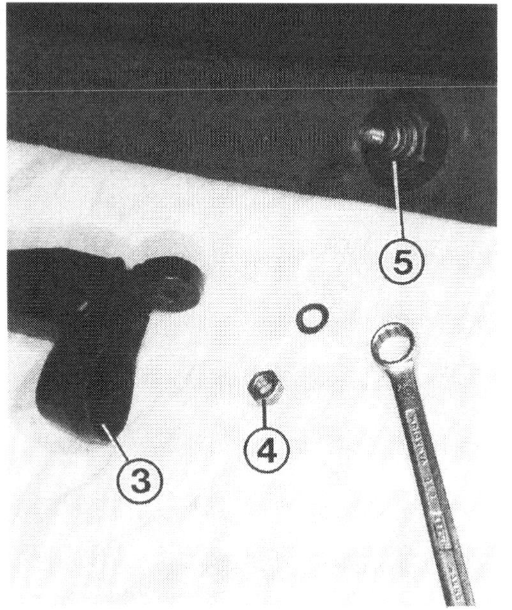

Links: Die Arretierungsfeder (1) des Wischerblatts muß zusammengedrückt werden, damit ihre Haltenocke aus der Aussparung (2) im Wischerarm ausrasten kann.
Rechts: Der Wischerarm mit abgeklappter Abdeckkappe (3) und Haltemutter (4) der Wischerachse (5).

Die Störung	– ihre Ursache	– ihre Abhilfe
C Im Wischfeld bleiben feine Wassertropfen zurück	Neigungswinkel des Wischergummis zu flach	Wischergummi austauschen
D Im Wischfeld bleibt ein breiter Wasserfilm zurück	Ungleiche Druckverteilung durch verbogene oder defekte Anpreßfeder im Wischerblatt	Wischerblatt austauschen
E Im Wischfeld bleiben einige Wasserfelder zurück	1 Anpreßdruck des Wischerarms zu gering	Anpreßdruck überprüfen, Gelenk und Feder leicht einölen, ggf. Wischerarm ersetzen
	2 Scheibenwischerantrieb verschlissen	Kontrollieren, defekte Teile ersetzen
	3 Wischerarm lose auf seiner Achse	Festschrauben
	4 Wischerarm verbogen	Nachbiegen
	5 Wischerblatt verbogen	Austauschen
F Im Wischfeld bleiben oben am Rand Wasserfelder zurück	1 Siehe E 1 2 Siehe D	
G Wischerblatt rattert	Zu viel Spiel in der Verbindung von Wischerarm und Wischerblatt bzw. dem Kunststoff-Verbindungsteil	Wischerblatt, -arm oder Verbindungsteil austauschen

Der Scheibenwischermotor

Der Motor des Scheibenwischers wird über das Entlastungsrelais für den X-Kontakt versorgt. Die Kabelklemmen am Scheibenwischermotor haben folgende Bedeutung:

○ Klemme 53 erhält Spannung für die erste Wischergeschwindigkeit.

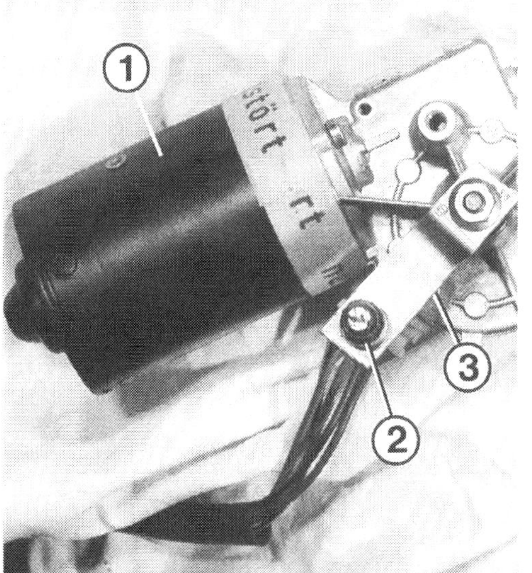

Links: So wird mit dem Schraubendreher das Gelenk zwischen Antriebsstange (2) und Kurbelhebel (1) des Wischermotors getrennt.
Rechts: Der Kurbelhebel (2) des Scheibenwischermotors (1) muß in Parkstellung so angeschraubt werden, daß die Schraubbohrung (3) am Mehrfachstecker gerade abgedeckt ist, wie hier gezeigt.

○ Klemme 53a liefert Plusstrom für die Wischer-Endabstellung.
○ Klemme 53b führt die Spannung für die zweite Wischergeschwindigkeit.
○ Über Klemme 53e wird der Wischermotor beim Zurücklaufen nach dem Abschalten abgebremst, damit die Wischer nicht über ihre Parkstellung hinauslaufen.
Wenn sich die Scheibenwischer beim Abschalten nicht in Parkstellung befinden, erhält ihr Motor über einen Schleifkontakt von Klemme 53a so lange Spannung, bis die Wischer in Ruhestellung gelaufen sind.

Fingerzeig: Bei eingeschalteter Zündung dürfen die Wischerblätter nicht außerhalb ihrer Parkstellung blockiert sein – etwa durch Schnee oder weil sie angefroren sind. Klemme 53a liefert dann nämlich ununterbrochen Spannung. Da der Wischermotor durch die festhängenden Wischerblätter aber nicht drehen kann, brennt er nach einer gewissen Zeit durch. In einem solchen Fall die Wischerblätter abheben, damit sie in ihre Endstellung laufen können.

Wischermotor ausbauen

● Motorhaube öffnen, Abdeckung über dem Wasserfangkasten abnehmen.
● Mehrfachstecker des Wischermotors abziehen.
● Rechte und linke Antriebsstange vom Kurbelhebel abdrücken.
● Drei Halteschrauben des Motors vom Rahmen losdrehen.
● Scheibenwischermotor abnehmen.
● Einen neuen Wischermotor vor dem Einbau am Mehrfachstecker anschließen und mehrere Minuten lang laufen lassen. Beim Abschalten bleibt er in der Wischerparkstellung stehen.
● Kurbelhebel aufsetzen, wie auf der gegenüberliegenden Seite gezeigt.
● Gelenke beim Einbau mit MoS_2-Fett schmieren.

Wischerrahmen ausbauen

● Wischermotor ausbauen.
● Scheibenwischerarme abbauen.
● Muttern SW 22 der Wischerachsen losdrehen, mit Abdeckungen und Scheiben abnehmen.
● Halteschraube vorn am Wischerrahmen losdrehen, Wischerachsen nach unten drücken.
● Rahmen nach oben schwenken und herausnehmen.

Störungsbeistand

Scheibenwischer

Die Störung	– ihre Ursache	– ihre Abhilfe
A Scheibenwischer laufen nicht	1 Sicherung defekt	Austauschen
	2 Entlastungsrelais defekt	Relais prüfen
	3 Wischerantriebskurbel lose	Festschrauben
	4 Schwarz/graues Stromzufuhrkabel vom Sicherungskasten zum Wischerschalter unterbrochen	Leitung überprüfen
	5 Masseleitung zum Wischermotor unterbrochen	Leitung überprüfen
	6 Wischermotor durchgebrannt	Austauschen
B Scheibenwischer laufen nicht in Stufe I	1 Klemme 53 am Wischermotor defekt	Motor austauschen
	2 Klemmen 53a/53 im Wischerschalter unterbrochen	Schalter austauschen
C Scheibenwischer laufen nicht in Stufe II	1 Leitung Klemme 53b vom Wischerschalter zum Motor unterbrochen	Leitung überprüfen
	2 Klemmen 53a/53b im Wischerschalter unterbrochen	Schalter austauschen
	3 Klemme 53b am Wischermotor defekt	Motor austauschen
D Scheibenwischer laufen nur in Stufe II	Leitung Klemme 53 vom Wischerschalter zum Motor unterbrochen	Leitung überprüfen
E Keine Wischerrückstellung	1 Leitung Klemme 53e zwischen Wischerschalter und Motor unterbrochen	Leitung kontrollieren
	2 Wischermotor defekt	Mit Prüflampe kontrollieren: Zwischen Klemme 53a und Masse muß Lampe dauernd brennen. Zwischen Klemme 53e und Masse muß Lampe kurz vor Erreichen der Parkstellung verlöschen. Bei Gegenprüfung zwischen Klemme 53e und Batterie-Plus muß Lampe kurz vor Erreichen der Parkstellung aufleuchten. Wenn nicht, Motor austauschen

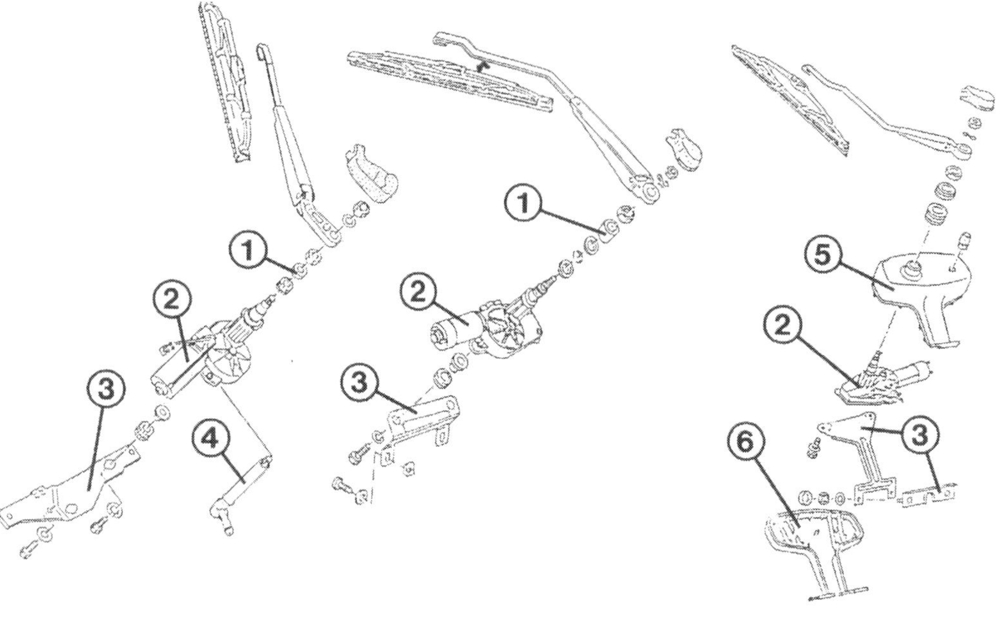

Der Heckscheibenwischer, links für den Polo ab 10/90, mitte für den Steilheck-Polo bis 7/90, rechts für das Coupé bis 7/90:
1 – Distanzbuchse;
2 – Wischermotor;
3 – Halteblech;
4 – Waschwasserdüse (nur Coupé ab 10/90);
5 – obere Abdeckung;
6 – untere Abdeckung.

Die Störung	– ihre Ursache	– ihre Abhilfe
F Scheibenwischer laufen nicht im Intervallbetrieb	1 Wisch/Wasch-Intervallrelais defekt 2 Leitung Klemme J zwischen Wischerschalter und Motor unterbrochen 3 Kontakt J im Wischerschalter defekt	Austauschen Leitung überprüfen Schalter austauschen
G Intervallbetrieb läßt sich nicht ausschalten	1 Siehe E 1 2 Siehe F 1 3 Kontakt J oder T im Wischerschalter öffnet nicht 4 Kurzschluß der Leitung Klemme J oder T zum Wischerschalter	Schalter austauschen Leitung instand setzen
H Scheibenwischer wischen nach Wascherbetätigung nicht trocken	1 Leitung Klemme T zwischen Wischerschalter und Wisch/Wasch-Intervallrelais unterbrochen 2 Siehe F 1	Leitung überprüfen
I Scheibenwischer bleiben nach dem Abschalten nicht oder nur kurz in Parkstellung stehen	Mangelhafter Kontakt am Schleifkontakt im Wischermotor	Motorabdeckung abschrauben, Kontakte blankschleifen. Ggf. Motor austauschen

Heckscheibenwischer

Der Scheibenwischer für die Heckscheibe des Polo Steilheck und Coupé wird beim Schalterdruck über ein Relais für einige Wischerbewegungen mit Spannung versorgt. Seit 1/85 ist damit gleichzeitig der Heckwischer-Intervallbetrieb eingeschaltet. Abgeschaltet wird das Intervallwischen durch nochmaligen Druck auf den Schalter. Klemme 53 liefert den Strom für den Wischermotor, Klemme 53a dient der Wischerrückstellung. Bei jedem Schalterdruck läuft die (bis 7/86 separate) Heckscheiben-Waschwasserpumpe los, aber erst mit einer gewissen Verzögerung tritt das Wasser an der Spritzdüse aus.

Heckwischermotor ausbauen

- Wischerarm abschrauben.
- **Steilheck, Coupé ab 10/90:** Verkleidung der Heckklappe abnehmen.
- **Coupé bis 7/90:** Kunststoffabdeckung des Wischermotors abziehen.
- **Coupé ab 10/90:** Schlauch der Scheibenwaschanlage am Wischermotor abziehen.
- **Alle Modelle:** Halteblech des Heckwischermotors losschrauben und mit dem Wischermotor herausnehmen.
- Mehrfachstecker abziehen.
- Motor vom Halteblech abschrauben.
- Beim Einbau eines neuen Motors diesen in Parkstellung laufen lassen, wie beim Frontwischermotor beschrieben.
- Wischerarm festschrauben:
- **Steilheck bis 7/90:** Das Wischerblatt soll in Ruhestellung 25 mm oberhalb der unteren Heckscheibendichtung liegen.
- **Coupé bis 7/90:** Die Oberkante des Wischerblatts soll 50 mm von der linken Seite der Heckscheibendichtung entfernt sein.
- **Ab 10/90:** Das Wischerblatt soll 35 mm von der unteren Heckscheibenkante entfernt stehen.

Heckscheiben-wischer

Die Störung	– ihre Ursache	– ihre Abhilfe
A Heckscheibenwischer läuft nicht	1 Sicherung defekt	Ersetzen
	2 Heckwischerrelais defekt	Relais prüfen
	3 Leitungen zum Heckwischerrelais unterbrochen	Leitungen instand setzen
	4 Leitungen zum Wischermotor unterbrochen	Leitungen überprüfen, speziell zwischen Heckklappe und deren Ausschnitt in der Karosserie, ggf. instand setzen
	5 Wischermotor defekt	Austauschen
B Heckscheibenwischer läuft dauernd	1 Anschlußleitungen zum Wischermotor vertauscht	Grün/schwarze Leitung an Klemme 53, schwarz/grüne bzw. schwarz/graue Leitung an Klemme 53a anschließen
	2 Siehe A 2	

Scheibenwaschwasser auffüllen

Ständige Kontrolle

Abgasrückstände, Öldunst und Silikon aus Lackpflegemitteln setzen sich hartnäckig aufs Glas. In der warmen Jahreszeit empfiehlt sich ein Reinigungszusatz zum Waschwasser; im Winter Gefrierschutz und Reinigungsmittel.

Seit 8/86 versorgt die Wascherpumpe vorn im Motorraum auch die Heckscheibenwaschanlage. Dazu läuft die Pumpe je nach Schalterdruck einmal vorwärts und das andere Mal rückwärts.

- Erst Zusatzmittel und anschließend Wasser einfüllen, damit sich die Flüssigkeiten im Wascherbehälter gut vermischen.
- Bei einem Polo ohne beheizte Wascherdüsen können diese bei tiefem Frost doch einfrieren.
- Zur Vorbeugung empfiehlt sich eine höhere Frostschutzkonzentration. Das Beimischen von Brennspiritus kann in Verbindung mit Frostschutzmittel zu Flockenbildung und damit Verstopfungen in den Düsen führen.

Wascherdüse ausbauen

Verstopfungen einer Wascherdüse lassen sich manchmal trotz Durchbohren mit einem dünnen Draht nicht mehr beseitigen. Dann muß eine neue her. Als Vorbeugung vor Verstopfungen empfiehlt sich der Einbau eines handelsüblichen Benzinfilters in die Waschwasserleitung.

- **Vorn:** Motorhaube öffnen.
- Schlauch von der Wascherdüse abziehen.
- An der Unterseite der Düse die Halteklemme zusammendrücken, Düse herausziehen.
- **Hinten:** Wascherdüse aus der Heckklappe herausziehen.
- Schlauch abziehen.
- **Coupé ab 10/90:** Heckwischerarm ausbauen.
- Düse aus ihrem Sitz herausziehen.

Wascherdüse einstellen

- Dünne Nadel in die Spritzdüse stecken und die kugelförmige Düse entsprechend in der Richtung drehen.
- Wie der Spritzstrahl der vorderen Wascherdüsen eingestellt werden soll, zeigt die folgende Seite.
- Die hintere Düse soll so eingestellt werden, daß der Wasserstrahl in der Mitte des Wischerfeldes auftrifft.

Elektrisch beheizte Waschwasserdüsen

Trotz Frostschutzbeimischung kann das Scheibenwaschwasser durch den kalten Fahrtwind in den Spritzdüsen einfrieren. Dagegen hilft die gegen Aufpreis lieferbare Düsenbeheizung.

Direkt vor den Düsen sitzt ein Metallgehäuse mit einem temperaturabhängigen Heizwiderstand. Mit dem Einschalten der Zündung erhält dieser Widerstand Spannung. Durch einen anfangs hohen Stromfluß (0,5–0,7 Ampere) werden die Düsen schnell aufgetaut. Zum Halten der Temperatur fällt der Strom nach der Aufheizphase auf rund 200 mA ab. Wenn die Außentemperaturen unter –15°C fallen, wird der Temperatur-Haltestrom auf 320 mA erhöht.

Störungssuche

Wenn die Wascherdüsenbeheizung nicht funktioniert, kontrollieren Sie folgendes:

- Bei geöffneter Motorhaube Steckverbindung zur Düse trennen.
- Mit Spannungsprüfer bei eingeschalteter Zündung kontrollieren, ob Spannung anliegt bzw. die Masseverbindung intakt ist.
- Wenn nicht, Leitungsunterbrechung suchen.
- Fehlt es nicht an der Stromversorgung, muß die Düse ersetzt werden.

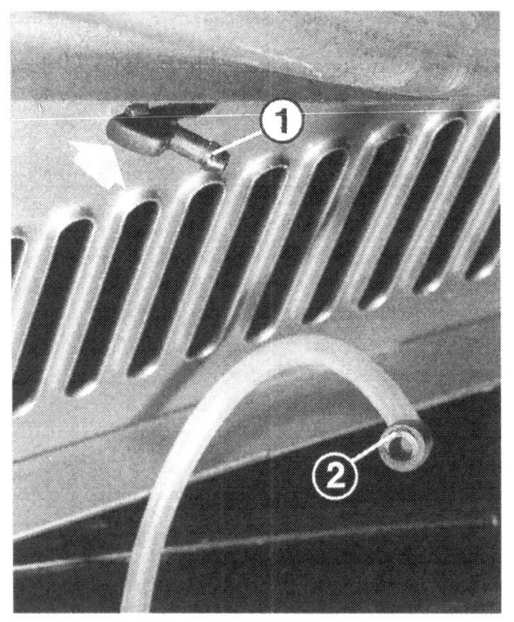

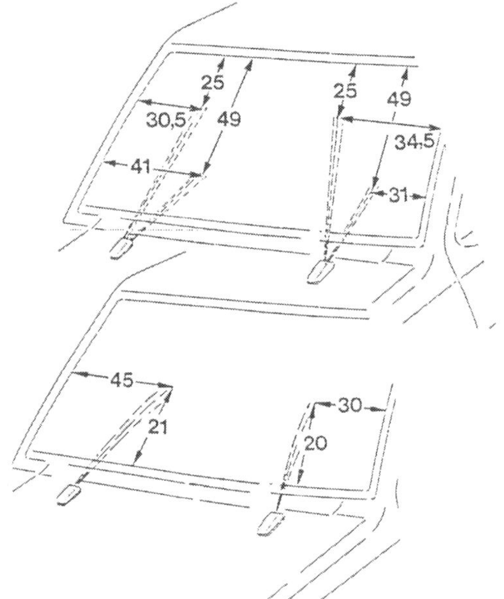

Links: Die Waschwasserdüse (1) läßt sich nach Abziehen des Schlauches (2) durch Druck auf ihre seitliche Halteklammer (Pfeil) aus dem Motorhaubenblech drücken.
Rechts: Einstellung der Wascherdüsen – oben die Ausführung ab 8/87, unten bis 7/87. Die Maße sind in Zentimeter angegeben.

Störungsbeistand

Scheiben-waschanlage

Die Störung	– ihre Ursache	– ihre Abhilfe
A Wasser spritzt nicht beim Zug am Wisch/Wasch-Hebel	1 Wascherbehälter leer	Auffüllen
	2 Spritzdüsen verstopft	Schlauch abziehen, Düse ausbauen. Mit Druckluft durchblasen oder dünnem Draht durchstoßen. Evtl. Schlauch ebenfalls durchblasen
	3 Im Winter:	
	a) Waschwasser eingefroren	Höhere Frostschutzkonzentration verwenden
	b) Düsenbeheizung funktioniert nicht	Spannungsversorgung und Leitungen überprüfen, ggf. Düse ersetzen
	4 Wascherpumpe defekt	Stromversorgung bei eingeschalteter Zündung und gezogenem bzw. gedrücktem Hebel kontrollieren, ggf. austauschen
	5 Klemmen 53 a/T im Wischerschalter unterbrochen	Schalter austauschen
B Einseitiger Spritzstrahl	Siehe A 3	
C Spritzstrahl zu hoch oder zu tief	Spritzdüse falsch eingestellt	Spritzdüse einstellen

Scheinwerfer-Waschanlage

Bei eingeschalteter Beleuchtung erhält eine zweite Pumpe des Waschwasserbehälters beim Zug am Wisch-/Wasch-Hebel über ein zwischengeschaltetes Relais ihren Arbeitsstrom. Sie pumpt das Wasser zu den beiden Spritzdüsen vorn am Stoßfänger. In die Leitung ist ein Rückschlagventil eingesetzt, damit das Wasser sofort an den Düsen austritt.

Zur Störungssuche gehen Sie gleich vor wie bei der normalen Waschanlage.

○ Als erstes muß geprüft werden, ob die Sicherung der rechten Standlichts intakt ist, da die Information »Beleuchtung eingeschaltet« von diesem Stromkreis kommt.

○ Zusätzlich wird das Relais der Scheinwerfer-Waschanlage überprüft.

○ Läßt die Reinigungswirkung zu wünschen übrig, müssen die Spritzstrahlen mit einer kräftigen Nadel eingestellt werden, VW verwendet das Sonderwerkzeug 3019 A.

Das Radio

In unseren folgenden Beschreibungen gehen wir lediglich auf die Einbauweise wie ab Werk ein.

Radio ausbauen »neue« Bauart

● Bei Radios mit Anti-Diebstahl-Codierung sicherstellen, daß die Code-Nummer vorliegt.

● Batterie abklemmen.

● Entriegelungsbügel in die vier Bohrungen seitlich an der Frontblende stecken und Radio aus dem Armaturenbrett ziehen.

● Oder vier passende Nägel oder Drahtstifte in die Bohrungen schieben zum Entriegeln der Haltefedern.

● Radio herausziehen.
● Kabel- und Antennenstecker abziehen.
● Einbau: Der Haltestift hinten am Radio muß in die Öse im Armaturenbrett eingeführt werden.
● Radio ein wenig in die Montageöffnung drücken, damit die Haltefedern einrasten können.
● Bei Radios mit Anti-Diebstahl-Codierung Code-Nummer nach Bedienungsanleitung eingeben.

<u>Fingerzeig:</u> **Für die VW-Radios ab 8/93 benötigen Sie anstelle der Entriegelungsbügel das Entriegelungswerkzeug 3316, das rechts und links in den Aussparungen im Tastenfeld eingeschoben wird. Zum Abziehen des Entriegelungswerkzeugs 3316 die Haltefedern am Radio nach innen drücken.**

Radio ausbauen »alte« Bauart

● Knöpfe abziehen, Umschalter bzw. Distanzstück abnehmen.
● Die kleinen Halteklammern der Radioblende an den Gewindegängen unter den Radioknöpfen mit einem kleinen Schraubendreher oder einer Nadel zur Seite schieben, Blende abnehmen.
● Radio-Halteklammer an einer Seite des Radios mit einem Schraubendreher nach innen ziehen.
● Radio ein wenig herausziehen.
● Halteklammer an der gegenüberliegenden Seite nach innen ziehen, Radio abziehen. Aufpassen, daß die andere Klammer nicht wieder einrastet.
● Sämtliche Kabel am Radio abziehen.
● Beim Einbau der Radioblende deren hinten eingeprägten Hinweis »Oben« beachten.

Radio nachträglich einbauen

Leitungen für den Radioanschluß sind bei den meisten Fahrzeugen bereits vorhanden: Bis 7/87 in einem Vierfachstecker, seit 8/87 in einem Achtfachstecker. Die Kabelfarben bedeuten: Rot – Plus, braun – Masse, grau/blau bzw. blau – Radio-Skalenbeleuchtung, schwarz – Steueranschluß für eine Motorantenne oder elektronisch verstärkte Antenne. Die Leitung für die Skalenbeleuchtung darf nicht als Masseanschluß verwendet werden, sonst gibt es Kurzschluß beim Einschalten der Außenbeleuchtung. Für »Fremd«-Radios gibt es im V.A.G-Zubehörprogramm passende Adapter für die speziellen VW-Anschlüsse.
● Besorgen Sie sich einen für den VW abgestimmten Einbausatz.
● Blende der Radio-Einbauöffnung abziehen oder Ablagefach in der Mitte oben und unten zusammendrücken und herausnehmen.
● Einbausatz am Radio befestigen.
● Radiogehäuse und Haltedorn mit Schaumstoffstreifen umkleben, das verhindert mögliche Klappergeräusche.
● Massekabel der Batterie abnehmen.
● Radio anschließen.
● Antenne einbauen.
● Entstörmittel nach Einbauanweisung montieren.
● Lautsprecher provisorisch am Radio anschließen.
● Massekabel der Batterie anklemmen, Radio zur Probe einschalten.
● Lautsprecher einbauen.
● Kabel zu den hinteren Lautsprechern unter dem Teppichboden nach vorn verlegen, dazu Teppich seitlich abnehmen.
● Radio endgültig montieren.

Antenne einbauen

Mit Einführung der neueren VW-Radio-Generation seit 8/87 werden auch andere Antennen eingebaut - sie sind dünner und kürzer als bisher. Daher gilt: VW-Radio ab 8/87 mit neuer Antenne (Impedanz 50 Ω), »altes« VW-Radio mit dickerer, längerer Antenne (150 Ω). Beim Kauf der Antenne auf die richtige Version achten!
● Radhausschale im linken Vorderkotflügel abschrauben.
● Abdeckstopfen oben im Kotflügel herausdrücken.
● Antenne von unten in die Kotflügelbohrung einset-

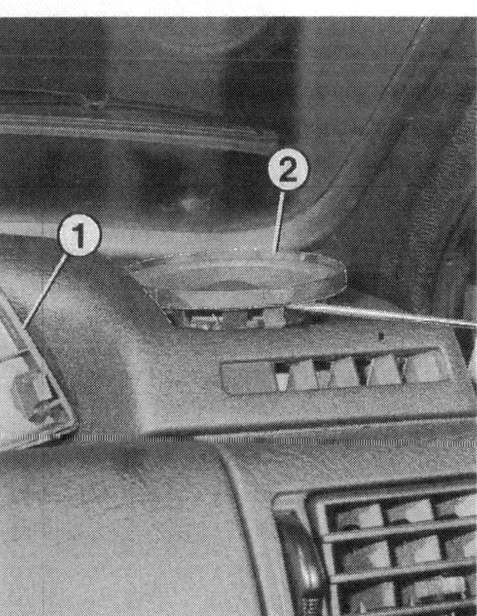

<u>Links:</u> Die seitlichen Halteklammern (1) des VW-Radios bis 7/93 werden durch Einschieben eines speziellen Bügels (2) zurückgedrückt. Jetzt können Sie das Radio aus der Einbauöffnung herausziehen.
<u>Rechts:</u> Ein vorderer Lautsprecher (2) ab 10/90, dessen Blende (1) abgenommen ist. Den Lautsprecher halten lediglich Blechklammern im Ausschnitt.

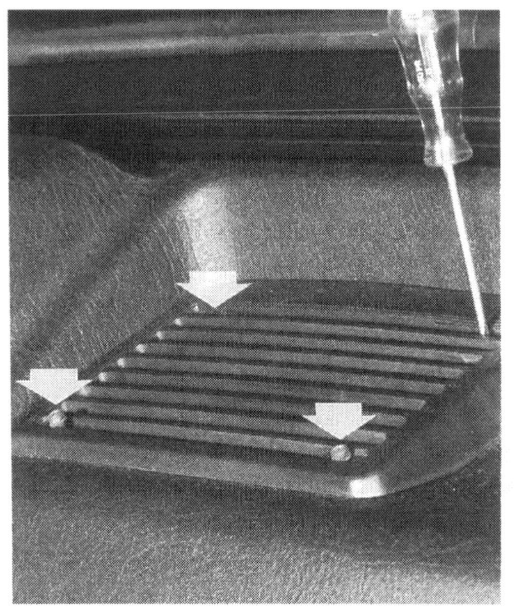

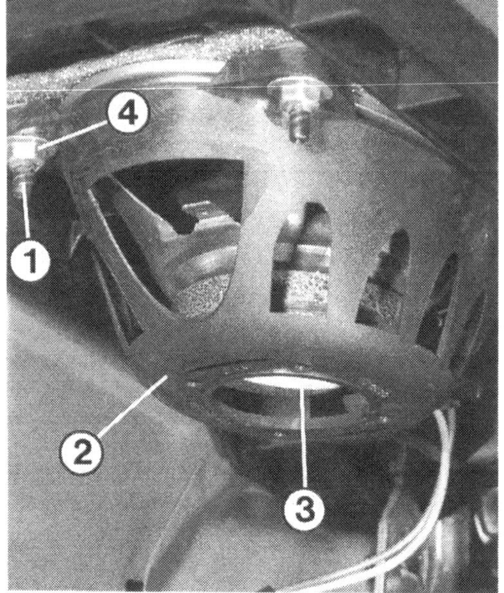

Links: Zum Abnehmen der vorderen Lautsprecherblende bis 7/90 müssen vier Kreuzschlitzschrauben losgedreht werden. Auf eine ist der Schraubendreher angesetzt, die übrigen sind durch die Pfeile gekennzeichnet.
Rechts: Die Hecklautsprecher (3) werden in den seitlichen Auflagen der Kofferraumabdeckung mit sogenannten Blechmuttern (4) in den bereits vorhandenen Bolzen (1) befestigt. Zum Schutz des Lautsprechers durch Gepäck o. ä. besitzt er noch ein Schutzgitter (2).

zen. Achten Sie darauf, daß die Massekralle am Antennenfuß guten Massekontakt hat, evtl. das Blech an der Kotflügelunterseite an dieser Stelle etwas blank kratzen.

- Der Massekontakt ist für gute Empfangsqualität äußerst wichtig.
- Blanke Stellen mit Kontaktfett oder Silikon-Dichtmasse vor Korrosion schützen.
- Überwurfmutter der Antenne leicht anschrauben.
- Kombi-Instrument ausbauen.
- Motorhaube öffnen.
- Gummistopfen zwischen Wasserkasten und Innenraum herausdrücken.
- Antennenkabel durch das seitliche Ablaufloch im Wasserkasten nach oben führen.
- Kabel mit einem Halteclip sichern.
- Verlegen Sie das Kabel so, daß es nicht mit dem Scheibenwischergestänge in Berührung kommen kann.
- Kabel durch die Gummitülle unter dem Betätigungszug des Heizventils zum Innenraum durchschieben.
- Hinter dem Armaturenbrett die Antennenleitung möglichst in Schaumstoff verlegen und schwingungssicher befestigen. Dabei auf ausreichenden Abstand zu den Heizungs/Lüftungs-Zügen achten.
- Antennenfuß im Vorderkotflügel zusätzlich mit einem Haltewinkel befestigen.
- Überwurfmutter der Antenne festziehen.

Die Dachantenne

Die elektronisch verstärkte Dachantenne des Polo G40 besitzt ihren Verstärker im Antennenfuß. Prüfmöglichkeiten sind nicht vorgesehen. Klappt es mit dem Empfang nicht, hilft nur der Tausch der Antenne.

- Dachhimmel im hinteren Bereich lösen.
- Kabelstecker abziehen.
- Haltemutter lösen, Antenne abnehmen.
- Soll auch das Antennenkabel nach vorn ausgebaut werden, muß der Dachhimmel seitlich gelöst werden. Die Leitung verläuft am linken Dachholm nach vorn.
- Wenn Sie die Dachantenne nachträglich montieren wollen, genügt es, den Himmel nur im hinteren Bereich zu lösen.
- Die Antennenleitung führen Sie dann an der hinteren Dachsäule (C-Säule) nach unten und unter dem Teppichboden nach vorn.
- Vergessen Sie den Rostschutz an der Bohrung im Dach nicht!

Lautsprecher einbauen

- **Vorn bis 7/90:** Die Schrauben der Lautsprecherabdeckung in der Mitte des Armaturenbretts sind von oben her mit einem kurzen Kreuzschlitzschraubendreher erreichbar.
- Lautsprecher einsetzen und zusammen mit der Abdeckung festschrauben.
- Kabel zum Radio hin klappersicher verlegen, ggf. mit Schaumstoff umwickeln.
- Wer zwei Lautsprecher vorn haben will, muß sie in die Türverkleidung montieren.
- **Vorn ab 10/90:** Lautsprecherabdeckung mit kleinem Schraubendreher vorsichtig hochheben und abnehmen.
- Der Lautsprecher selbst ist lediglich mit drei Halteklammern im Ausschnitt befestigt.
- **Hinten Steilheck, Coupé:** Die seitlichen Auflagen für die Gepäckraumabdeckung besitzen bereits das entsprechende Lautsprechergitter und Haltebolzen für die Lautsprecher.
- Lautsprecher einsetzen und mit Halteklammern auf den Kunststoffbolzen befestigen.
- Lautsprecherkabel unter dem Teppichboden nach vorn verlegen, dazu Teppich seitlich abnehmen.
- **Stufenheck:** Im Blech der Heckablage sind die passenden Ausschnitte bereits vorhanden.
- Rückenlehne ausbauen, Abdeckung der Heckablage abnehmen und die erforderlichen Aussparungen für die Lautsprecher einschneiden.
- Die Lautsprecher werden im Blech nur festgeklammert.
- Kabel nach vorn verlegen, wie beschrieben.

Klimaverbesserung

Außenluft tritt an der Hinterkante der Motorhaube ein und wird vom Fahrtwind oder zusätzlich vom Gebläse in den Innenraum gedrückt. Beim Einschalten der Heizung öffnet ein Ventil dem aufgeheizten Kühlmittel den Weg in den Heizkörper, der wie ein kleiner Kühler aussieht. Die durchströmende Luft erwärmt sich dann an den Heizkörperlamellen.

Heizung und Belüftung prüfen

- Heizhebel bei warmgefahrenem Motor ganz nach rechts schieben bzw. Drehregler nach rechts drehen – strömt Warmluft aus?
- Funktioniert die Luftverteilung nach oben/unten?
- Heizhebel bzw. Drehregler auf »Kalt« stellen – nach kurzer Zeit darf nur noch kalte Luft aus den Öffnungen strömen, sonst schließt das Heizventil nicht richtig.
- Auch in der warmen Jahreszeit gelegentlich das Heizventil betätigen, damit es nicht festgeht.
- Strömt aus allen Öffnungen Warm- oder Kaltluft?
- Läuft das Gebläse in sämtlichen Stufen?

Arbeiten an der Heizung

Heizventil ausbauen

- Gummidichtung oben an der Trennwand zwischen Motorraum und Wasserfangkasten wegziehen, Kunststoffabdeckung abziehen.
- Ggf. Steuergerät der Zündsteuerung bzw. Einspritzung ausbauen.
- Klemmfeder am Heizventil abdrücken, Drahtzug abnehmen.
- Schlauchschellen am Heizventil lösen.
- Schlauch abziehen und zustopfen (die Kühlflüssigkeit braucht nicht abgelassen zu werden).
- Verschraubungen des Heizventils oben und unten losdrehen, Ventil abnehmen.
- Beim Zusammenbau neuen Dichtring zwischen Heizventil und Wärmetauscher montieren.
- Kühlsystem entlüften.

Heizkörper ausbauen

- Kühlflüssigkeit teilweise ablassen.
- Heizventil abbauen.
- Gebläsegehäuse zusammen mit dem Heizkörper ausbauen, siehe unter »Gebläse ausbauen«.
- Seitlich links am Gebläsekasten oben und unten je eine Kreuzschlitzschraube herausdrehen.
- Wärmetauscher zur Seite herausziehen.
- Beim Einbau das Staublech am Wärmetauscher in Fahrtrichtung hinten nicht vergessen.
- Dichtungen längs des Wärmetauschers und an der Anlagefläche zum Gebläsekasten erneuern.

Heizbetätigung ausbauen

- **Bis 7/90:** Hebel der Heizregulierung und Knopf des Gebläseschalters abziehen.
- Zwei Kreuzschlitzschrauben oben an der Heizhebelblende losdrehen.
- Blende herausziehen, elektrische Anschlüsse für Anzünder und Beleuchtung bzw. Lampenfassungen abziehen.
- Linkes Ablagefach abschrauben.

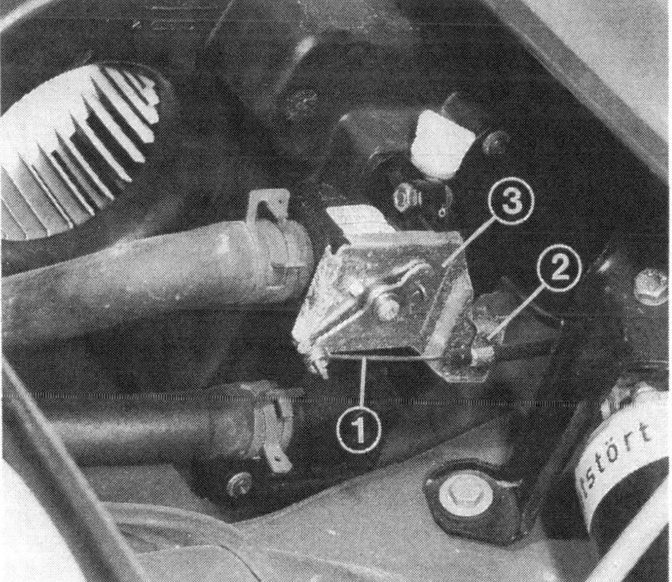

Bei abgenommener Abdeckung über dem Wasserfangkasten wird das Heizventil (3) sichtbar. Der Betätigungszug (1) des Heizventils ist mit einer Klammer (2) am Ventil befestigt.

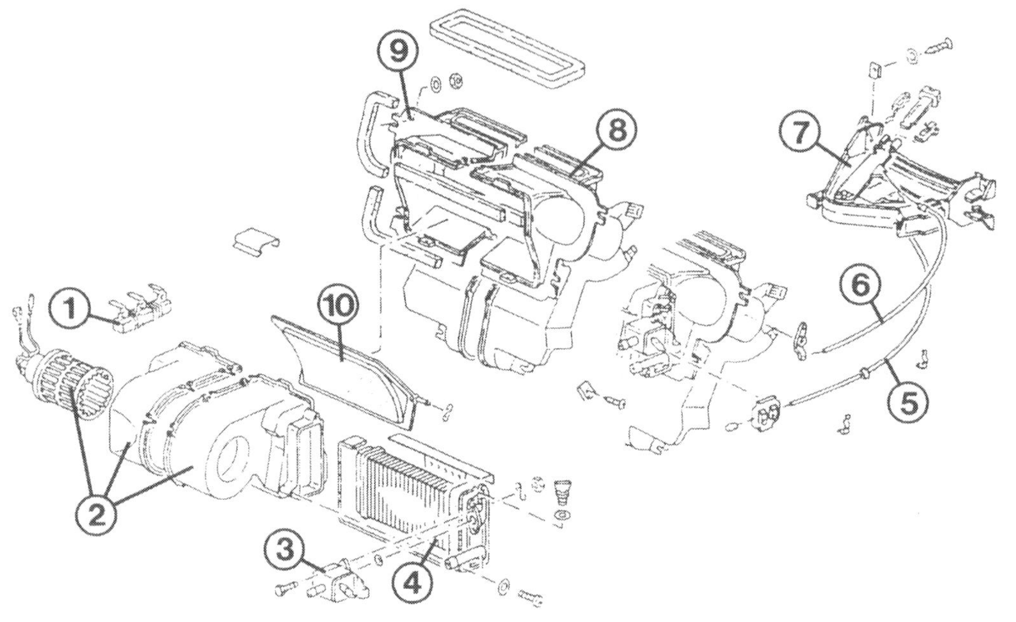

Zur Heizung und Lüftung gehören:
1 – Vorwiderstand des Luftgebläses;
2 – Luftgebläse mit Gehäuse (nicht zerlegbar);
3 – Heizventil;
4 – Heizkörper;
5 – Zug zum Heizventil;
6 – Zug zur Luftklappe (10);
7 – Heizbetätigung;
8, 9 – Luftverteiler-Gehäusehälften.

● Vier Halteschrauben rechts und links an der Heizungsregulierung lösen.
● Vom Fahrerfußraum nach oben fassen und Heizregulierung herausnehmen.
● Überstand der Seilzughüllen zu den Halteklammern markieren, z. B. mit Klebestreifen.
● Halteklammern der Züge abdrücken.
● Nach dem Einbau Funktion des Heizventils und der Luftklappe kontrollieren.
● **Ab 10/90:** Blende der Heizregulierung mit einem schmalen Schraubendreher oben abhebeln und abnehmen.
● Vier Kreuzschlitzschrauben der Regulierung losdrehen.
● Ascher und Ablagefach mit Anzünder herausziehen, ggf. Steckverbindung trennen.
● Regulierung ein wenig in Richtung Motorraum drücken und nach unten aus der Öffnung für den Ascher herausziehen.
● Halteklammern der Züge abdrücken.
● Beim Einbau Züge einstellen, dazu müssen die Zughüllen mit den Klammern an der Regulierung befestigt sein.
● **Zug zum Heizventil:** Temperatur-Drehregler in Richtung »Kalt« drehen, Halteklammer für die Zughülle am Luftverteilergehäuse befestigen.
● Drahtseele in die Klammer am Hebel des Heizventils stecken.
● Temperatur-Drehregler zweimal von Anschlag zu Anschlag drehen – der Zug stellt sich selbst ein.
● **Zug zur Luftklappe:** Verkleidung unter der Lenksäule abschrauben.
● Drehregler ganz nach links drehen.
● Klammer am Luftverteilergehäuse abdrücken.
● Hebel am Luftverteilergehäuse nach unten drükken und in dieser Stellung die Klammer wieder befestigen.

Das Luftgebläse

Der Gebläsemotor läuft in drei Geschwindigkeiten. Vorgeschaltete Widerstände verringern die Spannungsversorgung für die ersten beiden Gebläsestufen. Bei direktem Stromfluß dreht das Gebläse mit vollem Tempo.

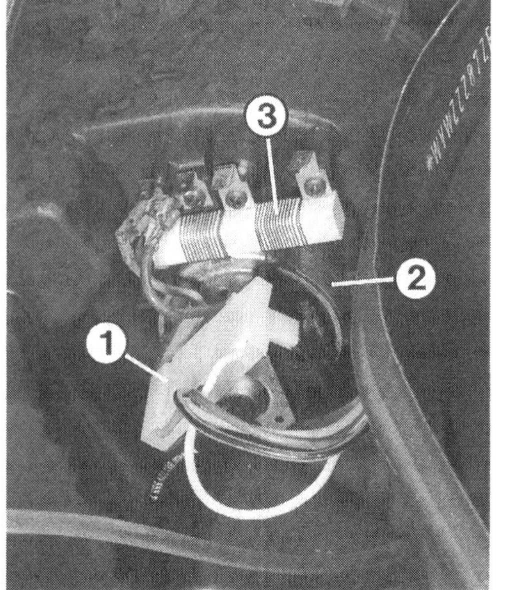

Links: Der Vorwiderstand (3) des Luftgebläses (2) vorn im Wasserfangkasten sowie der stromzuführende Mehrfachstecker (1).
Rechts: Der Schalter (7) des Luftgebläses bis 7/90 ist von hinten in seinen Ausschnitt (4) gesteckt und wird von seitlichen Federklammern (6) gehalten. Hier ist noch der Mehrfachstecker (5) aufgesteckt.

Die Betätigung der Heizung/Lüftung ab 10/90:
1 – Heizventil;
2 – Gebläseschalter;
3 – Heizbetätigung;
4 – Blende;
5 – Zug zur Luftklappe;
6 – Hebel der Luftklappe;
7 – Zug zum Heizventil.

Störungssuche am Gebläse

● Wenn das Gebläse **in keiner Schalterstellung** rauscht, kontrollieren Sie zuerst die zuständige Sicherung.
● Laufen trotz intakter Sicherung auch die Scheibenwischer nicht, liegt es am Entlastungsrelais.
● Bei intaktem Relais Drehschalter des Gebläses überprüfen.
● Liegt es nicht am Schalter, legen Sie ein Hilfskabel von Batterie-Plus an den Anschluß der gelben Leitung des Gebläsemotors.
● Bleibt weiterhin alles ruhig, ist der Motor durchgebrannt – austauschen.
● Wenn das Gebläse **nur in Stellung 2 und 3** oder **nur in Stufe 3** läuft, Drehschalter überprüfen.
● Ist der Schalter in Ordnung, Vorwiderstände auf Durchgang überprüfen.
● Dazu gelbe Leitung am Ventilatormotor mit Prüflampe anstechen.
● Die Lampe muß in Schalterstellung 1 und 2 aufleuchten als Beweis, daß die Vorwiderstände stromdurchlässig sind. Andernfalls Vorwiderstände austauschen.

Gebläse ausbauen

Das Gebläse sitzt fest in seinem Kunststoffgehäuse. Wenn es ersetzt werden muß, geht das nur zusammen mit dem kompletten Gehäuse.
● Gummidichtung oben an der Trennwand zwischen Motorraum und Wasserfangkasten wegziehen, Kunststoffabdeckung abziehen.
● Kühlflüssigkeit teilweise ablassen.
● Heizventil abschrauben.
● Ggf. TSZ-Schaltgerät oder Steuergerät der Zündverstellung bzw. Einspritzung abschrauben.
● Vorwiderstände abschrauben.
● Oben am Gebläsegehäuse die beiden Blechklammern abdrücken.
● Gebläse mit seinem Gehäuse abheben.
● Falls dies nicht ohne weiteres möglich ist, mit einem schmalen Schraubendreher in die Trennfuge fahren und vorsichtig hebeln.
● Heizkörper ausbauen.
● Beim Einbau das Gebläsegehäuse mit dauerplastischer Dichtmasse »D 14« am dahinter liegenden Luftverteilergehäuse ansetzen und die zwischengelegte Dichtung nicht vergessen.

Wenn die Heizbetätigung ab 10/90 ausgebaut werden soll, muß zuerst die Blende (Pfeil) mit einem schmalen Schraubendreher ausgerastet werden.

Hier ist die Heizbetätigung (2) losgeschraubt und in ihrem Ausschnitt so weit gedreht, daß die Züge sichtbar werden:
1 – Zug zum Heizventil;
3 – Zug zur Luftklappe.

Gebläseschalter ausbauen

- Heizhebelblende abnehmen, wie unter »Heizbetätigung ausbauen« beschrieben.
- Stecker hinten am Schalter abziehen.
- Schalterteil von hinten aus dem Armaturenbrett drücken (bis 7/90) bzw. an der Heizregulierung abziehen (ab 10/90).

Arbeiten an der Lüftung

Frischluftdüsen ausbauen

- **Bis 7/90:** Ablagefach links bzw. Handschuhfach abschrauben.
- Luftführungsschlauch abziehen.
- Düse von der Armaturenbrettrückseite zum Innenraum hin herausdrücken.
- **Ab 10/90:** Dreheinsatz oben zurückdrücken.
- Mit einer Spitzzange läßt sich der Einsatz jetzt herausziehen.
- Oben an der Luftdüse die Halteschraube losdrehen.
- **Alle:** Beim Einbau auf richtigen Sitz des Luftführungsschlauches achten; er läßt sich oft nur sehr schwer aufschieben.

Störungsbeistand

Heizung

Die Störung	– ihre Ursache	– ihre Abhilfe
A Heizleistung ungenügend	1 Heizungszug geknickt oder gerissen	Kontrollieren bzw. auswechseln
	2 Laubstückchen haben sich vor den Wärmetauscher gelegt	Gebläse ausbauen, Wärmetauscher mit Staubsauger reinigen
	3 Kühlerthermostat schließt nicht völlig, aufgeheiztes Kühlmittel strömt zu früh in den Kühler	Thermostat säubern, ggf. austauschen
B Heizung wird nicht warm	1 Heizventil öffnet nicht	Heizventil gängig machen oder ersetzen
	2 Heizzug gerissen	Ersetzen. Behelf unterwegs: Heizventilhebel von Hand öffnen
	3 Luft im Heizkörper	Kühlsystem auffüllen und entlüften
C Heizung fällt plötzlich während der Fahrt aus	Heizkörper durch Kühlmittelverlust leergelaufen	Sofort anhalten, sonst Gefahr für die Zylinderkopfdichtung! Undichtigkeit beheben und Kühlmittel auffüllen

In Form gebracht

Das Blechgehäuse, in dem wir uns fortbewegen, soll geringes Gewicht, Verwindungssteifigkeit, hohe Formfestigkeit der Fahrgastzelle und energievernichtende »Knautschzonen« an Bug und Heck aufweisen. Deshalb bestehen bestimmte Stellen aus dünner gefertigtem Blech, während tragende Teile dickere Blechstärken erfordern.

Demontierbare Teile

Mit einiger Geschicklichkeit kann man die Stoßfänger und die vorderen Kotflügel alleine ausbauen. Wollen Sie aber die Motorhaube, hintere Klappe oder Türen demontieren, brauchen Sie unbedingt einen Helfer, der diese großen und schweren Teile hält, während Sie schrauben. Andernfalls ist schnell irgendwo der Lack zerkratzt.

Fingerzeig: Den Wiedereinbau der bisherigen Motorhaube, Heckklappe oder Tür kann man sich erleichtern, wenn die Lage der Scharniere vor der Demontage angezeichnet wird. Das geschieht am besten mit einem wasserfesten Filzstift.

Die Motorhaube

Haube ausbauen

- An den hinteren Ecken der Haube Lappen auflegen, daß die evtl. abrutschende Haube nicht auf Blech oder Lack aufsitzt.
- Rechts und links je zwei Halteschrauben an den Scharnieren losdrehen, Haube abnehmen.
- Die Scharniere der Motorhaube sitzen jeweils auf einem Bolzen und sind mit einer Spannklammer gesichert.
- Beim Einbau das evtl. vorhandene Masseband links wieder mit anschrauben.

Motorhaube einstellen

Bei geschlossener Motorhaube muß der Abstand zu beiden Kotflügeln und zum Windlauf unterhalb der Windschutzscheibe rundum annähernd gleich sein. In der Höhe soll die Haube den Kotflügeln entsprechen.

- Zur Einstellung werden die Schrauben zwischen Scharnier und Haube gelöst.
- Haubendeckel verschieben. Damit hierbei kein Lack verkratzt wird, evtl. an den Ecken zum Windlauf Lappen unterlegen.
- Gummipuffer vorn an der Motorhaube (bis 7/90) bzw. im Frontblech (seit 10/90) so weit hinein- bzw. herausdrehen, bis die Haube in geschlossenem Zustand in gleicher Höhe mit den Kotflügeln steht.

Haubenverschluß einstellen

Funktioniert die Haubenverriegelung nicht einwandfrei, kann das Haubenschloß an Fahrzeugen bis 7/90 in der Höhe verstellt werden. Seit 10/90 besteht keine Einstellmöglichkeit mehr.

- Kühlergrill ausbauen.
- Halteschrauben des Haubenschlosses lösen.
- Schloßteil entsprechend versetzen.
- Schrauben festziehen und Funktion der Verriegelung prüfen.

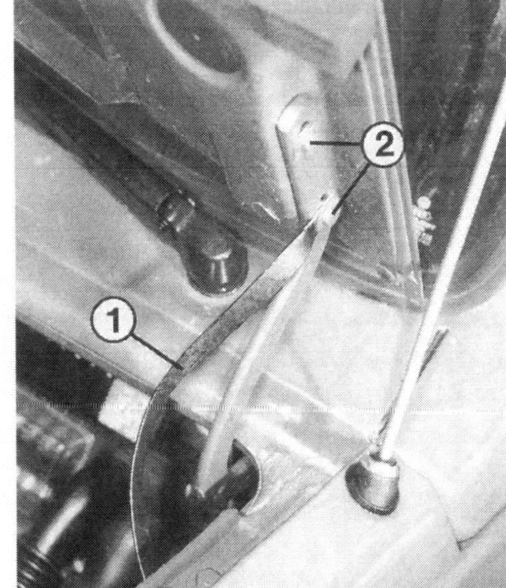

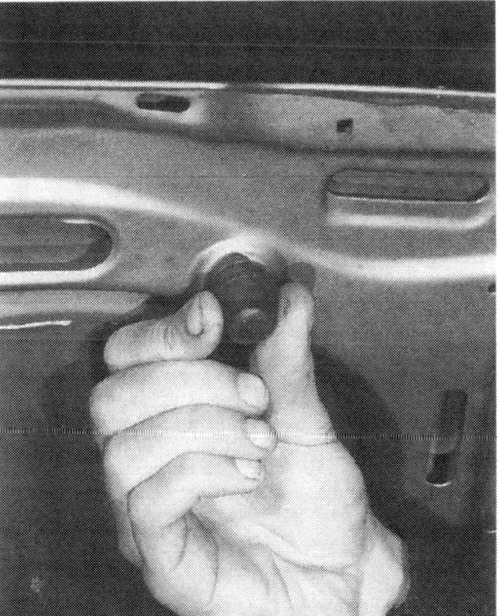

**Links: Das Motorhaubenscharnier mit den beiden Halteschrauben (2) und das Masseband (1) für die Radioentstörung.
Rechts: Einer der Gummipuffer, mit denen die Motorhaube zu den Kotflügeln in der Höhe ausgerichtet wird. Der Puffer läßt sich heraus- und hineindrehen.**

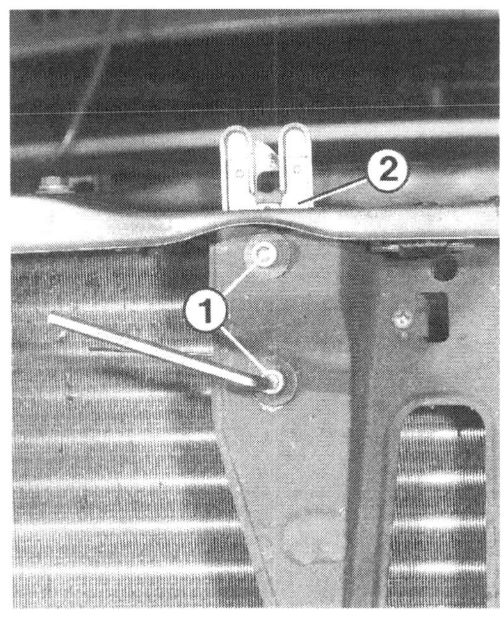

Links: Die beiden Halteschrauben (1) des Motorhaubenschlosses (2) bis 7/90. Durch Lockern der Schrauben läßt sich das Schloß auch in der Höhe verstellen.
Rechts: Einstellung des Haubenzugs (3) bis 7/90. Seine Klemmschraube (4) wird festgedreht. Zuletzt das Zugende umbiegen.

Haubenzug auswechseln

- **Bis 7/90:** Kühlergrill ausbauen.
- Klemmschraube am Haubenschloß lösen, Zugende geradebiegen und herausziehen.
- **Alle:** Entriegelungsgriff im Fahrerfußraum losschrauben.
- **Ab 10/90:** Haubenschloß am Frontblech losschrauben.
- Haubenzug am Schloßhebel und am Widerlager aushängen.
- **Alle:** Haubenzug aus seinen Haltern aushängen und in den Innenraum ziehen.
- Einbau: Zug so verlegen, daß er nicht unter Spannung steht.
- **Bis 7/90:** Beim Festschrauben des Haubenzugs am Schloß darf dieses nicht unter Spannung stehen.
- Überstehendes Zugende zu einer Schlaufe umbiegen.

Die Wagenfront

Kühlergrill ausbauen

- Motorhaube öffnen.
- Beim Grill mit Zusatzscheinwerfern zwei Kreuzschlitzschrauben vorn oben herausdrehen.
- Beim Zusatzscheinwerfer-Grill Kabel zu den Scheinwerfern trennen.
- Oben am Kühlergrill die vier bzw. sechs Haltenasen mit einem Schraubendreher nach unten drücken, Grill ein Stück herausziehen.
- Kühlergrill unten aus dem Karosserieblech aushängen.

Die Stoßfänger

Ausbau bis 7/90

- **Vorn:** Steckverbindungen zu den vorderen Blinkern im Motorraum trennen.
- Je eine Mutter vorn im Motorraum seitlich an den Längsträgern losdrehen.
- **Hinten:** In der Mitte der hinteren Kofferraumwand Massekabel abschrauben.
- Steckverbindung zu den Kennzeichenleuchten trennen.

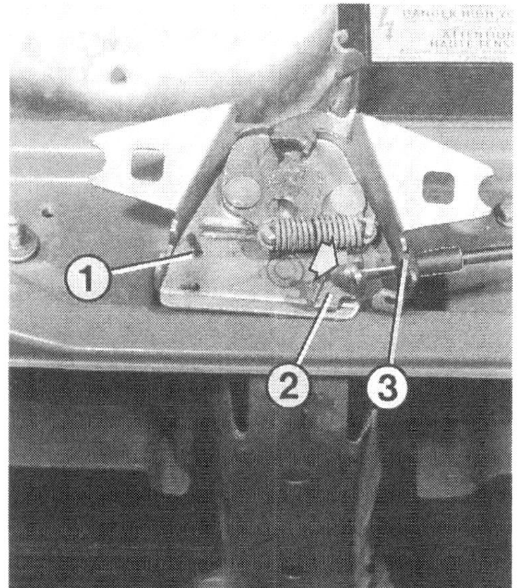

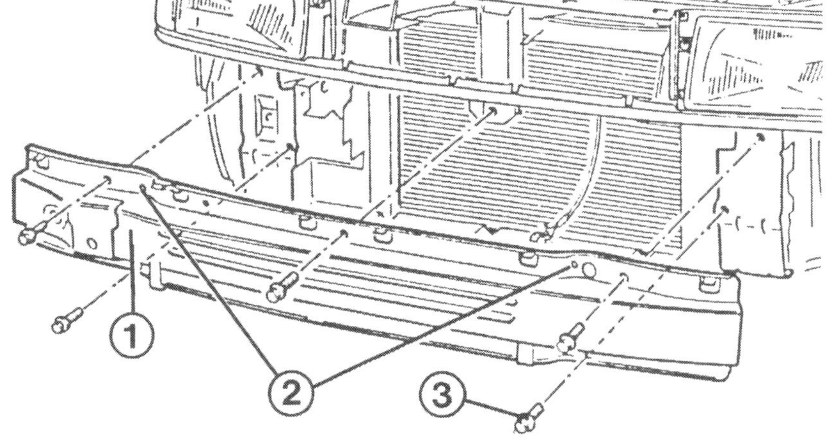

Links: Das Haubenschloß (1) des Polo ab 10/90 mit dem Entriegelungshebel (2) und dem Widerlager (3). Der Pfeil zeigt auf das kugelförmige Ende des Haubenzuges.
Unten: Der Querträger (1) des Polo ab 10/90 wird erst nach Abschrauben des Stoßfängers sichtbar. Der Träger ist mit Sechskantschrauben am Vorbau befestigt. Position »2« zeigt die Löcher für die Halteclips des Leitungsstranges.

Die Einzelteile der Stoßfänger bis 7/90:
1 – Stoßfängerhalter vorn;
2 – Stoßfänger vorn;
3 – Stoßfängerhalter hinten;
4 – Stoßfänger hinten;
5 – seitliche Halterung für Stufenheck ab 8/84;
6 – Klemmstück mit Spezialschraube;
7 – Clip mit Dichtung;
8 – Abdeckung hinten;
9 – Abdeckung vorn;
10 – Stoßfängerhorn mit Spritzdüse;
11 – Abdeckung unten.

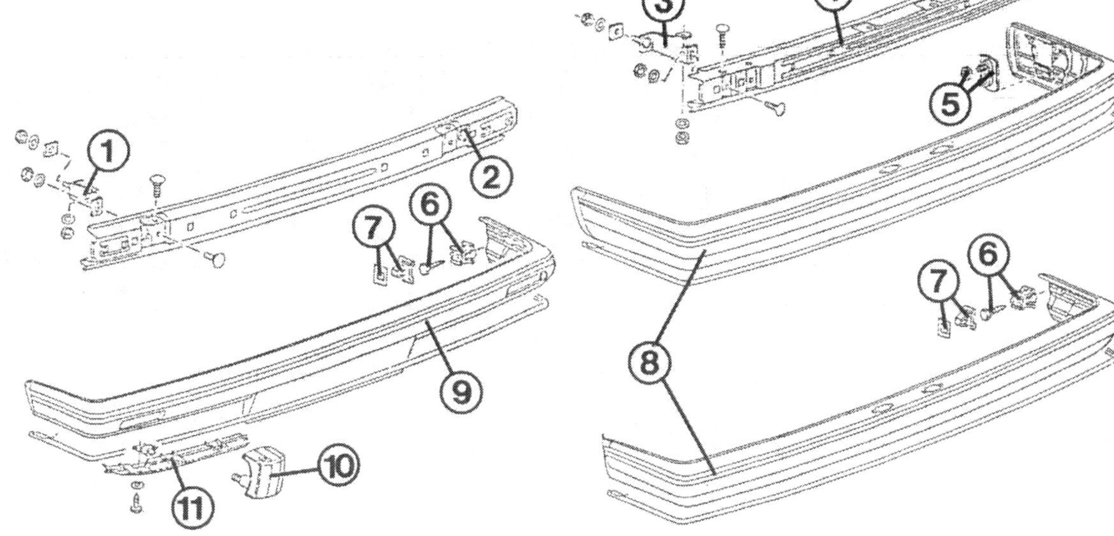

● Leitung zu den Kennzeichenleuchten aus dem Heckblech ziehen.

● Rechts und links je eine Mutter außen an der Hinterkante des Heckbleches losdrehen.

● **Vorn und hinten:** Stoßfänger waagrecht abziehen; die seitlichen Teile gleiten dabei aus ihren Halterungen.

● Stoßfängerhalter bzw. Kennzeichenleuchten abschrauben, falls erforderlich.

● Beim Einbau darauf achten, daß die seitlichen Teile des Stoßfängers in ihre Halterungen an der Karosserie eingeschoben werden.

Kunststoffabdeckung auswechseln bis 7/90

Wenn lediglich die Kunststoffabdeckung beschädigt ist, kann sie alleine ersetzt werden. Ist dagegen auch der eigentliche Stoßfänger deformiert, gibt es als Ersatz nur das komplette Teil.

● Stoßfänger abbauen.

● Alte Abdeckung abhebeln.

● Zur Montage der neuen Kunststoffhülle benutzt die Werkstatt eine Presse und ein Spezialwerkzeug. Behelfsmäßig geht es doch recht schwierig.

● Seitliche Klemmstücke etwa fünf Minuten in ein Seifenwasser legen.

● Halteschraube drei bis vier Gewindegänge in das Klemmstück drehen.

● Klemmstück mit einem Kunststoffhammer bis auf die Verstärkungsrippen in der Kunststoffabdeckung schlagen. Dabei nicht auf die Schraube klopfen.

● Klemmstück mit einer Zange festhalten und gleichzeitig die Halteschraube mit 5 Nm anziehen. Dadurch spreizt sich das Klemmstück wie ein Dübel.

● Beim Stufenheckmodell seit 8/84 entfällt diese Arbeit beim hinteren Stoßfänger. Hier ist der Halter mit zwei Scheiben am hinteren Seitenteil befestigt.

● Vor dem Aufpressen der Kunststoffabdeckung den Kunststoff mit einem Haarfön oder Heizlüfter erwärmen.

● Von der Stoßfängermitte beginnend müssen sämtliche Haltenasen der Abdeckung in die entsprechenden Öffnungen im Stahlträger einrasten.

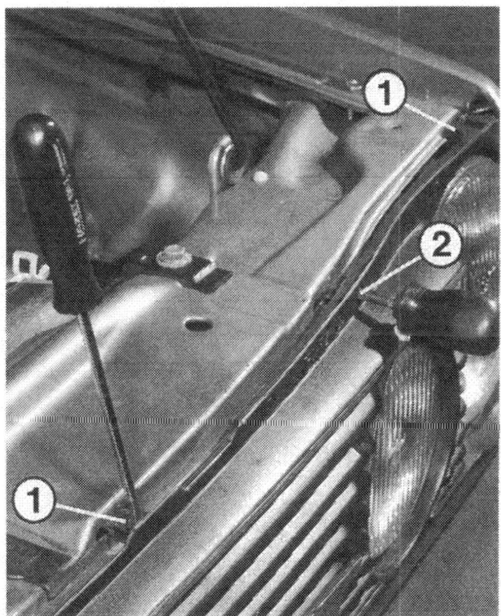

Links: Der Kühlergrill bis 7/90 wird oben von Kunststoffnasen (1) gehalten, die beim Ausbau mit einem Schraubendreher nach unten gedrückt werden. Beim Kühlergrill mit Zusatzscheinwerfern sitzt außen noch je eine Kreuzschlitzschraube (2).
Rechts: Der Kühlergrill (2) ab 10/90 wird ausschließlich von Kunststoffnasen (1) am Frontblech gehalten.

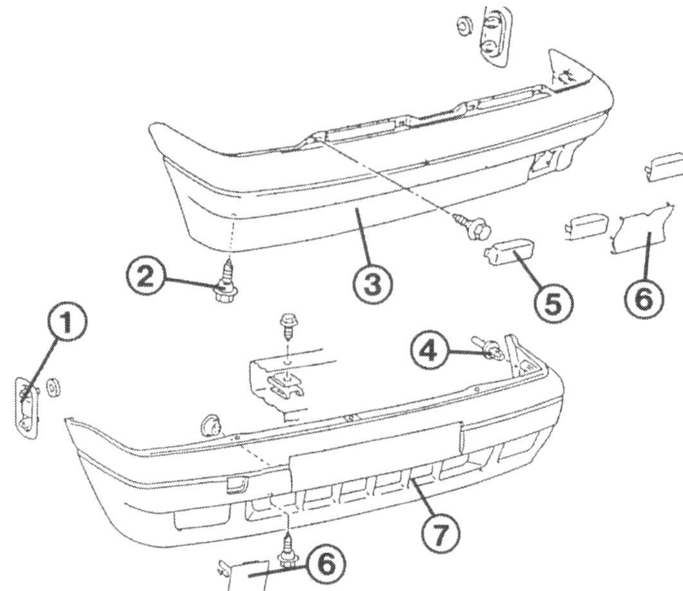

Die Stoßfänger beim Polo ab 10/90 bestehen aus folgenden Teilen:
1 – Halter;
2 – Sechskantschraube;
3 – Stoßfänger hinten;
4 – Spreizclip;
5 – Abdeckung;
6 – Abdeckung für Aufnahme der Abschleppöse;
7 – Stoßfänger vorn.

Stoßfänger ab 10/90 ausbauen

- **Vorn:** Kühlergrill ausbauen.
- Oberhalb des Kennzeichens drei Sechskantschrauben losdrehen.
- Unterhalb des Kennzeichens in den äußeren Luftschlitzen zwei weitere Sechskantschrauben lösen.
- Seitlich ist der Stoßfänger mit je zwei Spreizclips an der Radhausschale befestigt – Stift im Clip durchdrücken und Spreizclip abnehmen.
- Stoßfänger waagrecht abziehen.
- **Hinten:** Heckklappe öffnen.
- An der Oberkante des Stoßfängers vier Kunststoffkappen abhebeln.
- Darunterliegende Sechskantschrauben losdrehen.
- Unten am Wagenboden vier weitere Sechskantschrauben losdrehen.
- Stoffänger waagrecht abziehen.
- **Alle:** Beim Einbau darauf achten, daß die seitlichen Teile des Stoßfängers in ihre Halterungen an der Karosserie eingeschoben werden.

Die Kotflügel

Lediglich die vorderen Kotflügel lassen sich abschrauben. Die hinteren Seitenteile bilden dagegen eine verschweißte Einheit mit der restlichen Karosserie.

Radhausschale ausbauen

- Betreffendes Vorderrad abnehmen.
- Bis 7/90 entlang des Radausschnitts und innen im Radkasten neun Kreuzschlitzschrauben herausdrehen.
- Ab 10/90 vorn am Radausschnitt Stifte der beiden Kunststoff-Spreizclips an der Verbindung Radhausschale/Stoßfänger durchdrücken, Clip abnehmen.
- Innen im Radkasten acht Sechskantschrauben herausdrehen.
- Alle: Radhausschale abnehmen.

Kotflügel ausbauen

- Stoßfänger abschrauben.
- Ggf. Schwellerverbreiterung vorn lösen.
- Radhausschale abnehmen.
- Unterbodenschutz an den Trennfugen erwärmen, damit er sich mit einem scharfen Messer anschließend durchtrennen läßt. Sie brauchen dazu eine Gas-Lötlampe oder einen leistungsstarken Heißluftfön.
- Halteschrauben an der Scharniersäule aus der Unterbodenschutzschicht freilegen.
- Bei geöffneter Motorhaube rund um den Kotflügel 8 Sechskant- und zwei Kreuzschlitz-Blechschrauben (bis 7/90) herausdrehen: In der Motorhauben-Ablagekante, vorn unten und mitte am Kotflügel, innen zum Türpfosten hin und hinten unten am Schwellerblech.
- Kotflügel nach vorn und dann zur Seite abziehen.
- Ggf. Kotflügel-Verbreiterung abnehmen.
- Zwischen Karosserie und Kotflügel sitzen an der Motorhauben-Ablagekante und zur Tür hin Zinkplättchen unter den Schrauben.
- Falls diese Plättchen fehlen, muß an deren Stelle Karosseriedichtband aufgedrückt werden. Für jede Schraube ein entsprechend großes Loch durch das Dichtband stechen.
- Nach dem Anbau des Kotflügels in die Fugen zwischen Karosserie und Kotflügel Acryldichtmasse (Teile-Nr. AKD 511 001) auftragen und mit dem Pinsel verstreichen.
- Die Spalte zwischen Kotflügel und Motorhauben-Ablagekante werden mit Konservierungswachs satt eingesprüht.

Links: Der Pfeil zeigt auf eine der Kotflügel-Halteschrauben, die erst vom Unterbodenschutz freigelegt werden müssen.
Rechts: In der Zeichnung sehen Sie die 8 Sechskant- und 2 Kreuzschlitzschrauben, mit denen der Kotflügel bis 7/90 angeschraubt ist.

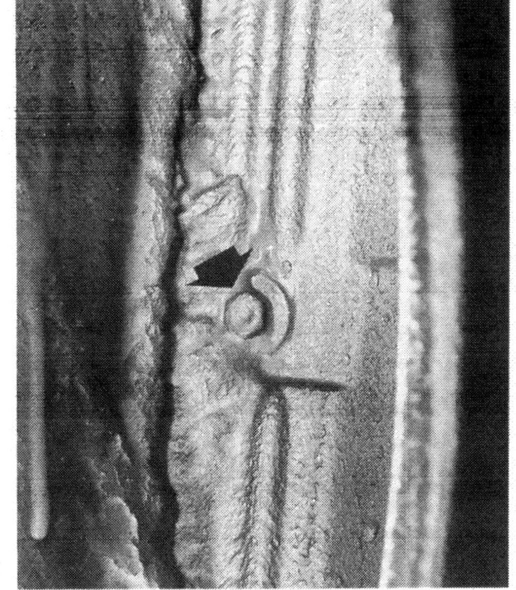

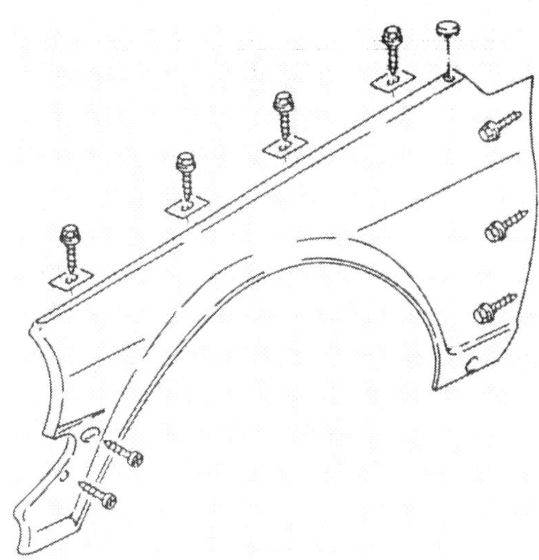

Die Türen

Ausbau

- Bei geöffneter Tür Klemmscheibe unten vom Bolzen des Türfeststellers abdrücken, ggf. Schaumstoffabdeckung an der Türsäule abziehen.
- Bolzen nach oben herausnehmen.
- Am oberen und unteren Scharnier je eine Sechskantschraube losdrehen, Tür mit ihren Scharnieren abnehmen.

Tür einpassen

Zur Einstellung einer Tür muß der VW mit allen Vieren waagrecht auf dem Boden stehen. Bei aufgebocktem Fahrzeug kann sich die Karosserie etwas verwinden, so daß die Türjustierung anschließend nicht stimmt.

- Schließbolzen, in den das Türschloß einrastet, ein wenig lockern.
- Tür mit ihren Scharnieren nur so fest anschrauben, daß sie sich noch nach allen Seiten verschieben läßt.
- Tür in den Türausschnitt drücken und so ausrichten, daß das Türblech flächenglatt mit dem benachbarten Karosserieblech abschließt und mit rundum gleichmäßigem Spalt im Türausschnitt sitzt.
- Prüfen Sie vom Wageninnern aus, ob die Tür gleichmäßig an ihrer Gummidichtung anliegt.
- Bei richtigem Sitz Scharnierschrauben anziehen.
- Öffnertaste im äußeren Türgriff anziehen und das Türschloß bei leicht angehobener Tür in den Schließbolzen einrasten lassen.
- Öffnertaste loslassen, wieder anziehen und Tür leicht angehoben öffnen.
- Schließbolzen in dieser Stellung festziehen.
- Sitz der Tür kontrollieren, ggf. nachjustieren.

Links: Der Türfeststeller (5) mit seinem Haltebolzen (4) und der unten sitzenden Klemmscheibe (3). Dieser Anlenkpunkt ist mit Schaumstoff (1) abgedeckt. Unten eine Türhalteschraube (2).
Rechts: Beim Einpassen der Tür muß deren Schließbolzen ein wenig gelockert werde, wie hier gezeigt.

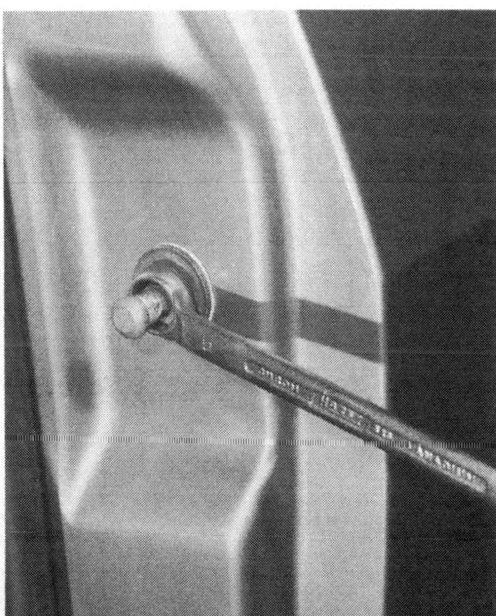

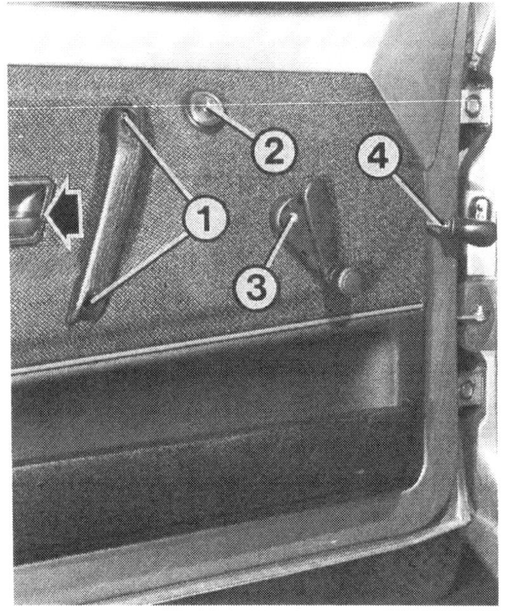

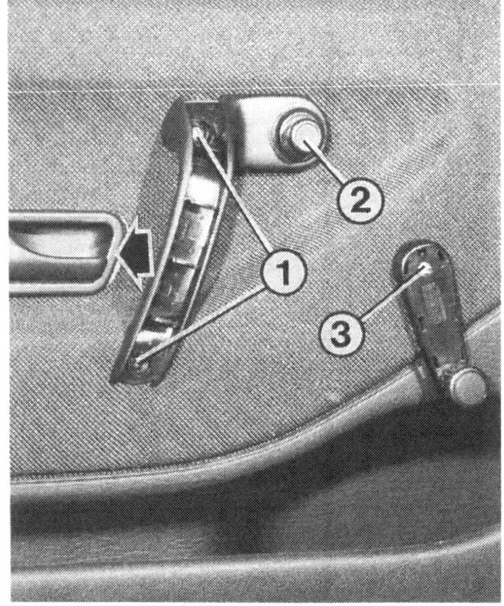

An der Fahrer-Türverkleidung sind die auszubauenden Teile gezeigt. Links die Ausführung bis 7/90, rechts ab 10/90:
1 – Halteschrauben des Haltegriffes;
2 – Knopf der Spiegelverstellung;
3 – Schraube in der Fensterkurbel;
4 – Kreuzschlitzschrauben der Verkleidung.
Der Pfeil zeigt auf die Umrandung des Türöffners, die zum Ausbau nach hinten geschoben werden muß.

Türverkleidung ausbauen

Diese Arbeit haben wir aus dem Kapitel »Innenraum« vorgezogen, da sie für die weiteren Zerlegungsschritte an der Tür wichtig ist.

- **Bis 7/90:** Am Haltegriff die Blenden oben und unten abdrücken oder mit einem schmalen Schraubendreher abhebeln.
- Darunter sitzende Kreuzschlitzschrauben losdrehen. Griff abziehen.
- Umrandung am Türöffner nach hinten drücken und abziehen.
- Abdeckung der Fensterkurbel abdrücken und wegnehmen.
- Darunter sitzende Kreuzschlitzschraube losdrehen und Kurbel abnehmen.
- Knopf der Außenspiegelverstellung abziehen.
- Rundum die Halteschrauben der Türverkleidung (unter eingesteckten Abdeckungen) losdrehen: Jeweils zwei an der Vorder- bzw. Hinterkante an der jeweiligen Verkleidung.
- Verkleidung aus ihren unteren Halteclips herausnehmen.
- **Ab 10/90:** Dreieckige Blende der Außenspiegelbefestigung mit einem schmalen Schraubendreher vorsichtig abhebeln.
- Blende des Türhaltegriffes abhebeln, darunter zwei Kreuzschlitzschrauben losdrehen.
- Knopf der Außenspiegelverstellung abziehen.
- Türhaltegriff verdrehen und abnehmen.
- Umrandung am Türöffner nach hinten schieben und abziehen.
- Abdeckung der Fensterkurbel abdrücken und wegnehmen.
- Darunter sitzende Kreuzschlitzschraube losdrehen und Kurbel abnehmen.
- Hinten an der Türkante zwei Halteschrauben der Verkleidung losdrehen.
- Verkleidung oben am Fensterschacht aus den Halteklammern abziehen.
- An der vorderen Türkante wird die Verkleidung von zwei großen Halteclips gehalten. Zum Ausrasten an der Verkleidung vorne kräftig ziehen.
- Verkleidung dann nach oben aus den unteren Clips abnehmen.
- **Alle:** Den Ablagekasten halten fünf bzw. sechs Kreuzschlitzschrauben an der Rückseite der Verkleidung.
- Die Kunststoffolie hinter der Verkleidung darf nicht beschädigt sein, sonst kann Feuchtigkeit eindringen und die Rückseite der Türverkleidung aufweichen.

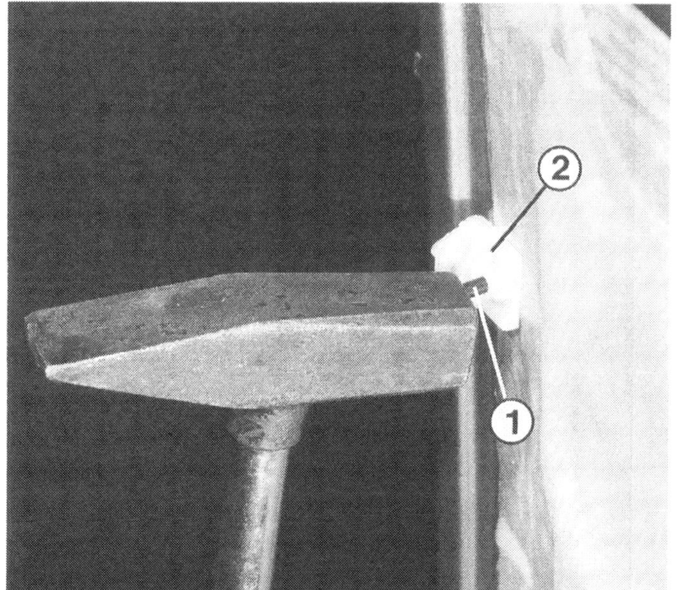

Die Türverkleidung halten Spreizclips (2). Der Bolzen (1) wird mit dem Hammer in den Clip eingeklopft und spreizt ihn wie einen Dübel.

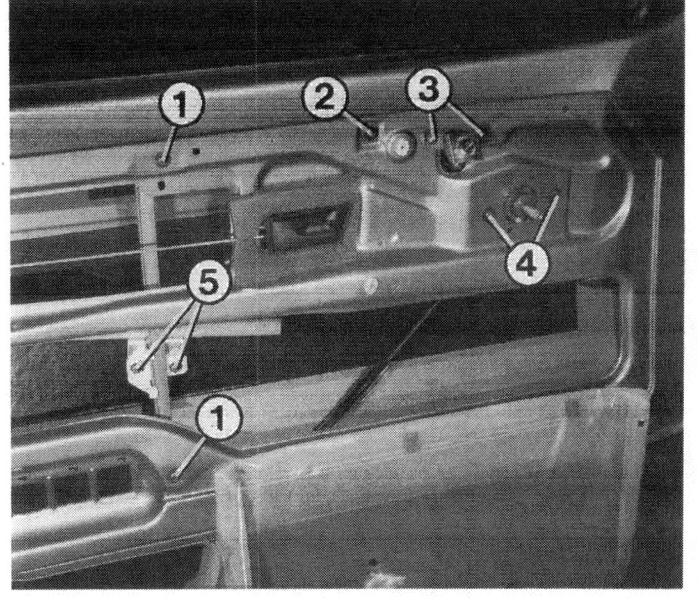

Die Tür mit abgenommener Verkleidung. Gezeigt sind die Halteschrauben folgender Bauteile:
1 – Fensterheberschiene;
2 – vordere Fensterführung unten;
3 – Spiegelverstellung;
4 – Fensterheber-Kurbeltrieb;
5 – Türfenster.

● Zum Abnehmen der Clips, an denen die Türverkleidung angeschraubt bzw. unten eingesteckt ist, den kleinen Bolzen im Clip mit einem dünnen Schraubendreher, Nagel o. ä. durchdrücken, Clip abnehmen.
● Aus dem Türkasten die Bolzen der Spreizclips herausfischen und wieder in die Clips stecken.
● Die Schale des Türöffners ist mit Haltenasen im Türblech befestigt.
● Zum Einbau der Clips den Bolzen in das Kunststoffteil hineintreiben.

Türschloß ausbauen

● Beide Innensechskantschrauben lösen.
● Schloß verriegeln und ein Stück herausziehen.
● Durch die Öffnung unten im Türschloß einen Schraubendreher stecken, wodurch die Welle des Fernbetätigungshebels blockiert wird. Nur so kann die Verbindungsstange zum Türöffner innen ausgehängt werden.
● Sicherungshebel oben aus der Hülse ziehen.
● Beim Wiedereinbau muß die Schloßfalle in verriegelter Stellung stehen.

Türgriff ausbauen

● Kreuzschlitzschraube im Türkastenrand herausdrehen.
● Zierabdeckung mit einem schmalen Schraubendreher abhebeln.
● Kreuzschlitzschraube vorn im Türgriff herausdrehen, Griff abnehmen.

Schließzylinder ausbauen

● Schlüssel in den Schließzylinder stecken, damit beim Herausziehen des Zylinders die Schließplatten und Federn nicht herausfallen.
● Kreuzschlitzschraube am hinteren Ende des Schließzylinders herausdrehen.
● Mitnehmer und Drehfeder abnehmen, dabei deren Lage für den Wiedereinbau merken.
● Schließzylinder aus der Türgriff-Vorderseite herausziehen.
● Neuen Schließzylinder mit harzfreiem Fett einsprühen.

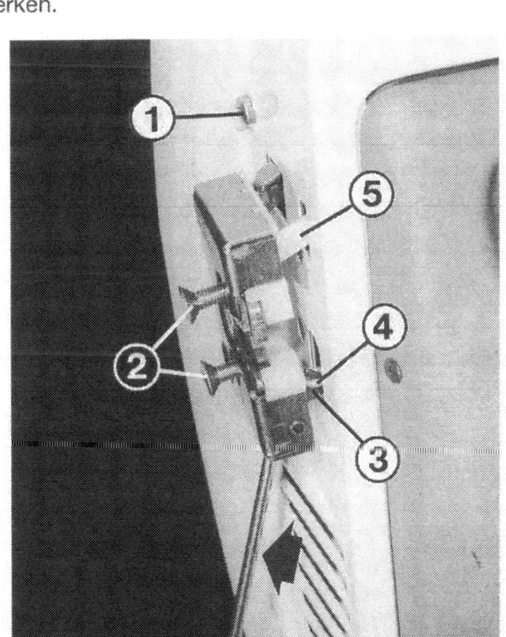

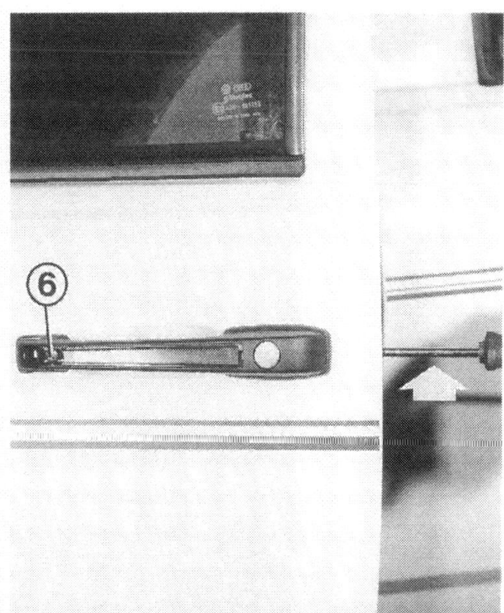

Links: Das Türschloß an der Hinterkante des Türkastens.
1 – Halteschraube des Türaußengriffes, auf die im Bild rechts der Schraubendreher (Pfeil) angesetzt ist;
2 – Türschloß-Halteschrauben;
3 – Fernbetätigungshebel (vom Schraubendreher – Pfeil – blokkiert);
4 – Verbindungsstange;
5 – Sicherungshebel.
Rechts: Die Türgriff-Halteschraube (6) bei abgenommener Zierblende.

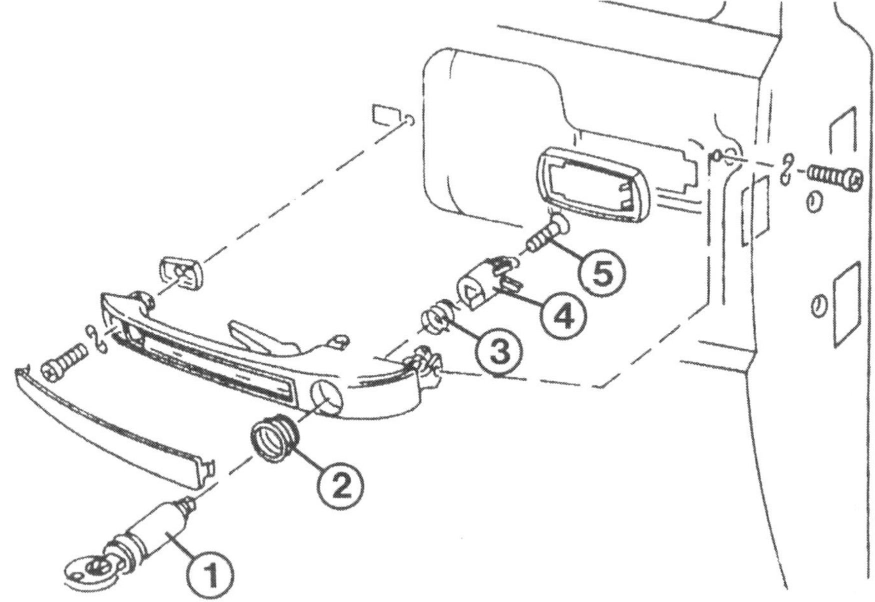

Zum Schließzylinder (1) gehören folgende Teile:
2 – Dichtring;
3 – Drehfeder;
4 – Mitnehmer;
5 – Halteschraube.

Türfenster ausbauen

- Türverkleidung abnehmen.
- Türscheibe herunterkurbeln.
- Fensterschachtabdeckung innen und außen abnehmen.
- Halteschrauben der Fensterführungsschiene unten und oben herausdrehen.
- Schiene schräg nach unten in den Türkasten schieben.
- Türscheibe unten am Fensterheber abschrauben, hochschieben und aus dem Türkasten herausnehmen.
- Falls nötig, läßt sich bei abgenommener Fensterführungsschiene auch das Dreieckfenster abziehen, wenn die Gummidichtung im Bereich der Schräge am Fenster gelöst wird.

Fensterheber ausbauen

- Türverkleidung abnehmen.
- Türfenster herunterkurbeln.
- Scheibe vom Fensterheber abschrauben, ein Stück hochziehen und auf zwei entsprechend hohe Klötze setzen.
- Fensterheberschiene und Kurbeltrieb des Fensterhebers abschrauben.
- Fensterheber zum unteren Ausschnitt in der Tür herausnehmen.

Fingerzeig: Seit 2/83 werden geänderte Fensterheber und gleichzeitig modifizierte Türen eingebaut. Beim Ersatzteilkauf beachten: Die neuere Tür besitzt am Türkasten unten eine eckige Ausformung. Hier muß der Bowdenzug-Fensterheber eingebaut werden. Im Gegensatz dazu in die ältere Tür ohne Ausformung die alte Fensterheberausführung einbauen. Andernfalls muß auch die Türscheibe und die Heberschiene ersetzt werden.

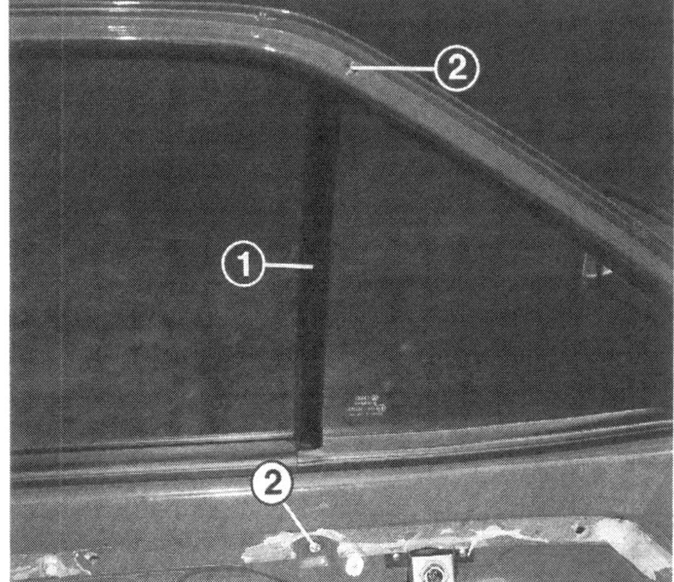

Die vordere Fensterführung (1) wird von zwei Schrauben (2) gehalten.

Die verschiedenen Außenspiegel-Versionen:
1 – einzelnes Spiegelglas;
2 – von innen verstellbar ab 8/82;
3 – von innen verstellbar bis 7/82;
4 – Blende innen;
5 – Unterlage außen;
6 – Spiegel bis 7/82;
7 – Ausführung ab 8/82.

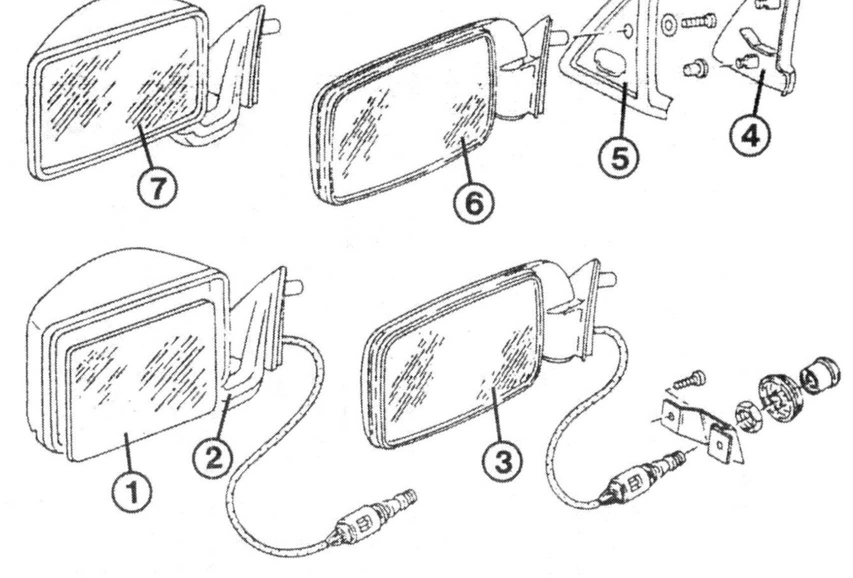

Außenspiegel

● Bei innenverstellbarem Außenspiegel Türverkleidung abnehmen und Folie hinter der Verkleidung im Bereich des Verstellknopfes abziehen.
● Haltemutter der Spiegelbetätigung losdrehen und letztere aus ihrem Halter ziehen.
● Dreieckige Kunststoffabdeckung vorn an der Tür abziehen.
● Kreuzschlitzschrauben des Spiegels losdrehen.
● Spiegel mit seiner Betätigung herausziehen.
● Zum nachträglichen Einbau Teile aus dem Mikroplanfilm im VW-Teilelager in Ruhe heraussuchen, es gibt zahlreiche Varianten.
● Abdeckung innen und außen abziehen.
● Spiegel außen ansetzen und von innen festschrauben.
● Für den innenverstellbaren Spiegel ein Loch in der Türverkleidung anbringen.

Radausschnitt-Verbreiterungen, Seitenleisten und Blenden

○ Die Verbreiterungen der Radausschnitte und der Seitenschweller sind mit einer Vielzahl von Nieten, Clips und Spreizclips sowie Schrauben befestigt.
○ Die Seitenleisten und die Blenden zwischen den Seitenfenstern sind aufgeklebt. Sie können laut VW nicht wiederverwendet werden. Als sparsamer Autofahrer wird man es mit einem der heutigen Kontaktklebemittel trotzdem versuchen. Meist hält das auch in der Autowaschanlage.
○ Die Leisten am Türschweller des Polo Coupé bis 7/84 sind mit Halteclips befestigt.
○ Das Stufenheckmodell bis 7/84 hat an der Motorhaube vorn noch eine dreiteilige Leiste.
● **Radausschnitt-Verbreiterungen** Köpfe der Niete abbohren.
● Nietreste mit einem dünnen Durchschlag oder Nagel durchstoßen.
● Verbreiterung abziehen.
● **Schwellerverbreiterung:** Zum Ausbau oben sechs Kreuzschlitzschrauben aus der Kunststoff-Spreizmutter herausdrehen.

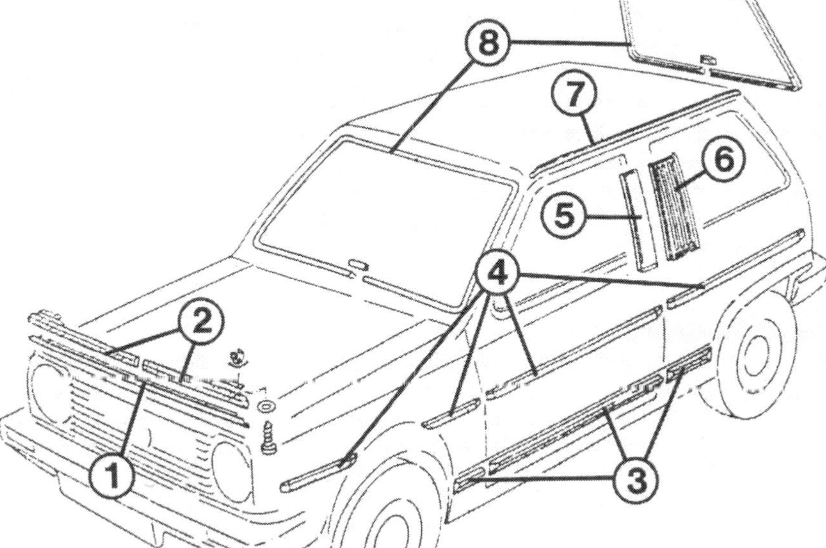

Sämtliche Zier- und Schutzleisten am Polo und Derby:
1, 2 – Zierleisten an der Motorhaube (nur Stufenheck bis 7/84);
3 – Seitenschutzleiste unten;
4 – Seitenzierleiste oben;
5 – Zierblende für Türfensterrahmen;
6 – Blende für B-Säule;
7 – Dachzierleiste;
8 – Fensterzierrahmen.

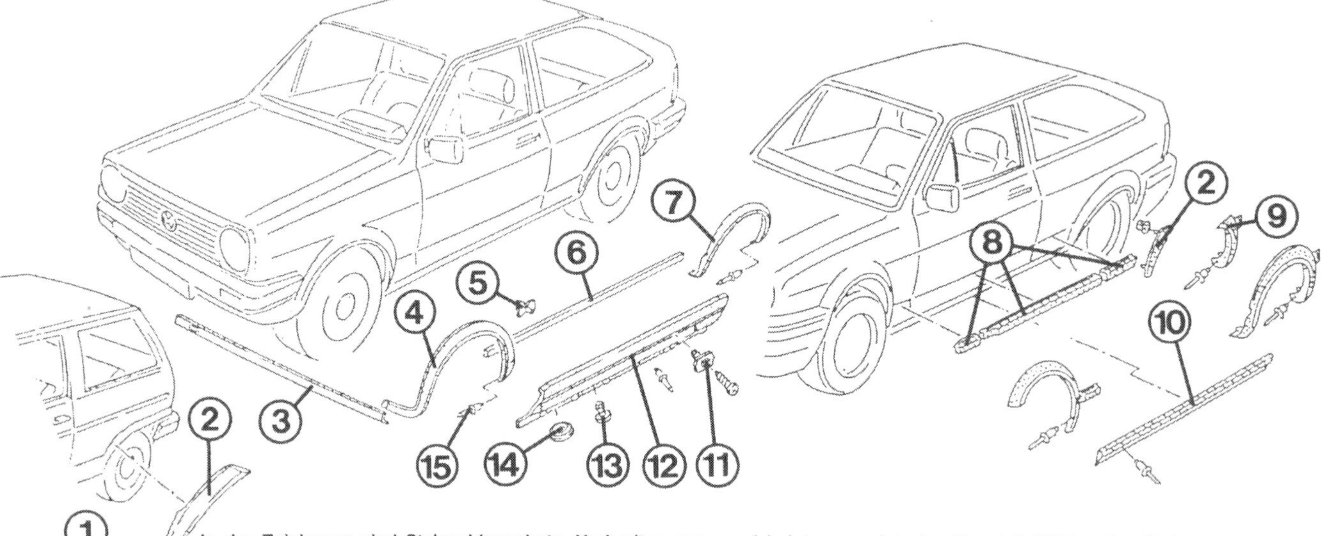

In der Zeichnung sind Steinschlagschutz, Verbreiterungen und Leisten gezeigt: 1 – Kunststofftüllen; 2 – Steinschlagschutz; 3 – Frontspoilerblende bis 7/90; 4 – Verbreiterung vorn; 5 – Clip; 6 – Zierleiste unten bis 7/84; 7 – Verbreiterung hinten; 8 – Schutzleiste unten ab 10/90; 9 – Blende hinten Coupé ab 10/90; 10 – Seitenschwellerverbreiterung ab 10/90; 11 – Spreizmutter; 12 – Seitenschwellerverbreiterung bis 7/90; 13 – Spreizclip; 14 – Stopfen; 15 – Niet.

● An der Unterseite die Nietköpfe abbohren und Niete durchdrücken.

● Verbreiterung mit den Kunststoff-Spreizclips abziehen.

● Beim Einbau der Radausschnitt-Verbreiterung beginnen Sie mit dem Festnieten oben in der Mitte und gehen wechselweise rechts und links nach unten.

● **Schwellerleisten:** Vorsichtig von den Halteclips abziehen.

● Ggf. Stift im Spreizclip durchdrücken und Clip abnehmen. Der Stift verschwindet allerdings unerreichbar im Schweller.

● Neue Clips ansetzen und Kunststoffstift hineintreiben, wodurch sich der Clip spreizt.

● Leiste aufdrücken.

● **Seitenleisten und -blenden:** Zum Abnehmen mit einem Heißluftfön auf ca. 60°C erwärmen.

● Vorsichtig abziehen.

● Reste der Klebemasse sollten Sie mit einem Holzspachtel und Heißluft entfernen. Zu viel Wärme schadet allerdings dem Lack.

● Zum Anbringen Lackfläche mit Reinigungsbenzin sauberreiben und mit Silikonentferner nachbehandeln.

● Lackfläche trockenreiben und mit dem Heißluftfön auf ca. 30°C anwärmen.

● Schutzfolie(n) abziehen.

● Leiste oder Blende anheften, evtl. Sitz noch korrigieren.

● Dann kräftig andrücken, speziell an den Enden.

● An der Säulenblende mit einem schmalen Schraubendreher die Dichtung des hinteren Seitenfensters über die Blende hebeln.

● **Motorhaubenleiste:** Rechts und links an der Haube insgesamt vier Kreuzschlitzschrauben herausdrehen.

● Dazwischen eingeklemmtes Leistenstück abnehmen.

● Der vordere Spoiler ist Bestandteil des Frontbleches. Bei bestimmten Modellen sitzt darüber noch eine **Spoilerblende.**

● Nietköpfe an der Unterseite abbohren.

● Blende abnehmen und Nietreste herausklopfen.

● Festnieten von der Mitte nach außen.

Dekorfolien

● **Folie abziehen:** Kalt sind die Folien so spröde, daß sie sich kaum am Stück abziehen lassen.

● Sobald das Folienmaterial erwärmt wurde, gelingt es leichter. Entweder den Wagen in praller Sonne aufheizen lassen oder einen Heißluftfön verwenden.

● Vorsicht, zu viel Hitze kann den Lack schädigen.

● **Montage:** Die zu beklebende Fläche muß glatt, sauber und fettfrei sein.

● Am besten arbeiten Sie bei Außentemperaturen zwischen 15 und 25°C, also nicht in praller Sonne.

● Schutzpapier von der Klebefolie abziehen und Klebefläche mit Seifenwasser gründlich benetzen.

● Jetzt können Sie die Folie auf der Lackierung anlegen und ausrichten, ohne Gefahr zu laufen, daß sie gleich festklebt.

● Bei richtigem Sitz mit einem Holz- oder Kunststoffspachtel das Wasser unter der Folie herausstreichen.

● Nach einer gewissen Trocknungszeit sitzt die Dekorfolie einwandfrei fest.

Die Heckklappe

Steilheck- und Coupé-Klappe ausbauen

● Kabelverbindungen und Schlauchleitungen zur Heckklappe trennen.

● U-förmige Klammer an einem Haltebolzen des Gasdruckhebers abziehen, Heber aushängen.

● Bzw. runde Sicherungsfeder ein Stück herausziehen, Kugelkopf vom Kugelbolzen abdrücken.

● Je zwei Halteschrauben an den Heckklappenscharnieren herausdrehen, Klappe abnehmen.

Links: Hier ist die runde Sicherungsfeder (1) des Gasdruckhebers der Heckklappe gezeigt (hier bereits herausgezogen).
Rechts: Die Klammer (2) am Haltebolzen des unteren Anlenkpunkts des Gasdruckhebers.

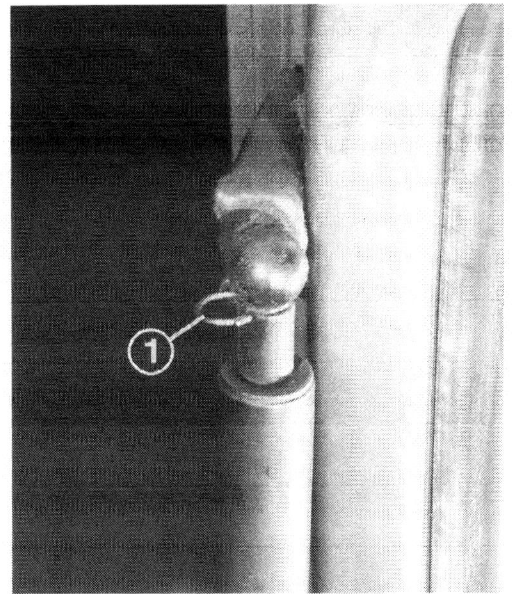

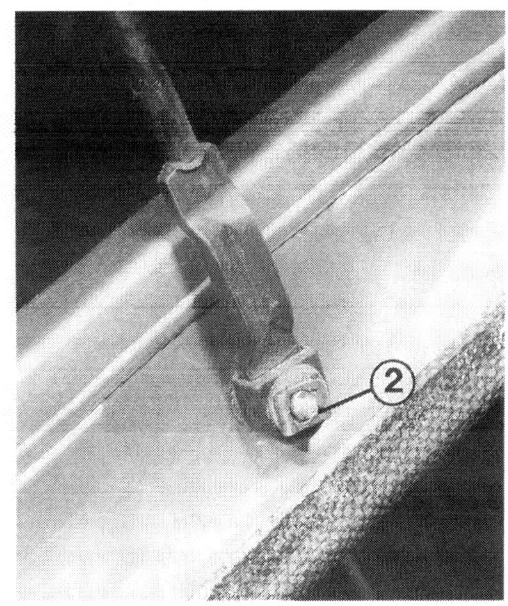

● Soll die Haube mit den Scharnieren abgebaut werden, Heckklappendichtung oben ein Stück abziehen.
● Dachhimmel vorsichtig von der Blechkante lösen.
● Halteschrauben der Heckklappenscharniere herausdrehen.

Heckspoiler ausbauen

● **Steilheck:** Spoiler vorsichtig aus den Halteclips abdrücken.
● Zur nachträglichen Montage Löcher für die sechs Clipaufnahmen bohren, rostschützen und Tüllen einsetzen.
● **Coupé:** Oberkante des Spoilers mit einem Fön anwärmen, damit sich die Verklebung besser löst.
● Spoiler mit den Halteclips gefühlvoll aus den Clipaufnahmen in der Heckklappe herausziehen.
● Zum Einbau Klebeflächen mit Reinigungsbenzin sauberwischen.
● Schutzfolien der Klebebänder abziehen.
● Halteclips entsprechend der Tüllen in der Heckklappe ausrichten.
● Spoiler aufdrücken.

Stufenheck-Klappe ausbauen

● Kofferdeckel öffnen.
● Rechts und links an den Scharnieren je zwei Schrauben losdrehen.
● Klappe von den Scharnieren abnehmen.

Heckspoiler ausbauen

● An der Unterseite der Kofferraumklappe insgesamt sechs Muttern losdrehen.
● An den äußeren Enden sitzt je ein Halter außen auf dem Kofferraumdeckel.
● Zum nachträglichen Einbau müssen nach genauer Anzeichnung Löcher in den Kofferraumdeckel gebohrt werden.

Links: Die Heckklappe (2) kann von ihrem Scharnier (1) abgeschraubt werden.
Rechts: Soll die Klappe zusammen mit ihrem Scharnier (4) ausgebaut werden, muß der Dachhimmel (3) abgezogen werden.

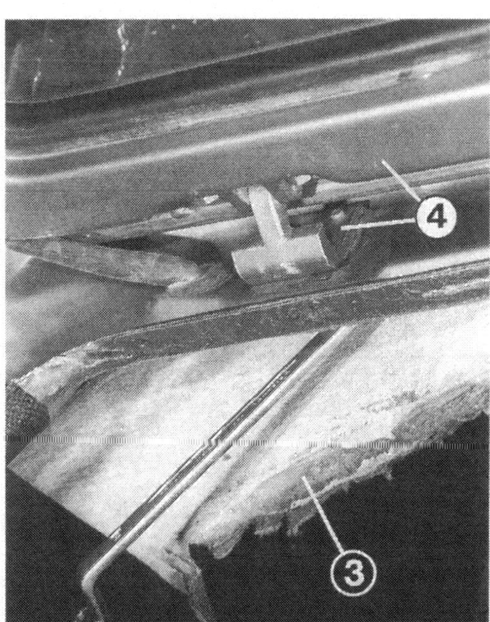

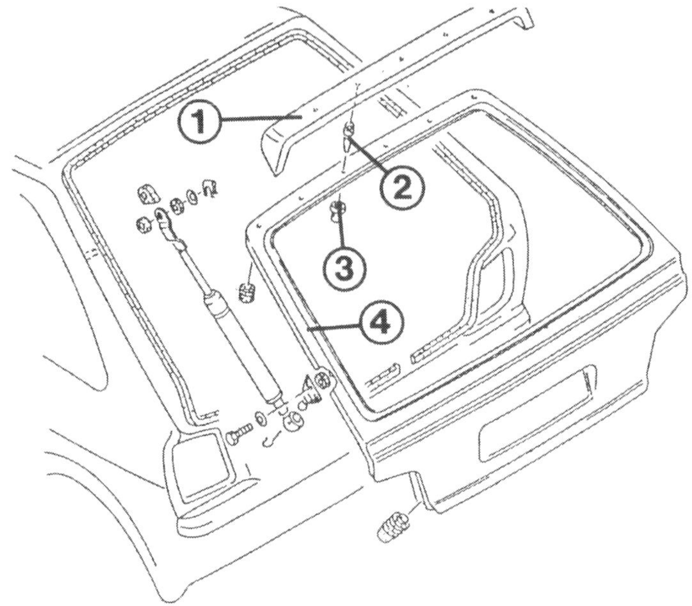

Der Heckspoiler am Polo Coupé ab 10/90:
1 – Heckspoiler;
2 – Haltedorn;
3 – Aufnahme für Haltedorn;
4 – Heckklappe.

Heckklappe einstellen

● Bei klappernder oder schlecht schließender hinterer Klappe den Rastbolzen bzw. dessen Schrauben ein wenig lockern.
● Hintere Klappe schließen, wodurch der Rastbolzen ausgerichtet wird.
● Heckklappe öffnen und Rastbolzen bzw. dessen Schrauben festziehen.
● Sitz und Klapperfreiheit der hinteren Klappe kontrollieren, ggf. nachjustieren.
● Ggf. durch Heraus- bzw. Hineindrehen der Gummipuffer an der Klappe genauen Sitz einstellen.

Heckklappendichtung

● Gummiumrandung abziehen.
● Neue Dichtung mit einem Kunststoffhammer aufschlagen. Die Gummiumrandung muß rundum gleichmäßig hoch sitzen.
● Zur Pflege der Dichtung eignet sich Glyzerin oder ein Gummipflegemittel.

Heckklappenschloß ausbauen

● **Steilheck, Coupé:** Verkleidung der Heckklappe ausbauen.
● Bis 7/90: Halteschraube des Druckknopfes losdrehen.
● Druckknopf mit dem Schließzylinder herausziehen.
● Schloß von der Heckklappe losschrauben und herausziehen.
● Zum Ausbau des Schließzylinders dessen Haltestift aus dem Griff heraustreiben.
● Schließzylinder mit dem Schlüssel herausziehen.
● Verbindungsstange vom Druckknopf zum Schloßteil aushängen.
● Ab 10/90: Schloß von der Heckklappe losschrauben und herausziehen, Verbindungsstange zum Schloß aushängen.

Zwei Ausführungen des Heckklappenschlosses: Links für Steilheck und Coupé bis 7/90, rechts für das Stufenheck. Die Ziffern kennzeichnen: 1 – Klappengriff; 2 – Halteschraube des Klappengriffes; 3 – Schrauben des inneren Schloßteils; 4 – Rastbolzen; 5 – Abdeckkappe; 6 – Schrauben des inneren Schloßteils; 7 – Verbindungsstange; 8 – Schrauben des Schließzylinder-Gehäuses.

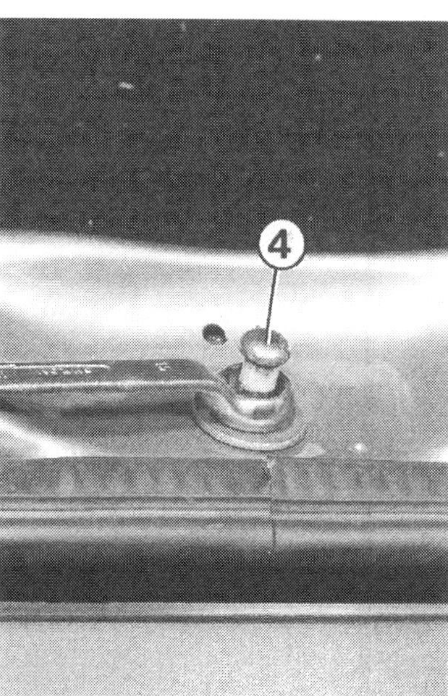

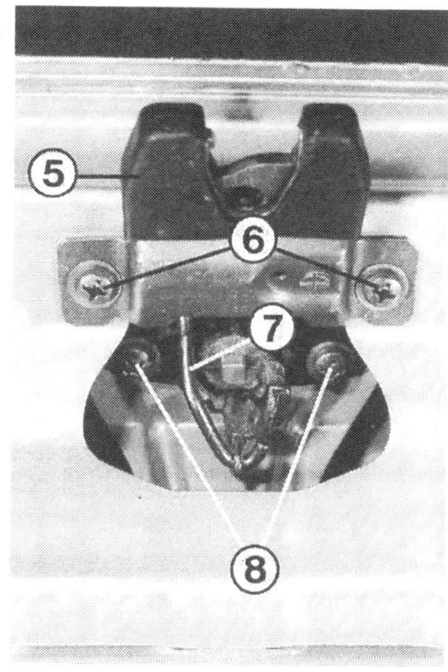

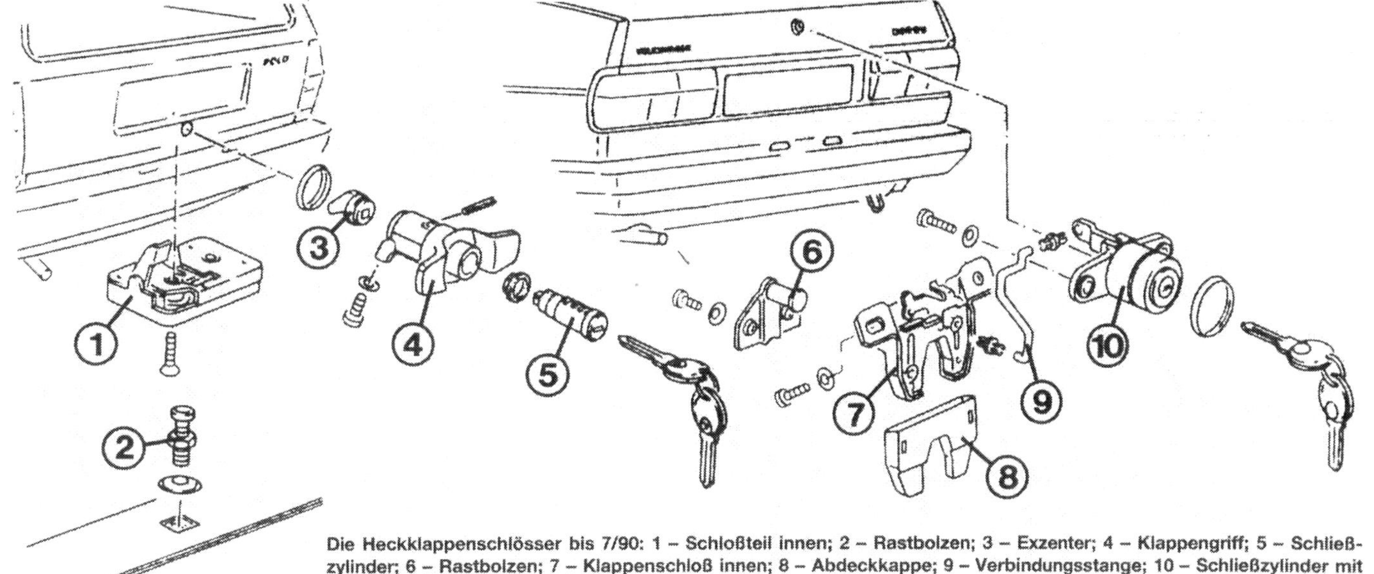

Die Heckklappenschlösser bis 7/90: 1 – Schloßteil innen; 2 – Rastbolzen; 3 – Exzenter; 4 – Klappengriff; 5 – Schließzylinder; 6 – Rastbolzen; 7 – Klappenschloß innen; 8 – Abdeckkappe; 9 – Verbindungsstange; 10 – Schließzylinder mit Gehäuse.

- Zum Ausbau des Schließzylinders Heckklappengriff abschrauben.
- Dazu an der Außenseite des Griffes vier Kreuzschlitzschrauben herausdrehen, Griff abnehmen.
- Innen an der Heckklappe zwei Haltenasen des Schließteils zusammendrücken und nach außen schieben.
- An der Schloßrückseite bei eingestecktem Schlüssel die Sicherungsklammer abhebeln.
- Schließzylinder herausziehen.
- Zum Ausbau der Drucktaste den größeren Sicherungsring abhebeln.
- **Stufenheck:** Verbindungsstange vom Druckknopf zum Schloßteil aushängen.
- Schloß von der Heckklappe losschrauben und herausziehen.
- Zum Ausbau des Schließzylinders Verbindungsstange zum Schloß aushängen.
- In der Heckklappe zwei Schrauben losdrehen.
- Schließzylinder und Druckknopf sind nicht trennbar.
- **Alle Modelle:** Beim Einbau den Dichtring zwischen Handgriff bzw. Druckknopf und dem Ausschnitt im Blech (bis 7/90) bzw. zwischen Schloßteil und dem Distanzring (seit 10/90) nicht vergessen.

Das Schiebedach

Dieses Fenster zum Himmel erfordert für problemlose Funktion eine exakte Einstellung. Das kann man nach entsprechender Anleitung auch als Heimwerker, aber die hierzu notwendigen Beschreibungen würden den Rahmen dieses Buches sprengen.

Undichtes Schiebedach

Ein undichtes Schiebedach hat seine Ursache in verstopften Ablaufrohren, von denen je eines an jeder der vier Ecken des Schiebedachkastens angeschlossen ist. Denn eindringen darf das Wasser, doch ablaufen muß es können.

○ Bei undichtem Schiebedach deshalb alle vier Ablaufschläuche durchstoßen.

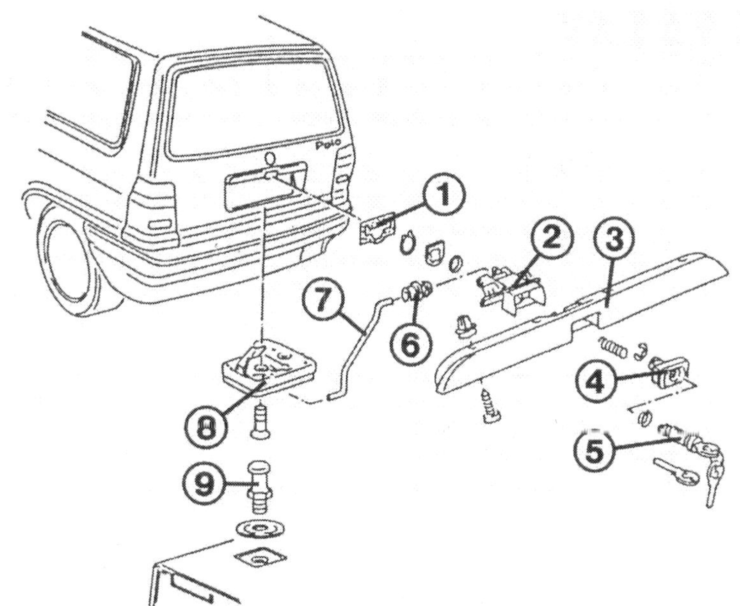

Beim Polo am 10/90 sieht das Heckklappenschloß so aus:
1 – Dichtung;
2 – Schließteil;
3 – Heckklappengriff;
4 – Druckknopf;
5 – Schließzylinder;
6 – Clip;
7 – Verbindungsstange;
8 – Schloß;
9 – Rastbolzen.

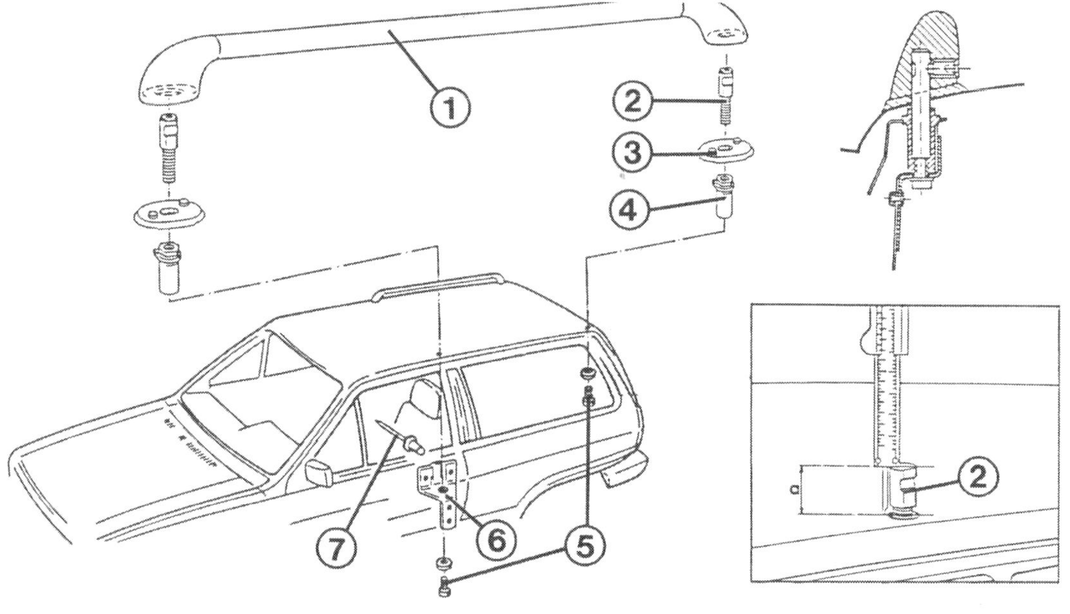

Links: Die Dachreling (1) des Polo Steilheck mit ihren Befestigungsteilen:
2 – Haltebolzen;
3 – Unterleggummi;
4 – Gewindehülse;
5 – Schrauben;
6 – Verstärkung für die B-Säule;
7 – Niet.
Rechts: Die Haltebolzen (2) der Dachreling müssen so eingestellt sein, daß das Maß »a« zwischen Dachblech und Oberkante des Bolzens genau 26 mm beträgt.

○ Die hinteren beiden Ablauföffnungen sind auch bei zurückgefahrenem Schiebedach kaum zu erreichen.
○ Die Ablaufschläuche vorn enden in Höhe des oberen Scharniers der Vordertür im Radhaus (nur bei ausgebauter Radhausschale sichtbar). Diese Schläuche werden vom Schiebedachausschnitt her durchstoßen.
○ Die hinteren beiden Schläuche enden hinter den Radhäusern. Diese Schläuche durchstößt man von der Unterseite her.
○ Zum Reinigen eignet sich die Spirale einer alten Tachometerwelle.

Die Dachreling

Ausbau

● An den Innenseiten der Reling-Fußteile je eine Innensechskantschraube herausdrehen.
● Reling mit ruckelnden Bewegungen von den Haltebolzen abziehen.
● Beim Anschrauben der Reling diese auf die Bolzen drücken.
● Der nachträgliche Einbau ist nur bei Steilheck-Modellen ab 3/85 möglich.
● Lochbohrungen ggf. an einem anderen Fahrzeug ausmessen.
● Heckklappendichtung abziehen und Dachhimmel rechts und links am Heckklappenausschnitt lösen.
● Haltegriffe und Gurtumlenkbeschläge rechts und links am hinteren Pfosten abschrauben.
● Hintere Seitenscheiben ausbauen.
● Dachhimmel seitlich ein Stück abziehen.
● Türdichtung oben am hinteren Türpfosten abziehen.
● Himmelstoff ein Stück abziehen.
● An den hinteren Türpfosten muß je eine Verstärkung angenietet werden.
● Löcher von innen nach außen bohren, auf 24 mm Durchmesser aufbohren und rostschützen.
● Von unten die Gewindehülsen einsetzen.
● Bolzen von der Dachaußenhaut her aufschrauben. Der Abstand Dachblech/Bolzenoberkante muß 26 mm betragen.
● Unterleggummis ansetzen und Reling festschrauben.

Die Scheiben

Die Windschutzscheibe besteht aus Verbundglas; der eigenhändige Einbau einer solchen Scheibe ist problematisch. Kräftiges Klopfen beim Einsetzen der Scheibe bewirkt leicht eine Verspannung, wodurch sie reißen kann. Wir empfehlen dringend, den Einbau einer Verbundglas-Windschutzscheibe einer Werkstatt zu überlassen.
Weniger empfindlich ist dagegen das Einschichtglas der festen hinteren Scheiben und der Heckscheibe bis 7/90. Da aber aus Gewichtsgründen dünneres Glas verwendet wird, ist auch hier vor allem beim Ausbau Vorsicht und Gefühl vonnöten.
Seit 10/90 ist die Scheibe in der Heckklappe »kraftschlüssig verklebt«. Dieses Verfahren ist bei der Suche nach möglichst glattflächigen Karosserien nahezu unumgänglich. Für den Selbsthelfer bedeuten die geklebten Scheiben das »Aus«. Ohne Spezialwerkzeug ist da nichts zu machen – ein Fall für die Werkstatt.

Scheibe ausbauen

Zum Aus- und Einbau einer Scheibe brauchen Sie unbedingt einen Helfer, damit es keinen Bruch gibt.
● Bei einer Verbundglas-Scheibe die Dichtung mit einem scharfen Messer zerschneiden und die Scheibe gemeinsam mit dem Helfer abnehmen.
● Bei Einschichtglas mit einem Holz- oder Kunststoffspachtel die möglicherweise angeklebte Scheibendichtung rundum vorsichtig abheben.
● Im Wageninnern die Scheibendichtung anheben und gleichzeitig die Scheibe nach außen drücken.

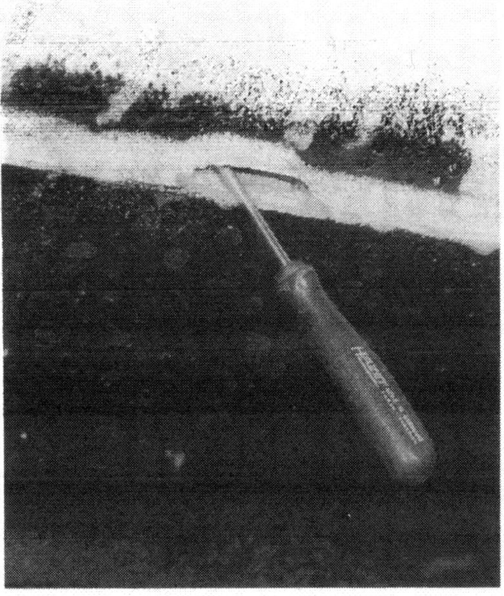

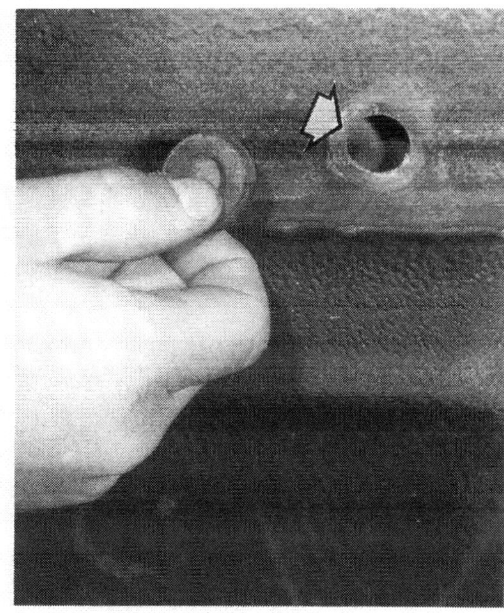

Links: Zum Reinigen der Wasserablauflöcher ist ein Pfeifenreiniger günstiger als der hier gezeigte Schraubendreher.
Rechts: Falls Sie im Bereich der Längsträger Gummistopfen sehen, können Sie diese abziehen und einen Blick durch die Öffnung (Pfeil) in die Hohlräume werfen.

- Besser sind zwei Helfer, die gleichzeitig die Dichtung an zwei Stellen lösen.
- Sobald sich die Scheibe mit der Dichtung aus ihrem Rahmen ein klein wenig löst, müssen Sie außen zugreifen und die Scheibe gegenhalten und abnehmen.

Fingerzeig: Bei den Dünnglas-Scheiben kann die althergebrachte Methode durch Hinausdrücken mit den Füßen unerwartet schnell zu Bruch führen!

Scheibe einbauen

Für den Scheibeneinbau brauchen Sie eine kräftige Schnur oder ein nicht zu dünnes Autoelektrikkabel. Außerdem sollten Sie die nach innen zeigende Dichtlippe z. B. mit Silikonspray einsprühen. Die Schnur oder das Kabel gleitet dann leichter.
Die bisherige Dichtung kann wiederverwendet werden, wenn sie nicht eingerissen ist.

- Scheibenausschnitt in der Karosserie sauberreiben.
- Dichtung auf die Scheibe aufziehen.
- Kabel oder Schnur in die innere Dichtlippe einlegen, wobei sich die Enden unten in Scheibenmitte überlappen müssen.
- Scheibe mit Dichtung am Fensterausschnitt ansetzen und ausrichten.
- Ein Schnur- oder Kabelende fassen und zum Innenraum hin ziehen. Dadurch wird die Gummilippe über die Kante im Fensterausschnitt gezogen.
- Wenn Sie in Scheibenmitte angelangt sind, wird von der anderen Seite her das Kabel oder die Schnur herausgezogen.
- An der Stelle, wo die Dichtung über den Fensterausschnitt gezogen wird, sollte der Helfer mit der flachen Hand von außen gegen die Scheibe klopfen, damit sie sich sauber »setzt«.
- Beim Einbau einer Verbundglas-Windschutzscheibe darf nicht stark geklopft werden, sonst kann es Verspannungen und einen Riß im Glas geben.

Unterbodenschutz kontrollieren

Wartung Nr. 31

Die Schutzschicht der Wagenunterseite muß sorgsam überprüft und ggf. nachgearbeitet werden.

- Unterboden gründlich waschen.
- Gesamte Unterseite mit einer hellen Lampe ableuchten und auf schadhafte Stellen untersuchen.
- Beschädigte Stellen im Unterbodenschutz mit Spachtel, Schaber und Drahtbürste bis aufs blanke Blech freilegen.
- Rostansatz möglichst blank schleifen.
- Gesäuberte Fläche mit Rostprimer bestreichen.
- Ebene oder größere Flächen werden mit streichbarem Material behandelt.
- Für schwer zugängliche Fugen und Ecken ist eine Sprühdose mit Unterbodenschutz günstiger.

Fingerzeig: Zur Nachbehandlung des Unterbodenschutzes dürfen nur bestimmte Materialien verwendet werden. Ungeeignete Mittel greifen den serienmäßigen Unterbodenschutz an.

Wasserablauflöcher reinigen

Keine Schweißnaht ist so dicht, daß nicht Wasser eindringen kann. Aus diesem Grund sind in allen Hohlprofilen im Wagen Wasserablauflöcher angebracht. Sind diese durch Schmutz oder Unterbodenschutz verstopft, kann eindringendes Wasser nicht mehr ablaufen, sondern fördert den Rostfraß von innen heraus. Besonders gefährdet sind die Längsversteifungen der Karosserie.

- Löcher regelmäßig mit einem Pfeifenreiniger durchstoßen.
- Beim Schiebedach zusätzlich die Wasserabläufe der Dachöffnung kontrollieren.

Wohnzimmer auf Reisen

Manche Reparatur erfordert Vorarbeiten im Wageninnern. Das haben wir hier in einem eigenen Kapitel zusammengefaßt.

Die Sitze

Ausbau

- **Vordersitz:** Sitz nach vorn schieben. Abdeckung der inneren Sitzschiene hochziehen und nach hinten abnehmen.
- Vorn am Haltebock in Sitzmitte die Sicherungsschraube losdrehen.
- Sitz nach hinten schieben und herausnehmen.
- Vor dem Wiedereinbau kontrollieren, ob die sogenannten Gleitstücke außen auf den Sitzstützen sowie vorn in der Mitte unbeschädigt sind. Andernfalls wakkelt der Sitz.
- **Rücksitzbank** nach vorn klappen und zwei große Kreuzschlitzschrauben losdrehen, bei geteilter Bank ggf. vier Schrauben.
- Bank herausnehmen.
- **Steilheck- und Coupé-Rücksitzlehne** entriegeln und nach vorn klappen.
- Halteschrauben der Lehnenscharniere lösen.
- Bei geteiltem Rücksitz Lehne nochmals einrasten, Sicherungsklammer in Lehnenmitte abziehen, Strebe aushängen.
- Lehne seitlich wegziehen.
- **Stufenheck-Rücksitzlehne:** Im Kofferraum die oberen Haltespangen aus den Haltenasen ausrasten, während ein Helfer im Innenraum die Sitzlehne hochzieht.
- Beim Einbau darauf achten, daß alle vier Spangen in der Kofferraumtrennwand eingerastet sind.

Kopfstützen ausbauen

- Arretierklammern unter den Abdeckrosetten mit einem schmalen Schraubendreher herausdrücken oder -ziehen.
- Kopfstütze abnehmen.
- Zum Wiedereinbau jede Federklammer so einstecken, daß ihre gerade Seite zu den Einfräsungen in den Metallstäben der Kopfstütze zeigt.

Die Verkleidungen

Ausbau

- **Hintere Seitenverkleidungen:** Rücksitz ausbauen.
- Unten vorn und ggf. auch hinten je eine Kreuzschlitzschraube herausdrehen.
- Ggf. Abdeckung über der Schraube des Sicherheitsgurtaufrollers abziehen und Schraube losdrehen.
- Seitenverkleidung oben mit ihren Halteclips abziehen.
- Die **Verkleidungen im Kofferraum** sind eingeclipst und zusätzlich mit Kreuzschlitzschrauben befestigt.
- **Bodenteppich:** Ggf. Sitze, Mittelkonsole und Handbremsabdeckung ausbauen.

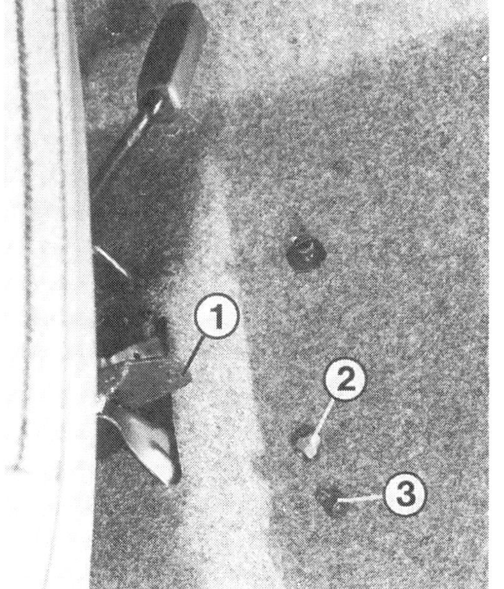

Links: Zur Sicherung der Vordersitze sitzt vorn an der mittleren Schiene (1) eine Innensechskantschraube (3) mit Hutmutter (2). Rechts: Das Scharnier (4) des Rücksitzes mit seinen Halteschrauben (5).

Ein Blick in den hinteren Innenraumbereich des Steilheck-Polo:
1 – Seitenverkleidung;
2 – Radkastenverkleidung;
3 – Heckklappenverkleidung;
4 – Kofferraumverkleidung;
5 – Abdeckung der Fensterbrüstung.

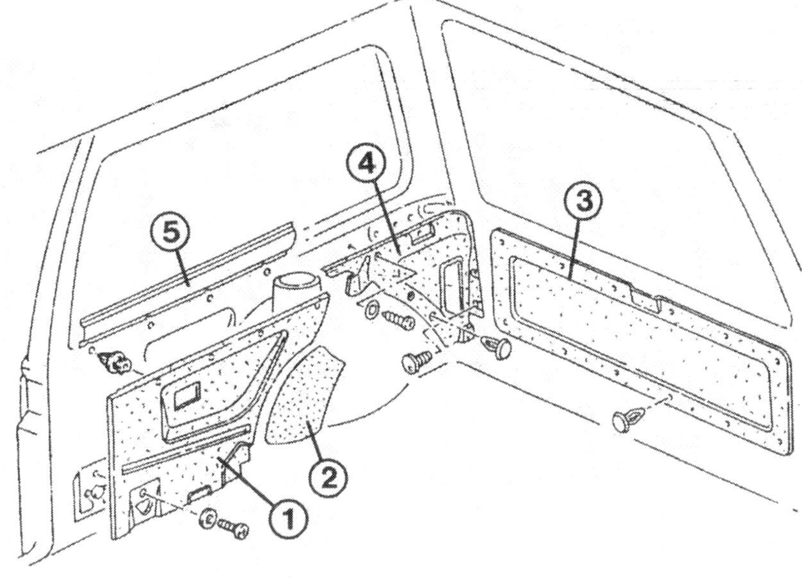

● Einstiegleisten an den Türen abschrauben bzw. abhebeln.
● Der Teppich ist mit mehreren Klemmscheiben, Druckknöpfen und sogenannten Schraubnägeln befestigt.

Ablagefächer ausbauen

● **Links:** Zwei Abdeckkappen mit einem schmalen Schraubendreher vorsichtig heraushebeln.
● Darunterliegende Kreuzschlitzschrauben herausdrehen.
● Ablagefach herausziehen.
● Beim Einbauen muß der Zapfen hinten in einer Gummitülle eingesteckt sein.
● **Handschuhfach:** Rechts und links oben je eine Abdeckkappe mit einem schmalen Schraubendreher abhebeln.
● Kreuzschlitzschrauben darunter losdrehen.
● Handschuhkasten nach unten kippen und aus seinen Führungen herausziehen.

Mittelkonsole ausbauen

● Schalthebelknopf losdrehen, Schalthebelmanschette abziehen.
● Zwei Kreuzschlitzschrauben links und rechts oben an der Konsole herausdrehen.
● Mittelkonsole ein Stück nach hinten schieben, damit sie aus den Haltenasen beim Schalthebellager ausrastet.
● Konsole schräg nach oben bzw. seitlich wegnehmen.
● Der nachträgliche Einbau ist problemlos möglich, da die Haltenasen am Mitteltunnel und die Halterungen am Armaturenbrett bereits vorhanden sind.

Der Dachhimmel

In unseren VW-Modellen ist ein Stoffhimmel mit Spanndrähten eingebaut. Für den fachgerechten Aus- und Einbau raten wir, einen Autosattler aufzusuchen.

Zu den Bodenbelägen zählen:
1 – Verkleidungen der Türscharnier- oder A-Säule;
2 – Abdeckung an der Rückwand beim Stufenheck;
3 – Kofferraumbelag;
4 – Abdeckung vor dem Rückfenster (Stufenheck);
5 – Bodenbelag.

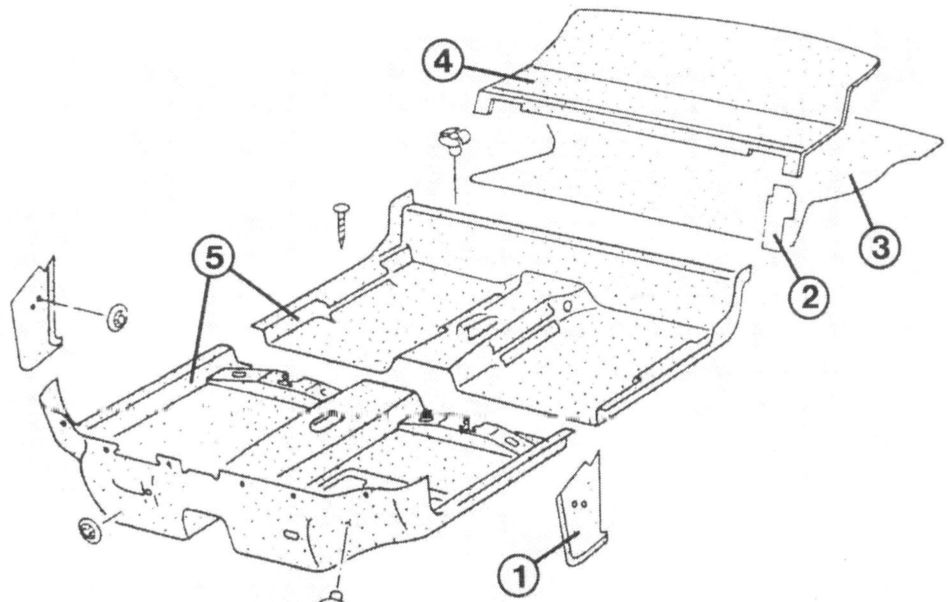

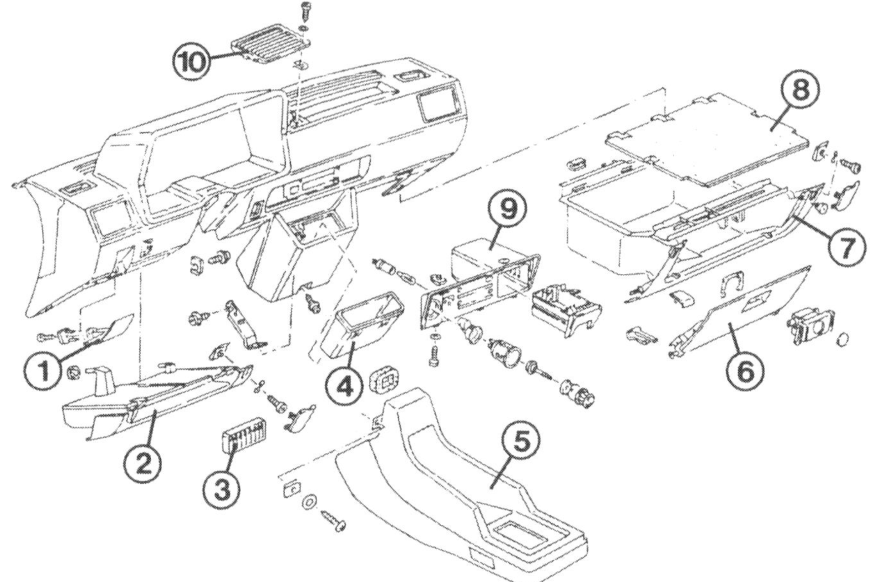

Die Anbauteile am Armaturenbrett bis 7/90:
1 – Abdeckung für Fahrzeuge ohne Starterzug;
2 – Ablagefach links;
3 – Parkgeldhalter;
4 – Ablagefach in der Radio-Einbauöffnung;
5 – Mittelkonsole;
6 – Handschuhfachdeckel;
7 – Handschuhfach;
8 – Abdeckung;
9 – Heizhebelblende mit Ascherhalter;
10 – Lautsprecherabdeckung.

Die Sicherheitsgurte

Zeigen die Gurte einen der nachfolgend genannten Mängel, sollten sie ausgewechselt werden, damit sie im Notfall wirklich schützen können:

- ○ Welliges Gurtband
- ○ Ausgefranste Kanten
- ○ Aufgeriebenes Gewebe
- ○ Angerissene Nähte
- ○ Wenn ein »lahmer« Automatikgurt öfter zwischen Tür und Karosserie eingeklemmt wurde, wodurch er mit der Zeit an Festigkeit verliert

Gurtumlenkung verlegen

Wenn Ihnen der angelegte Gurt zu hoch oder zu tief über den Oberkörper läuft, können Sie einen speziellen Umlenkbeschlag einbauen. Damit verläuft der Gurt 50 mm tiefer bzw. höher. Der Einbausatz trägt die VW-Teilenummer 867 857 800.

- ● Betreffenden Umlenkbeschlag abschrauben, dabei Teile in der Ausbaureihenfolge ablegen.
- ● Befestigungsschraube des Adapters handfest anziehen.
- ● Obere und untere Gewindebohrung des Adapters auf der Säulenverkleidung anzeichnen.
- ● Adapter lösen und um 90° drehen, je ein Loch in die Verkleidung ober- und unterhalb des Adapters einschneiden.
- ● Adapter wieder senkrecht drehen, wobei dessen obere und untere Gewindebohrungen mit den entsprechenden Gegengewinden im Dachpfosten übereinstimmen müssen, und mit 40 Nm anziehen.
- ● Sicherungsschraube oben (bei Tieferlegung) bzw. unten (bei Höherlegung) eindrehen.
- ● Umlenkbeschlag des Sicherheitsgurtes mit seinen Teilen in richtiger Reihenfolge am Adapter anschrauben (40 Nm).
- ● Nach dem weiteren Zusammenbau ist eine TÜV-Abnahme erforderlich.

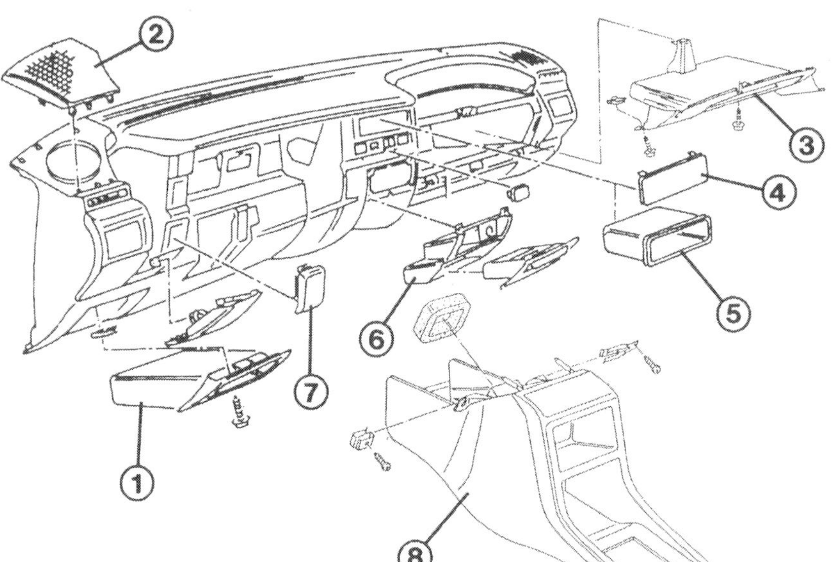

Das Armaturenbrett des Polo ab 10/90:
1 – Ablagefach links;
2 – Lautsprecherabdeckung;
3 – Handschuhfach;
4 – Abdeckung der Radio-Einbauöffnung;
5 – Ablagefach in der Radio-Einbauöffnung;
6 – Ablagefach mit Ascher- und Anzünderhalter;
7 – Abdeckung;
8 – Mittelkonsole.

Störungsdienst

Wir gehen bei unserer Fehlersuche davon aus, daß der Motor keine mechanischen Leiden hat. Weiter nehmen wir an, daß das Triebwerk unvermittelt stehenblieb bzw. nicht mehr anspringen will.

Dreht der Anlasser den Motor durch?

Tut er's nicht oder nur unwillig, lesen Sie bitte weiter unter »Fehlerquelle Elektrik«. Wird der Motor dagegen flott durchgedreht, müssen zur weiteren Eingrenzung zwei der folgenden drei Fragen (je nach Motor) der Reihe nach beantwortet werden.

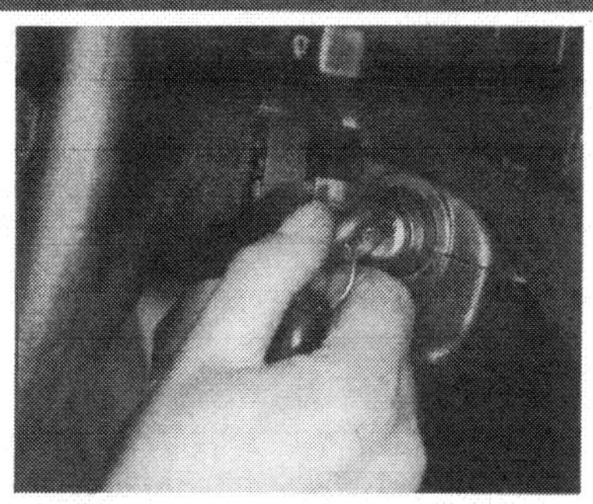

Funken an den Zündkerzen?

Einen Kerzenstecker abziehen, Zündkerze herausschrauben, in den Kerzenstecker hineinstecken und auf blankem Motorblockmetall ablegen. Von einem Helfer den Anlasser durchdrehen lassen. Wichtig bei einem Fahrzeug **mit elektronischer Zündanlage: Zündkabel und Kerze nicht berühren**. Springen Funken über?
Wenn ja, nächste bzw. übernächste Frage abklären. Falls nicht, weiterlesen unter »Fehlerquelle Zündung«.

Wird der Vergaser mit Kraftstoff versorgt?

Benzinschlauch am Vergaser abnehmen, in einen Behälter (z.B. Kappe der Warndreieck-Hülle) halten und von Helfer den Anlasser betätigen lassen.
Spritzt Benzin in den Behälter, ist die Kraftstoffversorgung intakt. Der Vergaser könnte gestört sein (Seite 96/97). Kommt kein Benzin, lesen Sie bitte weiter unter »Fehlerquelle Kraftstoffversorgung«.

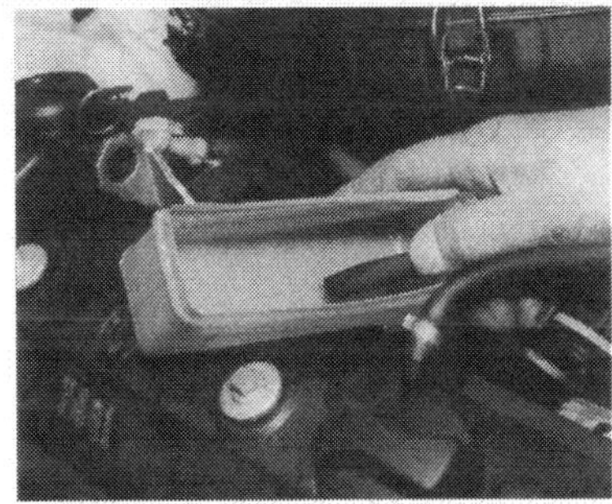

Wird die Einspritzanlage mit Kraftstoff versorgt?

Monojetronic/-motronic: Kraftstoffzulaufschlauch losschrauben und in ein Gefäß halten. Von Helfer den Anlasser kurz durchdrehen lassen.
Digijet/Digifant: Schlauch am Kraftstoff-Verteilerrohr abziehen, evtl. kurz Anlasser betätigen. Gefäß darunterhalten.
Alle: Spritzt Benzin heraus, laufen die Kraftstoffpumpen. Wenn nicht, lesen Sie bitte unter »Fehlerquelle Kraftstoffversorgung« weiter. Bleibt die Einspritzung als Fehlerquelle. Oder die Kraftstoffpumpen laufen, bringen aber zu wenig Druck.

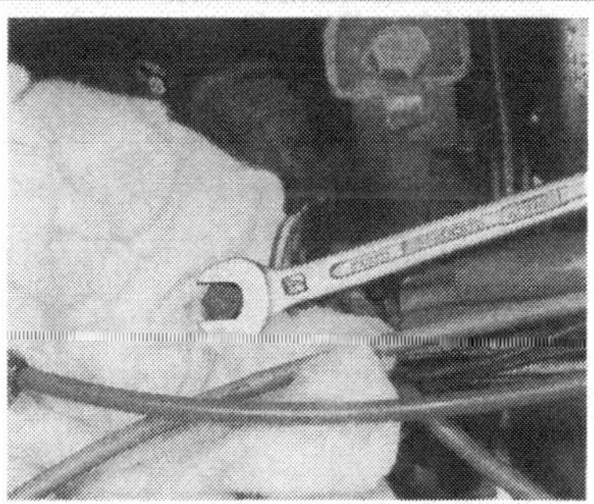

Zuerst die Sichtprüfung

○ Ist ein Kabelstecker an Teilen der Zündanlage, am Vergaser bzw. an einem Teil der Einspritzanlage locker?
○ Kontrollieren Sie den festen Sitz der Zündkabel am Verteiler und an den Kerzensteckern (die Transistorzündung darf auf keinen Fall eingeschaltet sein!).
○ Sämtliche Unterdruckschläuche im Motorraum auf ihren entsprechenden Stutzen aufgesteckt?
○ Kondenswasser am und im Verteilerdeckel? Alle Teile der Zündanlage müssen trocken sein.
○ Benzingeruch im Motorraum? Ist ein Kraftstoffschlauch undicht oder hat er sich gar gelockert?

Fehlerquelle Elektrik

○ Kontrollampen brennen überhaupt nicht: Batterie ist völlig entladen oder Batterieklemmen lose.
○ Kontrollampen verlöschen beim Schlüsseldreh: Batterie stark entladen oder altersschwach oder Anlasser hat Kurzschluß.
○ Kontrollampen werden beim Schlüsseldreh geringfügig dunkler: Magnetschalter klemmt bzw. defekt oder Anlasser defekt.
○ Kontrollampen brennen hell: Klemme-50-Kontakt im Zündschloß defekt, Klemme-50-Leitung am Magnetschalter lose oder Magnetschalter defekt.

Fehlerquelle Zündung

○ Alle Steckanschlüsse im Bereich Zündspule bzw. Zündtrafo, Zündverteiler, Schaltgerät der Zündung bzw. Steuergerät der Zündsteuerung richtig aufgesteckt?
○ Risse im Zündspulen/-trafogehäuse, Brandspuren von Funkenüberschlägen?
○ Verteilerdeckel abnehmen. Sind Kriechstromspuren an seiner Innenseite sichtbar? Federt die Kontaktkohle in der Deckelmitte einwandfrei? Grünspan an den Kontaktstiften?
○ Als letztes hilft nur die Durchprüfung der Zündanlage.

Fehlerquelle Kraftstoffversorgung

○ Kein Benzin im Tank – das ist nicht so abwegig, wie Sie vielleicht denken. Wagen aufschaukeln und horchen, ob es im Tank plätschert.
○ Benzinpumpe defekt bzw. elektrische Kraftstoffpumpen arbeiten nicht.
○ Benzinfilter verstopft.
○ Bei intaktem Kraftstoffnachschub gerät – z.B. bei ständigen Startproblemen – der Vergaser bzw. die Einspritzanlage in Verdacht.

Verzeichnis der Störungsbeistände im Buch

In den einzelnen Kapiteln finden Sie zu den entsprechenden Bauteilen jeweils den entsprechenden Störungsbeistand. Hier die Zusammenstellung:

Technische Daten

Beinahe alle Angaben über ein Auto lassen sich in irgendeiner Form in Zahlen wiedergeben – die »Technischen Daten«. Dazu gehören auch die Kurzbeschreibung von Motor, Fahrwerk und Elektrik.

Fahrzeug-Identifizierungsnummer

Da die Fahrzeug-Identifizierungsnummer nicht nur für die Zulassungsbehörde von Interesse ist, sondern auch für die Ersatzteilbeschaffung, wollen wir sie hier kurz aufschlüsseln. Die Zahlen/Buchstaben-Kombination bedeutet:

WVW ZZZ 80 Z N W 121894
① ② ③ ② ④ ⑤ ⑥

① = Welt-Herstellerzeichen: WVW = VW AG Pkw
② = Füllzeichen
③ = Zweistellige Typkurzbezeichnung: 86 = Polo Steilheck und Stufenheck bzw. Derby, 87 = Coupé (bis 7/86)
80 = Polo alle Modelle (ab 8/86)
④ = Modelljahr (gewöhnlich vom 1. 8. bis 31. 7. des darauffolgenden Jahres):
C = 1982, D = 1983, E = 1984, F = 1985, G = 1986, H = 1987, J = 1988, K = 1989, L = 1990, M = 1991, N = 1992 usw.
⑤ = Produktionsstätten innerhalb des VW-Konzerns: W = Wolfsburg, Y = Pamplona/Spanien
⑥ = Laufende Numerierung, jedes Modelljahr mit 000001 beginnend

Motor

Typ		1,05	1,05	1,05 US-Kat	1,05 US-Kat	1,1	1,1 Formel E	1,3	1,3
Bauzeit		11/81–7/85	8/85–10/89	11/89–7/90	ab 10/90	10/81–7/83	10/81–7/83	8/83–7/85	8/85–12/88
Kennbuchstaben		GL	HZ	AAK	AAU	HB bis 799999	HB ab 800000	HK	MH
Bauart		Quer eingebauter wassergekühlter Vierzylinder-Viertakt-Reihenmotor							
Bohrung	mm	75	75	75	75	69,5	69,5	75	75
Hub	mm	59	59	59	59	72	72	72	72
Hubraum effektiv	cm^3	1043	1043	1043	1043	1093	1093	1272	1272
Verdichtung		9,3:1	9,5:1	9,5:1	9,8:1	8,0:1	9,7:1	9,5:1	9,5:1
Höchstleistung									
nach DIN	kW/PS	29/40	33/45	33/45	33/45	37/50	37/50	40/55	40/55
bei	1/min	5300	5600	5600	5200	5800	5600	5400	5200
Höchstes Drehmoment	Nm	74	74	70	76	77	82	96	96
bei	1/min	2700	3600	3600	2800	3500	3300	3300	3400
Ventilsteuerung		Durch eine obenliegende Nockenwelle über							
		Schlepphebel	Hydrostößel	Hydrostößel	Hydrostößel	Schlepphebel	Schlepphebel	Schlepphebel	Hydrostößel
Ventilspiel bei handwarmem Zylinderkopf									
Einlaß	mm	0,15–0,20	–	–	–	0,15–0,20	0,15–0,20	0,15–0,20	–
Auslaß	mm	0,25–0,30	–	–	–	0,25–0,30	0,25–0,30	0,25–0,30	–
Kompressionsdruck	bar	10–15	10–15	10–15	10–15	8–10	10–15	10–15	10–15
Mindestwert	bar	7	7	7	7	6	7	7	7

Typ		1,3 US-Kat	1,3 US-Kat	1,3	1,3	1,3 US-Kat	1,3 G40	1,3 G40 US-Kat
Bauzeit		2/87–12/90	ab 1/91	10/81–7/83	11/82–7/89	ab 10/89	5/87–7/90	ab 1/91
Kennbuchstaben		NZ	AAV	HH	GK	3F	PY	PY
Bauart		Quer eingebauter wassergekühlter Vierzylinder-Viertakt-Reihenmotor						
Bohrung mm		75	75	75	75	75	75	75
Hub mm		72	72	72	72	72	72	72
Hubraum effektiv cm^3		1272	1272	1272	1272	1272	1272	1272
Verdichtung		9,5:1	9,5:1	11,0:1	9,5:1	10,0:1	8,0:1	8,0:1
Höchstleistung								
nach DIN	kW/PS	40/55	40/55	44/60	55/75	55/75	85/115	83/113
bei	1/min	5200	5000	5600	5800	5900	6000	6000
Höchstes Drehmoment	Nm	97	95	95	104	99	150	150
bei	1/min	3000	3200	3400	3600	3200	3600	3600
Ventilsteuerung		Durch eine obenliegende Nockenwelle über						
		Hydrostößel	Hydrostößel	Schlepphebel	Schlepphebel	Hydrostößel	Hydrostößel	Hydrostößel
Ventilspiel bei handwarmem Zylinderkopf								
Einlaß	mm		–	0,15–0,20	0,15–0,20	–	–	–
Auslaß	mm	–	–	0,25–0,30	0,25–0,30	–	–	–
Kompressionsdruck	bar	10–15	10–15	8–10	11–15	10–15	8–12	8–12
Mindestwert	bar	7	7	6	8	7	6	6

Schmiersystem

Motor		Schlepphebelmotor	Hydrostößelmotor
Art		Druckumlaufschmierung mit Wechselfilter im Ölhauptstrom	
Ölpumpe		Sichelpumpe	Zahnradpumpe
Öldruck bei 2000/min	bar	2	2

Kühlsystem

Art		Wasserumlaufkühlung mit Flügelradpumpe und Thermostat, temperaturgeschalteter Elektroventilator	
Antrieb der Wasserpumpe		Zahnriemen	Zahnriemen
Thermostat öffnet bei	ca. °C	92	87
voll geöffnet bei	ca. °C	108	102
Kühlsystem-Verschlußdeckel			
Überdruckventil öffnet bei	bar	1,2–1,35	1,2–1,35 (bis 7/90), 1,3–1,5 (ab 10/90)
Unterdruckventil öffnet bei	bar	0,06–0,1	0,06–0,1
Thermoschalter Kühlerventilator		Schalttemperaturen siehe Tabelle Seite 62	

Kraftstoffanlage Vergaser

Motor		1,05	1,05	1,1	1,1 Formel E	1,3	1,3	1,3	1,3
Kennbuchstaben		GL	HZ	HB bis 799999	HB ab 800000	HK	MH	HH	GK
Gemischaufbereitung		Einfach-Vergaser	Einfach-Vergaser	Einfach-Vergaser	Einfach-Vergaser	Register-Vergaser	Register-Vergaser	Einfach-Vergaser	Register-Vergaser
Hersteller		Pierburg	Pierburg	Pierburg	Pierburg	Pierburg	Pierburg	Pierburg	Pierburg
Typ		31 PIC-7	1 B 3	31 PIC-7	31 PIC-7	2 E 3	2 E 3	34 PIC-5	2 E 3
Lufttrichter Stufe I/II		23/–	23/–	25,5/–	23/–	19/23	21/23	24,5/–	22/26
Hauptdüse Stufe I/II		x117,5/–	x105/–[1]	x132,5/–	x115/–	x95/x110	x102,5/x110	x120/–	x105/x112,5
Luftkorrekturdüse Stufe I/II		125/–	57,5/–[2]	105/–	105/–	120/130	110/130	85/–	80/70
Leerlaufdüse		40	–	42,5	40	–	–	52,5	–
Leerlaufluftdüse		100	–	90	100	–	–	130	–
Leerlaufdüse/Leerlaufluftdüse Stufe I/II		–	50/130/–[3]	–	–	45/130/–	47,5/130/–	–	37,5/93/–
Zusatz-Leerlaufdüse		30	–	–	–	–	–	40[6]	–
Zusatz-Leerlaufluftdüse		130	–	100	–	–	–	100[6]	–
Zusatz-Leerlaufdüse/Leerlaufluftdüse		–	32,5/150[4]	–	35/130	–	–	35/150[7]	–
Einspritzmenge	cm^3/Hub	0,9 ± 0,15	1,0 ± 0,15	0,9 ± 0,15	0,9 ± 0,15	1,0 ± 0,15	1,0 ± 0,15	0,7 ± 0,15	1,0 ± 0,15
Luftklappen-Spaltmaß Stellung I/II	mm	1,8 ± 0,2/ 2,5 ± 0,3	1,8 ± 0,2/–	2,0 ± 0,2/ 4,0 ± 0,3	2,2 ± 0,1/ 2,5 ± 0,3	2,4 ± 0,2/–	2,0 ± 0,1/–[5]	2,0 ± 0,2/ 4,5 ± 0,5	2,8 ± 0,2/–
Kaltleerlaufdrehzahl	1/min	2400 ± 100	2000 ± 100	2400 ± 100	2500 ± 100	2000 ± 100	2000 ± 100	2600 ± 100	2100 ± 200
Leerlaufdrehzahl und CO-Gehalt		Siehe Tabelle Seite 87							

[1] ab 6/89: x102,5/– [2] ab 6/89: 100 [3] ab 6/89: 50/132,5/– [4] ab 6/89: 32,5/155 [5] ab 2/87: 1,6 ± 0,1/2,8 ± 0,15 mm [6] bis 12/81 [7] ab 1/82

Kraftstoffanlage Einspritzung

Motor		1,05 US-Kat 11/89–7/90	1,05 US-Kat ab 10/90	1,3 US-Kat 2/87–12/90	1,3 US-Kat ab 1/91	1,3 US-Kat ab 10/89	1,3 US-Kat ab 10/90	1,3 G40 bis 7/90	1,3 G40 ab 1/91
Kennbuchstaben		AAK	AAU	NZ	AAV	3F	3F	PY	PY
Gemischaufbereitung		Zentral-Einspritzung	Zentral-Einspritzung	Vierpunkt-Einspritzung	Zentral-Einspritzung	Vierpunkt-Einspritzung	Vierpunkt-Einspritzung	Vierpunkt-Einspritzung	Vierpunkt-Einspritzung
Hersteller		Bosch	Bosch	Volkswagen	Bosch	Volkswagen	Volkswagen	Volkswagen	Volkswagen
Typ		Mono-jetronic	Mono-motronic	Digijet	Mono-motronic	Digifant	Digifant	Digifant	Digifant
Fehlerspeicher		+	+	–	+	–	+	–	+
Kraftstoffdruck im Leerlauf	bar	0,8–1,2	0,8–1,2	–	0,8–1,2	–	–	–	–
Unterdruckschlauch									
aufgesteckt	bar	–	–	2,5	–	2,5	2,5	2,5	2,5
abgezogen	bar	–	–	3,0	–	3,0	3,0	3,0	3,0
Haltedruck nach 5 min	bar	mind. 0,5	mind. 0,5	–	mind. 0,5	–	–	–	–
nach 10 min	bar	–	–	mind. 2,0	–	mind. 2,0	mind. 2,0	mind. 2,0	mind. 2,0
Leerlaufdrehzahl und CO-Gehalt		Siehe Seite 97 bzw. Tabelle Seite 107							

Kraftübertragung

Schaltgetriebe mit Motor	1,05/29 kW, 1,05/33 kW, 1,3/44 kW	1,1/37 kW	1,1/37 kW Formel E bis 7/82	1,1/37 kW Formel E 8/82–3/84	1,3/40 kW Formel E	1,3/40 kW, 1,3/55 kW	1,05/33 kW
Kennbuchstaben	GL, HZ, HH	HB bis 799999	HB ab 800000	HB ab 800000	HK	HK, MH, GK	HZ, AAK
Kupplung	Einscheiben-Trockenkupplung mit Membranfeder						
Mitnehmerscheibe ∅ mm	180	180	180	180	180	190	190[1]
Getriebekennzeichen	GU	GW	QS	3D	3F	GX	AFA
Übersetzungen							
1. Gang	3,455	3,455	3,455	3,455	3,455	3,455	3,455
2. Gang	1,952	1,952	1,773	1,773	1,773	1,952	2,087
3. Gang	1,250	1,250	1,038	1,077	1,077	1,250	1,469
4. Gang	0,895	0,895	0,800	0,800	0,800	0,895	1,122
5. Gang	–	–	–	–	–	–	0,891
Rückwärtsgang	3,385	3,385	3,385	3,385	3,385	3,385	3,385
Achsantrieb	4,267	4,571	4,063	4,063	3,875	4,063	4,267

Schaltgetriebe mit Motor	1,05/33 kW	1,05/33 kW	1,3/40 kW	1,3/55 kW	1,3/55 kW	1,3/85 kW	1,3/83 kW
Kennbuchstaben	HZ, AAK	AAU	MH, NZ, AAV	GK	GK, 3F	PY	PY
Kupplung	Einscheiben-Trockenkupplung mit Membranfeder						
Mitnehmerscheibe ∅ mm	190[1]	190	190	190	190	200	200
Getriebekennzeichen	AHZ	AYZ	8P, AEB	8R	AHD	8S	ATV
Übersetzungen							
1. Gang	3,455	3,455	3,455	3,455	3,455	3,455	3,455
2. Gang	2,087	1,958	1,958	2,087	2,087	2,087	2,095
3. Gang	1,469	1,250	1,250	1,469	1,469	1,469	1,469
4. Gang	1,098	0,891	0,891	1,122	1,098	1,122	1,098
5. Gang	0,851	0,740	0,740	0,891	0,851	0,891	0,851
Rückwärtsgang	3,385	3,385	3,385	3,385	3,385	3,385	3,385
Achsantrieb	4,267	4,267	4,063	4,063	4,063	3,333	3,333

[1] bis 4/86: 180 mm ∅

Fahrwerk

Vorderradaufhängung	Einzelradaufhängung mit unteren Einfach-Querlenkern, Federbeinen und Drehstab-Stabilisator
Hinterachse	Koppellenkerachse mit Längslenkern und Federbeinen; ab 55 kW zusätzlicher Drehstab-Stabilisator
Lenkung	Zahnstangenlenkung
Radeinstellung	
Vorderachse Gesamtspur	0° ± 10′
Sturz in Geradeausstellung	+20′ ± 30′ bis 7/84; 0° ± 30′ ab 8/84; −10′ ± 30′ 55 kW (alle)
Sturzunterschied	max. 30′ zwischen beiden Seiten
Spurdifferenzwinkel	−55′ ± 30′ beim Lenkeinschlag von 20° nach links bzw. rechts
Nachlauf	+2°20′ ± 30′
Nachlaufunterschied	max. 1° zwischen beiden Seiten
Hinterachse Sturz[1]	−30′ ± 35′ bis Fahrzeug-Ident.-Nr. C 028390 ; −1°40′ ± 20′ ab Fahrzeug-Ident.-Nr. C 028391
Sturzunterschied	max. 30′ zwischen beiden Seiten
Gesamtspur[1]	+20′ ± 40′ bis Fahrzeug-Ident.-Nr. C 028390; +25′ ± 15′ ab Fahrzeug-Ident.-Nr. C 028391[2]

[1] Werte sind nicht einstellbar [2] Werte gelten auch für Fahrzeuge bis Fahrzeug-Ident.-Nr. C 028390 mit Ersatzteil-Hinterachse

Bremsanlage

Fußbremse		Zweikreis-Anlage mit diagonal aufgeteilten Bremskreisen, Unterdruck-Bremskraftverstärker (je nach Motorisierung und Baujahr)
Bremse vorn		Einkolben-Schwimmsattel-Scheibenbremse (bis 2/85) bzw. Faussattel-Scheibenbremse (ab 2/85) mit automatischer Nachstellung, Bremsscheiben massiv (bis 55 kW) bzw. innenbelüftet (83/85 kW)
Bremsscheibe	∅ mm	239
Scheibenstärke	neu mm	10 (bis 55 kW); 20 (83/85 kW)
	mind. mm	8 (bis 55 kW); 18 (83/85 kW)
Belagstärke	neu mm	10 ohne Trägerplatte (Schwimmsattel, Faustsattel 83/85 kW); 12 ohne Trägerplatte (Faustsattel bis 55 kW)
	mind. mm	2 ohne Trägerplatte (alle)
Bremse hinten		Simplex-Innenbacken-Trommelbremse mit automatischer Nachstellung
Bremstrommel	∅ neu mm	180
	∅ max. mm	181
Belagstärke	neu mm	5 ohne Bremsbacke
	mind. mm	2 ohne Bremsbacke
Handbremse		Mechanisch über zwei- (bis 7/84) bzw. dreiteiligen Seilzug (ab 8/84) auf die Hinterräder wirkend

Elektrische Anlage

Bordspannung	12 V
Batterie	36, 45 oder 54 Ah (je nach Ausstattung)
Generator	45, 55 oder 65 A (je nach Ausstattung)
Keilriemen	9,5 x 695 (bis 7/83), 9,5 x 675 (ab 8/83), 8,0 x 1015 (Polo G40 – 2 Stück)
Zündanlage	Siehe Tabelle Seite 187
Schließwinkel	44–50° bzw. 50–56% (nur Spulenzündung)
Zündkerzen	Siehe Tabelle Seite 204
Zündeinstellung	Siehe Tabelle Seite 205
Glühlampen	Siehe Seite 206

Gewichte (in kg)

	Steilheck/Coupé bis 40 kW			ab 55 kW		Stufenheck	
	bis 7/85	ab 8/85	ab 10/90	bis 7/90	ab 10/90	bis 7/85	ab 8/85
Leergewicht[1]	700–725	730–760	765–780	730–785	780–830	715–740	740–760
Zulässiges Gesamtgewicht[1]	1130	1170–1190	1230	1130–1170	1230–1250	1150	1190
Anhängelast							
1,05 l ungebremst	380	400	410	–	–	380	400
ab 1,1 l ungebremst	390	410	410	390[2]	410	390	410
1,05 l gebremst							
ab 1,1 l gebremst	600	650	650	–	–	600	650
bis 12% Steigung	650	650	650	650	650	650	650
Dachlast	50	50	50	50	50	50	50

[1] Die für Ihr Fahrzeug geltenden exakten Gewichte entnehmen Sie bitte Ihren Fahrzeugpapieren
[2] Seit 8/85 Anhängelast für ungebremste Anhänger: 410 kg

Abmessungen (in mm)

	Steilheck bis 7/90	Steilheck ab 10/90	Coupé bis 7/90	Coupé ab 10/90	Stufenheck
Länge	3655	3765	3655	3725	3975
Breite	1580	1570	1590	1570	1600
Höhe (unbeladen)	1355	1350	1355[1]	1350[1]	1355

[1] Polo G40: 1325 mm

Korrosionsschutz-Maßnahmen

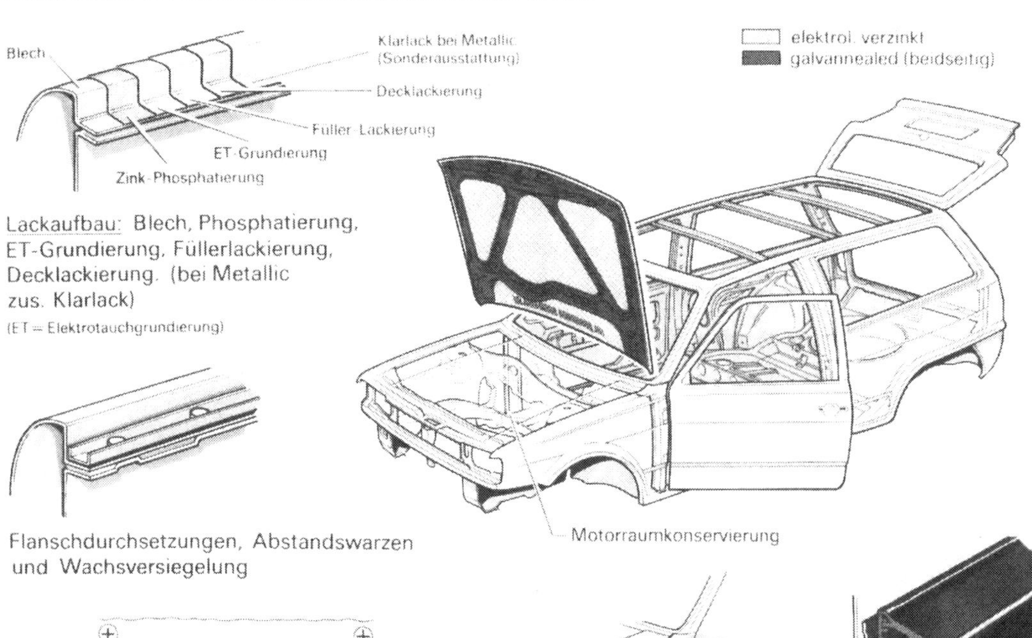

Lackaufbau: Blech, Phosphatierung, ET-Grundierung, Füllerlackierung, Decklackierung. (bei Metallic zus. Klarlack)
(ET = Elektrotauchgrundierung)

Türen und Klappen geklebt, gefalzt und feinabgedichtet

Flanschdurchsetzungen, Abstandswarzen und Wachsversiegelung

Hohlraum-Konservierung durch Heißwachsflutung

Kataphoretische Tauchgrundierung

Kunststoffradhausschalen

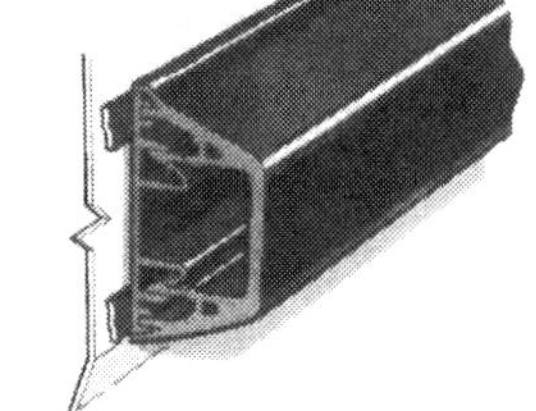

Geklebte seitliche Stoßprofilleiste

Stichwortverzeichnis